はじめての人も
イチからわかる

やさしい 中学数学

改訂版

きさらぎ ひろし 著

はじめに

子どものころに，「勉強が好きな人なんていないよ」という大人がいました。でも，「そうなのかな？」と，今になって思います。

勉強って，本当は楽しいんじゃないの？

誰だって，テストでいい点をとると嬉しくてもっと頑張りたくなるし，新しいことを覚えると「これ，知っている？」とまわりに自慢げに話したくなったりします。

知らなかったことを知ったり，できなかったことをできるようになったりするのって，ワクワクするものなんです。

「ゴルフが好きだ」という人は，ボールがまっすぐに打てるようになったり，パットが上手くなったり，そういう１つずつの「できる」や「わかる」が積み重なり「好き」になっているんだと思います。

数学や勉強も同じです。

１つずつの「できる」や「わかる」を積み重ねて，問題を解けるようになったり，日常生活に知識が活きてきたりして，それを実感できたときに「楽しいな」と思えるのです。

数学が苦手で，まだ面白さを感じられない人もたくさんいると思います。

「そういう人が数学の楽しさを感じられる手助けを少しでもできれば……」と思ったのが，この本を書き始めたきっかけです。

どう説明すればわかりやすいだろう？　ということに対して研究に研究を重ねて，この本を書きあげました。

この本を読んで勉強した方が，数学の楽しさを感じることができ，ちょっとでも数学を好きになってくれたら嬉しいです。

きさらぎ　ひろし

本書の使いかた

本書は，中学３年分の数学を，やさしく，しっかり理解できるように編集された参考書です。また，定期試験などでよく出題される問題を収録しているので，良質な試験対策問題集としてもお使いいただけます。以下の例から，ご自身に合うような使いかたを選んで学習してください。

1 最初から通してぜんぶ読む

オーソドックスで，いちばん数学の力をつけられる使いかたです。特に，「中学数学を学び始めた方」や「数学に苦手意識のある方」には，この使いかたをオススメします。キャラクターの掛け合いを見ながら読み進め，例題にあたったら，まずチャレンジしてみましょう。その後，本文の解説を読んでいくと，つまずくところがわかり理解が深まります。

2 自信のない単元を読む

中学数学を多少勉強し，苦手な単元がはっきりしている人は，そこを重点的に読んで鍛えるのもよいでしょう。Point やコツをおさえ，例題をこなして苦手な単元を克服しましょう。

3 別冊の問題集でつまずいたところを本冊で確認する

ひと通り中学数学を学んだことがあり，実戦力を養いたい人は，別冊の問題集を中心に学んでもよいかもしれません。解けなかったところ，間違えたところは，本冊の例題や解説を読んで理解してください。ご自身の弱点を知ることもできます。

登場キャラクター紹介

ケンタ

サクラの双子の兄。元気がとりえのスポーツマンの中学生。数学は，キライではないが得意なわけでもない。

サクラ

ケンタの双子の妹。しっかり者で明るい女の子。英語は好きだが，数学には苦手意識がある。

先生（きさらぎ　ひろし）

数学が苦手な生徒を長年指導している，数学界の救世主。ケンタとサクラの家庭教師として，奮闘。

もくじ

中学２年

中学３年

小学校内容 0章

小学校の算数のおさらい

中学数学を教えます，きさらぎです。
よろしくね。

「よろしくお願いします。」

「よろしくお願いします。」

さて，中学生になって，いよいよ“数学”が始まるね。

「名前は“算数”より“数学”のほうがカッコいいけど，難しくなる気がする……。」

まずは，小学校で習ったことを確認しておこう。算数の基本ができていないと，中学数学でつまずいてしまうからね。すべてを学習する時間はないので，苦手にしている人や，忘れていそうな人が多いところを中心に見ていくよ。

0-1 計算の順番を確認しよう

まずは，最も基本になる計算の順番の話から始めよう。

例題　つまずき度 !

次の計算をせよ。

(1)　$14-2\times3$　　　(2)　$1+(9-8\div2)\times7$

(1)は，14−2は12で，それに3を掛けると36だから……というふうに，前から計算しちゃダメだったよね。

掛け算，割り算は，足し算，引き算より先にしよう。

解答　$14-\underline{2\times3}=14-6=\underline{\underline{\mathbf{8}}}$　答え　例題 (1)

（2×3：こっちを先に計算）

続いて(2)だが，**(　)があるときは(　)の中を先に計算する。**

(　)の中は9−8÷2だが，もちろん割り算が先だ。

解答　$1+(9-\underline{8\div2})\times7=1+(\underline{9-4})\times7$　←(　)を先に

（$8\div2$：最初に計算）

$=1+\underline{5\times7}$　←掛け算を先に

$=1+35$

$=\underline{\underline{\mathbf{36}}}$　答え　例題 (2)

これは大丈夫だったかな？　計算の順番はしっかり覚えておいてね。

✓CHECK 1　つまずき度 !　➡ 解答は別冊 p.71

次の計算をせよ。

(1)　$8+15\div5$　　　(2)　$63-(4\times3+6)\times2$

筆算による足し算・引き算

小学校のときに習った筆算は，これからもとてもよく使う。筆算のしかたを忘れていないかチェックしておこう。

例題　つまずき度 !!!!!

次の計算を筆算でせよ。

(1)　968+471　　(2)　54.93−2.752

では，(1)をやってみよう。筆算で足し算，引き算をしたいときは，まず

一の位の真下に一の位
十の位の真下に十の位
⋮

というふうに，**同じ位が上下に並ぶようにそろえよう。**

```
  968
+ 471
-----
```

そこまでやったら，上下を足していくよ。

一の位は，8と1を足して9だ。

十の位は，6と7を足して13なので，この位は“3”で決定。そして，“1”は次の位，つまり百の位にくり上がるよ。

13の1がくり上がる

```
   1
  968
+ 471
-----
   39
```

さらに，百の位だが，9と4を足して13なんだけど，さっきくり上がった1と合わせて14になる。

```
   1
  968
+ 471
-----
 1439
```

解答　968＋471＝**1439** ⇐ 答え　**例題** (1)

「これはちゃんと理解できましたよ。」

そうか。安心。じゃあ，(2)は解ける？　ケンタくん，やってみて。

「**解答**　54.93－2.752＝**52.178** 

例題　(2)」

そうだね。答えは合っているよ。筆算のしかたを確認しておこうか。

引き算も，同じ位が縦にそろうように並べる。

そして，下の位から考えよう。

0から2が引けないから，上の位の1をもってきて，10と考えよう。くり下がりだ。

10－2＝8になるね。

```
          10
  54.93
-  2.752
--------
       8
```

その上の位は3だけど，さっき1をもっていったので，2になっている。2から5は引けないので，また上の位から1をもってきて，12と考えよう。

```
  54.93(2)
-  2.752
--------
       8
```

12－5＝7だね。

さらにその上の位は9で，さっき1をもっていったので，8だ。

```
         12
  54.93(2)
-  2.752
--------
      78
```

8－7＝1だ。

その上の位は，4－2＝2になる。

さらに上の位は，5－0＝5になるね。

小数点を忘れずに打って52.178が答えになるね。

```
  54.9(8)3(2)
-  2.752
--------
  52.178
```

「筆算の計算をひさしぶりにしました。筆算のしかたを思い出したわ。」

理解しているかあやふやな人は，今度は 例題 を自力で解くようにしようね。小学校の復習でも，甘く見てはいけないよ。

CHECK 2　つまずき度 !

➡ 解答は別冊 p.71

次の計算をせよ。

(1)　8.14+23.76　　(2)　30.257−1.49

0-3 筆算による掛け算

ふつうの整数の掛け算ならできるけど，0がたくさん出てきたり，小数がからんできたりすると混乱してできなくなってしまう人が多いね。やりかたを覚えれば簡単だ！

例題　つまずき度 !!!!!

次の掛け算を筆算でせよ。

(1)　37×108　　(2)　2700×830

(3)　0.865×9.4　　(4)　4100×0.793

(1)を計算しながら，筆算のしかたを説明していくよ。

まずは，下の数108の最後の数の“8”から順に掛け算するぞ。37の“7”と掛け算すると8×7＝56だ。ここで2ケタめの“5”は小さく書くようにしよう。

次に37の“3”と掛け算して8×3＝24となるが，そのまま書かず，先ほど小さく書いた5と頭の中で足し算をすると29となる。これを書いて8の掛け算は終了だ。

次は108の“0”の掛け算だけど，0は何を掛けても0なので，そのまま下に0と書こう。この0は省略してもいいよ。

その次は108の“1”の掛け算だ。“8”の掛け算のときと同様に計算して，計算結果は先ほど書いた0のとなりから書いていこう。

最後に，足し算を上からしてできあがりだね。

解答　37×108＝**3996**　答え　例題　(1)

「これも簡単！　覚えているわ。」

続いて，(2)　2700×830をやってみよう。このように数字のお尻に0が集まっている場合は，0以外でいちばん位の小さい数字のところを合わせて書くようにしよう。右のような感じにね。

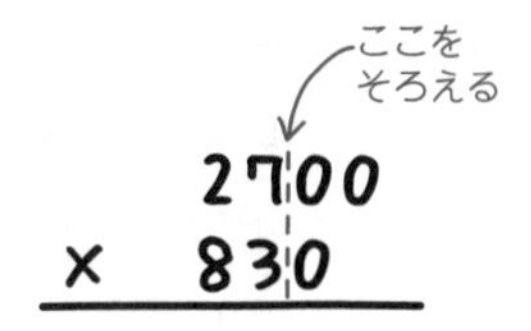

「これは知りませんでした。」

もしかしたら，「一の位の数を合わせる筆算の方法しか教わっていない」という人がいるかもしれないね。だけど，この方法のほうが計算しやすいんだ。見ていこう。2700の“00”や，830の“0”といった，はみ出した0の部分は，いったん無視して，27×83を計算していくんだ。

ここまでで，27×83の計算は終わった。そして，さっき無視した“0”をお尻につけるんだ。無視した0は3つあったから，3つ0をつけよう。これでできあがりだ。

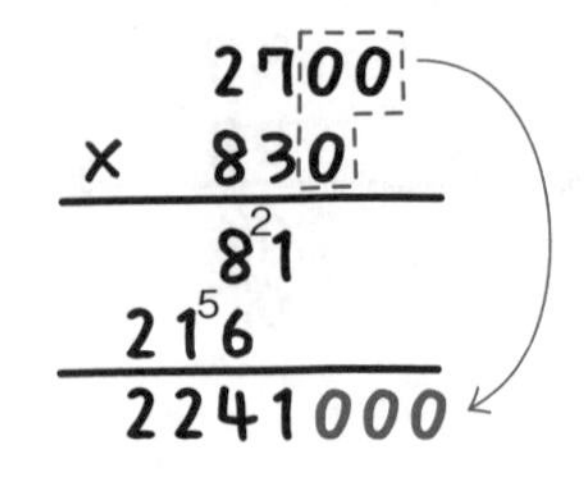

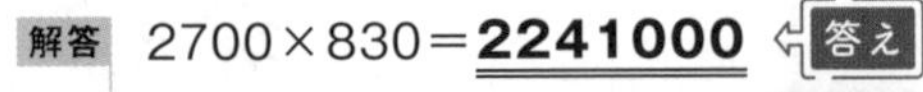
解答　2700×830＝**2241000**　答え

例題 (2)

「なんで0をいったん無視してから，あとでお尻につけると答えになるんですか？」

2700は27×100，830は83×10なのはわかるよね？　つまり

2700×830＝27×100×83×10＝27×83×1000

ということだ。27×83をやってから1000倍，つまり0を3個つければ答えになるよね。最後に0が集まっている数字は，0以外を計算して，無視した分の0をあとでお尻につける。覚えておこう。

あと，いつも意識をしておいてほしいのは，計算はできるだけ簡単にしたほうがいいということ。少し工夫をするだけで余計なミスが減るし，頭が疲れないよ。

「はい，意識するようにします。」

次に，(3)　0.865×9.4をやってみよう。

「小数の計算，面倒なんだよな。」

そんなに面倒じゃないよ。ふつうの掛け算にちょっと手順が増えるだけだからね。

それでは筆算をしていくよ。今回は0が集まっている数字ではないから，それぞれのいちばん小さい位の数を縦にそろえよう。右のようにね。

```
  0.865
×   9.4
```

そして，まずは小数点をいったん無視しよう。865×94を筆算で計算していく感じだね。

```
  0.865          0.865           0.865
×   9.4   →    ×   9.4   →    ×   9.4
  3460            3460            3460   ↓足す
                 7785            7785
                                81310
```

最後に上下の数を合わせて，小数点以下の数字が何個あるかを数え，その数の分だけ小数点をずらそう。

今回は小数点以下の数が合わせて4個あるから，左に4つ小数点を移せばできあがりだ。8.1310となるけど，小数の最後の0は消していいんだったね。

```
  0.865   ← 小数点以下の
×   9.4   ← 数が4個
  3460
 7785
 8.1310   ← 左に4つ
  ④③②①     小数点を移す
```

解答 0.865×9.4＝**8.131** ⇦答え 例題 (3)

「小数点以下の数の個数を調べて，小数点をその分だけ左に移せばいいのね。」

そうだ。0.865＝865×0.001，9.4＝94×0.1だから

$$0.865\times9.4=865\times\underline{\underline{0.001}}\times94\times\underline{\underline{0.1}}=865\times94\times\underline{\underline{0.0001}}$$

となる。865×94を計算してから0.0001倍，つまり小数点を4つ左に移せばいいんだ。計算する前に，0.865を0.9，9.4を9と考えて「掛けると8.1ぐらいだな」と目星をつけると，安心して計算に取り組めるね。

最後に，⑷　4100×0.793をやっていこう。“0がお尻にたくさんついている整数”や，“小数”の掛け算をするのはややこしいので，どちらかでもなくせるのであればなくしたいね。

「そうですね。」

そこで4100のお尻の“00”を削ってしまおう。100で割って41にするということだ。でも，それだと計算式が変わってしまうから，0.793を100倍して79.3にする。つまりこういうことだ。

$$4100\times0.793=4100\boxed{\div100}\times0.793\boxed{\times100}$$
$$=41\times79.3$$

「÷100して×100すれば，何もしてないのと同じですもんね。」

そういうこと。小数点も消えてくれるとよかったんだけど，そんなに甘くなかったね（笑）。

このように計算しやすい形に直してから筆算するといいよ。ではサクラさん，筆算をしていこう。

「えーっと。まず，筆算の形にするとこんな感じですよね。

$$\begin{array}{r} 41 \\ \times\quad 79.3 \\ \hline \end{array}$$
」

ストップ！　計算はできるだけ簡単にしたほうがいいといったよね。こうしたほうが筆算しやすいと思わないかい？

$$\begin{array}{r} 41 \\ \times\quad 79.3 \\ \hline \end{array} \Rightarrow \begin{array}{r} 79.3 \\ \times\quad 41 \\ \hline \end{array}$$

「上下の順序を入れかえたのね。確かに掛け算の行の数が減るし，“1”が下にあると掛け算しやすい！」

うん，数学が苦手な人は，与えられた式をそのまま計算しようとすることが多いね。ちょっと考えれば計算がラクになることもあるから，ラクに計算しようとする意識をもつように！

では，サクラさん，続けて。

「まずは小数点をいったん無視して計算して，小数点以下の数の個数の分だけ小数点をずらすんですよね。

```
     79.3
×      41
---------
      793
   3172
---------
   3251.3
```

解答　4100×0.793＝**3251.3**　答え　例題 (4)」

よくできました。

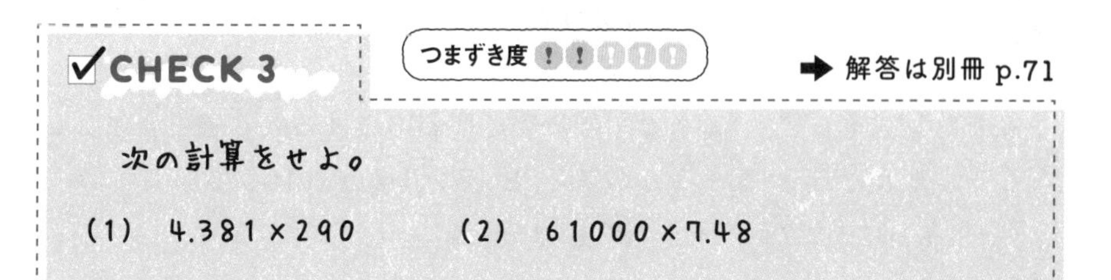

✓CHECK 3　つまずき度 !!!!!　➡ 解答は別冊 p.71

次の計算をせよ。

(1)　4.381×290　　(2)　61000×7.48

筆算による割り算

いちばん苦手にしている人が多いのが割り算だ。割り算に小数が入ってくるとイヤになってしまう人が多いみたい。しっかり克服していこう。

例題　つまずき度 ！！！！！

次の計算を筆算でせよ。ただし，(1)は四捨五入して小数第1位まで答えること。

(1)　28.161÷0.74　　　(2)　0.8505÷24.3

では，(1)を解いていこう。まず，“割る数”が小数のままでは計算できないから，**“割る数”の0.74が整数になるようにしたい**。何倍すればいい？

「100倍すると74になります。」

そうだね。そして，“割る数”のほうだけ100倍すると，違った答えになってしまうから，“割られる数”の28.161のほうも100倍しよう。

28.161÷0.74　⟶　2816.1÷74

になる。

「“割られる数”のほうに小数点が残ってますよ。」

“割られる数”は小数でもいいんだ。筆算で計算してみよう。まず

割る数 ）割られる数

と書く。

74）2816.1

そして，アタマの数どうし割るんだよね。

28は74で割れないので，281を74で割ろう。

「4かな？
74×4＝296だ。
281をオーバーしちゃった。」

```
       4
74)2816.1
   296
```

281をオーバーしたのでバツ！

そうだね。じゃあ，3を上に書いて，74×3をしよう。222になるね。この“222”を下に書いて，上から下を引くのだった。281－222だ。

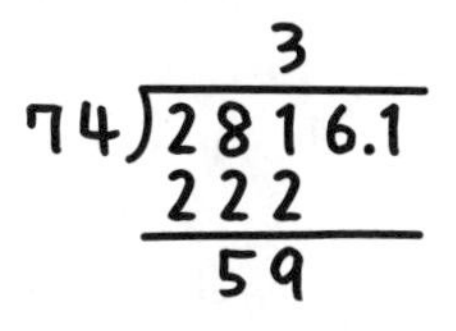

「59ですね。」

そうだね。そして，2816.1の6を下に下ろして，596としよう。

このあとも同じようにくり返していけばいいよ。次は，596を74で割ろう。

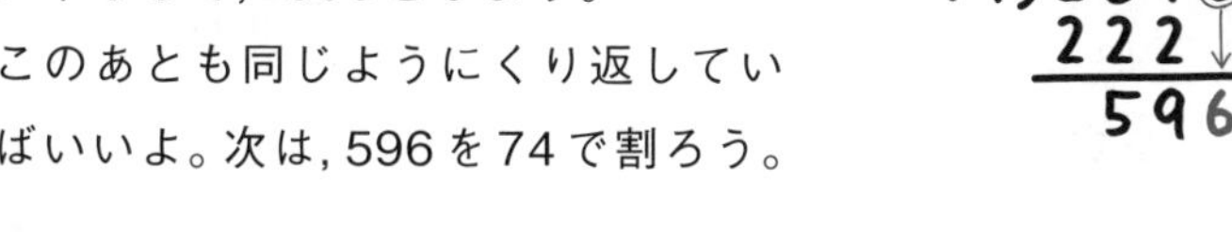

「7かな？

```
       37
74)2816.1
   222
    596
    518
     78
```

?

」

あっ，ちょっと待って。74で割って，あまりが78はおかしいね。あまりは割る数の74よりも必ず小さいはずだからね。

「あっ，そうだ。じゃあ，8ですね。
やり直します。

```
        38
74)2816.1
    222
    ----
     596
     592
     ----
       41
```
」

そうだね。“41”になる。

「さらに位を落として，
41を74で割ると……。
あっ，割れないから0か。
じゃあ，さらに位を落として，0を下に下ろして
410を74で割ると5で，
右のようになりますね。
まだ割りますか？

```
        3805
74)2816.10
    222
    ----
     596
     592
     -----
       410
       370
       ---
        40
         ⋮
```
」

あっ，そこまででいいよ。
2816.1の上が3805になっているけれど，小数点の真上に小数点をつければいい。

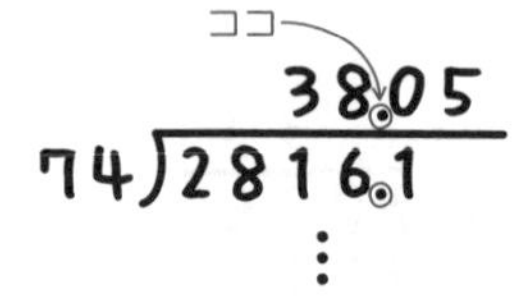

「答えは，38.05……ということですね。」

そうだね。(1)は，『小数第1位まで答える』のだから，小数第2位を四捨五入してしまおう。

解答　28.161÷0.74＝38.05…

よって，**38.1** ⇐答え　例題 (1)

続いて，(2)　0.8505÷24.3の計算だ。まず割る数の24.3を整数にしたいから10倍しよう。もちろん，割られる数の0.8505も10倍だ。

$$0.8505 \div 24.3 \longrightarrow 8.505 \div 243$$

「あきらかに割る数のほうが大きいですね。」

うん。だから0.……という答えになるだろうね。やってみよう。

8は243で割れないね。ここからは小数になるから8の上に“0”と書いて小数点をうとう。85も243では割れないから0だ。

850は243で割れる。3なら729。引き算をして121で，5を下ろして1215にする。

1215を243で割ると5だね。

```
      0.0
243)8.505

    ↓

      0.035
243)8.505⑤
      729 ↓
      1215
      1215
         0
```

解答　0.8505÷24.3＝**0.035**　答え　例題 (2)

きれいに割り切れたね。割り算の筆算は面倒かもしれないけど，基本だからできるようにね。

CHECK 4　つまずき度 !!!!!　➡ 解答は別冊 p.71

次の計算をせよ。
ただし，四捨五入して小数第1位まで答えること。

0.079352÷0.046

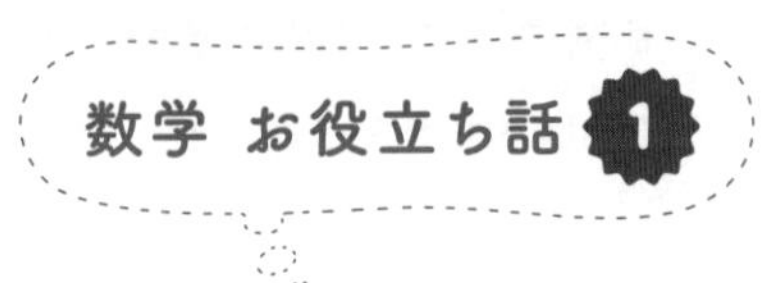

0で終わる小数

小学校のときに分数の計算で，答えを$\frac{4}{6}$と書くと，『約分して$\frac{2}{3}$としなさい』と注意されたと思う。これは，**算数・数学では，答えは最も簡単な形で答えるという鉄則がある**からなんだ。例えば，小数の計算テストでも，5.7＋2.3＝8.0と答えると，『正解は8だよ』といわれて減点されることがあるよ。

「そう！　経験ある（苦笑）！」

しかし，“0で終わる小数”で表記する場合もあるんだ。次のような場合だ。

ほかと表記をそろえたいとき

例えば，スポーツの審査員による採点で，『3.8』『5.1』などと表記されている中に『4』という点があったら，ちょっと不自然だよね。

「わかります（笑）。バランスが悪いから，ほかとそろえて『4.0』とすべきですよね。」

そうだね。

2 四捨五入した結果，そうなったとき

7.2985……という半端な数があったとする。ケンタくん，これを四捨五入して小数第1位までの数で表したら，いくつになる？

「小数第2位の数は9なので，くり上がって7.3です。」

うん。正解。じゃあ，サクラさん。四捨五入して小数第2位までの数で表した場合は？

「小数第3位の数は8だから，くり上がって9が1つ増えて……，7.30です。あっ，最後が0になりますね！」

そう。まさに，こういうケースだ。

別のいい方をすれば，『7.3』と表記されていたら，“ちょうど7.3”なのか，“四捨五入して7.3になる数”なのかがわからない。でも，『7.30』と表記されていたら，四捨五入したほうだとわかるんだ。

0-5 分数の計算

分数をきっかけに数学が苦手になる人は多いんだ。もったいないね。要点がわかっているか，しっかり確認しておこう。

例題 1　つまずき度 ❗❗

$\frac{1}{2}+\frac{1}{3}$ を計算せよ。

　ケーキ屋さんへ行くと，ショーケースの中でケーキが円のまま売られていることがあるよね。

「"ホール"というんですよね。一度でいいからホールで買ってみたいな……。ケーキ大好きだし。」

　食べすぎて，お腹をこわさないようにね(笑)。

　さて，目の前にホールのケーキがあるとしよう。これを2等分したら，1ピースが$\frac{1}{2}$個分になるね。3等分したら，1ピースが$\frac{1}{3}$個分になる。今回は，$\frac{1}{2}$個分と$\frac{1}{3}$個分を合わせて何個分になるか？　という問題だ。

$\frac{1}{2}$ + $\frac{1}{3}$ = ?

このままだといくつになるかわからないね。**分数は分母がそろっていないと足し算，引き算ができない**から，分母をそろえるためにもっと細かく“6等分”で考えてみよう。

$\frac{1}{2}$個ということは，6等分したときの3ピース分だから，$\frac{3}{6}$個と考えられるね。

一方，$\frac{1}{3}$個ということは，6等分したときの2ピース分だから，$\frac{2}{6}$個と考えられる。

これを足すと，6等分したときの5ピース分だから，$\frac{5}{6}$個になるよ。

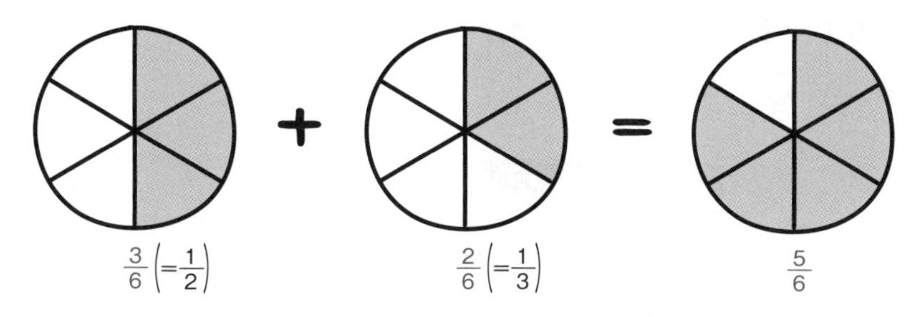

「でも，いちいちケーキを想像して考えるのは面倒だな。」

そうだね。だから，計算のしかたを覚えよう。2つの分数の分母を最小公倍数にそろえるんだ。今回は$\frac{1}{2}+\frac{1}{3}$だから，分母が2と3。この2つの最小公倍数はいくつ？

「6です。」

そうだね。じゃあ，6にそろえよう。これを**通分**という。

分数は，分母・分子に同じものを掛けても大きさが変わらないよ。

$\frac{1}{2}$は，分母を6にしたいので，分母・分子に3を掛ければいいね。

$\frac{1}{3}$は，分母・分子に2を掛ければいい。

通分して，分母をそろえる

$$\frac{1}{2}=\frac{3}{6}\quad(\times 3)\qquad \frac{1}{3}=\frac{2}{6}\quad(\times 2)$$

そして，分子どうしを足すんだ。

解答　$\frac{1}{2}+\frac{1}{3}=\frac{3}{6}+\frac{2}{6}$

$=\frac{5}{6}$　答え　例題1

ちなみに，引き算をするときも同じだよ。分母をそろえてから，分子どうしで引き算をすればいい。

さて，次は分数の掛け算と割り算をしよう。**掛け算や割り算は通分しなくていい**から，計算はラクだよ。

例題 2　つまずき度 ❗

次の計算をせよ。

(1)　$\frac{1}{2}\times\frac{1}{3}$　　(2)　$\frac{6}{7}\div\frac{3}{5}$

(1)は，まず，$\frac{1}{2}$個のケーキがあり，その$\frac{1}{3}$倍ということだから，さらに3等分したうちの1かけらということになるね。

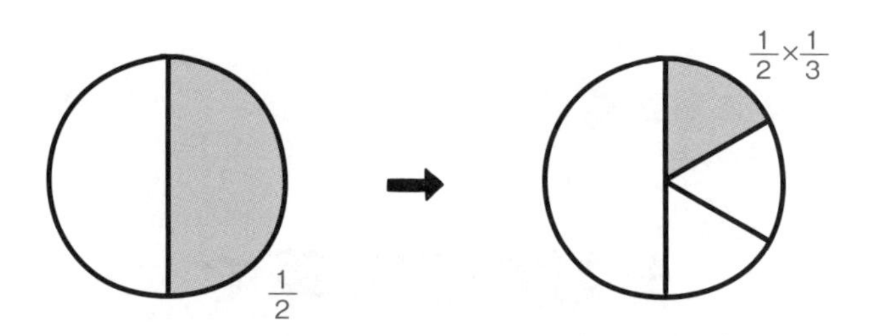

$\frac{1}{6}$とわかる。でも，これもいちいちケーキにたとえなくても計算できるよ。**分数の掛け算は，分母どうし，分子どうしを掛ければいい。**

解答 $\frac{1}{2}\times\frac{1}{3}=\frac{1\times1}{2\times3}=\underline{\underline{\mathbf{\frac{1}{6}}}}$ ⇦答え　**例題 2** (1)

↑分母どうし，分子どうしを掛ける

次の(2)だが，分数で割りたいときは，分母・分子をひっくり返したものを掛ければいい。

$$\div\frac{3}{5}=\underline{\underline{\times}}\frac{5}{3}$$

↑ひっくり返して掛ける

解答 $\frac{6}{7}\div\frac{3}{5}=\frac{6}{7}\times\frac{5}{3}$

$=\frac{\overset{2}{\cancel{6}}\times5}{7\times\cancel{3}}$

$=\underline{\underline{\mathbf{\frac{10}{7}}}}$ ⇦答え　**例題 2** (2)

分数は，分母・分子を(0以外の)同じもので割っても大きさは変わらない。ここでは分母の3と分子の6が両方とも3で割れるから，＼を引いて割ってあるよ。この分母・分子を同じもので割ることを**約分**というんだったね。

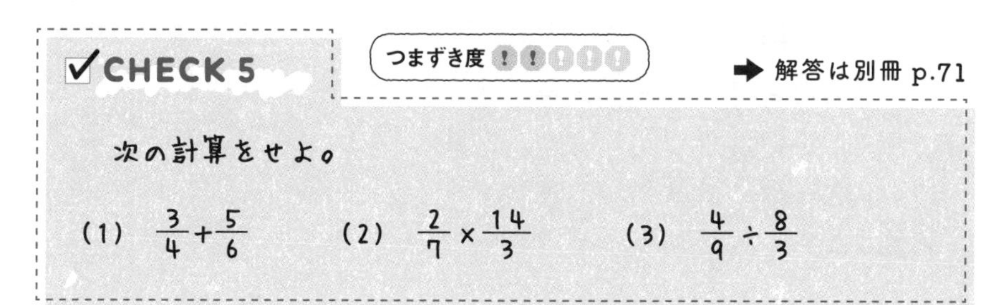

分数の割り算で逆数を掛けるのは，なぜ？

掛けて1になる数を互いに逆数であるという。 0-5 の 例題2 (2)の場合，$\frac{3}{5}$の逆数は$\frac{5}{3}$だから，$\frac{3}{5}$で割りたければ$\frac{5}{3}$を掛ければいいことになる。

「どうして逆数を掛ければいいのか，理由がわからないんですけど……。」

まず，① **$\frac{3}{5}$を掛けて，さらにその逆数$\frac{5}{3}$を掛けても変わらない**よね。

$$\frac{6}{7}\div\frac{3}{5}=\frac{6}{7}\div\frac{3}{5}\times\frac{3}{5}\times\frac{5}{3}$$

じゃあ，ケンタくんに質問。② **$\frac{3}{5}$で割ってから，$\frac{3}{5}$を掛ける**とは，どういうこと？

「割ってから，同じ数を掛けるから……，元通り？」

正解。この2つは何もしないことと同じだ。つまり，次のようになる。

$$\frac{6}{7}\div\frac{3}{5}=\frac{6}{7}\div\frac{3}{5}\times\frac{3}{5}\times\frac{5}{3}$$
$$=\frac{6}{7}\times\frac{5}{3}$$

納得した？

仮分数と帯分数

帯分数の$1\frac{3}{8}$は$1+\frac{3}{8}$の意味になる。でも，中1の2-1で文字が登場するんだけど，$2a$というふうに書かれていると，$2\times a$の意味になる。混乱しないようにね。

さっきのケーキの話だけど，目の前にホールのケーキが2個あるとし，それぞれを8等分したとしよう。1ピース食べたら$\frac{1}{8}$個食べたことになるね。じゃあ，11ピース食べたら何個食べたことになる？

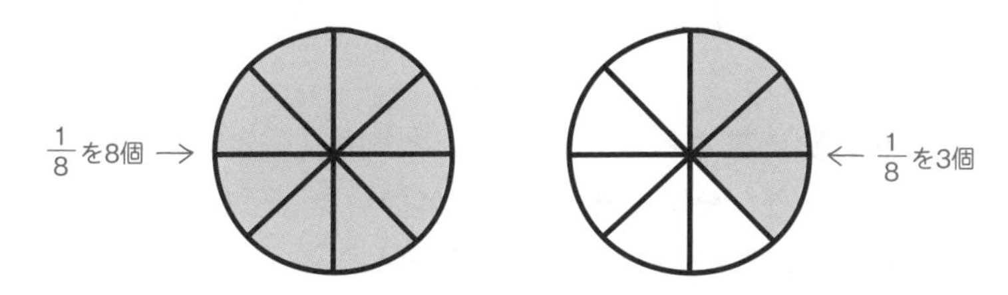

「$\frac{11}{8}$個です。」

そうだね。この$\frac{11}{8}$のように，分子が分母より大きい分数を**仮分数**というよ。上の図ではケーキを“1個と$\frac{3}{8}$個食べた”といってもいいね。1と$\frac{3}{8}$を足したものを$1\frac{3}{8}$と書くんだ。このような表しかたを**帯分数**というよ。仮分数で表した$\frac{11}{8}$と，帯分数で表した$1\frac{3}{8}$は同じ数だ。

「$1\frac{3}{8}$はどうやって読むの？」

『いちとはちぶんのさん』でいいよ。昔は『いっかはちぶんのさん』って読んだりしたけど，今はあまりそうやって読む人はいないみたい。

さて，分数では仮分数を帯分数に直したり，帯分数を仮分数に直したりすることができる。これも，いちいちケーキを想像して考えるのは面倒だ。ここでは，直しかたを覚えておこう。

例題　つまずき度 !!!!!

次の問いに答えよ。

(1)　$\frac{23}{7}$を帯分数に直せ。

(2)　$2\frac{4}{5}$を仮分数に直せ。

仮分数を帯分数に直すときは，分子の数の中に，分母の数がいくつ含まれるかを考えよう。**分子を分母で割ればいいね。そして，“商”は整数として外に出して，“あまり”は分子に残すんだ。**

(1)は，$\frac{23}{7}$だから，23の中に7がいくつ含まれるかを考えよう。割り算をして

$23 \div 7 = 3$　あまり2

だよね。よって，$3\frac{2}{7}$になるよ。

解答　$\frac{23}{7} = \mathbf{3\frac{2}{7}}$ ← 答え　例題 (1)

「帯分数を仮分数に直すときは，どうするのでしたっけ？　忘れちゃった……。」

(2)で見ていこう。$2\frac{4}{5}$ということは，$2+\frac{4}{5}$だね。足し算すればいいだけだよ。

「2を$\frac{10}{5}$と考えればいいんですね。

解答　$2\frac{4}{5}=2+\frac{4}{5}$

$=\frac{10}{5}+\frac{4}{5}$

$=\frac{14}{5}$　答え　例題 (2)」

✓CHECK 6

つまずき度 ！

➡ 解答は別冊 p.71

次の問いに答えよ。

(1)　$\frac{31}{4}$を帯分数に直せ。　　(2)　$5\frac{2}{9}$を仮分数に直せ。

0-7 工夫して計算する

計算は面倒だ。だから，ふつうに計算するのではなく，ちょっと工夫してラクに計算するワザを身につけよう。

ここでは計算をラクにできるいくつかの例を紹介していくよ。

1 同じものを足して，引くと，打ち消し合って消える

例題 1　つまずき度 !

$5+26-9+3-5-18+9$ を計算せよ。

「えーと，5＋26で31，31−9で……。」

ストップ！　1つひとつ計算してたら大変だ。計算ミスもしやすくなっちゃうしね。あせらずに全体を見てみよう。

$$\underline{\underline{5}}+26\underset{\sim\sim}{-9}+3\underline{\underline{-5}}-18\underset{\sim\sim}{+9}$$

よく見てみると，5を1回足して，しかも1回引いているよね。ということは何もしないことと一緒だ。打ち消し合って消えてしまう。9もそうだよ。

計算では，全体を見渡して，**同じものを足したり引いたりしているときは消してしまうといい**よ。

解答　$\cancel{5}+26\cancel{-9}+3\cancel{-5}-18\cancel{+9}=26+3-18$

$=\underline{\underline{11}}$ ⇦ 答え　例題 1

「計算の量がすごく減りましたね。今度から全体を見渡して計算するようにします。」

2 足すものどうし，引くものどうしをまとめる

例題 2 つまずき度 !!!!!

$19-4-7+3-10+8$ を計算せよ。

今度は消せる数字がないから，さっきほど簡単にはならない。でも，「19から4を引いて，7を引いて，3を足して，10を引いて，8を足して……。」と順にすると，足したり，引いたり忙しいね。“足すもの”どうし，“引くもの”どうしをまとめてしまおう。

足すのは，19，3，8だから，合わせて30かな？

引くのは，4，7，10で，合わせて21になる。

「ということは，30から21を引くわけだから，9ですね。」

そういうこと。式にまとめるよ。

解答

$19-4-7+3-10+8$

$=\underline{19+3+8}\ \underline{-4-7-10}$

（足すものをまとめた）（引くものをまとめた）

$=30-21$

$=\underline{\underline{9}}$ ← 答え 例題 2

では，もう1つやってみよう。

100のようなわかりやすい数を作る

例題 3　つまずき度 !!!!!

7×25×4　を計算せよ。

ぜんぶ掛け算なので，ふつうに前から順番に掛けてもできないことはない。7×25は175で，さらに×4というふうにね。でも，掛け算は計算の順番をかえても答えが変わらないから，計算が簡単になるなら掛け算をする順番をかえたほうがいいよ。

よく見てごらん。25×4が100になるよね。だから，ここからやったほうがいい。100に7を掛けるのはとても簡単だからね。

解答　$7\times 25\times 4=7\times 100$

$=\underline{\underline{700}}$　答え　例題 3

「おお！　100の掛け算は簡単ですからね。」

もちろん，100だけじゃなく，10とか1000とか，とにかくキリのいい数が作れないか？　と考えるようにすればいいよ。

CHECK 7　つまずき度 !!!!!　➡ 解答は別冊 p.71

次の計算をせよ。

(1)　14−3+8−6−8+3

(2)　94−20+18+6+32

(3)　8×2×9×5

道のり，速さ，時間

道のり，速さ，時間の関係は定番だし，“単位をそろえる”ということにも気を配らなきゃいけないよ。

まず，道のりについては大丈夫だよね。“道のり”は道にそってはかった長さのことだよ。

次に，速さについてだけど，例えば“秒速7m”というのは『1秒間に7m進む速さ』ということだ。

「台風中継とかで聞いたことある。」

そうだね。同様に“分速200m”は『1分間に200m進む速さ』ということだ。また，“時速50km”は『1時間に50km進む速さ』ということだ。

次に，道のり，速さ，時間の関係について

道のり＝速さ×時間

速さ＝道のり÷時間

時間＝道のり÷速さ

という計算で求められるよ。

「ギャー，ややこしくて覚えられない。」

覚えることではないんだけど，計算はすぐにできるようになったほうがいい。次のページの コツ をおさえておこう。

コツ1　道のり，速さ，時間の関係

道のり，速さ，時間の関係は右の図になる。

覚えておこう！

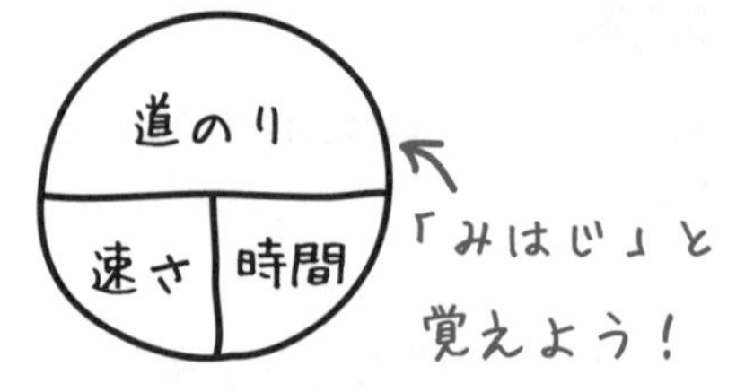

「なんですか？　『みはじ』って？」

まぁ，ゴロみたいなもんだよ。「み」（道のり）を上にかくんだよ。道のり，速さ，時間の問題が出て，自信がなかったら，この図をかいて“求めたいもの”を指で隠せばいい。“道のり”を隠せば，速さ×時間になっているよね。

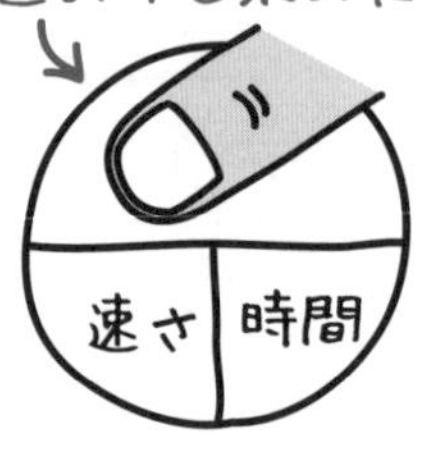

「あっ，本当だ……。」

同じく，“速さ”を隠せば$\frac{\text{道のり}}{\text{時間}}$，つまり，道のり÷時間になるし，“時間”を隠せば$\frac{\text{道のり}}{\text{速さ}}$，つまり，道のり÷速さになる。

「これは使える！」

ちょっと簡単に練習してみようか。ケンタくん，次の例題を解いてみて。

例題 1　つまずき度 !!!!!

次の□にあてはまる数を答えよ。

(1)　時速4kmで2時間歩いたときの道のりは□km
(2)　5分で1000m進む速さは分速□m
(3)　秒速4mで200m歩くには□秒かかる。

「(1) は道のり，(2) は速さ，(3) は時間を求めるんだな。
さっきの『みはじ』の図を使って考えようっと。

解答　道のりは，速さ×時間だから，(1) は4×2＝**8**(km)
速さは，道のり÷時間だから，(2) は1000÷5で分速**200**(m)
時間は，道のり÷速さだから，(3) は200÷4＝**50**(秒)

答え　例題 1」

例題 2　つまずき度 !!!!!

分速21kmで音が伝わるとすると，音源から700m離れた場所までは何秒で伝わるか。

これは，『**速さの単位が問題のほかの部分と違っている**』というケースだ。速さは“分”速なのに，求めるのは何“秒”だし，速さは“km”を使っているのに，700“m”になっている。

この場合は，**速さの単位をほかのものに合わせよう。**

分速21kmということは，分速21000mだ。さらに，1分で21000m進むということは，1秒では？

「$\frac{1}{60}$倍すればいいのですね！

解答　分速21kmということは，分速21000m。
さらに，21000÷60＝350より，秒速350mになる。
かかる時間は
　　700÷350＝**2（秒）** ⇦答え　例題2」

正解。よくできました。

✓CHECK 8　つまずき度 !!!!!　➡ 解答は別冊 p.72

不動産屋の『駅から徒歩○○分』という案内は，時速4.8kmで歩いたとして計算されている。このとき，“駅から11分”は，駅からの道のりが何mということか求めよ。

大きさの単位

1km，1kgに使われる**k（キロ）は1000倍**という意味だ。ちなみに，k（キロ）の1000倍はM（メガ），そのさらに1000倍をG（ギガ）という。

「牛丼にも“メガ盛り”というのがある（笑）。」

まあ，実際に100万倍の大きさというわけじゃない（笑）。メガという言葉には，単に『とても大きい』という意味もあるよ。メガバンクやメガフォンなどというようにね。

一方，1mm，1mgに使われる**m（ミリ）は$\frac{1}{1000}$倍**という意味だ。さらに$\frac{1}{1000}$倍をμ（マイクロ），そのさらに$\frac{1}{1000}$倍をn（ナノ）というよ。

「洗濯機や空気清浄機の宣伝で，『ナノサイズの汚れをキャッチする』とかいったりする！」

「マイクロスコープがあったり，短いスカートをマイクロミニと呼んだりしますね。」

ほかに，お金のドルやユーロの下の単位に“セント”というのがあるね。**c（センチ）は$\frac{1}{100}$倍**の意味だ。

「だから，1mの$\frac{1}{100}$倍は1cmというのですね！」

0-9　三角形，四角形の面積

ここでは小学校で習った図形の復習をするよ。面積の公式は覚えているかな？

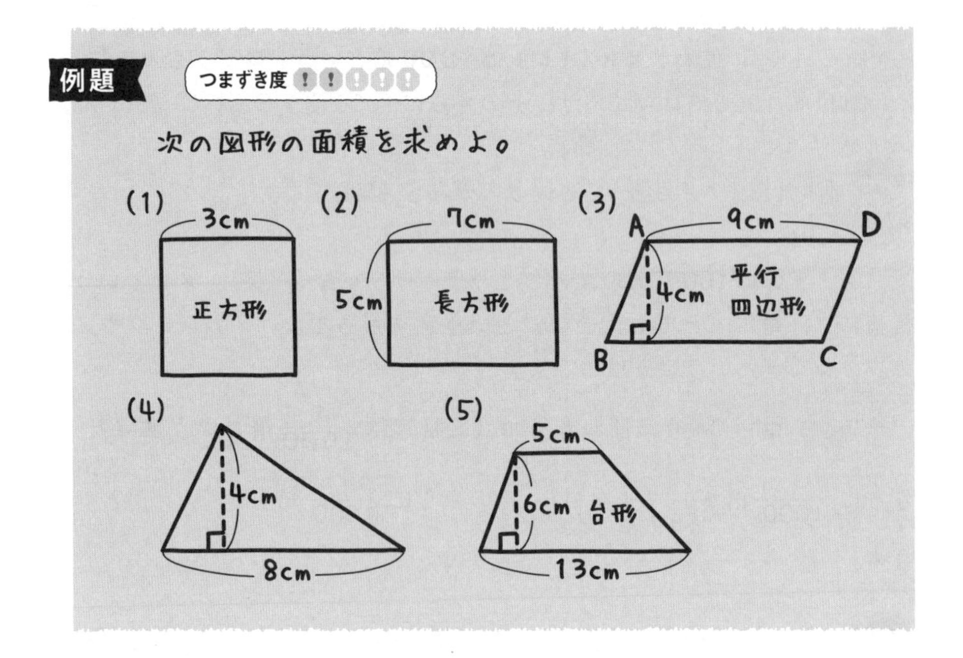

1辺の長さが1mの正方形の面積を1m²と書いて，“1平方メートル”というよ。1辺の長さが1cmの正方形の面積は1cm²と書いて1平方センチメートルになる。

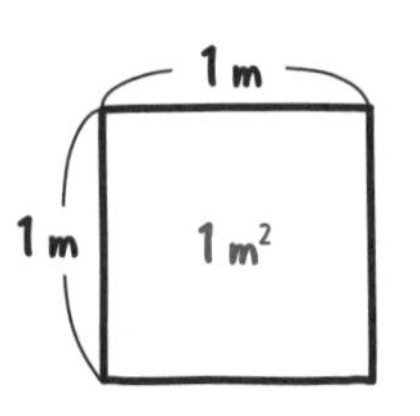

正方形の面積は

1辺×1辺

で計算することができたよね。だから，(1)はこうなるよ。

解答　3×3＝**9 (cm²)**　←答え　例題 (1)

「もしかして，cmやmの右上にある小さい2は，『2回掛けた』という意味ですか？」

うん。くわしくは中1の **1-10** で説明するからね。ドンドン解いていこう。

(2)はわかる？

「**長方形の面積は**

縦×横

だから

解答 $5 \times 7 =$ **35 (cm²)** ⇐答え 例題 (2)」

そうだね。続いて(3)だが，向かい合う辺が2組とも平行になっている四角形を平行四辺形というんだ。そして，

平行四辺形の面積は

底辺×高さ

で求めることができるよ。

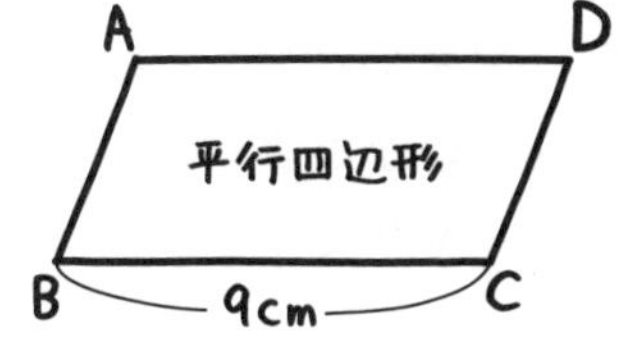

右の図でいえばBCは底辺だ。ちなみに，ADを底辺と考えることもあるよ。

「“底辺”という名前からいって，底の辺のことだと思っていたけど，そうじゃなくてもいいんですか？」

うん。図をひっくり返したら，ADが底の辺になるからね。長さのわかっている辺を底辺と考えればいいよ。

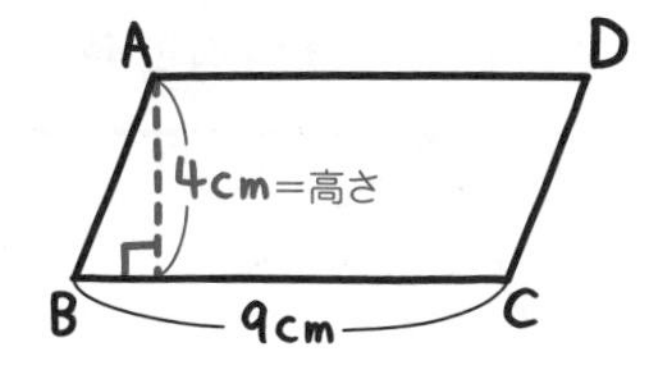

そして **“高さ”というのは，上の部分の点から底辺に垂直に下ろした直線の長さだよ。**

「ABの長さじゃないんですね。」

その通りだ。斜めになっているから高さとはいわないね。注意しよう。答えは，こうなるよ。

解答　9×4＝**36（cm^2）**　⇦答え　例題（3）

じゃあ，次は(4)だが，**三角形の面積は**

底辺×高さ×$\frac{1}{2}$

で求まるんだよね。

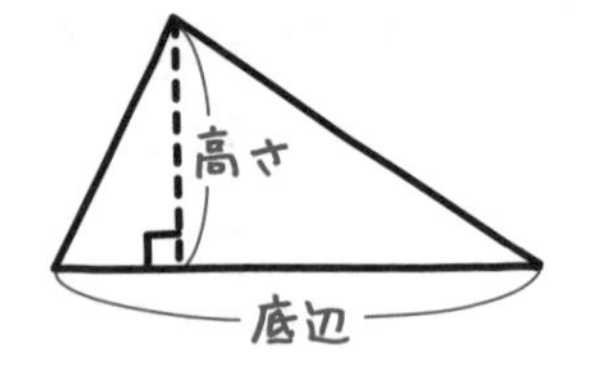

「この公式も知っていますけど，どうして$\frac{1}{2}$を掛けるのかしら？」

同じ三角形を2つ，お互いの上下が逆さまになるようにくっつけてみると，どんな形になる？

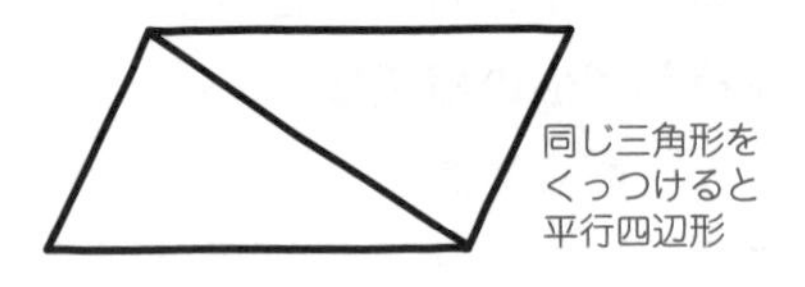

「平行四辺形だ！」

そうだね。三角形2個で平行四辺形になって，面積は**底辺×高さ**だ。三角形はその半分だから，面積は**底辺×高さ×$\frac{1}{2}$**になるわけなんだ。

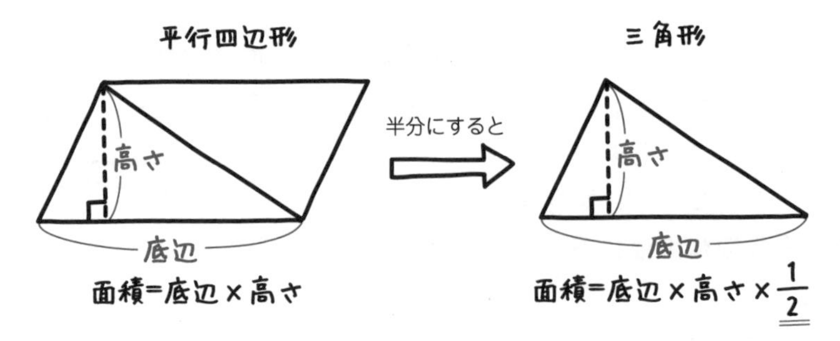

納得できたかな？　じゃあ，サクラさん。⑷を答えてみよう。

「解答　$8\times4\times\frac{1}{2}=$**16（cm²）** ⇦答え　例題 ⑷」

そう。正解。最後に⑸だが，向かい合う1組の辺が平行になっている四角形を台形という。そして，その平行になっている2辺のうち，上にある辺を**上底**，下にある辺を**下底**というよ。

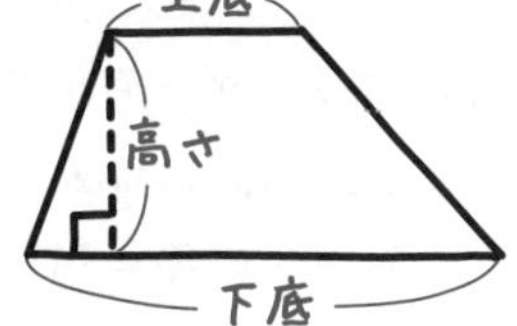

台形の面積は

（上底＋下底）×高さ×$\frac{1}{2}$

で求められるよ。ケンタくん，⑸の答えは？

「解答　$(5+13)\times6\times\frac{1}{2}=$**54（cm²）** ⇦答え　例題 ⑸」

そうだね。合っているよ。

「台形の面積の公式は，なんで（上底＋下底）×高さ×$\frac{1}{2}$になるんですか？」

それは次のCHECKで考えてごらん。三角形のときと同じように考えればわかる。大ヒントだね（笑）。

✓CHECK 9　つまずき度 ❗❗　➡解答は別冊 p.72

台形の面積が

（上底＋下底）×高さ×$\frac{1}{2}$

で求められる理由を考えよ。

0-10 円の面積

ギネスブックは世界中の人が挑戦できる記録でないと認定されないらしい。円周率の暗記もその1つだよ。ちなみに世界記録は10万ケタにもなる。気が遠くなりそう……。

円周の長さが，直径の長さの何倍になっているかを表す数を，**円周率**というよ。円周率は約3.14だ。

円周÷直径＝円周率（3.14）

これは，どんな大きさの円でも成立するルールだから覚えなきゃダメだよ。

「ずっと続くんですよね。
3.1415926……
という感じで。」

よく知っているね。でも，通常は3.14で計算すればいいよ。

円周÷直径＝3.14（円周率）の両辺に直径を掛けると，円周の長さの公式が導ける。

円周＝直径×3.14　（または2×半径×3.14）

ということだ。

「円周÷直径＝3.14のルールから導けるんですね。」

さらに，**円の面積は**

半径×半径×3.14

で計算できるよ。

「この公式は知っていますけど，なんでこれで円の面積が求められるんですか？」

円を中心から放射線状に細く切って，そのピースを上下逆さまになるように交互にくっつけながら並べてみよう。

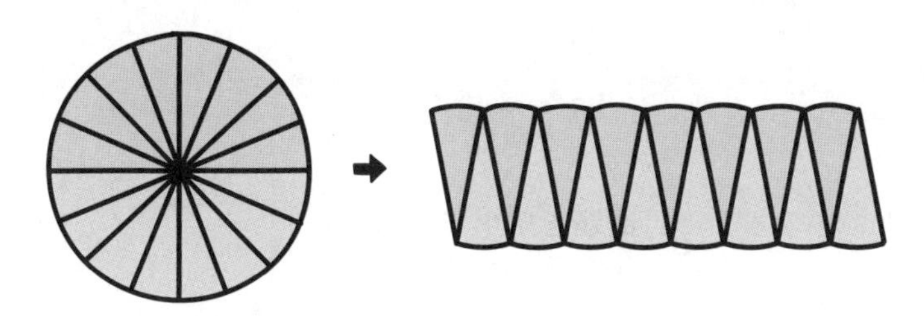

このピースを上下逆さまに交互にくっつけてできた図の，上下の線の部分って，もとは円周だったところだよね。しかも，この図形は長方形に近い形になる。この図形の面積を求めればいいわけだ。ここまではわかる？

「でも，長方形じゃないですよ？　上下の線がデコボコしているし……。」

ごもっとも。だから，もっと，ずっと細く切って並べるようにしようか。すると，ほとんど平らになって，長方形とほぼ変わらなくなるはずだ。

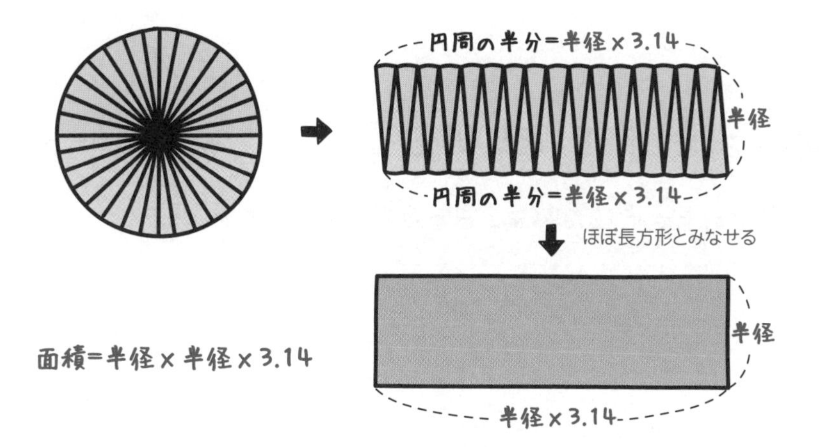

さて，この上下の線の長さを合わせると，円周と同じ長さだから，2×半径（直径）×3.14になる。ということは一方の長さだけだと，半径×3.14になるね。

しかも高さは半径と同じ長さだから，面積は，半径×半径×3.14になるというわけなんだ。

「あっ，そうか。それでなんだ。」

ここまでをふまえて，問題を解いてみよう。

例題　つまずき度 !

半径5cmの円の円周の長さと面積を求めよ。

サクラさん，解いてみて。

「半径が5cmということは，直径は10cmですよね。じゃあ

解答　円周の長さは　10×3.14＝**31.4（cm）**

面積は　5×5×3.14＝**78.5（cm^2）**　」

そう。正解。

✓CHECK 10　つまずき度 !　➡ 解答は別冊 p.72

円周の長さが18.84cmの円の直径と面積を求めよ。

立体図形の体積

小学校で登場する立体の体積はそんなに難しくないはずだが，一応おさえておこうね。中学数学になると，立体の数も増えるよ。

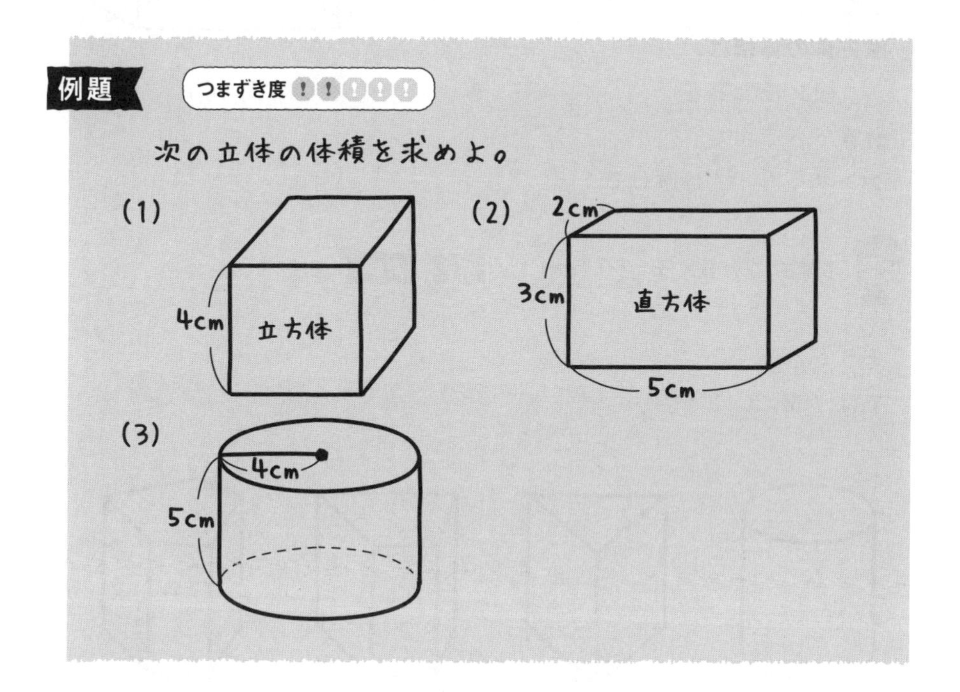

立方体というのは6つの同じ大きさの正方形に囲まれた立体だ。サイコロのような形だよ。

立方体の体積は

1辺×1辺×1辺

で計算できるんだ。

そして，1辺の長さが1mの立方体の体積を1m^{3}と書いて，“1立方メートル”というよ。1辺の長さが1cmなら1cm^{3}だ。

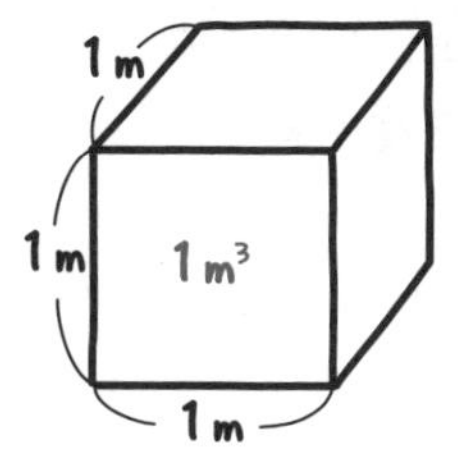

(1)を解くと，こうなるよ。

解答 $4 \times 4 \times 4 =$ **64 (cm³)** ⇐答え **例題** (1)

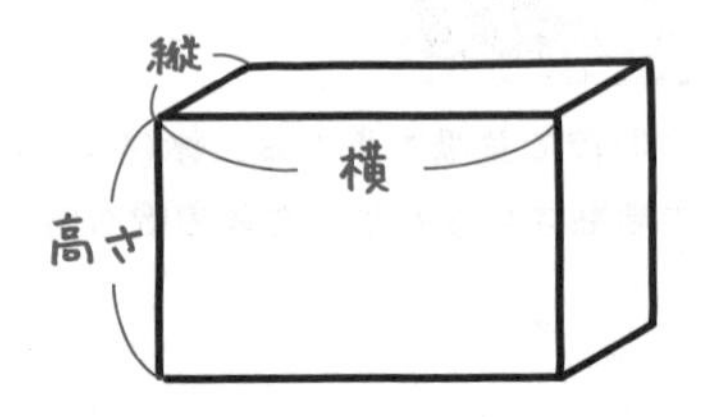

また，長方形だけで囲まれた立体や，長方形と正方形で囲まれた立体を**直方体**という。ティッシュペーパーの箱のような形だね。

直方体の体積は

縦×横×高さ

で計算できるんだ。

ケンタくん，(2)は解ける？

「**解答** $2 \times 5 \times 3 =$ **30 (cm³)** ⇐答え **例題** (2)」

そうだね。

では，(3)にいこう。

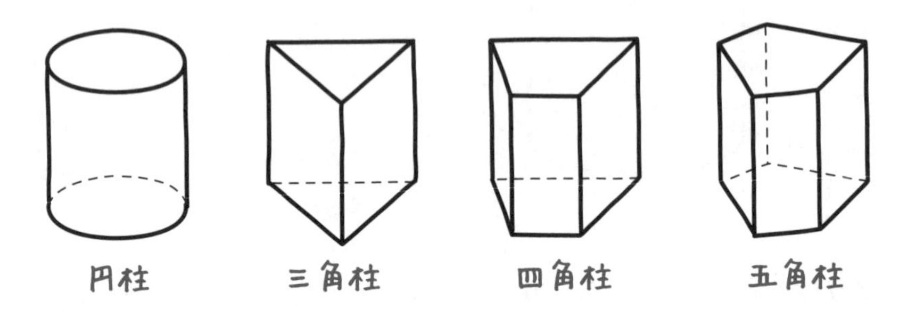

上図のような上と下の面が同じ形の図形で，柱の形になっているものを**円柱**や**角柱**というよ。

「四角柱は直方体と同じですか？」

違うよ。直方体は，すべての面が長方形か正方形じゃないといけない。四角柱は，底面が四角形ならなんでもOKだ。

さて，これらの“～柱”の体積は

底面積×高さ

で求められる。簡単でしょ。サクラさん，(3)を解いてみよう。

「円の面積は，半径×半径×3.14だから

解答
$4 \times 4 \times 3.14 \times 5$（底面積：$4 \times 4 \times 3.14$）

$= 80 \times 3.14$

$= 251.2\ (\text{cm}^3)$ ←答え 例題 (3)」

よくできました。

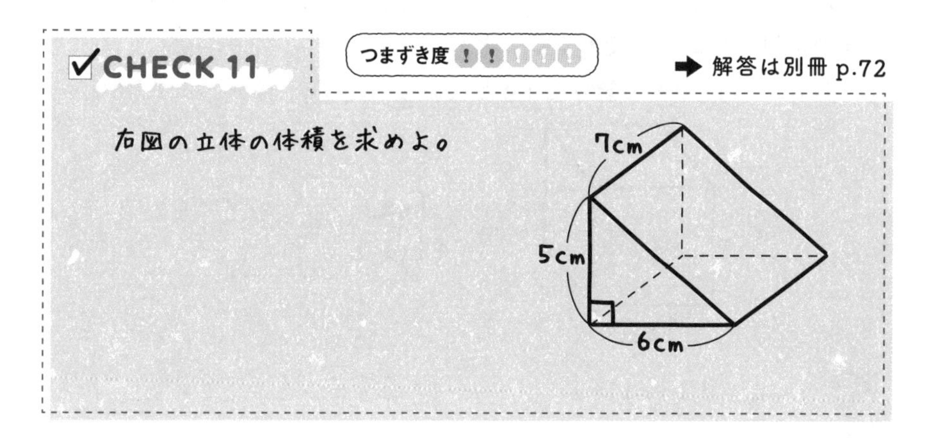

容積

容積が1 cm^3の容器に入った液体の量を1 mLという。

「1 ccというといいかたもするけど，同じ意味ですか？」

うん。同じだよ。“cc”といういいかたは日常ではよく使うよね。算数・数学の世界ではあまり使わないけどね。

そして，1 mLの水の重さを1 gと決めたんだよ。

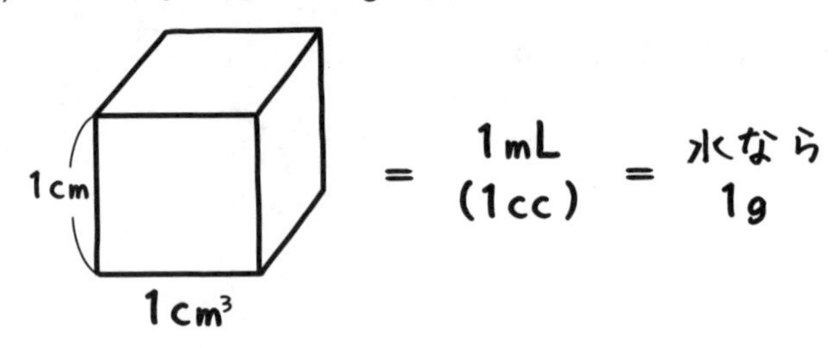

「えっ？　そこからきているのですか？　知らなかった……。」

ところで，1辺の長さが10 cmの立方体の体積はいくつ？

「10×10×10＝1000（cm^3）　です。」

そうだね。1 cm^3＝1 mLの1000倍だ。つまり1 Lだ。水の重さなら，1 kgになる。

あと，もう1つ話をさせて。“d（デシ）”には$\frac{1}{10}$の意味があるんだ。1 Lの$\frac{1}{10}$は1 dL（デシリットル）と小学校で習ったよね。中学以降ではdLという単位はあまり使わなくなるよ。

データに関する用語

データを調べるとき，小学校でたくさんの用語を学習した。中学校でもいろいろな用語を学習するので，しっかり復習しておこう。

例えば，北中学の男子57人と南中学の男子82人で，どちらが体力があるかを調べることになり，懸垂が何回できるかで比較することになったとしよう。

「代表を1人ずつ出して勝負すればいいんじゃないの？」

「でも，その男の子1人だけが，たまたますごいだけかもしれないじゃない。」

そうだよね。しかも，南中学のほうが人数が多いからすごい子がいる可能性が高いし，ちょっと不公平だよね。そこで全員を体力測定して，何回できる人が何人いるかを調べるのがいいと思う。この各人数のことを，データの世界では**度数**という。

「えっ？　人数ではダメなんですか？」

それでもいい。でも，今回は人だけど，例えば，ボールだったら“個数”になるし，動物の数なら“頭数”などになるので，度数といういいかたで統一するのが一般的なんだ。ちなみに，最小値と最大値の差を**範囲（レンジ）**というので覚えておこう。

さて，調べた結果，北中学では３回，南中学では２回できる人がいちばん多かった。このような，最も度数が多い値を①**最頻値（モード）**というよ。北中学校のほうが体力がありそうだ。

「各学校の②**平均値**を求めて，比べてもよさそうですね。」

そうだね。ほかに，真ん中の順位の人の値で考える方法もある。これを③**中央値（メジアン）**というよ。

「確かに，真ん中を比べるというのはリアルかも。でも，57人の真ん中って何人目？」

真ん中の人を除くと56人で，その半分ずつ，つまり28人ずつが前後にいるわけなので29番目ということになる。または，**1人増やして2で割る**という方法もある。

57＋1＝58（人）

これを2で割ると29番目ということになるね。

「人数が偶数のときは真ん中がないけど，その場合はどうするのですか？」

例えば，南中学の場合は82人だけど，この場合は**41番目と42番目の平均を中央値と考えるよ**。

これら，①最頻値，②平均値，③中央値は，そのグループを代表する値という意味で**代表値**と呼ばれている。

中学1年 1章

正の数・負の数

さて，いよいよ数学の始まりだ。まずは計算のほうだけど，ここでは負(マイナス)の数について勉強するよ。

「マイナスって，ふだんから使っているけど，計算はしたことなかったです。」

「マイナス思考とかね。」

生活の中にもマイナスという言葉は入りこんでいるからね。
この章では，そのほかにも計算の基本となることがたくさん登場するから，ちょっと量が多いけど，一所懸命ついてきてね。

マイナスの世界へようこそ

プラスとかマイナスといった数は日常でもよく使っているよ。どんなふうに使っているかをチェックしておこうか。

0より大きい数を＋，0より小さい数を－で表す

0より大きい数を**正の数**，0より小さい数を**負の数**といい，正の整数のことは**自然数**というよ。正の数，負の数はそれぞれ数字の前に**＋**や**－**をつけて表すんだ。例えば，**0より3大きい数なら＋3，0より0.5小さい数なら－0.5という感じにね。**“＋”や“－”のことを**符号**というよ。

「“＋3”は，ただの“3”じゃダメなんですか。」

うん。それでも正解だね。どっちでもいい。**特別に，『正の数だよ！』と強調したいときは，＋をつけたりするんだ。**

ほら，例えば，真冬の北海道で気温がマイナスの日が何日も続いたとする。でも，天気予報で明日の気温が3℃なら，『寒いねぇ……でも，明日はちょっとマシになるらしいよ。プラス3℃らしいからね。』というふうにいったりするだろう？　それと同じだよ。

「0は，正なんですか？　負なんですか？」

0は正，負のどちらでもないよ。だから，＋0や－0とは書かない。気温でも，『0℃』といって＋0℃や－0℃とはいわないでしょ？

2 “増える”・“大きくなる”を＋，“減る”・“小さくなる”を－で表す

これも大丈夫なんじゃないかな？『貯金の額が＋5000円になった』とか，『テストで計算ミスをして－10点』とかいうよね。

3 マイナスを“反対”の意味で使う（数学の世界では使うが，日常では使わない）

例えば，『東に向かって，時速40kmで車が進む』なら，『西に向かって，時速－40kmで車が進む』ということもできるんだ。

「えっ？　そんな変ないいかたしたことがない(笑)。」

これは数学の世界独特のいいかただ。まとめておくので理解してね。

コツ2 マイナスを使う，変わった表現

マイナスは“反対”の意味で使うことがあり，**数学の独特な表現**なので，覚えておこう。

例　「東に時速5km」＝「西に時速－5km」

✓CHECK 12

つまずき度 ！

➡ 解答は別冊 p.72

次の□にあてはまる言葉または数字を答えよ。

(1) “－4時間後”は，“4時間□”である。

(2) “200円もらう”は，“□円あげる”である。

1-2 絶対値

「絶対値」ってなんだか難しそうな言葉だけど，意味はすごく単純だよ。

“0との差”のことを絶対値というんだ。数直線でいうと“0との距離”ともいえる。 “４の絶対値”なら，“４と０の距離”ということで４だね。

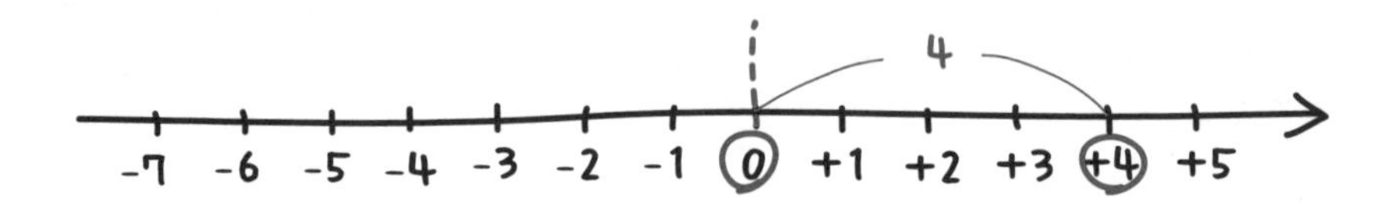

“－７の絶対値”なら，“－７と０の距離”ということで７だ。

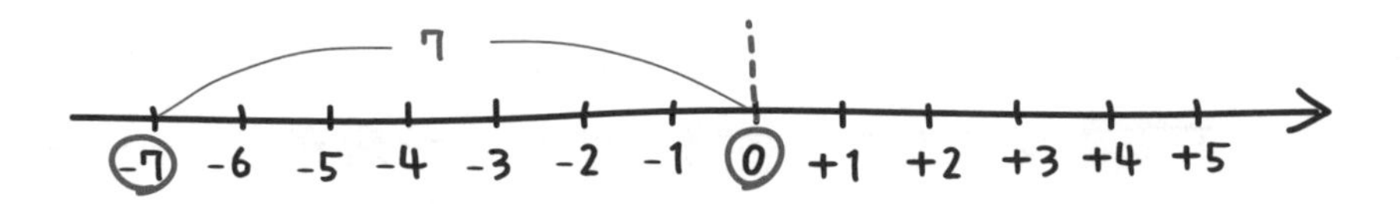

例題　つまずき度 !!!!!

次の数を求めよ。

(1)　絶対値が$\frac{9}{4}$になる数をすべて求めよ。

(2)　絶対値が3.7より小さくなる整数をすべて求めよ。

この問題は，絶対値からもとの数を求めようというものだ。(1)の答えはわかる？

「＋や－の符号を外すと$\frac{9}{4}$になる数だから

解答　$\frac{9}{4}$，$-\frac{9}{4}$　答え　例題　(1)」

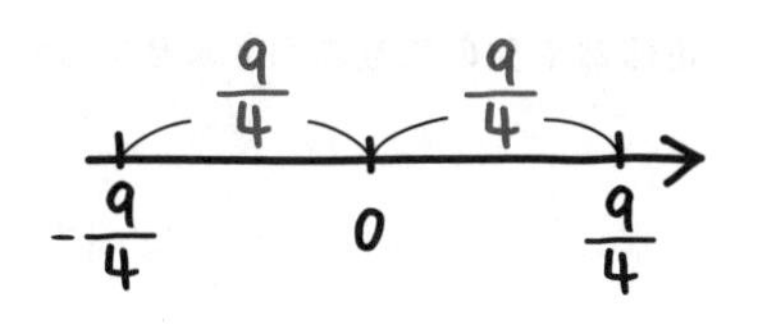

そう。大正解。絶対値が$\frac{9}{4}$になるということは，『0との距離が$\frac{9}{4}$』だから，$\frac{9}{4}$と$-\frac{9}{4}$と考えてもいいね。

(2)もこの考えでやっていけばいいよ。絶対値が3.7より小さいということは，『0との距離が3.7より小さい』ということだから，－3.7と3.7の間になる。

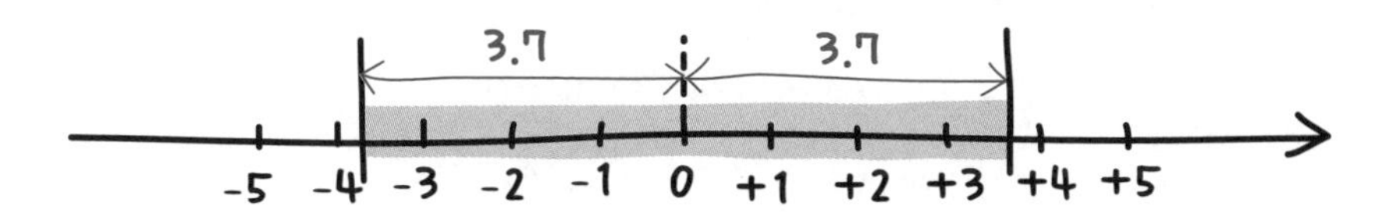

問題では整数について聞かれているね。答えはわかるかな？

「解答　　答え　例題　(2)」

✓CHECK 13

つまずき度 !!!!!

➡ 解答は別冊 p.72

次の数を求めよ。

(1)　絶対値が2.4になる数をすべて求めよ。

(2)　絶対値が$\frac{13}{7}$より小さくなる整数をすべて求めよ。

1-3 数の大小を調べてみよう

正の数や負の数をごちゃまぜにしたものを，小さいほうから順に並べてみよう。

さて，数には，-1.6とか，$\frac{4}{7}$とか，0とか，いろいろあるよね。それらの**数の大小を調べるには，数直線上に点をとればいい**んだ。さっそく問題を解いてみよう。

例題 1　つまずき度 !!!!!

次の数の大小を表せ。

$-1.8,\ 6,\ -\frac{5}{3},\ -4,\ 2.9,\ 0$

「$-\frac{5}{3}$は，$-(5\div3)$を計算すると$-1.666\cdots\cdots$だから，こうなりますね。

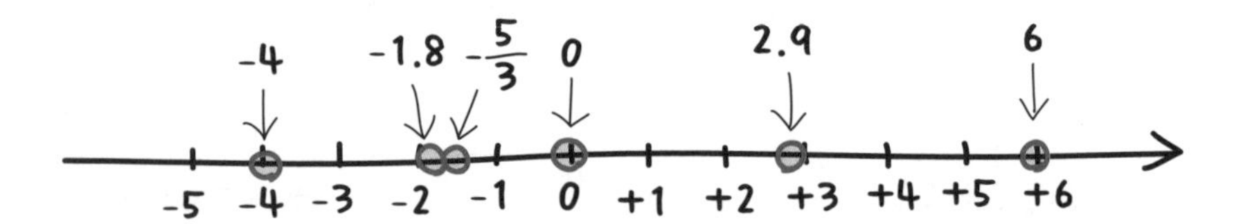

大きい，小さいはどうやって答えればいいのですか？」

大小を表す記号＜，＞（不等号）を使おう。“不等号”は大丈夫かな？

“AがBより大きい”はA＞Bと書き，『AだいなりB』と読む。“AがBより小さい”はA＜Bと書き，『AしょうなりB』と読む。

「あっ，これは知っています。」

よかった（笑）。じゃあ，正解は？

「$-4<-1.8<-1.666\cdots\cdots<0<2.9<6$　です。」

あっ，**もとの形で答えてね**。$-1.666\cdots\cdots$は問題文にないからさ。

「あっ，そうか。

解答　$-4<-1.8<-\frac{5}{3}<0<2.9<6$ ⇦答え　例題1」

さて次は，より実戦的に，数直線を使わないで大小を調べてみよう。問題が出るたびに数直線をかいていたら面倒だからね。

例題 2　つまずき度 !!!!!

次の数の大小を表せ。

-1.5，3.5，$-\frac{7}{6}$，-8，0，5

難しくないから，しっかり理解してね。まず，**① “負の数”と“0”と“正の数”のグループに分けよう。**

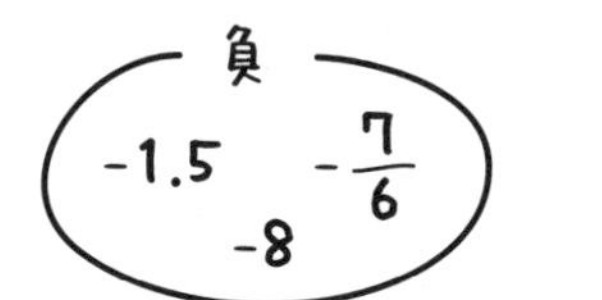

0

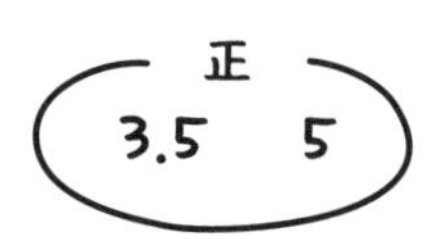

“負の数”は，-1.5，$-\frac{7}{6}$，-8で，“正の数”は，3.5，5だね。

そして，（負の数）$<0<$（正の数）だ。

次に，**② 負の数どうし，正の数どうしで大小を考える。**まず，正の数のほうの大小だが，3.5と5の大小は大丈夫だよね？

「$3.5<5$です。」

そうだね。そして，**負の数のほうは注意が必要だ**。マイナスのあとの数字，つまり，**絶対値が大きいほど小さいよ**。負の数のほうの大小は？

「$-\frac{7}{6}=-1.166\cdots\cdots$だから，$-8<-1.5<-\frac{7}{6}$です。」

そうだね。0も合わせて並べると

解答　$-8<-1.5<-\frac{7}{6}<0<3.5<5$　答え　例題2

✓CHECK 14　つまずき度 !!!!!　➡ 解答は別冊 p.72

次の数の大小を表せ。

$4.6,\ 0,\ -\frac{8}{5},\ \frac{7}{2},\ -1$

1-4 負の数どうしを足してみよう

正の数どうしの足し算は小学校で勉強しているからもういいよね。じゃあ，ここでは負の数どうしを足すという計算をしてみよう。

例題　つまずき度 !

−2と−5を足した数を求めよ。

「−2＋−5と書けばいいんですか？」

いや，そうじゃない。**＋，−，×，÷の記号を続けて書くことはできないんだ。** −2や−5が1つのカタマリという意味で(　)でくくって

$(-2)+(-5)$

と書くんだ。

ちなみに$-2+(-5)$と書いてもいいよ。

「えっ？　最初の−2には(　)をつけなくてもいいのですか？」

うん。最初のマイナスの前には，＋，−，×，÷がないからね。

「そうか！」

足し算のことを**加法**(かほう)というよ。$(-2)+(-5)$ のように負の数どうしなら，まず，2と5を足そう。

Point 1 負の数どうしの足し算

負の数どうしを足すときは

① **絶対値どうしを足す。**

② **①の答えにマイナスをつける。**

解答 (−2)＋(−5)＝**−7** ⇦答え 例題

「マイナスをつける以外は，ふつうの足し算だね。」

✓CHECK 15

つまずき度 !!!!!

➡ 解答は別冊 p.72

次の計算をせよ。

(1) $(-2)+(-9)$　　(2) $\left(-\frac{1}{4}\right)+\left(-\frac{7}{2}\right)$

正の数と負の数を足してみよう

そろそろマイナスの世界に慣れてきたころかな？　正と負を足すという計算もあるよ。

例題　つまずき度 !!!!!

次の計算をせよ。

(1)　(+5)+(−1)　　　(2)　(−7)+(+4)

「今度は，正の数と負の数がまざってますね。」

正の数と負の数を足すときは，次のように考えよう。

Point 2　正の数と負の数の足し算

① 正の数と負の数の**絶対値を比べ，大きいほうの符号**をつける。

② **2つの絶対値を引き算し，①の符号をつける**。

(1)の計算をしよう。

①　正の数と負の数のうち絶対値の大きいほうの符号になるんだ。

(+5) の絶対値は5で，(−1) の絶対値は1だね。プラスのほうが“勝ち”だ。答えはプラスになるとわかる。

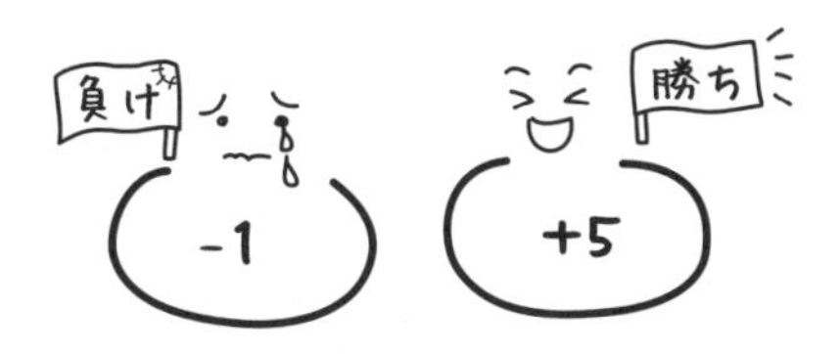

②　この絶対値どうしの差を求めればいい。

5－1で，4になるよね。

解答　$(+5)+(-1)=\underline{\underline{+4}}$　答え　例題 (1)

ケンタくん，(2)をやってみようか。

「まず，(－7)と(＋4)の絶対値を調べると……
(－7)の絶対値は7で，(＋4)の絶対値は4だから，符号はマイナスになるな。そして，絶対値どうしを引くと，7－4で3だから

解答　$(-7)+(+4)=\underline{\underline{-3}}$　答え　例題 (2)」

そうだね。よくできました。

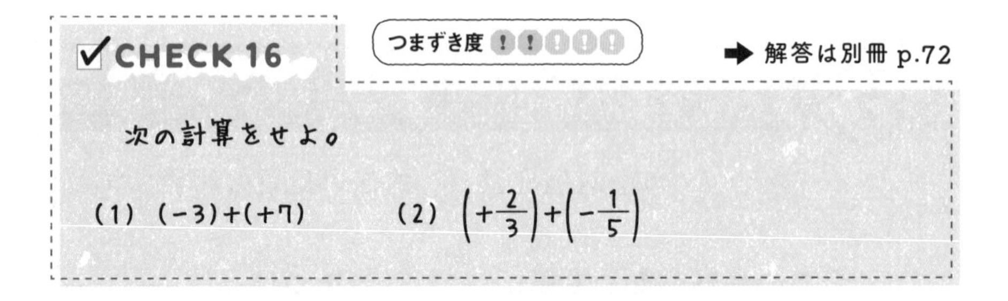

1-6 いくつもの足し算，引き算

1つひとつ前から順番に足していくと面倒な計算もある。要領よく計算しよう。

例題 1　つまずき度 !!!!!

$(+2)+(-9)+(-3)+(+6)+(-4)$　を計算せよ。

小学校のとき，足し算では足す順番をかえてもいいと習った。（**加法の交換法則**）

また，例えば3つの数を足すとき，前の2つを足してから残りの1つを足しても，後ろの2つを足してから残りの1つを足しても，結果は同じと習った。4つ，5つの数でも同様で，どの組み合わせで足してもよかった。（**加法の結合法則**）

これは，負の数でも使えるよ。

まず，正の数どうし，負の数どうしを集めよう。

解答

$(+2)+(-9)+(-3)+(+6)+(-4)$

$=(+2)+(+6)+(-9)+(-3)+(-4)$

$=(+8)+(-16)$

$=\mathbf{-8}$ ←答え　例題 1

ここは，**正の数どうし，負の数どうしを足してから，その両方を足せばラクだよ。**

「最初，正どうし，負どうしを集めなきゃダメですか？　面倒だから順番をかえないで，いきなり

$(+2)$と$(+6)$，(-9)と(-3)と(-4)

を足してもいいですか？」

そうだね。計算を間違えずに，頭の中で正の数と負の数を分けられるのなら，それでもいいね。

解答　$(+2)+(-9)+(-3)+(+6)+(-4)$
$=(+8)+(-16)$
$=\underline{\underline{-8}}$ ⇦答え　例題1

では，もう1問解いてみよう。

例題2　つまずき度 !!!!!

$(-4)-(+5)+(+1)-(-8)+(-2)$　を計算せよ。

「この問題は$-(+5)$や$-(-8)$のように，(　)の前にマイナスがきていますね。どうやって解くんですか？」

引き算のことを**減法**(げんぽう)というよ。ここでは，**$-(\quad)$を$+(\quad)$に変える**んだ。$-(\quad)$を$+(\quad)$に変えて，中の符号を逆転させればいいんだよ。

$-(+5) \longrightarrow +(\underset{逆転}{\underline{\underline{-}}}5)$,　$-(-8) \longrightarrow +(\underset{逆転}{\underline{\underline{+}}}8)$

解答　$(-4)-(+5)+(+1)-(-8)+(-2)$
$=(-4)+(-5)+(+1)+(+8)+(-2)$
$=(+9)+(-11)$
$=\underline{\underline{-2}}$ ⇦答え　例題2

足し算を構成する1つひとつのものを**項**(こう)という。解答の2行目を見ると，この式の項は，-4，-5，1，8，-2とわかる。このうち，1，8を**正の項**，-4，-5，-2を**負の項**というよ。1は$+1$，8は$+8$と書いてもいいよ。

でも，慣れてきたら，いっそのこと(　)をとって，次のように計算できるといいよ。

Point 3

（　）の式の足し算，引き算

＋(＋●)や－(－●)なら＋●，＋(－●)や－(＋●)なら－●

として（　）を外す！

例　＋(＋3)⟶＋3，－(－3)⟶＋3

＋(－3)⟶－3，－(＋3)⟶－3

つまり，（　）の前と（　）の中が同じ符号ならプラス，違う符号ならマイナスにするということだ。これを使うと

解答　(－4)－(＋5)＋(＋1)－(－8)＋(－2)

＝－4－5＋1＋8－2

＝1＋8－4－5－2

＝9－11

＝**－2**　答え　例題 2

「あっ，こっちのほうが，（　）のない足し算と引き算だけになっていいな。ラクそう！」

これも解答の2行目を見ると，この式の項は－4，－5，1，8，－2とわかる。

CHECK 17　つまずき度 !!!!!　➡ 解答は別冊 p.72

次の計算をせよ。

(1) $(-6)-(+7)+(+5)+(-2)-(-3)$

(2) $-\left(+\dfrac{2}{5}\right)+\left(-\dfrac{1}{2}\right)+(+4)-(-1)$

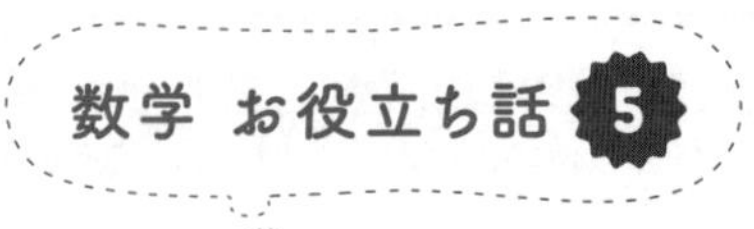

負の数を引くと，なぜプラスになるの？

「さっきの(　)を外して計算する方法は，(　)のない足し算と引き算だけになるからラクでいいんだけど，ギモンがあります。」

何かな？

「例えば，$4+(+3)=4+3$とか，$4-(+3)=4-3$となるのはわかるんだけど，なんで，$4+(-3)=4-3$，$4-(-3)=4+3$となるの？」

負の数を足したり引いたりするのがイメージできないんだね。確かに気持ちはよくわかるよ。例えば，こんなことを考えてみよう。

ゲームをしていて，得点の書かれたカードを自分のカゴに入れておくとする。カゴには，今，＋5点のカードと＋2点のカードが入っている。合計は＋7点だね。

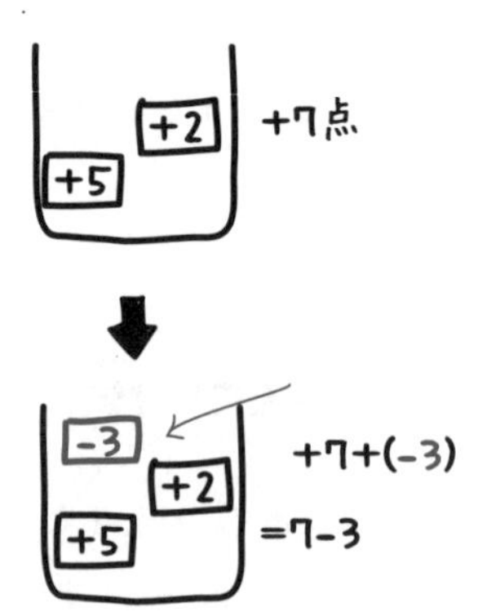

「はい，わかります。」

このカゴに，−3点のカードを加える。つまり$+(-3)$をすると，カゴの中の合計得点は？

「あ，3点減って4点になります。」

そうだね。$7+(-3)=7-3$となった。これが負の数を足すというイメージだよ。

次に，カゴに-5点のカードと-2点のカードが入っているとする。合計-7点だね。

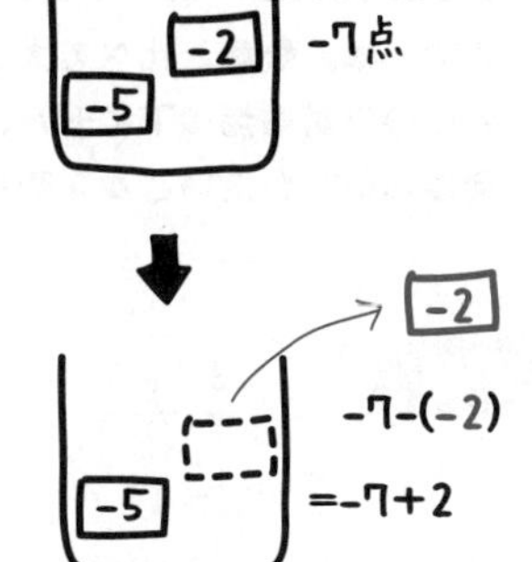

「はい，そうですね。」

今度は，そのカゴから-2点のカードを取り出す。つまり$-(-2)$をすると，カゴの中の合計得点はどうなる？

「-5点になります。あっ，2点増えたことと同じだ！」

そう，$-7-(-2)=-7+2$ということになるんだ。負の数を引くというのがイメージできたかな？

このイメージさえできていれば，ドンドン(　)を外した足し算と引き算にしてしまおう。計算スピードが上がるよ。

1-7 ～と比べて，～を基準にすると

＋や－は，●●と比べて大きい，小さいというときにも使うよ。テレビの天気予報で，各地の最高気温の下に＋７℃とか，－４℃とか出るけど，これは“昨日の気温と比べて”何度高いとか低いとかを表しているんだ。

例題　つまずき度 !!!!!

右の表は，ロンドンを基準にしたときの，ニューヨーク，パリ，東京の時差を表したものである（単位は「時間」）。次の問いに答えよ。

ニューヨーク	－5
パリ	＋1
東京	＋9

(1)　ロンドンが13時（午後１時）のとき，東京は何時になるか。

(2)　ニューヨークを基準にしたときのパリとの時差を求めよ。

オリンピックやワールドカップなどの世界大会が生中継されるとき，時差があるから，夜中とか早朝とか，すごい時間に放送されることがあるよね。

さて，今回は，ロンドンの時間が基準とされていて，東京は＋9時間という時差になっているのだけど，サクラさん，(1)はわかる？

「13時の9時間後だから

解答　13＋9＝22　　**22時（午後10時）**   (1)」

そうだね。続いて⑵だ。**「●●を基準に」といわれたら「●●を0とする」**と考えればいい。図にすると下のようになるよ。

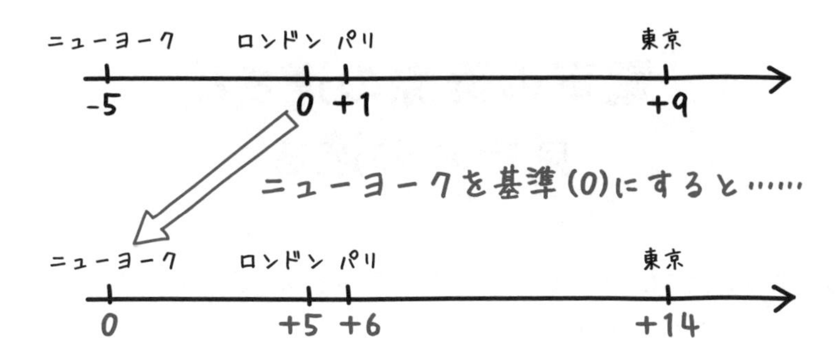

「−5だったニューヨークに+5をして0にしたから，ほかもぜんぶ+5されているんだ！」

そうだね。**『●●を基準に』といわれたら，それぞれの値から●●の値を引けばいい。**今回は−5を引くことになる。

解答　$+1-(-5)=+1+5$

$=$**+6（時間）** ⇦ 答え　例題 ⑵

✓CHECK 18

つまずき度 !!!!!

➡ 解答は別冊 p.73

右の表は，ある花屋の月曜日から土曜日までの客の数と，ある人数を基準にして客の数がそれより多い場合を正の数，少ない場合を負の数で表したものである（単位は人）。次の問いに答えよ。

曜日	客の数	基準の人数との比較
月	58	
火		−5
水	60	
木		+2
金	53	−4
土	55	

(1)　基準の人数は何人か。

(2)　右の表の空欄に入る数を答えよ。

(3)　いちばん客の少ない日を基準としたとき，いちばん客の多い日の人数を符号をつけて表せ。

電車の実際の速さと見ためての速さ

電車Aが時速70kmで走っていて，それと同じ方向に，電車Bが時速90kmで走っていたとする。

サクラさんが，今，電車Aに乗っていて，電車Bのほうをぼーっと眺めているとする。

「ふだんからそんなにぼーっとしてないよ～。」

まぁ，“例えば”の話だよ（笑）。そのとき，電車Bがそんなに速く走っているとは見えないよね。これは脳が“自分のほうは止まっている（時速0km）”と錯覚してしまい，自分を基準に考えてしまうからなんだ。つまり，**脳が勝手に－70をしてしまっている**ということだね。時速70kmで走っている電車Aを基準にしたら，時速90kmで走っている電車Bは

$90-70=20$

つまり，時速20kmで走っているように見えてしまうんだよ。

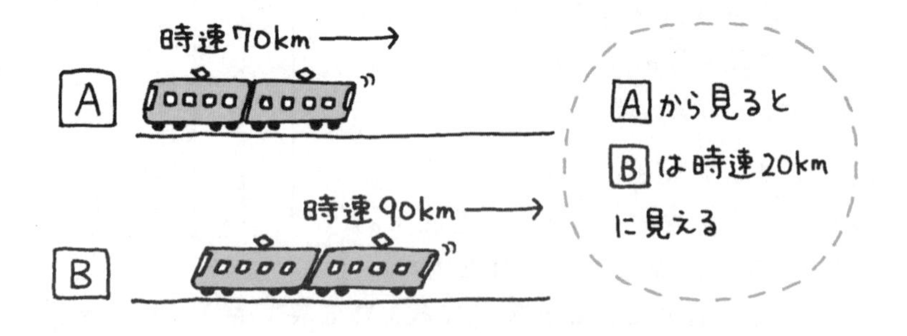

もう1つ例を挙げよう。よく，反対向きに走る電車とすれ違うとき，そのスピードがやたら速く感じて驚くことがあるよね。

「油断して窓に頭をつけて寝ていてビックリすることもある(笑)。」

そうだよね。例えば，電車Aが時速70kmで走っていて，電車Bが逆方向に時速90km，つまり，時速－90kmで走っていたとする。

時速70kmで走っている電車Aを基準にしたときの，時速－90kmで走っている電車Bの速さを考えよう。さっきと同じように電車Aを時速0kmとするために，－70をして

$$-90-70=-160$$

つまり，電車Aから見ると，電車Bは逆方向に時速160kmで走っているように見えてしまうんだ。

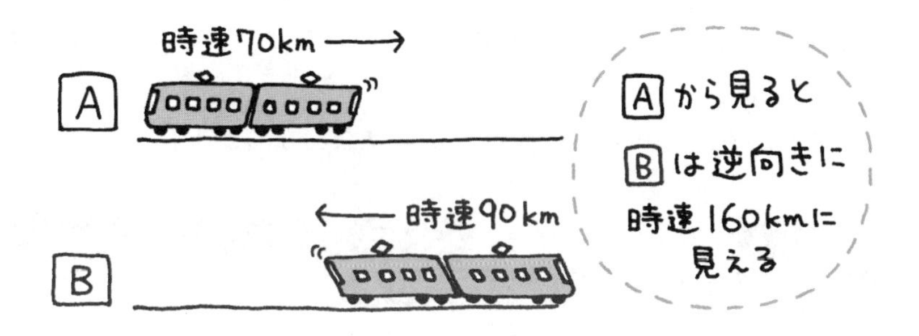

1-8 掛け算

マイナスは足したり，引いたりするだけでなく，“掛ける”こともできるんだ。このあたりから数学の世界がグッと広がってくるよ。

例題 つまずき度 !!!!!

次の計算をせよ。

(1) $(-2)\times(-7)$　　(2) $(-6)\times(+3)$

掛け算のことを**乗法**（じょうほう）という。これについて学んでいくが，まず，この問題で，(1)を-2×-7，(2)を$-6\times+3$とは書かないので注意してね。

「あっ，＋，－，×，÷は続けて書けないからか！」

うん。1-4で説明した通りだ。**『符号のついているもので掛けたり割ったりしたければ，それに(　)をつける』**と覚えておこう。掛けられるものには，(　)をつけてもつけなくてもいい。

「$-2\times(-7)$，$-6\times(+3)$でもいいということですね。」

小学校で学んだように，正の数と正の数を掛けると，答えは正の数になるんだけど，**負の数と負の数を掛けても，答えは正の数になる**んだ。

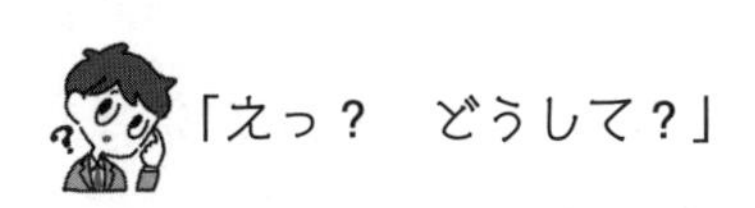

「えっ？　どうして？」

それはあとでゆっくり説明するよ。とりあえず次のように覚えよう。

Point 4　掛け算と答えの符号のルール

同符号どうしの掛け算の答えは，**正の数**

異符号どうしの掛け算の答えは，**負の数**

例　$(+3)\times(+5)=15$，$(-3)\times(-5)=15$

$(+3)\times(-5)=-15$，$(-3)\times(+5)=-15$

(1)は，まず符号は，負×負だから正だ。そして，絶対値どうし，つまり，2と7を掛けよう。14になるね。

解答　$(-2)\times(-7)=\underline{\underline{+14}}$ ⇦答え　例題 (1)

次に，(2)だが，正と負を掛けると負なんだ。解いてみて。

「まず，符号は負で，6と3を掛けると18だから

解答　$(-6)\times(+3)=\underline{\underline{-18}}$ ⇦答え　例題 (2)」

そう。正解。

✓CHECK 19

つまずき度 !!!!!

➡解答は別冊 p.73

次の計算をせよ。

(1)　$(+4)\times(-9)$　　(2)　$\left(-\frac{5}{6}\right)\times\left(-\frac{2}{3}\right)$

負の数と負の数を掛けると，なぜプラスになるの？

1-8のケンタくんのギモン，負の数と負の数を掛けると正の数になることについて説明するよ。次のように，数直線にそって歩く人を考えよう。前の方向が正，後ろの方向が負になるように立っているとするよ。

さて，小学校のときに，「どれだけ進んだか」は（速度）×（時間）で求められると習ったよね。これに合わせて，2×3という計算を表してみよう。速度が2，時間が3ということだ。“速度”が2だから，前に向かって秒速2ｍで歩こう。そして，“時間”は３だから３秒後だ。つまり

「原点Ｏ（数直線の０を表す点）にいる人が，前へ秒速２ｍで歩くなら，３秒後は何ｍの地点にいるか？」

という感じだ。2ｍずつ3回歩いてみて。どこに行く？

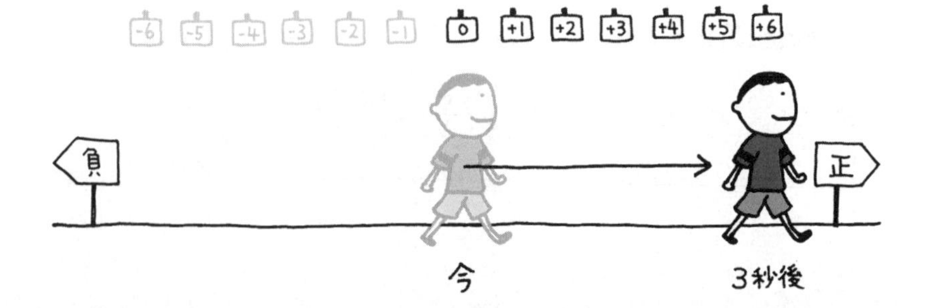

「＋6m地点です。」

そうだね。

2×3＝6

になるね。じゃあ，次に，(－2)×3をやってみよう。“速度”が－2ということで，後ろへ秒速2mで歩こう。“時間”は3だから，3秒後ということだ。

「原点Oにいる人が，後ろへ秒速2mで歩くなら，3秒後は何mの地点にいるか？」

という感じだ。2mずつバックして3回歩いてみて。どこになる？

「－6m地点！」

そうだね。

(－2)×3＝－6

それじゃあ，2×(－3)もやってみよう。“速度”が2だから，前へ秒速2mで歩く。そして，“時間”が－3ということは，3秒前ということだ。

「前へ秒速2mで歩くとすると，今，原点Oにいる人は，3秒前は何mの地点にいたか？」

「3秒前ということは……。」

－6ｍの地点だね。

2×(－3)＝－6

という計算式になる。

最後に(－2)×(－3)もやろう。“速度”が－2だから，後ろへ秒速2ｍで歩く。“時間”が－3ということは，3秒前ということだ。つまり

「後ろへ秒速2ｍで歩くとすると，今，原点0にいる人は，3秒前は何ｍの地点にいたか？」

ということ。どこにいたかわかるかな？

「えーっと，後ろ歩きをしていて，3秒前だから……。」

そうだよ。＋6ｍ地点だ。

(－2)×(－3)＝＋6

ということだよね。マイナスとマイナスを掛けてプラスになっている。

「あっ，本当だ……。」

このように数学というのは身近な生活の中にもあるんだよ。

1-9 いくつもの掛け算

足し算と同じで，掛け算もイッキに掛けてしまおう。

足し算と同じく，掛け算でも掛ける順番をかえてもいいし（**乗法の交換法則**），どの組み合わせで掛けてもいい（**乗法の結合法則**）。

1-8の続きになるけど，(正の数)×(正の数)＝(正の数)だったね。そして，(正の数)×(負の数)＝(負の数)，(負の数)×(正の数)＝(負の数)だった。つまり，**掛け算に負の数が1つあると，答えは負の数に変わる**ということだ。

「はい。わかります。」

さらに，(負の数)×(負の数)＝(正の数)となり，**負の数が2つある掛け算は，答えが正の数になる**というのもわかるね。じゃあ，負の数が3つある掛け算の答えの符号はどうなる？

(負の数)×(負の数)×(負の数)＝？

「2回掛けたら正でしょ。それにまた負の数を掛けるから……，負の数？」

そうだね。じゃ，負の数が4つある掛け算の答えの符号は？

(負の数)×(負の数)×(負の数)×(負の数)＝？

「また反対になるから，正の数です。」

そうだね。5回，6回，7回と続けても，このくり返しだ。つまり，負の数を何回掛けているかに注目すればいいよ。**負の数が奇数個の掛け算の答えは負の数，偶数個の掛け算の答えは正の数になるんだ。**

例題　つまずき度 !!

$(-3)\times(+2)\times(-5)\times(-1)$　を計算せよ。

まず，答えの符号を考えよう。式の中に負の数が3個ある掛け算だよね。ということは？

「負の数になります。」

その通り。正の数の＋2は答えの符号には関係しないからね。

そして，絶対値どうし，つまり，3と2と5と1を掛けると

$$3\times2\times5\times1=30$$

になるね。符号は負だから

解答　$(-3)\times(+2)\times(-5)\times(-1)=\underline{\underline{-30}}$　⇦答え　例題

CHECK 20　つまずき度 !!!　➡解答は別冊 p.73

次の計算をせよ。

(1)　$(+7)\times(-1)\times(-4)\times(+2)\times(-3)$

(2)　$\left(-\frac{2}{5}\right)\times\left(+\frac{3}{7}\right)\times(-10)\times\left(+\frac{1}{3}\right)$

1-10 累乗

面積の単位cm^2は$(cm)^2$ではないの？　と思うかもしれないが，「cm^2」で表すと決められているよ。

5を2回掛けたものは，5^2と書き，『5の2乗（じょう）』と読むんだ。こういった表しかたを**累乗（るいじょう）**というよ。また，右上に書いた小さい数，今回は2だね。これを**指数（しすう）**という。

例題　つまずき度 !!!!!

次の計算をせよ。

(1) -7^2　(2) $(-7)^2$　(3) $\frac{2^3}{5}$　(4) $\left(\frac{2}{5}\right)^3$

(1)と(2)は似ているけど違うものだ。まず，(1)の答えはいくつになる？

「マイナスがあって……，あと，7を2回掛けると49だから

解答　$-7^2=\underline{\underline{-49}}$　答え　例題 (1)」

そうだね。さて，(2)だけど，(1)と違って(　)がついているね。(　)は“これで1つのもの”という意味なんだ。つまり，『−7を2回掛ける』ということだ。じゃあ，(2)はどうなる？

「**解答**　$(-7)^2=(-7)\times(-7)$

$=\underline{\underline{49}}$　答え　例題 (2)」

そうだね。このように**例えば2乗なら，(　)がついているかどうかで何を2乗するかの意味が変わってしまうから注意しよう！**

今度は(3)と(4)だけど，(3)と(4)の違いってわかる？

「(　)がついているかいないかですね。」

(3)の$\frac{2^3}{5}$は分子の“2”だけ3乗するのに対して，(4)の$\left(\frac{2}{5}\right)^3$は$\frac{2}{5}$全体を3乗するということなんだ。じゃあケンタくん，やってみて。

「**解答**　(3)　$\frac{2^3}{5}=\frac{2\times2\times2}{5}=\underline{\underline{\frac{8}{5}}}$　⇦答え　例題(3)

(4)　$\left(\frac{2}{5}\right)^3=\frac{2}{5}\times\frac{2}{5}\times\frac{2}{5}=\underline{\underline{\frac{8}{125}}}$　⇦答え　例題(4)」

そうなるね。

それから，**0-9**でも軽く触れたけど，**2乗のことを平方(へいほう)ともいう**よ。面積の単位で『平方センチメートル』などというよね。(縦○cm)×(横□cm)というように“cm”を2回掛けるから，このようにいうんだ。

また，**3乗のことは立方(りっぽう)という**。体積の単位で『立方センチメートル』などがあるよね。(縦○cm)×(横□cm)×(高さ△cm)というように“cm”を3回掛けるからだよ。

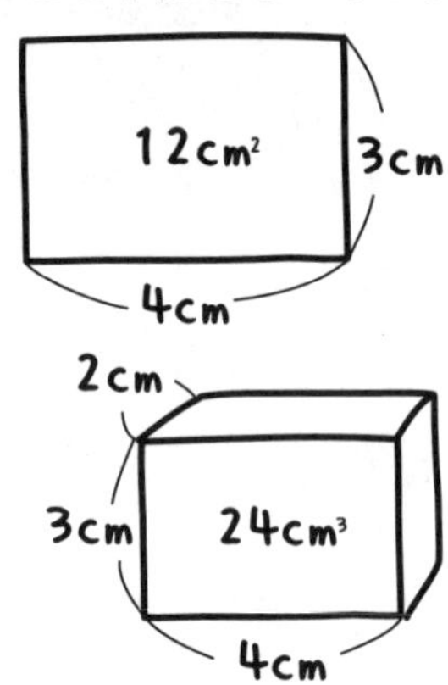

「だから，cm²やcm³と書くんですね。」

つまずき度 !!!!!

➡ 解答は別冊 p.73

次の計算をせよ。

(1)　$(-4)^2$　　(2)　$-\left(\frac{2}{9}\right)^2$

1-11 逆数

分母・分子が逆になるから「逆数（ぎゃくすう）」……そのままのネーミングだね。

数学 お役立ち話②で**逆数**について説明したね。ここでも軽く触れておこう。問題をいくつか出すよ。サクラさん，5の逆数は何？

「5と掛けて1になる数だから……，$\frac{1}{5}$です。」

そうだね。5は$\frac{5}{1}$と考えて，分母・分子を反対にして$\frac{1}{5}$と考えてもいいよ。じゃあ，$-\frac{2}{9}$の逆数は？

「$-\frac{9}{2}$です。」

そうだね。**マイナスをつけるのを忘れないでね。**じゃあ，もう1問。ケンタくん，1の逆数はいくつだと思う？

「1と掛けて1になる数だから……あっ，1か！」

そうだね。正解。ちなみに0の逆数はないよ。0と掛けて1になる数はないからね。

✓CHECK 22　つまずき度 !!!!!　➡ 解答は別冊 p.73

次の数の逆数を求めよ。

(1)　$-\frac{7}{2}$　　　(2)　-1

1-12 割り算

マイナスで“割る”こともできる。分数の割り算は苦手な人が多いけど，できないとダメだよ。

例題　つまずき度 !!!!!

次の計算をせよ。

(1)　$(+24)\div(-8)$　　(2)　$\left(-\dfrac{5}{4}\right)\div\left(-\dfrac{10}{3}\right)$

割り算のことを**除法**（じょほう）という。1-8でもいったけど，この問題で，(1)を$+24\div-8$，(2)を$-\dfrac{5}{4}\div-\dfrac{10}{3}$という書きかたはしないでね。

割り算も掛け算と同じで，**割られる数と割る数が同符号だと正になるし，異符号だと負になるんだ。**

(1)を解いてみよう。まず符号のほうだけど，(正の数)÷(負の数) だから，答えは負の数になる。そして24を8で割ると，3になるね。

解答　$(+24)\div(-8)=\underline{\underline{-3}}$ ⇦答え　例題 (1)

じゃあ，(2)も解いてみようか。

「あっ，さっきより難しそう……。」

まず，符号はどっち？

「(負の数)÷(負の数) だから，正の数です。」

そうだね。そして，小学校のときに習ったように，分数の割り算では逆数を掛ければいいんだ。$-\frac{10}{3}$ の逆数はいくつかな？

「$-\frac{10}{3}$ の逆数は $-\frac{3}{10}$ です。」

そうだね。逆数を使って掛け算にすると

解答

$$\left(-\frac{5}{4}\right)\div\left(-\frac{10}{3}\right)=\left(-\frac{5}{4}\right)\times\left(-\frac{3}{10}\right)$$

$$=\frac{5}{4}\times\frac{3}{10}$$

負の数が2つなので答えは正の数になる

$$=\frac{3}{8}$$ ……答え 例題 (2)

「小学校の分数の計算とほとんど同じですね。」

つまずき度 !!!!!

➡ 解答は別冊 p.73

次の計算をせよ。

(1) $(-18)\div(-6)$　　(2) $\left(-\frac{3}{4}\right)\div\left(+\frac{9}{2}\right)$

1-13 掛け算，割り算のまじった式

掛け算・割り算をするときは，まず，負の数が何個あるかを調べて，答えが正なのか負なのか考えよう。あとは小学校の計算と同じだよ。

1-9と似た話になるけど，(正の数)÷(正の数)＝(正の数) だね。(正の数)÷(負の数)＝(負の数)，(負の数)÷(正の数)＝(負の数) のように，**割り算も，負の数が1つあると答えは負の数になる。** また，(負の数)÷(負の数)＝(正の数) なので，掛け算も割り算も引っくるめていうと

負の数を掛けたり，負の数で割ったりする回数が，奇数回だったら負，偶数回だったら正になるということだ。

例題　つまずき度 !!!!!

$44 \div (-3) \times (-12) \div 8 \div (-2)$　を計算せよ。

まず，答えの符号はどっちになる？

「負の数が3個あるから，負ですね。」

その通り。絶対値も計算してしまおう。

「44÷3×12÷8÷2でいいんですか？」

そうだよ。こういう掛け算と割り算で作られる計算は，分母に割り算の部分，分子に掛け算の部分をまとめるといいよ。割り算は“÷3”，“÷8”，“÷2”の3つで，あとは分子にまとめると

$$44 \div 3 \times 12 \div 8 \div 2 = \frac{44 \times 12}{3 \times 8 \times 2}$$

「なんで分数の形にするの？」

こうすると，計算の途中で約分していけるからだよ。ではサクラさん，約分しながら計算していってごらん。

「解答　$44\div(-3)\times(-12)\div8\div(-2)=-\frac{\overset{11}{\cancel{44}}\times\cancel{12}}{\cancel{3}\times\underset{\cancel{2}}{\cancel{8}}\times\cancel{2}}$

$=\underline{\underline{-11}}$ ⇦答え　例題」

そうだね。割り算は逆数の掛け算に直してもいいから

$$44\times\left(-\frac{1}{3}\right)\times(-12)\times\frac{1}{8}\times\left(-\frac{1}{2}\right)$$

と考えてもいいよ。

CHECK 24　つまずき度 !!!!!　➡ 解答は別冊 p.73

次の計算をせよ。

(1)　$-6\times(-18)\div(-2)\div9$　　(2)　$-\frac{1}{8}\div\frac{4}{9}\times\left(-\frac{8}{3}\right)\div3$

1-14 計算の順番

今まで登場した計算をまとめてやってみよう。どのような順番で計算していくかが大切だよ。

例題　つまずき度 !!!!!

$0.5^2+\left(\frac{3}{2}-2\frac{1}{8}\right)\div 5^2$ を計算せよ。

「うげぇ～。こういうややこしい計算キライ。」

今から説明する手順で解いていけばできるから，ついておいで。

まず，**① 小数は分数に，帯分数は仮分数に直そう。**

解答

$$0.5^2+\left(\frac{3}{2}-2\frac{1}{8}\right)\div 5^2$$

$$=\left(\frac{1}{2}\right)^2+\left(\frac{3}{2}-\frac{17}{8}\right)\div 5^2$$

$0.5\to\frac{1}{2}$，$2\frac{1}{8}\to\frac{17}{8}$

「ぜんぶ，小数に直しちゃダメですか？」

うーん……うまくいくことがあるかもしれないけど，小数だと割り切れないことがあるからね。それに分数のほうが，計算がラクにできることが多いよ。

さて，次に，**② 累乗の計算をする。**

$$=\frac{1}{4}+\left(\frac{3}{2}-\frac{17}{8}\right)\div 25$$

$\left(\frac{1}{2}\right)^2=\frac{1}{4}$，$5^2=25$

さらに，**③ （ ）の中，掛け算，割り算を計算する。**

$$=\frac{1}{4}+\left(\frac{12}{8}-\frac{17}{8}\right)\div 25$$

（ ）の中を通分して計算

$$=\frac{1}{4}+\left(-\frac{5}{8}\right)\div 25$$

$$=\frac{1}{4}+\left(-\frac{5}{8}\right)\times\frac{1}{25}$$

割り算を掛け算に直した

$$=\frac{1}{4}+\left(-\frac{1}{40}\right)$$

$\frac{\cancel{5}\times 1}{8\times \cancel{25}_{5}}=\frac{1}{40}$

最後に，**④ 足し算，引き算を計算する。**

「あっ，これは知ってる。掛け算，割り算をしてから，足し算，引き算をするって**0-1**でも復習したし。」

うん。じゃあ，安心だね。

$$=\frac{10}{40}+\left(-\frac{1}{40}\right)$$

$$=\frac{9}{40}$$

答え　例題

「ちょっと大変だけど，自力で解けるように頑張ります。」

CHECK 25　つまずき度 !!!!!　➡ 解答は別冊 p.73

$\left(0.3+\frac{1}{3}\right)-\left(\frac{1}{6}-\frac{2}{5}\right)\times 2^3$ を計算せよ。

1-15　２重のカッコのある計算

カッコの中にカッコがあるとき，内側のカッコを（　），外側のカッコを｛　｝と書いて区別するよ。（　）は小(しょう)カッコ，｛　｝は中(ちゅう)カッコというんだ。

例題　つまずき度 !!!!!

$5+\{(2-6)\times3+(-8)\}$ を計算せよ。

２重のカッコのときは内側のカッコの中から計算するよ。

「まず，(2−6) と (−8) のところを計算すればいいんですね。(2−6) は (−4) に直せるし……あれっ？　(−8) は？」

そこは(−8)のままでいいよ。$5+\{(-4)\times3+(-8)\}$になった。次に｛　｝の中を計算すればいいよ。最初から解いてみて。

「**解答**

$5+\{(2-6)\times3+(-8)\}$　←｛　｝の中の（　）を計算

$=5+\{(-4)\times3+(-8)\}$　←掛け算を先にする

$=5+\{(-12)+(-8)\}$

$=5+(-20)=\underline{\underline{-15}}$ ⇦ **答え**　**例題**」

CHECK 26　つまずき度 !!!!!　➡ 解答は別冊 p.74

次の計算をせよ。

(1) $\{4-(3-8\times2)\}-7$

(2) $1.25-\left\{\left(2\frac{1}{2}+\frac{1}{4}\right)+\left(\frac{3}{5}-0.1\right)\times3^3\right\}$

1-16 分配法則でうまく計算する

同じ問題でもちょっとの工夫でラクに計算できるよ。

例題 1 つまずき度 !!!!!

次の計算をせよ。

(1) $\left(\frac{1}{4}-\frac{1}{7}\right)\times 28$　　(2) $-12\times\left(\frac{1}{3}-\frac{1}{4}\right)$

例えば(1)なら，(　)の中をそのまま計算してから28倍しても解けると思うけど，面倒だから，次の**分配法則**(ぶんぱい)を使おう。

Point 5 分配法則

(　)×●や●×(　)という形で，(　)の中が足し算のとき，**(　)の中の数と●との掛け算をしてから**(　)を外して足し算をしてよい。

$(▲+■)\times● = ▲\times● + ■\times●$

$●\times(▲+■) = ●\times▲ + ●\times■$

「(　)の中を先に計算しなくてもいいの？」

(　)の式に数字を掛けているときは，分配法則を使うとラクになることがあるんだ。

では，(1)　$\left(\frac{1}{4}-\frac{1}{7}\right)\times 28$ をやってみよう。

「えっ？　問題は(　)の中が引き算になってますけど……。」

$\frac{1}{4}-\frac{1}{7}$ は『$\frac{1}{4}$ と $-\frac{1}{7}$ を足したもの』と考えれば，足し算とみなせるよ。

「確かにそうだけど，なんか，強引。」

でも，間違ってはいないよね（笑）？　さて，28を $\frac{1}{4}$，$-\frac{1}{7}$ それぞれに掛けて，足そう。

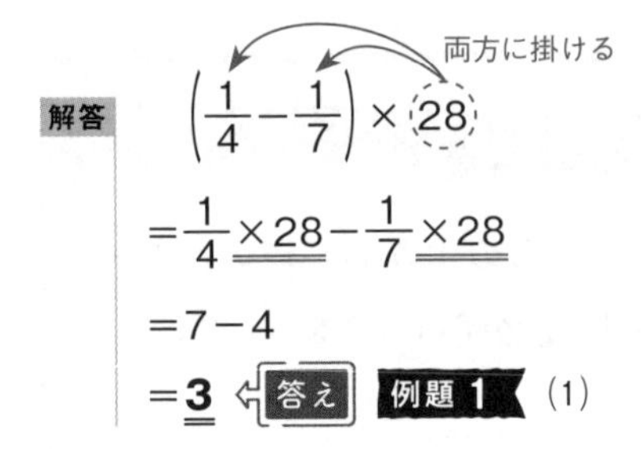

解答

$$\left(\frac{1}{4}-\frac{1}{7}\right)\times 28$$

$$=\frac{1}{4}\times 28-\frac{1}{7}\times 28$$

$$=7-4$$

$$=\underline{\underline{3}}$$ ⇐答え　例題１ (1)

「分配法則のおかげで，分数が消えて計算しやすくなりましたね。」

そうなんだ。使えるようになったほうがいいよ。

じゃ，(2)　$-12\times\left(\frac{1}{3}-\frac{1}{4}\right)$ をやってみて。

「−12は(　)の前にあるけど，同じようにしていいんですよね？」

うん。いいよ。**掛け算は掛ける順番をかえても変わらないからね。**

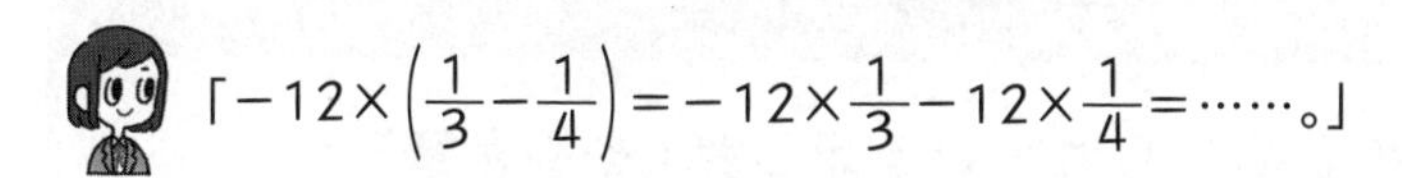

「$-12\times\left(\frac{1}{3}-\frac{1}{4}\right)=-12\times\frac{1}{3}-12\times\frac{1}{4}=\cdots\cdots$。」

あっ，ちょっとそこでストップ！　まず，-12と$\frac{1}{3}$を掛けたのが“$-12\times\frac{1}{3}$”だよね？　-12と$-\frac{1}{4}$を掛けたのは？

「$-12\times\frac{1}{4}$……あっ，違う！　マイナスとマイナスを掛けたからプラスで，$-12\times\left(-\frac{1}{4}\right)=+\left(12\times\frac{1}{4}\right)$だ。」

そうだね。もう一度やってみて。

「解答

$$-12\times\left(\frac{1}{3}-\frac{1}{4}\right)$$
$$=-12\times\frac{1}{3}+12\times\frac{1}{4}$$

（$-12\times\left(-\frac{1}{4}\right)=+12\times\frac{1}{4}$）

$$=-4+3$$
$$=\underline{\underline{-1}}$$

答え　例題 1 (2)」

正解。わかったかな？　よくわからないという人は，$\frac{1}{3}-\frac{1}{4}$は$\frac{1}{3}+\left(-\frac{1}{4}\right)$と考えるといい。次のようになるね。

$$-12\times\left\{\frac{1}{3}+\left(-\frac{1}{4}\right)\right\}=-12\times\frac{1}{3}+12\times\frac{1}{4}$$

「あ！　これでよくわかりました！」

さて，**分配法則は逆もできるよ**。見ておこう。

Point 6 分配法則の逆

同じものが掛けられている足し算（や引き算）は，
（　）×●や●×（　）の形にまとめられる。

共通

●×▲＋●×■＝●×（▲＋■）

まとめる

例題 2

つまずき度 !!!!!

$1.4\times\frac{16}{3}-1.4\times\frac{1}{3}$ を計算せよ。

1.4が両方に掛けられているね。両方の掛け算をするのは大変そうだから，次のようにするといいんだよ。

解答

$1.4\times\frac{16}{3}-1.4\times\frac{1}{3}$ 　（　）でまとめる

$=1.4\times\left(\frac{16}{3}-\frac{1}{3}\right)$

$=\frac{7}{5}\times\frac{15}{3}$ ← $1.4=\frac{14}{10}=\frac{7}{5}$

$=\frac{7}{5}\times5=\underline{\underline{7}}$ ⇦ 答え 例題 2

✓CHECK 27

つまずき度 !!!!!

➡ 解答は別冊 p.74

次の計算をせよ。

(1) $-15\times\left(\frac{2}{5}+\frac{1}{3}\right)$ 　　(2) $-\frac{5}{9}\times7.1-\frac{5}{9}\times1.9$

1-17 数の広がり

中学校で正の数のほかに負の数を学習した。数の範囲を広げたとき，足し算，引き算，掛け算，割り算の答えがどうなるかを考えてみよう。

小学生に勉強を教えて欲しいといわれたら，できる？

「低学年ならできるかな。高学年は，ちょっと無理。(笑)」

「私は，妹の宿題をときどきみてあげます。」

そうか。じゃあ，小学3年生に教えるとしよう。7÷3の答えはどうなる？

「$\frac{7}{3}$じゃないの？」

高学年なら，そう答えるかもしれない。低学年では分数でなく…？

「『2あまり1』が答えになりますよね。なつかしい(笑)。」

うん。引き算でも，小学生のときは，例えば，6－2なら4と答えられるが，2－6では『引けない』と答えるしかなかった。

「でも，今は－4と答えられるよ。」

そういうことだ。自然数どうしを足したり掛けたりするのは，小学生のときからできた。必ず自然数になるからね。一方，割り算や引き算は，できるときと，できないときがあったが，分数や負の数を知ったことでぜんぶできるようになった。

ちなみに，加法，減法，乗法，除法を合わせて**四則**(しそく)という。

「分数どうしや，分数と整数の計算も，負の数を使ってできますね。」

そうだね。数の集まりを**数の集合**ということにすると，その中には**整数の集合**(せいすうのしゅうごう)があり，さらにその中に**自然数（正の整数）の集合**(しぜんすう)があるんだ。

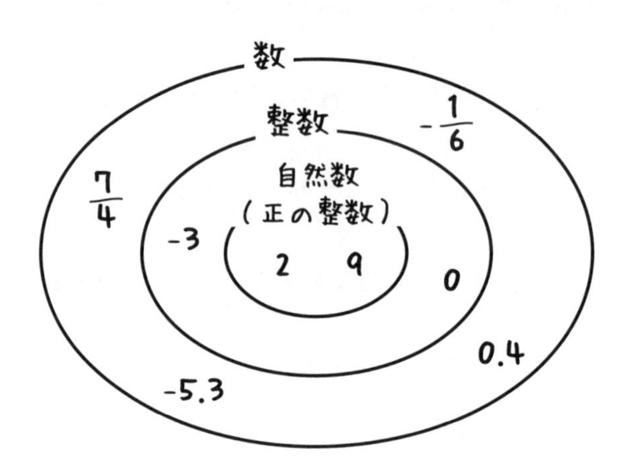

1-18 素数

素数は不規則な順序で現れる数だ。「よし，世界一大きな素数を見つけてやる」と思った人，大変だからやめたほうがいいよ。

自然数のうち，『1』と『その数自身』の2つしか正の約数をもたないものを素数（そすう）という。 例えば，2は素数だよ。2の正の約数は1と2だけだもんね。でも，4は素数じゃない。4の正の約数は，1と4以外に2もあるからね。素数は，2，3，5，7，……などたくさんある。

「1は素数じゃないの？」

1は素数じゃないよ。 1の正の約数は1だけだ。素数なら2つの約数をもつからね。

例題 つまずき度 !!!!!

30以下の素数をすべて答えよ。

「素数って不規則に出てきますよね。ぜんぶ答えるのが大変……。」

そうだね。そこで，素数を求める方法として，**エラトステネスのふるい**というものがあるので，次のページで説明するよ。

1から30までの整数を書き

① **1を消す。**

② **2を残して，2の倍数を消す。**

③ **3を残して，3の倍数を消す。**

④ **5を残して，5の倍数を消す。**

⑤ **7を残して，7の倍数を消す。**

残った数が素数になる。

~~1~~　2　3　~~4~~　5　~~6~~　7　~~8~~　~~9~~　~~10~~

11　~~12~~　13　~~14~~　~~15~~　~~16~~　17　~~18~~　19　~~20~~

~~21~~　~~22~~　23　~~24~~　~~25~~　~~26~~　~~27~~　~~28~~　29　~~30~~

これより素数は

解答　**2，3，5，7，11，13，17，19，23，29**　答え　例題

「これ，いい方法ですね。」

「この方法ですべての素数が見つけられるの？」

すべては無理だけど，120までの素数ならこの方法で見つけられるよ。それ以上の素数を見つけるには，「11を残して11の倍数を消す」などという作業をすべての素数で続けていく必要がある。大きな素数を見つけるのは大変な作業なんだよ。

「何百とか何千とかいう大きさの素数もあるの？」

現在見つかっている素数の中で最大のものは，2000万ケタ以上にもなるんだ。

「2000万ケタ!?　えーっ，すごい数。」

1-19 素因数分解

自然数を素数のかけ算で表してみよう。いくつの素数で割れるかはやってみないとわからない。$\overline{)\quad}$ でなく，$\underline{)\quad}$ と書いて計算してみよう。

例題　つまずき度 ！！！！！

84を素因数分解せよ。

掛け算を構成する1つひとつのものを因数（いんすう）という。例えば，2×3なら，2と3が因数だ。**素因数分解**（そいんすうぶんかい）というのは，**素数の因数に分解することをいうよ。**そのままだけどね（笑）。

では，**例題**を使って素因数分解のしかたを確認していこう。まず，84と書いて，**84はどんな素数で割り切れるのかを考える**んだ。

84

「2？」

そうだね。そこで，2で割る。
右のように $\underline{)\quad}$ と書いて，その下に84を2で割った数を書くんだ。

$$\begin{array}{r|l} 2 & \underline{84} \\ & 42 \end{array}$$

「42ですね。」

そう。そして，さらに42はどんな素数で割り切れるのかを考える。

「また，2ですか？」

そうだね。商は21になる。

このように，**素数で割っていき，商が素数になるまで続けるんだ。**

じゃあ，21はどんな素数で割れる？

```
2) 84
2) 42
   21
```

「今度は2で割れないな。3だ。」

うん。じゃあ，3で割る。商は7になった。7は素数だからこれで終わりだ。

そして，**L字型に見ていくんだ。2，2，3，7になっているね。**

答えは，2×2×3×7。つまり

```
2) 84
2) 42
3) 21
    7
```

解答 84＝$2^2 \times 3 \times 7$ 答え 例題

「最初に2で割ったけど，例えば，いきなり3とか7で割ったらダメですか？」

いや。構わないよ。同じ結果になるから。でも，小さい数から探していったほうが素数は見つけやすいから，2から探していくといいよ。

✓CHECK 28 つまずき度 !!!!! ➡ 解答は別冊 p.74

525を素因数分解せよ。

1-20 完全平方

平方というのは２乗のことだ。完全平方というのは「数全体がある数の２乗になっている」ということだよ。

素因数分解して，すべて偶数乗になっているなら，その数は整数の2乗といえる。 例えば，$5^2 \times 7^2$ は $5 \times 5 \times 7 \times 7$ ということなので……。

「5×7，つまり“35”を2回掛けたものだ！」

そうだね。**－35を２回掛けたものともいえるね。**

「あっ，そうだ。負を2乗したら正ですもんね。」

同じように，$2^6 \times 5^4$ なら

$$\underbrace{2\times2\times2\times2\times2\times2}_{2\times2\times2\text{が}2\text{つ}}\times\underbrace{5\times5\times5\times5}_{5\times5\text{が}2\text{つ}}$$

ということなので，2×2×2×5×5，つまり，200を２乗したものだ。－200を２乗したものともいえる。

「偶数乗なら，整数の２乗になるのね。」

例題　つまずき度 !!!!!

次の□に入る自然数を答えよ。ただし，最も小さい自然数で答えること。

504に□を掛けたり，割ったりすると，ある整数の2乗になる。

まずは504を素因数分解しよう。右のようになって$504=2^3\times3^2\times7$とわかるね。これに何かを掛けてぜんぶを偶数乗にしたいわけだ。

2) 504
2) 252
2) 126
3) 63
3) 21
7

「2と7を1回ずつ掛ければいいから

解答 14 ⇦答え 例題」

そうだね。ちなみに14で割ってもいい。$2^2\times3^2$になるからね。

✓CHECK 29　つまずき度 !!!!!　➡解答は別冊 p.74

855にできる限り小さい自然数を掛けたり，割ったりして，ある整数の2乗にしたい。

何を掛けたり，何で割ったりすればいいか。

1-21 正の約数

「35の正の約数をぜんぶいえ」といわれたらどうする？　1から35までのすべての数を調べる？　もっといい方法があるよ。

例題　つまずき度 !!!!!

次の正の約数をすべて求めよ。

(1)　35　　(2)　392

まず，(1)の35を素因数分解してごらん。

「35＝5×7ですね。」

5) 35
　 7

そうだね。そして，約数というのは，この5，7という“部品”の一部を使って（掛けて）できるものなんだ。

ちなみに，5，7という部品を一度も使わなくてもいい。そのときは『1』になるよ。実際にぜんぶ挙げてみると

1	,	5	,	7	,	5×7
5も7も使わない		5を使った		7を使った		5と7を使った

の4つになる。計算して小さい順に書くと

解答　**1，5，7，35**　← 答え　例題 (1)

「素因数分解で部品を求めて，『その部品を使うか使わないか』を１つずつ考えるのね。ぜんぶの約数を見つけられるかしら？」

実は，素因数分解した時点で約数が４つだとわかるんだ。

「えっ？　どうしてですか？」

約数は5，７の一部を使って(掛けて)作るんだったよね。そのとき

　５は『使う(掛ける)』か，『使わない(掛けない)』かで２通り

　７も『使う(掛ける)』か，『使わない(掛けない)』かで２通り

よって，$2\times2=4$（通り）できるとわかるんだ。

さて，⑵もやってみよう。まず素因数分解すると

$$392=2^3\times7^2$$

になるね。

2) 392
2) 196
2) 98
7) 49
　　7

「3個の“2”と，2個の“7”を使ったり(掛けたり)，使わなかったり(掛けなかったり)して，約数を作るということですね。」

そうだね。

$1,\ 2,\ 2^2,\ 2^3,$

$7,\ 2\times7,\ 2^2\times7,\ 2^3\times7,$

$7^2,\ 2\times7^2,\ 2^2\times7^2,\ 2^3\times7^2$

になる。計算して小さい順に書けば答えだ。

解答　**1，2，4，7，8，14，28，49，56，98，196，392**

(2)

「わーっ，12個もありますよ。」

でも，これもさっきと同じで，「いくつの約数があるか」だけなら素因数分解した段階でわかるよ。

2は『使わない(掛けない)』か，
　『1個使う(1回掛ける)』か，
　『2個使う(2回掛ける)』か，
　『3個使う(3回掛ける)』かで4通り

7は『使わない(掛けない)』か，
　『1個使う(1回掛ける)』か，
　『2個使う(2回掛ける)』かで3通り

よって，4×3＝12（通り）できるよ。

「あっ，いい。これ使えますね！」

「約数の求めかた」と，この「約数の個数の確認のしかた」の2つをしっかり覚えておこう。そうすれば，この種の問題は間違えなくなるよ。

つまずき度

➡ 解答は別冊 p.74

次の数の正の約数をすべて求めよ。

(1)　42　　(2)　175

1-22 最大公約数，最小公倍数を素因数分解を使って求める

最大公約数や最小公倍数を素因数分解を使って求めてみよう。

例題 つまずき度 ❗❗❗

次の各組の数の最大公約数，最小公倍数を求めよ。

(1) 30，165 (2) 12，14，78

(1)だが，**まず，両方を素因数分解しよう。**

30＝2×3×5

165＝3×5×11

そして，"両方に含まれるもの"が公約数だ。

2) 30
3) 15
 5

3) 165
5) 55
 11

「じゃあ，3とか，5とか。」

「3×5もそうですか？」

うん。あと，“1”も公約数だよ。公約数として考えられるものは

1，3，5，3×5

だね。そして，**『両方に含まれるもの』の中で最大なのが最大公約数だ。**

「じゃあ，3×5で最大公約数は

解答　15 ⇦答え　例題 (1)」

そうだね。そして，**最大公約数にさらに『一方にしか入っていないもの』もぜんぶ掛けたのが，最小公倍数なんだ。**

解答　3×5×2×11＝**330** ⇦答え　例題 (1)
（3×5：最大公約数）

Point 7　最大公約数，最小公倍数の求めかた

与えられた数を**素因数分解し**

- **共通のものをすべて掛ける**と**最大公約数**
- **最大公約数に，共通でないものをすべて掛ける**と**最小公倍数**

さて，(2)は3つの最大公約数，最小公倍数だ。まず，いつものように素因数分解する。

2) 12
2) 6
　 3

2) 14
　 7

2) 78
3) 39
　 13

12＝2×2×3
14＝2×7
78＝2×3×13

共通に含まれるものは2だけなので，2が最大公約数だ。

解答　2 ⇦答え　例題 (2)

「3も12と78に共通に含まれていますよ。」

いや，**すべてに共通に含まれていないといけない**よ。12と78にだけ共通というのはダメなんだ。

「そうなのか。じゃあ，最小公倍数のほうはどうなるのですか？」

最大公約数と，**『2つにだけ入っているもの』と，『1つにしか入っていないもの』をぜんぶ掛けたのが，最小公倍数だよ。**

2つにだけ入っているのは，さっき，ケンタくんのいった“3”で，1つにしか入っていないのは，“12に含まれているもう1つの2”と“7”と“13”だ。

さて，ぜんぶ掛けるといくつになる？

「解答　2×3×2×7×13＝1092　答え　例題 (2)」

よくできました。最大公約数と最小公倍数の求めかた，わかったかな？

CHECK 31　つまずき度 !!!!!　➡ 解答は別冊 p.75

次の各組の数の最大公約数，最小公倍数を求めよ。

(1)　18，105　　(2)　6，10，75

1-23 “近い数どうし”の平均を求める便利な方法

日常でもいろいろな計算をする機会って多いけど，知らず知らずに面倒なことをしていないかな？　いろいろなことを覚えるとラクにできることが多いよ。“平均”を求めるときもその1つ。

例題　つまずき度 ！！！！！

右の表はA～Fの6人の生徒の身長を調べたものである。6人の平均身長を求めよ。

生徒	身長(cm)
A	150.6
B	148.9
C	151.2
D	152.4
E	150.0
F	149.3

「ぜんぶを足して6で割ればいいんですよね。
150.6＋148.9＋151.2＋……
わあっ，キツイ……。」

大変だね(笑)。そこでこの表を見て，何かに気づかないかい？

「みんな150cmくらいの身長ですね。」

そうなんだ。そこで，**まず，150cmより何cm高いとか，低いとかを調べてみよう。次に，その平均を求める。**これはそんなに大変じゃないと思う。求めてみて。

生徒	150cmとの差(cm)
A	＋0.6
B	−1.1
C	＋1.2
D	＋2.4
E	0
F	−0.7

「解答　(＋0.6)＋(−1.1)＋(＋1.2)＋(＋2.4)＋0＋(−0.7)

＝(＋4.2)＋(−1.8)

＝＋2.4

これを人数で割ると平均だから

(＋2.4)÷6＝＋0.4」

そうだね。平均は150cmより＋0.4cmということだ。

「平均身長は

150.4cm ⇦答え　例題

ということですね。」

✓CHECK 32

つまずき度 !!!!!

➡ 解答は別冊 p.75

あるドラマの第1回から第7回までの視聴率（テレビを見ている人の割合）を，同地域の同じ世帯数で調べたところ，20.5%，19.7%，20.8%，19.2%，19.4%，20.1%，19.6%であった。各回が20%より，どれだけ多いか少ないかを考えて，平均を求めよ。

中学1年 2章

文字と式

ここでは，文字を使った式が登場するよ。

「なんか難しそう……。どんな文字を使うのですか？」

アルファベットを使うのがふつうだ。何を使ってもいいのだけど，“半径”は英語でradiusだから，rを使うことが多いんだ。また，“速さ”はvelocityだから，vを使うことが多い。“時間”はtがよく使われるよ。

「わかった！　timeだからだ。」

正解！　文字を使いこなせると数学がどんどん得意になるよ。

2-1 文字式では×は省略して書く

数式は数学の世界の言葉のようなもの。だから書きかたにもルールがある。その話の1つをしよう。

例えば，数字と文字を掛ける場合，**2×aは"×"を省略して2aと書く**んだ。

「へーっ。」

2aのように，**文字に掛けられている数字のことを係数(けいすう)という**よ。

「a2のように，文字と係数を逆に書いてもいいんですか？」

それはダメ。**数字と文字の掛け算の場合は数字(係数)を前に書く**んだ。ただし，**1×aのときは1aと書かずに，係数の1は省略してaと書く**んだ。だから，−1×aなら，−aと書くよ。

「じゃあ，0.1×aなら，0.a？」

いや，そうじゃない。**1が省略できるのは係数が1と−1のときだけ**なんだ。0.1×aは，ふつうに0.1aと書くよ。

「$\frac{1}{2}$×aなら，$\frac{1}{2}a$と書けばいいのですか？」

そうだね。それでもいいし，aを分子に掛けちゃってもいいよ。

「$\frac{1a}{2}$？」

いや，係数の1は省略するからね。$\frac{a}{2}$と書くよ。

じゃあ，ついでにもっと話をさせて。**文字どうしの掛け算も，同じように×を省略して書ける。例えば$a \times b$なら，abと書く。**

「baと書いてもいいのですか？」

うーん……間違ってはいないけど，アルファベット順に書いたほうがいいんだよね。答えがきれいだからね。

「$a \times a$なら，$a\,a$と書けばいいんですか？」

いや，**同じ文字のときは指数を使って書く**よ。aを2回掛けるからa^2というふうにね。

「なんかいろいろルールがあるんだなあ。」

一度慣れたら平気なんだけどね。ここまでのルールをまとめておくよ。

Point 8

文字式の掛け算のルール

① **“数字と文字”**または**“文字どうし”**の掛け算では，**×を省略**して書く。

② **数字と文字**の掛け算では，**数字（係数）を文字の前に**書く。

③ **係数が1と−1**のときは，**“1”を省略**する。

④ **同じ文字**の掛け算では，**指数を使って**書く。

例題　つまずき度 !!!!!

次の文字式を×を省略して表せ。

(1)　$x \times 4 \times y$

(2)　$m \times n \times m \times \frac{1}{3} \times m$

(3)　$a \times 5 - 3 \times c \times b$

ケンタくん。(1)の答えはわかる？

「解答　$x \times 4 \times y = \underline{\underline{\mathbf{4xy}}}$ ⇦答え　例題 (1)」

そうだね。じゃあ，サクラさん。(2)は？

「mを3つ掛けるとm^3で，nも掛けるから

解答　$m \times n \times m \times \frac{1}{3} \times m = \underline{\underline{\mathbf{\frac{1}{3}m^3n}}}$ ⇦答え　例題 (2)」

そうだね。$\underline{\underline{\mathbf{\frac{m^3n}{3}}}}$と書いても正解だよ。ケンタくん，(3)は？

「$a \times 5 - 3 \times c \times b = a \times 2 \times c \times b$だから……。」

えっ？　あっ，ちょっと待って！　足し算，引き算でなく，掛け算，割り算のほうから計算するんだよ。5−3を先にやっちゃダメだよ。

「あっ，そうか……。
$a \times 5 = 5a$，$3 \times c \times b = 3bc$だから

解答　$a \times 5 - 3 \times c \times b = \underline{\underline{\mathbf{5a - 3bc}}}$ ⇦答え　例題 (3)」

よくできました。

「$5a$と$3bc$の2つのまとまりになりましたけど，これ以上は省略できないんですか？」

できない。これ以上簡単な書きかたはないよ。足し算や引き算は省略できないから$5a-3bc$が正解だ。

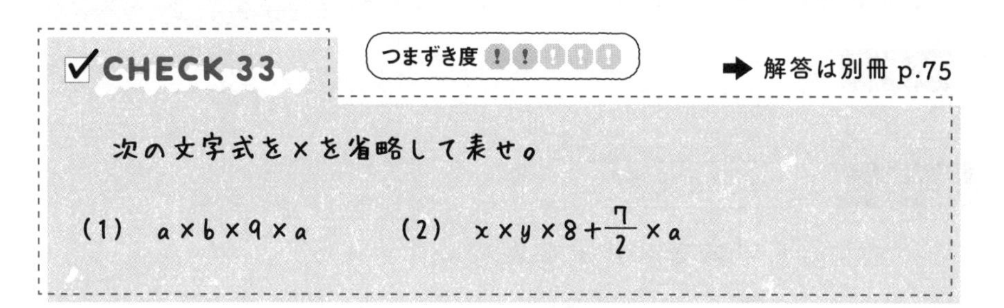

2-2 文字式では÷は省略して，分数の形で書く

÷という記号は，学年が進むにしたがってだんだん使わなくなる記号の1つだ。みんなが高校生くらいになれば，ほとんど使わなくなるよ。

文字式では“÷”の記号も省略する。例えば，**$x \div 5$ なら $\frac{x}{5}$ と書くんだ。**

例題 1 つまずき度 !!!!!

次の文字式を×，÷を省略して表せ。

(1) $a \times b \div 3$　　(2) $(x+2y) \div 4$

サクラさん。(1)の答えはわかる？

「解答 $a \times b \div 3 = \frac{ab}{3}$ ⇐答え 例題 1 (1)」

正解。次に(2)だけど，まず，$(x+2y) \div 4$ の(　)はどういう意味かわかる？

「『これで1つのカタマリ』ということです。」

そうだね。ちなみに，$x+2y \div 4$ と書いたら，$2y$ だけ4で割るという意味になるんだ。では，(2)を問いてみるよ。

解答 $(x+2y) \div 4 = \frac{x+2y}{4}$ ⇐答え 例題 1 (2)

$x+2y$ がまとまって分子に書かれていたら，それで１つのカタマリという意味だ。分数の形にしたときは(　)をつけなくてもいいよ。

ただし，**実際は $\frac{(x+2y)}{4}$ というふうに，姿を見せない『影の(　)』がついているものと考えてほしい**んだ。

中1 2章

割り算は分数の形で書く。
分母・分子は“それで１つのカタマリ”だから，
『影の(　)』がついているものと考えよう。
割り算の形に戻したときは（　）が必要。

じゃあ，ケンタくん。次の問題をやってみて。さっきの逆だ。

例題 2　つまずき度 !!!!!

次の文字式を÷を使って表せ。

(1) $\frac{y}{7}$　　(2) $\frac{9a-5}{2}$

「解答 $\frac{y}{7}=y\div 7$ ⇐答え 例題 2 (1)

(2) は $9a-5\div 2$　じゃ，ないな……。
これじゃ，5だけ2で割っているみたいだし……。」

Point 9 を見よう。$\frac{9a-5}{2}$ は，$\frac{(9a-5)}{2}$ というふうに**『影の（　）』がついているものと考える**んだったね。

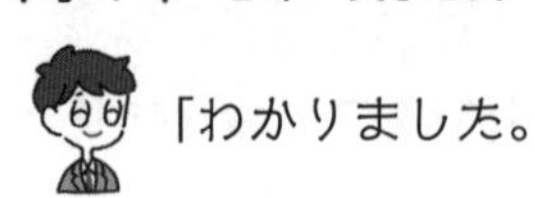
「わかりました。

解答 $\frac{9a-5}{2}=(9a-5)\div 2$ ⇦答え 例題2 (2)」

✓CHECK 34 つまずき度 !!!!! ➡ 解答は別冊 p.75

1 次の文字式を×，÷を省略して表せ。

(1) $y\times 4\div 9\times x$

(2) $(6a-b+8c)\div 13$

2 $\frac{3x+7}{5}$を÷を使って表せ。

2-3 値を代入

文字式の文字のところに数字を入れることで，式の値を求めることができる。ここでは，そのコツを身につけよう。

例題 つまずき度 !!!!!

次の値を求めよ。

(1) $a=5$ のときの $3a$ の値
(2) $x=-2$ のときの $6x$ の値
(3) $b=-4$ のときの b^2 の値

文字のところに，数字とかほかの文字を入れることを**代入**(だいにゅう)というよ。

(1)は，$3a$ に $a=5$ を代入すればいい。

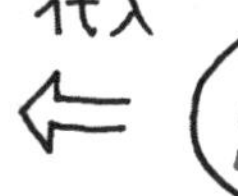

「じゃ，35？」

いや，いや，違うよ。$3a$ は $3\times a$ の意味だったよね。

「あっ，そうだ！　じゃあ，3×5だから

解答 $a=5$ のとき

$$3a=3\times5$$
$$=\underline{\underline{15}}$$ ← 答え 例題 (1)」

そうだね。このように代入して求められた数を**式の値**(しきのあたい)というよ。

サクラさん，(2)は？

「6−2じゃないですよね。たぶん(笑)。」

うん。違う(笑)。$6x$は$6\times x$の意味だからね。

「6×−2=−12ですね。」

答えは合っているけれど，計算式を書くときに気をつけよう。**1-4** でも説明した通り，**+，−，×，÷の記号は続けて書くことができないんだ。**

解答 $x=-2$のとき

$$6x=6\times(-2)$$
$$=\underline{\underline{-12}}$$ 答え 例題 (2)

と書かなきゃいけないよ。じゃ，次の(3)はわかる？

「bのところに−4を入れると，-4^2だから……。」

いや，そうじゃないんだ。今回はbを2乗するんだよね。そして，bが−4ということは“−4”を2乗するわけだから，$(-4)^2$と書かなきゃいけないよ。

「代入するときは(　)をつけると覚えておけばいいのですか？」

「あれっ？　でも，(1)を解いたときに(　)をつけなかったけど大丈夫だった。」

正の数を代入するときは(　)がいらないんだ。**負の数を代入するときには(　)をつけると覚えておけばいい。**

「そうなのか。あれっ？　ところで(3)の答えは？」

あっ，そうだ。忘れていた(笑)。

解答　$b=-4$のとき

$b^2=(-4)^2$

$=\underline{\underline{16}}$ ⇦答え　例題 (3)

中1 2章

コツ3 文字に値を代入するときの考えかた

例えば **3a なら，3×a のこと**だと意識しておこう。

負の数を代入するときは(　)をつけることも大切だ。

✓CHECK 35

つまずき度 !!!!!

➡ 解答は別冊 p.75

次の値を求めよ。

(1)　$y=-3$のときの$-8y$の値

(2)　$k=-2$のときの$-k^3$の値

2-4 分子や分母に分数を代入

分数そのものがややこしいのに，分子や分母が分数になってしまったら，もっとやっかいだ。うまく変形してから代入しよう。

例題　つまずき度 !!!!!

$y=\frac{2}{9}$ のときの $\frac{7}{4y}$ の値を求めよ。

「代入すると，$\frac{7}{4\times\frac{2}{9}}$？　何これ？　分数の中に分数が入っているよ。」

うん。わかりにくいね。**そのまま代入したらかなり面倒な形になるときは，割り算に変形してから代入したほうがいい。** $\frac{7}{4y}$ は $\frac{7}{4}\div y$ と考えよう。

解答

$$\frac{7}{4y}=\frac{7}{4}\div y$$

$$=\frac{7}{4}\div\frac{2}{9}$$

$$=\frac{7}{4}\times\frac{9}{2}$$

$$=\frac{63}{8}$$

答え　例題

「$\frac{7}{4y}$ を $7\div 4y$ と考えてもいいんですか？」

うん。それでもいいよ。ちょっと，それで計算してみて。

「$\frac{7}{4y}=7\div 4y=7\div 4\times y=\cdots\cdots$」

いや，サクラさん，$7\div 4y$ は $7\div 4\times y$ という意味じゃないよ。“$4y$”で1つのカタマリなんだよ。

「えっ？　よくわかりません。」

例えば，6は2と3を掛けたものだよね。6で割るということは，『“2と3を掛けたもの”で割る』ということだ。『2で割って，さらに3で割る』ともいえる。これはわかる？

「はい。」

$4y$ で割るということは，『“4と y を掛けたもの”で割る』ということだよ。『4で割って，さらに y で割る』ということになる。

「$\frac{7}{4y}=7\div 4y=7\div 4\div y$

ということですか？」

そうだね。次のようになるよ。

解答

$$\begin{aligned}\frac{7}{4y}&=7\div 4y\\&=7\div 4\div y\\&=7\div 4\div\frac{2}{9}\\&=7\div 4\times\frac{9}{2}\\&=\underline{\underline{\mathbf{\frac{63}{8}}}}\end{aligned}$$

答え　例題

コツ4　分数に文字が含まれている場合

分子や分母に分数を代入するとややこしい。
文字を分数の外に出してから代入するようにしよう。
“**掛けたもので割る**”ということは，**両方で割ること**になる。

CHECK 36　つまずき度 !!!!!

➡ 解答は別冊 p.75

$a=-\frac{4}{3}$のときの$\frac{5}{9a}$の値を求めよ。

2-5 文字の式で表してみよう

日常の中のいろいろなことを文字式を使って表すことができるよ。

中1 2章

例題 1　つまずき度 !!!!!

次の□にあてはまるものを文字を使って表せ。

(1)　コーヒー専門店で1g 4円のコーヒー豆をxg買うと，値段は□円になる。

(2)　初めて行ったレンタルDVDの店で，入会金400円で会員になり1本300円のDVDをa本借りると，必要なお金は□円である。

「(1) は，よくありますね。グラム単位でコーヒー豆を量り売りする店。」

うん。1g 4円のコーヒー豆をxg買うから

解答　$\underline{\underline{4x}}$（円）⇦答え 例題 1 (1)

次に(2)だが，まず，300円のDVDをa本借りるといくらになる？

「300a 円です。」

そうだね。そして，入会金の400円もかかるから……。

「解答　$\underline{\underline{300a+400}}$（円）⇦答え 例題 1 (2)」

そうだね。$\underline{\underline{400+300a}}$（円）と書いてもいいよ。

例題 2　つまずき度 !!!!!

次の□にあてはまるものを文字を使って表せ。

(1)　定価 a 円のお弁当が3割引きで売っているときの売値は□円である。

(2)　かき氷屋で，昨年の夏はかき氷が x 個売れた。そして，今年の夏は，昨年の夏に売れた個数と比べて6%増しならば，□個売れたことになる。

“割（わり）”は全体の $\frac{1}{10}$ 倍……，つまり，0.1倍ということだ。

「10%ということですね。」

そうだね。だから，10割なら“全体”ということになる。ちなみに全体の $\frac{1}{100}$ 倍（1%）は“分（ぶ）”，全体の $\frac{1}{1000}$ 倍（0.1%）は“厘（りん）”というよ。

「これ知っているよ。野球の打率で何割何分何厘とかいうもん。」

そうか。じゃ，話が早い。“3割引き”ということは何割の値段で売るということ？

「7割です。」

そうだね。全体が10割で，3割を引くということだからね。

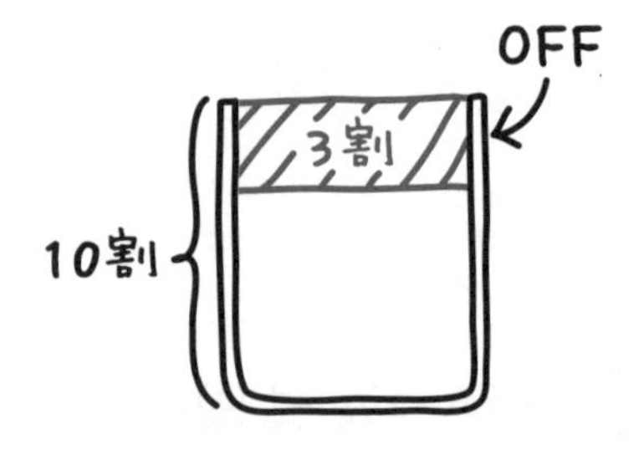

解答　$\frac{7}{10}a$（円）　⇦答え　例題2 (1)

$0.7a$（円）でもいいね。

次の(2)だけど，『6％増える』ということは何倍になるっていうこと？

「わかりません。」

『〇〇と比べて何％（または何割）』のときは〇〇を全体と考えよう。

全体が100％だ。そして，その6％分増えたので106％になったということになる。

「100％が106％になるということは$\frac{106}{100}$倍ですね。」

そういうことだ。答えは？　約分も忘れずに！

「解答　$\frac{106}{100}x=\frac{53}{50}x$（個）← 答え　例題2 (2)」

正解。**1.06x**（個）でもいい。100％で1，つまり，1％は0.01になるからね。

例題 3　つまずき度 !!!!!

次の□にあてはまるものを文字を使って表せ。

十の位がa，一の位がbの2ケタの自然数は□である。

例えば『43』なら，“10”が4個と“1”が3個ということだ。43円ということは，10円玉が4個と1円玉が3個と考えればわかりやすいかな？
十の位がa，一の位がbの数ということは？

「“10”がa個，“1”がb個だから

解答　$10a+b$ ← 答え　例題3」

✓CHECK 37

つまずき度 !!!!!

➡ 解答は別冊 p.75

次の□にあてはまるものを文字を使って表せ。

(1) 1個 a 円のチョコレートを7個買ったときの代金は□円になる。

(2) 1皿130円の回転ずしを1人で食べに行き，x 皿食べて，会計のときに『おひとり様50円引き』のクーポン券を使った。支払った金額は□円である。

(3) 濃度 x％の食塩水200gに含まれる食塩の量は□gである。

(4) ある自動車販売店では先月は m 台売れたが，今月は先月に比べて売り上げ台数が12％落ちてしまった。今月は□台売れたことになる。

(5) 百の位が x，十の位が y，一の位が z の3ケタの自然数は□である。

2-6 速さの単位と計算

小学校で学習した速さについて，速さの単位の表しかたを学習し，文字式を使って表してみよう。

日常生活では分数の$\frac{1}{2}$を1/2と書くことがあるけど，算数・数学では，原則としてこのような書きかたはしない。だけど，単位はこの表記を使うんだ。

速さは，（道のり）÷（時間），つまり$\frac{（道のり）}{（時間）}$ということで，**（道のり）/（時間）**の形で単位を表す。例えば，秒速5mなら5m/秒と書く。でも，これじゃあ，外国人はわからないよね（笑）。そこで，**"秒"は英語でsecondなので，頭文字の"s"で表す**。これが世界共通のルールなんだ。

「5m/sと書けばいいのですか？」

その通り。同様に，**"分"はminuteなので"min"，"時間"はhourなので"h"を使うんだ。分速300mなら300m/min，時速18kmなら18km/hと書くよ。**

「minuteなら，mでいいような気がするんだけど。」

「えっ？　そうするとm（メートル）と区別がつかなくなるわよ。」

「あっ，そうか！　300m/mではややこしいな……。」

うん。そういうことだ。もう1ついうと，値が文字のときも厄介なんだ。例えば，5km/sなら，『秒速5kメートル』か『秒速5キロメートル』かの区別がつかない。

値に文字があって紛らわしい感じがしたら，単位を（ ）や［ ］でくくるようにしよう。もちろん，混乱しないならくくらなくていいけどね。

じゃあ，実際に問題を解いてみよう。

例題 つまずき度 !!!!!

一定の時速 x km で走る電車に乗っていると，25m 進むごとに「ガタンゴトン」という揺れを感じた。次の問いに答えよ。

(1) 90秒で何m進むか。

(2) 90秒で「ガタンゴトン」という揺れを何回感じるか。

(1)は，0-8 で扱ったよね。

「『何秒で，何m？』ということだから，速さは，時速でなく秒速，kmでなくmに変えなきゃいけなくて，時速 x km ということは，時速 $1000x$ m となる。
さらに，1時間は60分，つまり3600秒だから

$$1000x \div 3600 = 1000x \times \frac{1}{3600} = \frac{5}{18}x$$

秒速 $\frac{5}{18}x$ m だ。
90秒ということは，これを90倍！」

うん。そうだが，せっかく単位を習ったから，単位をつけて答えよう。

解答 x km/h ということは，$1000x$ m/h

さらに，$1000x \div 3600 = 1000x \times \frac{1}{3600}$

$$= \frac{5}{18}x$$

よって，$\frac{5}{18}x$ m/sになる。

90秒で進む距離は

$\frac{5}{18}x \times 90 = \underline{\underline{\mathbf{25}x\,\mathbf{(m)}}}$ ⇦答え　例題 (1)

「うーん……，なんか慣れないな……。」

慣れないうちは，ケンタくんのやったように，まずメモ書きみたいにして解いてから，あらためて単位をつけた形で解答してもいいと思うよ。

じゃあ，(2)は？

「これは簡単。25mごとに1回揺れるから

解答 $25x \div 25 = \underline{\underline{x\,\text{(回)}}}$ ⇦答え　例題 (2)」

正解。実は一般的なレールの長さは25mで，「ガタンゴトン」はそのつぎ目を通るときの揺れなんだ。(2)の結果でわかった通り，『90秒間の「ガタンゴトン」の回数』を数えれば，電車が時速何kmかわかるんだよ。

「えーっ……，すごーい！」

でも，最近は技術が進んで，電車があまり揺れなくなったし，25mより長いレールが作られるようになったから，この方法が使えないケースも多いけどね。

✓CHECK 38　つまずき度 !!!!!　➡ 解答は別冊 p.75

車いすマラソンの選手が$a$kmのレースに参加する。分速400mの一定の速さで走るとき何時間でゴールできるか。

2-7 公式を文字式で表してみよう

小学校からなじみのある公式も文字を使って表すことができるよ。

小学校で**円周率**って習ったよね。この本でも0-10でおさらいした3.14159……という，円周が直径の何倍かを表す値だ。この円周率は，中学校からはπ（パイ）という記号で表すんだ。

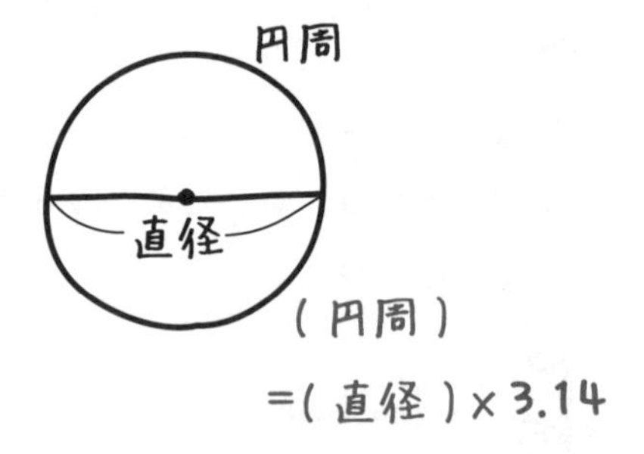

では，問題を解いてみよう。

例題　つまずき度 !!!!!

半径rの円について，以下のものを文字を使って表せ。ただし，円周率をπとする。

(1)　円周の長さ　　　(2)　面積

(円周率)＝$\frac{(\text{円周})}{(\text{直径})}$だから，(円周)＝(直径)×(円周率）だね。

「小学校のとき，(直径)×3.14で覚えてました。」

そうだね。今回は半径がrだから，直径はその2倍ということで$2r$となる。円周率はπなので，(1)の円周は$2r\times\pi$，つまり

解答　$2\pi r$　⇦答え　例題　(1)

「$2r\pi$じゃダメなんですか？」

πは決まった数を表す文字だ。だから，**πは数字の後ろで，文字の前に書くんだ。**

じゃあ，次に(2)の円の面積は？

「(半径)×(半径)×3.14です。」

そうだね。(円の面積)＝(半径)×(半径)×(円周率) だから

解答　πr^2 ⇦答え　例題 (2)

コツ5　円周の長さと円の面積

円周率はπを使う。円周の長さや円の面積を求める公式は大切なので

(円周)＝$2\pi r$，(円の面積)＝πr^2　（rは半径）

と覚えてしまおう！

✓CHECK 39　つまずき度 !!!!!　➡解答は別冊 p.76

横の長さa，縦の長さb，高さcの直方体について，次のものをa，b，cを使って表せ。

(1)　体積　　(2)　表面積

※　表面積とは，すべての面の面積を足し合わせたもの

2-8 項，係数

さて，いよいよ式の計算に入るけれど，その前にいろいろな用語をチェックしておこう。

例題 つまずき度 !!!!!

$3x-y+\frac{z}{8}+2$ の項は［ア］，［イ］，［ウ］，2であり，［ア］の係数は［エ］，［イ］の係数は［オ］，［ウ］の係数は［カ］である。

項は 1-6，係数は 2-1 で説明したから大丈夫だよね。

「あれっ？　$-y$のところは引き算になっていますね。」

「引く」というのは「マイナスを足す」と考えればいいよ。**$-y$と$+(-y)$は同じ意味**だよね。ぜんぶ足し算にして

$$3x+(-y)+\frac{z}{8}+2$$

とみなせばいい。**この考えかたはとても重要**だから，忘れないでね。

「じゃあ，項は

解答 $3x$，$-y$，$\frac{z}{8}$ ←答え 例題［ア］，［イ］，［ウ］

と2ですね。」

そうだね。サクラさん，係数は？

「$3x$の係数は

解答 $\underline{\underline{3}}$ ⇦答え 例題 エ

ですよね。$-y$の係数は……“$-$”かな？」

$-y$は$-1y$とみなせばいいよ。

「あっ，じゃあ，係数は

」

その通り。では，ケンタくん。$\frac{z}{8}$の係数は？

「？？？」

$\frac{z}{8}$は$\frac{1}{8}z$と考えればいいよ。

「そういうことなら

」

そうだね。ちなみに，$3x$，$-y$，$\frac{z}{8}$のように1つの文字(変数)だけ掛けられている項を**1次の項**(じ)(こう)という。

「じゃあ，2は？」

“2”のような数は**定数**(ていすう)というよ。2というのは変わらない数，つまり“定まっている数”だからね。定数の項なので**定数項**(ていすうこう)とも呼ばれるよ。そのままだけど（笑）。

そして，**1次の項だけ，または，1次の項と定数項だけで作られている式が1次式だ**。例えば，$2a+7b$や$3x-y+\frac{z}{8}+2$は1次式だよ。

✓CHECK 40

つまずき度 !!!!!

➡ 解答は別冊 p.76

4つの式 $x+y^2-9$, $ab-4$, $\frac{z}{2}-8y+7$, 5 について，次の問いに答えよ。

(1) 1次式であるものを答えよ。

(2) (1)で選んだ式のうち，1次の項とその係数を求めよ。

2-9 文字式の足し算，引き算

文字の式どうしも計算ができる。まず，足し算，引き算から。

中1 2章

例題　つまずき度 !!!!!

次の計算をせよ。

(1)　$2x+3x$　　　(2)　$a-5b-7a+2+4b$

(1)は，文字がxだけだね。このように**同じ文字の項どうしを足したり引いたりするときは，係数どうしを足したり引いたりすればいい。**
2と3を足せば“5”だから

解答　$2x+3x=\underline{\underline{\mathbf{5x}}}$　←答え　例題 (1)

「どうして，それで計算ができるのですか？」

$2x$はxの2倍。つまり，$x+x$だ。
$3x$はxの3倍。つまり，$x+x+x$だ。
両方を足したら，xを5回足したことになるでしょ。

「あっ，そうか！」

(2)は，文字がaとbの2種類あるけど，aの項どうし，bの項どうしをそれぞれ足したり引いたりすればいいよ。**複数の文字があるときは，同じ文字の係数どうしを計算する**んだ。

「aと$-7a$を足したら$-6a$だし，$-5b$と$4b$を足したら$-1b$だから……。」

$-1b$じゃなくて，$-b$だよ。

「あっ，そうだ！ あーっ，……絶対“1”って書いちゃう(笑)！」

答えは？

「**解答** $a-5b-7a+2+4b=a-7a-5b+4b+2$

$=\underline{\underline{\boldsymbol{-6a-b+2}}}$ 

例題 (2)」

文字式の足し算，引き算

同じ文字の項どうしは，係数を**足したり引いたりできる**。
違う文字の項どうしは，係数を**足したり引いたりできない**。

つまずき度 ❗❗

➡ 解答は別冊 p.76

次の計算をせよ。

(1) $12a-5a$　　(2) $6y+10x-3+2x-5y$

2-10 文字式と数の掛け算，割り算

文字式と数の掛け算，割り算というのもある。意外に簡単だよ。

例題　つまずき度 !!!!!

次の計算をせよ。

(1)　$2a\times9$　　(2)　$5\times(-7y)$

(3)　$16x\div(-8)$　　(4)　$-7a^2b\div\left(-\frac{7}{4}\right)$

(1)だけど，数字どうしを掛けると18だね。だから答えは

解答　$2a\times9=\underline{\underline{\mathbf{18a}}}$　答え　例題 (1)

「え，これだけ？　簡単！」

そうだよ。**数字どうしを計算すればいい。文字を書き忘れないようにね。**

(2)はサクラさん，どうなる？

「数字どうしを掛けると－35だから

解答　$5\times(-7y)=\underline{\underline{\mathbf{-35y}}}$　答え　例題 (2)」

そうだね。次に割り算だけど，(3)は，数字どうしを割って－2だから

解答　$16x\div(-8)=\underline{\underline{\mathbf{-2x}}}$　答え　例題 (3)

「これも簡単！」

じゃ，ケンタくん，(4)もやってみよう！

「"$\left(-\frac{7}{4}\right)$で割る"ということは，"$\left(-\frac{4}{7}\right)$を掛ける"ということだから

解答

$-7a^2b \div \left(-\frac{7}{4}\right)$

$= -7a^2b \times \left(-\frac{4}{7}\right)$　←マイナスを２つ掛けるからプラスになる

$= \underline{\underline{4a^2b}}$　答え　例題 (4)」

その通り！　よくできました。

Point 11

文字式と数の掛け算，割り算

文字式と数の掛け算は，**数字どうしを掛けたり，割ったりするだけ！**

(割るときは，逆数を掛けるようにしてもいい)

✓CHECK 42　つまずき度 !!!!!　➡ 解答は別冊 p.76

次の計算をせよ。

(1)　$6a \times 2$　　(2)　$\left(-\frac{9}{8}y\right) \times \left(-\frac{2}{3}\right)$

(3)　$-12ab \div 4$　　(4)　$\frac{34}{3}x^3 \div \left(-2\frac{5}{6}\right)$

2-11 分配法則を使って文字の計算をする

（　）のある計算で，数のみの式のときは（　）の中を簡単にしてから計算することが多いけれど，文字の式のときはそうできないことが多いよ。

例題 1　つまずき度 !!!!!

次の計算をせよ。

(1) $3(x+2y)$　　(2) $(-6a-b)\times 7$

(3) $-5(3a-1)$

1-16 で登場した分配法則は覚えてる？　文字式でも分配法則は使えるんだ。(1)は，x と $2y$ の両方を3倍すればいいよ。

解答　$3(x+2y)=3\times x+3\times 2y$

$=\mathbf{3x+6y}$ ← 答え　例題 1 (1)

(2)のように，後ろから掛けるときも一緒だ。サクラさん，やってみて。

「解答　$(-6a-b)\times 7=-6a\times 7-b\times 7$

$=\mathbf{-42a-7b}$ ← 答え　例題 1 (2)」

そうだね。$-6a-b$ は“$-6a$ と $-b$ を足したもの”，つまり $\{(-6a)+(-b)\}$ と考えて，次のようにしてもいい。

解答　$(-6a-b)\times 7=\{(-6a)+(-b)\}\times 7$

$=(-6a)\times 7+(-b)\times 7$

$=\mathbf{-42a-7b}$ ← 答え　例題 1 (2)

「あれっ？　1-16で同じ話をしましたよ。」

あっ，そうだっけ？　じゃあ，話は早い。ケンタくん，(3)を解いてみよう。

「解答　$-5(3a-1)=-5\{3a+(-1)\}$

$=-5\times 3a+(-5)\times(-1)$

$=\mathbf{-15a+5}$　答え　例題１　(3)」

そうだね。次に割り算もやってみよう。

例題２　つまずき度 !!!!!

次の計算をせよ。

(1)　$(12a-8)\div(-4)$　　(2)　$(-3x+7)\div\left(-\frac{2}{5}\right)$

(1)と(2)，続けて解いちゃうよ。(2)は逆数の掛け算にするんだ。

解答　$(12a-8)\div(-4)=\{12a+(-8)\}\div(-4)$

$=12a\div(-4)+(-8)\div(-4)$

$=\mathbf{-3a+2}$　答え　例題２　(1)

解答　$(-3x+7)\div\left(-\frac{2}{5}\right)=(-3x+7)\times\left(-\frac{5}{2}\right)$

$=(-3x)\times\left(-\frac{5}{2}\right)+7\times\left(-\frac{5}{2}\right)$

$=\mathbf{\frac{15}{2}x-\frac{35}{2}}$　答え　例題２　(2)

「分配法則，もうマスターしたわ！」

よかった。分配法則は，これから数学を勉強していくうえで，ずっと使うものだから，自信のない人は1-16も読み直して理解しておいてね。

つまずき度 !!!!!

➡ 解答は別冊 p.76

次の計算をせよ。

(1)　$3(x+2y)$　　(2)　$-\frac{3}{4}\left(2x-\frac{1}{3}\right)$

(3)　$(-8a-1)\div(-5)$

2-12 文字式を含んだ分数の掛け算，割り算

計算ミスで特に多いのは“正と負の書き間違い”と“分数の計算”だ。ここでしっかり克服しておこう。

例題 1　つまずき度 ！！！！！

次の計算をせよ。

(1) $4\times\frac{2x+7}{9}$　　(2) $6\times\frac{4x+y}{15}$

まず，(1)をサクラさん，やってみよう。

「分子を４倍するから，$4\times\frac{2x+7}{9}=\frac{8x+7}{9}$です。」

いや，そうじゃないんだ。2-2でも登場したけど，分子はそれだけでひとカタマリという意味だったよね。$\frac{2x+7}{9}$は$\frac{(2x+7)}{9}$というふうに『影の（　）』がついているものと考えるんだった。

「あ！　そうでしたね。

解答　$4\times\frac{2x+7}{9}=\frac{4(2x+7)}{9}$

$=\frac{8x+28}{9}$ ⇦答え 例題 1 (1)」

正解！　次に，(2)をケンタくん，やってみよう。

「$6\times\dfrac{4x+y}{15}=\dfrac{6(4x+y)}{15}$

$=\dfrac{24x+6y}{15}$　ですか？」

いや，まだ約分できる。

「あっ，そうか。分母・分子を3で割れるから

$\dfrac{24x+6y}{15}=\dfrac{8x+6y}{5}$　です。」

いや，間違っているよ。正しくは，次のようになる。

解答

$$6\times\frac{4x+y}{15}=\frac{6(4x+y)}{15}$$

$$=\frac{\overset{8}{\cancel{24}}x+\overset{2}{\cancel{6}}y}{\underset{5}{\cancel{15}}}$$

$$=\boldsymbol{\frac{8x+2y}{5}}$$

答え　例題1 (2)

「分母は3で1回しか割っていないのに，分子は2回割るってことですか？」

いや，分子も1回しか割っていないよ。$24x+6y$ を3で割ると，どうなる？

「$(24x+6y)\div3$ だから，$8x+2y$……，あっ，そうか！」

そうだよね。分配法則だ。**“足し算，引き算の形のもの”に，ある数を掛けたり割ったりするときは，それぞれに行うよ。** 今回は，$24x$ も $6y$ も3で割るよ。

ちなみに，(2)はもっといい解きかたがある。$\frac{6(4x+y)}{15}$とした時点で３で約分するんだ。

解答

$$6\times\frac{4x+y}{15}=\frac{\overset{2}{\cancel{6}}(4x+y)}{\underset{5}{\cancel{15}}}$$

$$=\frac{2(4x+y)}{5}$$

$$=\frac{8x+2y}{5}$$

←答え　例題１ (2)

“掛け算の形のもの”に，ある数を掛けたり割ったりするときは，１つだけに行うよ。 今回は，$(4x+y)$を１つのカタマリと考えれば，６と$(4x+y)$の積だからね。６のほうだけ３で割るわけだ。

もう１問，今度は分数どうしの計算をしてみよう。

例題 2　つまずき度 !!!!!

$\frac{2a-9b}{14}\div\frac{3}{7}$ を計算せよ。

まず，$\frac{3}{7}$で割るということは，$\frac{7}{3}$を掛けるということだから

$$\frac{2a-9b}{14}\div\frac{3}{7}=\frac{2a-9b}{14}\times\frac{7}{3}$$

$$=\frac{(2a-9b)\times7}{14\times3}$$

になる。分子には（　）をつけておいたよ。$\frac{(2a-9b)}{14}\times\frac{7}{3}$というように影の（　）があると思ってね。この時点で約分しよう。どう約分できる？

「分母の14と分子の７を約分できます。」

うん，そうだね！

解答 $\frac{2a-9b}{14} \div \frac{3}{7} = \frac{2a-9b}{14} \times \frac{7}{3}$

$= \frac{(2a-9b) \times \cancel{7}}{\underset{2}{\cancel{14}} \times 3}$

$= \frac{\mathbf{2a-9b}}{\mathbf{6}}$ ⇦答え **例題2**

「$\frac{2a-9b}{6}$は約分できないですよね。」

分母・分子を2で割ろうとすると$9b$が割れないし，3で割ろうとすると$2a$が割れないね。

コツ6 分数の文字式

・分数は“**影の（　）**”**があることに注意して**，掛け算や約分をする。

・$\frac{■x+▲y}{●}$は（■x＋▲y）÷●なので，
■も▲も●も同じ数で割れるときに約分できる。

✓CHECK 44 つまずき度 !!!!! ➡ 解答は別冊 p.76

次の計算をせよ。

(1) $\frac{3x-6y}{8} \times \frac{2}{9}$　　(2) $\frac{-6a+14b}{15} \div \left(-\frac{4}{5}\right)$

関係式を作ってみよう

何と何が等しい，何は何より小さいなどという式を作ってみよう。具体的な式の計算は，次の3章でくわしくやるからね。

例題 1 つまずき度 !!!!!

次の問いに答えよ。

(1) 105円の商品をa個買ったときの代金がb円であるとき，a，bの関係を表す式を求めよ。
(2) y枚のクッキーをx人に7枚ずつ配ると4枚あまったとき，x，yの関係を表す式を求めよ。

105円の商品をa個買えば，$105a$円になるはずだ。これがb円になるのだから，こうなるよ。

解答 $105a=b$ ⇦答え 例題1 (1)

このように，＝を使って数量の関係を表した式を**等式**(とうしき)というよ。そして，＝の左にある式を**左辺**(さへん)という。今回は$105a$が左辺だ。＝の右にある式を**右辺**(うへん)という。今回はbが右辺だ。左辺と右辺を合わせて**両辺**(りょうへん)というよ。

「$105a$とbのどっちを左辺に書くとかルールがあるのですか？」

いや，どちらでもいい。$b=105a$ とも書けるよ。

次に，(2)だけど，クッキーの枚数に注目しよう。“y枚”と書いてあるけどyを使わない表しかたを考えてみよう。

「まず，x人に7枚ずつ配ったら$7x$枚で……。」

さらに4枚あまっているから？

「$7x+4$（枚）？」

そうだね。yと$7x+4$は同じ数ということになる。だから

解答 $y=7x+4$ ⇦答え 例題1 (2)

となるよ。慣れてきたかな？　次はもう少し難しい問題だ。

例題 2 つまずき度 !!!!!

容積yLの空の容器に1秒に500mLの割合でx分間水を注ぎこんだら，あと4L水が入る状態になった。x，yの間に成り立つ関係式を求めよ。

最初にいっておくけど，2-6でやったように単位をそろえなきゃいけないね。

「500mLということは0.5Lですね。」

「『1秒に0.5L』だから，$0.5x$……。」

あっ，ちょっと待って！　“x分”だよ。

「あっ，そうか！　こっちも単位が違うんだ。x分ということは$60x$秒だから，入った水の量は

$0.5\times60x=30x$（L）　だ！」

そうだね。そして，yL入る容器に$30x$Lの水を入れて，残り4L入るわけだから……。

「解答　$y-30x=4$　答え　例題2」

正解！　続いて，ちょっと変わった問題をやってみよう。

例題 3　つまずき度 ！！！！！

1本x円のシャープペンシルを3本と，1個y円の消しゴムを7個買ったら1200円では足りなかった。この関係を不等式で表せ。

「不等式ってなんですか？」

不等式（ふとうしき）というのは左辺と右辺が＝の関係ではなく，＜や＞で表される式のことだよ。

左辺より右辺のほうが大きければ，（左辺）＜（右辺）

右辺より左辺のほうが大きければ，（左辺）＞（右辺）

となる。

「1-3でやった不等号を使うんですね。」

そうだ。ちなみに，

右辺より左辺の方が大きいか，または同じときは，（左辺）≧右辺

左辺より右辺の方が大きいか，または同じときは，（左辺）≦右辺

と書くんだ。**≧は『だいなりイコール』，≦は『しょうなりイコール』というよ。**

では，ケンタくん，例題を解いてみよう。

「x円のシャーペン3本で$3x$円，y円の消しゴム7個で$7y$円だから$3x+7y$（円）ということか。
1200円では足りないって，どういうことですか？」

1200と比べて$3x+7y$のほうが大きいということだね。

「そうか！　わかりました。

解答　$3x+7y>1200$　答え　例題3」

よくできました。**$1200<3x+7y$**でもOKだよ。「どちらが大きいか」というのがちゃんと合っていればいいんだ。

さて，今回は1200円で足りなかった場合だけど，もし足りたときはどうなる？

「$3x+7y<1200$でいいんですよね。」

いや，そうじゃない。1200円で足りたということは，支払った金額が1200円より下回っても，ピッタリでもいいから

$3x+7y \leqq 1200$

となるんだ。$1200 \geqq 3x+7y$でもいいよ。

<の反対は（>でなく）≧，>の反対は（<でなく）≦だから気をつけよう。

つまずき度 ！！！！！

➡ 解答は別冊 p.76

次の問いに答えよ。

(1)　友だちの誕生日を祝うために，a人が500円ずつ出し合い，b円のものを買ったところ，269円残った。a，bの間に成り立つ関係式を求めよ。

(2)　63円切手x枚と84円切手y枚を買って700円出したら，おつりがもらえた。この関係を不等式で表せ。

中学1年 3章

方程式

ここでは，求めたい数をxとおいて，式を立てて計算するという方法を勉強するよ。

「求めたい数はxとおくと決まっているのですか？」

いや。実際はなんでもいいのだが，数学の世界の昔からの習慣で，xを使うことが多いんだよね。

「どうしてxなんですか？　何かの頭文字？」

うーん……。実はさまざまな説があって，よくわかっていないんだよね。初めてこの計算方法が発明され，本にするときに，“x”の活字がたくさんあまっていたから使ったという説もあるんだよ。

方程式とは？

いよいよ方程式の計算に入っていくよ。

例題 つまずき度 !

$x=-2$，6は次の方程式の解かどうか調べよ。

$-3x+21=x-3$

「なんだか“方程式”っていう響きが，もう難しそうで……。」

そんなにイヤがる必要はないよ。xやyやaなどの文字を使った式で，その文字にある数をあてはめたときに（左辺）＝（右辺）が成立したりしなかったりする等式を**方程式**（ほうていしき）というんだ。例えば$x+1=4$という式は，$x=3$のときに成立するけど，$x=10$のときは成立しないよね？　このときの$x=3$のように方程式が成立する文字の値を**方程式の解**（かい）というよ。

「つまり，与えられた文字にどんな数が入ったらイコール(＝)が成立するかを考えるんですね。」

そういうこと！　そのイコールが成立する数を求めることを**方程式の解を求める**とか**方程式を解く**とかいうんだ。

ここでは2-8で説明した1次式の方程式である**1次方程式**を扱うよ。

「1次式で方程式だから1次方程式って，そのまんまですね。」

そうだね。さて

$$-3x+21=x-3$$

はxがどんな数でも成立するわけじゃない。

$x=-2$を代入すると

$$(\text{左辺})=-3\times(-2)+21$$
$$=6+21=27$$
$$(\text{右辺})=(-2)-3=-5$$

となって両辺が違う値になり，$-3x+21=x-3$の方程式は成立しない。だから

解答 **$x=-2$は解ではない** ⇦ 答え 例題

しかし，$x=6$を代入すると

$$(\text{左辺})=-3\times6+21$$
$$=-18+21=3$$
$$(\text{右辺})=6-3=3$$

と両辺が同じ値になる。$-3x+21=x-3$の方程式が成立するので

解答 **$x=6$は解である** ⇦ 答え 例題

$x=-2$では方程式が成立せず，$x=6$では成立したよね。つまり，**解ならば代入すれば方程式は成立するし，解でないならば代入しても方程式は成立しないということ**だ。

「じゃ，解を求めるには，xにいろいろな数を入れてみて，方程式が成立するかを調べればいいのですか？」

うーん，それでは大変だ。数はたくさんあるし，整数でなくて，分数が解になることもあるからね。解きかたは 3-2 から説明していくよ。

中1 3章

CHECK 46　つまずき度 !!!!!

➡ 解答は別冊 p.76

$x=3$，-1は次の方程式の解かどうか調べよ。

$$-5x-1=2x+6$$

数学 お役立ち話 8

イコールの両辺に同じことをしても，イコールのまま

方程式の解きかたの話をする前に，まず，前もって理解しておいてほしいことがある。それは，**等式の両辺に同じものを足したり引いたりしても，等式は成り立つ**ということだ。

つり合っている状態のはかりを考えると，両方にさらに同じ重さのものをのせたり，両方から同じ重さのものをとったりしても，つり合ったままだよね。

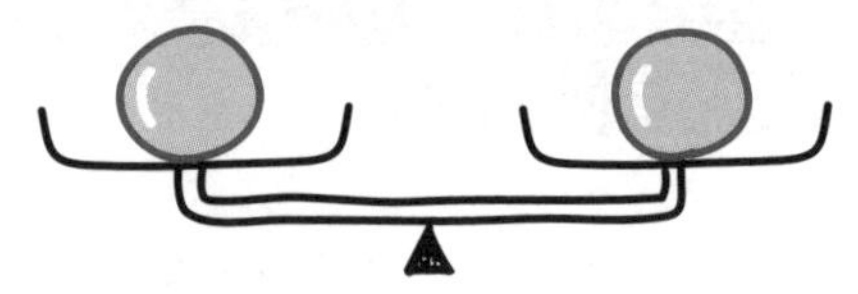

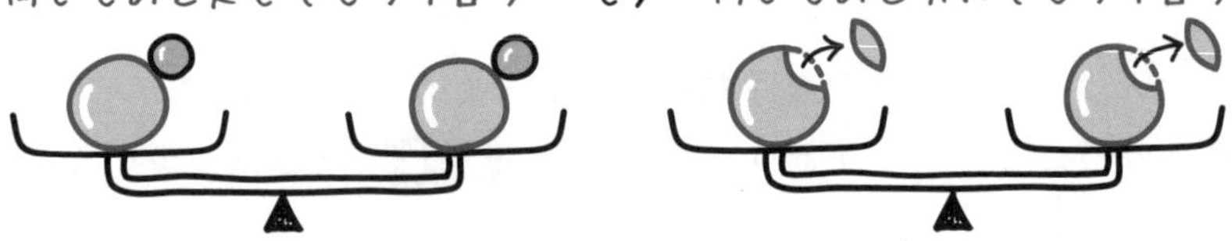

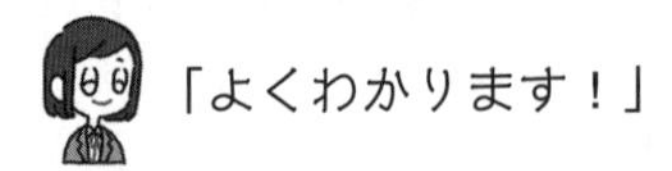

さらに，**等式の両辺に同じものを掛けたり割ったりしても，等式は成り立つ**んだ。

はかりがつり合っているなら，例えば左の量を3倍にして，右の量も3倍にしたら，つり合ったままだよね。左の量を半分にして(2で割って)，右の量も半分にして(2で割って)もそうだ。

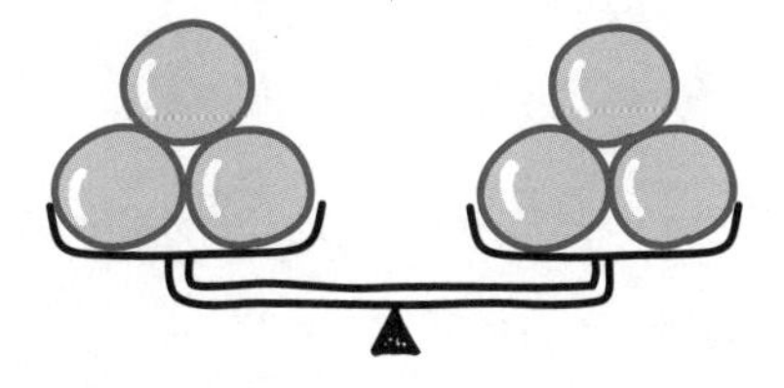

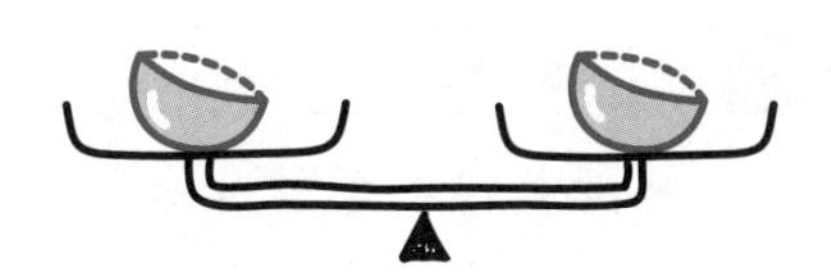

「つまり，イコールで結ばれていたら，(左辺)と(右辺)は，同じだけ足したり，引いたり，掛けたり，割ったりしてもイコールなんですね。」

そうだね。ただし，0で割るのだけはダメだよ。それは計算のルールだからね。

3-2 移項をして方程式を解く

有名な計算方法に『移項』というのがある。さっきの“両辺に同じものを足したり引いたりできる”という特長を使った計算だ。

例題　つまずき度 !!!!!

次の方程式を解け。

(1)　$x+4=7$　　　(2)　$x-2=-4$

「(1) の答えは3でしょ？」

先に答えをいうなって(笑)。実際に解いてみるよ。

『方程式を解け』ということは『xの値を求めよ』ということだったね。 つまり，$x+4=7$ を“$x=$”の形にしたいんだ。でも，左辺の$+4$がジャマだね。そこで，**$+4$という項を右辺に移そう。項をもう一方の辺に移すことを移項（いこう）というよ。** 移項すると符号が変わるんだ。 $+4$は右辺では-4になってしまう。

では，解いてみるよ。

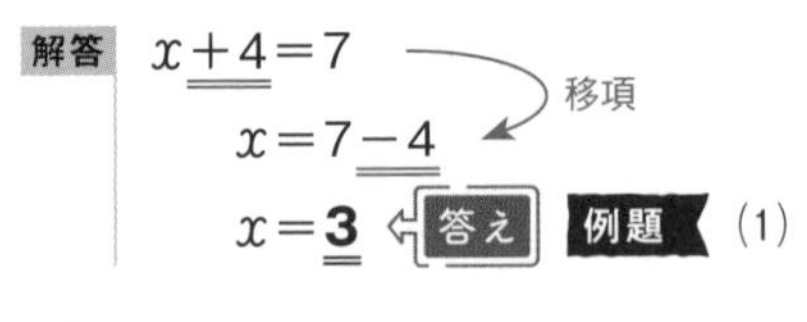

「えっ？　どうしてそんな計算ができるのですか？」

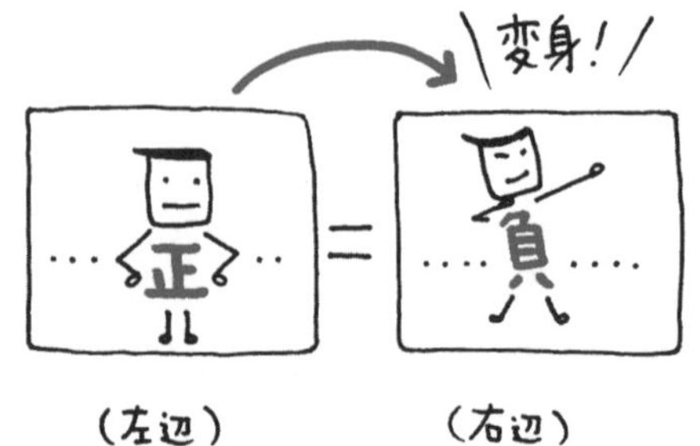

実は左辺にも右辺にも-4を足している（“引く4をしている”）んだ。つまり，こういうこと。

$$x+4=7$$
$$x+4-4=7-4$$
$$x=7-4$$

移項して符号が変わったことになる

実は左辺も-4をしていた

結果的に，$+4$という項がもう一方の辺に移動して，符号が変わり，-4になったことになるね。これで“$x=$”の形になった。

「もし，負の数を移項したら正の数になるんですか？」

そうだよ。(2)　$x-2=-4$なら，-2を右辺に移項すればいいね。

解答
$$x-2=-4$$
移項
$$x=-4+2$$
$$x=\mathbf{-2}$$
答え　例題 (2)

Point 12　移項のしかた

左辺を“$x=$”の形にするために，**定数項（数字の項）は右辺に**移項する。

移項すると符号が変わることに注意しよう。

✓CHECK 47

つまずき度 ！！！！！

➡ 解答は別冊 p.77

次の方程式を解け。

(1)　$x+8=-13$　　(2)　$-6+x=-1$

方程式の計算を書くときの注意点

数学が苦手という人がよくする間違いを挙げておくよ。やってしまっている人は今から直そう！　例えば，3-2 の 例題 (2)の計算で

$x-2=-4$

$=x=-4+2$

$=x=-2$

というふうに，**左はじにいつもイコールをつける人がいるんだけど，これはダメだよ。** これだと

$x-2=-4=x=-4+2=x=-2$

という意味になってしまう。$x-2$ が -4 に等しくて，それは x に等しくて，それは $-4+2$ に等しくて……って変だよね。方程式を解くときは，左はじにイコールをつけずに，真ん中のイコールをそろえて下に下にと書いていくんだ。

$x-2=-4$

$x=-4+2$

$x=-2$

そうすると，これは，『$x-2=-4$』だから，『$x=-4+2$』なので，『$x=-2$』という意味になる。

「でも，たまにイコールが左はじにあるときもありますよね？」

それは，こんなときだよね。

$x=7-3$

$=4$

左辺が同じときは，右辺だけ計算してイコールでつなげてもいいんだ。

3-3 係数で割って方程式を解く

次は割り算。これから方程式を解くときにずっと使い続けていく大切な解きかただよ。しっかり覚えよう。

例題　つまずき度 !!!!!

次の方程式を解け。

(1)　$-5x=-35$　　(2)　$2x=-17$

(3)　$-\frac{8}{5}x=24$

「xに数が掛けられていますね。」

そう。こういった場合は，次のように解こう！

"$ax=$"の方程式の解きかた

"$ax=$"の形を"$x=$"にするには両辺を係数aで割る!

符号と，分数の計算は間違えやすいので注意しよう。

(1)は，$-5x=-35$を"$x=$"の形にしたいので，係数の-5で割ればいい。もちろん，両辺を-5で割るよ。

解答　$-5x=-35$

$x=-35\div(-5)$　←両辺を-5で割った

$x=\underline{\underline{7}}$　←答え　例題 (1)

サクラさん，(2)はわかる？

「両辺を2で割ればいいんですよね。あれっ？　2で割り切れないですよ？」

うん。もちろん割り切れないこともあるよ。答えが分数の場合もあるから。

「そうなんですね。じゃ

解答 $2x=-17$

$x=\underline{\underline{-\frac{17}{2}}}$ ⇦答え 例題 (2)」

そうだね。ケンタくん，(3)はわかる？

「両辺を$-\frac{8}{5}$で割るということは，逆数の“$-\frac{5}{8}$”を掛けることだから

解答 $-\frac{8}{5}x=24$

両辺に$-\frac{5}{8}$を掛けた

$x=24\times\left(-\frac{5}{8}\right)$

$x=\underline{\underline{-15}}$ ⇦答え 例題 (3)」

✓CHECK 48 つまずき度 !!!!! ➡ 解答は別冊 p.77

次の方程式を解け。

(1) $3x=39$　　(2) $-6x=-5$

(3) $-\frac{2}{7}x=\frac{8}{21}$

方程式を解いてみよう

3-2，3-3で覚えたことを使って解いていくよ。

つまずき度 !!!!!

次の方程式を解け。

(1) $x-12=9+8x$　(2) $2(x-9)+5x=-7x+4$

中1 3章

xの項が両辺にあるけど，今までやってきたことを順序通りにやっていけば難しくないよ。左辺をxだけにする手順をまとめておくね。

Point 14 方程式の解きかた

xを求めるときは

① **左辺はxの項だけ**を集め，**それ以外は右辺へ！**

② **左辺の足し算・引き算，右辺の足し算・引き算をする。**

③ **xの係数で両辺を割る！**

この手順にそって，(1) $x-12=9+8x$を解いていこう。

まずは，**①左辺はxの項だけを集め，それ以外は右辺へ！** だ。右辺の$+8x$は左辺に移そう。左辺では$-8x$になるね。反対に，左辺の-12は右辺に移そう。

$x-8x=9+12$

そして，② **左辺の足し算・引き算，右辺の足し算・引き算をする。**

$-7x=21$

さて，あとは，**3-3**でやったように，③ **xの係数で両辺を割る！**

$x=-3$

いいかい？　それでは解答をまとめておくよ。

解答

$x-12=9+8x$　（手順①）

$x-8x=9+12$　（手順②）

$-7x=21$　（手順③）

$x=\underline{\underline{-3}}$　⇦答え　**例題** (1)

「(2) は$2(x-9)$という(　)がついたものがありますけど，どうすればいいのですか？」

(　)を外してから同じようにやればいいよ。やってみて。

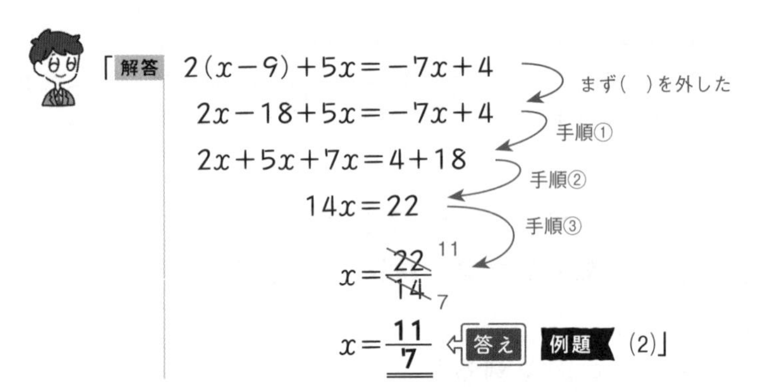

「**解答**

$2(x-9)+5x=-7x+4$　（まず(　)を外した）

$2x-18+5x=-7x+4$　（手順①）

$2x+5x+7x=4+18$　（手順②）

$14x=22$　（手順③）

$x=\dfrac{22}{14}$（約分して $\dfrac{11}{7}$）

$x=\underline{\underline{\dfrac{11}{7}}}$　⇦答え　**例題** (2)」

よくできました。手順通りやればできるから，あわてないようにね。

CHECK 49　つまずき度 !!!!!　➡ 解答は別冊 p.77

次の方程式を解け。

(1)　$5-4x=2x-1$　　(2)　$-3-(4x+1)=-6x+9$

小数を含む方程式

少しでもラクに計算したいというのは，誰もが考えることだよね。それには，両辺に同じものを掛けたり，割ったりするのがスムーズにできるようになることが大切だよ。

例題 1　つまずき度 !!!!!

次の方程式を解け。

(1)　$0.3x-1.2=-4+0.5x$
(2)　$0.2x+5=0.07x-1.5$

このままだと**小数の計算になって面倒だから，小数をなくしたい。両辺を何倍かして，小数をなくしてしまおう。**

「何倍すればいいのですか？」

式全体を見て，最高で小数第何位までの数字があるか？　と考えるんだ。小数第1位まであるなら10倍，小数第2位まであるなら100倍すればいいよ。

「じゃ，小数第3位まであるなら1000倍？」

そういうことになるね。

さて，(1)の小数に着目すると$0.3x$，-1.2，$0.5x$が小数を含む項だね。どれも小数第1位ということで，**最高で小数第1位だから，両辺を10倍して計算すればいいよ。**

解答

$$0.3x-1.2=-4+0.5x$$
両辺を10倍
$$\mathbf{10}(0.3x-1.2)=\mathbf{10}(-4+0.5x)$$
$$3x-12=-40+5x$$
手順①
$$3x-5x=-40+12$$
手順②
$$-2x=-28$$
手順③
$$x=\underline{\underline{\mathbf{14}}}$$
答え 例題1 (1)

「小数を消したあとは Point 14 の手順①～③の通りですね。」

その通り。じゃ，続けて練習してみようか。サクラさん，(2)はどうなると思う？

「0.2は小数第1位で，5は整数だし，0.07は小数第2位，1.5は小数第1位だから，**最高で小数第2位ですね。**」

そうだね。では，何倍すればいい？

「**100倍です。**」

その通り。では，計算して。

「**解答**

$$0.2x+5=0.07x-1.5$$
$$100(0.2x+5)=100(0.07x-1.5)$$
$$20x+500=7x-150$$
$$20x-7x=-150-500$$
$$13x=-650$$
$$x=\underline{\underline{\mathbf{-50}}}$$
答え 例題1 (2)」

よくできました。

小数を含む方程式の解きかた

小数を含む方程式は“**最高で小数第何位までの数があるか？**”に注目する。

小数第1位まであるなら10倍，小数第2位まであるなら100倍する。

では，もう1問やってみよう。

例題 2　つまずき度 !!!!!

次の方程式を解け。

$$0.6(3x-8)=-1.1x+1$$

「最高で小数第1位だから，両辺を10倍すればいいんですね。」

そうだね。まあ，とりあえず計算してみて。

「0.6に10を掛けると6で，$(3x-8)$も10倍して……。」

ちょっと待って！　それだと，左辺を100倍したことになっちゃう。2-12でもいったけど，掛け算を10倍するなら，一方だけを10倍するんだよ。

「あっ，そうか。」

ちなみに，右辺はどうなる？

「これは，$10(-1.1x+1)$ だから $-11x+10$ になります。」

そう。合っているよ。じゃ，答えは？

「**解答**

$$0.6(3x-8)=-1.1x+1$$

（両辺を10倍した）

$$6(3x-8)=-11x+10$$

$$18x-48=-11x+10$$

（手順①）

$$18x+11x=10+48$$

（手順②）

$$29x=58$$

（手順③）

$$x=\underline{\underline{2}}$$

答え　例題２」

そうだね。

つまずき度 !!!

➡ 解答は別冊 p.77

次の方程式を解け。

(1)　$-8+0.4x=0.7x-2.3$

(2)　$3(2+0.03x)=-0.2x-4.15$

3-6 分数を含む方程式

小数の計算は面倒だけど，分数も面倒だね。分数も最初になくしてしまったほうがいいよ。

例題　つまずき度 !!!!!

次の方程式を解け。

(1) $\frac{3}{4}x-2=-x-\frac{5}{6}$

(2) $8+\frac{2x-1}{5}=x-\frac{x+7}{3}$

(1)は，ケンタくんならどうやって解く？　ちょっとやってみて。

「 $\frac{9x}{12}-\frac{24}{12}=-\frac{12x}{12}-\frac{10}{12}$

という感じでいいんですか？」

左辺の分数の分母が4，右辺の分数の分母が6だから，4と6の最小公倍数である“12”に分母をそろえたんだね。うーん，それでもできないことはないけれど，けっこう計算が大変そうだね。

「はい，やりたくないです……。」

どうせなら両辺に12を掛けて，最初に分数をなくす（分母をはらう）ほうがラクだよ。今度は両辺を12倍して計算してみて。

「解答

$$\frac{3}{4}x-2=-x-\frac{5}{6}$$

$$\left(\frac{3}{4}x-2\right)\times12=\left(-x-\frac{5}{6}\right)\times12$$

$$\frac{3}{4}x\times12-2\times12=-x\times12-\frac{5}{6}\times12$$

$$9x-24=-12x-10$$

$$9x+12x=-10+24$$

$$21x=14$$

$$x=\frac{14}{21}$$

$$x=\underline{\underline{\frac{2}{3}}}$$ 答え　例題 (1)

ですか？」

そうだね。ちょっと誤解のないようにいっておくけど，例えば，『$\frac{3}{4}x-2+x+\frac{5}{6}$を計算しなさい。』という計算問題のときは，勝手に12を掛けたらダメだよ。xの項と定数の項をそれぞれ通分して計算すること。

しかし，今回のように**イコールで結ばれていて“両辺”がある方程式のときは，両辺に同じものを掛けることができる**んだ。数学 お役立ち話⑧で説明したように，イコールの左と右には同じものを掛けてもいいんだったね。

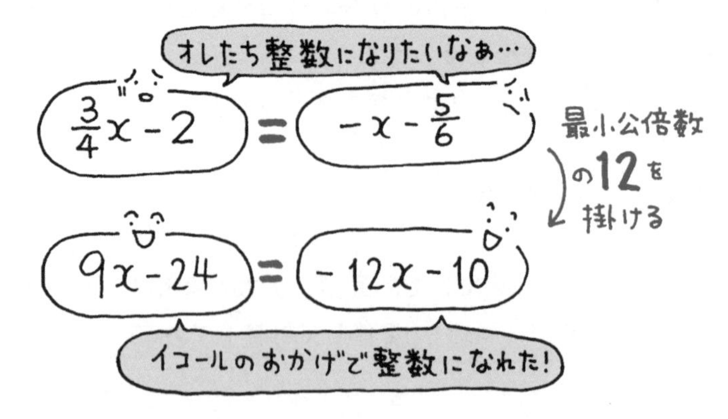

じゃ，(2)もやってみよう。

「分母が5と3だから，両辺に15を掛ければいいのですね。

$$8+\frac{2x-1}{5}=x-\frac{x+7}{3}$$

$$\left(8+\frac{2x-1}{5}\right)\times 15=\left(x-\frac{x+7}{3}\right)\times 15$$

$$8\times 15+\frac{2x-1}{5}\times 15=x\times 15-\frac{x+7}{3}\times 15$$

$$120+2x-1\times 3=\cdots\cdots$$ 」

あっ，ちょっと待って。$2x-1$ で1つのカタマリだよ。

「そうだ！　(　) が必要だった！　やり直します (笑)。

解答

$$8+\frac{2x-1}{5}=x-\frac{x+7}{3}$$

$$\left(8+\frac{2x-1}{5}\right)\times 15=\left(x-\frac{x+7}{3}\right)\times 15$$

$$8\times 15+\frac{2x-1}{5}\times 15=x\times 15-\frac{x+7}{3}\times 15$$

$$120+(2x-1)\underline{\underline{\times 3}}=15x-(x+7)\underline{\underline{\times 5}}$$

$$120+6x-3=15x-5x-35$$

$$6x-15x+5x=-35-120+3$$

$$-4x=-152$$

$$x=\underline{\underline{38}}$$ ⇦答え　例題 (2)」

そうだね。(　) が必要なことは 2-12 で学習したよね。

Point 16 分数を含む方程式の解きかた

分数を含む方程式は“**分母の最小公倍数**”**を両辺に掛けて**簡単にする。

✓CHECK 51

つまずき度 !!!!!

➡ 解答は別冊 p.77

次の方程式を解け。

(1) $-5+\frac{2}{3}x=-\frac{9}{2}-7x$

(2) $\frac{5x-3}{8}-2x=\frac{1}{6}x+\frac{x+6}{12}$

3-7 文章題を方程式で解いてみよう

求めたいものをxで表して，式を立てて，計算する。さらに最後に「確認」もいるよ。人数を答えるときに，－２人とか$\frac{1}{4}$人なんてならないものね。

例題 1　つまずき度 !!!!!

100円のリンゴと140円のオレンジを合わせて8個買い，代金がちょうど1000円になるようにしたい。リンゴとオレンジを何個ずつ買えばいいか。

まず，リンゴの個数をx個としよう。オレンジは何個と表せる？

「……。」

両方合わせて8個買うんだよね。そして，**リンゴのほうはx個買う**わけだから……。

「あっ，$(8-x)$個だ。」

そうだね。今度は，いくらになるかを調べてみよう。(単価)×(個数)を考えればいいよ。100円のリンゴがx個なら**100x**円，140円のオレンジが(8－x)個なら**140(8－x)**円，合わせて，代金は

$100x+140(8-x)$(円)

になるね。

「あっ，これが1000円になるということですね。」

そうだね。

$$\underbrace{100x+140(8-x)}_{\text{リンゴとオレンジの代金の合計}}=\underbrace{1000}_{\text{1000円}}$$

という式が成り立つ。

このように，**同じものを2通りに表して，イコールで結ぶ**というのが方程式を作るときによく使われる方法だよ。ここでは両辺とも代金を表している。(代金)＝(代金)の式だ。あとは方程式を解くだけ。

ケンタくん，計算してみて。

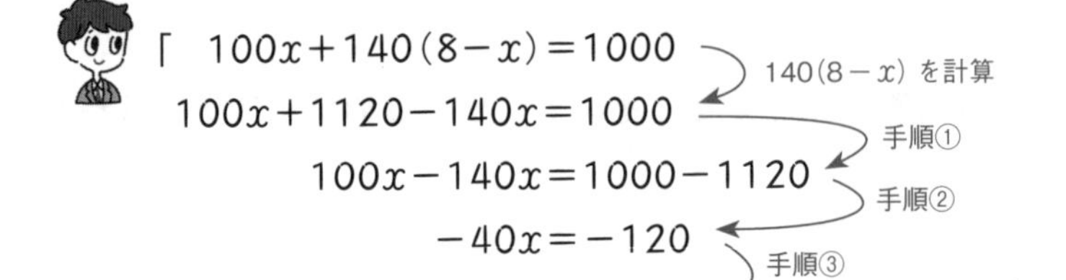

「
$$100x+140(8-x)=1000$$
140(8－x)を計算
$$100x+1120-140x=1000$$
手順①
$$100x-140x=1000-1120$$
手順②
$$-40x=-120$$
手順③
$$x=3$$
です。」

そうだね。リンゴの個数xは3個だね。オレンジの個数は(8－x)個だったから，これにxの値を代入すればいい。8－3＝5(個)ということになる。

ところで，ケンタくんの計算だけれども，最初に両辺を10で割って計算するともっとラクだよ。

$$100x+140(8-x)=1000$$
$$10x+14(8-x)=100$$

「両辺はさらに2で割れますよね。

$5x+7(8-x)=50$

というふうに。」

おっ，するどい！　そうだね。最初から両辺を20で割ってもいいよ。では，解答をまとめておこう。

解答　リンゴの個数をx個とすると，オレンジの個数は$(8-x)$個より

$$100x+140(8-x)=1000$$
$$5x+7(8-x)=50$$
（両辺を20で割った）
$$5x+56-7x=50$$
$$5x-7x=50-56$$
$$-2x=-6$$
$$x=3$$

リンゴは3個，オレンジは5個

これは問題にあてはまる。

リンゴの個数は3個，オレンジの個数は5個　⇦答え　

「最後の『これは問題にあてはまる。』って，どういう意味ですか？」

例えば，リンゴの個数が$\frac{7}{3}$とか4.2といった分数や小数になったら変だよね。$\frac{7}{3}$ということは$2\frac{1}{3}$だけれども，$\frac{1}{3}$個買うなんてできないよね。0.2個買うこともできない。**方程式を立てて問題を解いたあとは，問題にあてはまらない“変な結果”になっていないかを確認しなきゃいけない**んだ。

「もし，“変な結果”になっていたら，どうすればいいのですか？」

めったにないことだけど，そのときは，『これは問題にあてはまらない。』とか，『問題にあてはまる買いかたはない。』とか答えればいいよ。まあ，意味が通じれば別のいいかたでもいい。

「万が一，そうなるかもしれないから確認するということですね。」

そうだね。例えば，マイナスの答えになっても変だね。−2個なんて買えない。

「逆に，お店の人に2個売るってことかな？　ありえない(笑)。」

まあ，変な答えが出たときは，だいたい計算ミスか式を作るときにミスをしているかだけどね。

「マイナスや分数の答えになったら変ということですか？」

今回はね。でも，分数や小数やマイナスで答えられることもある。これは例題3 や 3-8 で紹介するよ。

Point 17

文章題での方程式の立てかた

同じものを2通りに表して，イコールで結ぼう！

答えが問題にあてはまるか？(変な結果になっていないか？)のチェックも忘れずに。

例題 2 つまずき度 !!!!!

大量のプチシュークリームを何人かの子どもに分ける。1人あたり8個ずつ分けると5個あまるが，9個ずつ分けると2個足りない。

子どもの人数と，プチシュークリームの個数を求めよ。

まず，子どもの人数をx人にして，プチシュークリームの個数を考えてみよう。確か，2-13で同じような問題をやっているね。

「あっ，ホントだ。クッキーがプチシュークリームに変わっているけど (笑)。
8個ずつx人に配ったら$8x$個で，5個あまるから，
$(8x+5)$個ですね。」

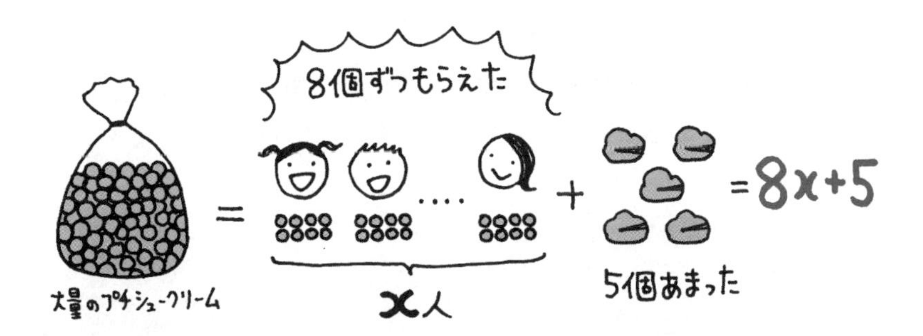

そうだね。じゃ，今度は『9個ずつ分けると2個足りない』でプチシュークリームの個数を表してみて。

「9個ずつx人に配ったら$9x$個で，2個足りないから……？」

『足りない』ということは，実際の個数は2個少ないということだよね。

「あっ，そうか。じゃ，$(9x-2)$ 個ですね。」

そうだね。そして，$8x+5$ と $9x-2$ は，どちらもプチシュークリームの個数を表しているから同じ数だ。よって

$$8x+5=9x-2$$

になる。**同じものを2通りに表して，イコールで結ぶ** のだったね。これを計算すれば，子どもの人数 x が求まるし，プチシュークリームの個数 $8x+5$ もわかる。

解答 子どもの人数を x 人とすると

8個ずつ配ったら5個あまるから，$8x+5$（個）

9個ずつ配ったら2個足りないから，$9x-2$（個）

よって　$8x+5=9x-2$

$$8x-9x=-2-5$$

$$-x=-7$$

$$x=7$$

これを $8x+5$ に代入すると　$8\times7+5=61$

これは問題にあてはまる。（子どもの人数もプチシュークリームの個数も自然数なので）

子どもの人数は7人，プチシュークリームの個数は61個 

例題 2

「プチシュークリームの個数は $9x-2$ でもあるから，$x=7$ を $9x-2$ のほうに代入してもいいのですか？」

うん。どちらでもいい。$9x-2=9\times7-2=61$ で同じ答えになるよ。

例題 3　つまずき度 !!!!!

夫が朝7時に家を出て，駅まで分速70 mで歩いた。しかし，妻がその8分後に分速190 mで自転車で夫を追いかけた。追いつくのは何時何分何秒か。

「何か忘れ物をしたのかな？」

「携帯電話じゃない？　それ以外だったら電話で知らせるだろうし。」

別にそんな推理をする問題じゃないんだけど（笑）。さて，本題に入ろう。追いつくのが，夫が家を出てから x 分後としよう。進んだ道のりは？

「$70x$ mです。あっ，そうか。**この道のりをほかの式で表して，イコールで結べばいい**のですね。」

そうだね。追いつくということは，妻も同じ道のりを進んだということだからね。何m？

「分速190mでx分間だから……。」

そうじゃないよ。妻は夫が家を出てから8分後に家を出たのだから，自転車に乗ったのはx分じゃなくて……。

「あっ，8分少ないんだ。**$(x-8)$**分だ！」

そうなるね。ここは引っかかりやすい。じゃ，妻が進んだ道のりは？

「190$(x-8)$mです。」

その通り。ケンタくん，方程式を解いていこう。

「

$$
\begin{aligned}
70x&=190(x-8)\\
7x&=19(x-8)\\
7x&=19x-152\\
-12x&=-152\\
x&=\frac{152}{12}\\
&=\frac{38}{3}
\end{aligned}
$$

分数になりましたけど，いいんですか？」

帯分数に直せば，$12\frac{2}{3}$分ということだね。これはおかしくないよ。$\frac{2}{3}$分というのはあるからね。

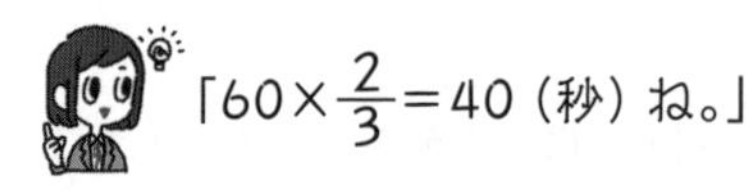
「$60\times\frac{2}{3}=40$（秒）ね。」

分数や小数，負の数は「絶対に解になっちゃダメ」というわけではない。問題の設定によってはおかしいことがあるということだよ。

では，解答をまとめていこう。

解答 夫が家を出てからx分後に追いついたとする。

夫の進んだ道のりは，$70x$ m

妻が進んだ道のりは，$190(x-8)$ m

よって　$70x=190(x-8)$

$7x=19(x-8)$

$7x=19x-152$

$-12x=-152$

$x=\dfrac{152}{12}$

$=\dfrac{38}{3}=12\dfrac{2}{3}$

これは問題にあてはまる。

追いつくのは　**7時12分40秒**　答え　例題 3

✓CHECK 52

つまずき度 !!!!!

➡ 解答は別冊 p.77

次の問いに答えよ。

(1)　1周の長さが26cmで，横の長さが縦の長さより5cm長い長方形の横の長さを求めよ。

(2)　ある靴（くつ）を，ふだんの日は，原価にその3割の利益をつけた定価で売っている。しかし，セール中は定価の2割引きで売られ，1個あたりの利益は300円になる。この商品の原価を求めよ。

(3)　清美さんは学校から家まで2.27kmの道のりを歩いて帰ることにした。しかし，途中まで歩いたところで，偶然，車を運転する父に出会った。そこから家まで送ってもらったので，学校から家まで14分で着くことができた。

清美さんの歩く速さは分速70mで，父の運転する車が平均で時速30kmで進んだとすると，清美さんは学校から何分歩いたときに父に出会ったといえるか。

3-8 マイナスの答えになったとき，いいかたをかえて答える

“長さが－４cm” は変だけど，“－２時間後” はおかしくない。意味をしっかり考えて判断しよう。

例題　つまずき度 !!!!!

しっかり者の兄は毎日100円ずつ貯金をしていた。それを知った弟も，あるときから毎日50円ずつ貯金するようになった。

現在の貯金は兄が4500円，弟が1650円であるとすると，兄の貯金が弟の貯金の3倍になるのはいつか。

答えを現在からx日後としよう。ケンタくん，x日後の兄の貯金はいくらになる？

「現在は4500円で１日100円ずつということは，x日後には$100x$円増えるから

$4500+100x$ (円)

です。」

弟の貯金箱

そうだね。じゃ，サクラさん。弟の貯金は？

「**$1650+50x$ (円)** です。」

そうだね。そして，兄の貯金は弟の貯金の3倍だから

$$4500+100x=3(1650+50x)$$

になるね。これを計算していこう。両辺が10で割れるし，さらに5で割れる。はじめから50で割れると気がつけば，もっと素晴らしいよ（笑）。

解答　兄の貯金が弟の貯金の3倍になる日をx日後とすると

兄の貯金は，$4500+100x$（円）

弟の貯金は，$1650+50x$（円）

よって　$4500+100x=3(1650+50x)$

$450+10x=3(165+5x)$　（10で割った）

$90+2x=3(33+x)$　（5で割った）

$90+2x=99+3x$

$2x-3x=99-90$

$-x=9$

$x=-9$

これは問題にあてはまる。

よって，**9日前**　答え　例題

最後のところは大丈夫かな？　答えがマイナスになったけれど，これは変な答えじゃない。**『−9日後』ということは『9日前』ということ**だからね。**マイナスの結果になっても，あてはまらないと決めつけないこと。“逆のいいかた”に直せば，変じゃなかったりすることもある**よ。

つまずき度 !!!!!

➡ 解答は別冊 p.78

現在，母親が38歳，息子が14歳である。母親の年齢が息子の年齢の4倍になるのはいつか。

3-9 x以外の文字の方程式

なんだかよくわからないものはxで表すことが多い。マンガなどで，正体不明の人を「ミスターX」というでしょ（笑）？　でも，xでない文字が使われることもある。解きかたは変わらないよ。

例題　つまずき度 ！！！！！

$x=3$が次の方程式の解であるとき，aの値を求めよ。

$$ax-5=2x+8a$$

3-1でも扱ったけど，“解である”ということは“代入したら成り立つ”ということだよね。今回は，$x=3$が解だから方程式に代入して

$$3a-5=6+8a$$

が成り立つ。あとは，これを計算するだけだ。

「あっ，“aの方程式”ということですか……。」

そうだね。

解答

$$3a-5=6+8a$$

$$-5a=11$$

$$a=-\frac{11}{5}$$ ← 答え 例題

CHECK 54　つまずき度 ！！！！！　➡ 解答は別冊 p.78

$x=-2$が次の方程式の解であるとき，yの値を求めよ。

$$3xy+7x=-y+2x$$

3-10 比と方程式

小学校のころに習った比を，方程式でも使ってみよう。

小学校で“比”を習ったよね。例えば，「1：3」や「5：2」などといった感じで使うんだった。その“比”を使った文章題を，方程式を用いて解いてみよう。

中1 3章

例題　つまずき度 !!!!!

ハンバーグソースを作るのに，ソースとケチャップを2：3の割合で混ぜるとする。次の問いに答えよ。

(1)　ケチャップを18g使うとき，ソースは何g必要か。

(2)　作ったハンバーグソースが75gだったとき，ソースは何g使ったか。

まず，(1)からだ。ソースが何gかを知りたいんだから，ソースの分量をxgとしよう。比をイコールで表してみると

$$\underset{\text{ソース}}{2} : \underset{\text{ケチャップ}}{3} = \underset{\text{ソース}}{x} : \underset{\text{ケチャップ}}{18}$$

ソースとケチャップを2：3の割合にしたいから，ケチャップが18gのときのソースが何gになるかを求めたいということだ。上のような比が等しいことを表す式を**比例式**（ひれいしき）というよ。

「ここまではわかりました。」

ところで，**比の値**って覚えているかい？　$a:b$ という比が与えられたときの $\frac{a}{b}$ のことだよ。“：”を中心に $\frac{(\text{左の数})}{(\text{右の数})}$ とするんだ。例えば，$3:7$ なら $\frac{3}{7}$，$8:5$ なら $\frac{8}{5}$ という感じでね。

「わかりましたけど，比の値がわかると何がいいんですか？」

イコールで結ばれている比どうしは比の値が等しいんだ。例えば，$1:4=2:8$ は比の値がどちらも $\frac{1}{4}$ になるでしょ？

これを使って，さっきの比例式で比の値を求めてみよう。

「$2:3$ の比の値は $\frac{2}{3}$，$x:18$ の比の値は $\frac{x}{18}$ ということですか？」

そうだ。$2:3=x:18$ だから，比の値は等しくなるので

$\frac{2}{3}=\frac{x}{18}$　となるよ。

「ここまでくれば，あとはふつうの方程式ですね。」

そうだ。解いていくよ。

解答　ソースの分量を x g とすると

$2:3=x:18$

比の値が等しいので

$$\frac{2}{3}=\frac{x}{18}$$

両辺を入れかえて x を左辺に

$$\frac{x}{18}=\frac{2}{3}$$

両辺を18倍

$$x=\frac{2}{3}\times18=12$$

これは問題にあてはまる。

よって，**12g** ⇐答え　例題 (1)

「比の値にして分数にしちゃえば難しくないですね。」

そうだ。⑵もやってみよう。今度はハンバーグソース全体が75gということだ。

「全体が75gということは，どうやって比の式を考えればいいんですか？」

ソースが2，ケチャップが3ということは，足したらハンバーグソースは5になるでしょ？　ソースとハンバーグソースの比は2：5になるということだ。

⑵もソースの分量を求めたいから，ソースをxgとして解いてごらん。さっきと同じようにすれば解けるよ。

「**解答** ソースの分量をxgとすると

$2:5=x:75$

比の値が等しいので

$$\frac{2}{5}=\frac{x}{75}$$

両辺を入れかえてxを左辺に

$$\frac{x}{75}=\frac{2}{5}$$

両辺を75倍

$$x=\frac{2}{5}\times 75=30$$

これは問題にあてはまる。

よって，**30g** ⇦答え 例題 ⑵」

よくできました。

さて，今回は比の値を使って答えを求めたけど，実は比例式のもっと簡単な解きかたがあるんだ。まとめておこう。

「え！ なになに？」

比例式の性質

比例式では

（内側）×（内側）＝（外側）×（外側）

が成立する。

例えば，3：5＝9：15なら

（内側）×（内側）

3：⑤＝⑨：15

（外側）×（外側）

5×9＝45 ← （内側）×（内側）

3×15＝45 ← （外側）×（外側）

となり，5×9＝3×15，つまり **（内側）×（内側）＝（外側）×（外側）** が成立するね。

これを，先ほどの 例題 の(2)で使うと

$2：5＝x：75$

$5x＝150$

$x＝30$

となり，答えは合っているし，解くスピードも速くなるね。

「すごい！ これは使えますね。」

つまずき度 !!!!!

➡ 解答は別冊 p.78

コーヒーと牛乳を5:3で混ぜてコーヒー牛乳を作る。200mLのコーヒー牛乳を作るには，コーヒーは何mL必要か。

中学1年 4章

比例・反比例

お弁当屋さんでお惣菜(そうざい)を100gいくらで売っていることがある。分量と値段が比例しているわけだ。さらに，買った金額に応じてポイントがつくけど……。

「これも比例だ。」

そうだね。先にいわれちゃった（笑）。そして，お弁当を持ち帰って家の500Wの電子レンジで温めると3分かかる。でも，店の電子レンジなら1500Wだから1分で終わるんだ。

「反比例になっていますね。」

その通り。小学校で習った比例，反比例は日常の中にも多くあるね。それを，もっとくわしく学んでいこう。

比例

ハンバーガーもスナック菓子もとてもおいしいけど，食べる量に“比例”してカロリーも増えるよ。くれぐれも食べすぎには注意！

お菓子を5個ずつ配るとする。人数をx人，お菓子の数をy個とすると，xとyの間には$y=5x$の関係が成り立つ。2-13でやったよね。

ちなみに，1人なら，お菓子の数は5個だ。実際に，$x=1$を代入すると，$y=5$になるよね。

2人なら，お菓子の数は10個だ。$x=2$を代入すると，$y=10$になる。

3人なら，お菓子の数は15個だ。$x=3$を代入すると，$y=15$になる。

このように，**xが2倍，3倍，……になれば，その影響でyが2倍，3倍，……になるとき，yはxに比例(ひれい)するという。** そして，**比例の式は，$y=ax$（aは0でない定数）の形をしている**んだ。このaのことを**比例定数**(ひれいていすう)というよ。

「“定数”ということは変わらないわけですね。」

ついでにいうと，ともなって変わる2つの**変数**(へんすう)x，yがあって，xの値が決まるとyの値が1つに決まるとき，**yはxの関数(かんすう)である**というよ。比例は関数の一種なんだ。頭のスミにでも入れておいてね。

✓CHECK 56　つまずき度 !　➡ 解答は別冊 p.78

次のうち，x，yが比例の関係になっているものをすべて挙げ，その比例定数を答えよ。

(1)　$y=x-7$　(2)　$2x-y=0$　(3)　$y=x^2$　(4)　$y=\frac{x}{6}$

4-2 座標とは？

現在立っている場所を伝えたいとき，街の中なら住所があるから伝えられるよね。でも，目印のまったくない草原や砂漠，海だったら？そのとき力を発揮するのが座標だ。

例えば，紙の上に適当に点をとる。どこに点をとったかを伝えたいとき，どうすればいいだろう？　そのままでは無理だよね。

そこで，**座標**（ざひょう）というものを使うんだ。まず，横に直線を引き，右に向かって矢印をつける。先端のそばに“x”と書いておこう。これをx**軸**（じく）というよ。

「矢印はどういう意味なんですか？」

→をつけたほうが正の方向ということなんだ。これは数直線のときと同じで，**『xは右へいけばいくほど大きくなる』という意味**だよ。この矢印は省略してもいいよ。

さらに，それに直角に交わる縦の直線を引き，上に向かって矢印をつける。先端のそばに“y”と書いておこう。これをy**軸**という。両方を合わせて**座標軸**というよ。そして，この交わったところを**原点**（げんてん）という。近くに“O”（オー）と書いておこう。

原点から左右にどのくらい，上下にどのくらい進んだところとして場所を表すんだ。

「ふつうの紙にかけばいいのですか？」

座標をかくときは，方眼紙を使うと網目状（あみめじょう）になっていて便利だよ。なかったら，ふつうの紙に縦横の網目をかけばいいよ。

「1つの目盛りを1にするのですか？」

そういうときが多いけど，特に決まりはないよ。1目盛りを2にしてもいいし，0.5にしてもいい。とりあえず，1にしてやってみようか。

例題 1　つまずき度 ！！！！！

右の2点A，Bの座標を求めよ。

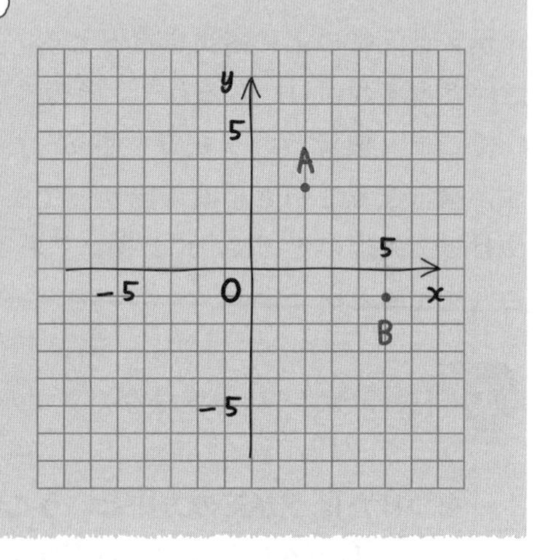

点Aは原点から右に2，上に3，つまり，“x軸方向に2，y軸方向に3”進んだところだから，座標は　解答　<u>A (2，3)</u>　答え　例題 1

2を**x座標**，3を**y座標**というよ。

点Bはわかる？

「原点から，x軸方向に5，y軸方向には……？」

下に1進んでいるということは，矢印と逆方向なので，“負の方向に1”，つまりy軸方向に−1進んだところといえるね。

「じゃ，解答　<u>B (5，−1)</u>　答え　例題 1」

よくできました。次は，座標から，図に点をかいてみよう。

例題 2

つまずき度 !!!!!

次の座標の点を図にかけ。

(1)　P(−4, 1)　　　(2)　Q(−2, −5)

サクラさん。解いてみて。

「右の図でいいですか？」

解答

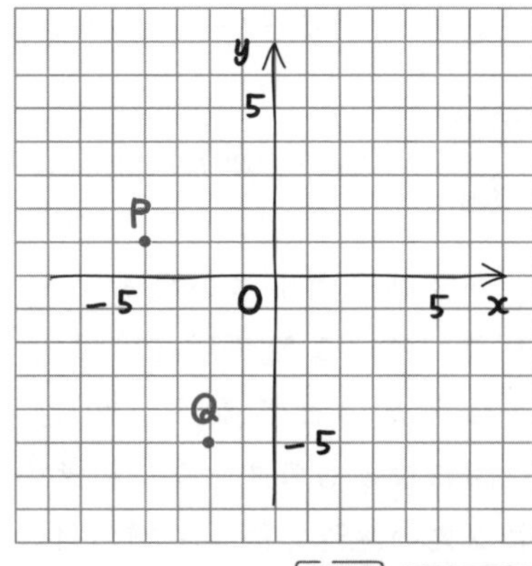

あれっ？　解けてる。
これ，簡単だった？

「はい。」

そうか。
じゃ，次の話に進んでいいね。

答え　例題 2

✓CHECK 57

つまずき度 !!!!!

➡ 解答は別冊 p.78

右の2点A，Bの座標を求めよ。
また，C(2, −3)の点を図にかけ。

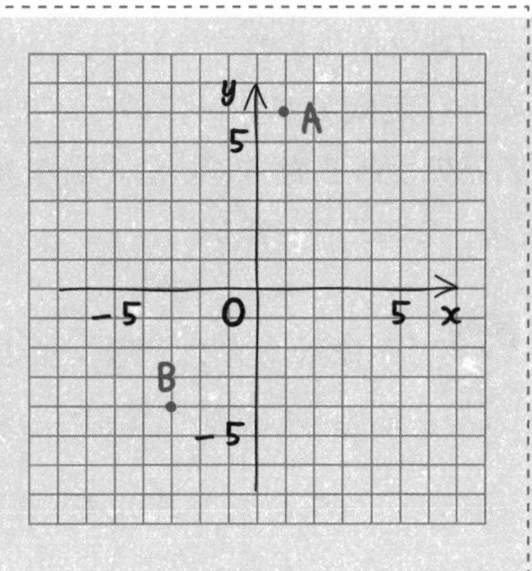

中1 4章

日常の中にもある座標

座標の考えかたって数学の世界だけの話に思われそうだけど，実際にいろいろな場面で使われているよ。

「本当ですか？」

例えば，太平洋の真ん中を航海している船が現在の場所を伝えたいとする。しかし，目印になるものすらない。そのときは緯度・経度というものを使う。これは丸い地球を縦横で網の目のように細かく分けて，座標のように表したものだ。

「あっ，世界地図にある縦とか横の線のことですね。」

囲碁で使う碁盤では，横には数字，縦には漢数字がついていて，それで碁石の場所を表すよ。右の図なら，『黒，２の三』と表す。

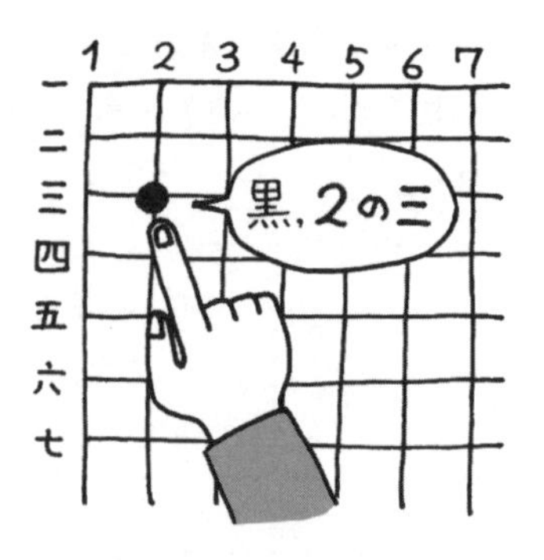

「下に進むと数が増えるのが，
ふつうの座標と違いますね。」

昔の人が決めたルールだからね。
ほかにもニューヨークのマンハッタンや京都などは，街全体が整っていて座標のようになっているよ。

比例のグラフをかいてみよう

比例のグラフは原点を通る直線。かなりシンプルなグラフでわかりやすいよ。

例題 1　つまずき度 !!!!!

$y=2x$ のグラフをかけ。

「“$y=2x$のグラフ”ってなんですか？」

$y=2x$ を満たす点をぜんぶとって集めると，どんな図形になるか？ということだよ。まぁ，とりあえずかいてみよう。まず，xにいろいろな値を代入してyの値がどうなるかを調べよう。

$x=0$のときは，$y=0$
$x=1$のときは，$y=2$
$x=2$のときは，$y=4$
⋮

となる。xがマイナスのときも調べよう。表にすると次のようになるね。

x	−3	−2	−1	0	1	2	3
y	−6	−4	−2	0	2	4	6

これらの値を座標とする点をとると，右のようになるよ。

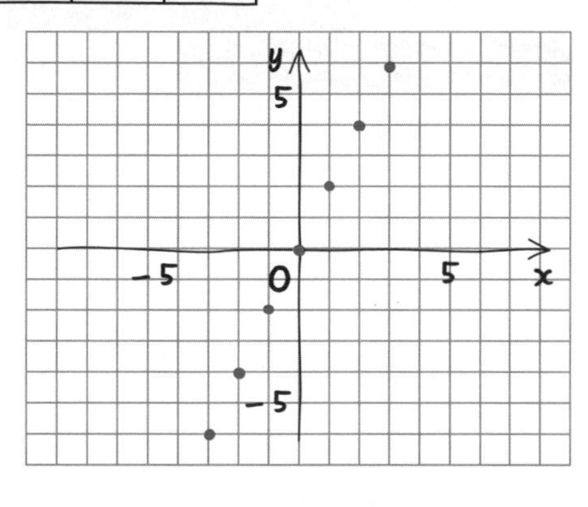

今回は，たまたまxが整数のときだけ求めたけれど，$x=1.5$のときとか，より細かく調べて点をとると次のようになる。

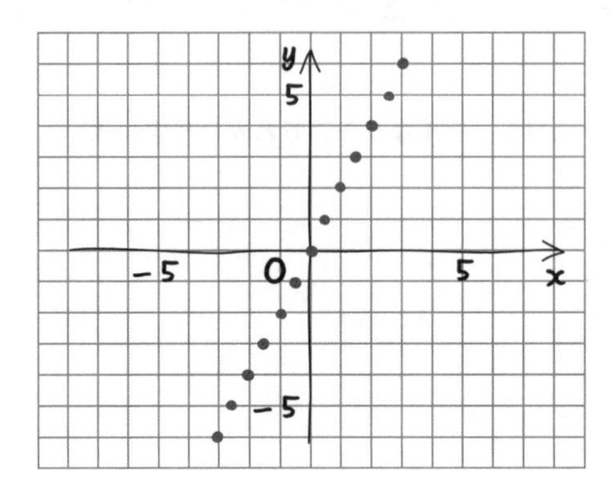

そして，それらの点をつなげると，次のようなグラフになるよ。

解答

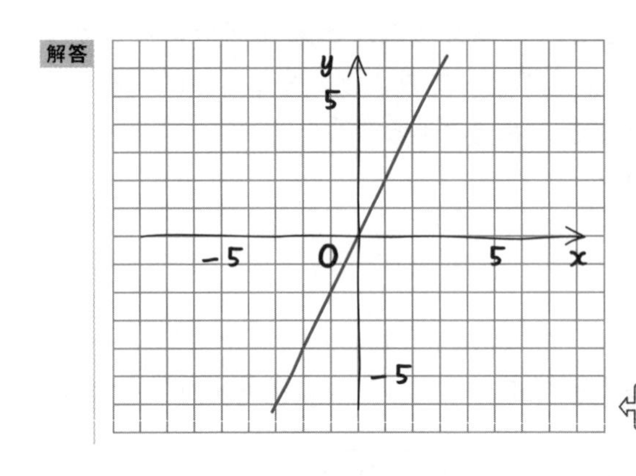

答え　例題１

これが$y=2x$のグラフだ。

このように **比例定数が正，つまり，$y=$(正の数)$\times x$の形のときは右上がりの増加のグラフ** になるんだ。

例題 2　つまずき度 !!!!!

$y=-\frac{3x}{2}$ のグラフをかけ。

これは，$y=-\frac{3}{2}x$ と考えればいいよ。サクラさん，表にして，グラフをかいてみて。

「

x	−3	−2	−1	0	1	2	3
y	$\frac{9}{2}$	3	$\frac{3}{2}$	0	$-\frac{3}{2}$	−3	$-\frac{9}{2}$

解答

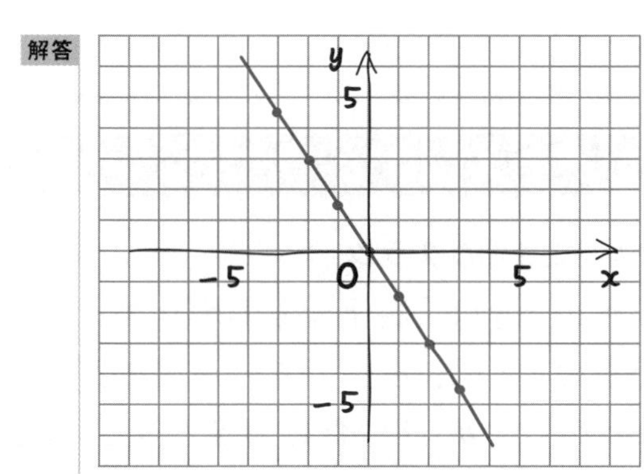

答え　例題 2」

そうだね。このように**比例定数が負，つまり，$y=$(負の数)$\times x$ の形のときは右下がりの減少のグラフ**になるんだ。

さて，実際には，比例のグラフは直線になることがわかっているのだから，通る点は2個だけとればいい。その2点をつなげばいいわけだ。

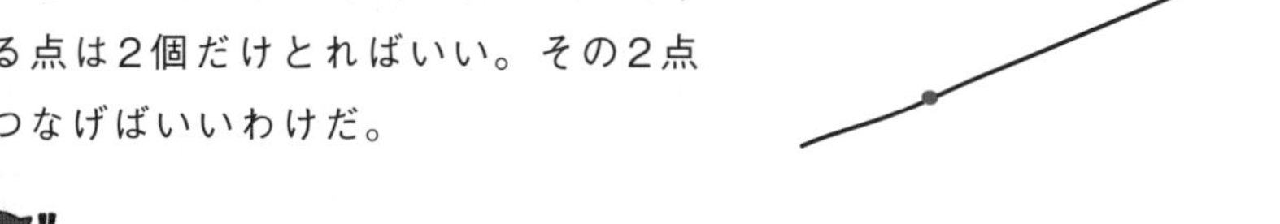

「へぇ，直線って2点がわかればかけるんだ!?」

中1 4章

しかも，例題 1 や 例題 2 は$x=0$のとき$y=0$とわかるので，原点を通る。だから，**原点ともう1つの点がわかればいいんだ。**

「なんだ……。最初から，それでやればよかった！」

まあまぁ（笑）。グラフをかくのは今回初めてだから，どのようになるかを実感できるように，あえていくつも点をとってかいてみたんだよ。また，実際に点をとる場合，例えば，例題 2 なら点$\left(1,\ -\frac{3}{2}\right)$をとるのは難しい。**$x$，$y$座標ともに整数の点をとるといい。**

「点(2，−3)などですか？」

そうだね。(−2，3)でもいい。

Point 19　$y=ax$のグラフ

$y=ax$（aは0でない定数）**のグラフ**は

比例定数の**aが正のときは，右上がりの増加のグラフ**

比例定数の**aが負のときは，右下がりの減少のグラフ**

になる。いくつ点をとってもいいが，**1つだけ点をとって，原点と結べばグラフがかける。**

✓CHECK 58　つまずき度 !!!!!　➡ 解答は別冊 p.78

次のグラフをかけ。

(1)　$y=3x$　　(2)　$y=-\frac{x}{4}$

グラフから比例の式を求める

式からグラフがかけるのだから，グラフから式を求められるはず。

4-3 の 例題1 では，$y=2x$ のグラフをかくのに「$x=0$ のとき $y=0$，$x=1$ のとき $y=2$，……」と，たくさんの点をかいたね。逆にいうと，$y=2x$ のグラフがかいてあったら，$x=0$ のとき $y=0$ になっているし，$x=1$ のとき $y=2$ になっている。

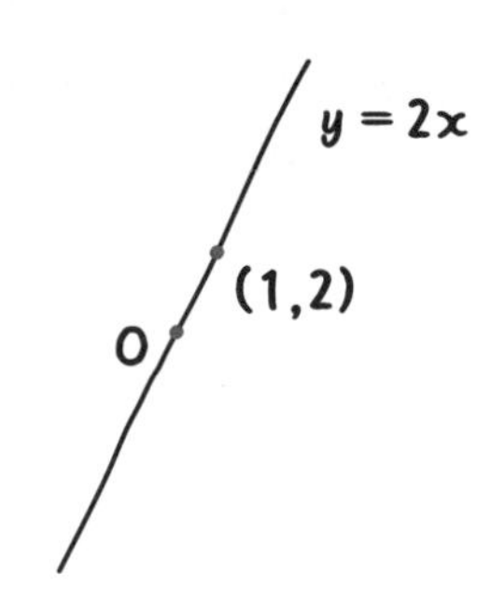

「ということは，$y=2x$ のグラフ上の点は，どの座標でも $y=2x$ が成立しているんですか？」

そうなんだ。その理屈を使って問題を解いていこう。

例題　つまずき度 !!!!!

右の(1)，(2)の比例のグラフの式を求めよ。

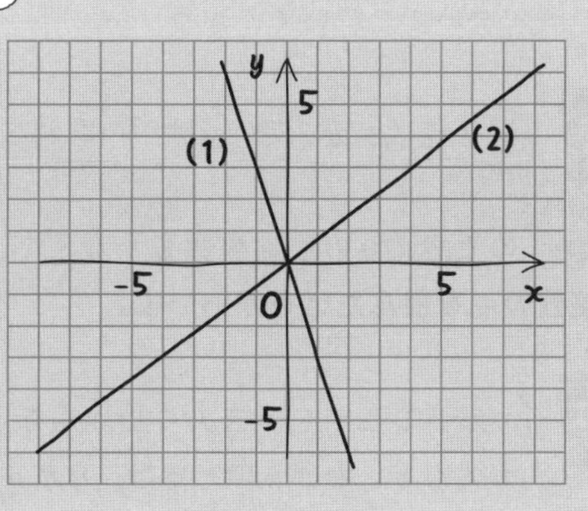

(1)はまず，**原点を通る直線ということは，$y=ax$の形をしている**。だから，とりあえず式は$y=ax$とおける。

「でも，aがわからないと答えにならないですよね？」

そうだね。ここで“通る点”に注目だ。(1)のグラフは点(1，−3)を通っている。$y=ax$のグラフが点(1，−3)を通るということは，$x=1$，$y=-3$を代入するとイコールが成り立つということだ。すると，比例定数aがいくつなのかもわかる。

解答 原点を通る直線なので，求める式は$y=ax$とおける。
さらに，点(1，−3)を通るので

$-3=a\times1$

$a=-3$

求める式は **$y=-3x$** ⇐答え 例題 (1)

「(1)は点(2，−6)も通りますよね。$x=2$，$y=-6$を代入してもいいのですか？」

うん，いいよ。同じ結果になるよ。もちろんほかの点でもいい。
じゃ，次の(2)を解いてみよう。

「通る点はxが1で，yは……あれっ？　これ，いくつ？」

$x=1$のときのyの値は整数じゃなくて，わかりにくいね。**x，yともに整数の点を選んだほうがいいよ**。

「xが2のとき……もよくわかんない。xが3のとき……もよくわかんない。xが4のときは，yが3だ。$x=4$，$y=3$を代入だ！

解答 原点を通る直線なので，求める式は$y=ax$とおける。
さらに，点(4，3)を通るので

$3=4a$

$a=\frac{3}{4}$

求める式は $y=\frac{3}{4}x$ ← 答え 例題 (2)」

そうだね。よくできました。

Point 20 原点を通る直線のグラフの式の求めかた

原点を通る直線ということは，“**比例**”で**$y=ax$の形**をしているとわかる。

直線上の点でx，y座標ともに整数になる点の座標を代入して，比例定数aを求めよう。

CHECK 59

つまずき度 !!

➡ 解答は別冊 p.79

右の(1)，(2)の比例のグラフの式を求めよ。

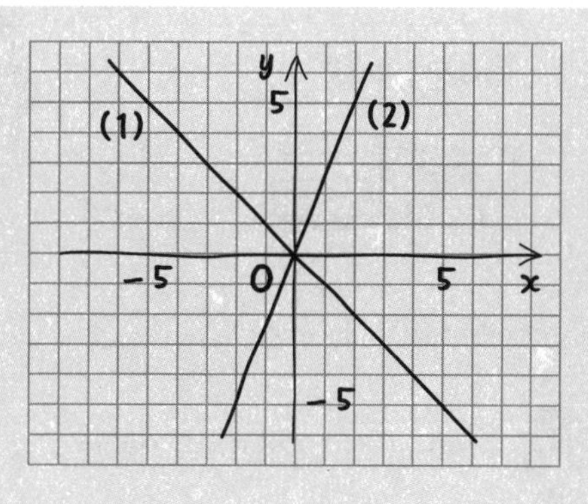

比例のグラフで範囲のあるもの

x，y に範囲があるときは，グラフをかくときも，その範囲だけをかくと覚えておこう。

例題 つまずき度 !!!!!

駅から山小屋までの全長12kmのハイキングコースを時速4kmで歩くことにした。

現在，スタート地点の駅にいて，x時間後に駅から$y$kmの地点にいるとするとき，次の問いに答えよ。

(1) yをxを使って表せ。

(2) x，yの変域をそれぞれ求めよ。

(3) x，yの関係をグラフで表せ。

サクラさん，わかる？

「(1) は，(道のり)＝(速度)×(時間) だから

解答 $y=4x$ ⇦ 答え 例題 (1)

(2) は……，えっ？　変域って？」

x，yなどの変数のとる値の“範囲”を**変域**（へんいき）というよ。今回は駅を出発したときから考えるので，例えば，“−2時間後（2時間前）”とかはありえないよね。

「あっ，そうか。xはマイナスにならないんですね。0以上ですね。」

しかも，山小屋に着いたら終わりだ。山小屋に着くのはいつ？

「12 kmの道のりを時速4 kmだから

$$\frac{12}{4}=3\text{（時間後）}$$

です。」

そう。だから　解答　**$0 \leqq x \leqq 3$**　⇦答え　例題（2）

yのほうはわかる？

「駅からの道のりだから

解答　**$0 \leqq y \leqq 12$**　⇦答え　例題（2）」

そうだね。さて，(3)は今までの結果をグラフにするわけだが，まず，$y=4x$ のグラフを『-----』でかいてみると，次のようになる。

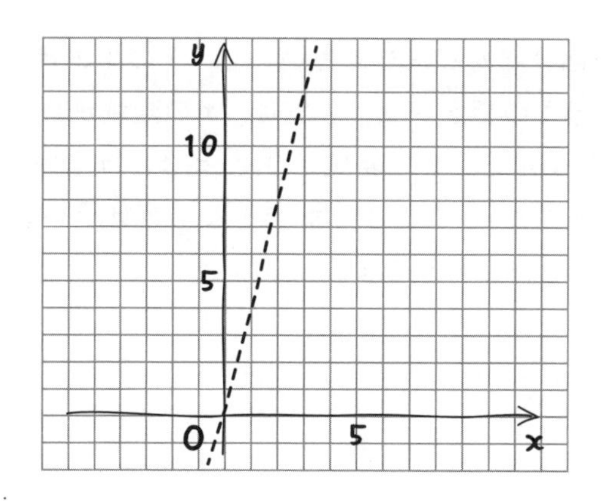

しかし，**今回は$0 \leqq x \leqq 3$，$0 \leqq y \leqq 12$という範囲があるので，その部分を太線でなぞろう**。それが答えだ。

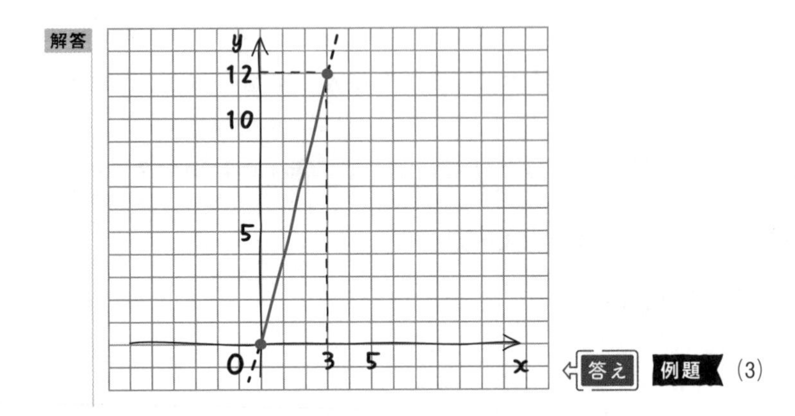

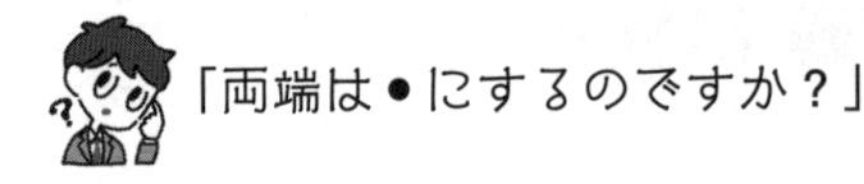

「両端は●にするのですか？」

うん。　　　　　　　　とかくと，両端が答えに含まれるのか，含まれないのか微妙でわかりづらいときは，**“含まない”のときは○で表し，“含む”のときは○を塗りつぶした●で表すこともできるよ**。覚えておこう。

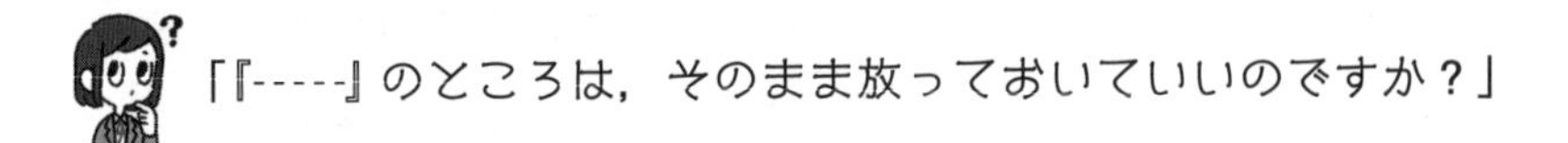

「『-----』のところは，そのまま放っておいていいのですか？」

答えじゃない部分だから消してもいいし，そのまま残しても構わない。

それから，もう１つ話をさせて。実は，xの変域がわかれば，yの変域もわかってしまうんだ。xの変域の$0 \leqq x \leqq 3$だけを求めて，グラフの$x=0$のところから$x=3$のところまでをなぞればいいよ。そうすれば，自動的に$0 \leqq y \leqq 12$だとわかるよ。

☑CHECK 60

つまずき度 !!!!!

➡ 解答は別冊 p.79

ノート1ページに底辺の長さが x cm，高さが1cm，面積が y cm^2 の三角形を1つかく。ただし，ノート1ページのかくことのできる範囲は，縦，横ともに13cmの正方形とする。次の問いに答えよ。

(1) y を x を使って表せ。

(2) x の変域を求めよ。

(3) x，y の関係をグラフで表せ。

(4) y の変域を求めよ。

4-6 反比例

「年をとるのに“反比例”して，ものを覚える力が落ちていく……。」と，大人はよくなげくんだ。勉強するのは今がチャンス！？

引っ越しとかで，荷造りをしたり，大量の荷物を運んだりするとき，1人で行うと6時間かかるとする。これを，例えば2人で行えば，どのくらいの時間でできる？

「1人がテキパキと動けるとかあるんですか？」

あっ，2人の作業をする能力は同じとするよ。

「じゃ，半分の3時間ですみますよね。」

そうだね。じゃ，3人でやれば？

「6時間の$\frac{1}{3}$の，2時間ですみます。」

そうなるね。**xが2倍，3倍，……になれば，その影響でyが逆に$\frac{1}{2}$倍，$\frac{1}{3}$倍，……になるとき，yはxに反比例（はんぴれい）するという。** 今回は，人数をx人，作業時間をy時間とすると反比例だ。次のような表になるよ。

人数（x人）	1	2	3	6
作業時間（y時間）	6	3	2	1

じゃ，このxとyの値の間には，どんな関係がある？

「関係？」

「あっ，わかった！　お互いを掛けたら6です。」

そうだね。$xy=6$ということだ。両辺をxで割ると

$$y=\frac{6}{x}$$

とも書ける。**反比例の式は，$xy=a$や$y=\frac{a}{x}$（aは0でない定数）の形をしている**んだ。このaが**比例定数**だ。反比例だからといって，“反比例定数”とはいわないからね。注意しよう。

「比例は$y=ax$，反比例は$y=\frac{a}{x}$ですね。形を間違えないようにしないと。」

比例も反比例も関数ではあるけど，性質が違うから気をつけて学んでいこう！

✓ CHECK 61

つまずき度 ❗

➡ 解答は別冊 p.79

次のうち，x，yが反比例の関係になっているものをすべて挙げ，その比例定数を答えよ。

(1)　$xy=7$　　(2)　$x^2y=9$　　(3)　$x+y=-5$　　(4)　$y=-\frac{2}{x}$

反比例のグラフをかいてみよう

勉強も，スポーツも，練習した量に“反比例”して，本番でのミスが減っていくと聞いたことがある。でも，0にはならないんだよね……。

例題 1　つまずき度 !!!!!

$y=\dfrac{4}{x}$ のグラフをかけ。

$y=\dfrac{4}{x}$ は反比例だね。反比例のグラフも，x，y の表を作ってから，1つひとつの点をとって結べばかけるよ。比例のグラフをかくのと手順は同じだ。

$x=1$ のときは，$y=4$

$x=2$ のときは，$y=2$

$x=3$ のときは，$y=\dfrac{4}{3}$

⋮

というふうにね。もちろん，x がマイナスのときも求めよう。表にすると次のようになる。

x	-4	-3	-2	-1	0	1	2	3	4
y	-1	$-\dfrac{4}{3}$	-2	-4	×	4	2	$\dfrac{4}{3}$	1

「あれっ？　$x=0$ のときは，y の値がないということですか？」

うん。分母は0になってはいけないから，$x=0$になることはない。$y=0$にもならないよ。さて，これらの値を座標とする点をとってみよう。

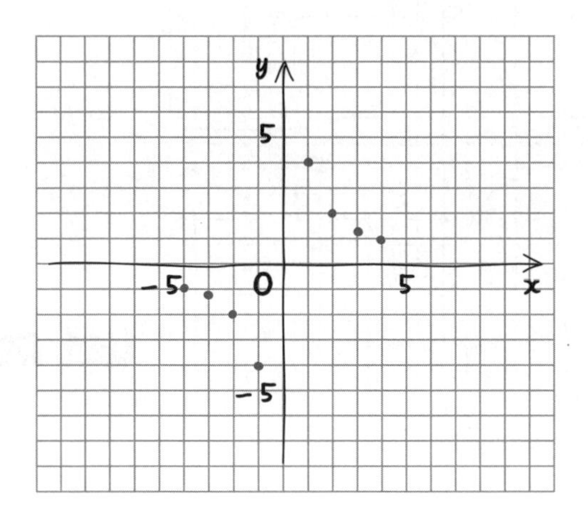

これも，4-3のときと同じで，xをより細かく調べて点をとると次のようになるよ。

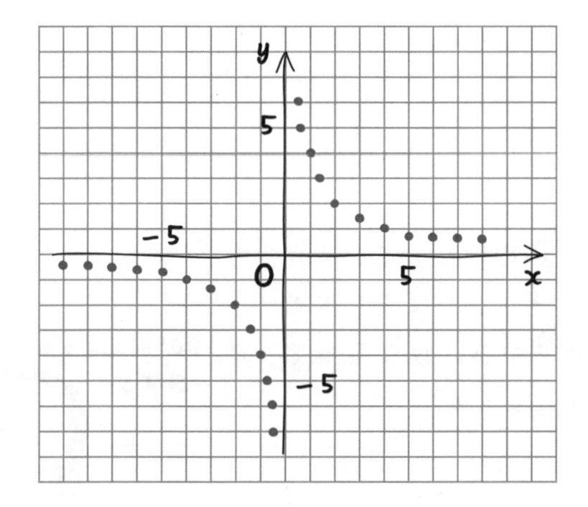

そして，それらの点をつなげると，次のページのようななめらかな曲線のグラフになるよ。

解答

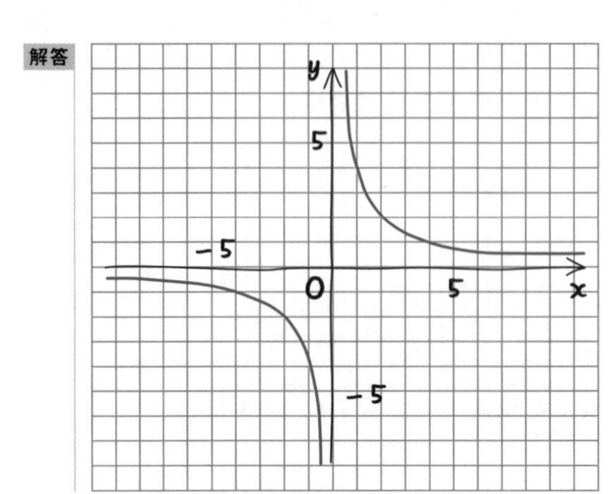

答え　例題 1

「変わった形（笑）。」

比例定数が正，つまり，$y=\frac{(正の数)}{x}$の形のときは右上と左下にグラフができるんだ。xが正のときはyも正，xが負のときはyも負になるからね。このような形を**双曲線**（そうきょくせん）というよ。

が双子（ふたご）のような曲線になっているからね。実際に，その2つは同じ形をしていて，原点を中心に180°回転すればピッタリ重なるんだ。

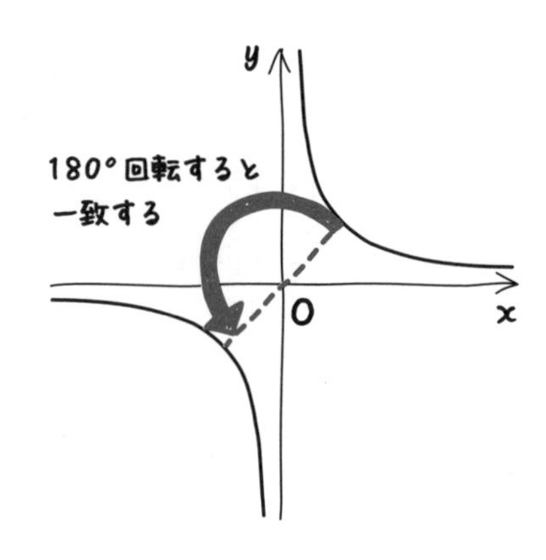

「グラフをこのままずーっと右にかいていけば，x軸と交わるのですか？」

いや，交わらないよ。x軸との距離は限りなくせまくなっていくけど，永久に交わらないんだ。x軸と交わるということは$y=0$ということだけど，$y=\frac{1}{x}$でxをどんなに大きくしても$y=0$にはならないからね。グラフを左にかいていったときもそうだよ。

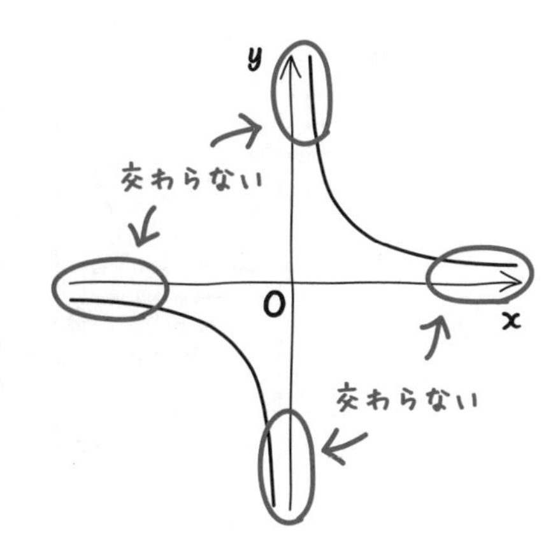

「へーっ。y軸もですか？」

そうだよ。**グラフをかくときは，x軸，y軸と交わらないように注意しようね。**

例題 2　つまずき度 !!!!!

$y=-\frac{6}{x}$のグラフをかけ。

じゃ，ケンタくん，やってみて。

「まずは表を作ってからグラフをかけばいいから

x	-6	-5	-4	-3	-2	-1	0	1	2	3	4	5	6
y	1	$\frac{6}{5}$	$\frac{3}{2}$	2	3	6	×	-6	-3	-2	$-\frac{3}{2}$	$-\frac{6}{5}$	-1

解答

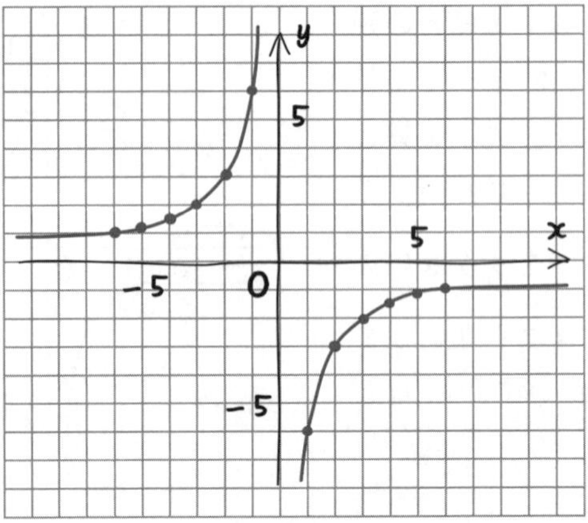

←答え　例題２」

そういうことになるね。**比例定数が負，つまり，$y=\dfrac{(負の数)}{x}$ の形のときは右下と左上にグラフができる**よ。x が正のときは y が負，x が負のときは y が正になるからね。

Point 21 $y=\dfrac{a}{x}$ のグラフ

$y=\dfrac{a}{x}$（a は０でない定数）**のグラフは**

比例定数の **a が正のときは，右上と左下**

比例定数の **a が負のときは，右下と左上**

に**双曲線のグラフができる。**

✓CHECK 62　つまずき度 !!!!!　➡ 解答は別冊 p.79

次のグラフをかけ。

(1)　$y=\dfrac{8}{x}$　　(2)　$y=-\dfrac{3}{x}$

グラフから反比例の式を求める

比例のときと同様に，グラフを見て式を求めてみよう。

例題　つまずき度 !!!!!

右の反比例のグラフの式を求めよ。

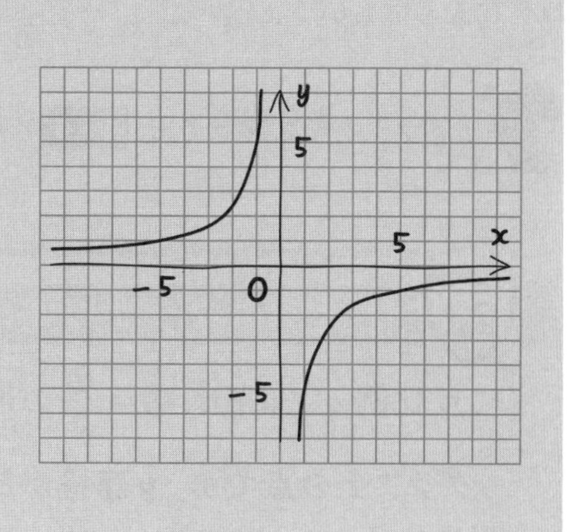

4-4 でやったのと同じだよ。**反比例ということは，とりあえず，$y=\frac{a}{x}$ の形をしていることはわかる。あとは，"通る点"の座標を代入すれば比例定数 a がわかるよ。**

「x，y ともに整数の点をグラフから選んで，式に代入するんですよね。」

そうだよ。よく覚えていたね。求めてみて。

「解答　求める式を $y=\frac{a}{x}$ とおく。

点$(1,\ -5)$を通るから

$$-5=\frac{a}{1}$$

$$a=-5$$

よって，求める式は　$y=-\frac{5}{x}$　答え　例題」

正解。もちろん，点（5，－1）や点（－1，5）も通るから，これらの座標を代入してもいいよ。

「グラフの形は違っても，4-4とやっていることは同じですね！」

Point 22　反比例のグラフの式の求めかた

反比例ということは，$y=\frac{a}{x}$ **の形**をしているとわかる。

グラフ上の点で x，y 座標がともに整数になる点の座標を代入して，比例定数 a を求めよう。

✓CHECK 63

つまずき度 !!!!!

➡ 解答は別冊 p.79

右の反比例のグラフの式を求めよ。

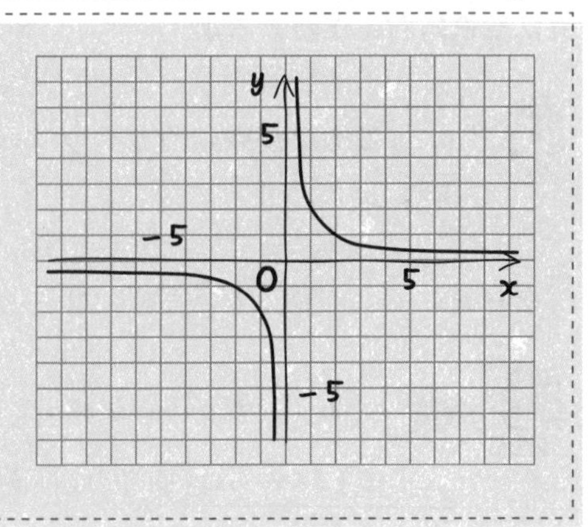

4-9 反比例のグラフで範囲のあるもの

反比例のグラフも，比例と同じように範囲があることもある。

例題　つまずき度 !!!!!

容積480Lの空っぽの風呂おけに1分間にxLの割合でお湯を入れると，いっぱいになるのにy分かかる。ただし，蛇口は全開にしても1分間に40Lまでしか出ないとする。次の問いに答えよ。

(1)　yをxを使って表せ。
(2)　xの変域を求めよ。
(3)　x，yの関係をグラフで表せ。
(4)　yの変域を求めよ。

「うちの家族は半身浴だから，お湯はいっぱいには入れないよ(笑)。」

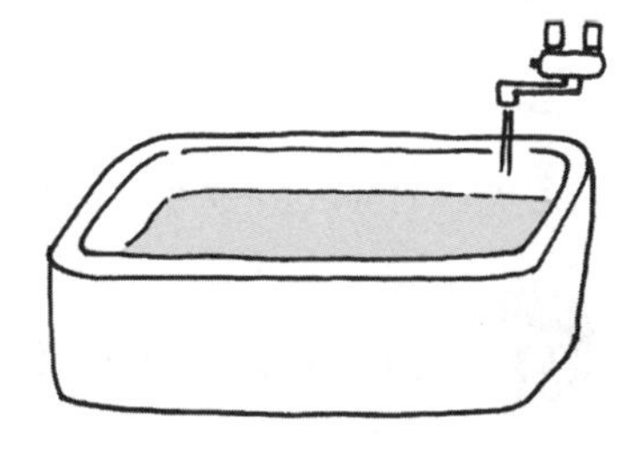

まさか問題につっこまれるとは思わなかった(笑)。問題にケチつけてないで，まず(1)を，ケンタくん，解いてみて。

「1分間にxLで，y分入れるとxyLで……，これが480Lだから

解答　$xy=480$

$$y=\frac{480}{x}$$ ←答え　例題 (1)」

正解。じゃ，(2)だけどケンタくん，わかる？

「xは負じゃないですよね。$x \geqq 0$ですか？」

「$x=0$はないわ。そうしたらお湯を入れないということになっちゃう。いつまでたってもいっぱいにならないでしょ。」

「あっ，そうだ！　$x>0$なんだ。」

その通りだね。もっというと，ケンタくんの作った式を見てごらん。反比例の式だよね。4-7でもいったけど，そもそも，反比例の式に$x=0$の値はないからね。

「あっ，ホントだ。自分で式を作ったのに気がつかなかった（笑）。」

さて，問題文には『1分間に40Lまでしか出ない』とある。xは最大で40ということだ。

「$x \leqq 40$だから　解答　$0<x \leqq 40$ ←答え　例題 (2)」

うん。じゃ，(3)グラフにしてみよう。

「　$x=1$なら，$y=480$
　$x=2$なら，$y=240$
　⋮
あっ，これ，すごくたくさんありますね。」

それじゃ，大変だ。$x=10$，$x=20$，……とかでやればいいよ。今回は比例定数が480だ。**比例定数が大きいときは5とか10とか大きい数で刻んでいけばいい**よ。グラフも1マス“5”や“10”にすればいい。

「はい。$x=10$なら，$y=48$
$x=20$なら，$y=24$
$x=30$なら，$y=16$
$x=40$なら，$y=12$
⋮ 」

あっ，そこまででいいよ。xは40までしかないからね。グラフは？

「解答

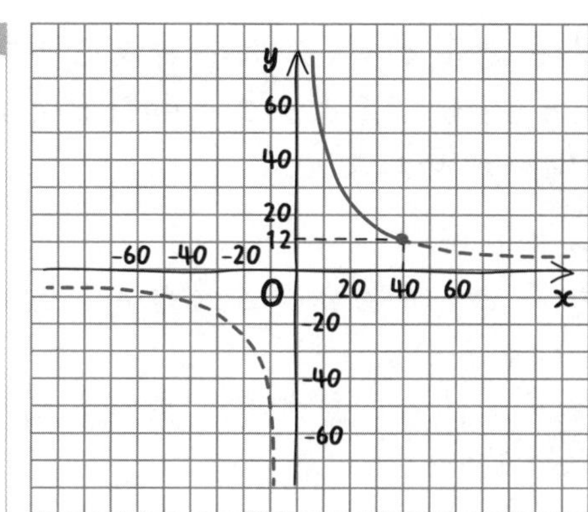

答え 例題 (3)」

そうだね。じゃ，グラフを見れば，(4)のyの範囲もわかるはずだ。

「グラフから 解答 $y \geqq 12$ 答え 例題 (4)」

CHECK 64 つまずき度 !!!!! ➡ 解答は別冊 p.79

かおりさんは，50 mの短距離のコースを秒速x mで走ると，y秒かかる。また，全力で走っても10秒かかるとする。次の問いに答えよ。

(1) yをxを使って表せ。
(2) yの変域を求めよ。
(3) x，yの関係をグラフで表せ。
(4) xの変域を求めよ。

4-10 x，yの比例の式を作って，問題を解く

比例の知識を使った問題を解いてみよう。

例題　つまずき度 !!!!!

　毎分70mの速さで歩くとx分かかる道を，毎分ymで自転車で走ると21分で着く。この関係が常に成り立つとき，次の問いに答えよ。

(1)　yをxを使って表せ。
(2)　この道を歩くと1時間かかる場合，自転車の速さは毎分何mになるか。
(3)　この道を毎分170mで自転車で走った場合，歩くのに何分かかるか。

3-7でも登場したけど，(1)は，同じものを2通りに表して，イコールでつなげばいい。今回は道のりを考えてみよう。毎分70mは分速70mの意味だよ。

まず，『毎分70mの速さで歩くとx分かかる』ということは？

「$70x$ m ですね。」

うん。そして『毎分 y m で自転車で走ると21分で着く』だから……。

「$21y$ m ということだから

解答　$70x=21y$

$21y=70x$

$y=\frac{70}{21}x$

$y=\frac{10}{3}x$ ⇦答え　例題 (1)」

正解！　じゃ，(2)を考えよう。ところで x ってなんだっけ？

「えっ？　"歩くと x 分かかる"の x です……。」

今回は，"歩くと1時間かかる"，つまり"歩くと60分かかる"といっているよね。

「あっ，x を60にすればいいのか！」

そうだよ。$y=\frac{10}{3}x$ の関係は常に成り立つと問題文にあるからね。

解答　$y=\frac{10}{3}x$ の x に60を代入して

$y=\frac{10}{3}\times 60$

$=200$

よって，**毎分200 m** ⇦答え　例題 (2)

「一度，x, y の式を作ったら，それに代入していけばいいんですね。
これ，便利ですね。」

(3)もそうだよ。サクラさん，わかる？

「“毎分 y m で自転車で走る”の y に170を代入すればいいんですね！

解答 $y=\frac{10}{3}x$ の y に170を代入して

$$170=\frac{10}{3}x$$

両辺に3を掛けて

$$170\times3=10x$$

$$510=10x$$

$$x=51$$

よって，**51分** ← 答え　例題 (3)」

よくできました！　x，y の関係式ができたら，あとは x と y に問題文で設定された値を代入していけば解けるんだよ。

Point 23 x と y の関係式の問題の解きかた

まず，**x と y の関係式を作り，x や y に問題文で与えられた値**を代入する。

✓CHECK 65

つまずき度 !!!!!

➡ 解答は別冊 p.79

ある機械は，ガソリン4Lで78分動く。次の問いに答えよ。

(1)　ガソリンの量を x L，動く時間を y 分としたときの x と y の関係式を求めよ。

(2)　ガソリン6Lで何分間動くか。

(3)　1時間動かすには，ガソリンが何L必要か。

x，yの反比例の式を作って，問題を解く

反比例の知識を使った問題も日常の中に転がっているよ。

例題　つまずき度 !!!!!

大量の米を5人で分けると1人あたり18kgになる。同じ量の米をx人で分けると1人あたり$y$kgになる。次の問いに答えよ。

(1)　yをxを使って表せ。
(2)　12人で分けると1人あたり何kgになるか。
(3)　1人あたり15kgになるとすると何人で分けたことになるか。

(1)は，まず米の量を求めて，それをxとyで表すんだ。そのあと“$y=$”の形で表せばいいよ。サクラさん，解いてみて。

「**解答**　まず，『5人で分けると
1人あたり18kg』だから
　$5\times18=90$ (kg)
さらに，『x人で分けると
1人あたり$y$kg』だから　xykg
この2通りの式が，同じ米の量を表しているから
　$xy=90$
　$y=\dfrac{90}{x}$ ⇐ 答え　例題 (1)」

その通り。じゃ，(2)だけど……。

「90kgを12人で分けるから，90÷12でいいんですよね。」

そうだね。また，4-10でやったように，x，yの関係式に代入してもいい。今回は$x=12$だから，次のようにしてもいいよ。

解答 $y=\frac{90}{x}$に$x=12$を代入して

$y=\frac{90}{12}$

$=\frac{15}{2}=$**7.5 (kg)** ←答え 例題 (2)

(3)も，90kgを分けると1人15kgだから，90÷15でいいのだけれど，次のようにしても解けるよ。

解答 $y=\frac{90}{x}$に$y=15$を代入して

$15=\frac{90}{x}$

$15x=90$

$x=$**6 (人)** ←答え 例題 (3)

✓CHECK 66

つまずき度 !!!!!

➡解答は別冊 p.80

歯の数がxの歯車Aと歯の数が28の歯車Bがかみ合っている。歯車Aが毎分y回転すると，歯車Bが9回転する。次の問いに答えよ。

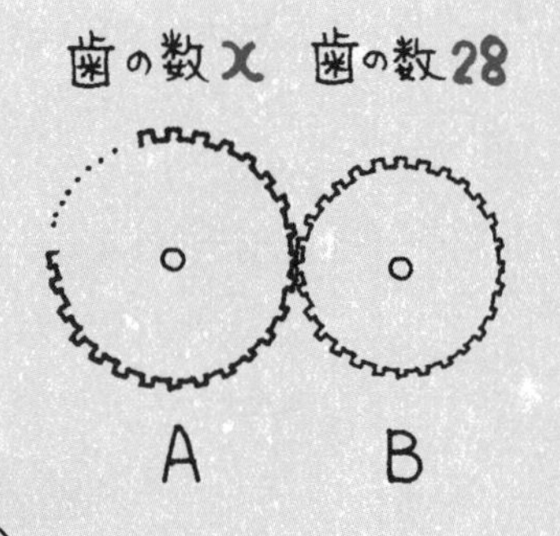

(1) yをxを使って表せ。

(2) 歯車Aの歯の数が12ならば，歯車Aは毎分何回転するか。

(3) 歯車Aが毎分7回転するならば，歯車Aの歯の数はいくつか。

中学1年 5章

平面図形

数学には，計算やグラフのほかに，図形の問題もたくさん登場するぞ。

「やっぱり。算数と同じだ。」

「図形，苦手なんですよ。」

この章から図形の内容に入るよ。やはり，最初ということで内容は盛りだくさんだ。頑張っていこうね。ここでは定規，ものさし，コンパス，分度器を手元に置いて進めてね。

数学 お役立ち話 11

図形に登場する用語，記号，ルールを覚えよう

図形の勉強を始める前に，ここでは図形の分野で登場する用語や記号，ルールを見ていこう。まずは基本をおさえようということだ。

 直線と線分

線分ABというのは2点A，Bを両端とするまっすぐな線のこと。

線分AB

A B

直線ABというのは2点A，Bを通るまっすぐな線のこと。**線分ABを2点A，Bの両側に延長した部分も含むよ。**

直線AB

A B

ちなみに**線分ABを2点A，Bの片側だけに延長した線は半直線という**よ。

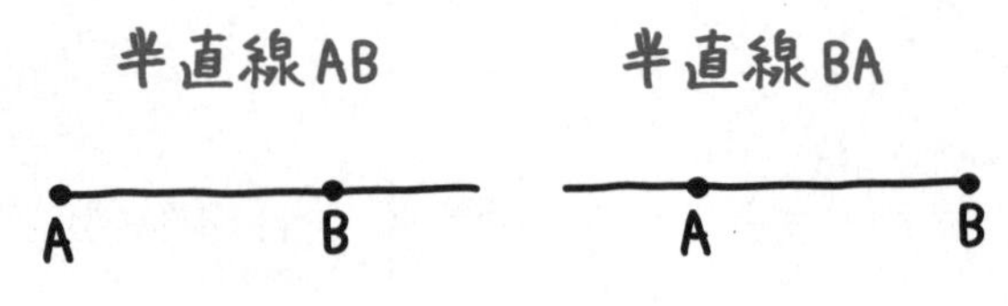

2 角の表しかた

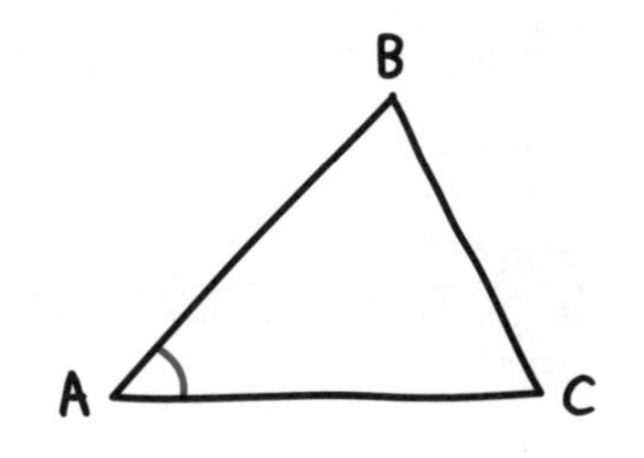

“角” を表すときは∠の記号を使うよ。例えば, 右の図のAの角を表したいときは, ∠Aと書く。

これは, ∠BACと書いてもいいよ。

『B→A→Cと進むときにできる角』という意味で, こう書かれるよ。

「∠ABCという書きかたじゃダメですか？」

あっ, **それはダメ**。それじゃ, Bの角を表すことになってしまうからね。**“主役”のAが真ん中になるように書く**んだ。

「主役は真ん中か。歌でも, 劇でもみんなそうだもんな。」

「∠CABという書きかたならいいんですよね。」

うん。それはいいよ。

ちなみに**右のような図のときは, ∠Aという書きかたはダメ**だよ。●の角のことをいっているのか, ○の角のことをいっているのかわからないからね。

●の角のことをいいたいなら, ∠BACと書き, ○の角のことをいいたいなら, ∠BADと書けば混乱しなくていいね。

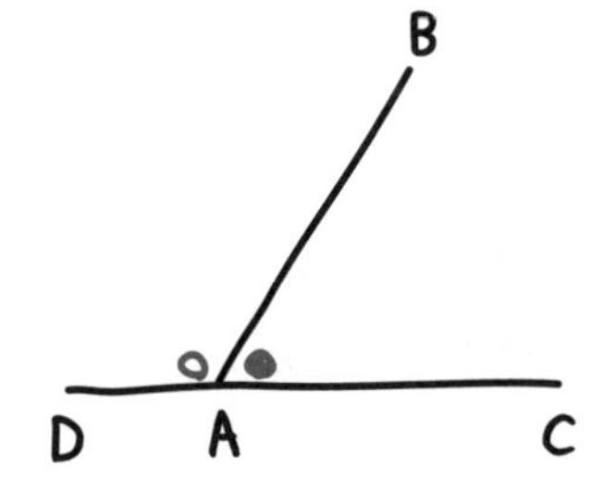

3　多角形の表しかた（三角形，四角形，……）

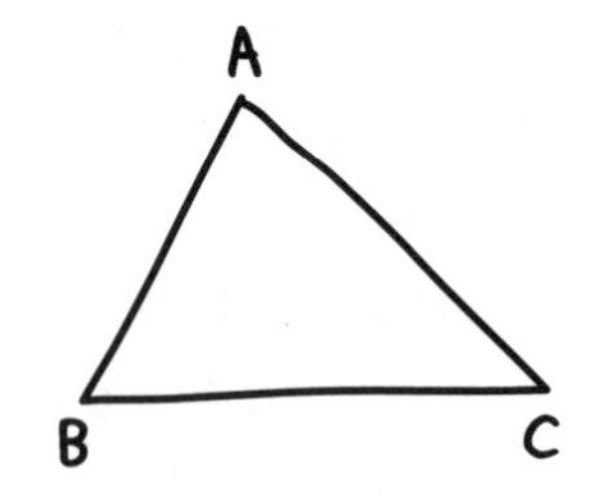

３点A，B，Cを頂点とする三角形を△**ABC**と書く。

「Aから左回りにいえばいいのですか？」

いや，どこから始めても，右，左のどちら回りでもいいよ。△BACでも，△CABでも，間違いではないんだ。

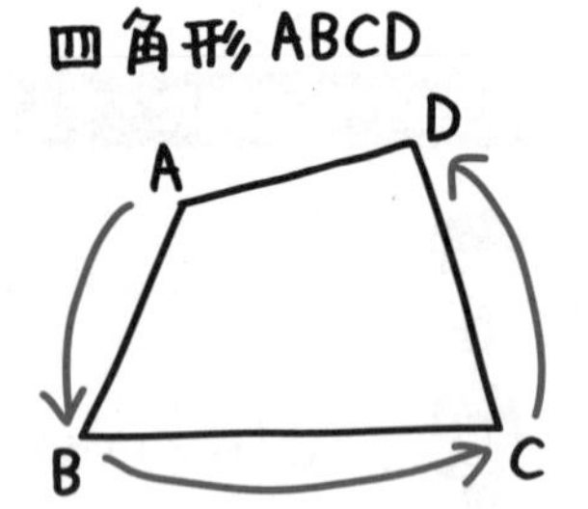

次に，四角形だけど，これは注意しよう。

“四角形ABCD”なら，『頂点が，A→B→C→Dの順にぐるりと並んでいる四角形』ということなんだ。

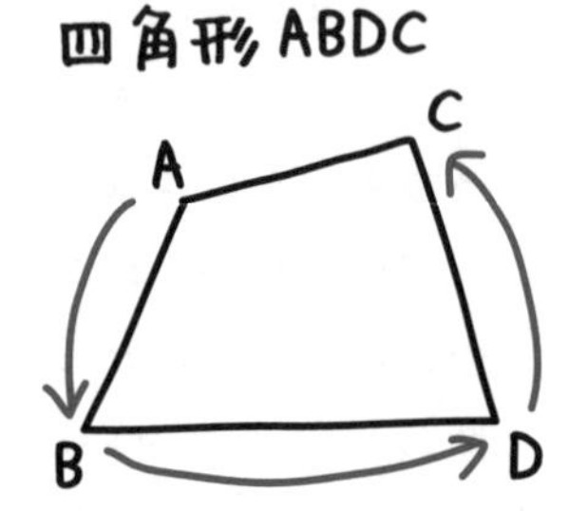

だから，右のような四角形は“四角形ABCD”とはいわないよ。“四角形ABDC”などという。

「“四角形DBAC”といってもいいのですか？」

うん。それでもいいよ。

四角形以上の五角形や六角形とかでも，頂点の並んでいる順にぐるりと回ってアルファベットで表すのが，多角形の表しかたのルールだよ。

4　平行と垂直

平行

ℓ

m

$\ell /\!/ m$

2つの直線が交わらない状態のとき，2つの直線が**平行**（へいこう）であるというよ。

「『電車が平行に走っている』の“平行”ですよね。」

そうだよ。2つの直線ℓ，mが平行であるとき

$\ell /\!/ m$

と書くよ。

また，2直線ℓ，mが平行であることを図で示すには，

のように2直線に同じ向きの矢印のような印をつけるんだ。これも覚えておこう。

2つの直線が直角に交わっているとき，2つの直線が**垂直**（すいちょく）であるといい，2つの直線ℓ，mが垂直であるとき

$\ell \perp m$

と書く。

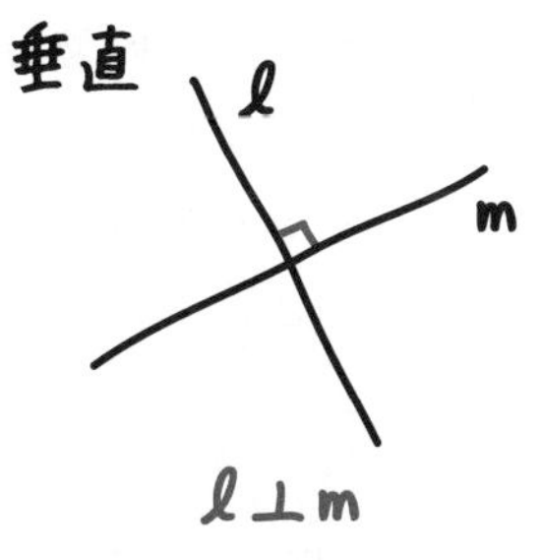

また，ℓはmの**垂線**（すいせん）であるといい，mはℓの**垂線**であるという。

「垂直の線だから，垂線。そのまんまだ。」

2直線が垂直に交わったところは，直角の記号を使って垂直であることを示すよ。

5 中点と垂直二等分線

線分ABの真ん中の点を，線分ABの**中点**（ちゅうてん）という。また，線分ABの中点を通り，線分ABに垂直な直線を，線分ABの**垂直二等分線**（すいちょくにとうぶんせん）という。

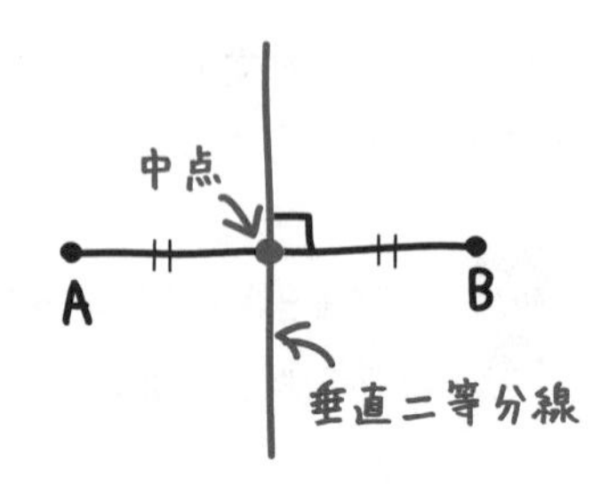

6 距離（きょり）

距離というのは“最短距離”のことだと考えよう。

例えば，**“点と直線の距離”**なら，点から直線に下ろした垂線の長さのことだ。垂線と直線の交わるところを**垂線の足**（あし）というよ。

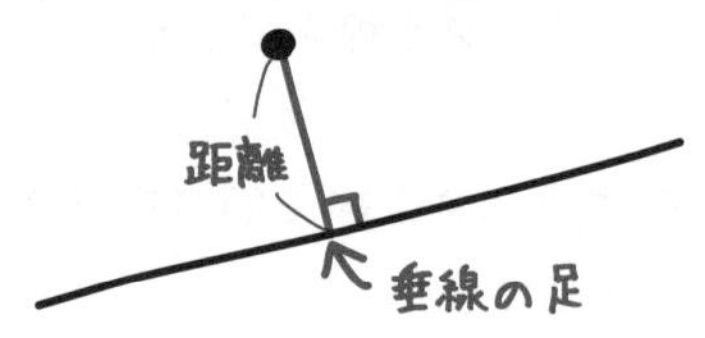

“平行な2つの直線の距離”なら，一方の直線上にどこでもいいから点をとり，もう一方の直線に下ろした垂線の長さのことだ。

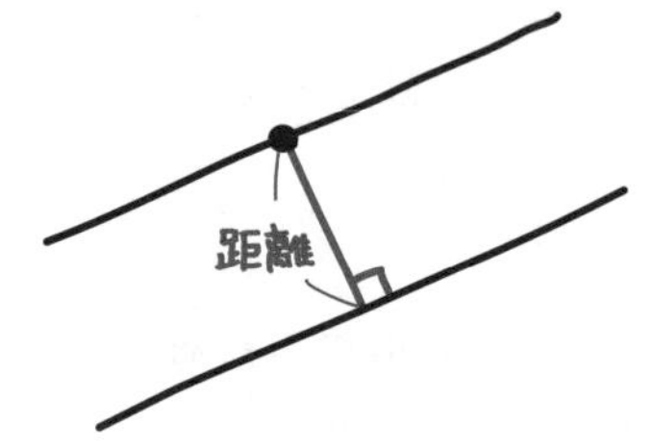

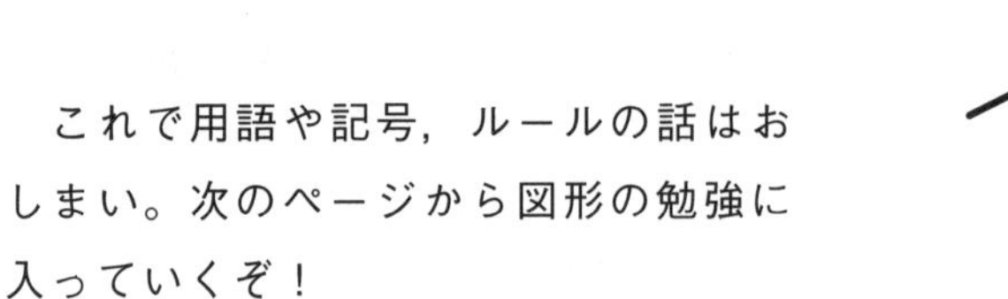
これで用語や記号，ルールの話はおしまい。次のページから図形の勉強に入っていくぞ！

図形の移動

平行移動，対称移動，回転移動の３種類の図形の移動を学んでいくよ。それぞれの特徴を理解しよう。

ここでは図形を移動させる話をしよう。図形の移動には次の３種類があるよ。

Point 24 図形の移動

① **平行移動**（へいこういどう）

一定の方向に一定の距離だけ**スライドさせる**移動。

② **対称移動**（たいしょう）

１つの直線を折り目として，**パタンと折り返す**移動。その直線を**対称の軸**（じく）という。

③ **回転移動**（かいてん）

１つの点を中心にして，**一定の角度だけ回転させる**移動。中心の点を**回転の中心**という。

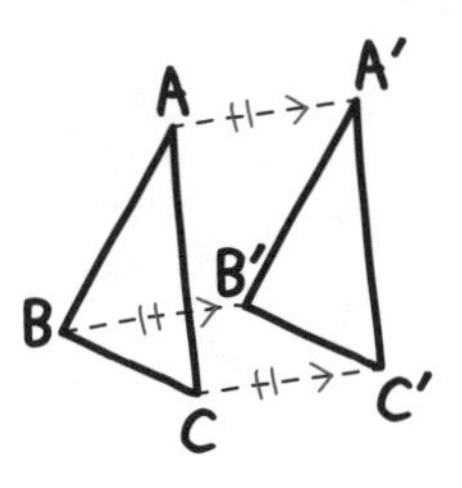

① 平行移動

対称の軸　ℓ

A　A′　C　C′　B　B′

② 対称移動

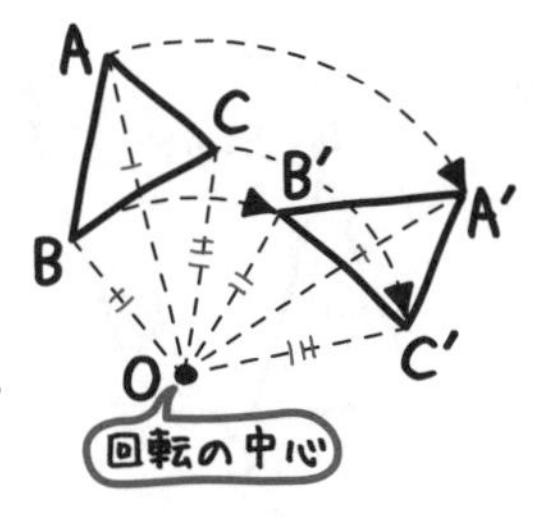

③ 回転移動

「それぞれ移動の方法は違うけれど，図形の大きさは移動させる前と同じですね。」

そうだね。それぞれの移動のしかたを，問題を解きながら学んでいこう。

例題 1　つまずき度 !!!!!

右図の△ABCを，点Aが点A′の位置にくるように平行移動してできる△A′B′C′をかけ。

A′
A
B
C

平行に一定の距離だけ移動させるんだよ。手順をわかりやすく説明していくね。

① まず，点Aと点A′を結ぶ。
② 次に，点Bを通りAA′に平行な直線と，点Cを通りAA′に平行な直線を引く。
③ AA′の長さをものさしで測って，BB′，CC′がAA′と同じ長さになるように点B′と点C′をとり，３点A′，B′，C′を結ぶ。

解答

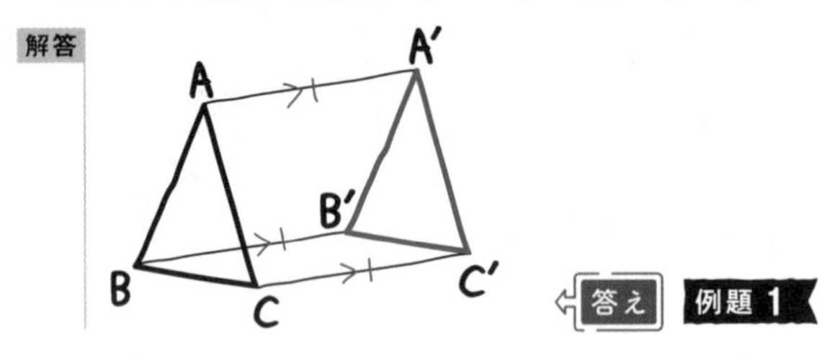

答え　例題 1

「AA′に平行な直線ってどうやって引くんですか？」

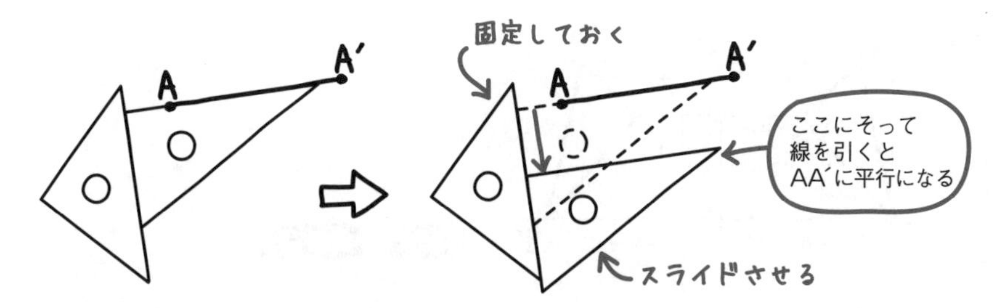

小学校で習ったね。2つの三角定規を使って，上の左の図のように片方をAA′にそって置き，もう片方を支えるように置く。そして，そって置いたほうの三角定規をスライドさせるんだ。

「わかりました。」

さて次に，対称移動についての問題を解いてみよう。

例題 2 つまずき度 !!!!!

右図の△ABCを，直線ℓを対称の軸として対称移動してできる△A′B′C′をかけ。

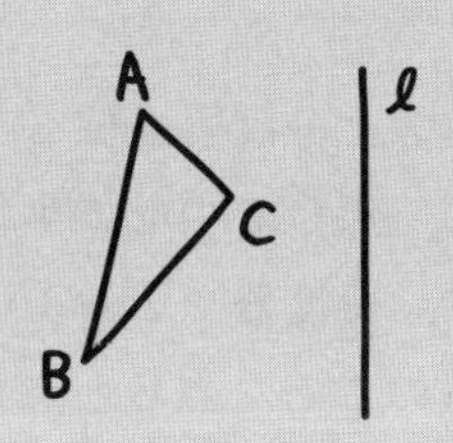

Point 24 で説明したように，対称移動では，対称の位置にある点は対称の軸からの距離がそれぞれ等しいんだったよね。よって，**対称の軸ℓは，線分AA′，線分BB′，線分CC′すべての垂直二等分線になる**んだ。

では，手順を説明するよ。

① 三角定規の片方をℓにそって置き，もう片方の直角の部分をあてて点Aを通る直線を引く。

② そして，**例題 1** のときのように三角定規をスライドさせると，点C，Bを通る直線も引ける。

③ その半直線をのばして，ℓに対しての距離が等しくなる点をA′，B′，C′として結ぶ。

解答

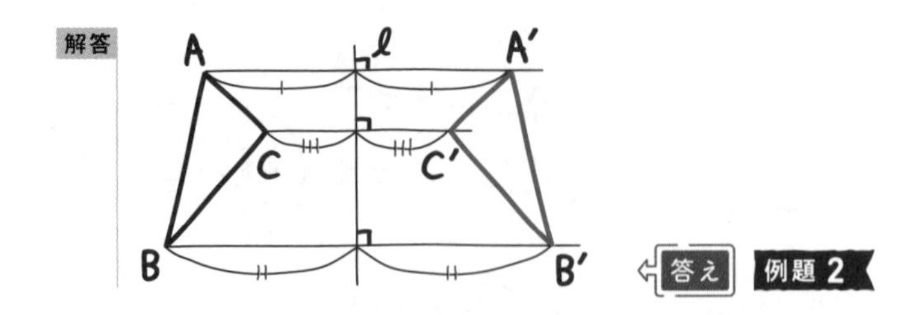

答え 例題2

そして最後に，回転移動についての問題だ。

例題3 つまずき度 !!!!!

右図の△ABCを，点Oを回転の中心として時計回りに90°回転移動させてできる△A′B′C′をかけ。

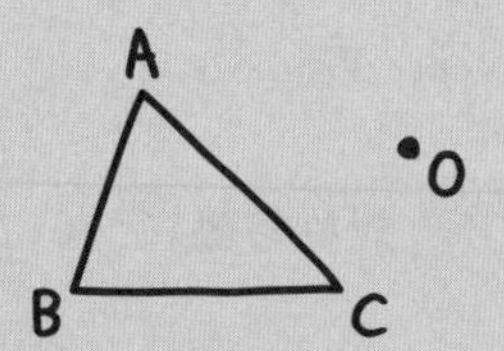

コンパスと分度器を使って回転移動させよう。

① まず，点Oを中心に半径OAの円をかく。

② 次に，分度器で∠AOA′＝90°となる点A′をとる。

③ 同様のことを点Bと点Cに対しても行い，点B′と点C′をとり，3点A′，B′，C′を結ぶ。

解答

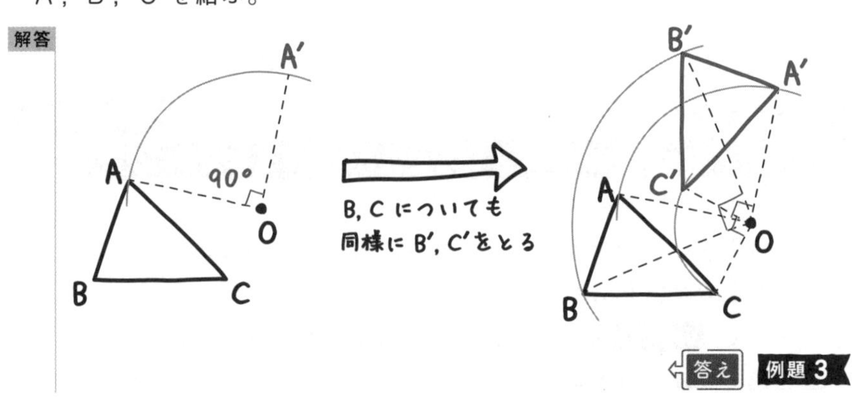

答え 例題3

「コンパスで点Oを中心に円をかいて，分度器で回転させる角度だけ測ればいいんですね。」

ちなみに，180°回転させると，点Aと点A′，点Bと点B′，点Cと点C′が点Oに対して反対の位置，つまり点対称な位置となる。このことから，180°の回転移動を**点対称移動**(てんたいしょういどう)というよ。

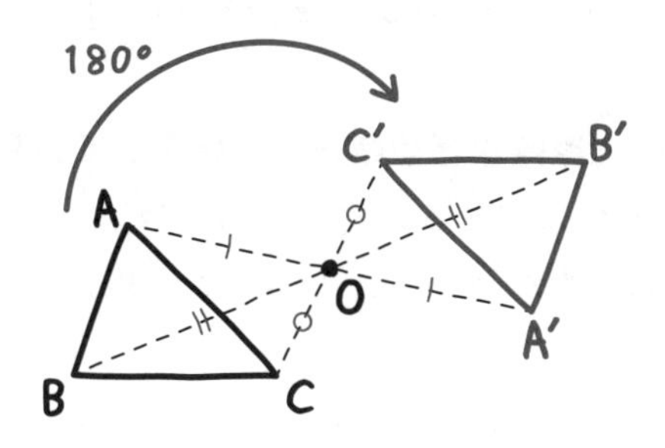

つまずき度 !!!!!

➡ 解答は別冊 p.80

右図の△ABCを，点Oを回転の中心として時計回りに120°回転移動させてできる△A′B′C′を，コンパスと分度器を使ってかけ。

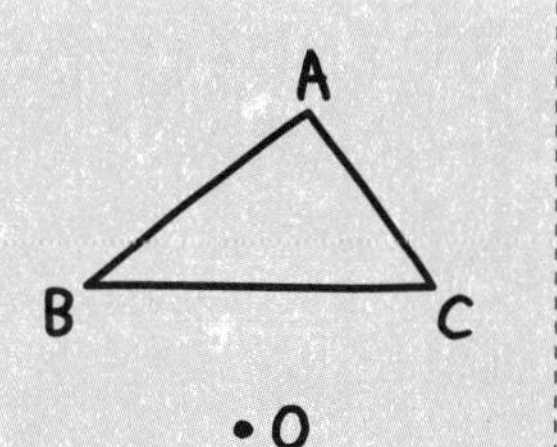

定規とものさしは，どこが違うの？

「定規ももものさしも同じものですよね……。」

定規（ruler）は，『直線など規則正しい線を引く道具』のことを指す。だから，みんなのまわりにある定規が，もし目盛りがなく，単なる竹やプラスチックの板状のものであったとしても定規と呼ぶんだよ。

「えっ？　でも，そんなの見たことない（笑）。どんな定規にも目盛りがついているもん。」

それは，ついでに長さもわかったほうが便利だろうっていう“おまけ”の意味でついているだけなんだ。例えば，壁からの距離を定規で測ろうとしても，測れなかった経験があるんじゃないの？

「あっ，あります！　0の目盛りが，定規の端の位置にないですよね。」

でも，文句をいっちゃいけない（笑）。まっすぐな線を引くことがメインで，目盛りがついているのは“おまけ”にすぎないからね。むしろ，**数学の世界で“定規”と言えば，通常は目盛りのないものを指すんだ。**

一方，**ものさし（measure）は，『長さを測る道具』のこと**。よって，0が端の位置にあり，“壁からの距離”もちゃんと測れるようになっているよ。

「知らなかった……。これ，絶対，友達にクイズとして出そう（笑）。」

5-2 正三角形，正六角形の作図 ～作図 その１～

みんなの持っている定規には目盛りがついているかもしれないけれど，作図をするときは目盛りを使わないでね。

ここからは，読むだけでなく，定規とコンパスを手に実際に図をかいてみよう。読むだけじゃ覚えられないよ。

例題 1 つまずき度 !!!!!

正三角形を作図せよ。

「えっ？　これってなんかのクイズですか？　作図って？」

作図というのは，**"目盛りのついていない"定規とコンパスだけで点や図形をかくこと**と思えばいいよ。ほかに

- 長さを測ってはいけない。
- 分度器を使ってはいけない。定規や三角定規の30°，45°，60°，90°になっているところも使わない。
- 無地の紙にかく。（やむを得ず方眼紙や横線のあるノートにかくときは，その線は利用しない。）

という決まりがある。

「正三角形の大きさは決まってないんですか？」

うん。辺の長さの指定がないからね。それではやってみるよ。

解答　①　**定規を使って適当な長さの線分をかく。**

両端の点をA，Bとしよう。

②　**ABの長さと同じ半径で，２点A，Bを中心にコンパスで少しだけ円をかき，交わるようにする。**

その交点はCとおこう。

③　**３点A，B，Cをつなぐと“正三角形”になる。**

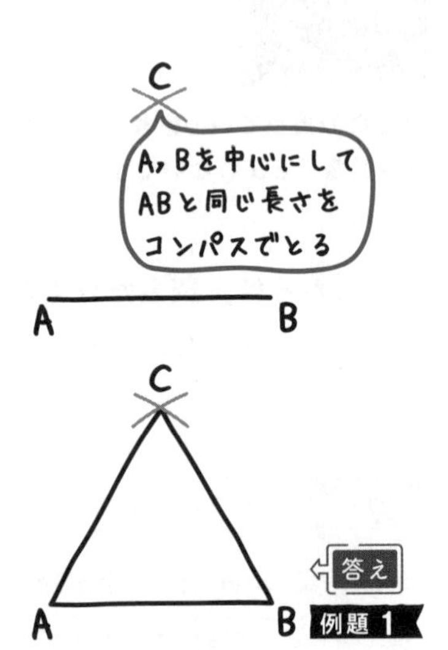

あっ，それから，もう１つ大切なことがあるよ。**作図をしたら，コンパスで円をかいたあとが残るよね。これは消さないで残しておく**んだ。

「えっ？　どうして？」

『どうやって作図をしたのか』がわかるようにしておかなければならないからね。もし，テストで消してしまうと，採点する先生がわからないからさ。

例題２　つまずき度 !!!!!

正六角形を作図せよ。

「分度器が使えないんじゃ，正六角形なんかかけないですよ。」

正六角形はかけるんだ。やってみるよ。

解答 ① **適当な大きさの円をかき，円周上に適当な点をとる。**
その点をAとしよう。

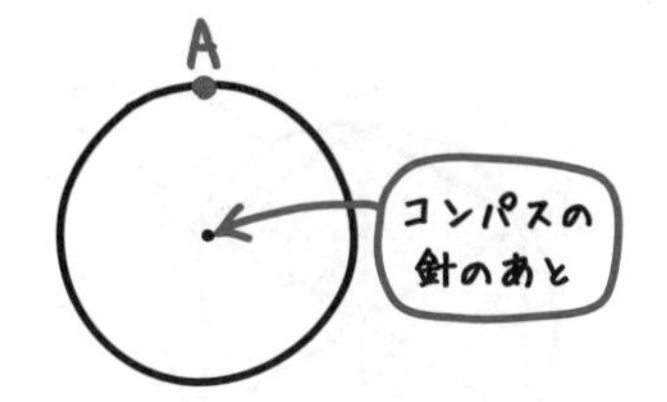

② **①と同じ半径で，点Aを中心にコンパスで少しだけ円をかき，円と交わるようにする。**
その交点はBとおこう。

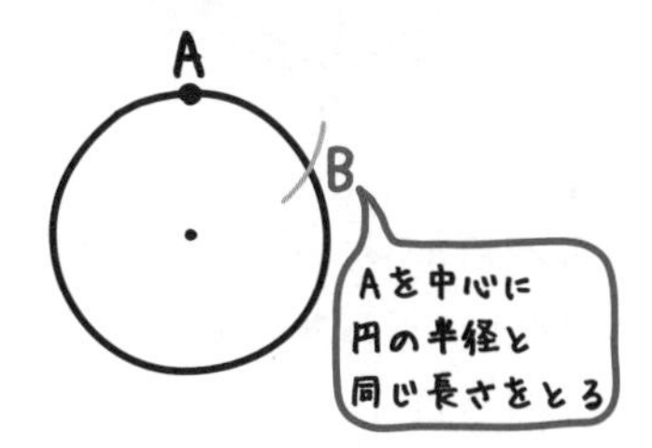

③ **さらに同じ半径で，点Bを中心に点Aと反対側にコンパスで少しだけ円をかき，円と交わるようにする。**
その交点はCとおこう。

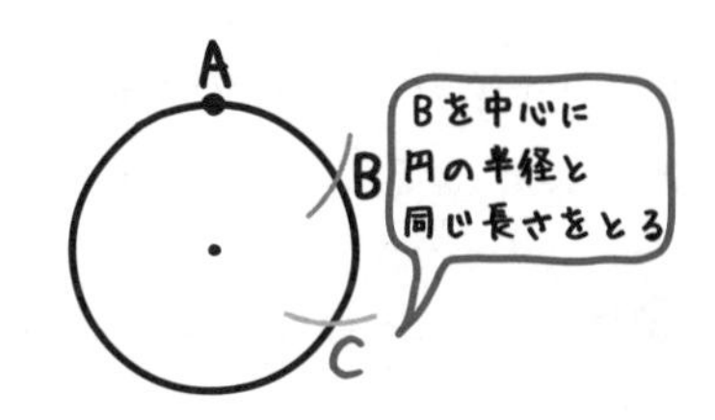

④ **同様にして，D，E，Fの点を順にとる。**

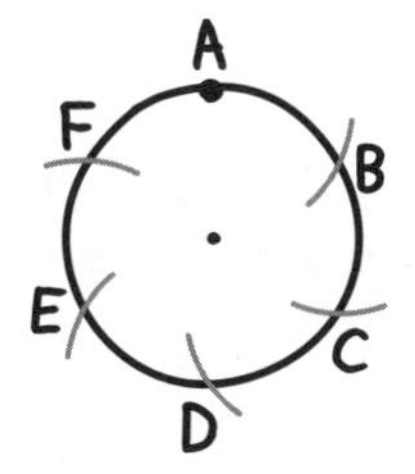

⑤ **6点A，B，C，D，E，Fをつなぐと“正六角形”になる。**

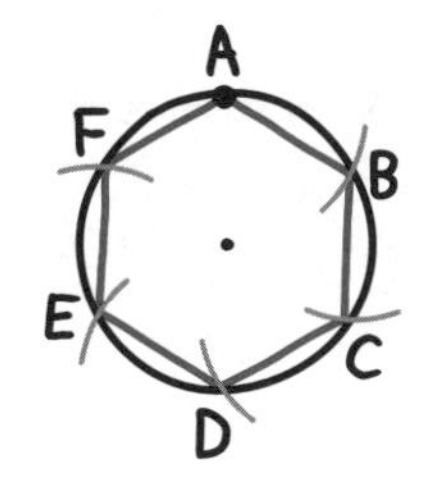

中1 5章

「本当だ！　正六角形がかけてる。でも，なんで？」

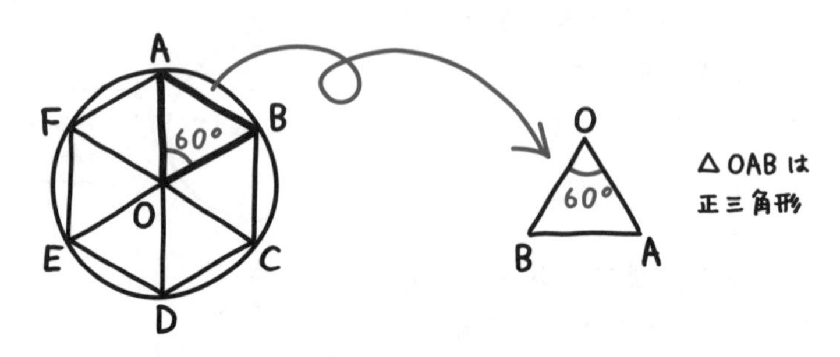

正六角形は，6つの正三角形をしきつめた形なんだ。上の図でいうと△OABが正三角形ということ。

作図では①で円をかいて点Aをとったあとに，②ではコンパスをそのままにして（半径を変えずに），点Aを中心にして点Bをとったね。こうするとOA＝OB（円の半径）で，かつOA＝ABだから，△OABは正三角形になるんだ。

「①，②で正三角形ができるということか！」

そして，③，④で残りの正三角形を5個作る作業をして，⑤で点をつないだから正六角形ができたんだ。

「すごい！　『正六角形は正三角形6つでできている』っていう性質から作図をしたんですね。」

つまずき度 !!!!!

➡ 解答は別冊 p.80

正六角形の作図を参考にし，同じ円周上に3つの頂点がある正三角形を作図せよ。

5-3 垂線の作図 ～作図 その2～

5-1 の 例題2 では三角定規の90°の部分を使って垂線が引けたけれど，今回は使えないよ。

例題 つまずき度 !!!!!

右の図で，点Aを通り，直線ℓに垂直な直線を作図せよ。

・A

ℓ

垂線の作図のしかたは1通りではないんだけど，ここではいちばん一般的な方法を紹介しよう。次のようにするんだ。

解答 ① **コンパスを広げ，点Aを中心に直線と2回交わるように円を少しかく。** 交点をB，Cとおこう。

② **点B，Cを中心に同じ半径の2つの円を少しだけかき，お互いに交わるようにする。** その交点はDとおこう。

③ **点A，Dをつなぐと，それが"垂線"になる。**

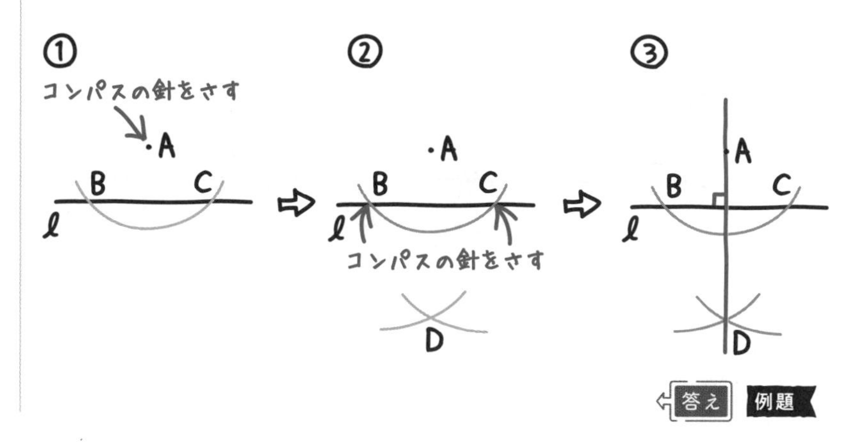

答え 例題

「これでどうして，垂線の作図ができるんですか？」

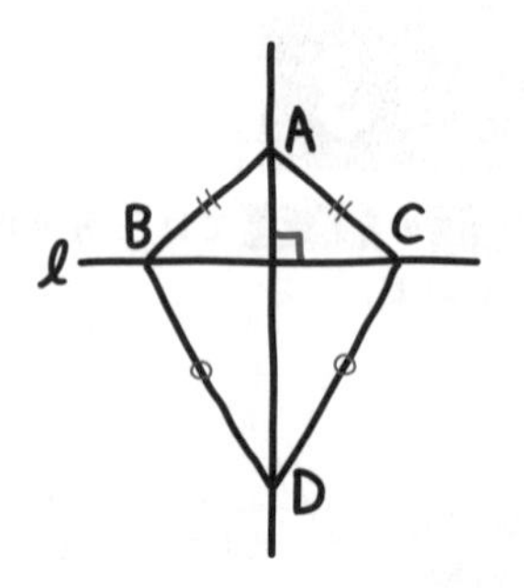

各点を結んだ右図をよく見てごらん。四角形ABDCは直線ADが対称の軸になっている線対称な図形だね。ちょうど，鏡に映したような状態だ。5-1の例題2で習った通り，直線ADが線分BCの垂線二等分線になるよ。

「②の円は，①と同じ半径でかくのですか？」

半径は同じでもいいし，変えてもいいよ。**同じ長さにした場合，四角形ABDCはひし形になるから，点A，Dも直線ℓに対して対称になる。**

ちなみに，点Aが直線ℓ上にあっても同じように作図できるよ。次の図にまとめておくから確認してね。

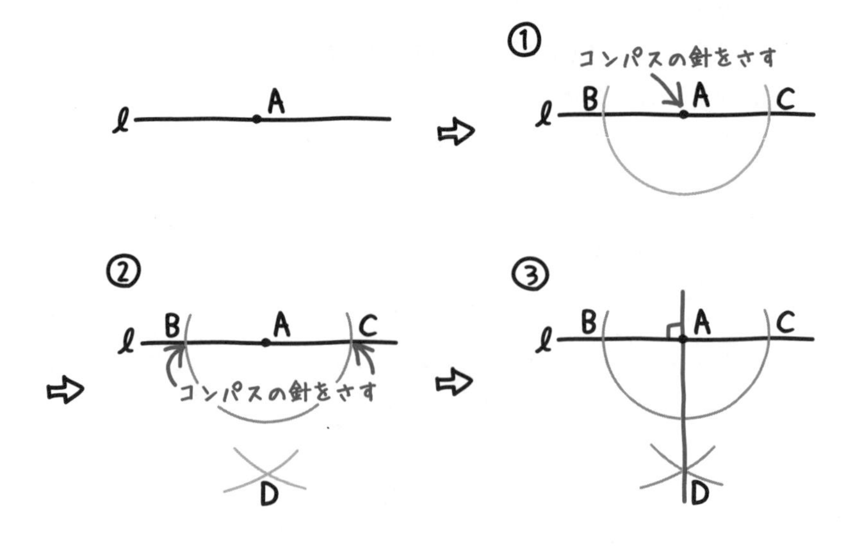

CHECK 69

つまずき度 !!!!!

➡ 解答は別冊 p.80

右の線分ABを1辺とする正方形を作図せよ。

A　B

CHECK 70

つまずき度 !!!!!

➡ 解答は別冊 p.81

牛を連れた人が図の地点Aにいて，湖で牛に水を飲ませてから，牛舎のある地点Bに行きたいと思っている。次の問いに答えよ。ただし，湖岸線は直線とする。

(1) 地点Aの，湖岸線に関して対称な点をA'とする。右下の図に点A'を作図せよ。

(2) 地点Aから，湖岸線上の地点Pに立ち寄り，地点Bに行く距離AP+PBを最短にするには，点Pをどの場所にすればいいか。理由とともに答えよ。

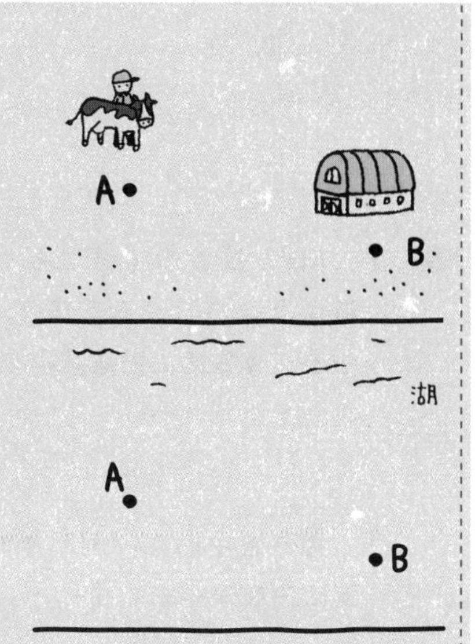

5-4 中点，垂直二等分線の作図 ～作図 その3～

作図のしかたを覚えるのはもちろん，垂直二等分線の特徴も知っておこうね。

例題 1　つまずき度 !!!

右の線分ABの中点と垂直二等分線を作図せよ。

垂直二等分線の作図も基本の作図の1つだ。しっかり学んでいこう。

解答 ①　**ABの長さの半分よりも長くなるようにコンパスを広げ，点Aを中心に点B側に円を途中までかく。**

コンパスの針をさす

A　B

②　**点Bを中心に，同じ半径で点A側に円を途中までかく。**

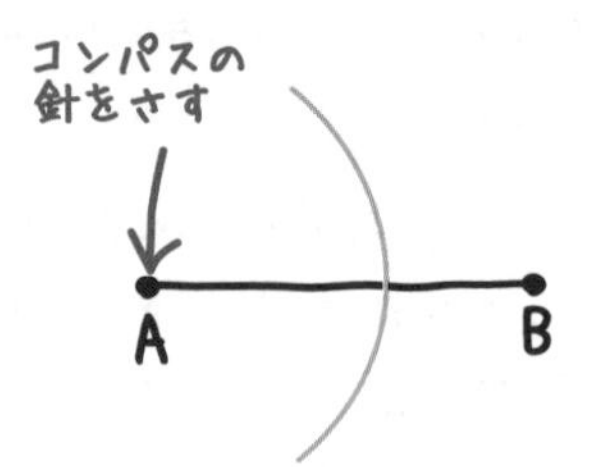

③　**そのときできた2つの交点を定規でつなぐと，それが"線分ABの垂直二等分線"になり，垂直二等分線と線分ABとの交点が"線分ABの中点"になる。**

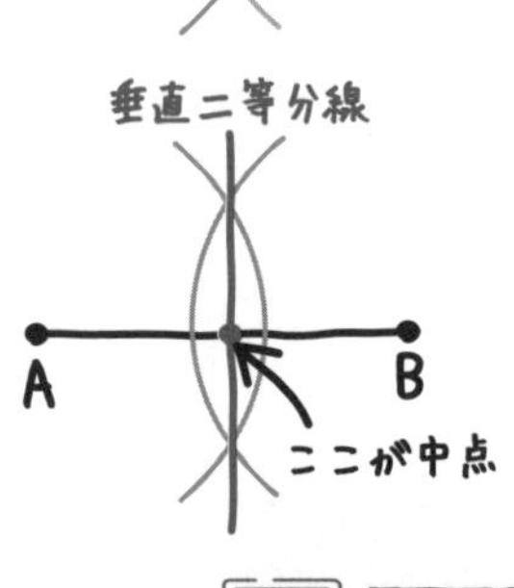

答え　例題 1

「線分のはじの点を中心に，同じ半径で，コンパスを使って円が交わるようにかけばいいのね。難しくないわ。」

そう！　同じ半径でコンパスを2回，簡単でしょ。
それでは垂直二等分線を利用する問題をもう1問やってみよう。

例題 2　つまずき度 !!!!!

右の△ABCの頂点A，B，Cから同じ距離にある点Oを作図せよ。また，点Oを中心とし，OAを半径とする円を作図せよ。

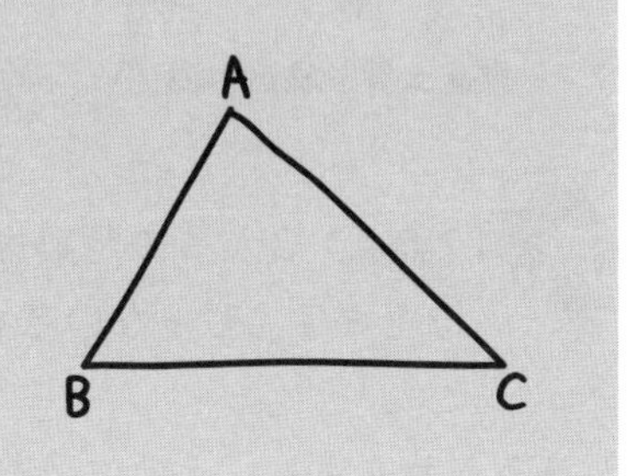

「3点A，B，Cから同じ距離にある点ということですか……。どうやって作図するんですか？」

まずは，「2点からの距離が等しい点」について説明しよう。**線分ABの垂直二等分線上では，どの点をとっても，2点A，Bからの距離が等しくなる**んだ。

逆にいえば，**2点A，Bからの距離が等しくなる点Oは，ABの垂直二等分線上にある**といえる。

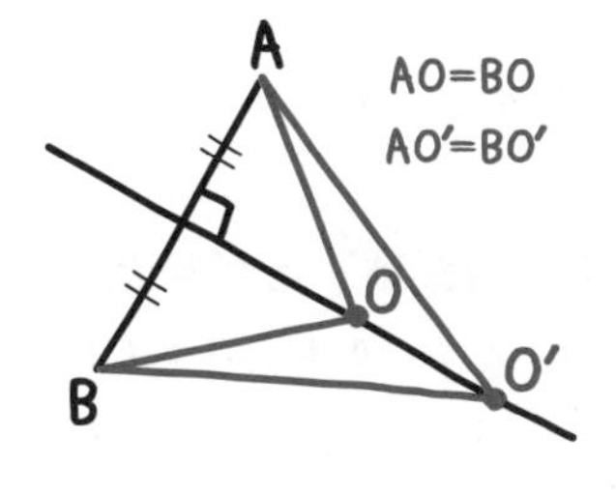

「同じように考えると，**点Oは2点B，Cからの距離も等しい点だから，線分BCの垂直二等分線上にもある**ということですね。」

そうだね。点Oは**線分ABの垂直二等分線と線分BCの垂直二等分線の交点**ということだ。

解答

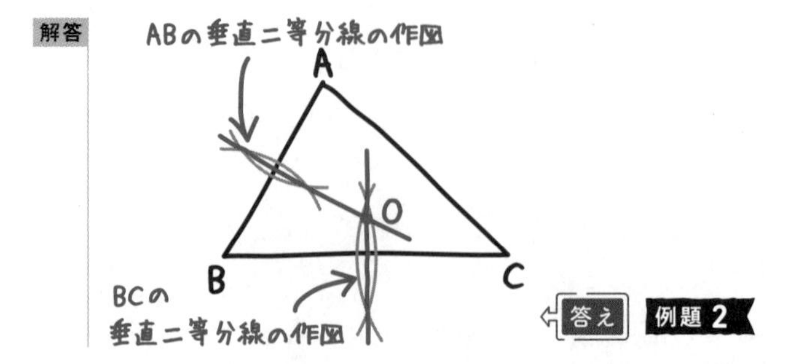

「2点A，Cからの距離も等しいから，線分ACの垂直二等分線上にもあるんじゃないですか？」

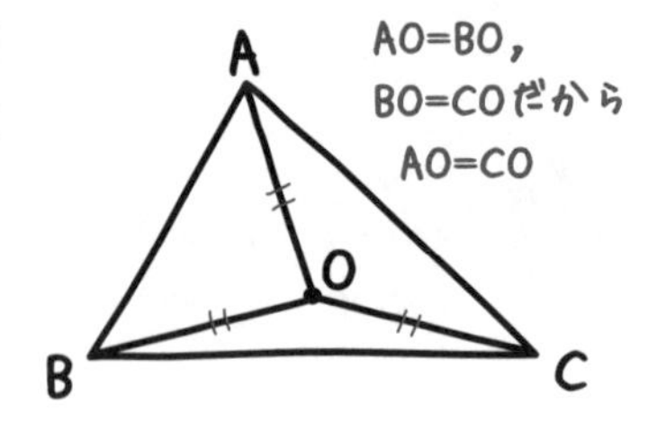

そうだね。もし，その作図をしたら，同じ点Oで交わるよ。でも，実際には，垂直二等分線は2本だけかけばいい。2点A，Bからの距離が等しく（AO＝BO），2点B，Cからの距離も等しければ（BO＝CO），2点A，Cからの距離が等しい（AO＝CO）ことになるからね。

「あっ，そうか。」

“OAとの距離”を半径とする円をかくと，△ABCの3つの頂点を通る円になるよ。OAもOBもOCも同じ長さになるからね。これを**△ABCの外接円**（がいせつえん）という。ちなみに，点Oを外接円の中心という意味で**外心**（がいしん）という。くわしくは高校で学習するよ。

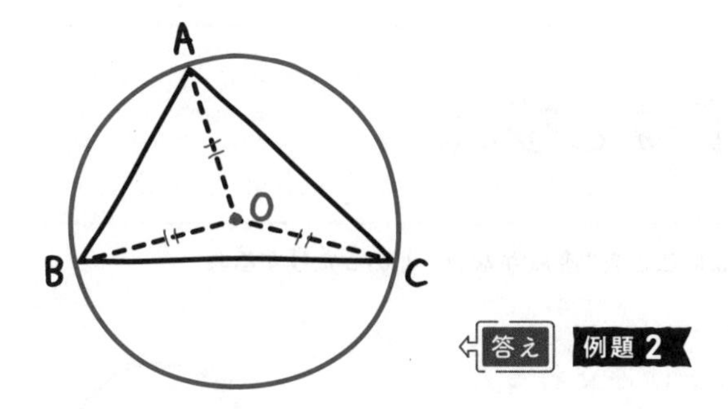

答え　例題 2

つまずき度 ！！！！！

➡ 解答は別冊 p.81

右図のような皿の一部分のかけらがあった。

皿が円形とすると，中心Oはどこになるか。皿の縁(ふち)に点A，B，Cをとり，作図せよ。

A　B　C

ヒント：OA，OB，OCはすべて半径なので同じ長さになる。

中1 5章

5-5 接線と接点

人と知り合う機会がないことを"接点がない"といったりするね。

円と直線が1点だけで交わるとき，円と直線は**接する**（せっ）というよ。この直線を円の**接線**（せっせん）といい，接する点を**接点**（せってん）という。

また，そのとき，**円の中心と接点をつなぐと，接線に垂直になる。**つまり，円の中心から接線に下ろした垂線になるんだ。

「どうして，そうなるのですか？」

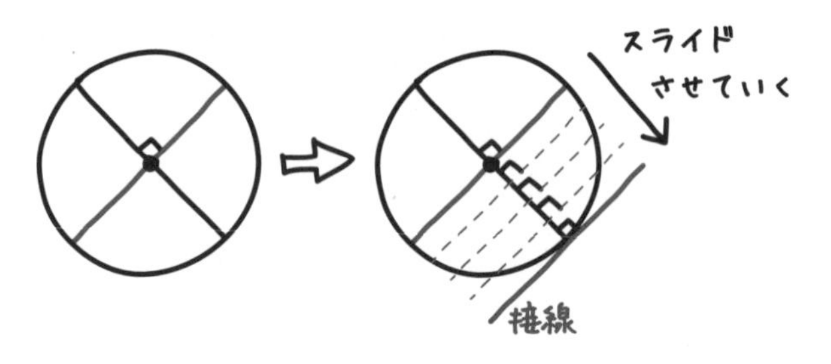

まず，円の中に垂直な直径を2本かいてみて，そして，一方だけを平行にスライドさせる感じで移動させてみよう。ほら，円の接線になって，しかも垂直になっているよね。納得した？

「はい，わかりました。」

例題　つまずき度 ❗❗❗❗❗

右図において，点Oは円の中心，直線AHは円の接線でHは接点である。∠xの大きさを求めよ。

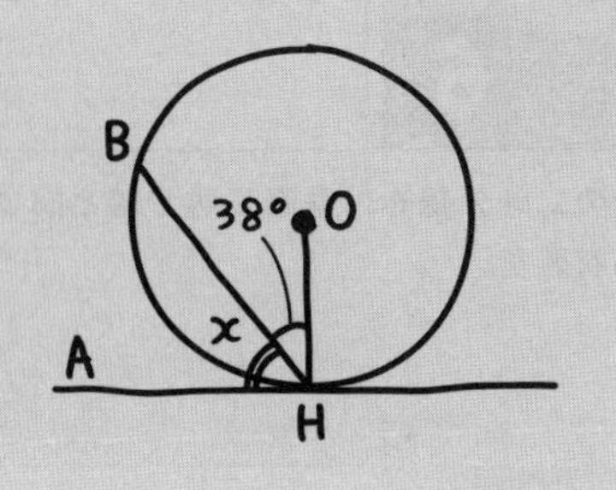

「∠OHA＝90°で，∠OHB＝38°だから

解答　∠x＝90°－38°
　　　＝**52°** ⇦ 答え 例題」

あっ，正解！　簡単だったね。**問題に円と接線が登場したら，すぐ“垂直”を思い浮かべるようにしよう。**

CHECK 72　つまずき度 ❗❗❗❗❗　➡ 解答は別冊 p.81

右図において，点Oは円の中心，l，mは円の接線である。lとmの交点をA，点Oからl，mに下ろした垂線をOB，OCとするとき，∠xの大きさを求めよ。

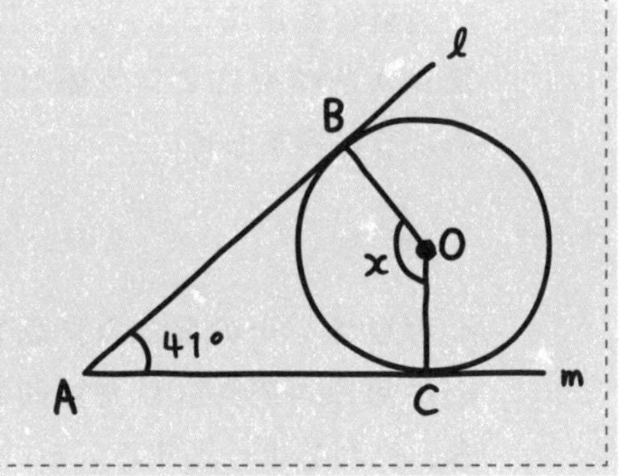

5-6 角の二等分線の作図 ～作図 その4～

角の二等分線も，垂直二等分線と同じくらい大切だよ。もちろん，作図も特徴もとても有名だ。

例題 1　つまずき度 !!!!!

右の∠BACの二等分線を作図せよ。

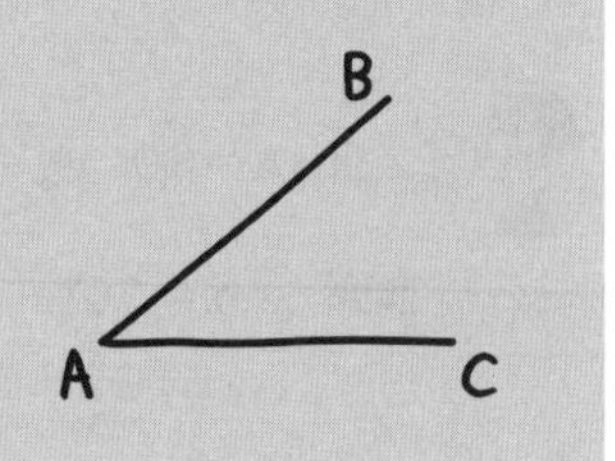

「今度は角の二等分線ですか。二等分線って∠BACを真っ二つにする線ですよね。これも基本的な作図ですか？」

うん。角の二等分線も作図できないとダメだよ。それでは見ていこう。

解答　①　**適当な長さにコンパスを広げ，頂点Aを中心に2つの辺と交わるように円をかく。**

②　**今度は，その2つの交点を中心に角の内側に少しだけ円をかき，交わるようにする。**

　このとき，半径は①のままでもいいし，変えてもいいよ。

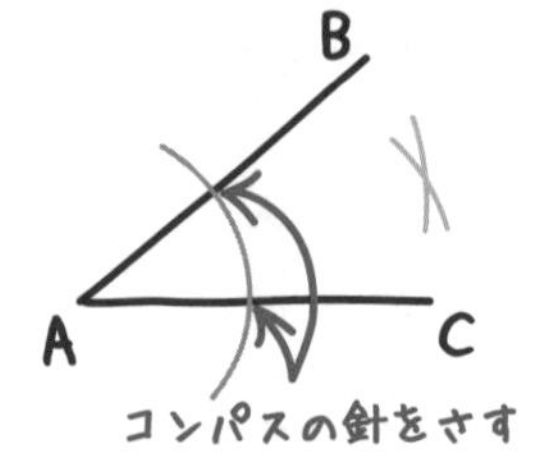

③　**そのときにできた交点と頂点を定規でつなぐと，それが“角の二等分線”になる。**

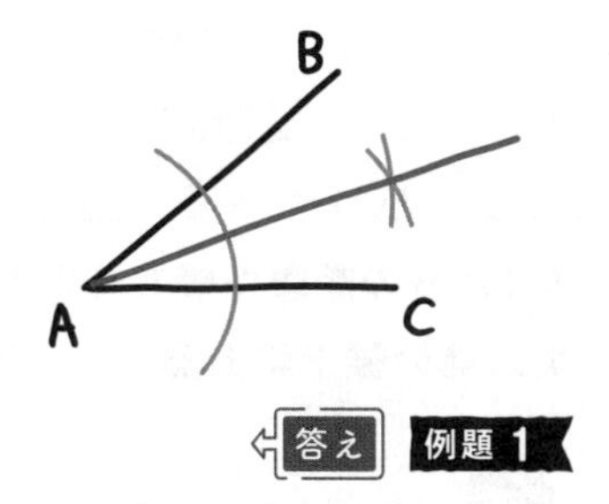

答え　例題1

これで角の二等分線の作図ができたね。そんなに難しくないでしょ。角の二等分線についての特徴も教えておこう。

角の二等分線上のどの点をとっても，2辺からの距離が等しくなるんだ。だから**角の二等分線上の点を中心にコンパスを回転させると，2辺に接する円をかくことができる**んだ。

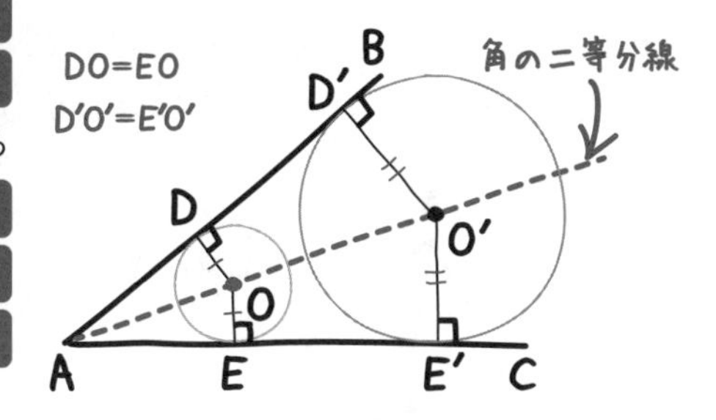

例題2　つまずき度 !!!!!

△ABCの3辺AB，BC，ACから等しい距離にある点Iを作図せよ。

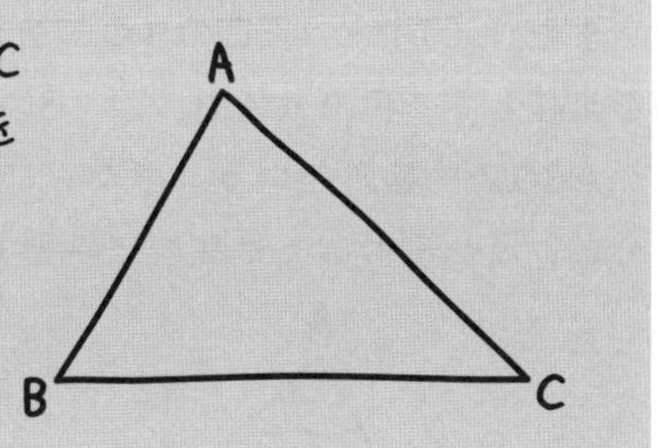

「『3辺からの距離が等しい点』ということだから，さっきの角の二等分線の性質を使うんですね。」

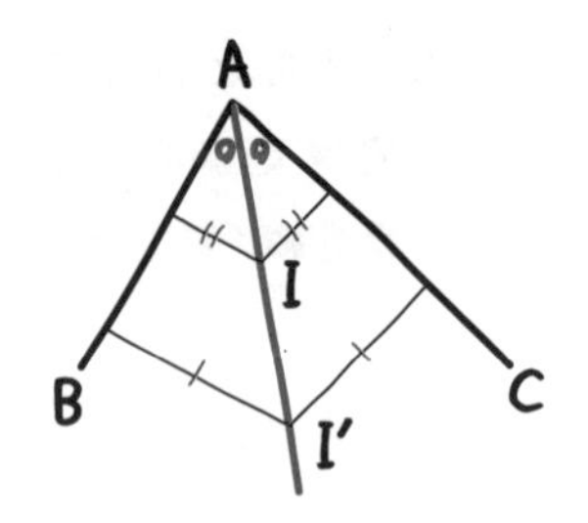

そうだね。∠BACの二等分線上のどの点をとっても，2辺AB，ACからの距離が等しくなるわけだから，逆にいえば，**2辺AB，ACからの距離が等しくなる点Ｉは，∠BACの二等分線上にある**といえる。

「**2辺BC，ABからの距離も等しくなるわけだから，点Ｉは∠ABCの二等分線上にもある**ということですね。」

そうだね。点Ｉは∠BACの二等分線と∠ABCの二等分線の交点ということだ。そして，∠ACBの二等分線もこの交点Ｉで交わるよ。

解答

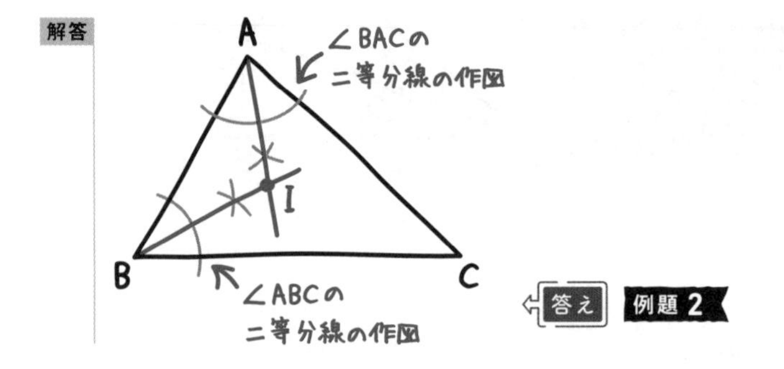

答え　例題2

また，点Ｉは△ABCの3つの辺から等距離なので“点Ｉと辺との距離”を半径とする円をかくと，△ABCの内側に接する円になるね。この円を**△ABCの内接円**(ないせつえん)という。ちなみに，点Ｉを内接円の中心という意味で**内心**(ないしん)という。くわしくは高校で学習するよ。

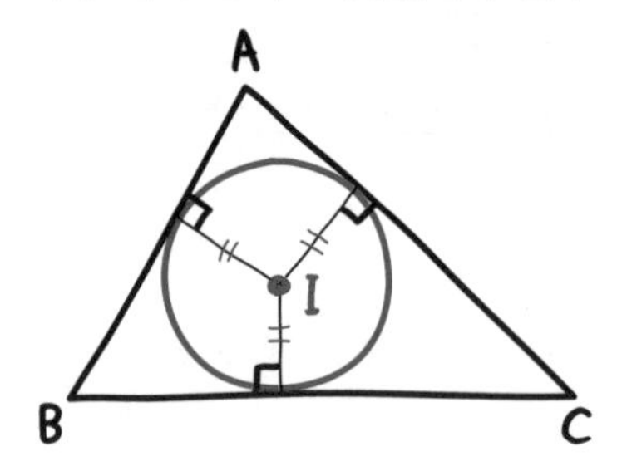

✓CHECK 73

つまずき度 !!!!!

➡ 解答は別冊 p.81

次の問いに答えよ。

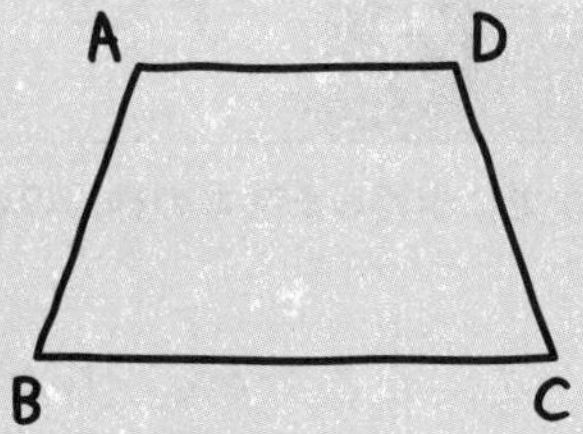

(1)　右の四角形の∠A，∠Bの二等分線の交点Pを作図せよ。

(2)　四角形ABCDの∠A，∠B，∠Cの二等分線がすべて点Qを通るなら，点Qが中心で4つの辺すべてに接する円がかける。その理由を書け。

(3)　四角形ABCDの3辺AB，BC，CDの垂直二等分線がすべて点Rを通るなら，点Rが中心で4つの頂点すべてを通る円がかける。その理由を書け。

(4)　(3)が成り立つとき，四角形ABCDの向かい合う内角の和は180°になる。その理由を書け。

A　D

B　C

5-7 作図 ～応用編～

今までに学習した基本の作図の組み合わせで，いろいろな作図ができるよ。

さて，ここまでで，基本的な作図はひと通り教えたよ。しっかり覚えたかな。**正三角形，垂線，垂直二等分線，角の二等分線は必ず作図できなきゃダメ**だ。その知識を利用して，ほかの作図の問題が解けるんだからね。

「はい，頑張ります。」

それでは，作図の応用問題を解いていこう！

例題 1 つまずき度 !!!!!

30°の角を作図せよ。

「ヒントをください。」

30°は60°の半分だよね。作図で60°をかきたければ，どうすればいい？

「60°といえば正三角形？ あっ，わかった！
まず，5-2の例題1のように正三角形を適当にかいて，そのあと，どの角でもいいから，5-6の例題1のように角の二等分線をかけばいい！

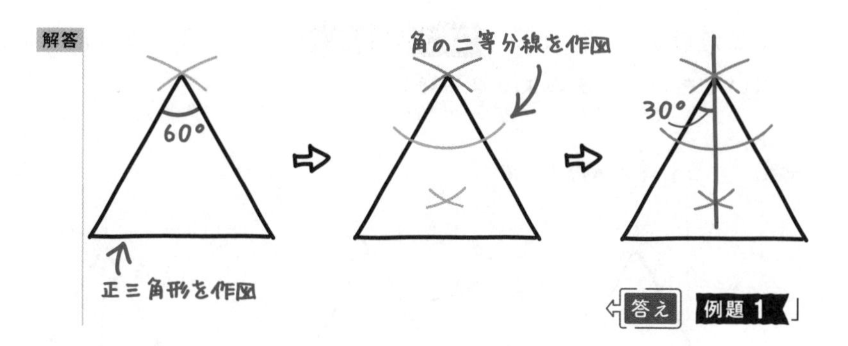

そうだね。うまい！

「えっ？　私，違うかきかただわ。」

どうやったの？

「正三角形をかくまでは同じだけど，そのあと，真っ二つにすればいいわけだから，5-4 の 例題 1 のように底辺の垂直二等分線を引きました。

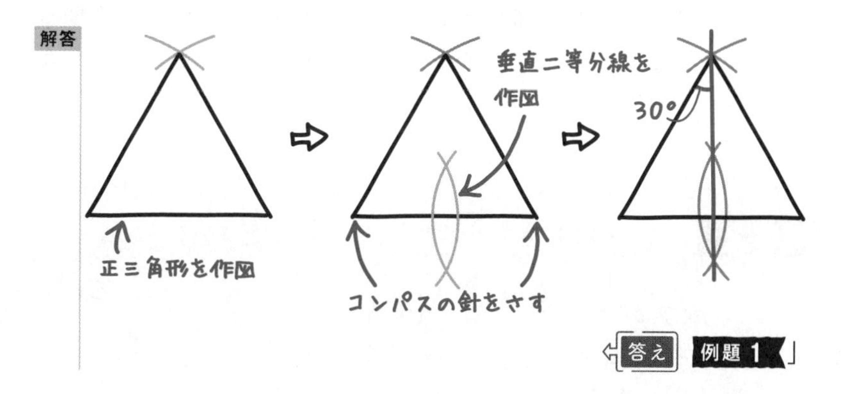

うん。それでもいいよ。底辺の垂直二等分線を引けば，頂点を通って正三角形が２つに分かれるから，30°ができるね。

正三角形を作ってから，5-3の例題のように頂点から底辺に垂線を引いてもいい。次のような手順だ。

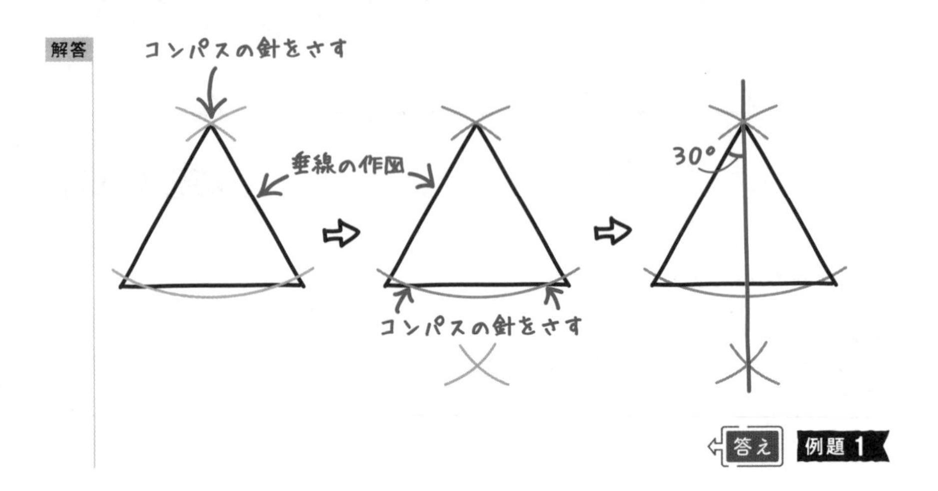

「いろいろな作図の方法がありますね。」

どの方法でも正しい図なら正解だ。図形のどういう特徴を使って図を作るかで方法は変わってくるからね。でも，3通りも作図のしかたがあるのもめずらしいけど（笑）。

例題 2

つまずき度 !!!!!

右図のように，∠CABの辺AB上に点Pがあるとき，辺ABと点Pで接し，さらに辺ACとも接する円を作図せよ。

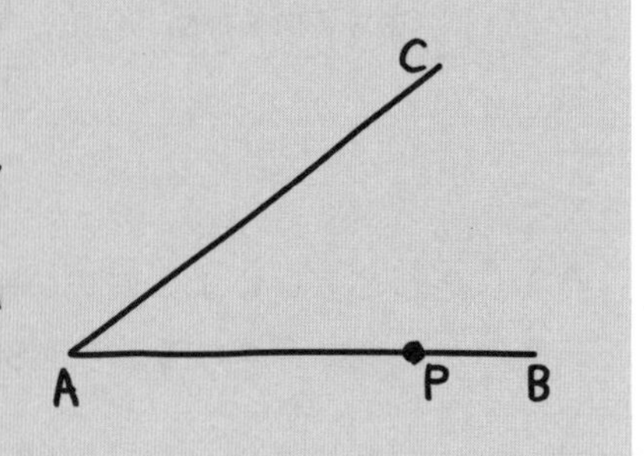

「これも，ヒントをください。」

円を作図するんだから，まず中心を求めなきゃいけない。 中心をOとしようか。円と直線が接するなら，中心Oと接点Pをつなぐと，接線に垂直になるよね。垂線になるってことだ。5-5 で勉強したけれど覚えているかな？

「点Oは点Pを通る垂線の上にあるっていうことですね。」

そうだね。5-3 で覚えた通りにかこう。

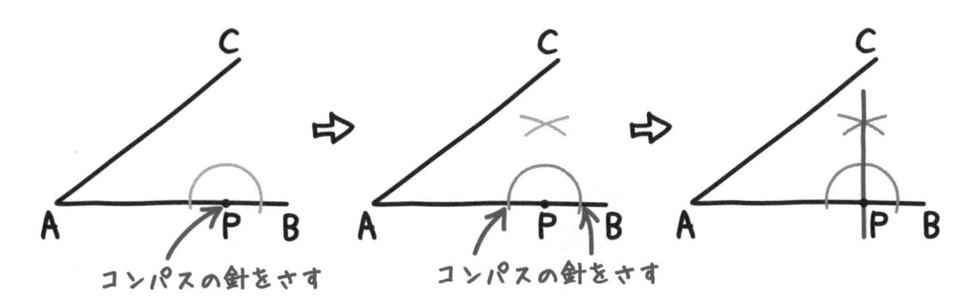

「これで，この垂線上にコンパスの針をさして，2辺に接するように円をかけばいいんですか？」

それはダメだよ！　円を作図するということは，中心を1点に決める作業をするということだ。円の中心も作図で求めないといけないよ。もう1本線を引いて中心となる点を求めよう。

「わかりません。お手上げです。」

この円は2辺と接するから，中心の点Oは2辺から同じ距離にあるということになる。だから，5-6 の 例題1 のようにして，∠Aの二等分線を作図しよう。

中1 5章

「点Ｐを通る垂線と，角の二等分線の交点ということか……。
わーっ，これは思いつかないな。」

解答

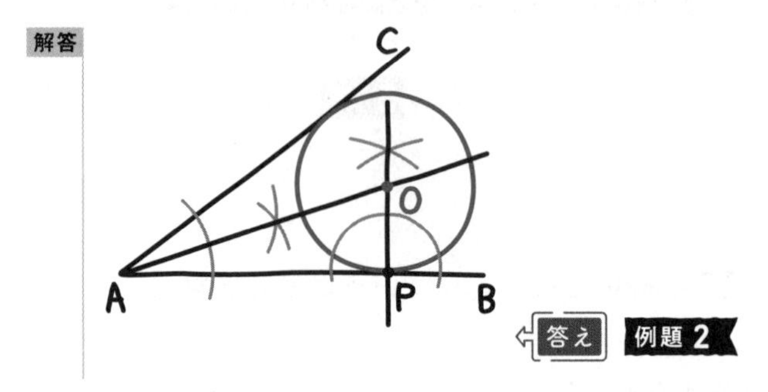

レベルの高い問題だね。たまにはこういう問題もいいんじゃない？

「あまり難しいのはカンベンしてほしいです。」

確かにイヤだよね。作図では，まず基本的なものができないと，応用はまったくできない。まずは基本をおさえることが大事だよ。

コツ７　作図の心得

まずは**垂線，垂直二等分線，角の二等分線**の作図の手順を完ペキにしよう！

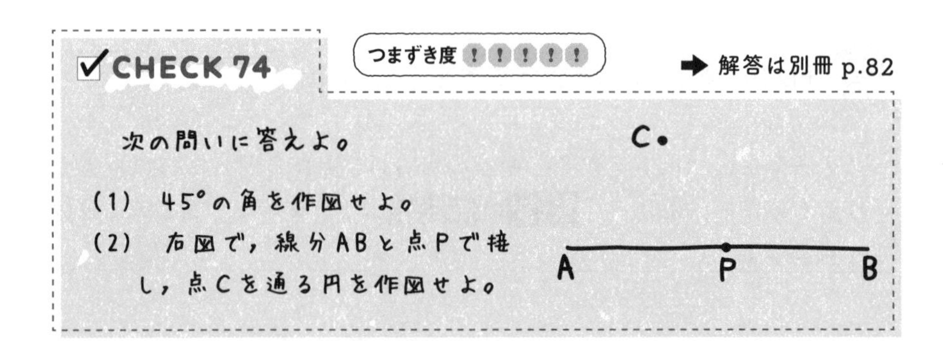

5-8 円とおうぎ形

“おうぎ形” を身近なものに例えるのに，昔は扇子などを使ったらしいけれど，今はピザやケーキを使うことが多いね。

まず，用語をチェックしよう。

円周上に2点A，Bをとる。そのとき，点Aから点Bまでの円周を**弧**といい，弧ABは$\overset{\frown}{AB}$と表す。

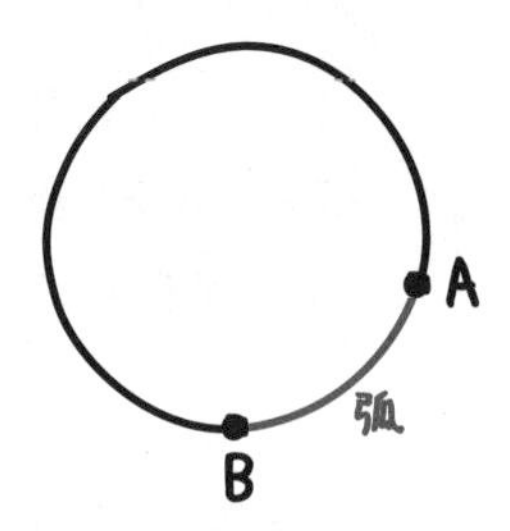

「でも，弧ABって長いほうと，短いほうがありますよね。」

うん。いいところに気がついたね。弧というのは，サクラさんのいう通り2つある。でも，**特に指示がなければ，通常は短いほうを指していると考えていいよ。**

そして，点Aから点Bまでまっすぐにつないだ線分を**弦AB**という。

また，2つの半径と弧で囲まれた図形を**おうぎ形**といい，2つの半径ではさまれている角を**中心角**という。これも覚えておこう。

「ピザみたい。」

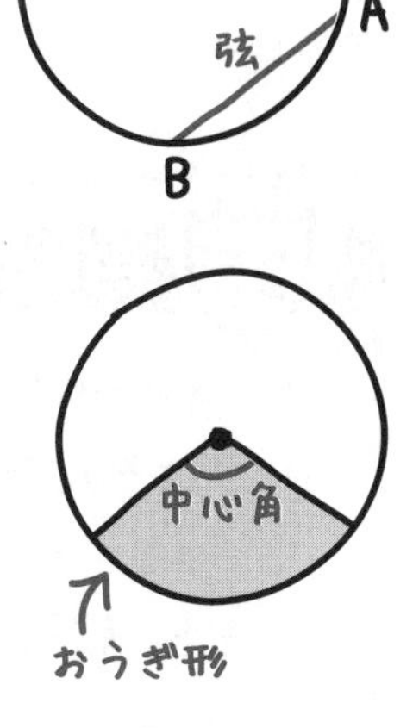

そうだね（笑）。ケーキや韓国料理の “チヂミ” も，このような形のものが多いね。

例題　つまずき度 !!!!!

右の図は円Oの中心のまわりの角を8等分する半径を引いて，正八角形ABCDEFGHを作ったものである。次の2つの長さの関係をかけ。

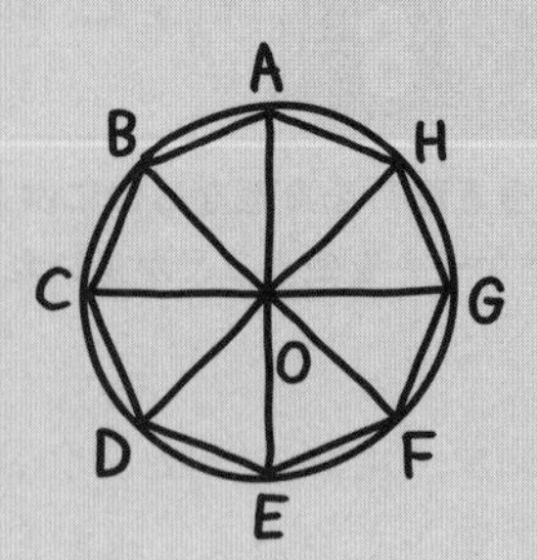

(1)　$\overset{\frown}{AB}$と$\overset{\frown}{BC}$

(2)　弦ABと弦BC

(3)　$\overset{\frown}{AB}$と$\overset{\frown}{CE}$

半径が同じで，中心角も同じなら，弧や弦の長さも同じになるよ。

「それなら簡単です。

解答　(1)　$\overset{\frown}{AB}=\overset{\frown}{BC}$

(2)　$AB=BC$

(3)　$2\overset{\frown}{AB}=\overset{\frown}{CE}$　⇐答え　例題」

そうだね。ちなみに$2\overset{\frown}{AB}=\overset{\frown}{CE}$だけど**2AB＝CEにはならない**からね。弦の長さには気をつけよう。

Point 25　円の中心角と弧・弦

① 半径が等しい円では，**等しい中心角に対する弧，弦の長さはそれぞれ等しい。**

② 半径が等しい円では，**中心角の大きさが2倍，3倍になると，弧の長さも2倍，3倍になる。**（弦の長さは2倍，3倍とはならない。）

つまずき度 !!!!!

➡ 解答は別冊 p.82

右図のように半径が等しい2つの円がある。
弧ABの長さが4のとき，弧CDの長さを求めよ。

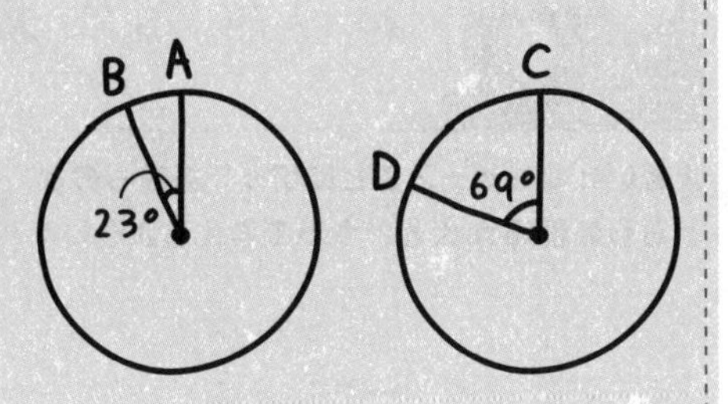

5-9 おうぎ形の弧の長さ，面積

大きいピザをピースごとに切ってあるものと，小さいが円形のままのピザが売っている。どちらの面積が大きいかって考えるようになったら，もう数学のとりこ？

例題 1　つまずき度 !!!!!

半径4，中心角60°のおうぎ形について次の値を求めよ。ただし，円周率はπで表すこと。

(1)　面積

(2)　周の長さ

円の公式は，2-7 で登場したね。

半径をrとすると円周の長さは$2\pi r$，円の面積はπr^2 だった。

円全体は中心角が360°で，今回はそのうちの60°だから，全体の$\frac{60}{360}$ということになる。(1)は，次のようになるよ。

解答

$\pi\times 4^2\times\frac{60}{360}$

$=\pi\times 4\times\overset{2}{\cancel{4}}\times\frac{1}{\underset{3}{\cancel{6}}}$

$=\underline{\underline{\mathbf{\frac{8}{3}\pi}}}$ ⇦ 答え　例題 1 (1)

60°　4

おうぎ形については，次のことが成立するよ。

Point 26 おうぎ形の弧の長さ，面積

おうぎ形の半径をr，中心角をx°とすると

弧の長さは $2\pi r \times \frac{x}{360}$

面積は $\pi r^2 \times \frac{x}{360}$

「じゃ，(2) はこうですね。

$2\pi \times 4 \times \frac{60}{360} = \frac{4}{3}\pi$」

いや。そうじゃない。

「えっ，どうして？」

問題をよく見てごらん。**“周の長さ”って書いてあるよね。ということは弧だけでなく，２つの半径の部分も含むよ。**

「あっ！　そうか！

解答 $2\pi \times 4 \times \frac{60}{360} + 4 \times 2 = \underline{\underline{\frac{4}{3}\pi + 8}}$ ⇐答え 例題 1 (2)

あーっ，気がつかなかった。ダマされた……。」

この**「半径を入れて周の長さを求める」というのは，すごく間違えやすい**。注意しようね。

例題 2 つまずき度 !!!!!

半径8，弧の長さ6πのおうぎ形の中心角を求めよ。

中心角を求めたいから，中心角をx°とおこう。全体の円周の$\frac{x}{360}$が弧の長さ6πになるよ。

「全体の円周は　$2\pi\times8=16\pi$
　ということは16πの$\frac{x}{360}$が6πだから

$$2\pi\times8\times\frac{x}{360}=6\pi$$
$$\pi\times\frac{2x}{45}=6\pi$$

　ここからどうすればいいですか？」

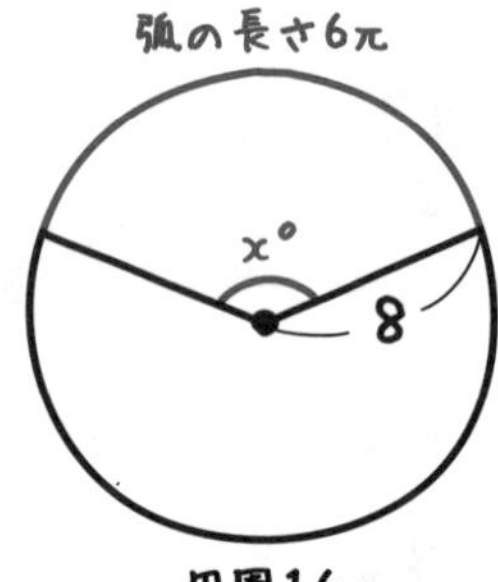

両辺を2やπで割ればいいよ。分数をなくしてしまいたいから，両辺に45を掛けることもできるしね。

「あっ，そうですね。やり直します。

解答 中心角をx°とおくと

$$2\pi\times8\times\frac{x}{360}=6\pi$$
$$\pi\times\frac{2x}{45}=6\pi$$
両辺を2πで割る
$$\frac{x}{45}=3$$
両辺に45を掛ける
$$x=135$$

よって　**135°** ⇐答え **例題 2**」

例題 3　つまずき度 !!!!!

1辺の長さが20cmの正方形の形のケーキを，直径20cmの円形に切りとる。

円形の部分はA，B，C，Dの4人で4等分して食べ，あまった四隅の部分はEが1人で食べることにした。

Eの食べた量はほかの人より多いか，少ないか。

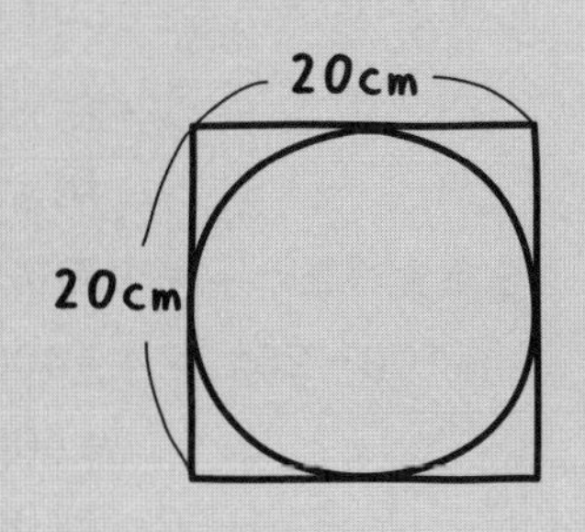

A，B，C，Dの４人が食べたケーキは，右のおうぎ形の部分になるね。面積は？

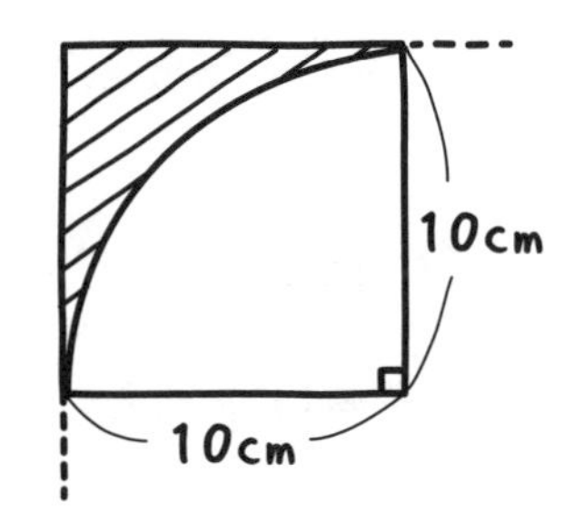

「半径が10で，中心角90°のおうぎ形だから

$$\pi \times 10^2 \times \frac{90}{360} = \mathbf{25\pi}$$

です。」

そうだね。そして，Eが食べたのは，残りの斜線部の4倍だ。ケンタくん，計算できる？

「正方形の面積が，$10^2=100$だから，$100-25\pi$で，その４倍だから

$$(100-25\pi)\times 4 = \mathbf{400-100\pi}$$

です。」

そうだね。でも，**25πと$400-100\pi$だと，どちらが大きいかわからないから，πを3.14に直して計算してみようか。**

中1 5章

解答 A，B，C，Dのそれぞれが食べたケーキの面積は，πを3.14とすると

$$\pi\times10^2\times\frac{90}{360}=25\pi$$
$$=25\times3.14$$
$$=78.5\ (\text{cm}^2)$$

Eが食べたケーキの面積は

$$(100-25\pi)\times4=400-100\pi$$
$$=400-100\times3.14$$
$$=400-314$$
$$=86\ (\text{cm}^2)$$

よって，**Eの食べた量はほかの人より多い。** 

例題 3

「切れはしばかり食べたくないな。
あっ，でも量が多いからこっちのほうがいいのかな？」

CHECK 76 つまずき度 !!!!! ➡ 解答は別冊 p.82

半径6，面積2πのおうぎ形の中心角を求めよ。

CHECK 77 つまずき度 !!!!! ➡ 解答は別冊 p.83

右の図形の斜線部の面積と周の長さを求めよ。

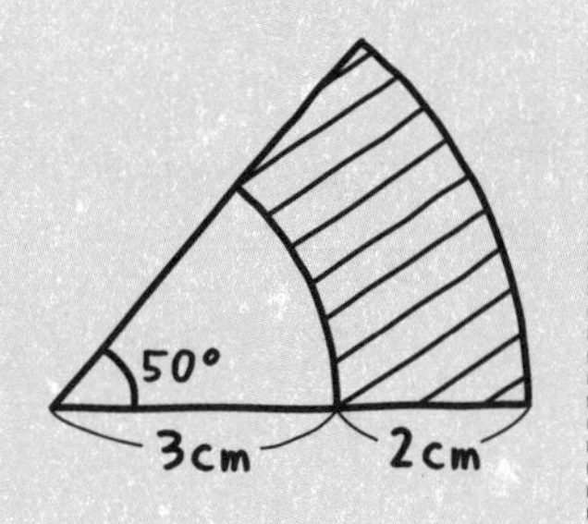

中学1年 6章

空間図形

数直線を思い出してほしい。線上の点を表すときは『“6”のところ』というふうに1つの数で示せるよね。だから，1次元と呼ばれるんだ。
一方，平面上の点なら，2つの数を使わないと表せない。例えば，原点から右に3，上に1進んだところの座標が(3，1)というふうにね。だから平面は2次元というんだ。

「SFアニメで“3次元空間”という言葉を聞いたことがあります。」

うん。空中の点は，前後，左右，上下の3方向で表さなければならないからね。立体は3次元になるよ。ちなみに，“次元”は英語でdimensionというよ。

「3つのdimensionだから3Dというのですね。」

～柱，～錐

角すいや円すいの“すい”は，漢字では錐と書く。木工で使うキリという意味だよ。

～柱

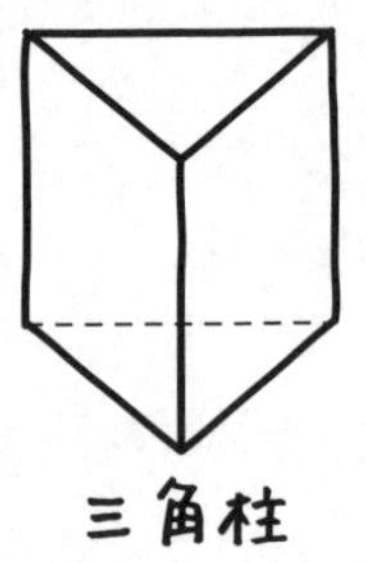
三角柱

右の図のように，底面が三角形で，そのまま上にのびていき，上の面も底面と同じ三角形になっている図形を**三角柱**という。

同様に，底面が四角形で，そのまま上にのびていき，上の面も底面と同じ四角形になっている図形を**四角柱**という。

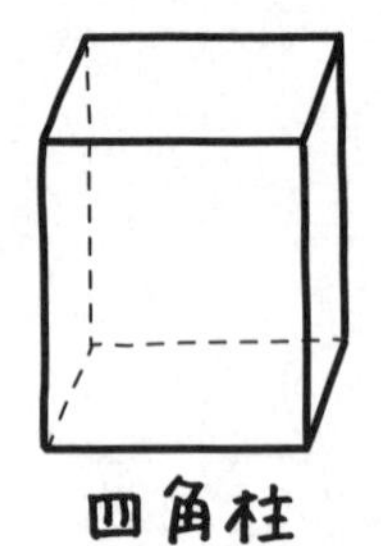
四角柱

ほかにも，五角柱，六角柱，……などたくさんあり，これらをまとめて**角柱**(かくちゅう)というよ。

「私の好きなお菓子の容器は正六角柱の形をしているわ！」

立体にはいろいろな形があるね。

さて，右の図のように，底面が円で，そのまま上にのびていき，上の面も底面と同じ円になっているものもある。このような図形を**円柱**(えんちゅう)という。電柱みたいな図形だ。

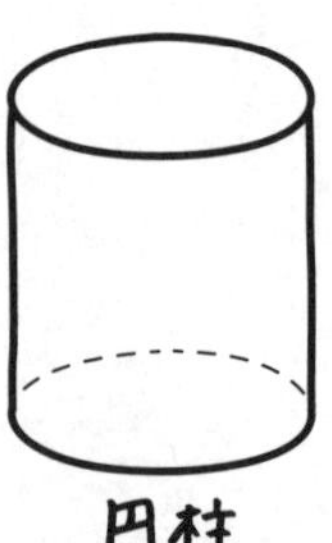

「ポテトチップスの容器といったほうがピンとくる。」

そうだね。また，側面上にあり，**上面と底面を最短になるように結んだ線分を母線**(ぼせん)**という。**円柱では，右の図のような縦の線になるね。くわしくは6-8と6-9で説明するよ。

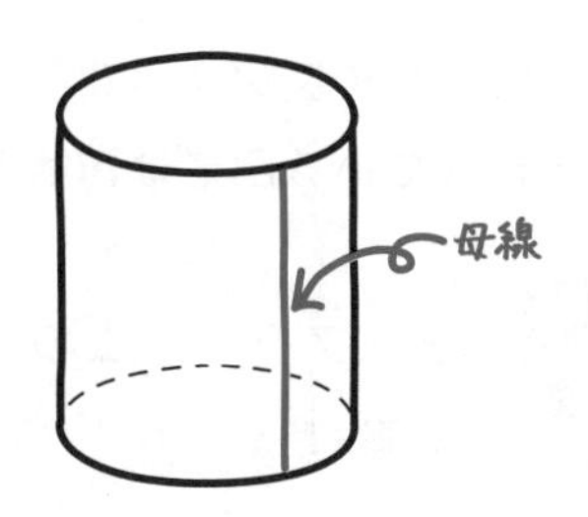

2　～錐(すい)

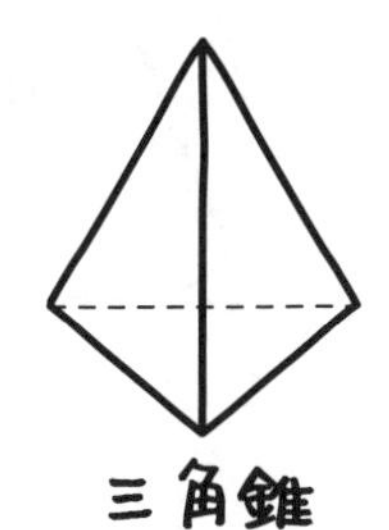

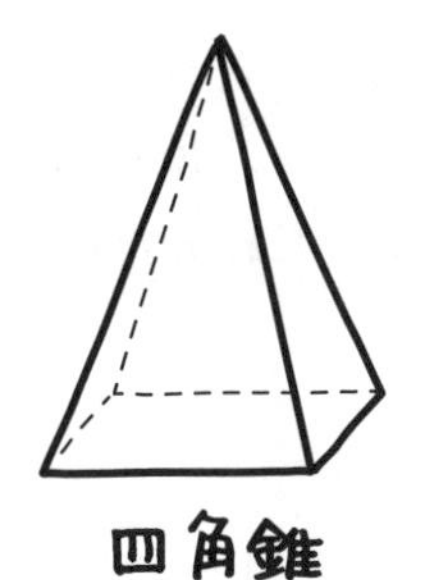

上の図のように，底面が三角形で上がとがっている図形を**三角錐**といい，底面が四角形で上がとがっている図形は**四角錐**というよ。

ほかにも，五角錐，六角錐，……などたくさんあり，これらをまとめて**角錐**(かくすい)というんだ。

特に，底面が正三角形になっていて，側面が合同な二等辺三角形になっているものは**正三角錐**と呼ばれている。

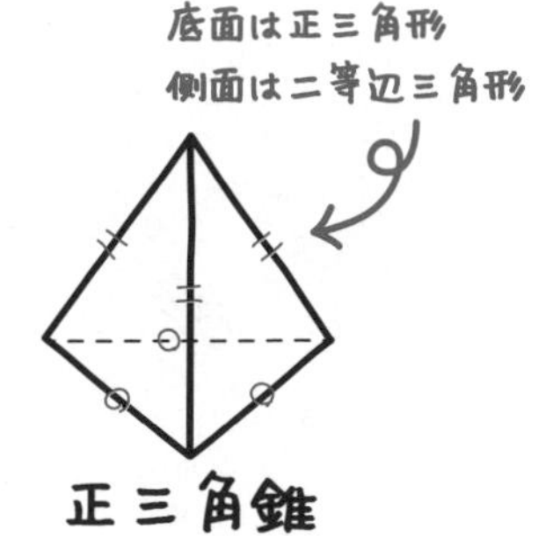

「バランスがとれているということですね。」

そうなんだ。底面が正四角形(正方形)になっているものは**正四角錐**，同様に，正五角錐，正六角錐，……などもあるよ。

一方，右の図のように，底面が円で上がとがっている図形は**円錐**（えんすい）という。

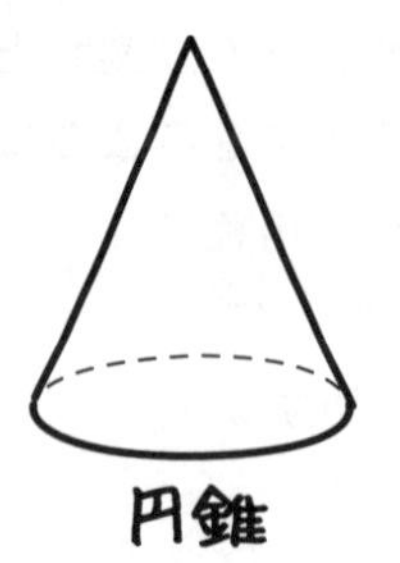

「アイスクリームのコーンの形ですね。」

「パーティーで使うクラッカーもこの形だ。」

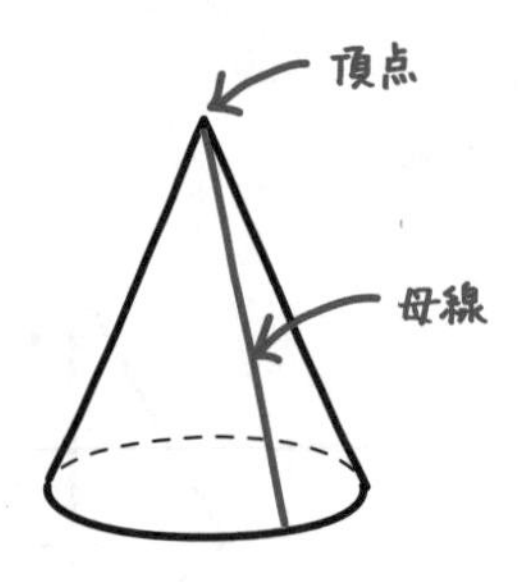

ちなみに，先端のとがった部分を**頂点**という。側面上にあり，頂点と底面を最短になるように結んだ線分が**母線**だ。

6-2 多面体

サイコロの形といえばふつうは立方体(正六面体)だが，正十二面体や正二十面体のものもある。正多面体は，球と並んで最も美しい立体なんだ。

4つの平面で作られている立体を**四面体**，5つの平面で作られている立体を**五面体**，6つの平面で作られている立体を**六面体**，……という。これらをまとめて**多面体**(ためんたい)というんだ。

多面体の中でも，特に

① すべての面が合同な正多角形になっていて，

② すべての頂点に同じ数の面が集まっていて，

“へこみ”のないものを正多面体という。

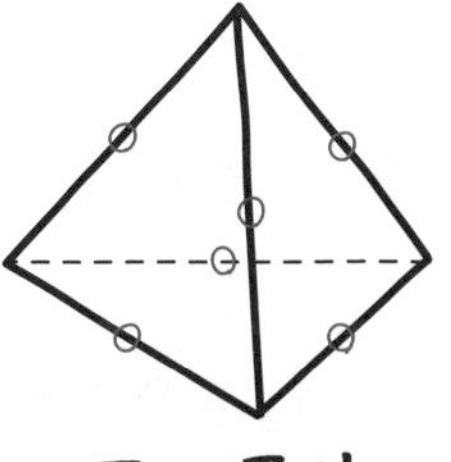

例えば，右の図は**正四面体**だ。

① すべての面が正三角形だね。そして，合同だ。

② すべての頂点に3つの面が集まっている。

しかも，へこんでいるところはないしね。

「正三角錐と正四面体は同じですよね。」

いや，違うよ。**“正三角錐”は，底面が正三角形で，側面が二等辺三角形になっているもの**をいうよ。それに対して，**“正四面体”は，底面と側面，4つの面がすべて正三角形になっている**んだ。

さて，ほかには**正六面体**が有名かな。

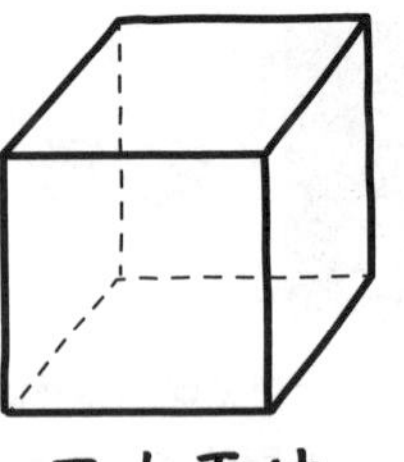

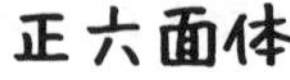

「これは“立方体”でいいですよね。」

そうだね。ほかにも，以下の3つがあるから，合わせて正多面体は5つだ。

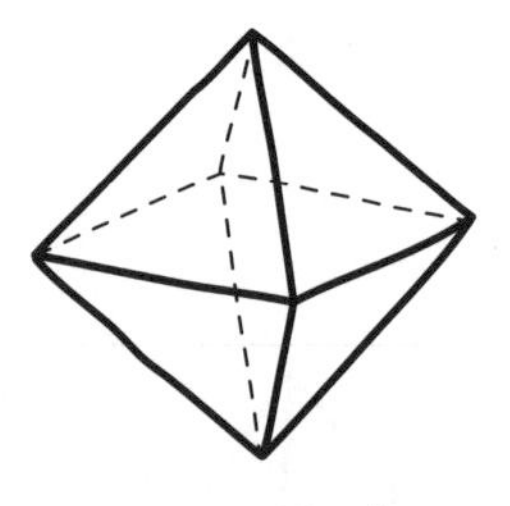

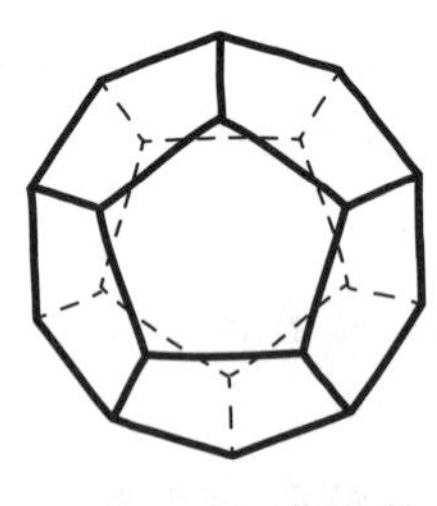

正十二面体

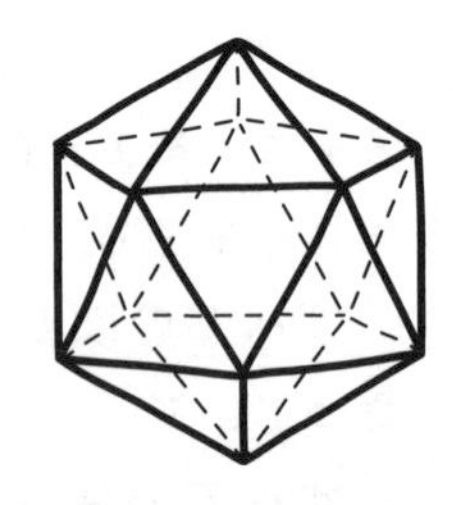

正二十面体

正八面体は正三角形が8個，正十二面体は正五角形が12個，正二十面体は正三角形が20個で構成されているよ。

✓CHECK 78　つまずき度 !!!!!　➡ 解答は別冊 p.83

次の立体の面，頂点，辺の数を求めよ。

(1)　正四面体　　(2)　正六面体　　(3)　正八面体

数学 お役立ち話 13

サッカーボールの形は？

「サッカーボールって，正多面体のような感じがするわ。」

「あっ，それは違うよ。白と黒の面でできたボールが多いけれど，黒の面は五角形で，白の面は六角形だもん。黒の面は12個，白の面は20個あったよ。」

そうだね。正多面体じゃないね。ボールは丸いし。でも，あのデザインは正二十面体から作ったものなんだ。

正二十面体は，1つの頂点に辺が5つ集まっているよね。頂点から，辺の長さの$\frac{1}{3}$のところに印をつけるんだ。もちろん，5つすべての辺にだよ。そして，その5つの点をすべて通るような平面で切る。そうすると，切り口は正五角形になるね。これを，すべての頂点でやれば，サッカーボールの形になるんだ。

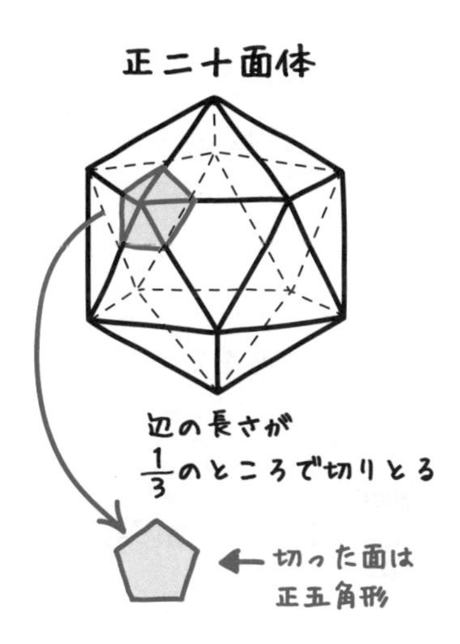

「なぜ，白と黒のデザインなんですか？」

昔は1色だったんだけど，世界で白黒テレビの中継が始まったとき，“ボールが見やすいように”という理由などでそうなったんだ。今は，技術が進んでボールの形も変わったね。より球に近くなったんだって。

空間にある平面

空中にある平面について考えていこう。“果てしなく続く魔法のじゅうたん”をイメージすればわかりやすい？

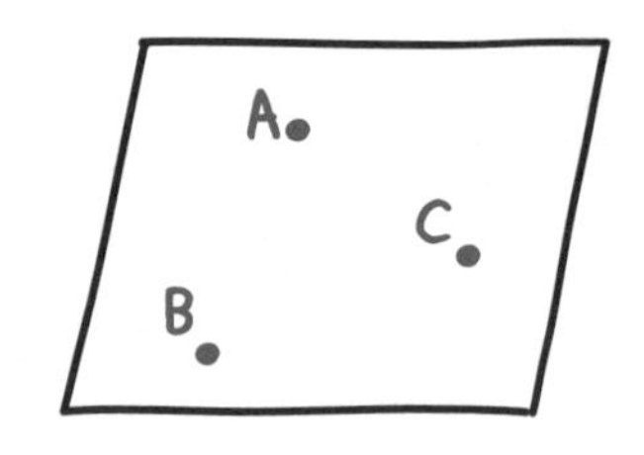

空中に点が3つあると想像してみよう。あっ，その3つの点は同じ直線上にないとするよ。すると，**その3点を含む平面はたった1つしかないはずだ**。つまり，**“含む3点”(一直線上にないもの)が決まれば，平面が決まる**ということだ。

「これって点は3つのときだけ？　2つじゃダメですか？」

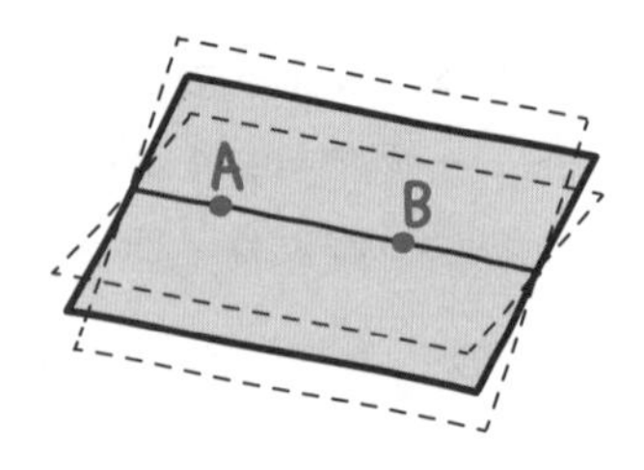

空中に浮いている2つの点を想像すればいいよ。その2点を含む平面はたくさんできるんじゃないの？

下じきを平面と考えてごらん。空中の2点が下じき上にあるとすると，右のように下じきの角度を変えれば違う平面になるでしょ。

「あっ，本当だ。」

でも，点が3つあれば平面は1つに決まる。3つめの点を考えれば，下じきの角度も決まるからね。

また，点が4つの場合，その4つの点がたまたま同じ平面上にあればいいんだけど，空中のバラバラの場所にあったら，1つの点が宙に浮いてしまって，4点を含む平面がないということになってしまう。右のような感じにね。だから，平面は3点で決まるんだ。

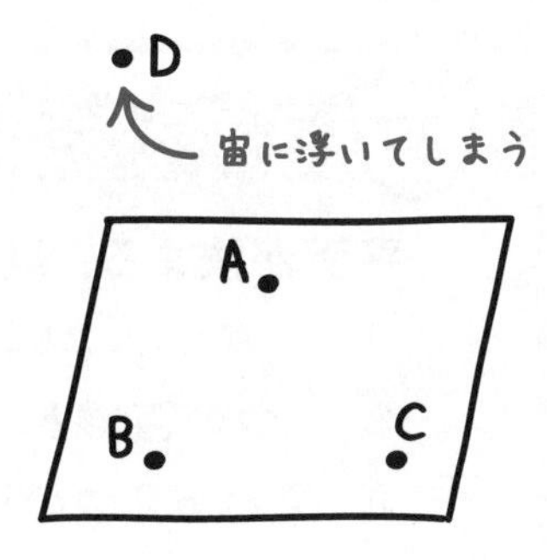

ところで，3点A，B，Cを含む平面のことを“平面ABC”というよ。“三角形ABC”は，3点A，B，Cを含む三角形の内側の部分だけだけど，“平面ABC”は，3点A，B，Cを含み，果てしなく広がる部分までぜんぶとなるよ。

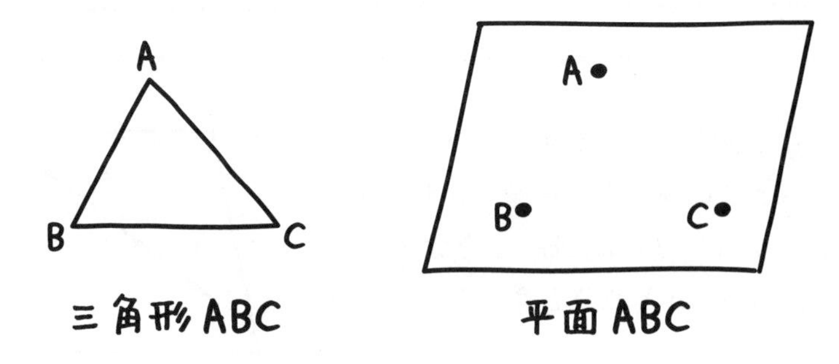

平面が1つに決まる条件は，3点が決まっている以外にもあるから，次のページにまとめておくよ。ぜんぶで4つあるぞ。

平面が決定する4つの条件

平面が決まる，以下の4つの条件を覚えておこう！

① （一直線上にない）**3点**を含む。

② **1つの直線と**，（その直線上にない）**1つの点**を含む。

③ **交わる2つの直線**を含む。

④ **平行な2つの直線**を含む。

②
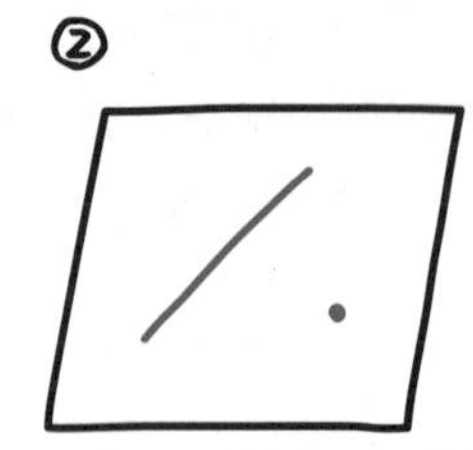
③

④

①は，もう説明してきたからいいね。

②は，①とほぼ同じだ。直線は2点が決まればかけるので，3点A，B，Cを含むということは，直線ABと点Cを含むということと同じでしょ。

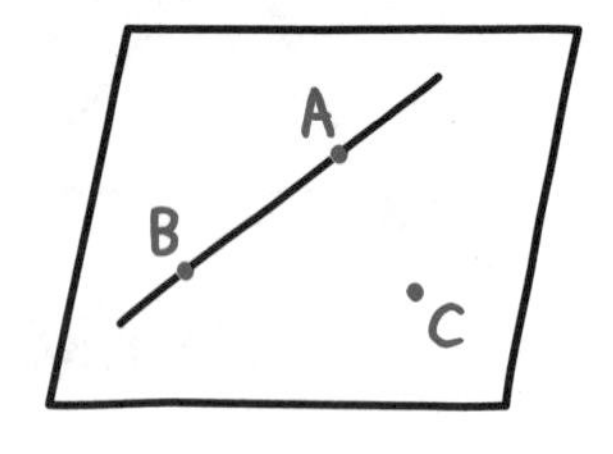

「あ，そういうことか！」

③も，2つの直線の交点をAと考えて，一方の直線上に点B，もう一方の直線上に点Cがあると考えると，①と同じだ。

「④は，どうやって考えればいいですか？」

④は，2本の鉛筆と1枚の下じきで考えてみるといいよ。1本の鉛筆を机の上に寝かせて，もう1本を立てると，その2本は1枚の下じきにはのせられない（くっつけられない）だろう？

「2本ともバラバラだからできませんよ。」

だけど，2本とも机に垂直に立てたり，2本とも机と30°になるようにしたりして平行になるようにすると，下じきにのせられる（くっつけられる）はずだ。

「確かに，平行なら1つの平面になる。」

こうして下じきを使って空間的に考えると，わかりやすくなるよ。

つまずき度 !!!!!

➡ 解答は別冊 p.83

右図の直方体で，(1)～(7)は
① 平面がただ1つ決まる
② 平面はあるが1つではない
③ 平面が存在しない
のいずれであるか答えよ。

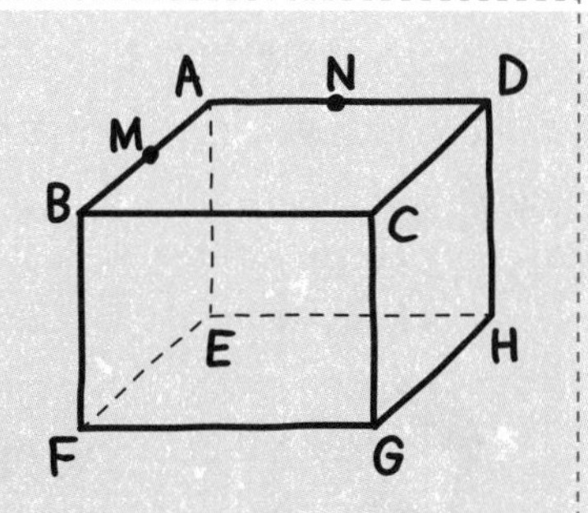

(1) 3点A，B，Gを含む平面
(2) 3点A，N，Dを含む平面
(3) 辺ABと点Mを含む平面
(4) 辺EFと点Cを含む平面
(5) 辺CDと辺GHを含む平面
(6) 辺BCと線分EGを含む平面
(7) 線分BGと線分CFを含む平面

カメラは，なぜ三脚？

写真をとるときに，カメラマンが三脚にカメラをのせているのを見たことがないかい？

「あります。」

三脚の脚が3つなのは，3点で平面が決まるからなんだ。いつでも平らなところで撮影をするわけじゃないでしょ？　脚をのばしたり縮めたりしてその足場に合った平面を作ることで，安定してカメラをのせられるんだ。

「そんなところにも数学の知識が隠れているんですね。」

三脚は天体望遠鏡などをのせるときにも用いられる。実験器具にも三脚を使ったものがあるよ。ビーカーを熱するときには，三脚の上にのせて，その下からガスバーナーで熱するでしょ。

安定させたかったら三脚にのせるというのは昔からの知恵なんだね。探せばみんなの身のまわりにも三脚があるかもしれないよ。

2直線の関係

地面に広げた巨大な紙の上に2つの直線をかくと，平行になるか，交わるかのどちらかだ。でも，もし，空中に直線がかけるなら？

空中に2本の直線があると想像してみよう。2直線の関係として考えられるものは，**“平行”**と**“交わる”**と**“ねじれの位置”**の3つだ。

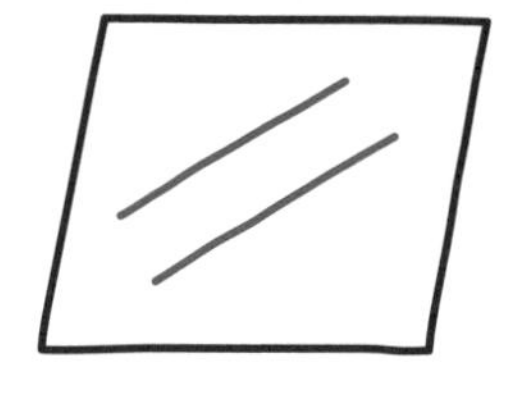

交わる　　ねじれの位置

「ねじれの位置って？」

ねじれの位置は，平行でもなく交わりもしない。空中で交差しているものだ。高速道路の立体交差のような状態だよ。

6-3 でもいったけど，2直線が平行だったり，交わっていたりすれば，それを含む平面があるね。しかし，“ねじれの位置”の2直線を含む平面はない。**“ねじれの位置”なら，同じ平面上にはないといえる。**

例題　つまずき度 ❗

右図の三角柱に関して，以下にあてはまるものをすべて答えよ。

(1)　ABと平行な辺

(2)　ABと交わる辺

(3)　ABとねじれの位置にある辺

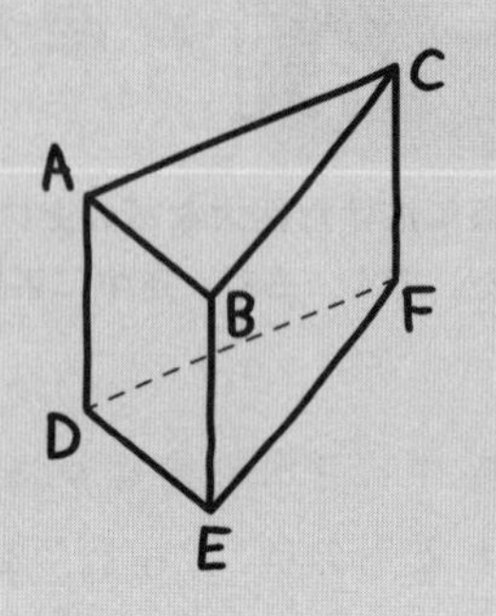

サクラさん，イッキに解いてしまおう。

「**解答**　(1)　**辺DE**

(2)　**辺AC，辺AD，辺BC，辺BE**

(3)　**辺CF，辺DF，辺EF**

」

よくできました。

CHECK 80　つまずき度 ❗　➡ 解答は別冊 p.83

右の図形に関して，以下にあてはまるものをすべて答えよ。ただし，あてはまるものがないときは，ないと答えよ。

(1)　ABと平行な辺

(2)　ABと交わる辺

(3)　ABとねじれの位置にある辺

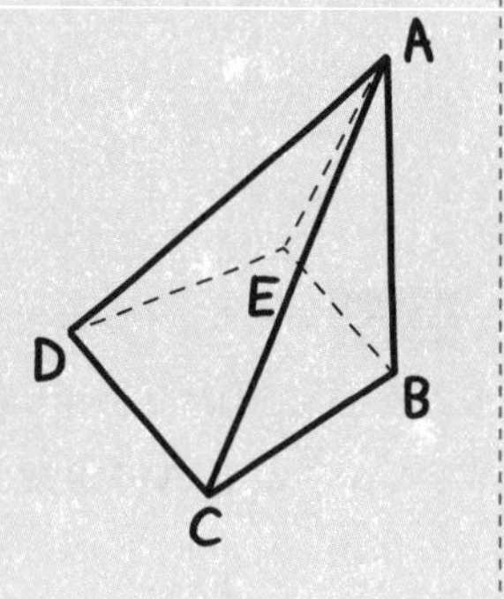

平面と直線の関係

平面と直線の関係を実感できるように，紙と鉛筆を用意して，読んでいこう。

平面と直線の位置関係として考えられるものは，**“平行”**，**“交わる”**，**“含まれる（直線は平面上にある）”**の３通りだ。

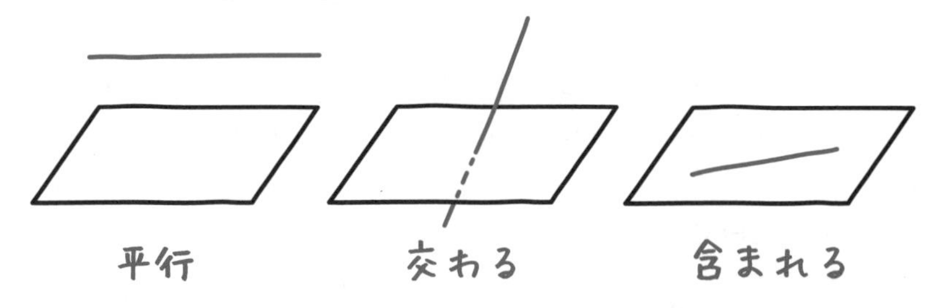

例題 1 つまずき度 !!!!!

AB⊥BCである右の三角柱に関して，以下にあてはまるものをすべて答えよ。

(1) ABと平行な平面
(2) ABと交わる平面
(3) ABを含む平面
(4) ABと垂直な平面

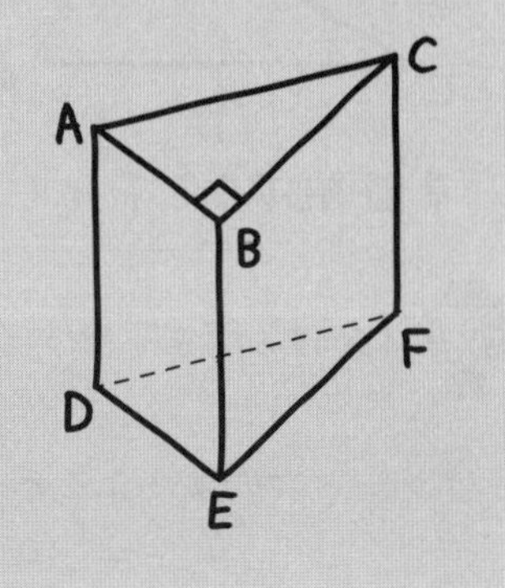

与えられた三角柱は，平面ABC，平面DEF，平面ABED，平面BEFC，平面ADFCの５つの平面で構成されている。この５つの平面を使って答えよう。

(1)は直線と平行な平面を考えるよ。交わらないし，含まれなければ平行と考えていいよ。ケンタくん，解いてみよう。

「解答 **平面DEF** ⇦答え 例題1 (1)」

よくできました。(2)から(4)まではイッキにやっちゃおう。

「解答 (2) **平面ADFC，平面BEFC**

(3) **平面ABC，平面ABED**

(4) **平面BEFC**

⇦答え 例題1 (2)〜(4)」

正解！ (4)は“垂直”も“交わる”の一種だから，(2)の答えの2つの平面を考えればいいよ。三角柱を，平面ADFCを下にすると辺ABは傾くけど，平面BEFCを下にすると辺ABは垂直になるね。だから辺ABと垂直なのは平面BEFCだ。

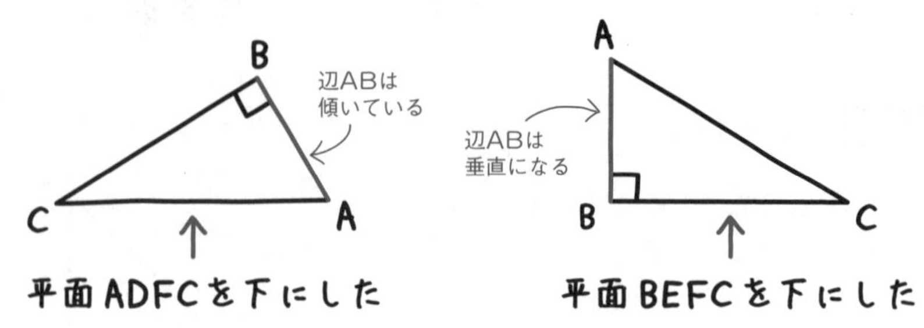

「交わる面を下にすると，垂直かどうかわかりやすいですね。」

ほかに，次のようなことも覚えてほしい。

Point 28 直線と平面の垂直

直線 ℓ と平面の交点を通るように，平面上に平行でない2直線 a，b をとると

直線 ℓ ⊥平面 ⇔ 直線 ℓ ⊥直線 a，かつ，直線 ℓ ⊥直線 b

⇔は「左から右，右から左，どちらも成り立つ」という意味だよ。

まず，左から右が成り立つのは当たり前だ。直線 ℓ は平面全体と垂直だから，平面の“一部分”である直線 a，b と垂直になる。

「右から左は，どうして成り立つのですか？」

実際に調べてみよう。

まず，机の上に紙を置いて直線をかく。そして，その直線に垂直に交わるようにペンを立ててみよう。紙に対して斜めに立てても，直線に垂直になるよね。

しかし，直線を２本かいて，両方に垂直に交わるようにペンを立てると，紙に対して垂直に立てるしかないんだ。

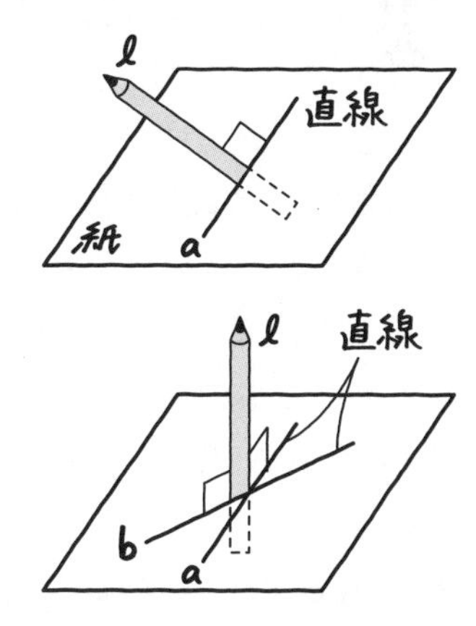

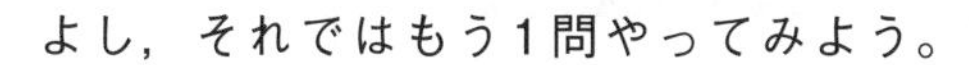

よし，それではもう1問やってみよう。

例題 2　つまずき度 !!!!!

右のような直方体から三角柱を切りとった立体について，次の問いに答えよ。

(1)　平面EFGHと平行な辺を答えよ。

(2)　平面BCGFと交わる直線を答えよ。

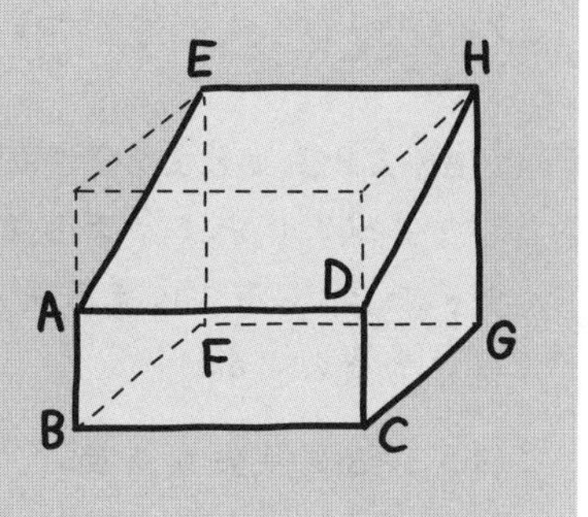

「(1) はもう簡単です！　慣れました。

解答 **辺AB，辺BC，辺CD，辺DA** ⇦答え　例題２ (1)」

よくできました。続いて(2)はどうだい？

「辺AB，辺DC，辺EF，辺HGですか？」

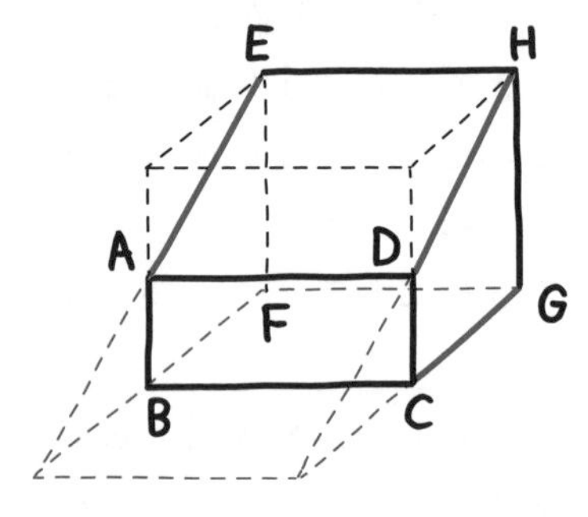

残念。それだけだと不正解。

問題に「“直線”を答えよ」とあるだろう。直線というのは限りなくのびているものだし，平面というのは限りなく広がっているものと考えるんだ。だから直線EAも直線HDも平面BCGFと交わるんだ。

解答 **直線AB，直線DC，直線EF，**
直線HG，直線EA，直線HD ⇦答え　例題２ (2)

「これからは“直線”といわれたら，『ずっとのびている』と考えるようにします。」

☑CHECK 81

つまずき度 ！

➡ 解答は別冊 p.83

AB⊥BE，AB⊥BCである右の図形に関して，以下にあてはまるものをすべて答えよ。ただし，あてはまるものがないときは，ないと答えよ。

(1)　ABと平行な平面

(2)　ABと交わる平面

(3)　ABを含む平面

(4)　ABと垂直な平面

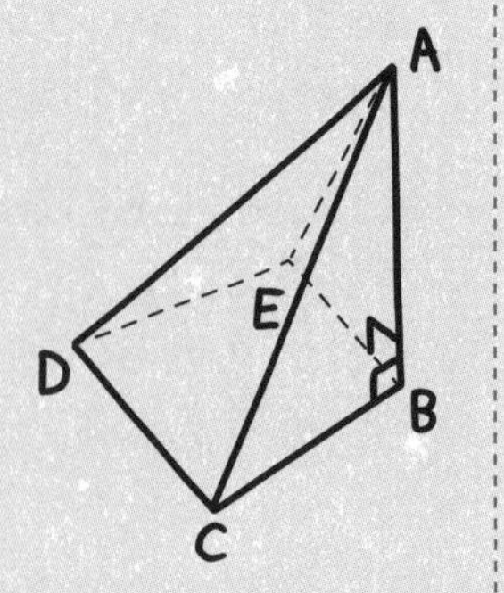

6-6 2平面の関係

“斜面が20°の坂道”と聞いたら，「わっ！　急な坂だ。」と思うよね。でも，坂道のどこの角度のことをいっているのか，わかっている？

２平面の位置関係として考えられるものは，次の２つだけだ。

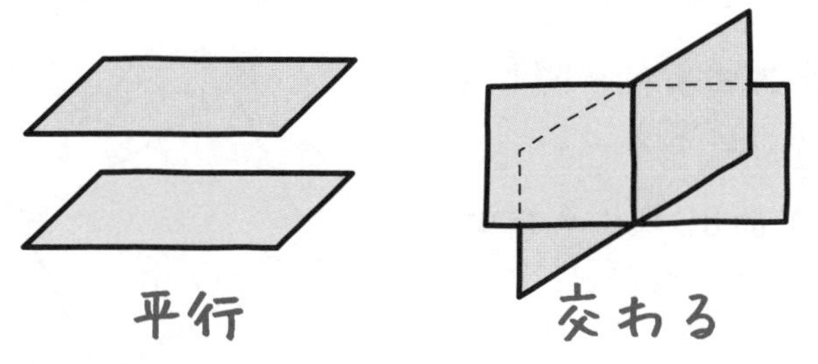

“交わる”について，ちょっと話をしよう。平面どうしが交わると，交わった部分は直線になる。交点でなく**交線**(こうせん)だ。

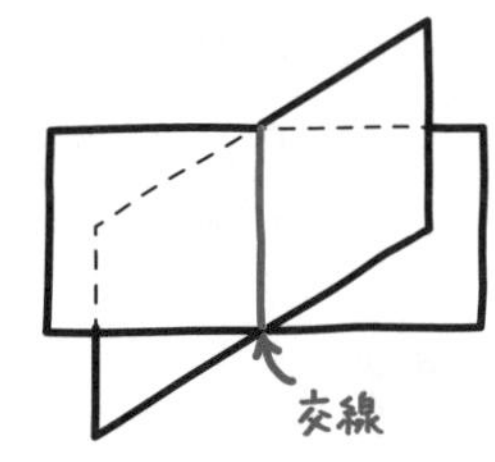

そして，2平面で作られる角を求めるには，まず，一方の平面上に点をとり，交線に向けて垂線を下ろす。さらに，もう一方の平面上に点をとり，交線に垂線を下ろす。

「平面のどこに点をとってもいいのですか？」

うん。いいよ。でも，２つの垂線の足（垂線と交線の交点）が同じところになるようにとってほしい。

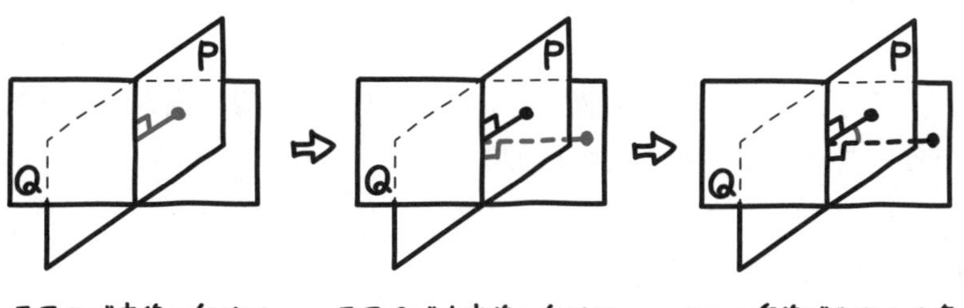

平面Pで交線に向けて垂線を下ろす　平面Qでも交線に向けて垂線を下ろす　2つの垂線で作られる角が2つの平面で作られる角

その２つの垂線で作られる角が，２平面で作られる角になるんだ。

「垂線にしなきゃダメなんですね。」

そうだよ。斜めの線にしちゃダメだ。

例題　つまずき度 !!!!!

右の正三角柱に関して，次の問いに答えよ。

(1)　平面BDFに平行な平面はどれか。

(2)　平面ABDCと平面CDFEで作られる角の大きさを求めよ。

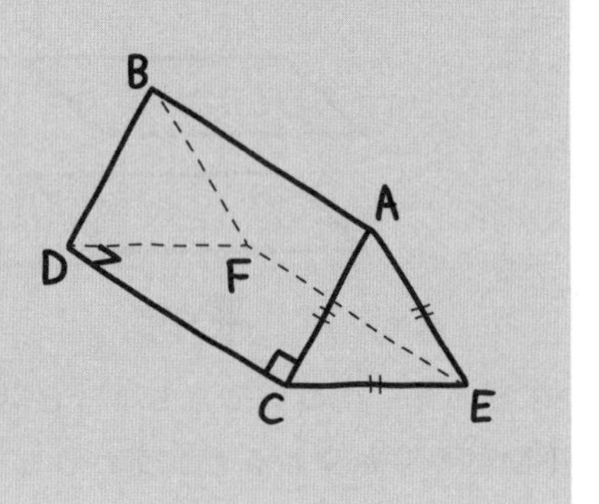

「(1) は簡単ですね！

解答　**平面ACE**　⇦答え　例題　(1)」

よくできました。(2)は，２平面で作られる角を求める問題だ。まず平面ABDCと平面CDFEの交線はどれかな？

「交線は辺CDですね。」

うん，そうだ。続いて，斜面ABDC上の点から交線に向かって垂線を下ろそう。これって，もう図中にあるよね。

「あっ，辺ACですか？」

そうだね。辺ACと辺BDの2つだ。

「えっ，辺CDへの垂線が辺ACと辺BDなの？」

図を立体的に見ているからわかりにくいかな？　平面ABDCを正面から見れば長方形だね。問題の図にも垂直の印がついてるし。

「あっ，本当だ。わかりました。」

垂線を考えるときは，一度，平面的に見るとわかりやすいかもね。

今度は，平面CDFE上の点から交線に向かって垂線を下ろそう。ケンタくん，この線は？

「辺ECと辺FDです。」

その通り。求める角は，辺ACと辺ECの間の角，もしくは辺BDと辺FDの間の角のことだ。つまり，∠ACEか∠BDFといえるね。

角度はわかる？

「△ACEも△BDFも正三角形だから，∠ACE＝∠BDF＝60°です。

(2)」

✓CHECK 82　つまずき度 !!!!!　➡ 解答は別冊 p.83

右の立体の，底面の半円と斜面の半円の作る角を求めよ。

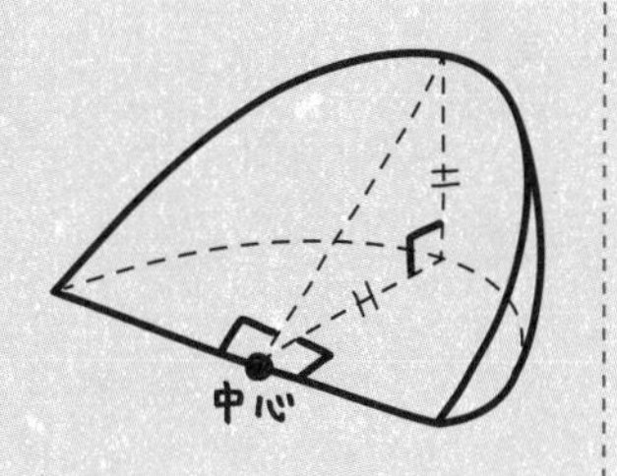

平面との距離

数学 お役立ち話⑪で，“点と直線の距離”や，“平行な2つの直線の距離”について説明したけれど，平面に関しても同じ考えかたでいいよ。

“点と平面の距離”なら，点から，平面に垂線を下ろしたときの垂線の長さのことだ。

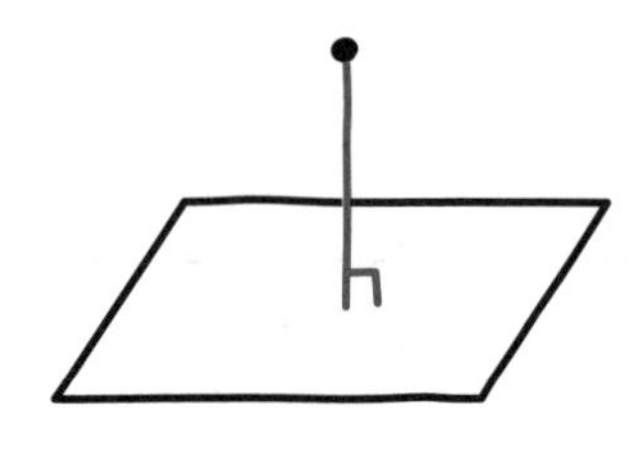

“平行な直線と平面の距離”なら，直線上のどこでもいいから点をとり，もう一方の平面に垂線を下ろしたときの垂線の長さになる。

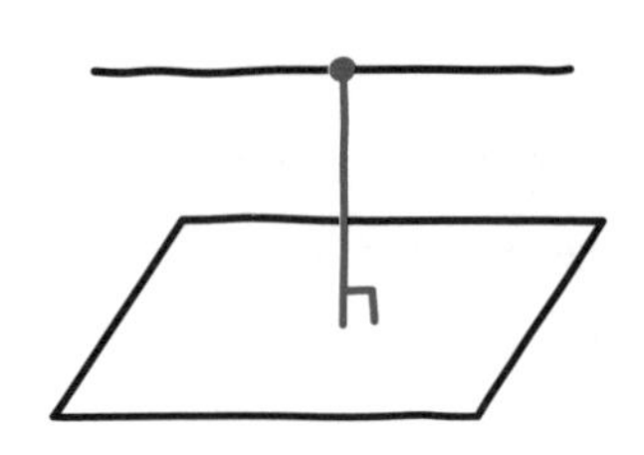

“平行な2つの平面の距離”は，一方の平面上に点をとり，もう一方の平面に垂線を下ろしたときの垂線の長さだ。

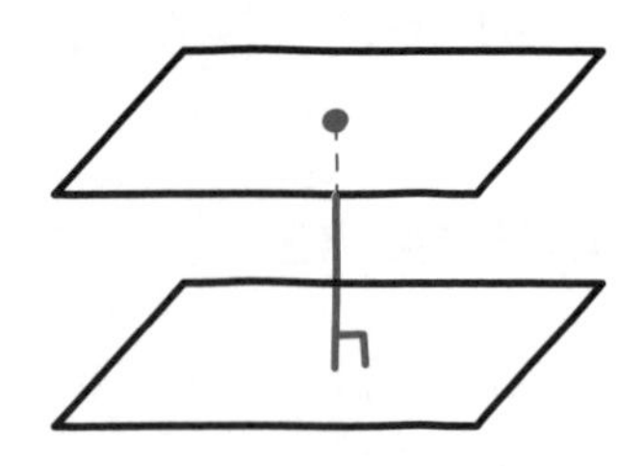

6-7 投影図

物事を1つの面だけで見ないで，異なる面から見ることは重要だ。図形も同じで２つの面から見るといいんだよ。

今まで図形を立体的にかいてきた。これを**見取図**（みとりず）という。ほかに，正面から見た図と，真上から見た図の２つをかいても，立体を表すことができるんだよ。

「どういうことですか？」

例えば四角錐なら，正面から見たら三角形，真上から見たら四角形になるでしょ？　このように，立体をある方向から見て平面に表した図を**投影図**（とうえいず）というよ。また，正面から見た図を**立面図**（りつめんず），真上から見た図を**平面図**（へいめんず）という。

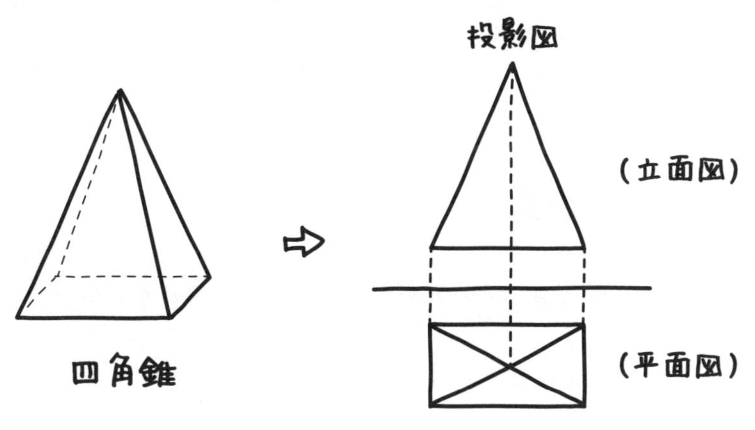

「確かに正面と真上から見れば，どんな形かわかるわ。」

投影図から「どんな立体か」を判断したり，立体から投影図をかいたりできるようになろうね。

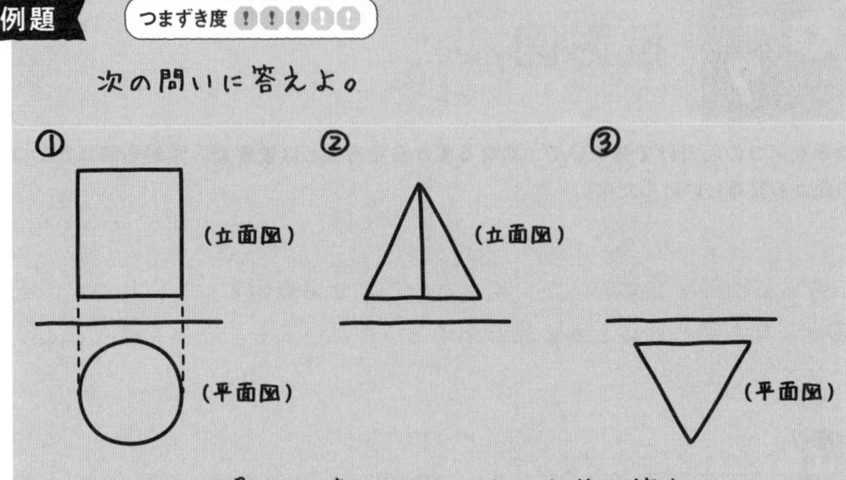

(1)　①の投影図で表された立体の名前を答えよ。

(2)　②は正四角錐を正面から見た図(立面図)である。真上から見た図(平面図)を，正面から見た図とあわせてかけ。

(3)　③は正三角柱を真上から見た図(平面図)である。正面から見た図(立面図)を，真上から見た図とあわせてかけ。

まずは(1)だ。正面から見たら長方形，真上から見たら円だから

解答　**円柱**　⇦答え　例題 (1)

「これはわかりました。投影図にすると簡単な図ですね。」

続いて(2)だ。正四角錐ということは，底面が正方形で，とがっていて頂点があるということだよね。ケンタくん，できるかな？

「右にかきました。こんな感じですか？」

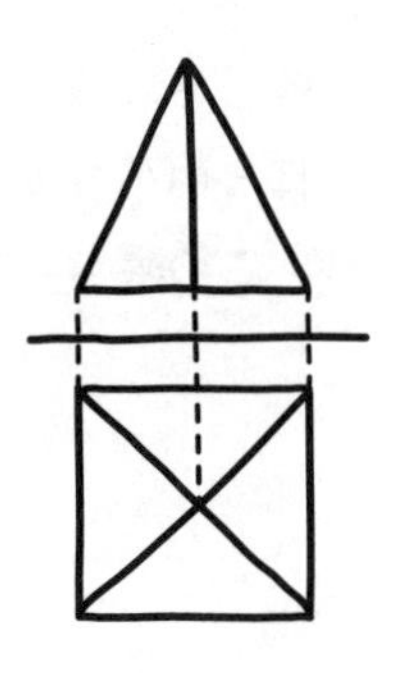

うーん，残念。正四角錐ということはピラミッドの形だよね。4本の斜めの柱があり，そのうちの1本が正面の真ん中にあるということは，上から見ると下の図のようになるよ。

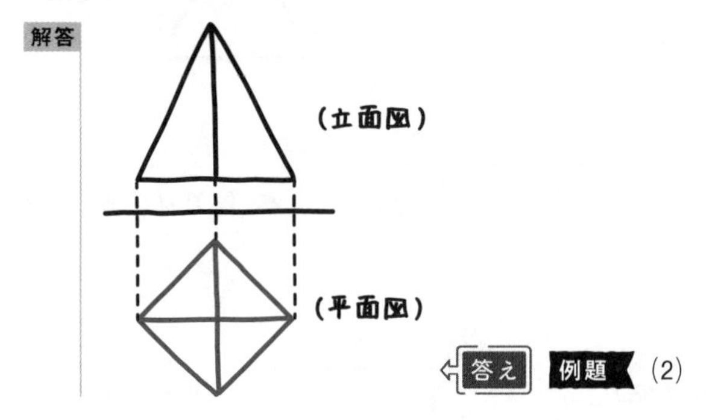

それをふまえて，(3)を，サクラさん，やってみよう。

「正三角柱だから，真上から見たら正三角形になって，正面から見たら長方形ですね。問題文の真上から見た三角形(平面図)を見ると，柱の1本が正面の真ん中にあるから，正面から見ると，こうですか？

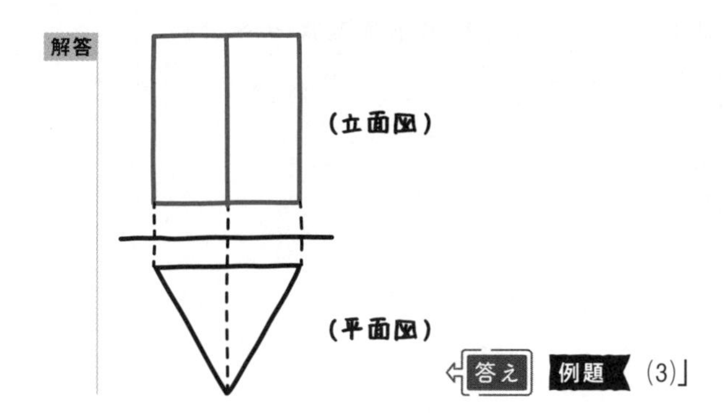

正解。ちなみに，平面図の三角形が逆向きなら，真ん中の柱が奥になって正面から見えないよね。この場合，立面図に-----をかいて表すよ。

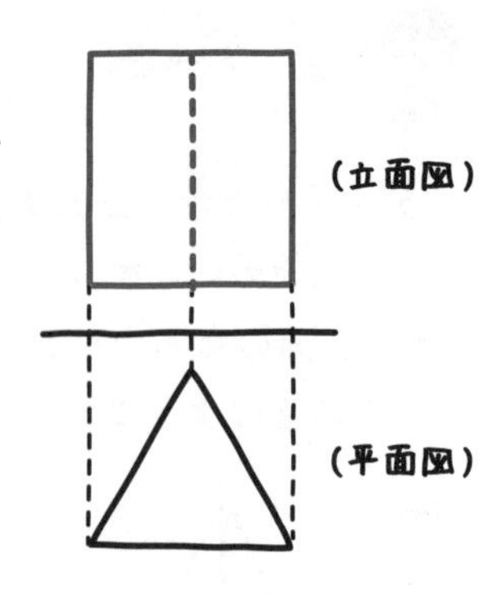

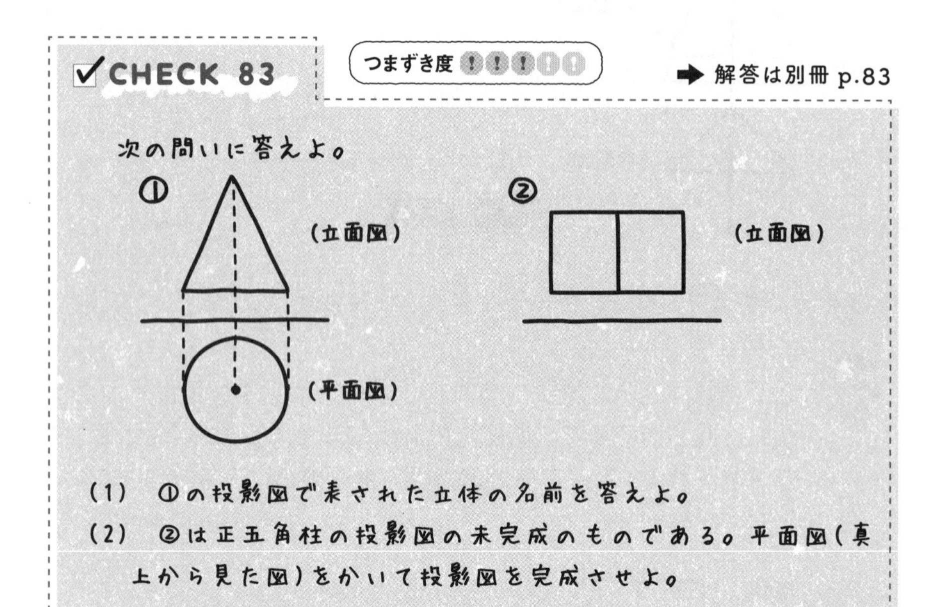

6-8 平行に動かしてできる立体

薄いクレープでも，何十枚も重ねると立体になる。そんな話をしよう。

正五角形を少しずつ上へと平行に移動してみよう。右のような正五角柱になるね。

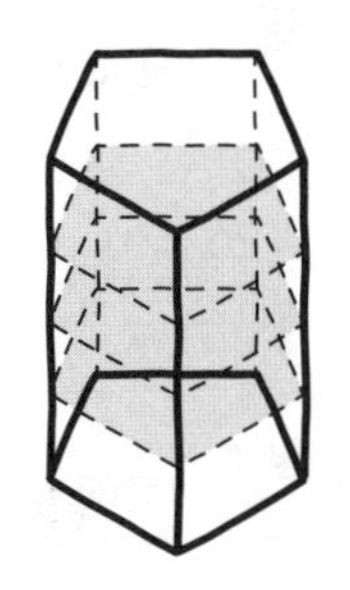

「平面にある図形が，積み重なって立体になるイメージですね。」

そういうことだ。では，問題を解いてみよう。

例題　つまずき度 !!!!!

右の立体は，どんな図形をどのように移動したときにできるか。

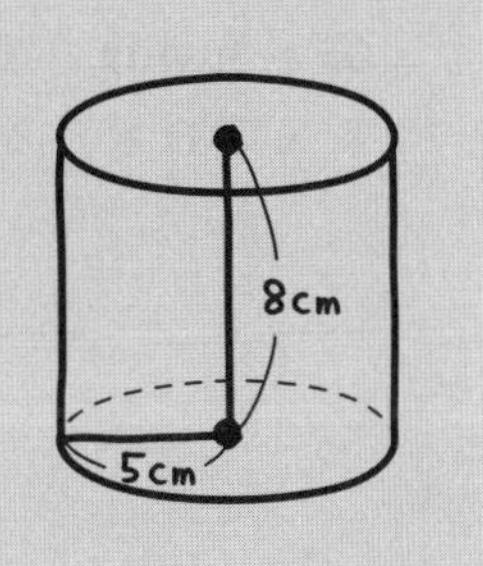

解答　**半径５cmの円を，その面に垂直な方向に８cmだけ平行に移動したときにできる。** ⇐答え　例題

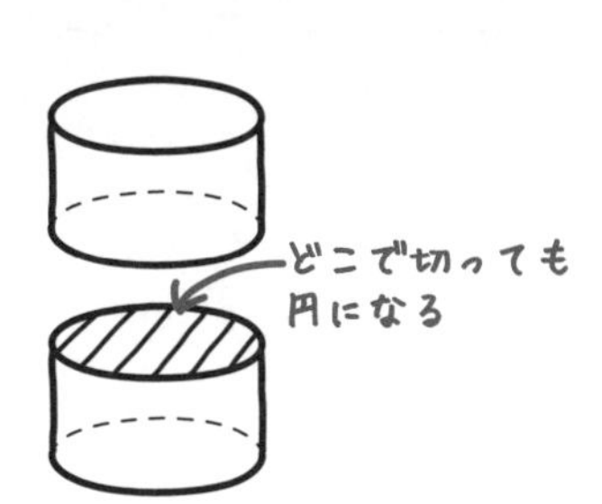

ちなみに，底面に平行な平面で切れば，どこで切っても同じ図形になるよ。

「巻きずしのような状態ですね。」

ほかの動かし方も紹介しよう。平面に垂直な線分ABがあり，点Bのほうで平面と交わっているとする。線分ABを平行に移動させて点Bが正五角形をかくように動かすと，線分ABが動いた部分が正五角柱の側面になる。

「円をかくように動かせば，円柱になりますね。」

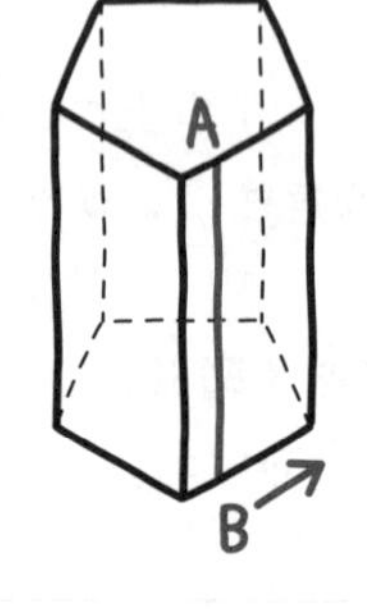

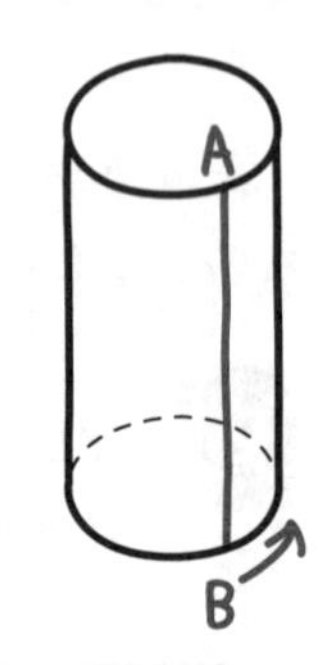

その通り。この線分ABを**母線**というよ。

✓CHECK 84

つまずき度 !

➡ 解答は別冊 p.83

右の立体は，どんな図形をどのように移動したときにできるか。

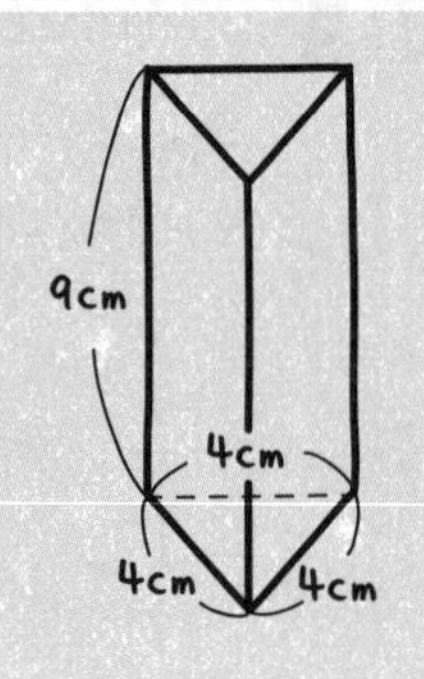

6-9 回転してできる立体

陶芸で“ろくろ”を回すように，図形をくるくる回転させたらどんな立体になるだろう？想像力の豊かさが勝負だ！

例題 1 つまずき度 !

次の図形を軸のまわりに回転させてできる立体の見取図をかけ。

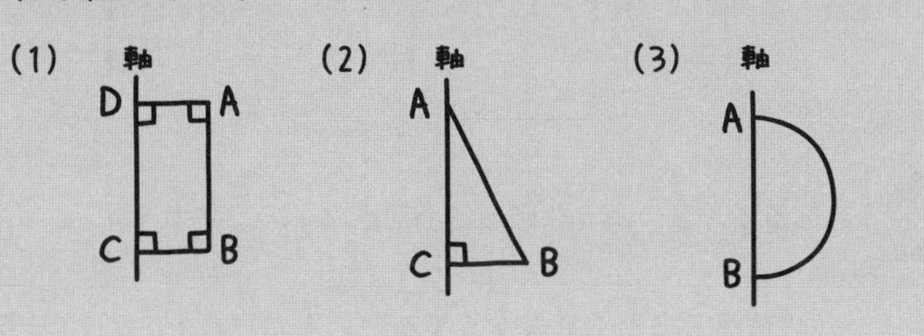

このように1つの直線を軸にして，図形を回転させてできる立体を**回転体**（かいてんたい）というよ。そして，この軸を**回転の軸**（じく）という。サクラさん，(1)〜(3)を解いてみて。

「(1) は円柱，(2) は円錐，(3) は球です。

解答

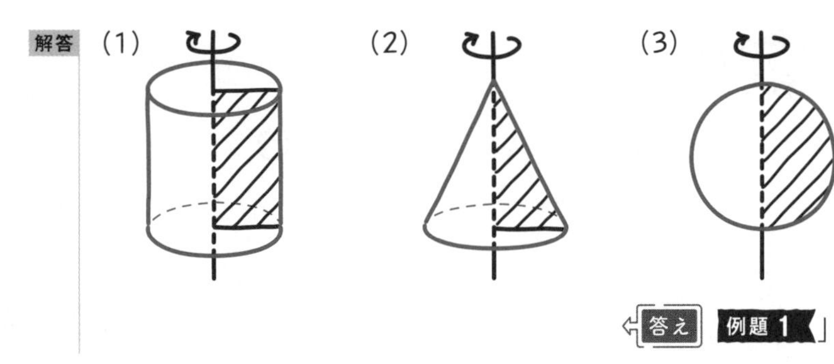

答え 例題 1」

正解！　簡単だったかな。ちなみに，⑴⑵の線分ABが動いた部分は，それぞれ円柱，円錐の側面になるね。これは**6-1**で出てきた**母線**だ。

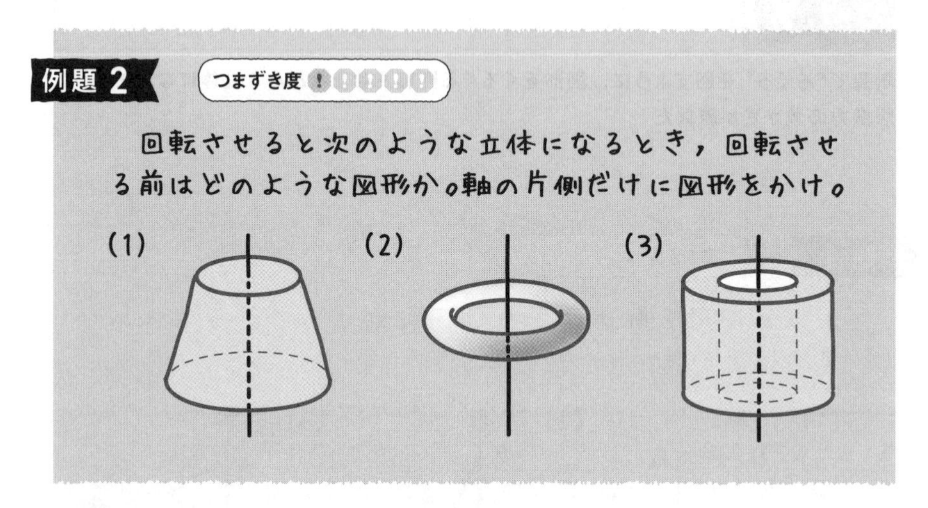

「ところで，このような図形に名前があるのですか？」

まぁ，今の時点で名前を覚えなくてもいいんだけど……，⑴の円錐を水平に切ったような形は**円錐台**と呼ばれている。

「(2) はドーナツの形だし，(3) はバウムクーヘン？」

⑶は，真ん中の部分が空洞になっていることから，**中空の回転体**というよ。さあ，本題にいこう。ケンタくん，答えはわかる？

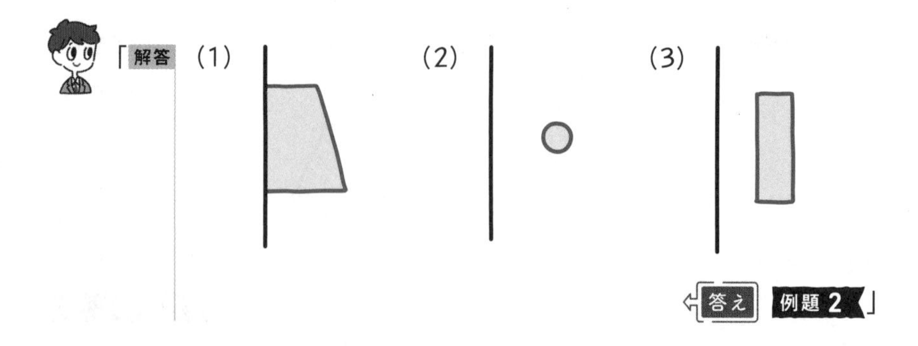

そうだね。正解だよ。

「問題文に，わざわざ“軸の片側だけに図形をかけ”とあるのはどうしてですか？」

軸の両側に図形があっても，同じ立体になるからね。例えば(1)なら，右のような台形でも回転させたら問題文の立体になる。

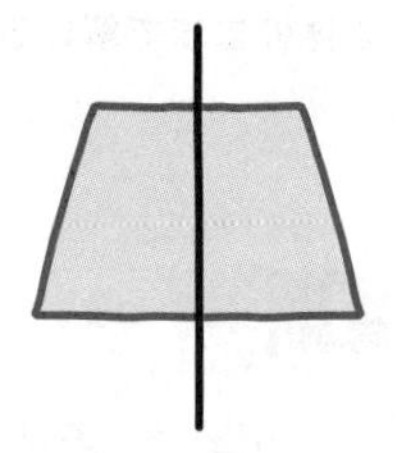

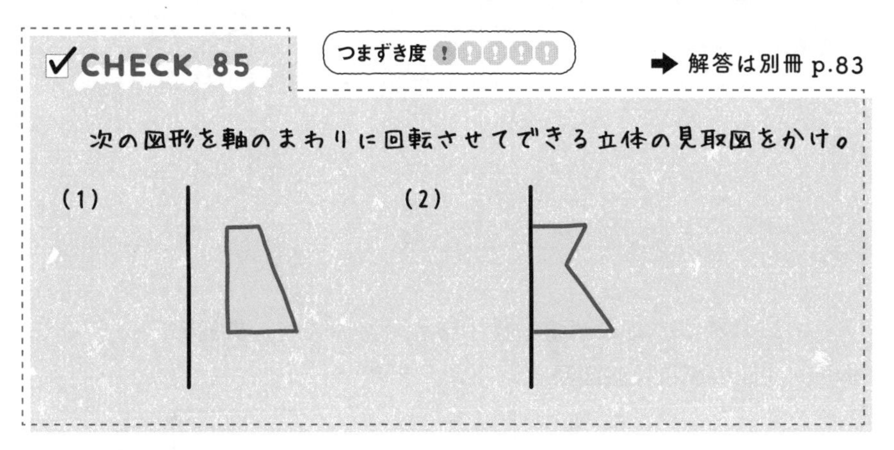

✓CHECK 85

つまずき度 !!!!!

➡ 解答は別冊 p.83

次の図形を軸のまわりに回転させてできる立体の見取図をかけ。

(1)

(2)

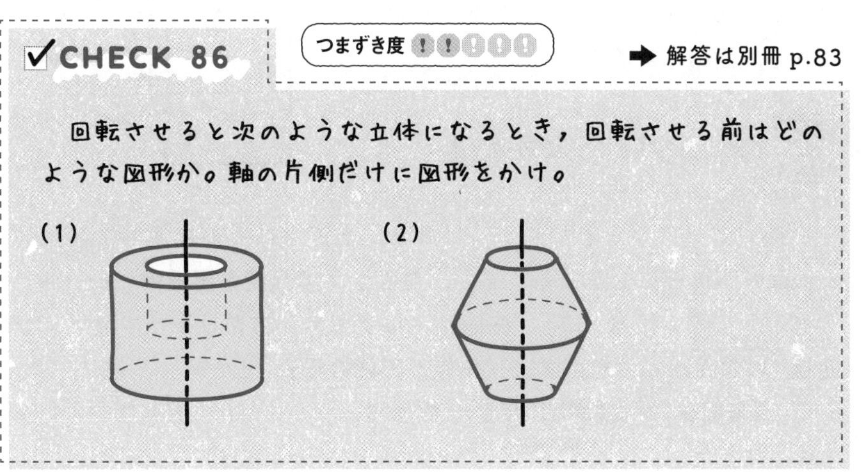

✓CHECK 86

つまずき度 !!!!!

➡ 解答は別冊 p.83

回転させると次のような立体になるとき，回転させる前はどのような図形か。軸の片側だけに図形をかけ。

(1)

(2)

6-10 角柱，円柱の表面積

立体は苦手というときは，使う面を切りとって平面にして考えればいいよ。慣れてきたら，立体のままで解けるようになってくるからね。

例題 1 つまずき度 !!!!!

右の立体の表面積を求めよ。

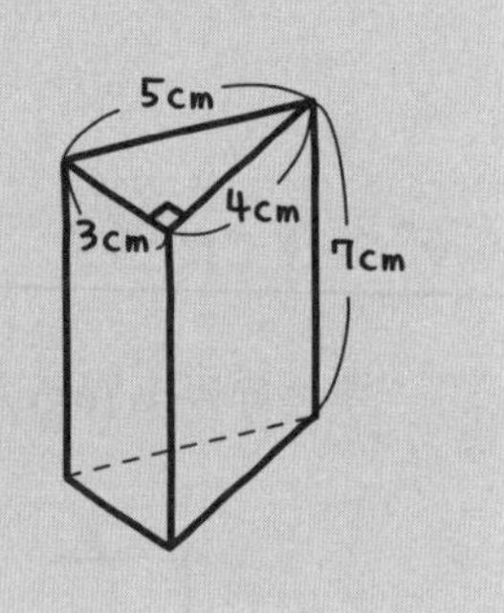

立体のすべての面の面積を足し合わせたものを，**表面積**(ひょうめんせき)というんだ。また，底面の面積は**底面積**(ていめんせき)というよ。そのままのネーミングだね(笑)。角柱や円柱の場合は上の面も同じ図形だよね。だから，これも底面積になるよ。

底面積

「上の面なのに，底面積？」

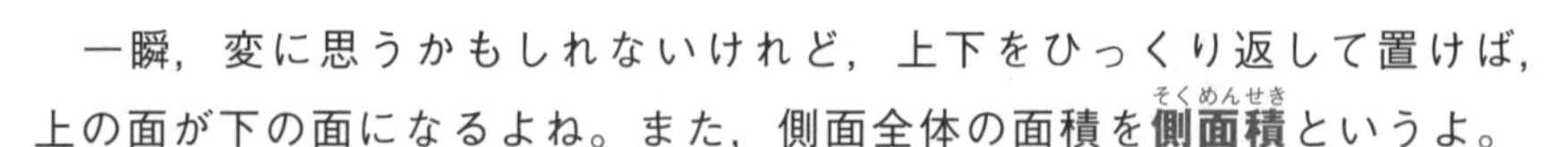

一瞬，変に思うかもしれないけれど，上下をひっくり返して置けば，上の面が下の面になるよね。また，側面全体の面積を**側面積**(そくめんせき)というよ。

あっ，ここで注意して。『底面積』は上下の一方だけを指すけど，『側面積』は側面ぜんぶを指すよ。**角柱，円柱の場合**

(表面積)＝(底面積)×２＋(側面積)
上下の面積

ということだ。

さて，じゃ，求めてみよう。立体のままだとわかりにくいから**展開図**をかくよ。**展開図の面積を求めることは，立体の表面積を求めることと同じ**だからね。

解答 底面積は $4\times3\times\frac{1}{2}=6$

側面積は $7\times\underbrace{(3+4+5)}_{12}=84$

よって，表面積は

$6\times2+84=$ **96 (cm²)** ⇦答え

例題 1

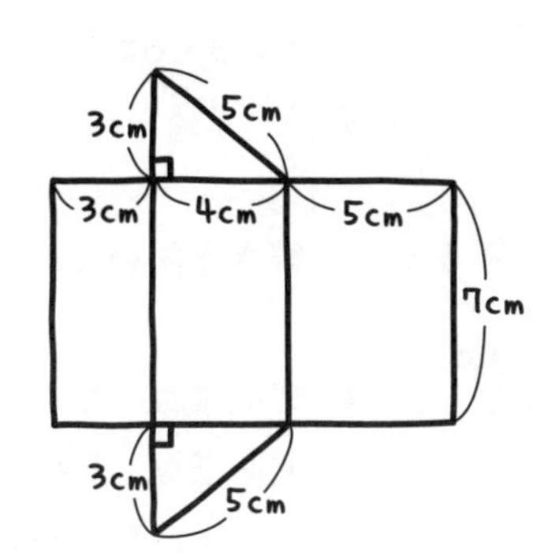

例題 2 つまずき度 !!!!!

右の立体の表面積を求めよ。

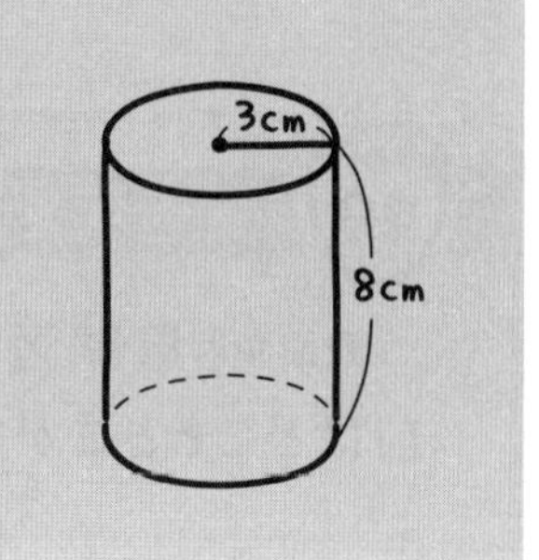

これも展開図をかいてみよう。側面は長方形になるよね。長方形の横の長さってわかる？

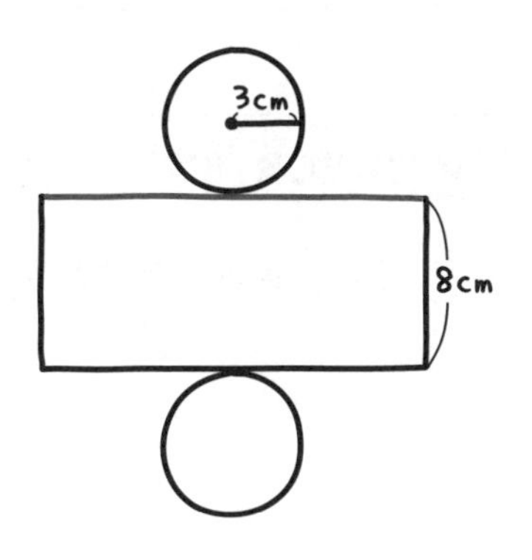

「わかりません。」

じゃあ，立体を展開する前に，右の図で赤の部分と接していたところって，どこ？

「えーっと，上の円の円周の部分です。あっ，そうか！　この長さを求めればいいのか。
じゃあ，横の長さは

$2\times\pi\times3=6\pi$

です。」

そうだね。続きを解いて。

「**解答**　底面積は　$\pi\times3^2=9\pi$

側面積は　$8\times6\pi=48\pi$

よって，表面積は

$9\pi\times2+48\pi=$ **66π (cm²)**　答え　例題 2」

そうだね。

Point 29　表面積の求めかた

表面積は**展開図をかいて考える**と求めやすい。**展開する前はどことどこが接していたのか**，目を光らせて側面積を求めよう。

✓CHECK 87　つまずき度 !!!!!　➡ 解答は別冊 p.84

右の立体の表面積を求めよ。

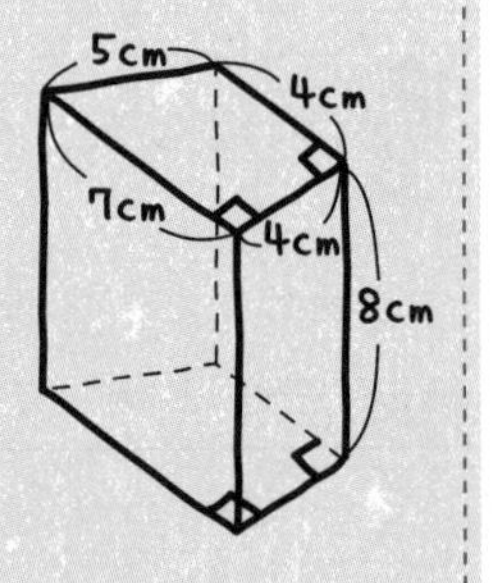

6-11 角錐，円錐の表面積

使い終わった箱や容器を切り開いてリサイクルに出すことがあるね。どんな形になるか想像できるかな？

展開図で角錐や円錐の表面積も求められるよ。角柱や円柱と違って，底面は１つだね。**角錐，円錐の場合**

（表面積）＝（底面積）＋（側面積）

ということだ。

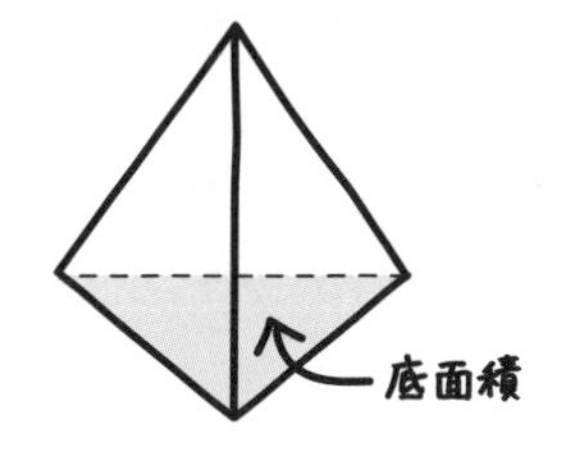

例題　つまずき度 !!!!!

右の立体の表面積を求めよ。

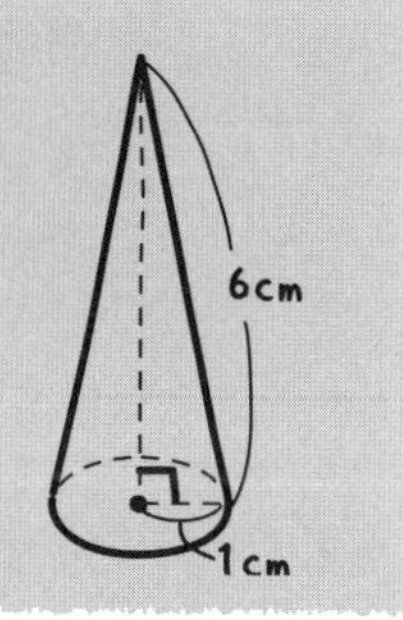

円柱のときと同じで，これも展開図をかいてみよう。側面はおうぎ形になるよね。

「**おうぎ形の弧の長さは底面の円周と同じ**なんですね。」

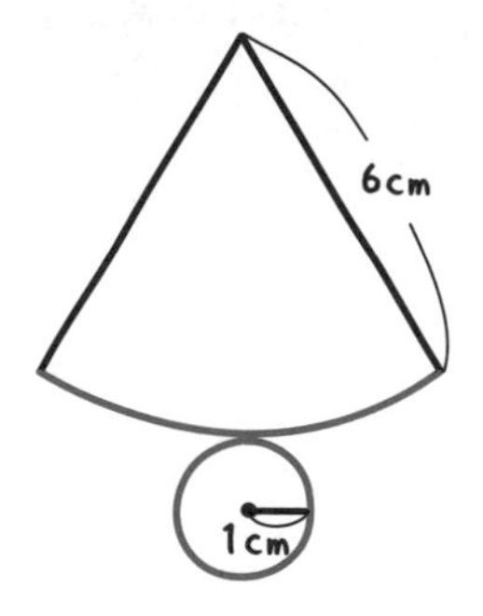

うん。6-10でやったね。解いてみて。

「円周は，$2\times\pi\times1=2\pi$だから，弧の長さも2πです。」

そうだね。じゃあ，おうぎ形の中心角は何度かわかる？

「5-9 の 例題2 のようにやればいいんですね。

解答 側面のおうぎ形の中心角をx°とおくと

$$2\pi\times6\times\frac{x}{360}=2\pi$$

$$\pi\times\frac{x}{30}=2\pi$$

$$\frac{x}{30}=2$$

$$x=60$$

よって，中心角は60°

底面積は　$\pi\times1^2=\pi$

側面積は　$\pi\times6^2\times\frac{60}{360}=6\pi$

よって，表面積は

$\pi+6\pi=$ **7π (cm²)** 答え 例題」

✓CHECK 88

つまずき度 !!!!

➡ 解答は別冊 p.84

右の立体の表面積を求めよ。

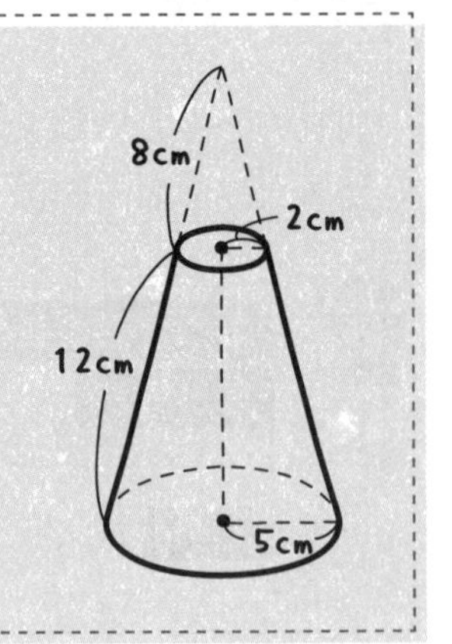

6-12 立体の体積

スーツケースが荷物でいっぱいのとき，筒状のものは入らなくても，先のとがったものは，体積が筒状の$\frac{1}{3}$なので，入るかもしれないよ。

例題 1　つまずき度 !!!!!

右の立体の体積を求めよ。

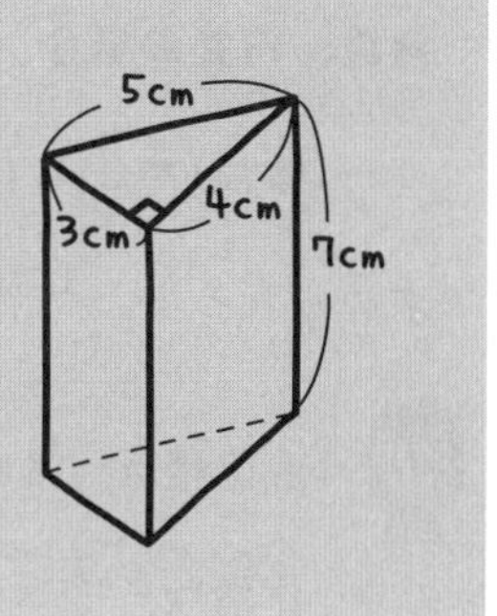

6-10 の 例題 1 と同じ立体だけど，今回は体積のほうを求めてみよう。

角柱，円柱の場合

(体積)＝(底面積)×(高さ)

で求められるよ。ケンタくん，計算してみて。

「解答　底面積は　$4 \times 3 \times \frac{1}{2} = 6$

体積は　$6 \times 7 =$ **42 (cm³)** ⇐答え 例題 1」

そうだね。OKだ。じゃあ，次は“～錐”のほうだ。

例題 2　つまずき度 !!!!!

右の立体の体積を求めよ。

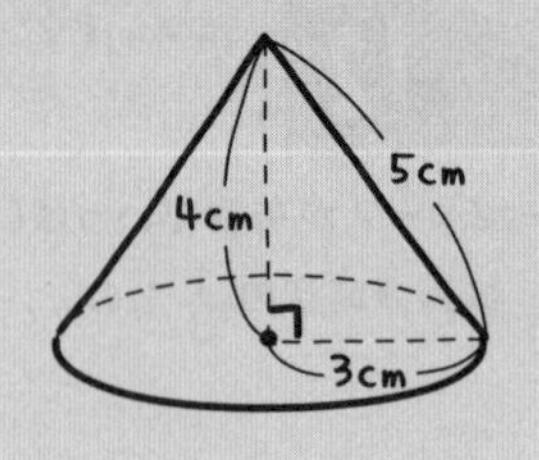

角錐，円錐の場合

$$(\text{体積})=\frac{1}{3}\times(\text{底面積})\times(\text{高さ})$$

で求められるよ。サクラさん，やってみよう。

「底面積は，$\pi\times3^2=9\pi$

体積は，$\frac{1}{3}\times9\pi\times5=15\pi(\text{cm}^3)$　です。」

5cmというのは母線の長さのことで，高さじゃないよ。“高さ”というのは，頂点から底面に垂直に下ろした垂線の長さのことだよ。

「あ，高さは4cmですね。」

うん，そうだ。あらためて計算してみて。

「解答　底面積は　$\pi\times3^2=9\pi$

体積は　$\frac{1}{3}\times9\pi\times4=$ **$12\pi(\text{cm}^3)$** ⇦答え　例題 2」

そうだね。それが正解だ。

Point 30 ～柱，～錐の体積

角柱，円柱の場合

（体積）＝（底面積）×（高さ）

角錐，円錐の場合

$$（体積）= \frac{1}{3} \times（底面積）\times（高さ）$$

高さは頂点から底面に下ろした垂線の長さであることに注意しよう。

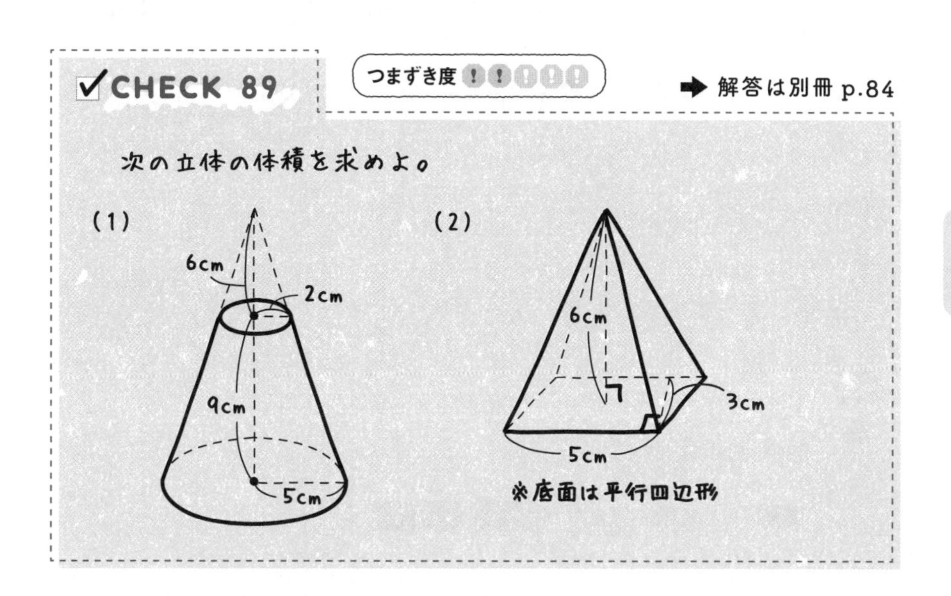

➡ 解答は別冊 p.84

球の体積と表面積

球と円柱には，不思議な関係があるんだよ。

例題 1 つまずき度 !!!!!

右のような底面の半径がr，高さが2rの円柱について，次の問いに答えよ。

(1) 体積を求めよ。
(2) 側面積を求めよ。

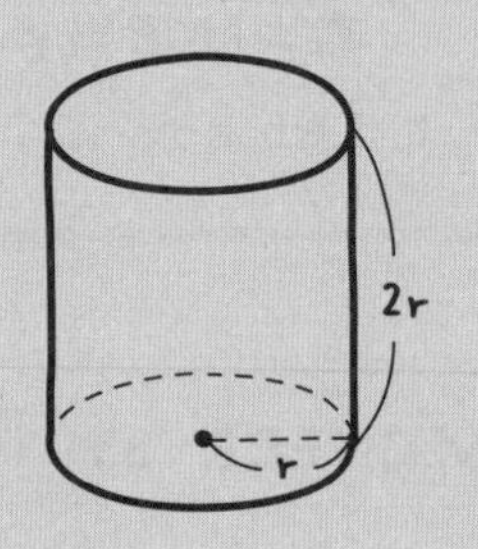

「いきなり問題ですか。」

一度習ったことだからやってみてよ。

「円柱だから，(体積)＝(底面積)×(高さ) だな。
円の面積はπr^2だから

解答 $\pi r^2 \times 2r = \underline{\underline{\boldsymbol{2\pi r^3}}}$ ⇐答え 例題 1 (1)」

正解。側面は，展開図をかいて考えると長方形になるね。長方形の縦の長さは$2r$で，横の長さは円周と等しくて$2\pi r$になる。解答は次のようになるよ。

解答 $2r \times 2\pi r = \underline{\underline{\boldsymbol{4\pi r^2}}}$ ⇐答え 例題 1 (2)

「(1)も(2)も前に習ったことを文字式にしただけですよね？
　この問題，なんの意味があるんですか？」

お，するどいね。この問題は，球の体積と表面積を求めるために解いてもらったんだ。次の Point 31 をおさえよう。

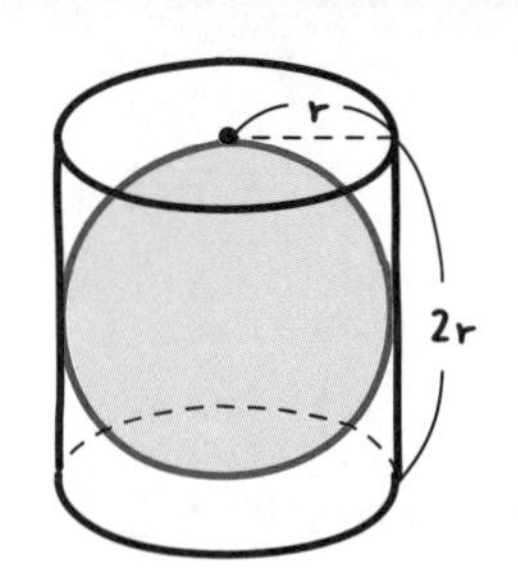

◎　球の体積は**それがピッタリ入る円柱の体積の $\frac{2}{3}$** になる。

つまり半径が r のとき

$$2\pi r^3 \times \frac{2}{3} = \frac{4}{3}\pi r^3$$

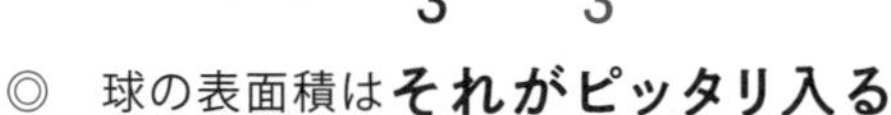

◎　球の表面積は**それがピッタリ入る円柱の側面積に等しい**。

つまり半径が r のとき

$$4\pi r^2$$

「例題 1 の結果を使ってますね。」

「球と円柱には，こんな関係があるのね。」

この球の体積 $\frac{4}{3}\pi r^3$ と表面積 $4\pi r^2$ は忘れやすいけど，覚えておこうね。高校に入っても使うよ。

例題 2 つまずき度 ❗

半径3cmの球の体積と表面積を求めよ。

サクラさん，公式にあてはめるだけだけど，解いてみて。

「解答 体積は $\frac{4}{3}\pi\times3^3=\frac{4}{3}\pi\times27$

$=\underline{\underline{36\pi\ (\text{cm}^3)}}$ 答え 例題 2

表面積は $4\pi\times3^2=4\pi\times9$

$=\underline{\underline{36\pi\ (\text{cm}^2)}}$ 答え 例題 2」

✓CHECK 90 つまずき度 ❗❗ ➡解答は別冊 p.84

底面の半径が2cmで高さが4cmの円柱がある。次の問いに答えよ。

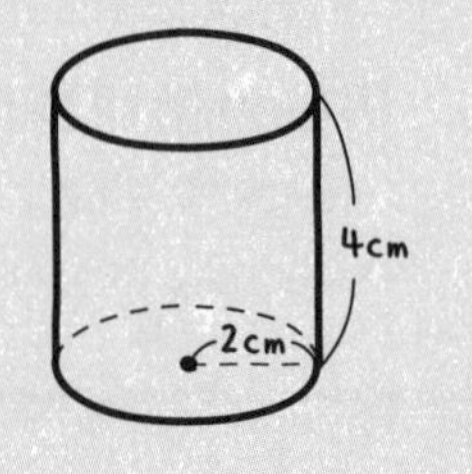

(1) この円柱にピッタリ入る球の体積と表面積を求めよ。

(2) この円柱の表面積は，(1)で求めた球の表面積よりもどれだけ大きいか。

6-14 立体に巻きつけたひもの長さ

引っ越しをするときや，プレゼントの包装をするときに，ひもを巻きつけることがある。どのくらいの長さになるのだろうか？　展開図を使えばこういう計算もできてしまうという話をするよ。

例題　つまずき度 !!!!!

底面が半径1cmの円で，母線の長さが6cmの円錐がある。

その底面の円周上の点Aから側面を1周し，再び点Aに戻るようにひもを巻く。ひもの長さの最小値を求めよ。

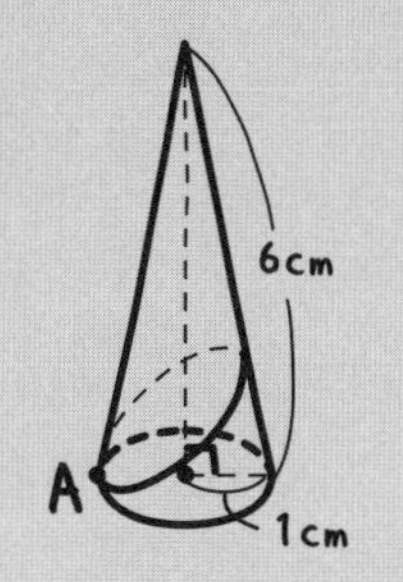

中1 6章

「えっ？　底面の円のまわりを1周させればいいから，2πcmじゃないんですか？」

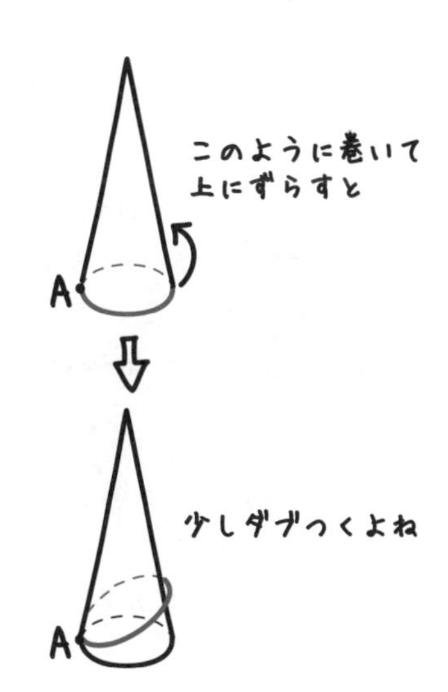

いや，そうじゃないんだ。実際にそのようにひもを巻きつけて，右のように点Aで固定してから，上へひもをずらしてごらん。ひもがダブついてしまうはずだ。つまり，もっと短いひもですむわけだ。

「どうやって，その長さを求めるのですか？」

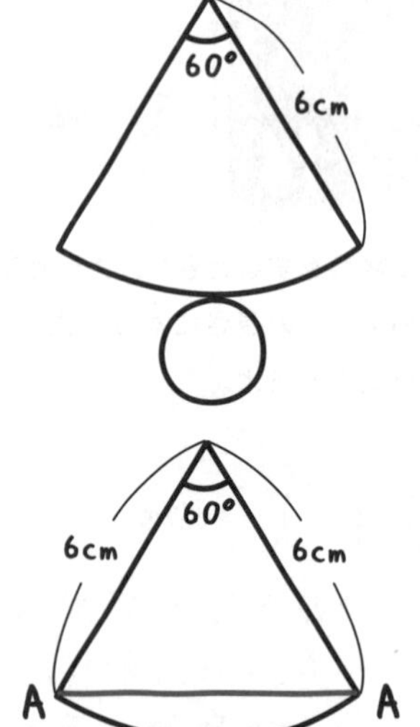

展開図は右のようになる。中心角が60°であることを求める方法は**6-11**で説明したからいいよね。ここは結果だけでゴメン。

さて，点Aからスタートし，再び点Aに戻ってくるまでの最短コースは，切り開いた展開図では右の赤い線のようになる。しかも，図をよく見ると正三角形になっているよね。

解答　側面のおうぎ形の中心角をx°とおくと

$$2\pi\times6\times\frac{x}{360}=2\pi$$

$$\pi\times\frac{x}{30}=2\pi$$

$$\frac{x}{30}=2$$

$$x=60$$

よって，中心角は60°だから，ひもの長さは**6 cm**　答え　例題

✓CHECK 91

つまずき度 !!!!!

➡ 解答は別冊 p.85

図1のような1辺の長さが12cmの正方形があり，線分BC，CD，DBのところで折り，3つのAが1か所に重なるようにすると，図2のような三角錐ができる。次の問いに答えよ。

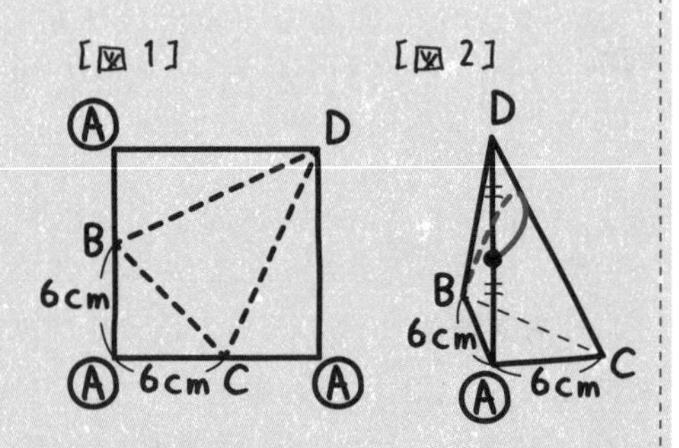

(1)　図2の三角錐の体積を求めよ。

(2)　図2の点Bから辺CDを横切って辺ADの中点までひもを巻く場合，その長さの最小値を求めよ。

中学1年 7章

データの活用

多くのお店で，ポイントのつくカードやスマホのアプリを採用しているね。

「持っていると，ポイントをためたくて，自然とお店に行く回数が増えちゃう。店側の思うつぼ（笑）。」

でも，それ以外にお客さんのデータを集めるという目的もあるんだ。どんな職業，家族構成，性別，年齢の人がその商品を買っているかがわかるから，どの地域で，どのような品ぞろえにするかの参考になる。以前は，そんな便利なものはなかったから，コンビニの店員などは，お客さんを外見から性別や年齢などを判断して，レジに入力していたんだ。

「えっ？　知らなかったです。」

階級とヒストグラム

今はパソコンが普及して，その中にたくさんのデータを入れられるようになったが，昔は紙の資料がたくさんあったんだ。今でも，資料を紙で残すことがあるよ。

例題　つまずき度 !!!!!

ある中学校の１年の男子50名の50ｍ走の記録をはかった。そして，1秒刻みで分けてその人数をまとめると，以下の表になった。次の問いに答えよ。

個人データ

高橋さん　8.65
山本さん　7.92
⋮
（単位は秒）

中１の50ｍ走の記録

記録（秒）	度数（人）	累積度数（人）	相対度数	累積相対度数
6秒以上 7秒未満	2	2	0.04	
7秒以上 8秒未満	7	9		
8秒以上 9秒未満	30	39		
9秒以上 10秒未満	8			
10秒以上 11秒未満	3			

(1)　表の空欄をうめよ。
(2)　最頻値を答えよ。
(3)　もし，個人データがなく，度数分布表のみで平均値を計算した場合，その値はいくつになるか。
(4)　この表をもとに，ヒストグラムと度数分布多角形をかけ。（同じグラフ内にかいても構わない。）
(5)　縦軸を相対度数にした度数分布多角形をかけ。

「度数は，ここでは“人数”のことですよね。」

小学校で習ったし，O-12でも登場しているよね。そして，例えば，『6秒以上7秒未満』などの区切り1つひとつは**階級**という。この言葉も覚えておこう。

「ボクシングや柔道みたいだ（笑）。」

そうだね（笑）。今回は1秒刻みで階級に分けている。これを**階級の幅**という。このような表を**度数分布表**というよ。また，各階級の真ん中の値を**階級値**という。例えば，『6秒以上7秒未満』の階級値は6.5秒というわけだ。

「表の中にある**累積度数**って，何ですか？」

小さい（または，大きい）順に表にしたとき，今までの度数をすべて足したもののことだよ。例えば，度数を上から（ア），（イ），（ウ），……としようか。

記録（秒）	度数（人）	累積度数（人）
6秒以上7秒未満	2（ア）	2（ア）
7秒以上8秒未満	7（イ）	9（ア）＋（イ）
8秒以上9秒未満	30（ウ）	39（ア）＋（イ）＋（ウ）
⋮	⋮	⋮

1番目は，（ア）の度数がそのまま累積度数になる。
2番目は，それに（イ）の度数を足したものが累積度数になる。
3番目は，さらに，それに（ウ）の度数を足したものが累積度数になる。
⋮
というように累積度数の欄に書けばよい。

「あっ，簡単ですね。でも，これって何の役に立つのですか？」

中1 7章

例えば，９秒未満の人は何人かを聞かれたとき，普通は2＋7＋30と計算しなければならないが，累積度数があれば，３つのうちのいちばん下の『8秒以上9秒未満』を見れば，すぐに39人とわかって便利なんだ。

「なるほど……。でも，例えば，８秒**以上**の人が何人とか聞かれたら，無理そう。」

いや。大丈夫だよ。８秒**未満**の人が何人か調べればいい。９人だよね。そして，全体で50人とわかっているから，50－9＝41（人）とわかる。度数を１つひとつ足すより，ちょっとだけラクに求められる。

「あと，**相対度数**の意味もわからないのですが……。」

全体を１とすると，各階級の度数がいくつになるかを表したもので

$$(\text{相対度数})=\frac{(\text{各階級の度数})}{(\text{全体の度数})}$$

で求められる。同様に，全体を１としたとき，累積度数がいくつになるかを表したものを**累積相対度数**といい

$$(\text{累積相対度数})=\frac{(\text{各階級の累積度数})}{(\text{全体の度数})}$$

で求まるが計算が面倒だね（笑）。“相対度数の累積”だから，前のページのように今までの相対度数を足していったほうがラクだよ。

(1)の表は，次のようになるよ。

解答 中１の50ｍ走の記録

記録（秒）	度数（人）	累積度数（人）	相対度数	累積相対度数
６秒以上７秒未満	2	2	0.04	**0.04**
７秒以上８秒未満	7	9	**0.14**	**0.18**
８秒以上９秒未満	30	39	**0.60**	**0.78**
９秒以上10秒未満	8	**47**	**0.16**	**0.94**
10秒以上11秒未満	3	**50**	**0.06**	**1.00**

答え 例題 (1)

さて，(2)の最頻値についてはO-12の話を思い出してほしい。“懸垂の回数”なら同じ値になることが多い。1回の人は7人，2回の人は9人，…という具合にね。だから，最頻値も普通に求められる。

でも，今回は50ｍ走の記録だから，ぴったり一緒なんてことはほぼないだろうね。

「えっ？　①最頻値は，どのように求めればいいのですか？」

Point 32 最頻値の求めかた

データが細かくて同じ値になることがほとんどない場合に**最頻値を求めたいときは，まず度数分布表を作る。**そして，**最も度数の多い階級を調べ，その階級値を最頻値にする。**

「今回は，『8秒以上9秒未満』の度数が最も多いから，(2)は

解答　最頻値8.5秒 ⇦答え 例題 (2)

②平均値や③中央値は，従来の求めかたでいいですか？」

そうだよ。**個人データのほうを使う。**しかし，今回のような個人データがない場合や，実際に計測する時間がなくて『50ｍ走のタイムはどのくらいですか？（単位は秒）』と，次のようなアンケートをとるだけの場合もある。

- □ 6秒以上7秒未満
- □ 7秒以上8秒未満
- □ 8秒以上9秒未満
- □ 9秒以上10秒未満
- □ 10秒以上11秒未満

「みえを張って，うそをつく人がいるかもしれない（笑）。」

まあ，そういう人はいないと信じることにしよう（笑）。まず，①最頻値は変わらない。

「でも，今回は度数分布表のみだから，②平均値は求められないですよね……。」

②平均値は，しょうがないから階級値で考えるようにするんだ。例えば，『6秒以上7秒未満が2人いる』ということは，『6.5秒が2人いる』とみなそう。

「えっ？　それじゃあ，正確な値じゃない！　6秒以上7秒未満といっても6.02秒かもしれないし，逆にギリギリの6.99秒もありそうだし……。」

うん。確かにそうで，本当の平均値にはならない。でも，“割と近い値”にはなるので，こう考えるしかないんだ。じゃあ，ケンタくん，(3)を解いてみて。

「解答　$6.5\times2+7.5\times7+8.5\times30+9.5\times8+10.5\times3$

$=13+52.5+255+76+31.5$

$=428$

よって，求める平均値は

$\frac{428}{50}=$ **8.56（秒）** ← 答え　例題 (3)

ですか？」

正解だよ。

6.5×(その度数)+7.5×(その度数)+8.5×(その度数)
+9.5×(その度数)+10.5×(その度数)
を計算して，(全体の度数) で割ったわけだね。ちなみに，度数を全体の度数で割ったものが相対度数だから
6.5×**(その相対度数)**+7.5×**(その相対度数)**+8.5×**(その相対度数)**
+9.5×**(その相対度数)**+10.5×**(その相対度数)**
と計算してもいい。
6.5×0.04+7.5×0.14+8.5×0.60+9.5×0.16+10.5×0.06
=0.26+1.05+5.10+1.52+0.63
=**8.56 (秒)**
となるよ。

さて，(4)では，この表をグラフにしてみよう。
まず，**横軸は1秒ごとに区切るのだが，両端は階級の幅以上，つまり1秒分以上空けておこう。**縦軸にも目盛りをつける。そうだな……，今回は5人ごとくらいでいいかな。度数分だけ上にのびた棒グラフをかく。

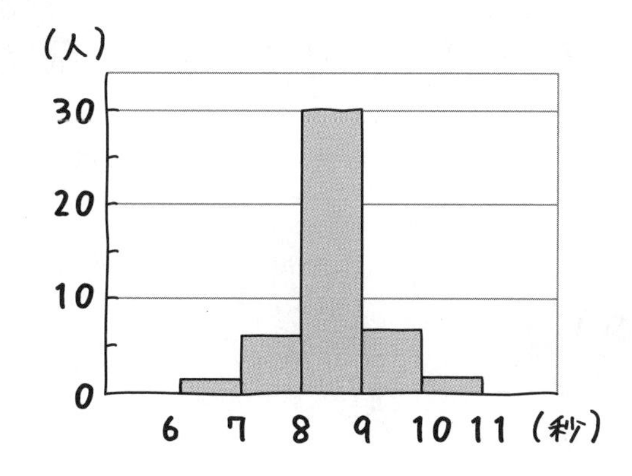

「お互いくっついた形になりますよね……。」

今回はこれでいいんだ。これを**ヒストグラム(柱状グラフ)**という。

さらに,

① グラフ上に,最小の階級より1つ小さい階級と,最大の階級より1つ大きい階級を用意する。

今回は,『5秒以上6秒未満』と『11秒以上12秒未満』を用意するわけだ。そして,

② ①の2つを含む各階級の高さで階級値のところに点をとり,それを結ぶ。

すると,折れ線グラフになるよね。これを**度数分布多角形**(どすうぶんぷたかくけい)**(度数折れ線)**というんだ。

解答

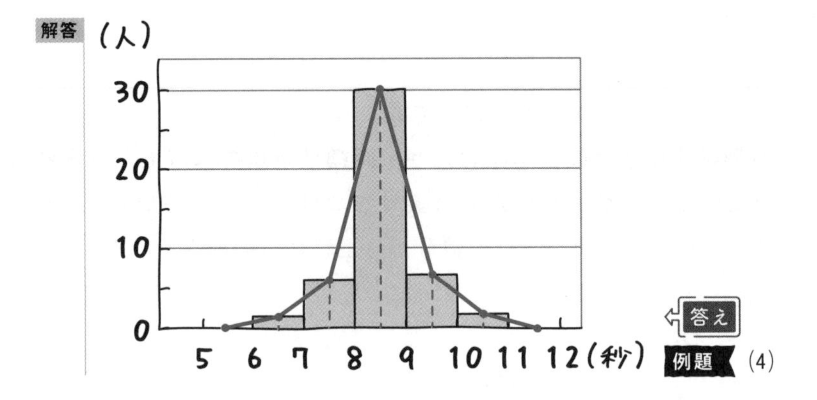

また(5)のように,"縦軸を相対度数にして"度数分布多角形をかくこともある。

解答

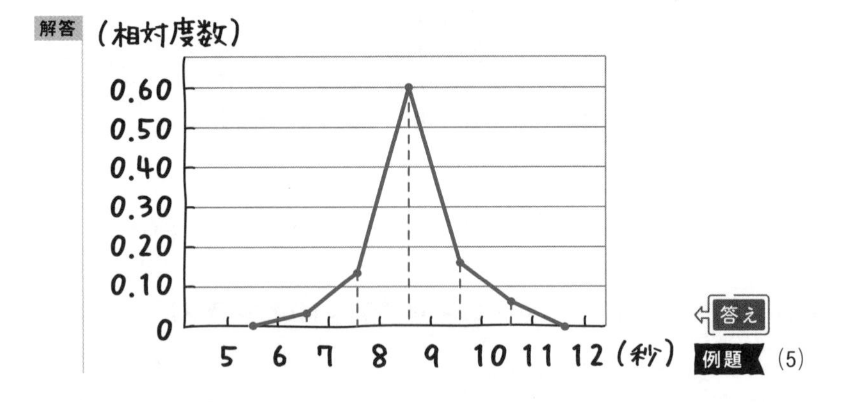

「度数分布多角形って，何の役に立つのですか？」

2つ以上のグループのデータを比較することがあるんだ。そのときに，棒状のヒストグラムだと見づらくて比較しにくいが，(4)(5)のような折れ線グラフなら見やすいので重宝されるよ。

また，各グループの人数が異なることもある。そうすると一方が大きな山，他方が小さな山になって，これもまた比較しにくい。そこで，(5)のように，縦軸を相対度数にすれば比較しやすくなるよ。

✓CHECK 92　つまずき度 ❗❗❗❗❗　➡解答は別冊 p.85

7-1 の 例題 と同じ中学校の2年の男子40名で，同じように50m走の記録をはかった。次の問いに答えよ。

中2の50m走の記録

記録(秒)	度数(人)	累積度数(人)	相対度数	累積相対度数
6秒以上 7秒未満	6			
7秒以上 8秒未満	20			
8秒以上 9秒未満	8			
9秒以上 10秒未満	4			
10秒以上 11秒未満	2			

(1)　表の空欄をうめよ。

(2)　もし，個人データがなく，度数分布表のみで平均値を計算した場合，その値はいくつになるか。

(3)　この表をもとに，ヒストグラムをかけ。

(4)　例題 (5)の中学1年生と，今回の2年生について，縦軸を相対度数にした度数分布多角形を同じグラフ内にかけ。

7-2 データと確率

野球の首位打者（打率が最も高い人）のタイトルをとるには，規定打席（決められた打席数）以上の選手でなければならない。２回だけ打席に入って，ヒットとアウト１回ずつの人が「打率５割だ！」といってタイトルはとれないよ。

「次の①，②，③から選びなさい」という三択の問題で，正解がわからないときにカンで答えることはない？

「ある。当たると，すごくうれしい。」

今回は，問題をつくった人が②を答えにするくせがあったり，問題のレベルによって答えやすいものがあったりすることはないとする。同じ可能性で①，②，③のどれかが正解になるとしよう。

もし，ケンタくんが6問わからず，カンで答えて，そのうち4問正解したら，どう思う？

「えっ？　すごいんじゃないんですか？　ふつうなら3回に1回しか当たらないのに。」

「『強運の神が舞い降りてきた！』とか思う。」

そうだね。確かに運がいい。でも，問題数が増えるとそうはいかない。実際に，①，②，③のいずれかが出るようにコンピュータを設定し，出る前に①，②，③のどれが出るかを予想するという実験をしたら，次のようになった。

問題数（問）	偶然正解した問題数（問）	相対度数
10	5	0.50
20	9	0.45
30	11	0.37
40	14	0.35
50	18	0.36
60	20	0.33
70	25	0.36
80	27	0.34
90	31	0.34
100	34	0.34

起こりやすさの程度を表すものを**確率**（かくりつ）という。正解できるのは$\frac{1}{3}$に近くなるはずだ。

「『たくさんの問題を適当な番号で答えたら，ほとんど正解した！』なんて奇跡は，ほぼないということですか？」

ほぼない。**たくさんの回数行うと，確率は正確な値に近くなる**んだ。

「数学って夢がないなぁ。」

✓CHECK 93　つまずき度 !!!!!　➡ 解答は別冊 p.85

弓道部の試合でいずれかの選手を選ぶことにした。練習では，佐藤さんは7回射って2回的中している。田中さんは46回射って13回的中している。次の問いに答えよ。

(1)　的中率が2割くらいの対戦相手に勝ちたい。試合にはどちらの選手を選ぶべきか。

(2)　(1)で選んだ選手が，もし練習で200回射ったら，何回的中すると考えられるか。小数点以下は四捨五入して答えよ。

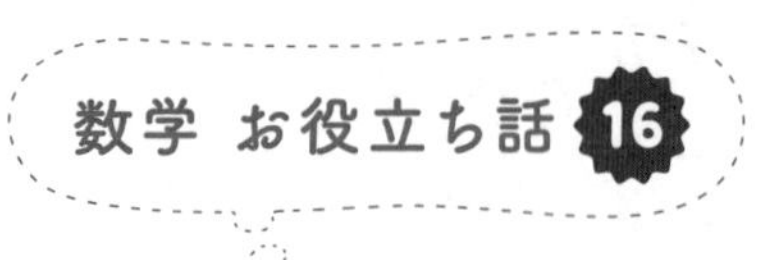

男女の生まれる確率

男の子と女の子，どちらが生まれるかの確率はどうなっていると思う？

「もちろん半分ずつですよね。」

いや。実際にはそうじゃないんだ。日本では，生まれる確率は，男の子が0.512，女の子が0.488で，男の子のほうが高いんだ。（2019年，人口動態統計より）

「えっ？　ホントですか？」

例えば，とても小さい村があって，その年に8人しか子どもが生まれなくて，『8人のうち5人が男の子，3人が女の子だったから，男の子が生まれやすい』といっても説得力がないよね。数が少なすぎるもんね。さっきの0.512と0.488という確率は80万人以上ものデータから出したものだから，信用できる数なんだ。

「男の子のほうが生まれやすいなんて知らなかった。」

女性は男性より長生きするから，数が同じくらいになるように，神様が男の子のほうを生まれやすくしたのかもしれない。神秘的な話だと思わない？

「でも，それは数学とは関係ないですよね。」

中学2年 1章

式の計算

さて，ここからは2年生の内容になるよ。今までに学習したことのない用語や計算式も出てくるし，初めて“説明問題”が登場するよ。

「説明問題って，どんなものなんですか？」

『なぜ成り立つのか，理由をいいなさい。』というものなんだ。

「えっ？　自分で説明するの？　無理だよ～。説明してもらうことを理解するだけで，いっぱいいっぱいなのに。」

最初は慣れないかもしれないけど，問題を多く解くとだんだんコツが身についてくるよ。

1-1 単項式と多項式，次数

さて，いよいよ中２の内容に入ろう。いつものことだが，大切な用語を覚えることから始めるよ。

例題 つまずき度 !!!!!

以下の式について，次の問いに答えよ。

$-8a$　　$\frac{5}{2}x^2y$　　a^2-7xy^3

(1) 上の３つの式は単項式，多項式のどちらか。
(2) 上の３つの式は，それぞれ何次式か。

中１の 1-6 や 2-8 で，足し算でつながっている１つひとつのものを**項**というのを習ったね。

「引き算の場合は，『マイナスのものを足す』と考えましたね。」

その通り！　その考えかたは，とても重要だとも教えたよね。

さて，ここでまた新しい用語を勉強しよう。**項が１つしかない式を単項式（たんこうしき），項が２つ以上ある式を多項式（たこうしき）というんだ。**

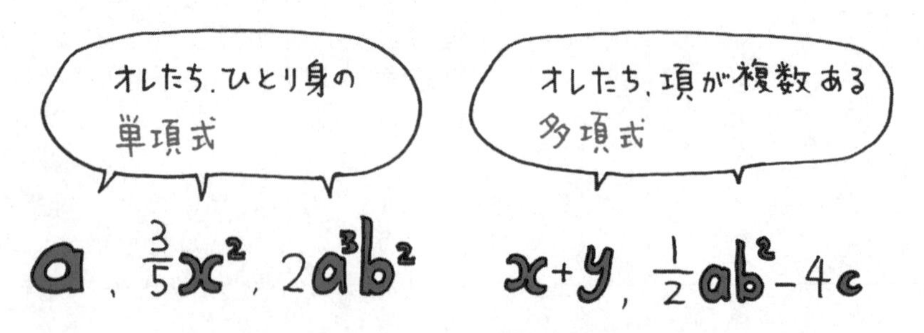

これをふまえて，(1)をサクラさん，答えてみよう。

「**解答**　**$-8a$ と $\frac{5}{2}x^2y$ は単項式，a^2-7xy^3 は多項式**　答え

例題 (1)」

正解。また，文字を掛けた回数を**次数**（じすう）というよ。次数が1の式は**1次式**，次数が2の式は**2次式**，次数が3の式は**3次式**，……というんだ。文字の前にある数字（係数）は，次数を調べるときには気にしなくていいよ。

では，(2)について考えてみよう。

解答　$-8a$ は，文字は a が1つだけ。
つまり，次数が1なので**1次式**

$\frac{5}{2}x^2y$ は，次数が3だから**3次式**　答え　例題 (2)

「x^2y は $x \times x \times y$ だから，文字が3個掛けられているのか。」

「じゃあ，a^2-7xy^3 は，a^2 が2次式，$-7xy^3$ が4次式だから，6次式ということですか？」

いや，そうじゃないんだ。a^2-7xy^3 のように**項が複数ある多項式の場合は，“項の中で最も次数が高いもの”の次数になるよ。**

解答　a^2-7xy^3 は，a^2 が2次式，$-7xy^3$ が4次式だから**4次式**　

例題 (2)

✓CHECK 94　つまずき度 !!!!!　➡ 解答は別冊 p.86

以下の式について，次の問いに答えよ。

$3x^3+\frac{1}{4}a$　　$9y$　　$-\frac{5}{2}b^4-2x^2y^2$

(1)　上の3つの式は単項式，多項式のどちらか。
(2)　上の3つの式は，それぞれ何次式か。

1-2 同類項

ここでは“同類項”という言葉を覚えよう。計算に関しては中１の 2-9 ～ 2-12 でやったので，忘れた人は戻って確認しよう。

例題　つまずき度 !!!!!

次の計算をせよ。

(1)　$4a-b+2a+9b$　　　(2)　$-2x^2+4xy+3x-8x^2$

文字が同じ項を**同類項**（どうるいこう）というよ。例えば，(1)なら，$4a$ と $2a$ が同類項だし，$-b$ と $9b$ も同類項になるね。**計算するときは同類項どうしを足して，１つの項にまとめればいい。**

この計算は中１の 2-9 でもやったよね。サクラさん，(1)を解いてみよう。

「**解答**　$4a-b+2a+9b$

$=4a+2a-b+9b$

$=\underline{\underline{6a+8b}}$ ⇐ 答え　例題 (1)」

そうだね。

さて，次の(2)だけど，これは注意が必要だ。**$-2x^2$と$3x$は同類項じゃないから，足したらダメ**だよ。

「えっ？　どっちにも，xが入っているのに？」

文字の部分が完全に同じになっていないからね。$-2x^2$の文字の部分はx^2，$3x$の文字の部分はxだよ。

「あっ，じゃあ，$4xy$も，$-2x^2$や$3x$とは足したらダメなんだ。ということは，同類項は$-2x^2$と$-8x^2$だけだな！

解答　$-2x^2+4xy+3x-8x^2$

$=-2x^2-8x^2+4xy+3x$

$=\underline{\underline{-10x^2+4xy+3x}}$ ⇐答え　例題 (2)」

✓CHECK 95

つまずき度 !!!!!

➡ 解答は別冊 p.86

次の計算をせよ。

(1)　$7y^2-x-4(2x+3y-5)+1$　　(2)　$(8x^2+6xy)\div2-3y^2-x^2$

(3)　$9\times\frac{a+5b}{3}-14\times\frac{4a-b}{2}$

1-3 文字式どうしの掛け算

中１の 2-10 で(数)×(文字式)の計算をしたね。今回は(文字式)×(文字式)の計算だ！

例題 1　つまずき度 !!

次の計算をせよ。

(1)　$5a\times6b$　　　(2)　$(-2x)\times7xy$

中１の文字式の計算ができれば難しくない。こういう場合は **係数どうし，文字どうしを掛ければいいよ。** ケンタくん，(1)はどうなる？

「解答　$5a\times6b=\underline{30ab}$ ⇐答え　例題 1 (1)」

正解。次に(2)だけど，まず，係数の-2と7を掛けると-14になるね。そして，文字のxとxyを掛ける。

「xを２回掛けるということはx^2だから，$x\times xy=x^2y$なので

解答　$(-2x)\times7xy=\underline{-14x^2y}$ ⇐答え　例題 1 (2)」

よくできました。では，もう１問やってみよう。

例題 2　つまずき度 !!

次の計算をせよ。

(1)　$(-3x)^2$　　　(2)　$-(3x)^2$　　　(3)　$ab\times(5a)^2$

(1)は『$-3x$ を2回掛けたもの』という意味だね。

「**解答**　$(-3x)^2=(-3x)\times(-3x)$
$=\underline{\underline{\boldsymbol{9x^2}}}$ ⇐ 答え　例題 2 (1)」

そうだね。さて，続いての(2)だが，(1)との違いはわかるかな？　『“$3x$ を2回掛けたもの”に“-1 を掛けたもの”』という意味になる。

「$-1\times(3x)^2$ という意味ですね。

解答　$-(3x)^2=-1\times(3x)\times(3x)$
$=\underline{\underline{\boldsymbol{-9x^2}}}$ ⇐ 答え　例題 2 (2)」

その通り。この(1)と(2)に似た問題は中1の **1-10** でやったね。$(-●)^2$ と $-(●)^2$ の違いをちゃんと理解しておこう！

さて，(3)はサクラさん，どうなるかな？

「**解答**　$ab\times(5a)^2=ab\times(5a)\times(5a)$
$=\underline{\underline{\boldsymbol{25a^3b}}}$ ⇐ 答え　例題 2 (3)」

そう。正解！　簡単だったかなぁ……。

✓CHECK 96　つまずき度 !!　➡ 解答は別冊 p.86

次の計算をせよ。

(1)　$8x^2\times\frac{3}{4}y$　　(2)　$5b\times(-a^2b)$　　(3)　$-(4x)^2\times(-2y)^2$

1-4 文字式どうしの割り算

文字式どうしを掛けるのと同様に，割ることもできるよ。

例題　つまずき度 !!!!!

次の計算をせよ。

(1)　$8x \div 2x$　　(2)　$4a^2b \div 18a$

(3)　$\frac{5}{14}x^2y^2 \div \frac{15}{7}xy$

「さっきは掛け算でしたけど，今度は割り算ですか。」

うん。掛け算と同様に，係数どうし，文字どうしを割ればいいんだけど，文字式で割るときは逆数を掛けるほうが計算しやすいからそうしよう。

「(1) なら$2x$で割るのを，$\frac{1}{2x}$を掛けると考えるんですね。」

そういうことだ。$8x\times\frac{1}{2x}$になるね。８と２は約分できて４が残るし，xとxは約分すると消えてしまう。

解答　$8x\div 2x=8x\times\frac{1}{2x}$

$=\underline{\underline{4}}$　答え　例題 (1)

割り算を分数の形に書いてもいい。$\frac{8x}{2x}$としても約分できるよ。

さて，(2)もやってみようか。$4a^2b\times\frac{1}{18a}$に直し，約分だ。“4”と“18”は2で約分できるね。**文字のほうはaで約分できるよ。**

「あっ，そうか。a^2は$a\times a$だからか。」

うん。分子と分母のaが1つずつ消えるね。

解答　$4a^2b\div18a=\overset{2\ a}{\cancel{4}\cancel{a^2}}b\times\frac{1}{\underset{9}{\cancel{18}\cancel{a}}}=\underline{\underline{\frac{2}{9}ab}}$　答え　例題　(2)

サクラさん，(3)はわかる？

「$\frac{15}{7}xy$で割るということは……。」

$\frac{15}{7}xy$は$\frac{15xy}{7}$と考えればいいよ。

「あっ，$\frac{7}{15xy}$を掛けるということですね。

解答

$$\frac{5}{14}x^2y^2\div\frac{15}{7}xy=\frac{5}{14}x^2y^2\div\frac{15xy}{7}$$

$$=\frac{\cancel{5}}{\underset{2}{\cancel{14}}}\overset{x}{\cancel{x^2}}\overset{y}{\cancel{y^2}}\times\frac{\cancel{7}}{\underset{3}{\cancel{15}}\cancel{x}\cancel{y}}$$

$$=\underline{\underline{\frac{1}{6}xy}}$$

答え　例題　(3)」

よくできました。文字式で割るときは，逆数の掛け算に直して，数どうし，文字どうしを約分だ。慣れるまで復習しよう！

✔CHECK 97　つまずき度 !!!!!　➡解答は別冊 p.86

次の計算をせよ。

(1)　$15k\div3k$　　(2)　$9a^2x\div(-2x)$　　(3)　$6x^3y^2\div\frac{3}{8}xy^2$

1-5 複雑な計算式

今までに習った知識をフル活用して，難問に挑戦してみよう。

例題 1　つまずき度 !!!!!

$ab \div \frac{3}{5}a^2b \times (-6a)$　を計算せよ。

割り算と掛け算がまざった文字式だ。１つひとつこなしていこう。サクラさん，解いてみて。

「割り算は逆数の掛け算にするのよね。負の数が１つだから，答えはマイナスの符号だわ。

解答

$$ab \div \frac{3}{5}a^2b \times (-6a) = -ab \div \frac{3a^2b}{5} \times 6a$$

$$= -ab \times \frac{5}{3a^2b} \times 6a$$

$$= -\frac{ab \times 5 \times \overset{2}{6}a}{3a^2b}$$

$$= \underline{\underline{-10}}$$

答え　例題 1」

よくできました。あせらずに１つひとつこなしていくことが大事だよ。

例題 2

つまずき度 !!!!!

$4b^2-\{5a-2(a+3b^2-8)\}$ を計算せよ。

「カッコが二重になっているのか。」

カッコが二重の場合は，内側のカッコから外して計算を進めていく。やってみるよ。

解答

$$4b^2-\{5a-2(a+3b^2-8)\}$$
$$=4b^2-\{5a-2a-6b^2+16\}$$
$$=4b^2-\{3a-6b^2+16\}$$
$$=4b^2-3a+6b^2-16$$
$$=\mathbf{10b^2-3a-16}$$

内側の（　）を外した

｛　｝の中を計算

｛　｝を外した

答え 例題 2

「内側からカッコを外して，カッコを外したら計算していくんですね。」

例題 3

つまずき度 !!!!!

$\dfrac{7x-1}{3}-\dfrac{5x+8y-4}{2}$ を計算せよ。

中1の **3-6** でもいったけど，**イコールでつながれていないから，勝手に6倍して整数にしちゃダメだよ。**

「6倍しようとしちゃってました。」

イコールのない場合は，分数のまま計算しなきゃいけない。小学校のおさらいの **0-5** を思い出そう。分数の足し算，引き算では，まず何をするんだっけ？

「分母をそろえる？」

そうだ，通分だね。分母を最小公倍数にすればいいよ。3と2の最小公倍数はいくつ？

「6です。」

それでいいね。$\dfrac{7x-1}{3}$のほうは，分母・分子の両方に2を掛けるといいし，$\dfrac{5x+8y-4}{2}$のほうは，分母・分子の両方に3を掛けるといい。

ケンタくん，解いてみて。

「
$$\frac{7x-1}{3}-\frac{5x+8y-4}{2}$$
$$=\frac{14x-2}{6}-\frac{15x+24y-12}{6}$$
$$=\frac{14x-2-15x+24y-12}{6}$$
$$\vdots$$
」

いや，そうじゃないよ。分子の$14x-2$や$15x+24y-12$は，それでひとカタマリと考えるんだよ。

「あっ，そうだ！　（　）がいるんだ……。」

ここは間違えやすいから注意しよう。中1の2-2や2-12で影の（　）があると考えようといったね。

「**解答**

$$\frac{7x-1}{3}-\frac{5x+8y-4}{2}$$

$$=\frac{14x-2}{6}-\frac{15x+24y-12}{6}$$

（　）があると考える

$$=\frac{(14x-2)-(15x+24y-12)}{6}$$

（　）を外した

$$=\frac{14x-2-15x-24y+12}{6}$$

$$=\frac{-x-24y+10}{6}$$ ⇦答え　例題3」

$$-\frac{15x+24y-12}{6}$$

$$\rightarrow\frac{-(15x+24y-12)}{6}$$

影のカッコ

参上

分母

今回は，複雑な計算のしかたを学んだよ。自力で解けるようにしっかり復習しておこう！

つまずき度 ！！！！！

➡ 解答は別冊 p.86

次の計算をせよ。

(1)　$5x^2y^2\div(-2y)\div\frac{7}{4}xy$

(2)　$-3x\{8-2y(7x-1)\}+2x$

(3)　$\frac{4a-6b+9}{3}-\frac{2a-7-b}{5}$

式を簡単にしてから代入しよう

例えば，先ほどの 1-5 の 例題2 が

「$4b^2-\{5a-2(a+3b^2-8)\}$ で，$a=-7$，$b=2$ のときの値はいくつになるか」

という問題になったとき，すぐに値を代入してしまうと

$4\times2^2-\{5\times(-7)-2\times(-7+3\times2^2-8)\}$

となってしまい，計算がとても大変だ。**簡単な式に直してから代入したほうがいいよ。**

「問題の式を計算したら　$10b^2-3a-16$

$a=-7$，$b=2$ を代入したら

$$10\times2^2-3\times(-7)-16=40+21-16$$
$$=45$$

あっ，こっちのほうがラク！」

「例えば，1-5 の 例題3 が x，y に値を代入する問題になったときは，はじめから x，y の値を代入しても難しい計算にならないですね。」

そうだね。問題ごとに判断するといいね。

1-6 筆算を使って文字式を足したり，引いたりする

筆算は，数の計算に限らず文字の計算にも使える。とても使い勝手のいい方法だよ。

例題　つまずき度 !!!!!

次の式を求めよ。

(1)　$4x+7y$ に，$-x+2y$ を足したもの

(2)　$-3a-5b$ から，$-4b+9a+1$ を引いたもの

「(1) は，$(4x+7y)+(-x+2y)$ と考えればいいんですね。」

うん。それでいい。ここでは筆算を使って解いてみよう。$4x+7y$ と $-x+2y$ を2段に並べて書くんだ。

$$\begin{array}{r} 4x+7y \\ +)\ -x+2y \\ \hline \end{array}$$

⇩

$$\begin{array}{r} 4x+7y \\ +)\ -x+2y \\ \hline 3x+9y \end{array}$$

$4x$ と $-x$ を足すと $3x$ になるね。また，$7y$ と $2y$ を足せば $9y$ になる。答えは，$3x+9y$ になるね。

解答　$3x+9y$　⇦ 答え　**例題** (1)

「ふつうに解くのと，筆算で解くのは，どちらがいいのかなぁ？」

まぁ，好みの問題になるんだけど，筆算で解くと，x の項の真下に x の項がくるし，y の項の真下に y の項がくるので，すっきり見やすくて解きやすいんじゃないかな？

(2)も解いてみよう。この式には注意がいるよ。何も考えずに筆算を書くと，aの項の下にbの項がきたり，bの項の下にaの項がきたりして計算しにくい。

$$\begin{array}{rr} & -3a-5b \\ -) & -4b+9a+1 \\ \hline \end{array}$$

← これでは計算しにくい！

「確かに，このままでは計算しにくいです。」

式は，右のようにアルファベット順に書くようにしよう。定数項はいちばん後ろに書くんだよ。ケンタくん，解いてみて。

$$\begin{array}{rr} & -3a-5b \\ -) & 9a-4b+1 \\ \hline \end{array}$$

「
$$\begin{array}{rr} & -3a-5b \\ -) & 9a-4b+1 \\ \hline & -12a-9b-1 \end{array}$$
」

あっ，ちょっと待って！　１つ間違いがある。bの項は$-5b-(-4b)$だよ。

「あっ，そうだ！　$-9b$じゃなくて$-b$になる！」

そうだね。

$$\begin{array}{rr} & -3a-5b \\ -) & 9a-4b+1 \\ \hline & -12a-b-1 \end{array}$$

解答　$\mathbf{-12a-b-1}$ 

例題 (2)

「あれ？　なんで最後は-1なんですか？」

何もないものから１を引く。つまり，０から１を引くということだから，-1になるね。

$$\begin{array}{rr} & -3a-5b+0 \\ -) & 9a-4b+1 \\ \hline & -12a-b-1 \end{array}$$

「あっ，そうか。なんか引き算のほうは面倒だわ。」

それじゃあ，最初に足し算に直してしまう方法もあるので説明しよう。

“$9a-4b+1$ を引く”

ということは

“$-9a+4b-1$ を足す”

ということだ。

符号をすべて変えればいいよ。

$$\begin{array}{rr} & -3a-5b \\ -) & 9a-4b+1 \\ \hline \end{array}$$

足し算に change

$$\begin{array}{rr} & -3a-5b \\ +) & -9a+4b-1 \\ \hline & -12a-b-1 \end{array}$$

「あっ，こっちのほうがラクだわ。私はこうやって計算することにします！」

CHECK 99　つまずき度 !!!!!　➡解答は別冊 p.86

次の式を筆算を使って計算せよ。

(1)　$(-2a+3b)+(6b+a)$　　(2)　$(m-7n+9)-(-3n+8m-2)$

1-7 文字式を使って説明する ～連続した整数，2ケタの自然数～

整数にちなんだ問題を文字を使って解いてみよう。

今までは文字式の計算のしかたを学んできたけど，ここからは「文字式を使う」ことについて話を進めていくよ。

例題 1 つまずき度 ！！！！！

連続した3つの整数の和は3の倍数になることを説明せよ。

『連続した３つの整数』って大丈夫かな？ 「15，16，17」とか，「62，63，64」とか，そういった数だ。

「それはわかるけど……。説明ってどうやってするんですか？」

いちばん小さい整数をnとしよう。真ん中の数はそれより１大きいので$n+1$，いちばん大きい数はさらに１大きいから$n+2$とおける。

「nって，いくつなのかわからないですよね。」

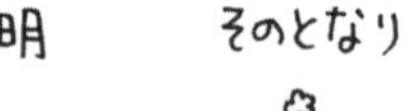

そうだね。nはいくつかわからなくていいんだ。さて，３つの数を足すといくつになる？

「$n+n+1+n+2=3n+3$　です。」

うん。**nがどんな整数だろうが，$3n$は絶対に3の倍数になるよね。**

「あっ，そうだ。整数の3倍だからだ。じゃあ，**$3n+3$も3の倍数になりますね。**」

うん。3の倍数に3を足した数だから，3の倍数だね。でも，そう考えるより，最後に3でくくって$3(n+1)$としておくと，3の倍数だとわかりやすいね。

解答　3つの整数をn，$n+1$，$n+2$とすると

$$n+(n+1)+(n+2)=3n+3$$
$$=3(n+1)$$

$n+1$は整数だから，$3(n+1)$は3の倍数である。

よって，連続した3つの整数の和は3の倍数になる。　**例題 1**

例題 2

つまずき度 !!!!!

ある2ケタの自然数がある。十の位の数字と一の位の数字を入れかえた数を作り，もとの数と足すと，11の倍数になることを説明せよ。

もとの数は十の位がa，一の位がbとしようか。

いくつになる？　中1の**2-5**でやったよ。

「$10a+b$だ。読み直して思い出した。」

入れかえて，十の位をb，一の位をaとすると$10b+a$になるね。もとの数と足せば，どうなる？

a　b
十の位　一の位

b　a
十の位　一の位

「$11a+11b$。あっ，11の倍数だ。」

解答　もとの自然数の十の位の数をa，一の位の数をbとすると，
もとの自然数は$10a+b$
十の位と一の位を入れかえた数は$10b+a$であり

$$(10a+b)+(10b+a)=11a+11b$$
$$=11(a+b)$$

$a+b$は整数だから，$11(a+b)$は11の倍数である。
よって，2ケタの自然数と，その十の位の数字と一の位の数字を入れかえた数との和は11の倍数になる。　例題２

整数の文字式での表しかた

“連続した3つの整数”はn，$n+1$，$n+2$と表そう。真ん中の数をnとして，$n-1$，n，$n+1$としてもいい。

十の位の数字がa，一の位の数字がbの**2ケタの自然数**は$10a+b$，百の位の数字がa，十の位の数字がb，一の位の数字がcの**3ケタの自然数**は$100a+10b+c$などと表そう。

✓CHECK 100　つまずき度 !!!!!　➡ 解答は別冊 p.87

次の問いに答えよ。

(1)　連続した3つの整数の真ん中の数の2倍は，ほかの2つの数の和に等しいことを説明せよ。

(2)　ある3ケタの自然数がある。百の位の数字と一の位の数字を入れかえた数を作り，もとの数から引くと，99の倍数になることを説明せよ。

1-8 文字式を使って説明する ～偶数，奇数，●の倍数～

『a は3の倍数とする』と書いてあるのを見て，「ふーん，そうなんだ」と思っているだけではダメ。a を $3m$（m は整数）とおこう。

偶数は『2の倍数』だよね。だから“ある数の2倍”という意味で，**$2m$（m は整数）などとおくんだ。**あっ，アルファベットは何を使ってもいいよ。$2k$ でも，$2p$ でも，なんでもいい。

一方，**奇数は『2の倍数より1大きい数』なので，$2m+1$（m は整数）とおく。**『2の倍数より1小さい数』と考えれば，**$2m-1$（m は整数）とおくこともできるよ。**

例題 1　つまずき度 !!!!!

奇数どうしの和は偶数になることを説明せよ。

「えっ？　これって当たり前じゃないの？」

そうかもしれないね。でも，『奇数と奇数を足すと，どうして偶数なの？』と聞かれたら説明できる？

「だって，そういうものだから……，じゃダメ？」

ダメ！　ちゃんと説明しなきゃ。まず，奇数の1つは $2m+1$（m は整数）とおける。そして，もう1つの奇数は……。

「こちらも奇数なので，$2m+1$ ですよね。」

いや，それはダメなんだ。そうすると，2つが同じ数になってしまうよね。例えば，$m=1$ なら両方3になっちゃうし，$m=2$ なら両方5になっちゃう。**さっきと別の奇数なんだから，$2n+1$（n は整数）などと文字を変えなきゃいけない**んだ。

解答　2つの奇数を $2m+1$，$2n+1$（m，n は整数）とおくと

$$(2m+1)+(2n+1)=2m+2n+2$$
$$=2(m+n+1)$$

$m+n+1$ は整数だから，$2(m+n+1)$ は偶数である。
よって，奇数どうしの和は偶数になる。　例題1

例題 2　つまずき度 !!!!!

連続した3つの奇数の和は，6で割ると3あまる数であることを説明せよ。

“6で割ると3あまる数”ということは，9とか15とか“6の倍数より3大きい数”ということだね。まず，いちばん小さい奇数を $2m+1$（m は整数）とおこう。

「じゃあ，ほかの奇数は，$2m+2$ と $2m+3$ だ。」

いや，そうじゃないよ。**“となりどうしの奇数”って3，5，7のように差が2だよね。**

「あっ，そうか。気がつかなかった。
じゃあ，$2m+3$と$2m+5$ですか？」

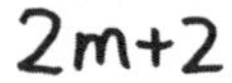

そうなるね。さて，この3つを足すんだ。

$$(2m+1)+(2m+3)+(2m+5)=6m+9$$

「$6m$は6の倍数だから，“6の倍数より9大きい数”ですね。」

ということは，“6の倍数より3大きい数”ともいえるね。

「あっ，そうですね。」

「えっ？　今の，わからなかった。どういうこと？」

9は6+3と考えればいいってことだ。解答を最初からまとめておくよ。

解答　3つの奇数を$2m+1$，$2m+3$，$2m+5$（mは整数）とおくと

$$\begin{aligned}(2m+1)+(2m+3)+(2m+5)&=6m+9\\&=6m+6+3\\&=6(m+1)+3\end{aligned}$$

よって，連続した3つの奇数の和は，6で割ると3あまる数である。

例題 2

「最後は，6でくくるとわかりやすいですね。」

そうだね。偶数・奇数の問題は理解できたかな？　まとめておくよ。

偶数・奇数の文字式

偶数は$2m$（mは整数），**奇数は**$2m+1$か$2m-1$（mは整数）とおく。

“連続した偶数”や**“連続した奇数”**は**2つ違い**なので，注意しよう。

さて，今回は偶数，つまり２の倍数なら$2m$（mは整数）とおけるという話をしたけど，例えば，３の倍数なら$3m$（mは整数）とおけるからね。これもあわせて覚えておこう。

「じゃあ，3の倍数でない数は，どうおけるのですか？」

３の倍数でないということは，３の倍数より１大きいか，２大きいということだよね。

「そうか！

３の倍数より１大きい数なら，$3m+1$（mは整数）

３の倍数より２大きい数なら，$3m+2$（mは整数）

とおけばいいんだ！」

そうだね。また，３の倍数でないということは，３の倍数より１小さいか，２小さいと考えてもいい。

３の倍数より１小さい数は，$3m-1$（mは整数）

３の倍数より２小さい数は，$3m-2$（mは整数）

とおくよ。

CHECK 101

つまずき度 !!!!!

➡ 解答は別冊 p.87

次の問いに答えよ。

(1) 3の倍数より2大きい数(1小さい数)と，3の倍数より1大きい数(2小さい数)の和が3の倍数であることを説明せよ。

(2) 連続した3つの偶数の和は6の倍数であることを説明せよ。

1-9 ややこしい値を文字にして計算する

「文字を計算に使うようになってから，数学が苦手になった」という声をよく聞くけど，もったいないよ。せっかく，昔の人がラクに計算をする工夫として発明してくれたんだから。

「数字の計算ならなんとかなるけど，文字が出てくるとなんか難しくて……。なぜ文字を使うのですか？」

えっ？　今さら(笑)？　じゃ，例題を使って説明しよう。

例題　つまずき度 !!!!!

図のように，直線の部分からカーブを曲がって，反対側の直線の部分でゴールするという，同じ距離を走るレースをする。

外側の２コースの人は，内側の１コースの人より何m前からスタートすればよいか。ただし，内側の半円の半径は23.9m，レーンの幅は1.2mとし，走る距離は各コースの内側の線の長さと考える。

外側の２コースの人のほうが，内側の１コースの人より少し前からスタートする理由は大丈夫だよね。

「横一線にスタートして，横一線のゴールでは，外側の人のほうが長く走ることになるからですよね。」

そうだよね。じゃあ，何m前から走ればいいだろう？

「距離の差を求めればいいんですよね。」

「そう考えると，カーブのところの半円周の部分の差を求めればいいな。その分，スタートの距離を前にすればいいんだから。
えーっと，まず1コースの人は，円周が

$2\times23.9\times3.14$

その半分だから

$2\times23.9\times3.14\times\frac{1}{2}$

（筆算で計算して）75.046mです。」

そうだね。じゃあ，外側を走る2コースの人は？

「半径は$23.9+1.2=25.1$（m）だから，カーブの半円周は

$2\times25.1\times3.14\times\frac{1}{2}=78.814$

2人の走る距離の差は　$78.814-75.046=3.768$（m）
わーっ，計算が大変だった！」

大変だったね。実は，こういった23.9などのややこしい値がある計算は，**ややこしい値を最初に文字におきかえて計算したほうが絶対にいいんだ**。円の半径をr m，円周率もπを使ったほうがいい。**文字で計算して，十分簡単になったあとに代入するのが，上手な求めかた**なんだ。

「じゃあ，レーンの幅の“1.2m”も中途半端だから，これも文字におきかえたほうがいいですか？」

あっ，いい提案だね。じゃあ，レーンの幅はx mとしよう。

解答 内側の半円の半径をr m，レーンの幅をx mとすると

1コースの半円の部分の長さは　$2\pi r\times\frac{1}{2}=\pi r$

2コースの半円の部分の長さは　$2\pi(r+x)\times\frac{1}{2}=\pi(r+x)$

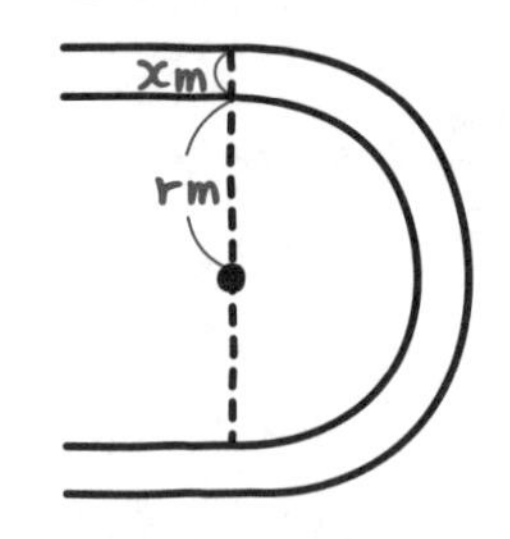

よって，差は

$$\pi(r+x)-\pi r=\pi r+\pi x-\pi r$$
$$=\pi x$$

$x=1.2$だから，代入して

1.2π m ← 答え 例題

「円周率πを3.14とすると，1.2×3.14＝3.768（m）ということか。あっ，こっちのほうがいい！」

ちなみに，同様に計算すると，2コースと3コースの差も，3コースと4コースの差も1.2π mになるとわかるよ。

「へぇ。半径の長さr mは関係ないんですね。」

そう。どんなに広いグラウンドでも，差は幅×πになるんだ。面白いね。

✓CHECK 102　つまずき度 !!!!!　➡ 解答は別冊 p.87

地球の半径を6378kmとする。

赤道上の1mの高さにロープを張り，地球を1周させると，ロープの長さは赤道の長さより何m長くなるか。

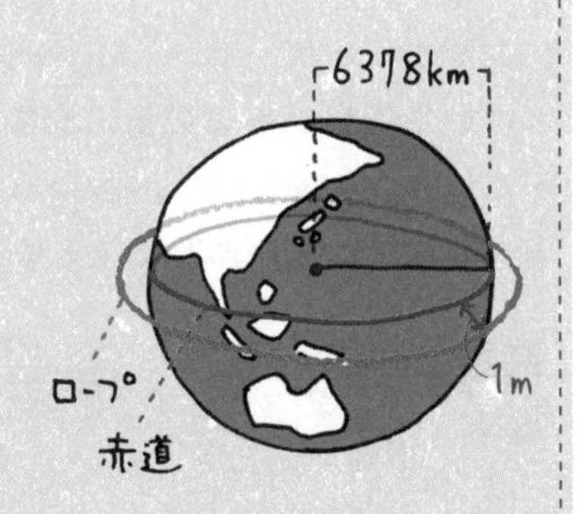

1-10 ある文字について解く

式の形は自由に変えられるようにしよう。"$S=$" にしたければ，S以外は数字と同じだと考えよう。

例題　つまずき度 !!!!!

底面積がS，高さがh，体積がVの角錐（または円錐）について，次の問いに答えよ。

(1)　VをS，hを用いて表せ。

(2)　(1)で作った等式をSについて解け。

まず，(1)はいいかな？

「解答　$V=\frac{1}{3}Sh$ ⇦答え　例題 (1)」

正解！　中１の 6-12 で登場したね。

さて，次の(2)の『Sについて解け』は『"$S=$"の形に変形せよ』という意味なんだ。

まず，**"主役"のSを含む項は左辺にあったほうがいい。**左辺と右辺を逆に書こう。

$$\frac{1}{3}Sh=V$$

そして，**"$S=$"にしたいのだから，両辺をSの係数で割る。**Sの係数はいくつ？

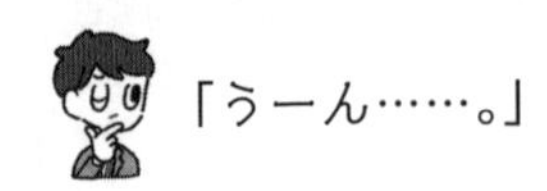

「うーん……。」

順番をかえて，$\frac{1}{3}hS$と考えるとわかるかな？

「あっ，Sの係数は$\frac{1}{3}h$だ。」

そうだね。両辺を$\frac{1}{3}h$，つまり$\frac{h}{3}$で割れば“$S=$”の形になるぞ。

「$\frac{h}{3}$で割るってことは，$\frac{3}{h}$を掛けるのと同じですね。」

そう。だからこうなるよ。

解答　$\frac{1}{3}Sh=V$

$$S=\frac{3V}{h}$$

答え　例題 (2)

✓CHECK 103　つまずき度 !!!!!　➡ 解答は別冊 p.87

半径r，中心角$x°$，面積Sのおうぎ形について，次の問いに答えよ。

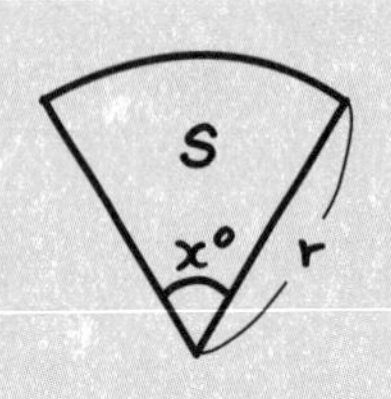

(1)　Sをr，xを用いて表せ。

(2)　(1)で作った等式をxについて解け。

中学2年 2章

連立方程式

“つるかめ算”というのを小学校のときにやったことがあるかな？『鶴(つる)と亀(かめ)が合わせて17匹いて，足の数がぜんぶで52本なら，鶴は何羽で亀は何匹いるか？』とかいう問題だ。

「やったことあります。確か，すべての組み合わせを表にして考えるんですよね。」

「あと，『もし，ぜんぶが鶴だとしたら足の数は●本のはずだけど，実際にはそれより▲本多いから……』という解きかたも教わった記憶がある！」

でも，この章を勉強したら，『もっといい方法があるよ』と小学生に教えたい気持ちになると思うよ。

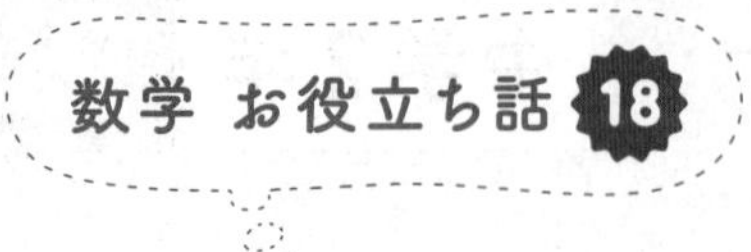

連立方程式とは？

『$4x+3y=28$が成り立つときの自然数x，yは？』って聞かれたら，どうやって求める？

「xに1，2，3，……というふうに数を入れていけばいいのかな？」

なるほど。じゃあ，やってみてごらん。

「$x=1$なら　$4+3y=28$

$3y=24$

$y=8$

$x=2$なら　$8+3y=28$

$3y=20$

$y=\frac{20}{3}$

あっ，これは分数だからダメだ。」

ぜんぶ計算して，表にまとめてごらん。

「できた！

x	1	2	3	4	5	6	7
y	8	$\frac{20}{3}$	$\frac{16}{3}$	4	$\frac{8}{3}$	$\frac{4}{3}$	0

“$x=1$，$y=8$”　か　“$x=4$，$y=4$”　です。」

そうだね，よく頑張りました。今回は，“x，y は自然数”だけど，もし，『$4x+3y=28$ が成り立つときの数 x，y』なら，負でもいいし，0でもいいし，分数でも，小数でもいいわけだから，いくらでもできてしまうよね。

「答えは無数にありますよね。」

そうなんだ。ところが，もう1つ式があれば，x，y の答えは1つずつに決まることが多いよ。例えば，『$2x-3y=-40$』という式も考えて

$$4x+3y=28,\ かつ,\ 2x-3y=-40$$

となる x，y を求めるなら，$x=-2$，$y=12$ という1組だけが答えになるよ。

「$x=-2$，$y=12$を代入すると

　$4x+3y$ は，$4\times(-2)+3\times12$だから28

　$2x-3y$は，$2\times(-2)-3\times12$だから-40

あっ，成り立つ！」

「この答えってどうやって見つけるのですか？　やっぱり何回も数を入れて調べるんですか？」

いや。そんな必要はないよ。ちゃんと求めかたがあるから，このあとで紹介するよ。ところで，このように式が２つ以上ある方程式を組にしたものを**連立方程式**（れんりつほうていしき）という。特に今回のように

$$\begin{cases} 4x+3y=28 \\ 2x-3y=-40 \end{cases}$$

のようなものは**連立２元（げん）１次方程式**というよ。

「なんか難しそうなネーミング。」

“元”というのは文字の種類のことだよ。文字の種類がx，yの２つで，１次式だから，２元１次ということだ。

「ほかにもあるのですか？　２元２次とか，３元１次とか。」

うん。あるけど，習うのは高校に入ってから。とりあえず，連立方程式という用語だけ知っておこう。中学の範囲では“連立方程式”といったらx，yなど文字が２つで，式も２つのもののことだ。

2-1 連立方程式　～加減法～

連立方程式の解きかたを紹介しよう。まずは最もシンプルな方法から。

例題 1　つまずき度 !!!!!

次の連立方程式を解け。

$$\begin{cases} 4x+3y=28 \\ 2x-3y=-40 \end{cases}$$

これはさっきの数学 お役立ち話⑱で解いてしまったけど，改めて計算してみよう。

まず，式に名前がついていないと不便なので

$4x+3y=28$　……①

$2x-3y=-40$　……②

とするよ。考えかたとしては，**まず x，y のいずれか一方を消去しよう。** 一方が $+3y$ で，他方が $-3y$ なので，そのまま2式を足せば y が消えるよ。

「筆算で足せばいいのですか？」

そうだね。1-6でやったよね。

$$\begin{array}{rl} 4x+3y=28 & \cdots\cdots① \\ +)\ 2x-3y=-40 & \cdots\cdots② \\ \hline 6x\qquad=-12 & \end{array}$$

さて，$6x=-12$ ということは，$x=-2$ だ。これをもとの式に代入すればいい。解答を最初からまとめておくよ。

解答

$4x+3y=28$ ……①

$2x-3y=-40$ ……②

とすると

$$\begin{array}{rl} 4x+3y=28 & \cdots\cdots① \\ +)\ 2x-3y=-40 & \cdots\cdots② \\ \hline 6x\qquad=-12 & \\ x=-2 & \end{array}$$

$x=-2$ を①式に代入すると

$\underset{4x}{\underline{-8}}+3y=28$

$3y=36$

$y=12$

よって　$\boldsymbol{x=-2,\ y=12}$ 　答え　例題1

「$x=-2$ が求まったあと，②式に入れちゃダメなんですか？」

いや，それでもいいよ。$2x-3y=-40$ に $x=-2$ を代入すると

$\underset{2x}{\underline{-4}}-3y=-40$

$-3y=-36$

$y=12$

となって同じ結果になるよ。x か y のどちらかが求められたら，求めた値を2つの式のどちらに代入しても，もう1つの解は求められる。代入したあとの式が簡単になりそうなほうに代入しよう。

このように，2つの式の左辺どうし，右辺どうしを足したり引いたりして，1つの文字を消して連立方程式を解く方法を**加減法**（かげんほう）というよ。加法（足し算）をしたり，減法（引き算）をしたりするから加減法だ。

例題 2　つまずき度 !!!!!

次の連立方程式を解け。

$$\begin{cases} x+7y+4=0 \\ 2x+5y-13=0 \end{cases}$$

このままでも解けないことはないけれど，**文字の項は左辺に，定数項は右辺に移項したほうが計算しやすい**から，そうしよう。

$$\begin{cases} x+7y=-4 \quad \cdots\cdots ① \\ 2x+5y=13 \quad \cdots\cdots ② \end{cases}$$

「あれっ？　この式は，足しても引いてもxもyも消えない……。」

そうなんだ。xやyの係数が①式と②式では違うからね。**まず，係数を合わせる必要がある。**

①式を2倍すると

$$\underline{\underline{2}}x+14y=-8$$

となって，xの係数が2式とも2になるね。これから②式を引けばいいよ。

今のままではかなわない…
x+7y=-4　×2→　2x+14y=-8
2倍になったぞ
フッフッフ
2x+5y=13
なんと！追いつかれた!!
2x+5y=13

解答

$x+7y=-4$ ……①

$2x+5y=13$ ……②

$$\begin{array}{rl} 2x+14y=-8 & \cdots\cdots①\times 2 \\ -)\ 2x+\ \ 5y=13 & \cdots\cdots② \\ \hline 9y=-21 & \end{array}$$

$$y=-\frac{7}{3}$$

$y=-\frac{7}{3}$ を①式に代入すると

$$\underset{+7y}{x-\frac{49}{3}}=-4$$

$$x=\frac{37}{3}$$

よって　$x=\frac{37}{3},\ y=-\frac{7}{3}$ ← 答え　例題 2

①式を−2倍して　$-2x-14y=8$
として②式と足しても解ける。とにかく"文字を1つ消す"ことが大事だ。

「x ではなくて y のほうを消して，x を先に求めちゃダメですか？」

それでも解けないことはない。じゃあ，①式と②式の y の係数を合わせて，y を消してみようか。①式は y の係数が"7"，②式は y の係数が"5"だから，最小公倍数の"35"を作るようにしよう。①式を5倍して，②式を7倍すれば，2式とも y の係数が35でそろうからね。

解答

$x+7y=-4$ ……①

$2x+5y=13$ ……②

$$\begin{array}{rl} 5x+35y=-20 & \cdots\cdots①\times 5 \\ -)\ 14x+35y=91 & \cdots\cdots②\times 7 \\ \hline -9x\qquad\ \ =-111 & \end{array}$$

$$x=\frac{37}{3}$$

$x=\frac{37}{3}$ を①式に代入すると

$$\frac{37}{3}+7y=-4$$

$$7y=-\frac{49}{3}$$

$$y=-\frac{7}{3}$$

よって **$x=\frac{37}{3}$, $y=-\frac{7}{3}$** ⇐答え 例題 2

「ちょっと面倒ですね。」

そうだね。今回の場合，まずyを消すのに①式も②式も掛け算したから，手順が増えちゃったよね。手順が増えると計算ミスもしやすくなる。xとyのどちらを消すほうがラクに解けそうなのかを，最初に考えるといいよ。

Point 35 連立方程式の解きかた（加減法）

① **まず，2式とも右辺に定数項**がくるようにする。

② 2式の**xかyの係数を合わせて，1つの文字を消去**する。

③ 消去されずに**残った文字の値を求めて，それをもとの式に代入してもう1つの文字**（消去した文字）**の値も求める**。

CHECK 104

つまずき度 !!!!!

➡ 解答は別冊 p.88

次の連立方程式を解け。

(1) $\begin{cases} x+2y=18 \\ 5x-2y=6 \end{cases}$　　(2) $\begin{cases} 4x-5y+22=0 \\ -3x+8y-42=0 \end{cases}$

2-2 連立方程式　～代入法～

加減法と並んでよく知られているのが代入法だ。

例題　つまずき度 !!!!!

次の連立方程式を解け。

$$\begin{cases} 4x-7y=25 \\ y=2x+5 \end{cases}$$

このように，**“$y=\sim$ ”や“$x=\sim$ ”という形の式があったら，もう一方の式にその式を代入して解くこともできる。**この解きかたを**代入法**（だいにゅうほう）という。

yとイコールです

すっぽり　おさまります

$y=(2x+5)$ ―代入→ $4x-7((2x+5))=25$

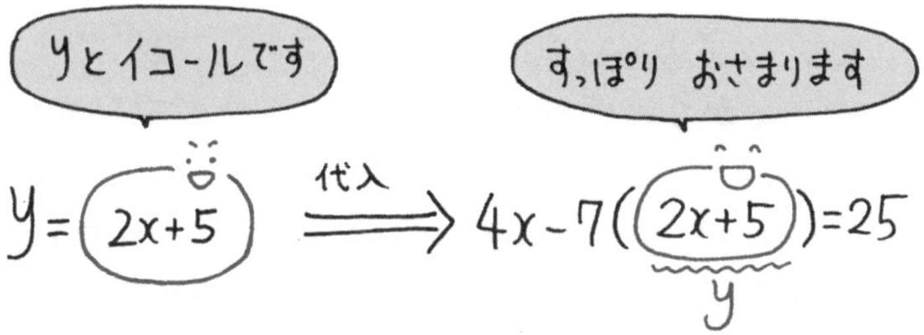

解答

$4x-7y=25$ ……①

$y=2x+5$ ……②

②式を①式に代入すると

$4x-7\underbrace{(2x+5)}_{y=2x+5}=25$

$4x-14x-35=25$

$-10x=60$

$x=-6$

$x=-6$ を②式に代入すると

$y=-12+5$

$=-7$

よって **$x=-6$, $y=-7$** ⇦ 答え 例題

「②式をまるごと①式に代入してしまうんですね。」

「この問題はさっきの“加減法”で解いちゃダメなんですか？」

それでもいいよ。

$y=2x+5$ ……②

の $2x$ を左辺に移項して

$-2x+y=5$ ……②′

とすれば，加減法で解けるね。でも，この変形が面倒じゃない？

一方の式が“$x=$～”や“$y=$～”になっているときは，その式を他方の式に代入してしまったほうがラクに解けることが多いよ。

「逆に，さっきの 2-1 の 例題 1 を“代入法”で解くこともできるんですか？」

うん。できないこともない。

$4x+3y=28$ ……①

$2x-3y=-40$ ……②

例えば，①式を“$y=$”に変形すると

$4x+3y=28$

$3y=-4x+28$

$y=-\frac{4}{3}x+\frac{28}{3}$

これを②式に代入すればいいけど……，大変そうだね(笑)。

両方の式が●x＋■y＝▲の形になっているときは，加減法で解くのがオススメだよ。

中2 2章

コツ８　連立方程式の解法

一方の式が“$x=\sim$”や“$y=\sim$”となっていたら**代入法**，両方の式が●x＋■y＝▲の形だったら**加減法**で解く！

CHECK 105　つまずき度 !!!!!

➡ 解答は別冊 p.88

次の連立方程式を解け。

$$\begin{cases} 6x+5y=-20 \\ x=-3y+1 \end{cases}$$

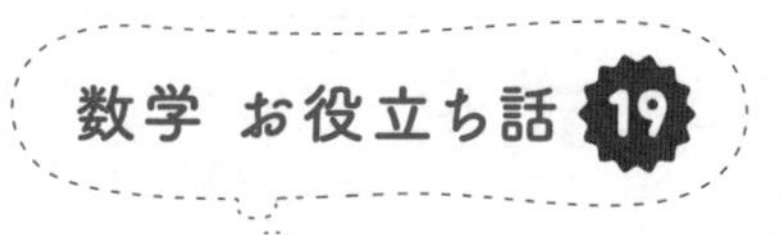

解が1つに決まらない連立方程式

式が2つあっても，例えば

$$\begin{cases} 3x+2y=-7 & \cdots\cdots① \\ 6x+4y=-14 & \cdots\cdots② \end{cases}$$

なら，x，yの答えが1つじゃないんだ。どうしてかわかる？

「あっ，わかった！　同じ式だからだ。①式の両辺を2倍すると，②式になるもん！」

「あっ，ホントだ。気がつかなかった。」

そうだね。式が2つあるように見えて，どちらも

$$3x+2y=-7$$

の式だからね。**x，yの答えは無数にあるね。**

じゃあ，もう1問考えてみよう。

$$\begin{cases} x-5y=-2 & \cdots\cdots① \\ 3x-15y=-9 & \cdots\cdots② \end{cases}$$

はどうなる？

「①式を3倍すると……，あれっ？　$3x-15y=-6$になって，②式とx，yの係数は同じなのに，イコールのあとが違う……。」

うん。矛盾するよね。①式と②式が両方とも成り立つことはありえない。つまり，x，yにあてはまるものは1つもないということになる。**この連立方程式は解なしだ。**

2-3 難しい連立方程式を解いてみよう

面倒な計算が難なくこなせるようになるには，やっぱり練習を積むことが大切だ。

例題　つまずき度 !!!!!

次の連立方程式を解け。

$$\begin{cases} 0.3x-0.4y=1.5 \\ \dfrac{5}{6}x+\dfrac{1}{2}y=-\dfrac{2}{3} \end{cases}$$

1つめの式はこのままだと計算しにくいね。簡単な式にしたい。どうすればいいと思う？

「両辺を10倍するんですね。」

そうだね。中1の3-5でやったね。2つめの式は？

「分数をなくしたいから，両辺を6倍すればいい！」

そう。分母は6，2，3だから，両辺に最小公倍数である“6”を掛ければいいね。これは中1の3-6でやった。じゃあ，解いてみて。

コツ 9　小数や分数の使われている連立方程式

小数の場合は**10倍**や**100倍**し，**分数の場合**は**分母の最小公倍数を掛けて，係数を整数にして**計算する。

「解答 $0.3x-0.4y=1.5$ の両辺を10倍，$\frac{5}{6}x+\frac{1}{2}y=-\frac{2}{3}$ の両辺を6倍して

$3x-4y=15$ ……①

$5x+3y=-4$ ……②

$$\begin{array}{rl} 15x-20y=75 & \cdots\cdots①\times5 \\ -)\ 15x+\ 9y=-12 & \cdots\cdots②\times3 \\ \hline -29y=87 & \\ y=-3 & \end{array}$$

$y=-3$ を①式に代入すると

$3x\underbrace{+12}_{-4y}=15$

$3x=3$

$x=1$

よって **$x=1,\ y=-3$** ⇦答え 例題」

うん。正解。①式も②式も x の係数を15にして $15x$ とするため，①式のほうを5倍，②式のほうを3倍したんだね。

「①式のほうを3倍，②式のほうを4倍して

$$\begin{array}{rl} 9x-12y=45 & \\ +)\ 20x+12y=-16 & \\ \hline 29x\qquad=29 & \end{array}$$

としてもできますよね。」

そうだね。それでもいいよ。

CHECK 106 つまずき度 !!!!!

➡解答は別冊 p.88

次の連立方程式を解け。

$$\begin{cases} 5(x-2y+6)-4(3x+y)=16 \\ \frac{1}{5}y=\frac{3}{5}x-1 \end{cases}$$

解がわかっている連立方程式

解といえば代入するという考えかたはよく登場するね。連立方程式の文字は x，y 以外のものもあるが，解きかたは変わらないよ。

例題　つまずき度

$x=4$，$y=-2$ が次の両方の方程式の解であるとき，a，b の値を求めよ。

$2ax-b=6y$ ……①
$ay+bx=3$ ……②

これは，中１の 3-9 で説明した通りだ。**“解である”ということは“代入したら成り立つ”ということ** だった。今回は，$x=4$，$y=-2$ を

$2ax-b=6y$ ……①
$ay+bx=3$ ……②

に代入すればいい。すると

$8a-b=-12$ ……③
$-2a+4b=3$ ……④

が成り立つね。

「あとは，a と b の連立方程式を解けばいいのですね。」

解答

$2ax-b=6y$　……①

$ay+bx=3$　……②

$x=4$，$y=-2$ は①式，②式の解より，代入して

$8a-b=-12$　……③

$-2a+4b=3$　……④

$$\begin{array}{rl} 32a-4b=-48 & \cdots\cdots③\times4 \\ +)\ -2a+4b=3 & \cdots\cdots④ \\ \hline 30a\quad\ =-45 & \end{array}$$

$$a=-\frac{3}{2}$$

$a=-\frac{3}{2}$ を③式に代入すると

$\underset{8a}{\underline{-12}}-b=-12$

$b=0$

よって　$a=-\frac{3}{2}$，$b=0$　答え　例題

「x，y 以外の文字で連立方程式を解くこともあるんですね。」

うん。x，yの連立方程式が多いけど，今回みたいにxとyの値が与えられている場合は，ほかの文字の連立方程式を解くこともある。“解である”ということは“代入できる”ということを理解しておけば，残った文字について連立方程式を解くだけだ。

✓CHECK 107　つまずき度 !!　➡ 解答は別冊 p.88

$x=1$，$y=-3$ が次の両方の方程式の解であるとき，m，nの値を求めよ。

$2mx-ny=5m$　……①

$mx=6y-n$　……②

2-5 連立方程式を使って文章題を解いてみよう

連立方程式もほかのものと同様に，日常生活でも使えるよ。その例を見ていこう。

例題　つまずき度 !!!!!

100円のリンゴと140円のオレンジを合わせて8個買い，代金がちょうど1000円になるようにしたい。リンゴとオレンジを何個ずつ買えばいいか。

この問題は，中１の 3-7 で 例題1 としてやっているんだ。そのときは，リンゴをx個とすると，オレンジが$(8-x)$個だから，……として計算した。

「合わせて８個ですもんね。」

うん。しかし今回は，リンゴをx個，オレンジをy個として連立方程式を使って解いてみよう。

まず，個数を考えると

$$x+y=8 \quad \cdots\cdots ①$$

になるね。

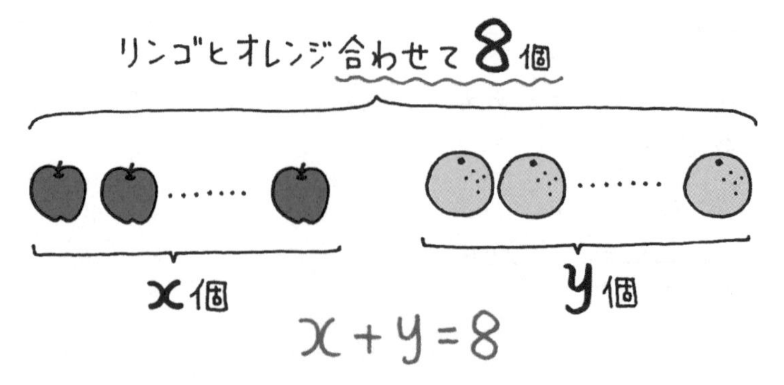

次に，値段を考えると

リンゴは1個100円でx個だから，$100x$円

オレンジは1個140円でy個だから，$140y$円

合計で$(100x+140y)$円。これが1000円だから

$$100x+140y=1000$$

になる。両辺が20で割れるから

$$5x+7y=50 \quad \cdots\cdots ②$$

になるね。

「あっ，連立方程式になった。」

そうなんだ。この①式と②式の連立方程式を解けばいい。

解答 リンゴをx個，オレンジをy個とすると

$$x+y=8 \quad \cdots\cdots ①$$

$100x+140y=1000$より

$$5x+7y=50 \quad \cdots\cdots ②$$

$$\begin{array}{rl} 7x+7y=56 & \cdots\cdots ①\times 7 \\ -)\ 5x+7y=50 & \cdots\cdots ② \\ \hline 2x \qquad =6 & \\ x=3 & \end{array}$$

$x=3$を①式に代入すると

$$\underset{x=3}{3}+y=8$$

$$y=5$$

これは問題にあてはまる。

リンゴの個数は3個，オレンジの個数は5個 

「x，yの2文字でおいても，求められましたね。」

うん。文字を２つ設定すると，２つの式がないと解は求められない。今回は

個数について式を立てて $x+y=8$

値段について式を立てて $100x+140y=1000$

という2式を立てたね。連立方程式の文章題では，この**２つの視点で文字式を立てる**というのがとても大事なんだ。

コツ10 連立方程式の文章題

文字を２つ使ったら，解くのに２つの式が必要。

問題文から，**２つの視点で式を立てよう！**

つまずき度 !!!!!

➡ 解答は別冊 p.89

（次の問題は中１の 3-7 で扱ったものである。）

大量のプチシュークリームを何人かの子どもに分ける。１人あたり８個ずつ分けると５個あまるが，９個ずつ分けると２個足りない。

子どもの人数と，プチシュークリームの個数を求めよ。ただし，子どもの人数をx，プチシュークリームの個数をyとして，連立方程式を作って求めること。

2-6 道のり，速さ，時間の問題を連立方程式で解く

以前にも登場した道のり，速さ，時間の問題。単位に気をつけなきゃいけないし，鉄橋やトンネルの問題は引っかかりやすい。しっかりチェックしておきたいね。

例題　つまずき度 !!!!!

ある一定の速さで走る列車が，550mの鉄橋を渡るのに26秒かかり，1060mのトンネルを通過するのに43秒かかった。
この列車の長さと時速を求めよ。

列車の長さをx m，速さを秒速y mとしよう。

「えっ？　でも，求めるのは『時速』ですよね。」

そうなんだけど，問題文が“秒”になっているから，それに合わせよう。計算がしやすいように単位をおくことが大切だよ。秒速を求めてしまえば，あとはそれを時速に直すだけだ。

さて，式の立てかたは中1の 2-6 でやっているね。

(道のり)＝(速さ)×(時間)

だった。

「『550 mの鉄橋を渡るのに秒速y mで26秒かかる』のだから

$550=26y$　ですね。」

いや，そうじゃないよ。次の絵で考えてみよう。

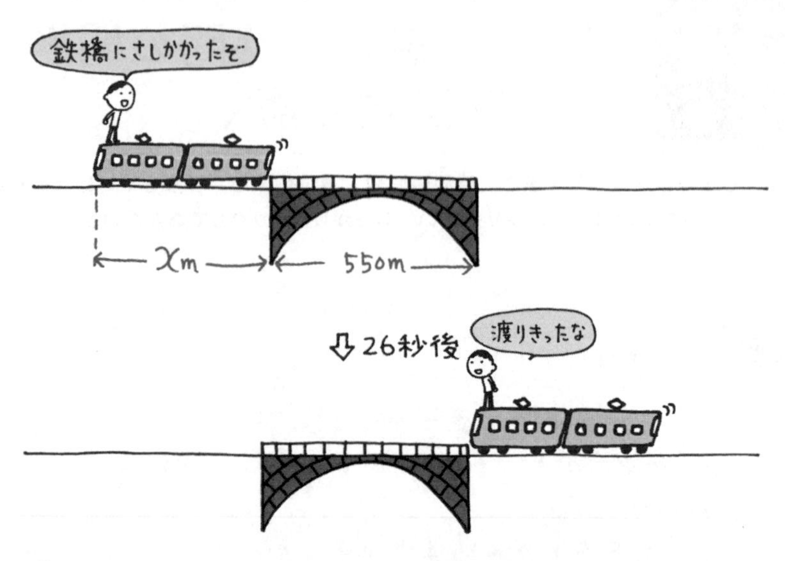

“鉄橋を渡る”ということは，列車の先頭が鉄橋にさしかかってから，最後尾が鉄橋を完全に抜けるまでだ。つまり

（鉄橋の長さ）＋（列車の長さ）

移動しているんだよね。

「確かに！　絵を見るとわかりやすいわ。じゃあ，$(550+x)$ m移動しているということですね。」

今度，この問題に出あったときは自力で解けるようにね。
トンネルのほうも同じように考えよう。式を２つ立ててごらん。

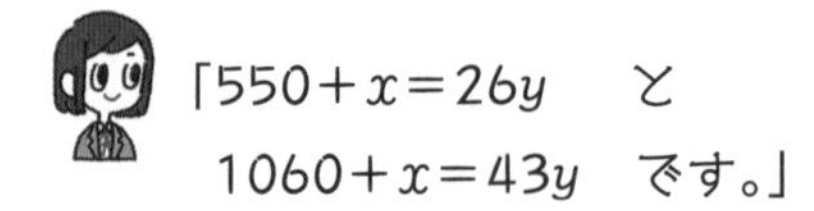

「$550+x=26y$　と
$1060+x=43y$　です。」

そうだね。実際に，連立方程式を解く計算をするときには，**2-1** でやったように，**文字の項は左辺に，定数項は右辺に移項して計算しよう。**

解答 列車の長さをx m，速さを秒速y mとする。

550 mの鉄橋を渡るのに26秒かかるので

$550+x=26y$

$x-26y=-550$ ……①

1060 mのトンネルを通過するのに43秒かかるので

$1060+x=43y$

$x-43y=-1060$ ……②

$$
\begin{array}{rrl}
 & x-26y=-550 & \cdots\cdots ① \\
-) & x-43y=-1060 & \cdots\cdots ② \\
\hline
 & 17y=510 & \\
 & y=30 &
\end{array}
$$

$y=30$を①式に代入すると

$x-780=-550$

$x=230$

$y=30$より秒速30 mということは，1時間に列車が進む距離は

$30\times60\times60=108000$(m)

よって列車の時速は108 km

これは問題にあてはまる。

列車の長さは230 m，時速は108 km 答え 例題

せっかく解けても，最後に時速に換算するのを忘れたらもったいないぞ。しばらくしてから，もう一度自力で解いてみてね。

✓CHECK 109 つまずき度 !!!!! ➡解答は別冊 p.89

修司くんは自宅から1300m離れた駅に向かって出発した。はじめは毎分50mの速さで歩いていたが，電車に乗り遅れそうになったので途中から毎分90mの速さで走ったら，自宅を出てから22分で駅に着いた。

歩いた時間(分)と走った時間(分)を求めよ。

割合が登場する問題

割合の問題は苦手にしている人が多いね。解くときのコツを紹介するからしっかり覚えよう。

例題　つまずき度 !!!!!

濃度が6%の食塩水Aと濃度が2%の食塩水Bを混ぜると，濃度が3%の食塩水400gができた。
A，Bを何gずつ混ぜたか。

まず，『食塩水の濃度が6%』って意味はわかる？　食塩水の質量のうち6%が塩分ということだよ。例えば，食塩水が100gなら，そこに食塩が6g溶けていることになる。

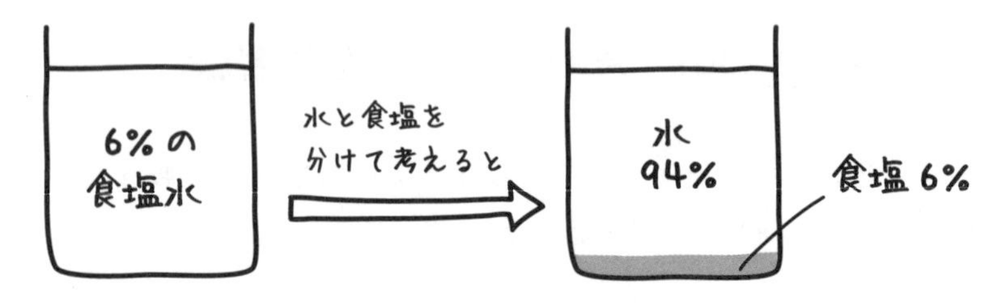

「水分は94%ということですね。」

そうだね。さて，2-5では「2つの式が必要だから，2つの視点で式を立てる」という話をしたね。食塩水の問題では，“食塩水”と“食塩”の量に注目して式を立てることが大切だ。

コツ11 割合の問題の解きかた

割合の問題は，

全体（今回は食塩水）**はどうか？**

その一部（今回は食塩）**はどうか？**

で**2つの式を作ろう。**

食塩水Aをxg，食塩水Bをygとしようか。

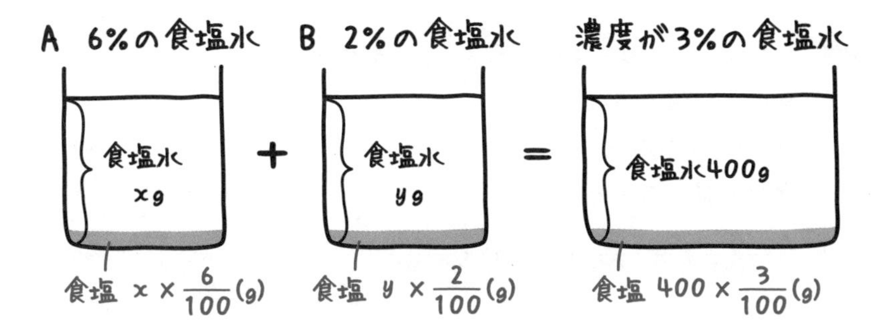

まず，両方を混ぜると400gの食塩水になるから

$x+y=400$　……①

が成り立つね。

次に，食塩のほうだが

Aは食塩水がxgで濃度が6%だから，食塩は$\frac{6}{100}x$g

Bは食塩水がygで濃度が2%だから，食塩は$\frac{2}{100}y$g

である。そして，混ぜたあとの食塩は？

「食塩水が400gで濃度が3%だから，食塩は

$400\times\frac{3}{100}=12$(g)

ですね。」

そうだね。$\frac{6}{100}x$ gと$\frac{2}{100}y$ gを混ぜて，12gになるのだから

$$\frac{6}{100}x+\frac{2}{100}y=12 \quad \cdots\cdots②$$

が成り立つね。分数をなくすため，両辺を100倍して

$$6x+2y=1200$$

とすればもっといいし，さらに両辺を2で割って

$$3x+y=600 \quad \cdots\cdots②'$$

とすると計算がラクだね。

「あっ，そして，①式と②′式の連立方程式を解けばいいのですね。」

解答 食塩水Aをxg，食塩水Bをyg混ぜたとする。

食塩水の量を考えると

$$x+y=400 \quad \cdots\cdots①$$

食塩の量を考えると

$$\frac{6}{100}x+\frac{2}{100}y=400\times\frac{3}{100}$$

$$\frac{6}{100}x+\frac{2}{100}y=12 \quad \cdots\cdots②$$

$$6x+2y=1200$$

$$3x+y=600 \quad \cdots\cdots②'$$

$$\begin{array}{rl} x+y=400 & \cdots\cdots① \\ -)\ 3x+y=600 & \cdots\cdots②' \\ \hline -2x\qquad=-200 & \\ x=100 & \end{array}$$

$x=100$を①式に代入すると

$$\underset{x}{100}+y=400$$

$$y=300$$

これは問題にあてはまる。

食塩水Aは100g，食塩水Bは300g ←答え 例題

$x=100$，$y=300$ が求まった時点でやめてしまう人が多いから気をつけよう。最後に，“問題で聞かれていること”を答えるのだから，「食塩水Aは100 g，食塩水Bは300 g」としなきゃダメだよ。

CHECK 110　つまずき度 !!!!!　➡ 解答は別冊 p.89

DVDとゲームソフトの両方を買うと定価は5800円である。しかし，中古のショップへ行くと，DVDは2割引き，ゲームソフトは4割引きで買うことができ，両方を買うと，4000円払っても100円おつりがきた。

DVD，ゲームソフトそれぞれの定価を求めよ。

2-8 求めたいもの以外を x，yとおく場合

方程式を作るときは，“求めたいもの”でないものをx，yとおいたほうがラクに式を立てられることがあるよ。

例題 つまずき度 !!!!!

ある学校の新入生の数は，去年は355人であった。今年の新入生は去年と比べて，男子は4%増え，女子は5%減り，新入生全体では2人減った。

今年の男子，女子それぞれの新入生の数を求めよ。

じゃあ，**去年の男子，女子の新入生の数をそれぞれx，yとおこうか。**

「えっ？　今年の新入生の数を求めるのだから，今年の男子，女子の新入生の数をx，yとおくんじゃないんですか？」

必ずしも“求めるもの”をx，yとおかなくてもいいんだ。

コツ12 文章題で，文字としておくもの

① **『全体の何倍，何%』**とあったら，**全体をx，y**とおく！

② **『何倍，何%増えた（減った）』**とあったら，**もとの数をx，y**とおく！

まずは，コツの①について。2-7 の 例題 の食塩水の問題では，たまたま食塩水のほうを聞かれたけど，『食塩は何gですか』と問われても“全体である”食塩水のほうを x，y とおくようにしよう。

次に，コツの②について。2-7 のCHECK 110でもそうなんだけど，もし，値引きしたあとの値段を問われても，もとの定価のほうを x，y とおくんだ。

「どうして，もとのほうを x，y とおくんですか？」

理由はあとで説明するよ。とりあえず，今回はこの方法で解いてみよう。

去年の男子，女子の新入生の数をそれぞれ x，y とおくと，去年の男女の合計が355人なので

$x+y=355$ ……①

になるね。

さらに，今年の新入生だけど，男子は4%増えたということは，何倍になった？

「どういうこと？」

中1の 2-5 でやったよ。読み返してごらん。

「忘れてました。$\frac{104}{100}$ 倍ですね。」

そうだね。去年を100%とすると，今年は104%ということだからね。今年の男子の新入生の数は $\frac{104}{100}x$ 人になる。じゃあ，女子は？

「$\frac{95}{100}$倍だから，$\frac{95}{100}y$人です。」

そうだね。去年を100％とすると，今年は95％ということだからね。

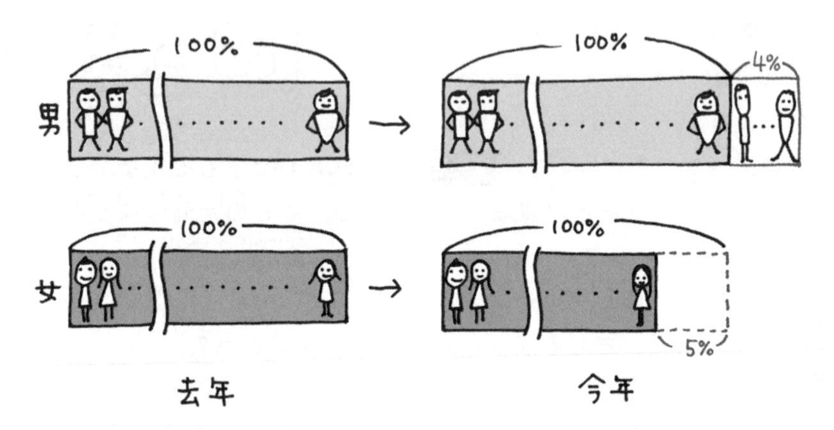

そして，今年の男女の合計は355人から２人減って353人なので

$$\frac{104}{100}x+\frac{95}{100}y=353 \quad \cdots\cdots ②$$

が成り立つね。

「両辺を100倍したほうがいいから

$$104x+95y=35300 \cdots\cdots ②'$$

ということか。」

うん。正解は次のようになる。

解答　去年の男子，女子の新入生の数をそれぞれx人，y人とおくと，
去年の男女の合計が355人より

$$x+y=355 \quad \cdots\cdots ①$$

今年は男子が$\frac{104}{100}x$人，女子が$\frac{95}{100}y$人で，合計が353人より

$$\frac{104}{100}x+\frac{95}{100}y=353 \quad \cdots\cdots ②$$

両辺を100倍して

$104x+95y=35300$ ……②′

$$\begin{array}{rl} 104x+104y=36920 & \cdots\cdots ①\times 104 \\ -)\ 104x+\ \ 95y=35300 & \cdots\cdots ②' \\ \hline 9y=1620 & \\ y=180 & \end{array}$$

$y=180$ を①式に代入すると

$x+\underset{y}{180}=355$

$x=175$

今年の男子の人数は　$\dfrac{104}{100}\times 175=182$（人）

今年の女子の人数は　$\dfrac{95}{100}\times 180=171$（人）

これは問題にあてはまる。

今年の男子の人数は182人，女子の人数は171人 ⇦答え　例題

2-7 の 例題 と同じく，x，y の値が求まった時点でやめてはダメだ。聞かれているのは今年の人数で，『男子が $\dfrac{104}{100}x$ 人，女子が $\dfrac{95}{100}y$ 人』だからね。これに代入して求めよう。

「“これは問題にあてはまる”は，負の数じゃダメということね。」

うん。さらに，今回は **“人数”なので分数や小数でもいけない**。0.3人とか，$\dfrac{5}{8}$ 人とかはないもんね。

「ところで，どうして今回は去年の人数を x，y とおいたのか教えてください。」

あっ，忘れるところだった(笑)。試しに今年の男子，女子の新入生の数をそれぞれ x，y とおいて解いてみようか。今年の男子の人数は去年の $\dfrac{104}{100}$ 倍ということは，去年の男子は今年の $\dfrac{100}{104}$ 倍で，$\dfrac{100}{104}x$ 人だ。

「じゃあ女子は，今年は去年の$\frac{95}{100}$倍だから，去年は今年の$\frac{100}{95}$倍になるので，去年の女子は$\frac{100}{95}y$人ということか。
うーん。ややこしい……。」

そして，去年の合計が355人だから

$$\frac{100}{104}x+\frac{100}{95}y=355$$

になる。さて，分数をなくしてしまいたいけど，分母が違うよね。両辺に104と95の最小公倍数を掛けることになる。

「わーっ，面倒！！　ギブアップ。
もとのほうの，去年の人数をx，yとするようにします。」

CHECK 111　つまずき度 ！！！！！　➡解答は別冊 p.89

プロ野球の小林選手の打率（打数のうちヒットになった割合）は3割，鈴木選手の打率は2割5分であり，2人合わせた全打数が450，2人の打率の平均が2割8分である。

小林選手，鈴木選手それぞれのヒット数を求めよ。

中学2年 3章

1次関数

日本では，温度を表すのに摂氏（単位は℃）を使うけど，海外の多くの国では華氏（単位は°F）というものを使う。摂氏x℃，華氏y°Fとすると

$$y=1.8x+32$$

という関係が成り立つ。このようなものを1次関数というんだ。

「『1次関数』ということは，ほかにも関数ってあるんですか？」

うん。たくさんあるよ。中学3年では別の関数が登場するし，高校数学ではもっと難しいものも勉強することになる。

「そうなのか……。うーん，聞かなきゃよかったかも。」

１次関数とは？

パソコンにはいろいろな計算をしてくれる表計算ソフトが入っていることが多いね。そのソフトでは自分で関数を作ることができる。今回紹介する１次関数もその１つだよ。

関数の中でも**yがxの１次式で表されるもの，要するに**

$y=ax+b$（a，bは定数で，aは０ではない）

の形になるものを１次関数（じかんすう）というんだ。

「aの部分が０のときは，１次関数じゃないんですか？」

$y=b$になって，xの項が消えてしまうからね。１次関数にならないよ。

例題 1　つまずき度 ❗

次の(1)～(5)の式は，以下の①，②のどちらにあたるか。

(1)　$y=4x-5$　　(2)　$y=3x^2$　　(3)　$y=\frac{2}{x}$

(4)　$y=8x$　　(5)　$x-5y=0$

①　yがxの１次関数である。
②　yがxの関数ではあるが，１次関数ではない。

まず，(1)の$y=4x-5$だが，yがxの１次式で表されている。$y=ax+b$の形になっているしね。だから１次関数だ。

「えっ？　でも，マイナスになっているけど。あっ，そうか。aを4，bを-5と考えればいいのか。」

そうだね。

解答 ① ⇐答え 例題1 (1)

(2)の $y=3x^2$ は？

「解答 ② ⇐答え 例題1 (2)

x が変化すると，それに対して y が1つ決まるから，y は x の関数だけど，y が x の2次式だから1次関数じゃないのね。」

その通りだね。(3)の $y=\frac{2}{x}$ は？

「解答 ② ⇐答え 例題1 (3)　　これは反比例だもん。」

正解。(4)の $y=8x$ はどうかな？

「これは比例だから，②じゃないんですか？」

いや。(4)は1次関数だよ。$8x$ は1次式だからね。$y=8x+0$ と考えれば，$y=ax+b$ の形になっているとみなせるしね。

「じゃあ，“比例”も1次関数の仲間ですか？」

そう。**比例は1次関数の中で特別なもの**といえる。

解答 ① ⇐答え 例題1 (4)

Point 36　1次関数の判断

$y=ax+b$（a，b は定数で，$a \neq 0$）が**1次関数**。

比例（$y=ax$）も1次関数だ。

次に(5)の$x-5y=0$だけど，まず“$y=$”の形に直そう。

「$x-5y=0$より　$5y=x$

両辺を５で割ると，$y=\frac{x}{5}$で１次関数じゃない！」

いや。これも１次関数だよ。$y=\frac{1}{5}x$と直したら，わかりやすいかな？$y=ax+b$の形だ。aにあたる数が$\frac{1}{5}$で，bにあたる数が０だもんね。

解答　①　⇐答え　例題１　(5)

「あーっ，そうか！　分数の形をしているから１次関数じゃないと思った！」

多分，(3)と混同しているんじゃないかな？　(3)の$y=\frac{2}{x}$も分数の形だけど，これはxが分母にあるから１次関数ではないんだ。

例題２　つまずき度 !!!!!

次の(1)～(3)のxとyの関係は，以下の①～③のどれにあたるか。

(1)　円の半径$x$cmと面積$y$cm^2
(2)　長方形の周の長さ$x$cmと面積$y$cm^2
(3)　6Lの水が入っている巨大な水そうに，1秒間に2Lの割合で水をx秒間入れたときの水の総量がyL

①　yがxの1次関数である。
②　yがxの関数ではあるが，1次関数ではない。
③　yがxの関数ではない。

「(1) は円の面積の公式を使えばいいんですよね。$y=\pi x^2$ だから

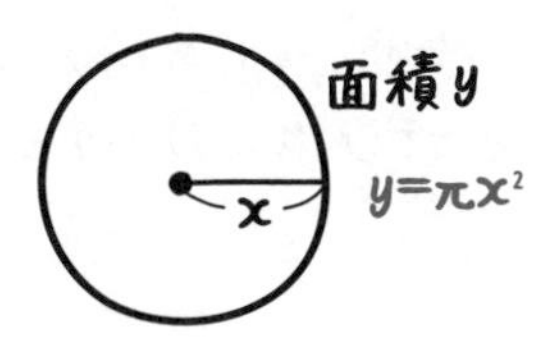

そうだね。関数だけど，y が x の2次式で1次関数じゃない。
サクラさん，(2)はどうかな？

「解答　③　答え　例題 2　(2)」

そう，正解。周の長さ x が同じでも，いろいろな形の長方形があるから，面積 y は1つに決まらない。

「え，どういうことですか？」

例えば，周の長さが20cmの長方形を考えよう。周が20cmだから，縦と横の長さを合わせると10cmなのはわかるね。

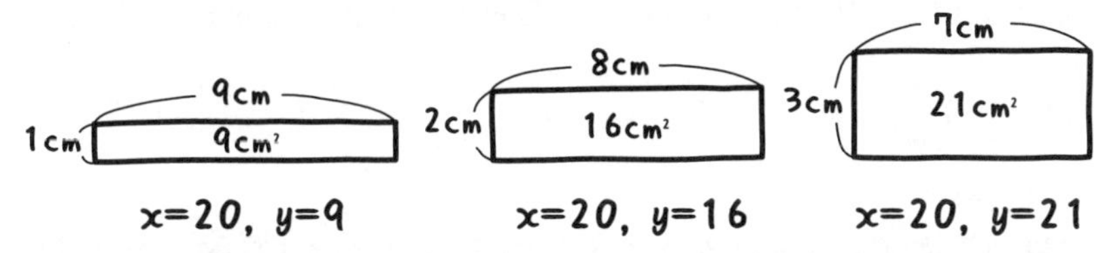

このとき，縦が1cmで横が9cm，縦が2cmで横が8cm，縦が3cmで横が7cmの長方形の面積 y cm² は値が違うよね。つまり，x が同じでも y が1つに決まらないから関数とはいえない。

「よくわかりました。」

それじゃ，サクラさん，最後の(3)はどうかな？

「難しい……。」

まず，はじめに6Lあったんだよね。そして，1秒間に2Lの割合で水をx秒入れたのだから，$2x$L増えたわけだ。

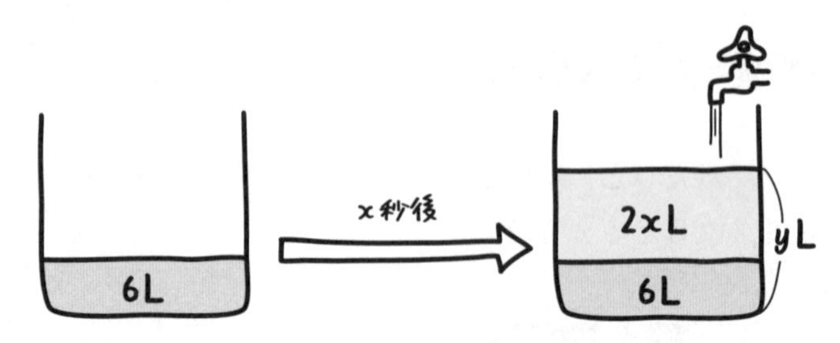

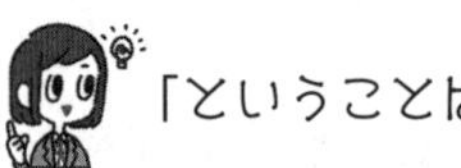

「ということは，$y=6+2x$だから

解答　①　答え　例題 2　(3)」

正解。よくできました。

CHECK 112　つまずき度 !!!!!　➡ 解答は別冊 p.90

次の(1)～(4)は，以下の①～③のどれにあたるか。

(1)　$x+\frac{1}{2}y=6$

(2)　$xy=7$

(3)　長さが24cmのろうそくに火をつけると1時間に3cmずつ燃えてとけるときの，x時間後の長さがy cm

(4)　平行四辺形のとなり合う辺の長さが5cmと$x$cmで，面積がy cm^2

①　yがxの1次関数である。

②　yがxの関数ではあるが，1次関数ではない。

③　yがxの関数ではない。

なぜ“関数”という名前になったの？

関数が西洋で発明されたとき，“機能”という意味の『function（ファンクション）』と呼ばれたんだ。その後，中国に伝わると，その発音から『函数（ファンスウ）』と名前がつけられた。“函”は箱という意味だ。

「“函館（はこだて）”の函だ。」

そうだね。多分，当時の数学では，これは画期的だったんだろうね。

例えば，$y=-5x+1$ という関数なら

$x=2$ のときは，$y=-9$

$x=-1$ のときは，$y=6$

などといった具合に，x の値が決まれば y の値が決まる。

あたかも，『$x=2$』を入れると，『$y=-9$』が出てくるといった魔法の“箱”があるようなイメージをしたんだろうね。

「へーっ。いい名前のつけかたですね。センスある。」

さらに日本に伝わったときは，同じ漢字で日本風に『函数（カンスウ）』と呼ばれ，その後，『関数（かんすう）』という漢字に変えられたんだ。

「“数の関係”だから『関数』。こっちのネーミングもピッタリ。」

3-2 変化の割合

同じペースで数が増えたり減ったりするのが１次関数の最大の特徴だ。もちろん，その増えかたや減りかたにも，大きい，小さいがある。

例題　つまずき度 !!!!!

１次関数$y=3x-5$について，次の問いに答えよ。

(1)　xの値が-2から４まで増加するときのyの増加量を求めよ。

(2)　xの値が-2から４まで増加するときの変化の割合を求めよ。

$x=-2$のときと，$x=4$のときのyの値は，それぞれいくつ？

「$x=-2$のときは，$y=3\times(-2)-5=-11$　で，
$x=4$のときは，$y=3\times4-5=7$　です。」

yはいくつ増えた？

「７から-11を引くと，$7-(-11)=18$　です。」

正解。それが(1)の答えだ。まとめておくよ。

解答　$x=-2$のとき　$y=3\times(-2)-5$
$=-11$
$x=4$のとき　$y=3\times4-5$
$=7$
yの増加量は　$7-(-11)=$**18**　←答え　例題 (1)

さて，続いて(2)だが，**変化の割合**というのは，**xが1増えたときにyがいくつ増えるかということ**だ。

今回は，xが-2から4まで，$4-(-2)=6$増えていて，その間に，yが18増えているよね。

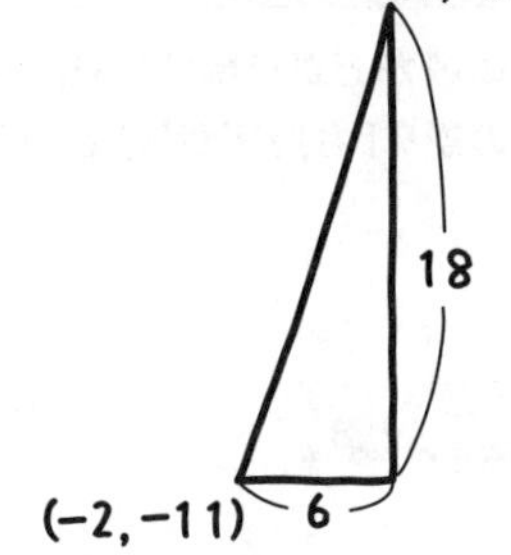

「ということは，xが1増えるごとに，

$\frac{18}{6}=3$増えるということですね。」

そうだね。$\frac{(y\text{の増加量})}{(x\text{の増加量})}$で計算すればいい。

解答　$\frac{18}{6}=\underline{\underline{3}}$　答え　**例題**　(2)

さて，実をいうと，この**“変化の割合”というのは，もとの1次関数のxの係数と同じになる**んだよ。

「xの範囲が違ってもですか？」

そうなんだ。例えば，$x=-3$から$x=8$でやっても結果は変わらないよ。今回，1次関数$y=\underline{\underline{3}}x-5$について考えたから，$\underline{\underline{3}}$が変化の割合となる。

「えっ？　じゃあ，今の(2)の計算はムダってこと？」

まぁ，そういうことだ(笑)。

✔CHECK 113　つまずき度 !!!!!　➡ 解答は別冊 p.90

1次関数$y=-2x+9$について，次の問いに答えよ。

(1)　変化の割合を求めよ。

(2)　xの値が-1から3まで増加するときのyの増加量を答えよ。

1次関数のグラフをかいてみよう

成績が上がり続けたり，会社の業績がアップし続けたりすることを「右肩上がり」，その逆を「右肩下がり」という。その言葉の意味が実感できるかも……。

例題 1

つまずき度 !!!!!

$y=2x+3$ のグラフをかきなさい。

まず，中1の 4-3 でもやったように表にしてみようか。それらの点をとってつなげばグラフがかける。

x	−3	−2	−1	0	1	2	3
y	−3	−1	1	3	5	7	9

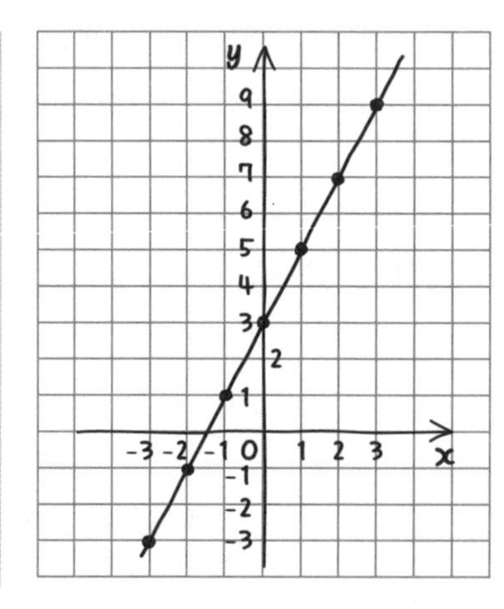

答え 例題 1

このグラフを見てほしい。x が1増えるごとに，y が2増えているよね。

これを **“傾きが2である”** というんだ。$\frac{(y\text{の増加量})}{(x\text{の増加量})}$ で計算できるよ。

「あれっ？　傾きって，“変化の割合”と同じですか？」

その通り！　**傾きと変化の割合は同じもの**だ。それから，もう1つ用語を覚えてほしい。y 軸との交点の y 座標を**切片**(せっぺん)や **y 切片**というんだ。

今回のグラフを見ると，切片は3だね。グラフを見ないでも，“y 軸”は“$x=0$”だから，$y=2x+3$ に $x=0$ を代入した値，つまり3が切片だとわかる。1次関数の式と用語についてまとめておくよ。

Point 37　1次関数の式と用語

$y=ax+b$ ($a \neq 0$) の **a** を**傾き**，**b** を**切片**（**y 切片**）という。

さて，さっきは最初なのでいっぱい点をとってグラフをかいたけど，実際にはもっとラクにグラフをかくことができる。手順を説明するよ。

[$y=2x+3$ のグラフのかきかた]

①　まず，切片に注目する。

$y=2x\underline{+3}$（切片）

切片（y 切片）が3なので，y 軸上の3のところ，つまり，**点(0，3)をとろう。**

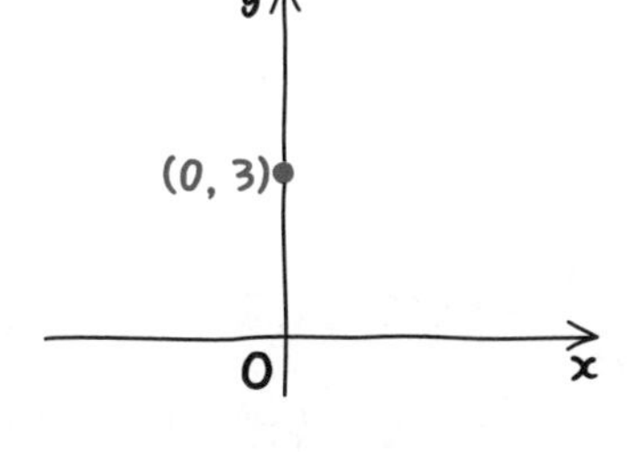

②　次に，傾きに注目する。

$y=\underline{2}x+3$（傾き）

傾きが2なので，x が1増えると，y が2増えるということで，右に1，上に2進んだ**点(1，5)をとろう。**

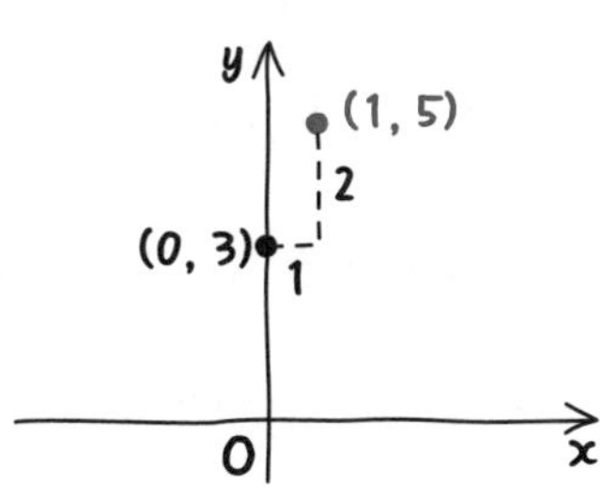

③　①，②の２点を結んだ直線をかく。

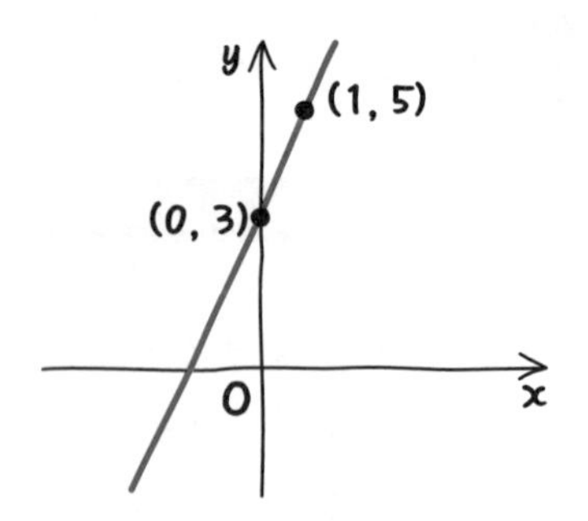

「切片をとって，傾きからもう１点をとって結ぶだけね。」

そう。２点をとれば直線はかけてしまうからね。もう１問やってみよう。

例題 2　つまずき度 !!!!!

$y=\frac{x}{3}-4$ のグラフをかけ。

これは，$y=\frac{1}{3}x-4$ と考えればいいよ。

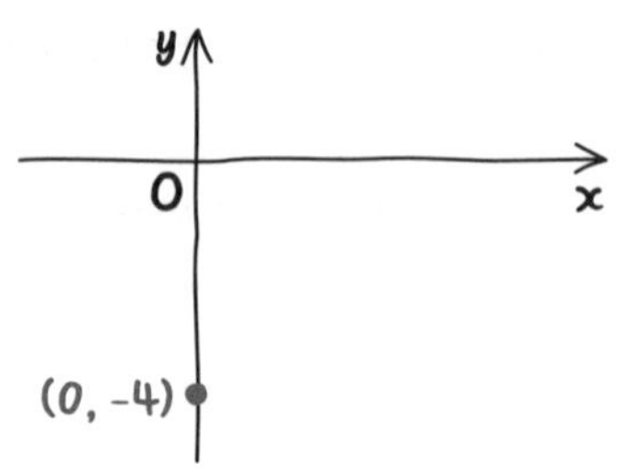

①　まず，切片が－４なので，
点 (0，－4) をとろう。

②　**次に，傾きが $\frac{1}{3}$ なので**……。

「"x が１増えると，y が $\frac{1}{3}$ 増える"から，点$\left(1,\ -\frac{11}{3}\right)$だけど，うーん，点がとりにくい……。」

$-\frac{11}{3}$ のような分数の点をとるのは難しいね。**座標が整数の点を２つとることにしよう。**点 (0，－4) はすでにとっているよね。もう１つ座標が整数の点がほしい。傾きが $\frac{1}{3}$ ということは，**"x 座標が３増えると，y 座標が１増える"**と考えるといいよ。

「じゃあ，**点(3，−3)をとって結べばいいのか。**

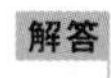

解答

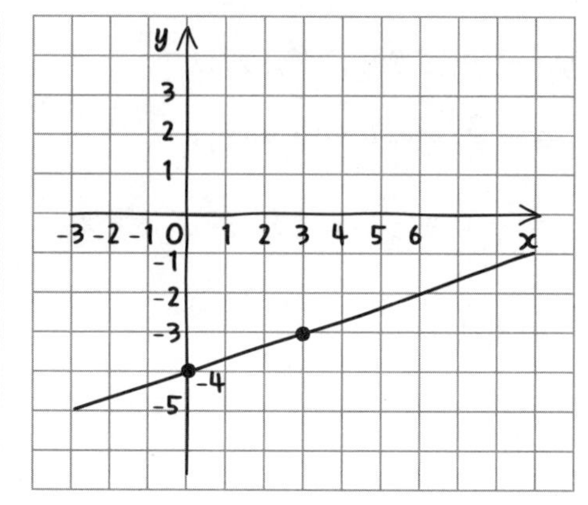

答え　例題 2 」

うん。すごくいい。じゃあ，もう1問。

例題 3　つまずき度 !!!!!

$2x+5y=1$ のグラフをかけ。

まず，“$y=$”に直そう。

「　$2x+5y=1$

$5y=-2x+1$

$y=-\frac{2}{5}x+\frac{1}{5}$

切片が $\frac{1}{5}$ なので，点 $\left(0,\ \frac{1}{5}\right)$ をとるってことですか？」

それでも構わないけど，整数じゃないからグラフがかきにくい。

「そうですよね。じゃあ，どうすればいいんですか？」

xにいろいろな整数を入れて，yも整数になるものを探せばいいよ。

「$x=1$だと，$y=-\frac{1}{5}$だから，ダメだし，

$x=2$だと，$y=-\frac{3}{5}$だから，ダメだし，

$x=3$だと，$y=-1$。あっ，点(3，−1)ですね。」

そうだね。もう１つの点は？

「$x=4$だと……。」

あっ，そんなふうに探さなくてもいいよ。傾きは$-\frac{2}{5}$とわかっているんだよね？　x座標が５増えると，y座標が２減るということだよ。

「あっ，そうだ。じゃあ，点(3，−1)からxを５増やして，yを２減らして，点(8，−3)ということですね。」

うん，点(3，−1)と点(8，−3)を結ぶとグラフがかけるよ。

解答

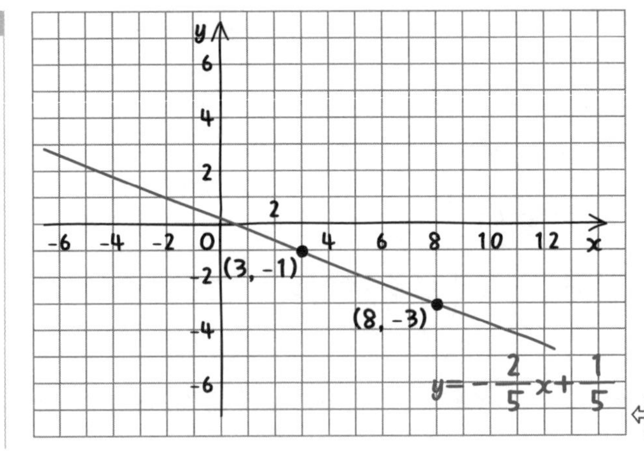

答え　例題３

「このグラフは右下がりなんですね。」

例題1 と 例題2 は $y=\underline{\underline{2}}x+3$ と $y=\underline{\underline{\frac{1}{3}}}x-4$ で，**傾きが正。このときは右上がりのグラフ**になるよ。例題3 は $y=\underline{\underline{-\frac{2}{5}}}x+\frac{1}{5}$ で**傾きが負だ。このときは右下がりのグラフ**になるんだ。

Point 38 1次関数のグラフと傾きの正負

$y=ax+b$ （$a \neq 0$） **のグラフは，**
傾き（変化の割合）**a が正のときは，右上がりの増加**のグラフ
傾き（変化の割合）**a が負のときは，右下がりの減少**のグラフ
になる。

✓CHECK 114

つまずき度 !!!!!

➡ 解答は別冊 p.90

次のグラフをかけ。

(1)　$y=-x+4$　　(2)　$y=-\frac{5}{2}x-3$　　(3)　$3x-4y-1=0$

3-4 “y＝定数”の直線

yのみの特殊なグラフもある。軽い内容だけど，けっこう大切。

例題　つまずき度 ❗

y=3のグラフをかけ。

y＝3のグラフはy＝0×x＋3とみなせばいい。切片が3で，傾きが0のグラフになる。

解答

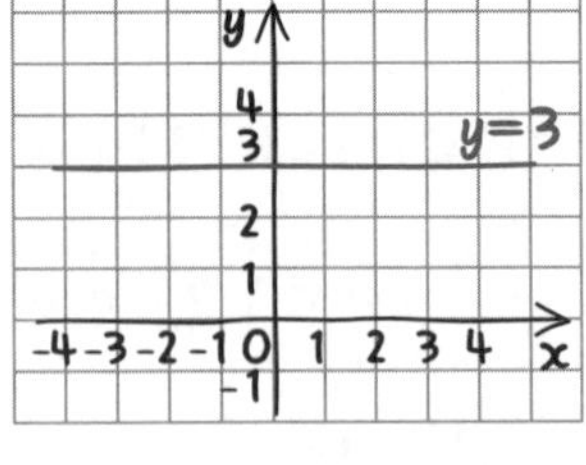

「傾きが0だから，何も増えない？」

そうだね。右のようなグラフになる。**“y＝定数”は真横のグラフ** になるんだ。真横というと数学っぽくないから，**『x軸に平行』**というといい。

答え　例題

「**“x＝定数”のグラフ**もあるの？」

うん。あるよ。縦のグラフになるんだ。**『y軸に平行』**といえる。

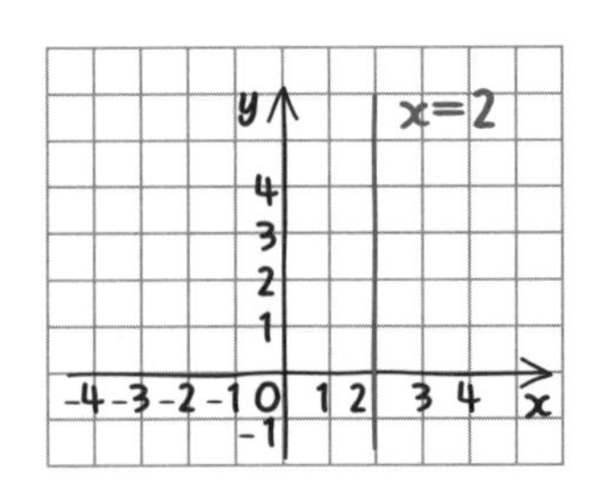

✓CHECK 115　つまずき度 ❗　➡ 解答は別冊 p.90

y=−4のグラフをかけ。

3-5 傾きの大小

1次関数のグラフは，傾きが大きいと急？　いや，そうとは限らない。傾きが負のときは，傾きが大きいほどゆるやかになるよ。

例題　つまずき度 !!!!!

次の①，②，③のグラフについて，以下の問いに答えよ。

$y=4x-5$　……①

$y=x$　……②

$8x+3y=-1$　……③

(1)　$y=4x$のグラフと平行なものはどれか。

(2)　①，②，③を傾きがゆるやかな順に並べよ。

傾きが等しい関数のグラフは，平行になるよ。

「じゃあ，(1)は簡単ですね。

解答　①　答え　例題　(1)」

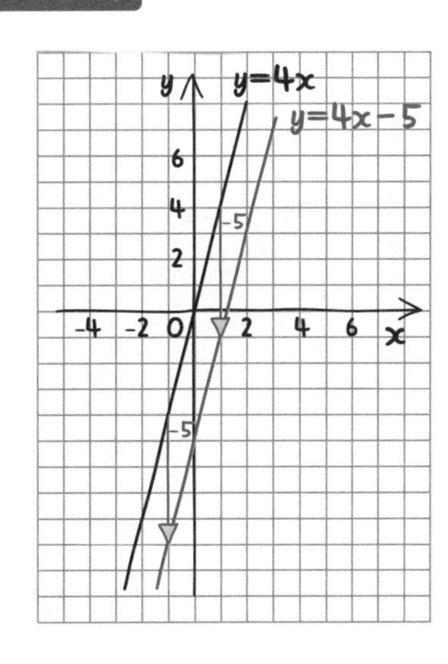

そうだね。実際に，$y=4x$と$y=4x-5$のグラフを見比べてみよう。$y=4x-5$のグラフは，$y=4x$のグラフを下に5ずらした形になっているね。

また，傾きは0に近づくほどゆるやかになり，0から遠ざかるほど急になるというのも覚えておこう。

「傾きが負のときもですか？」

そうだよ。では，まとめておくよ。

$y=ax+b$（$a \neq 0$）**のグラフは**
aが０に近いほど，傾きはゆるやか
aが０から遠いほど，傾きは急
になる。

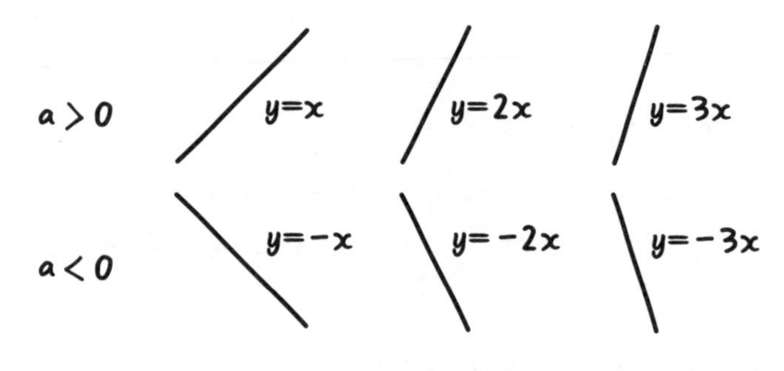

これをふまえて⑵を解いてみよう。じゃあ，ケンタくん，３つの直線の傾きを求めて，解いてみて。

「**解答**　①の傾きは４
②の傾きは１
③は“$y=$”に直すと
$3y=-8x-1$
$y=-\frac{8}{3}x-\frac{1}{3}$
となり，傾きは$-\frac{8}{3}$だから，傾きが０に近い順に書くと
②，③，① ← 答え　例題 ⑵」

正解。簡単だったかな？

実際にグラフをかくと右のようになるよ。

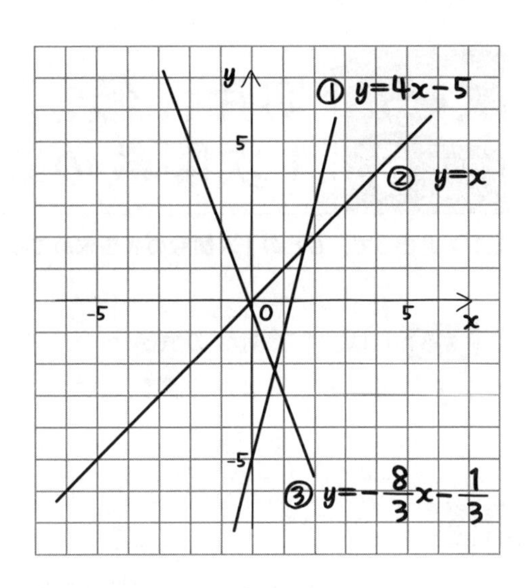

✓CHECK 116　つまずき度 !!!!!　➡解答は別冊 p.90

次の①，②，③のグラフについて，以下の問い に答えよ。

$y=-5x+4$ ……①

$x+y-2=0$ ……②

$6x-3y=5$ ……③

(1)　$y=2x$のグラフと平行なものはどれか。

(2)　①，②，③を傾きが急な順に並べよ。

3-6 切片，傾き，通る点などから1次関数の式を求める

ヒントを使って，もとの1次関数の式を求めてみよう。

3-3では，1次関数の式からグラフをかいたけど，今度は逆に，グラフの特徴からどんな1次関数の式になるかを求めてみよう。

例題　つまずき度 !!!!!

次の直線を表す1次関数の式を求めよ。

(1)　切片が−9，傾きが−2の直線
(2)　傾きが4で，点(−1，5)を通る直線
(3)　2点(−1，8)，(7，3)を通る直線

「あっ，(1)はわかった！

解答　$y=-2x-9$ ⇦ 答え　例題 (1)」

そう。正解。1次関数$y=ax+b$で考えると，切片が−9ということは$b=-9$，傾きが−2ということは$a=-2$だからね。

では，(2)について考えるよ。傾きは4とわかっているけど，切片はわからない。でも，とりあえず求める式は，**$y=4x+b$とおける。**

「bに入る数はわからないのですよね。」

うん。すぐにはね。でも，大丈夫。もう1つのヒントを使えばいい。この直線は点(−1，5)を通るわけだろう？

中１の **4-4** でも登場したけど，**“通る”ということはx，yに代入して成立する**ということだ。これでbが求められるよ。

解答　傾きが４の直線より，求める式は

$y=4x+b$

とおける。さらに，この式のグラフは点（－１，５）を通るので

$\underset{y}{\underline{\underline{5}}}=4\times(\underset{x}{\underline{\underline{-1}}})+b$

$b=9$

求める式は　$\underline{\underline{\boldsymbol{y=4x+9}}}$ ⇦答え　例題（2）

中2 3章

「わかりました！」

「次の（3）は……，傾きも切片もわかっていないですよ。」

うん。じゃあ，しょうがない。求める式を$\boldsymbol{y=ax+b}$とおこう。今回は，通る点が２つ書いてあるよね。（－１，８），（７，３）の２つとも$y=ax+b$のx，yのところに代入できるから，$8=-a+b$も，$3=7a+b$も成り立つということだ。

「あっ，わかった！　連立方程式で解けばいいのですね。」

その通り。

解答　求める式を，$y=ax+b$とおく。

点（－１，８）を通るので

$8=-a+b$

$-a+b=8$ ……①

点（７，３）を通るので

$3=7a+b$

$7a+b=3$ ……②

①式－②式よりbを消去すると

$-8a=5$

$a=-\frac{5}{8}$

①式に$a=-\frac{5}{8}$を代入すると

$\frac{5}{8}+b=8$

（$\frac{5}{8}$ は $-a$）

$b=\frac{59}{8}$

求める式は **$y=-\frac{5}{8}x+\frac{59}{8}$** ← 答え 例題 (3)

Point 40

ヒントから1次関数の式を求める

1次関数の式なので，**$y=ax+b$** の形におく。

- **傾き**が与えられたら，**aをその値にする。**
- **切片**が与えられたら，**bをその値にする。**
- **通る点**が与えられたら，**$y=ax+b$ の x，y に座標を代入する。**

✓CHECK 117　つまずき度 !!!!!

➡ 解答は別冊 p.91

次の直線を表す1次関数の式を求めよ。

(1) 切片が6，傾きが－1の直線

(2) 切片が7で，点(5，4)を通る直線

(3) 2点(3，－2)，(8，13)を通る直線

グラフから１次関数の式を求める

3-6では，グラフの特徴を言葉で与えられたけど，今度は，グラフ自体から１次関数の式を求めよう。

例題　つまずき度 !!!!!

次の(1)，(2)のグラフの式を求めよ。

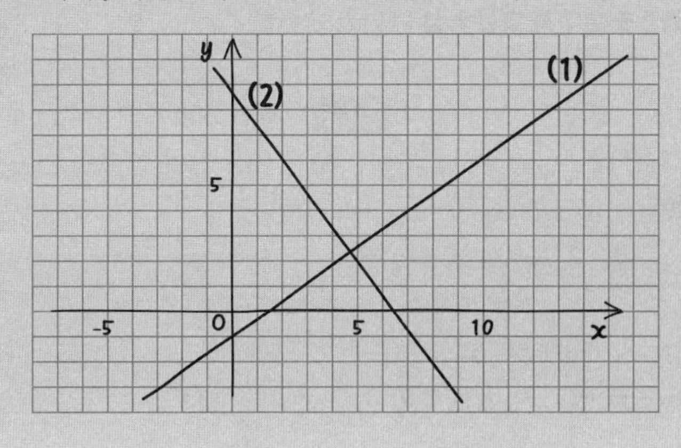

中2 3章

(1)は，切片と傾きを考えてみればいい。切片は－1だね。傾きはわかる？

「x座標が１増えたときのy座標は……，わからないです。」

$x=1$のとき，y座標は整数じゃないもんね。こういうときは，**"x座標，y座標ともに整数になる点"を2つ見つければいいんだ。**
まず，さっきの点$(0,\ -1)$があるね。ほかには？

「あっ，点$(7,\ 4)$があります。」

そうだね。x 座標が７増えると，y 座標が５増えるから，傾きは $\frac{5}{7}$ なんだ。切片は－１だから，式は

解答　$y=\frac{5}{7}x-1$　答え　例題　(1)

じゃあ，(2)はわかる？

「切片は……，あーっ，中途半端な場所にあってわからない。」

じゃあ，切片はあきらめよう。**切片以外で，“x 座標，y 座標ともに整数になる点”を２つ見つければいい**だけの話だ。

「あっ，そうか。さっきの 3-6 でやったように $y=ax+b$ とおいて解けばいいんだ。2点 (2，6)，(5，2) を通るな。

解答　求める式を，$y=ax+b$ とおく。

点 (2，6) を通るので

$$6=2a+b$$

$2a+b=6$ ……①

点 (5，2) を通るので

$$2=5a+b$$

$5a+b=2$ ……②

①式－②式より，b を消去すると

$-3a=4$

$$a=-\frac{4}{3}$$

①式に $a=-\frac{4}{3}$ を代入すると

$-\frac{8}{3}+b=6$（$-\frac{8}{3}$ は $2a$）

$$b=\frac{26}{3}$$

よって　$y=-\frac{4}{3}x+\frac{26}{3}$　答え　例題　(2)」

Point 41 グラフから1次関数の式を求める

切片が整数なら，“**x座標，y座標ともに整数になる点**”**を１つ見つけて，傾きを求める**。

切片が整数でないなら，“**x座標，y座標ともに整数になる点**”**を２つ見つけて，$y=ax+b$に代入**する。

CHECK 118　つまずき度 !!!!!

➡ 解答は別冊 p.91

次の(1)，(2)のグラフの式を求めよ。

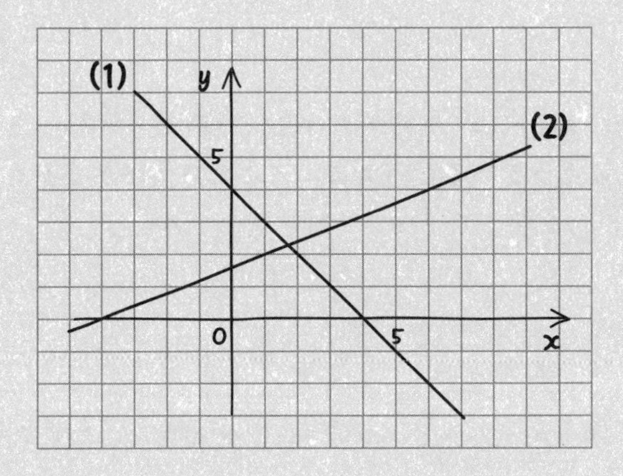

3-8 グラフの交点を求める

これから，中学，高校といろいろなグラフが登場するけど，「交点を求めるときは連立方程式を解く」というのは，どんなグラフでも使えるよ。

例えば『直線$y=3x$』は，“$y=3x$を満たす点”つまり“$y=3x$が成り立つ点”をかき集めてできた直線だったよね。中１の4-3でやったね。

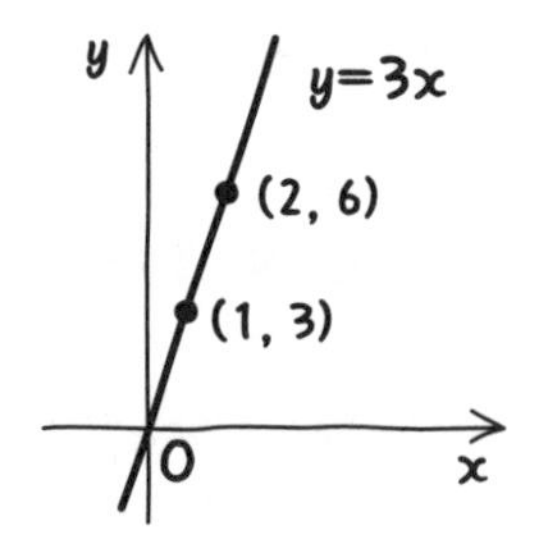

「(1，3) とか，(2，6) とか……。」

そうだね。別のいいかたをすれば，**『直線$y=3x$』上にある点は，$y=3x$が成り立っている**といえる。ここまではわかるよね？

この考えかたを使って，次の問題を解いてみよう。

例題 つまずき度 !!!!!

2直線$y=-6x+1$，$y=2x-7$の交点の座標を求めよ。

「実際にグラフをかいてみればいいんですよね。」

うん。でも，面倒だし，必ずしも座標が整数のところで交わるとは限らないよね。中途半端な場所で交われば，座標がいくつかわからない。

「何かいい方法があるのですか？」

“交点”ということは，両方の直線上にある点ということだよね？

直線$y=-6x+1$上と直線$y=2x-7$上の両方にある点ということは，$y=-6x+1$，$y=2x-7$の両方が成り立つということ。つまり，**2つの直線の交点の座標を求めるというのは，両方の式が成立する(x, y)を求めるということだから，連立方程式を解けばいいよ。**

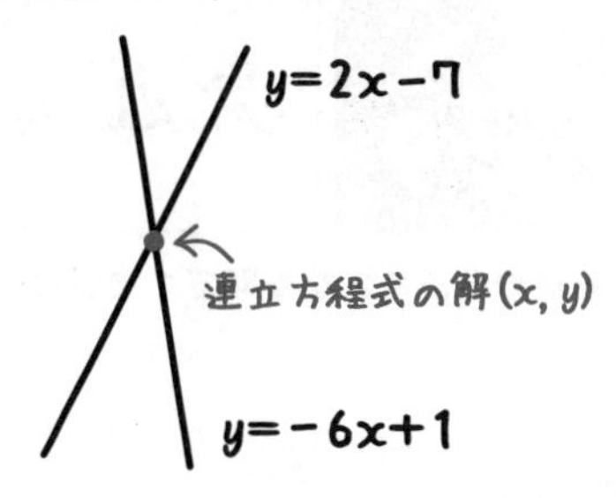

解答

$y=-6x+1$ ……①

$y=2x-7$ ……②

①式を②式に代入して

$-6x+1=2x-7$ ←代入法

$-6x-2x=-7-1$

$-8x=-8$

$x=1$

①式に$x=1$を代入すると

$y=-5$

よって，交点の座標は **(1，−5)** 答え 例題

つまずき度 !!!!!

➡ 解答は別冊 p.91

2直線$3x+7y=1$，$x-2y=-4$の交点の座標を求めよ。

中2 3章

身近にある１次関数

日常のさまざまな場面で１次関数の世界があるよ。いろいろと見ていこう。

例題　つまずき度 !!!!!

上空10kmまでは，1km上空に上がるごとに気温は6℃下がるとし，今，地上の気温が23℃であるとする。

次の問いに答えよ。

(1)　地上から$x$km上空の気温をy℃とするとき，yをxの式で表し，そのグラフをかけ。

(2)　地上3.5kmでの気温を求めよ。

(3)　気温が−25℃になるのは，上空何kmのときか。

「1km上がるごとに6℃下がるんですか！　知らなかった。」

気象条件で変わるんだけどね。上空$x$kmなら何℃下がる？

「$6x$℃です。」

地上が23℃ということは？

「$(23-6x)$℃だから

解答　$y=-6x+23$  例題 (1)」

そうだね。グラフをかいてみて。

「

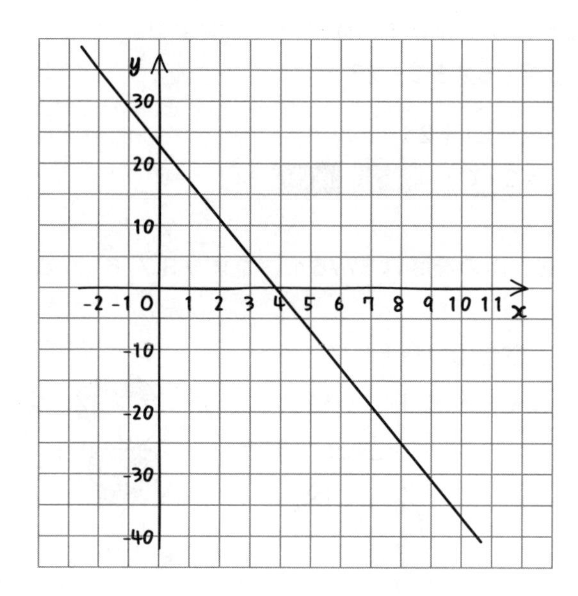

」

いや。ちょっと違う。xには$0 \leqq x \leqq 10$という範囲があるよ。

「あっ，そうか。じゃあ

解答

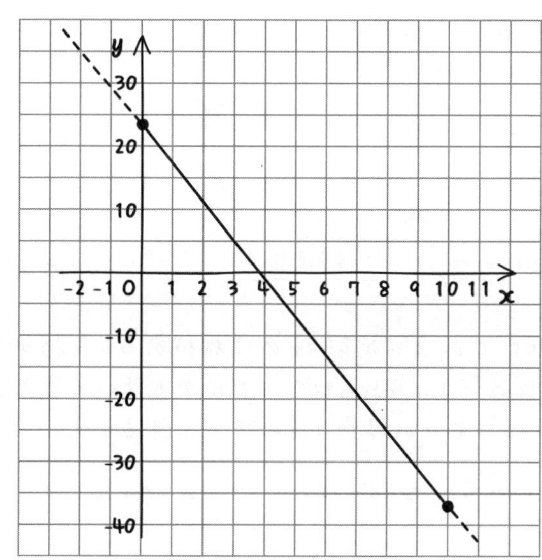

例題 (1)」

そうだね。ケンタくん，(2)は？

「$x=3.5$として計算すればいいんですよね。

解答　$y=-6\times \underset{x}{\underline{\underline{3.5}}}+23$

$=-21+23$

$=\underline{\underline{2\ (℃)}}$ ⇦答え　例題 (2)」

そうだね。富士山の高さは3776 m。つまり3.776 kmで，ほぼ同じだ。

「わーっ，富士山の頂上って，
そんなに寒いんだ。」

最後に(3)を，ケンタくん，続けてお願い。

「$y=-25$だから

解答　$-25=-6x+23$

$6x=48$

$x=\underline{\underline{8\ (\mathrm{km})}}$ ⇦答え　例題 (3)」

正解。エベレストくらいの高さだね。寒いわけだ。

✓CHECK 120　つまずき度 !!!!!　➡ 解答は別冊 p.92

自然な状態での長さが35cmのばねがある。40gのおもりをつるすと，ばねの長さは43cmになった。次の問いに答えよ。ただし，ばねの伸びはおもりの質量に比例するとする。

(1)　おもりの質量をxg，ばねの長さを$y$cmとして，yをxの式で表せ。

(2)　90gのおもりをつるしたときの，ばねの長さを求めよ。

(3)　ばねの長さが58cmになるときの，おもりの質量を求めよ。

3-10 どちらの会社が得になる？

近くのお店なら定額で配達してくれるが，離れた場所にあっても，あのお店の料理をどうしても食べたいときってあるよね。

例題　つまずき度 !!!!!

　ある店は2つの宅配業者と契約している。
・A社は基本料金300円に加え，道のり1kmで80円かかる。
・B社は基本料金200円に加え，道のり1kmで100円かかる。
　A社を利用したほうが得になるのは，どのくらい離れたときか。

道のりを$x$km，料金をy円として考えてみよう。

「A社は基本料金300円にプラスして$80x$円だから
　$y=80x+300$
B社は基本料金200円と$100x$円だから
　$y=100x+200$　です。」

その通り。じゃあ，ケンタくん，同じ料金になるのはxがいくつのとき？

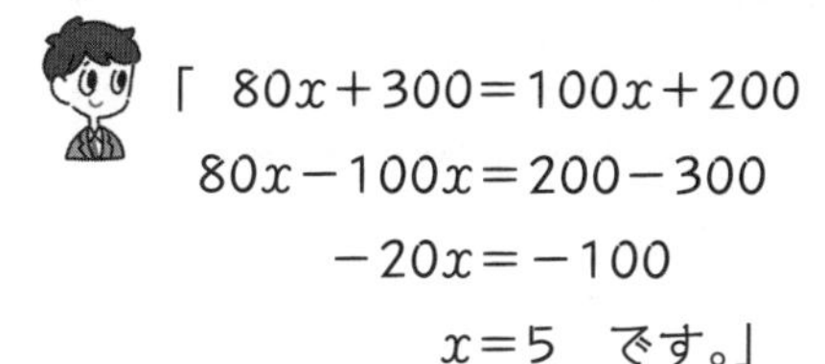

「　$80x+300=100x+200$
　$80x-100x=200-300$
　　$-20x=-100$
　　　$x=5$　です。」

正解。グラフにすると次のようになって，答えがわかるよ。

解答 道のりを$x$km，料金をy円とすると，A社は$y=80x+300$，B社は$y=100x+200$で，等しくなるのは

$$80x+300=100x+200$$
$$80x-100x=200-300$$
$$-20x=-100$$
$$x=5$$

このとき　$y=700$

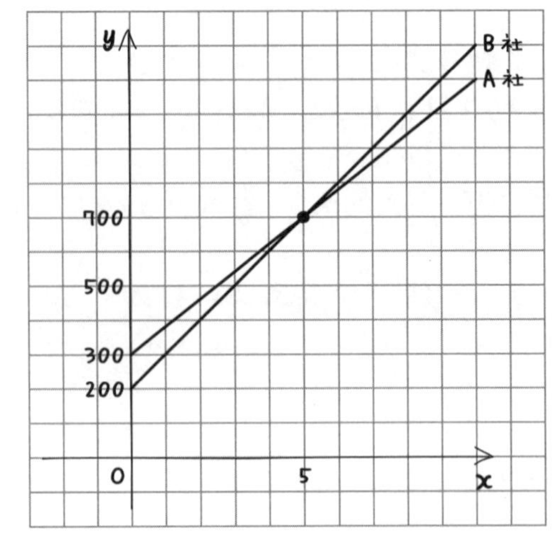

5kmをこえたら，A社を利用したほうが得になる。 答え 例題

✓CHECK 121

つまずき度 !!!!!

➡ 解答は別冊 p.92

電話の契約で，月の基本料金が1400円で通話1分ごとに3円のプランAと，月の基本料金が3200円で話し放題のプランBがある。月の通話時間が何分をこえた場合，プランBのほうが得になるか。

3-11 追いついたり，すれ違ったり

人や車，電車の動きをグラフにすると，追いついたり，すれ違ったりする時間だけでなく場所も表せるので，とてもわかりやすいよ。

例題　つまずき度 !!!!!

アツシくんは毎朝，駅まで3kmの道を走って登校している。ある日，朝8時に家を出て駅に向かって走り出し，その4分後に，父が家を出て車で駅に向かった。

アツシくんの走る速さが分速120m，父が車で走る速さが分速600mとするとき，次の問いに答えよ。

(1)　父がアツシくんに追いつく時間はいつか。また，その場所は家から何mの地点か。

(2)　父が駅に着いてから5分後，家の方向へ分速600mで車を走らせたとする。父がアツシくんと再びすれ違うのはいつか。また，その場所は駅から何mの地点か。

この問題は時間がかかるので，(1)と(2)で分けて説明するよ。まず(1)だ。

「早朝のランニングは，部活の朝練でやったことがある！　夏はけっこう気持ちいいけど，冬はつらいんだよな。」

アツシくんが家を出てからの時間をx分，家からの道のりをymとして，いつものように式を作ろう。

「分速120ｍでx分進むと，家からの道のりがyｍだから
$y=120x$」

そうだね。（道のり）＝（速さ）×（時間）だったね。
グラフは右のような感じになる。

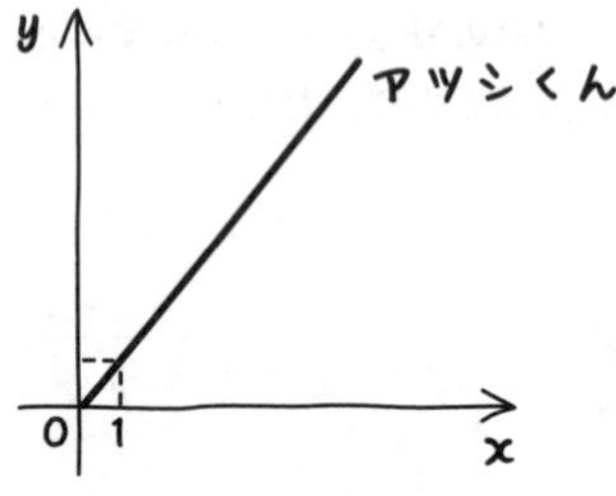

さて，“分速”というのは『1分間あたり，どれだけ進むか』だから，**速さは“変化の割合”**，グラフでいえば**“傾き”になるんだ。**

「じゃあ，お父さんのほうのグラフをかくと，傾きは600ですね。」

そうだね。さて，アツシくんは0分から走り始めたので，グラフは原点のところからかいたけど，父のほうは4分後から車を走らせたので，$x=4$のところからかくよ。たまに$y=4$のところからかいてしまう人がいるけど，“4分後”だから$x=4$のところだよ。

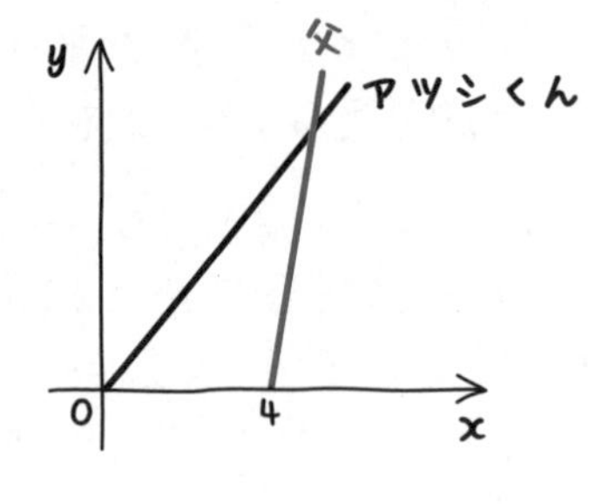

「そうやってかこうとしてました。」

気をつけてね。さて，父のほうの直線の式はわかる？

「点(4, 0)を通って，傾きが600と考えればいいのですよね。」

そうだね。そして，**“交点”が出会う時間と場所を表している**んだ。

解答　アツシくんが家を出てからの時間をx分，家からの道のりをymとすると，アツシくんの動きを表す式は

$y=120x$ ……①

父の動きを表す式を　$y=600x+b$

とおくと，点(4，0)を通ることから

$0=2400+b$

よって，$b=-2400$になるので，

父の動きを表す式は

$y=600x-2400$ ……②

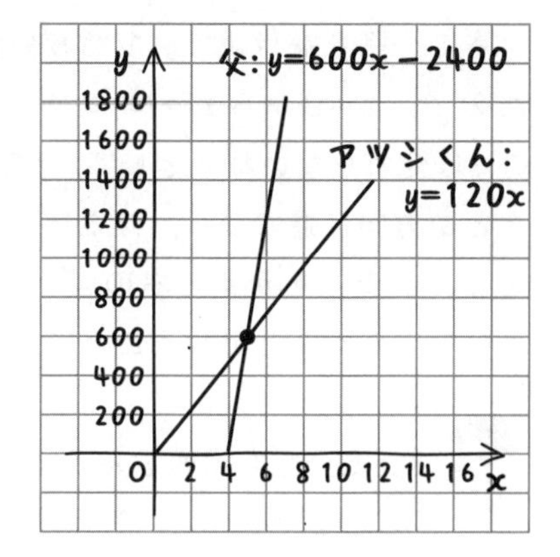

①式を②式に代入して

$120x=600x-2400$

$-480x=-2400$

$x=5$

①式に$x=5$を代入すると

$y=\underline{\underline{600}}$
　$120x$

これは問題にあてはまる。

よって，**8時5分に，家から600mの地点で追いつく。**　答え

例題 (1)

「次に (2) だけど，なんで戻るんだ？　忘れ物をしたのかな？」

まぁ，それはどうでもいい(笑)。問題を解いてみよう。

まず，父が駅に着くのはいつ？

「3000mを分速600mで進むから，$\frac{3000}{600}=5$ (分) かかります。」

xでいうと？

「あっ，4分後に家を出ているから，$x=9$です。」

そうだね。グラフでいえば，さっきの

$y=600x-2400$ ……② と $y=3000$

の直線が交わるところなので，次のように連立させて解いてもいいよ。

$$600x-2400=3000$$
$$600x=5400$$
$$x=9$$

さて，話を続けよう。父は５分間駅にいたので，$x=9$ から $x=14$ まで“道のり”の y は変わらないね。そして，その後，さっきと逆方向に進むから，傾きは -600 といえる。グラフをかくと右のようになって，再びアツシくんと出会うことになる。

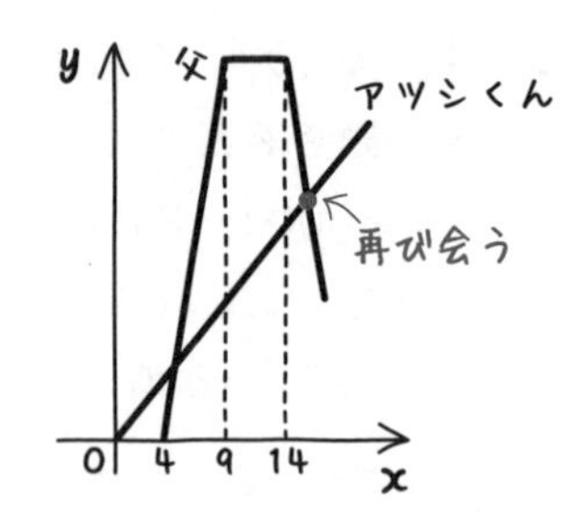

「また交点を求めるんですね。ということは，連立方程式を解くってことですけど，どうするんですか？」

「確かに。アツシくんの式は $y=120x$ でいいけど，お父さんの式はわからないですよね。台形みたいなグラフだし……。」

父の式は，グラフの下がり始めたところの $x=14$ のところから考えればいいね。その前のところまでは考えなくてもいいよ。傾きが -600 で (14, 3000) を通る直線と，アツシくんの直線 $y=120x$ の交点を求めよう。

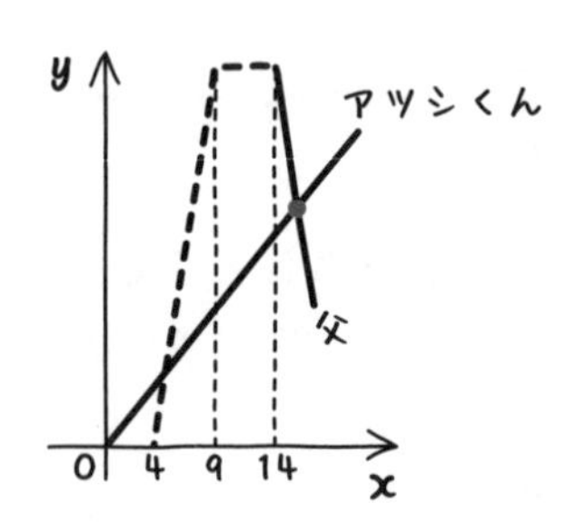

「そうか。お父さんの式は $y=-600x+b'$ とおくんですね。」

解答 アツシくんの動きを表す式は $y=120x$ ……①

父の駅から家への動きを表す式を $y=-600x+b'$

とおくと，点 (14, 3000) を通ることより

$3000=-600\times14+b'$

$3000=-8400+b'$

$b'=11400$

よって，父の動きを表す式は　$y=-600x+11400$ ……③

①式を③式に代入すると

$120x=-600x+11400$

$720x=11400$

$x=\dfrac{11400}{720}$

$=\dfrac{95}{6}$　（120で約分）

①式に$x=\dfrac{95}{6}$を代入すると

$y=120\times\dfrac{95}{6}=1900$

これは問題にあてはまる。

よって，**8時15分50秒に，駅から1100mの地点ですれ違う。**

(2)

「どうして，『8時15分50秒』なんですか？」

$\dfrac{95}{6}$を帯分数に直すと$15\dfrac{5}{6}$になるね。$\dfrac{5}{6}$分って，何秒？

「1分が60秒だから，50秒か。わかりました。」

「$y=1900$なのに，どうして1100mなのですか？」

(2)は“駅からの道のり”を聞いているよね。家からの道のりが1900mということは

$3000-1900=1100$ (m)　になるね。

「あっ，そうか。『何を聞かれているか』に注意しなきゃいけないんですね。」

中2 3章

この問題のグラフをまとめると，右のようになるよ。

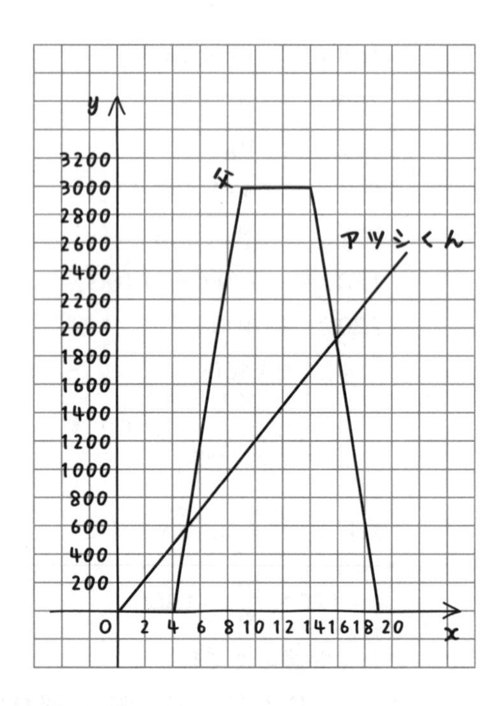

「難しかった～。」

そうだね。説明されずに自力で最初から解けたらすごいよ。特に(2)で，父の式を考え直すところなんて，なかなかできないだろうね。でも，一度説明を受けたのだから，今度は自力で解いてみるといいよ。

「はい。しばらく時間をおいて，チャレンジしてみます。」

✓CHECK 122

つまずき度 !!!!!

➡ 解答は別冊 p.92

次の問いに答えよ。

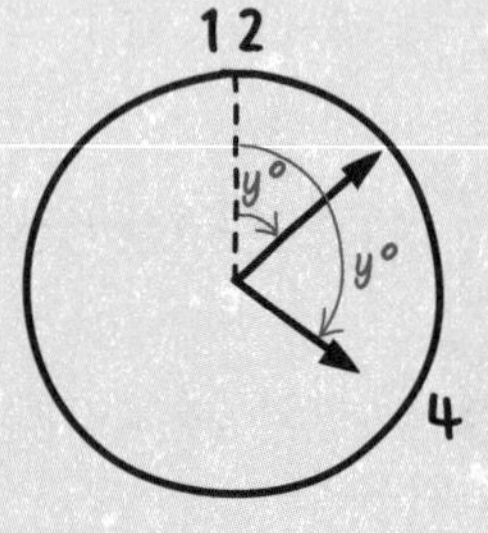

(1)　時計の長針は1分間にどのくらいの角度を進むか。

(2)　4時x分での，長針の“12時の場所から右回りに数えた角度”をy°とするとき，yをxの関数で表せ。

(3)　時計の短針は1分間にどのくらいの角度を進むか。

(4)　4時x分での，短針の“12時の場所から右回りに数えた角度”をy°とするとき，yをxの関数で表せ。

(5)　(2)，(4)の関数をグラフにかけ。

(6)　長針と短針が重なるのは4時何分か。秒は切り捨てて答えよ。

3-12 変化する面積

同じ速さでまっすぐ進むと直線のグラフだが，速さを変えたり，向きを変えたりするとグラフも曲がるよ。

例題 つまずき度 !!!!!

1辺の長さが4cmの正方形ABCDの辺上を，点Pが秒速1cmの速さでA→B→C→Dと移動していく。

点Aを出発してからx秒後の△APDの面積を$y$cm²とするとき，yとxの関係をグラフで表せ。

これは，動点問題などといわれ，高校入試でもよく見かける問題だ。落ち着いて考えれば難しくないぞ。このような点が動く問題では，

速さや向きが変わるときに式を考え直すんだ。

まず，最初の4秒間。つまり，$0 \leqq x \leqq 4$のときは，A→Bと移動していくよね。

ADを底辺と考えると，x秒後の高さは$x$cmになる。面積yはどうなる？

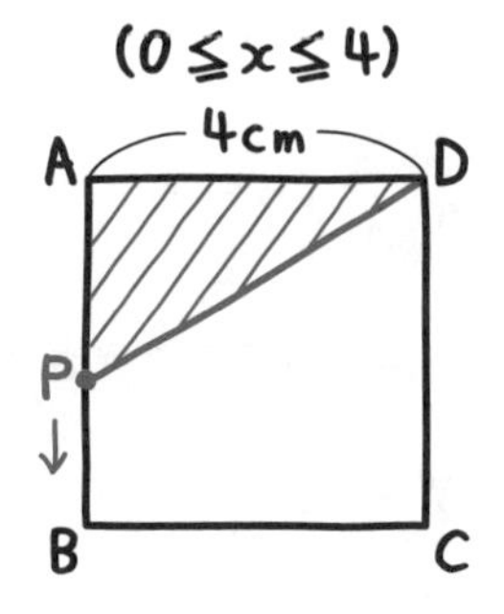

「(底辺)×(高さ)×$\frac{1}{2}$だから

$y = 4 \times x \times \frac{1}{2}$

$= 2x$ (cm²)　です。」

そうだね。

次の4秒間。つまり，$4 \leqq x \leqq 8$ のときは，B→Cと移動していく。

やはりADを底辺と考えよう。$4 \leqq x \leqq 8$ での x 秒後の高さは？

「4cmです。」

その通り。B→Cと移動する間は，ずっと4cmになる。

「ということは，面積は

$$y = 4 \times 4 \times \frac{1}{2}$$
$$= 8\ (\text{cm}^2)$$ ですね。」

うん，そうだ。x の値にかかわらず，ずっと8 cm^2 のままだ。

じゃあ，最後の4秒間。つまり，$8 \leqq x \leqq 12$ のときだが，C→Dと移動していく。

やはりADを底辺と考えよう。x 秒後の高さはわかる？

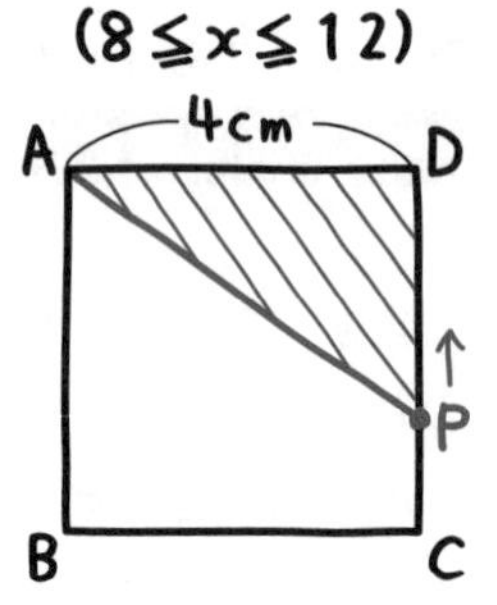

「うーん……。」

高さはPDの長さのことだよね。

「はい。」

じゃあ，A→B→C→Dと動くと，ぜんぶで何cm？

「12cmです。」

そのうちAB，BC，CPを足すとx cmになるということはわかる？

「x秒間の移動で，BもCも通過したからですね。」

そうだね。じゃあ，高さPDはいくつになる？

「そうか，$(12-x)$ cmだ。わーっ，思いつかなかった。」

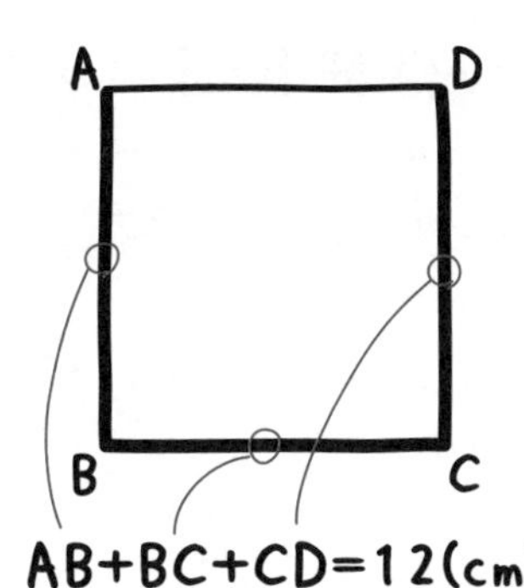

そうだね。だから，$8 \leqq x \leqq 12$では

$$y = 4 \times (12-x) \times \frac{1}{2}$$
$$= 2(12-x)$$
$$= -2x+24 \ (\mathrm{cm}^2)$$

になる。

まとめると

- $0 \leqq x \leqq 4$のとき，$y=2x$
- $4 \leqq x \leqq 8$のとき，$y=8$
- $8 \leqq x \leqq 12$のとき，$y=-2x+24$

というわけだ。グラフにすると，次のページのようになるね。

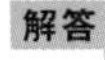

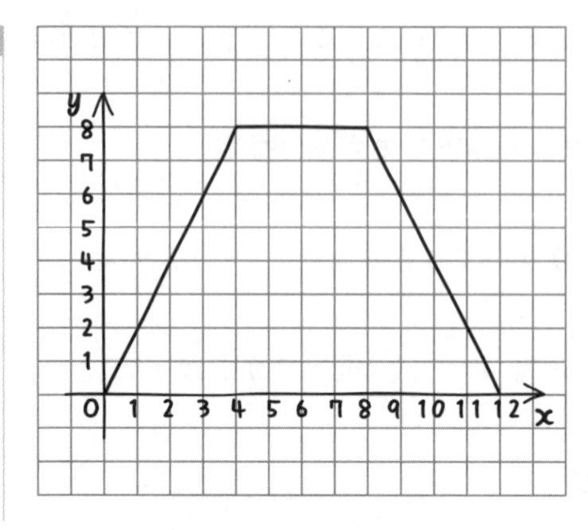

答え　例題

最後の8≦x≦12での式の立てかたが難しかったかな。自力で式を立てられるように復習してね。

今回は，途中で向きが変わる動点問題だった。次の**CHECK 123**では，途中で速さが変わる動点問題をやってみよう。

✓CHECK 123

つまずき度 !!!!!

➡ 解答は別冊 p.93

平面上に点Aと直線ℓがあり，その(最短)距離が8cmであるとする。

直線ℓ上の点Bから出発し，直線上を同じ方向に点Pが移動する。最初の3秒間は秒速2cmで，その後は秒速1cmの速さで移動するとき，x秒後の△ABPの面積を$y$cm^{2}とする。

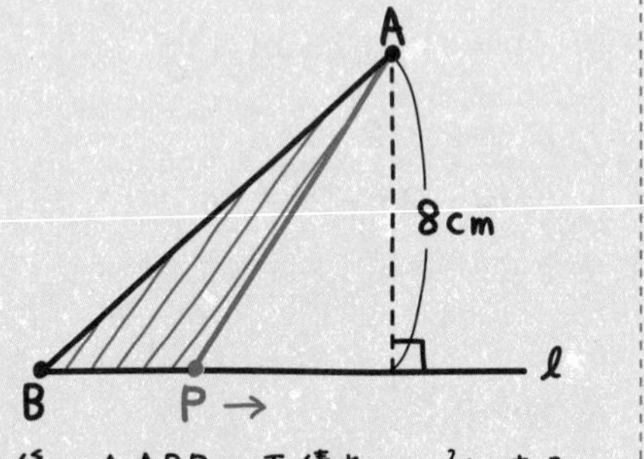

xとyの関係をグラフで表せ。

中学2年 4章

平行と合同

私たちは勝手なイメージで，江戸時代のころの人は今ほど勉強しなかったのでは？と思いこんでいるかもしれないね。でも，当時の数学者のやっていた『和算』は，世界的に見ても，とてもレベルの高いものだったんだ。

「へぇ～。でも，ふつうの人は，＋，－，×，÷くらいしかできなかったんでしょ？」

いや，そんなことはないんだ。庶民の中でも数学ブームが起こっていて，当時の数学の問題まで発見されているよ。

「今から学習する図形の問題も，江戸時代の人はやっていたのかな。なんか，ロマンがあるかも。」

4-1 対頂角，同位角，錯角

お互いの主張が強くて，まとまるどころか距離がまったく縮まらないことを「意見が平行線をたどる」とかいうね。

2直線が交わるとき，右のように向かい合わせになる2つの角を**対頂角**(たいちょうかく)というよ。**対頂角は必ず同じ大きさの角になるんだ。**

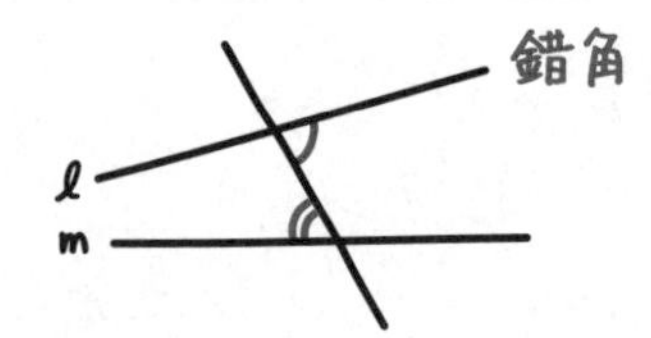

また，上の左のような2つの角を**同位角**(どういかく)といい，上の右のような2つの角は**錯角**(さっかく)というよ。**直線ℓ，mが平行なときは，同位角と錯角がそれぞれ同じ大きさになるんだ。**

例題 1 つまずき度 !

右の図の2直線ℓ，mが平行とする。$\angle a$と$\angle b$の大きさの和を求めよ。

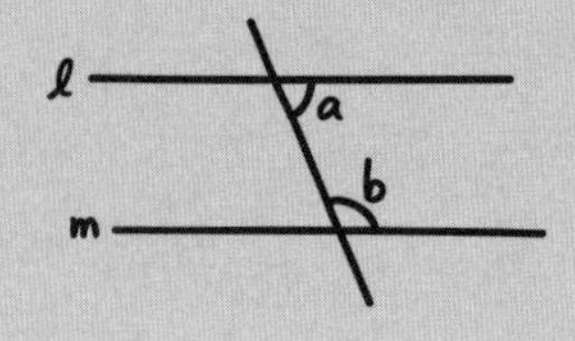

図の$\angle b$と近いところに，$\angle a$と同じ大きさの角があるよ。どれ？

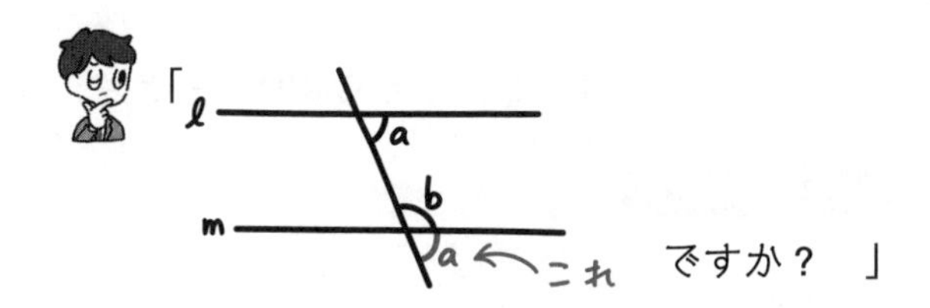

そうだね。平行線の同位角だもんね。ということは

解答　$\angle a + \angle b =$ **180°** ⇦ 答え　例題 1

「あっ，簡単！」

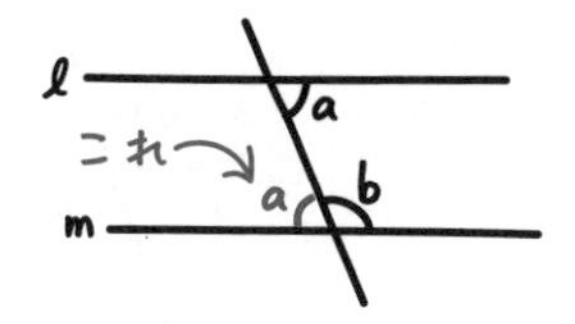

ちなみに，錯角を使って右のように考えても，$\angle a + \angle b = 180°$ とわかるよ。

例題 2　つまずき度 !!!!!

右の図で直線l，mが平行であるとき，∠xの大きさを求めよ。(答えのみでよい。)

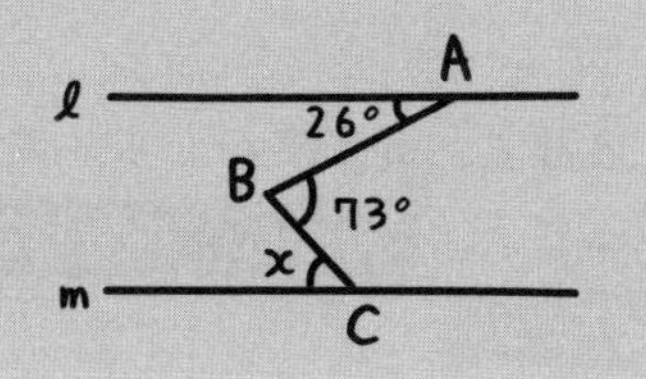

右のような，平行な補助線を引けばいいよ。∠ABDは何度？

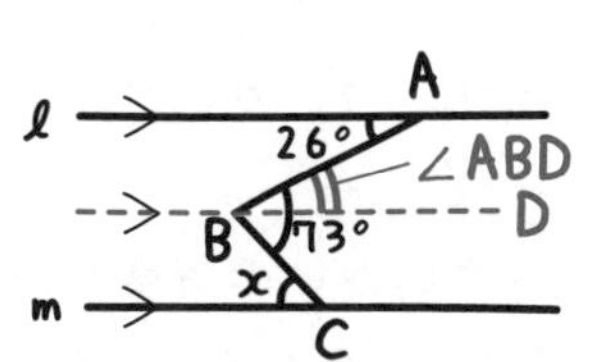

「錯角だから，26°です。」

そうだね。じゃあ，∠DBCは？

「73°－26°＝47°です。」

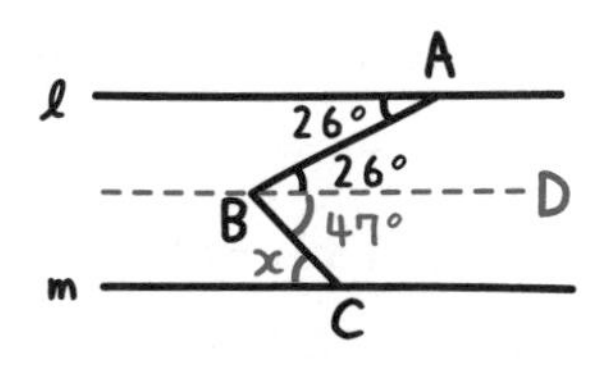

じゃあ，$\angle x$ の大きさもわかったね。

「そうか！　47°の角と$\angle x$は平行線の錯角だから同じ大きさだ。

解答　$\angle x = 47°$ ⇦答え　例題2」

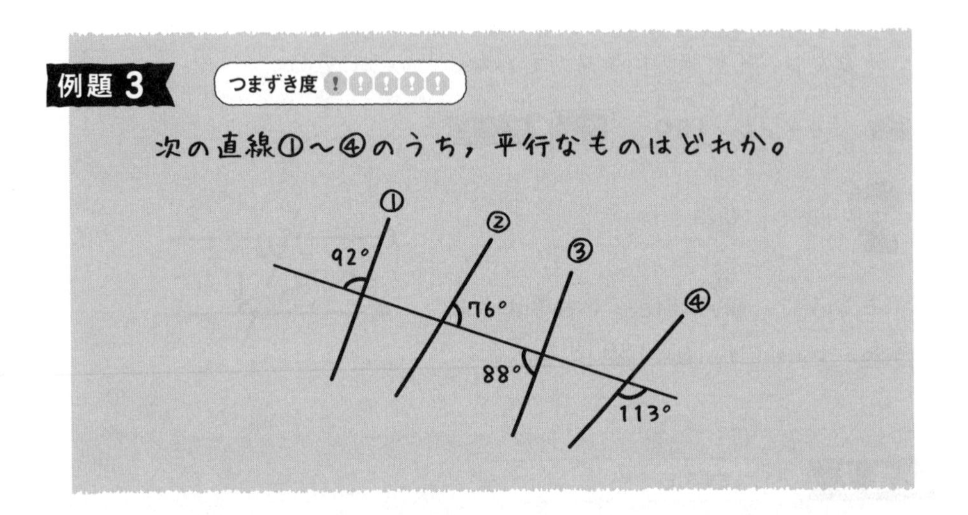

直線ℓ，mが平行なら，同位角，錯角が等しかったけど，これは逆もいえるよ。**同位角，錯角が等しければ，直線ℓ，mが平行になっているんだ。**

「じゃあ，同じ大きさの角になっているものを探せばいいのか。
あれっ？　ないぞ。」

となりや向かいの角度が何度になるか書いていけばわかるよ。①の92°の同位角にあたるものを，②～④でもそれぞれ書いてみよう。

「そうか！　そうやってやればわかりやすいですね。
②は，180°－76°＝104°
③は，180°－88°＝92°
④は，向かいの角が対頂角で113°だから

解答　①と③ ⇦答え　例題3」

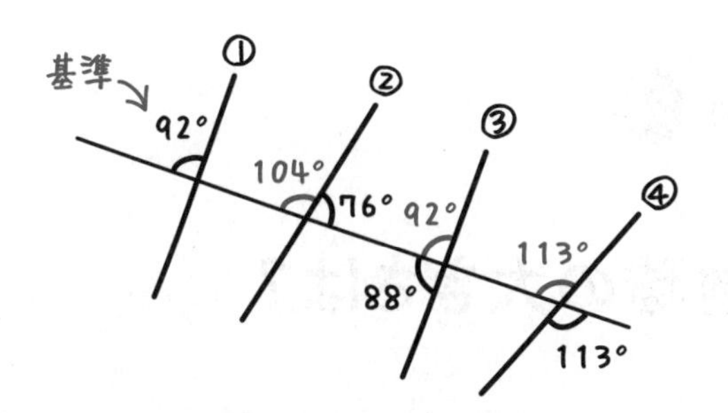

Point 42

2直線の平行と，同位角・錯角

平行なら同位角・錯角が等しくなるし，逆に，**同位角・錯角が等しければ平行**ともいえる。

中2 4章

✓CHECK 124

つまずき度 !!!!!

➡ 解答は別冊 p.93

右の図で直線ℓ，mが平行であるとき，∠xの大きさを求めよ。

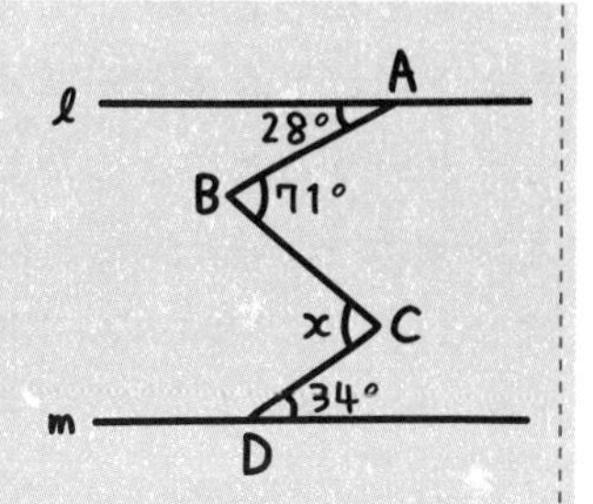

✓CHECK 125

つまずき度 !!!!!

➡ 解答は別冊 p.93

次の直線①～⑤のうち，平行なものはどれか。

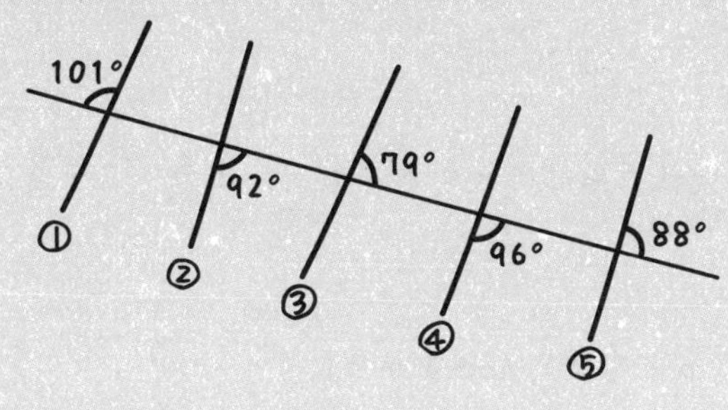

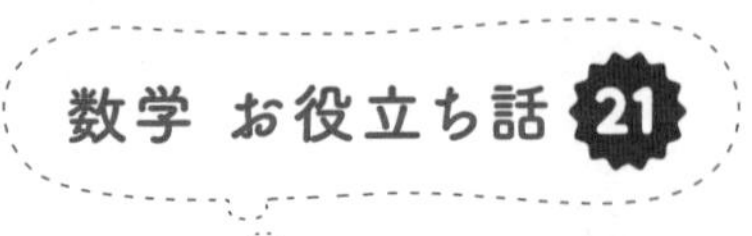

地球の大きさは？

「地球一周って約４万kmらしいですけど，キリがいいんですね。」

いや。逆だよ。地球の大きさを基準にmやkmの単位を作ったんだよ。

「えっ？ そうなの？」

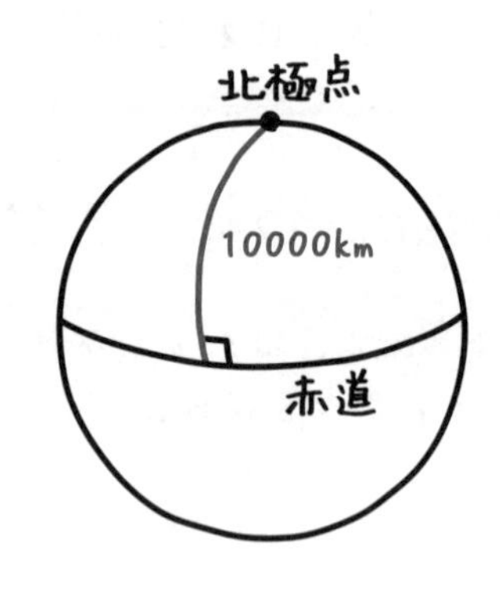

昔は，長さの単位は国によってまちまちだったので，今から200年以上前に，世界統一のものを作ろうということになった。そこで，北極点から赤道までの線（『子午線』という）の長さの1000万分の１を１mと決めたんだ。子午線の長さは1000万m，つまり１万kmとなる。

「だから，地球一周なら４万kmなんだ。」

その後の時代になって測定の技術が向上し，正確には４万kmよりわずかに長いことがわかったけどね。まぁ，約４万kmと覚えておくといいよ。

ところで，大昔に地球の大きさを考えたエラトステネスという人がいたんだ。

「どうやって考えたんですか？」

シエネとアレクサンドリアという，現在の単位に直すと約930 km離れた2つの町があったんだけど，エラトステネスは，夏至の日の同時刻に，シエネでは真上に太陽が昇り影ができず，アレクサンドリアでは約7.2°の影ができることを知ったんだ。

「なんでそこから距離がわかるの？」

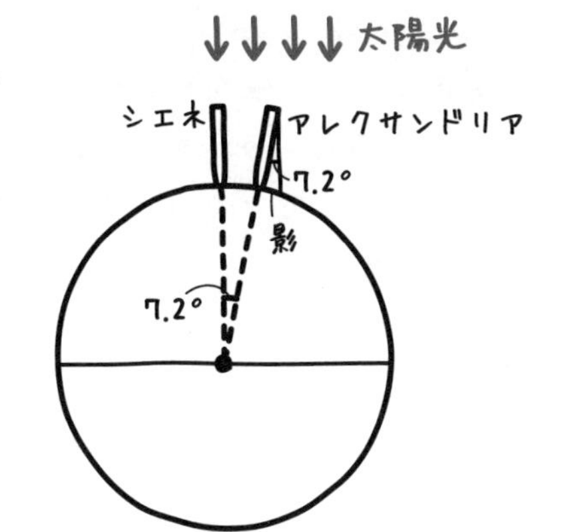

彼はそれを「丸い地球に，太陽光が平行にふり注いでいるせいだ」と考えたんだ。右図のようにね。右図から，地球の中心とを結んだ中心角も7.2°ということがわかるよね。

「あっ，そうだ！　錯角ですもんね。」

うん。7.2°で930 kmということは，地球一周360°なら？

「$\frac{360}{7.2}$倍だから，$930\times\frac{360}{7.2}=46500$ (km) だ！」

そう。本当の地球一周の長さは約4万kmなのだから，かなり近いよね。エラトステネスのすごさがわかるでしょ。

「名前から見て，いかにも昔の人っぽいけど，どのくらい昔なんですか？」

紀元前の話だよ。

「えーっ！！　信じられない……。」

三角形の内角，外角

「三角形の角が……」と聞けば，ふつうの人は内側の角だと考えるよ。「内角，外角どっち？」と聞き返せるようになれば，数学の達人！？

右のように，三角形の内側にある角を**内角**(ないかく)という。また，辺の一方を延長してできた右下のような角が**外角**(がいかく)だ。

「どちらの辺をのばすか決まっているのですか？」

いや。どちらでもいい。右のような角も外角というよ。

ところで，三角形の内角の和が180°になるのは知っているよね。

「知っていますけど，どうしてそうなるのですか？」

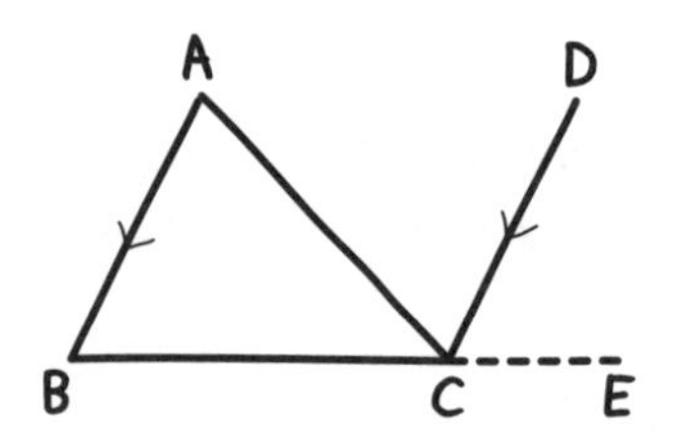

右のような図をかいてみよう。ABとDCは平行とするよ。まず，一直線の角は180°だから

∠ACB＋∠ACD＋∠DCE＝180°

そして，∠ACDは∠Aと同じだね。

「あっ，平行線の錯角だ。」

うん。さらに，∠DCEは∠Bと同じだね。

「平行線の同位角ですね。」

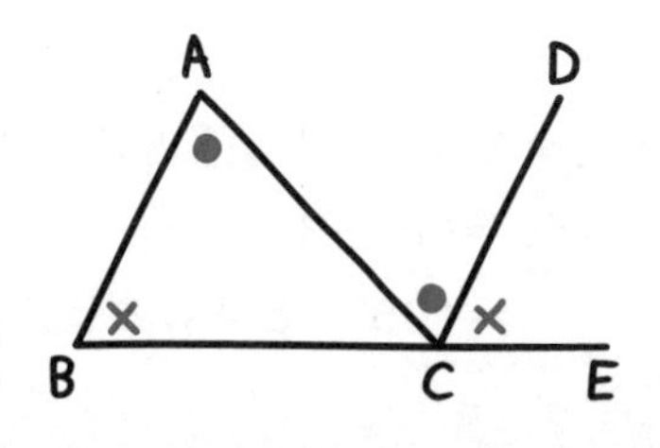

そう。ということは

∠ACB＋∠A＋∠B＝180°

になり，**三角形の内角の和は180°**だ。また，**∠ACE＝∠A＋∠B**

になるね。つまり，**三角形の1つの外角は，それととなり合わない2つの内角の和に等しい**ことがわかる。

例題　つまずき度 !!!!!

右の図の∠xの大きさを求めよ。
(答えのみでよい。)

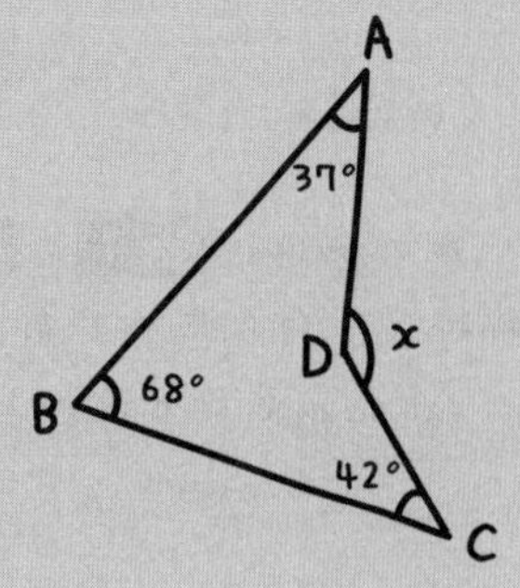

まず三角形を作ろう。ADを延長して，BCと交わる点をEとすればいい。

「あっ，わかった。三角形の内角の和は180°だから，△ABEを使えば
∠AEB＝180°－(68°＋37°)
＝180°－105°
＝75°　ですね。」

「∠AEC＝180°－75°
＝105°　となるのか。」

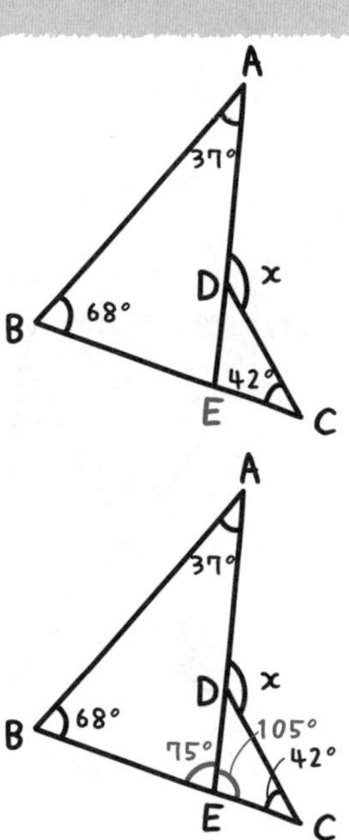

うん。それでもいいし，「三角形の１つの外角は，それととなり合わない２つの内角の和に等しい」ということを使ってもいい。

$\angle$AEC＝68°＋37°

＝105°　と解けるよ。

「ここから△DECを使うと，$\angle x$は頂点Dにおける外角だから，そのとなりにない２つの内角の和と等しくなるので

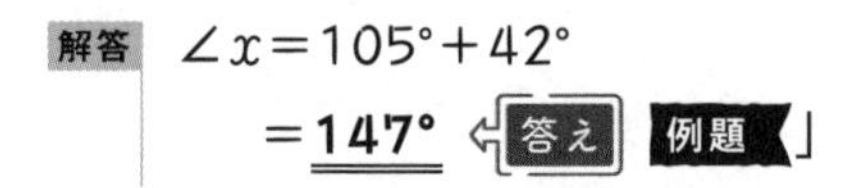

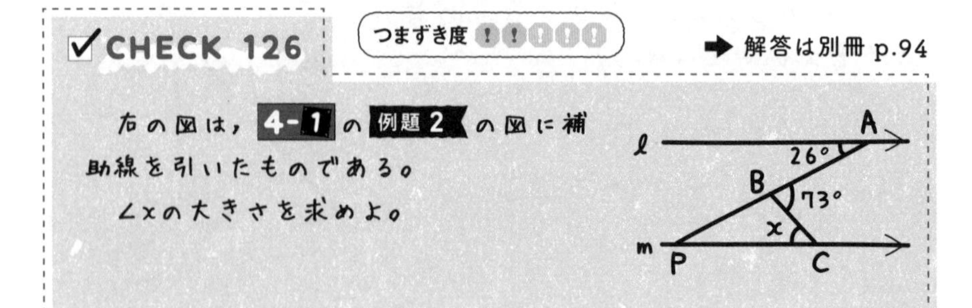

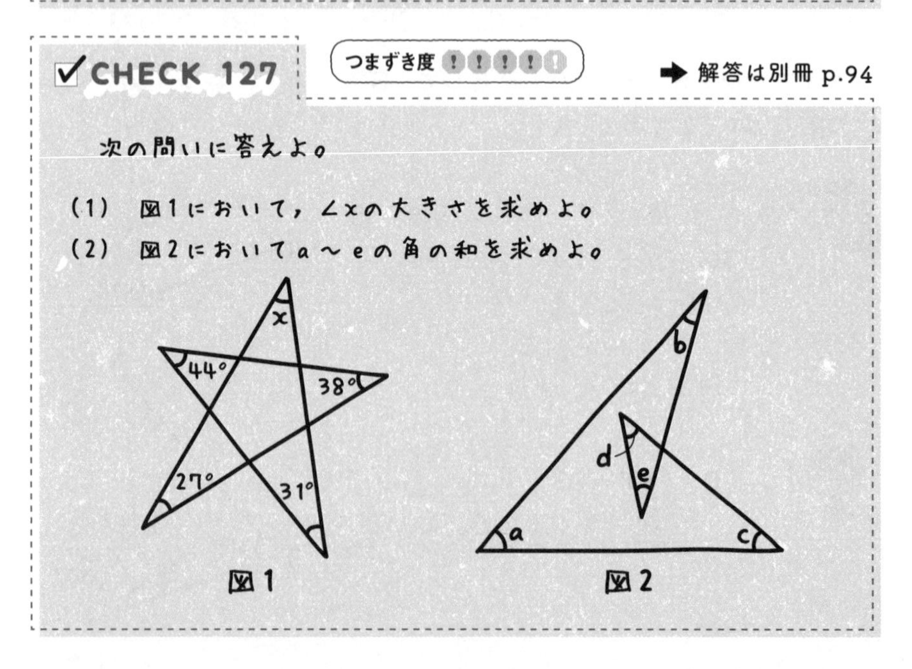

4-3 n 角形の内角

正七角形とかかいてみたことあるかな？　すごく難しくて，いびつな形になってしまうんだよね。最後の7つめの辺をかくときなんか，けっこう強引になったりして(笑)。実際に図をかかなくても，内角を求められるようにしたいね。

三角形の内角の和は180°だが，四角形の内角の和はどうなるだろう？

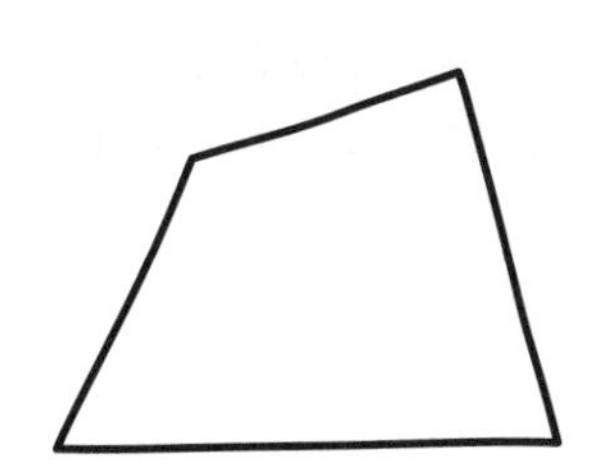

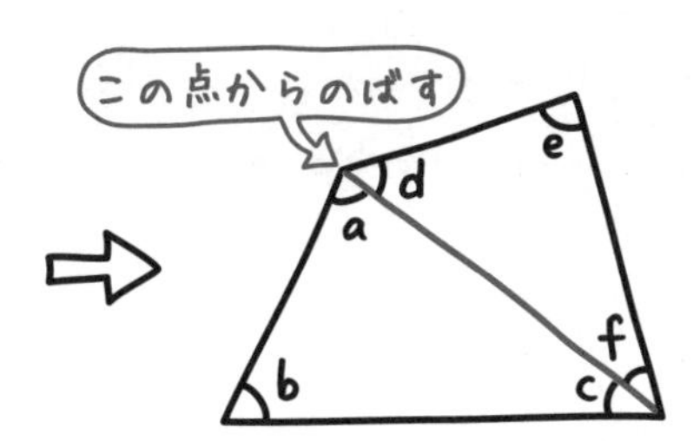

頂点の1つからほかの頂点に向かって線をのばしてみよう。**2つの三角形ができるね。**図を見ると

$\angle a+\angle b+\angle c=180°$

$\angle d+\angle e+\angle f=180°$

だから，ぜんぶ足すと360°。つまり，**四角形の内角の和は360°** とわかる。

じゃあ，五角形なら？

「三角形が3つになるから……
180°×3で，540°です。」

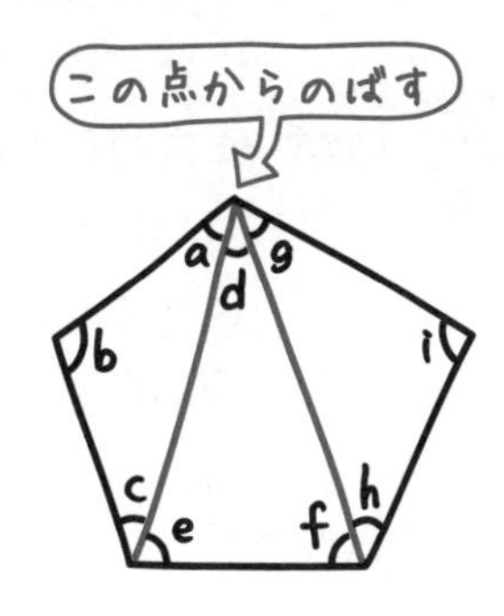

その通り。同様にして，

六角形なら三角形が4つだから，180°×4

七角形なら三角形が5つだから，180°×5

なので，次のことが成り立つよ。

Point 43

n 角形の内角の和

「n 角形」を分割すると，$(n-2)$ 個の三角形ができるので，

n 角形の内角の和は　$180°\times(n-2)$

例題 1　つまずき度 !!!!!

次の問いに答えよ。

(1)　正六角形の１つの内角の大きさを求めよ。

(2)　１つの内角の大きさが140°になるのは，正何角形か。

(1)は，まず，六角形の内角の和を求めよう。

「$180°\times(6-2)=180°\times4$
$=720°$　です。」

そうだね。そして，正六角形ということは，６つすべての内角の大きさが同じということだから……。

「**解答**　正六角形の内角の和は
$180°\times(6-2)=720°$
よって，１つの内角の大きさは
$720°\div6=$ **120°** ⇐ 答え　例題 1 (1)」

そういうことだ。(2)はわかる？

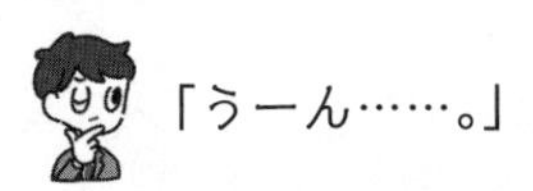

「うーん……。」

じゃあ，正n角形としようか。n角形の内角の和は

$$180^\circ\times(n-2)$$

になるね。そして，正n角形ということは，n個すべての内角の大きさが同じということだから，nで割ると，1つの内角の大きさは

$$\frac{180^\circ\times(n-2)}{n}$$

これが140°になるということだから

$$\frac{180^\circ\times(n-2)}{n}=140^\circ$$

を計算すればいいね。

「わーっ，計算が大変そう。」

まず，分数をなくしちゃえばいいよ。分母がnだから，両辺にnを掛ければいい。中1の **3-6** でも登場したよ。やってみて。

「**解答**　正n角形とすると

$$\frac{180\times(n-2)}{n}=140$$

$$180(n-2)=140n$$

$$180n-360=140n$$

$$40n=360$$

$$n=9$$

よって，**正九角形**　答え　**例題 1** (2)」

そうだね。

例題 2　つまずき度 ！！！！！

次の図で$\ell /\!/ m$のとき，$\angle x$の大きさを求めよ。
ただし，五角形ABCDEは正五角形とする。

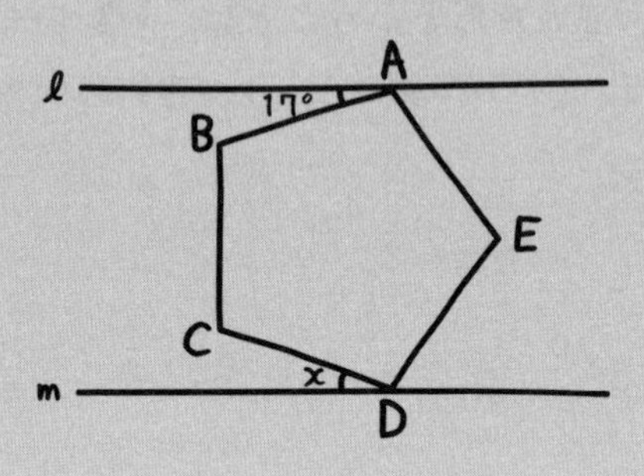

まず，正五角形の１つの内角の大きさっていくつ？

「正五角形の内角の和は180°×3＝540°で，１つの内角の大きさはその5等分だから
540°÷5＝108°　です。」

うん。じゃあ，解いてみよう。**4-1** の **例題 2** でやったようにℓ，mに平行な補助線を引けばいいよ。点Bと，点Cを通るものの２本ね。

解答　正五角形の内角の和は
180°×(5−2)＝540°
１つの内角の大きさは
540°÷5＝108°

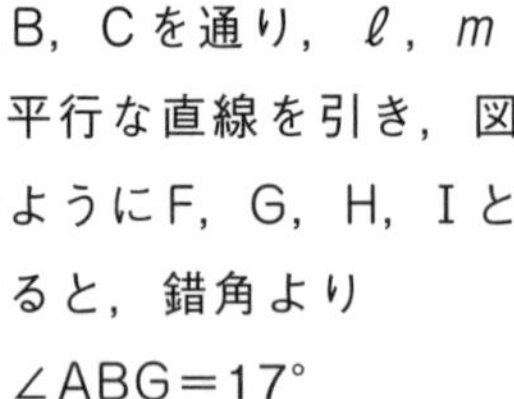

点B，Cを通り，ℓ，mに平行な直線を引き，図のようにF，G，H，Iとすると，錯角より
∠ABG＝17°

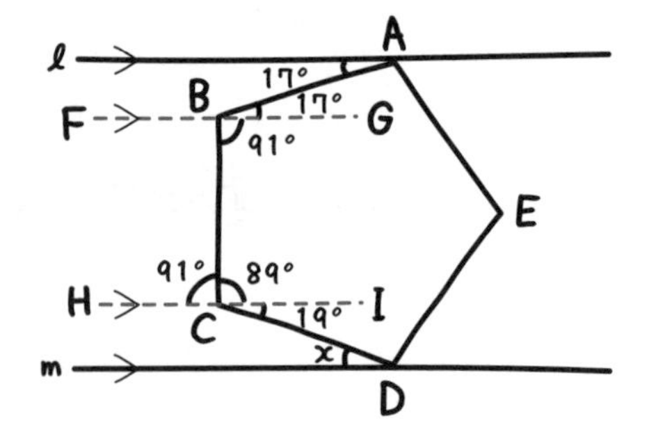

よって

$\angle GBC = 108^\circ - 17^\circ$

$= 91^\circ$

錯角より　$\angle BCH = 91^\circ$

よって　$\angle BCI = 180^\circ - 91^\circ$

$= 89^\circ$

$\angle ICD = 108^\circ - 89^\circ$

$= 19^\circ$

錯角より　$\angle x =$ **19°** ⇦ 答え　例題 2

ちなみに，4-1 の 例題 1 を使えば，∠BCH を求めなくても

$\angle BCI = 180^\circ - \angle GBC = 89^\circ$

と求められるよ。

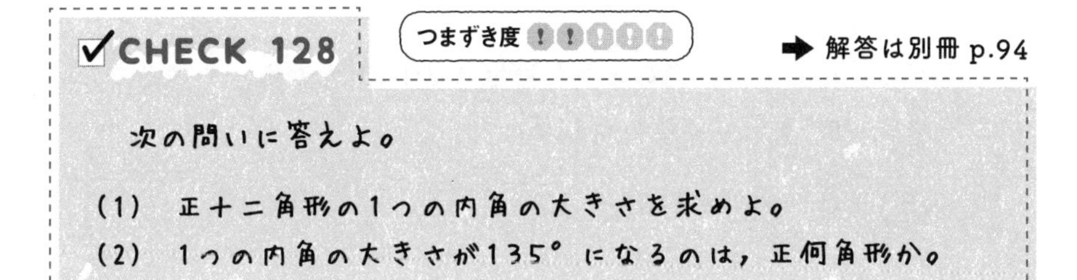

CHECK 128　つまずき度 !!!!!　➡ 解答は別冊 p.94

次の問いに答えよ。

(1)　正十二角形の1つの内角の大きさを求めよ。

(2)　1つの内角の大きさが135°になるのは，正何角形か。

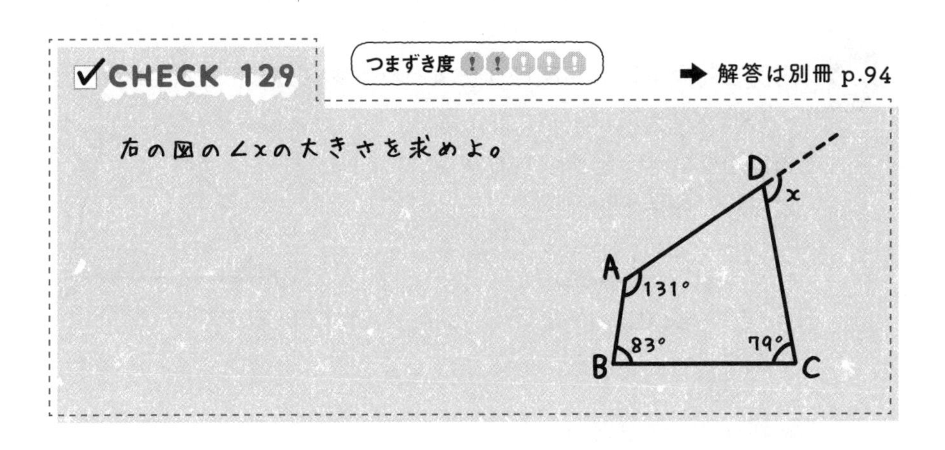

CHECK 129　つまずき度 !!!!!　➡ 解答は別冊 p.94

右の図の∠xの大きさを求めよ。

n角形の外角

内角の計算より，外角の計算のほうがラクだよ。何角形でも和が同じだからね。

4-3 では内角の和について話したけど，今度は外角の和を考えてみよう。

まずは三角形だ。図のように，各頂点で内角と外角を１つずつ用意しよう。内角と外角をぜんぶ足すと何度になる？

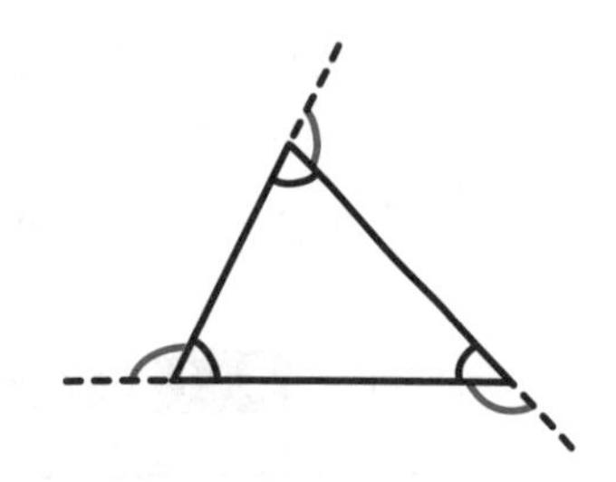

「内角と外角を足すと直線だから180°で，それが３組あるから

　　180°×3＝540°　です。」

そうだね。そして，内角の３つだけ足せば180°だから，外角３つの和は全体から180°を引けば求められる。

$\underbrace{180°\times3}_{\text{全体}}-\underbrace{180°}_{\text{内角の和}}=540°-180°$

$=\underbrace{360°}_{\text{外角の和}}$

じゃあ，ケンタくん，同じ方法で四角形の外角の和を求めてみよう。

「内角と外角１セットで180°が４セットあるから，全体は

　　180°×4＝720°

　内角の４つだけ足せば180°×2

　だから，外角の和は

　　$\underbrace{180°\times4}_{\text{全体}}-\underbrace{180°\times2}_{\text{内角の和}}$

　$=720°-360°$

　$=\underbrace{360°}_{\text{外角の和}}$

　あれっ？　同じだ。」

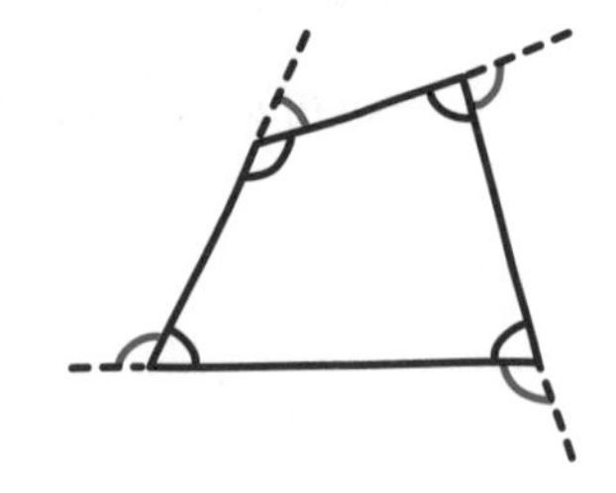

うん。ちなみに，五角形，六角形，……でも同じ結果になるよ。

何角形でも，外角の和は必ず360°になるんだ。

「なんでそうなるんですか？」

n角形なら，内角と外角を足した全体は$180°\times n$だよね。そして，4-3でやった通り，内角のn個だけ足せば$180°\times(n-2)$だから，外角の和は

$$\underbrace{180°\times n}_{\text{全体}}-\underbrace{180°\times(n-2)}_{\text{内角の和}}=180°\times n-180°\times n+180°\times 2$$
$$=\underbrace{360°}_{\text{外角の和}}$$

になるわけだ。

「そうか！　nが消えて360°だけ残るのか。」

中2 4章

例題　つまずき度 ！！！！！

右の∠xの大きさを求めよ。

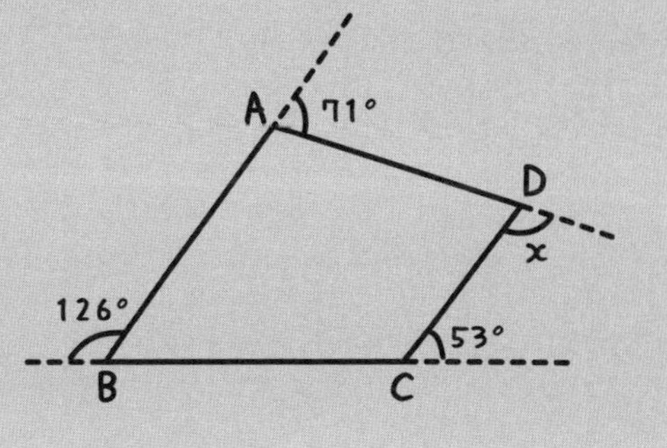

「これは簡単だわ！

解答　$71°+126°+53°+\angle x=360°$

よって　$\angle x=360°-71°-126°-53°$

$=\underline{\underline{110°}}$ ⇐答え　例題」

✓CHECK 130

つまずき度 !!!!!

➡ 解答は別冊 p.94

次の問いに答えよ。

(1)　正六角形の1つの外角の大きさを求めよ。

(2)　1つの外角の大きさが24°になるのは，正何角形か。

角度が求められないときは？

今までなら，角度を求める問題では角度を書きこんでいくのだが，わからないときもある。そのときの対処法がちゃんとある。数学の世界って，至れり尽くせりだね。

例題　つまずき度 !!!!!

△ABCにおいて，∠B，∠Cの二等分線の交点をOとする。

∠A=80°のとき，∠BOCの大きさを求めよ。

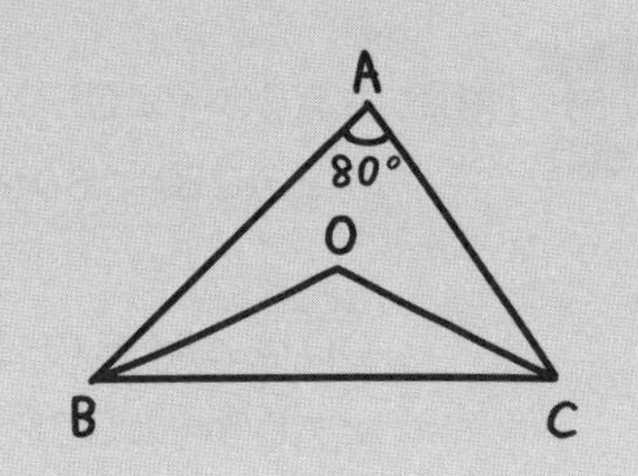

「∠BOCの大きさだから△BOCを考えて……，でも，角度が1つもわからないですね。」

うん。角度がわかれば，それがいちばんだ。でも，わからないときは，せめて，**『ここところの角度は同じだ』という情報だけでも集めよう。同じ角度のところは，●，○，×などの印をつけておこう。**

「右のようになりましたけど，その先がわかりません…。」

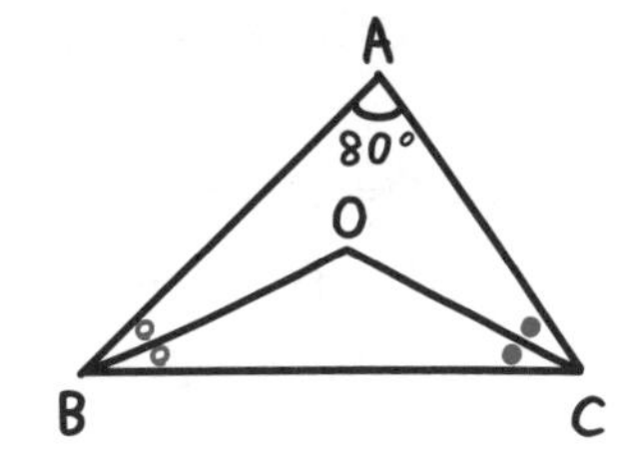

それでもできないときは，**1つの角をxとおいて，ほかの角もxを使って表していこう。**

「∠BOCを求めるから，これをxとおくのですか？」

いや。必ずしも求めるものをxとおかなくてもいいよ。**せっかく，∠ABOと∠OBCが等しいとわかっているのだから，これを使いたいね。∠ABOや∠OBCをxとおけばいいよ。**

「∠ABO＝∠OBC＝∠xとおくと，∠ABC＝2∠xだから……。」

△ABCで考えて，∠ACBの角度を求めてみよう。内角の和は180°だよね。ここまでをまとめてみて。

「**解答**　∠ABO＝∠OBC＝∠xとおくと

∠ACB＝180°－80°－2∠x

＝100°－2∠x

OCは∠ACBの二等分線だから

∠ACO＝∠OCB＝50°－∠x

ということか！」

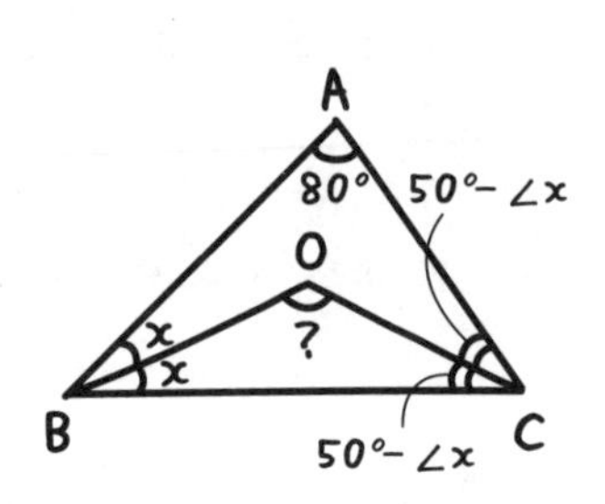

さらに，△OBCの内角の和も180°なわけだから……。

「∠BOC＝180°－∠x－(50°－∠x)

＝180°－∠x－50°＋∠x

＝**130°**　答え　例題」

そうだね。この問題は，∠ABO＝∠OBC＝∠xとおいて，さらに，∠ACO＝∠OCB＝∠yとおいてもいい。∠ACB＝2∠yだね。

解答　∠ABO＝∠OBC＝∠x，∠ACO＝∠OCB＝∠yとおくと

△ABCの内角の和は180°だから

80°＋2∠x＋2∠y＝180°

2∠x＋2∠y＝100°

∠x＋∠y＝50°

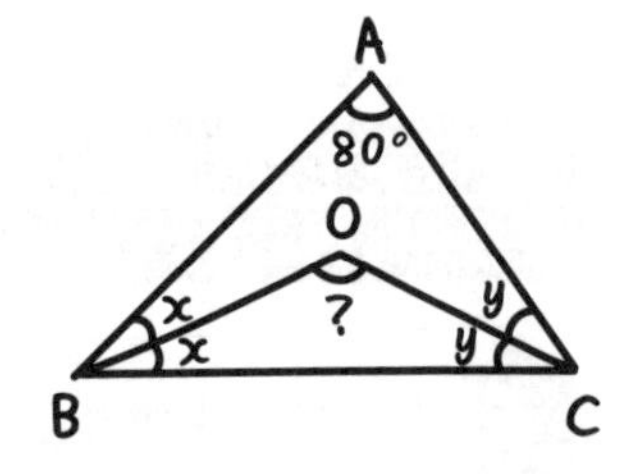

さらに，△OBCの内角の和も180°だから

$\angle BOC = 180° - (\angle x + \angle y)$

$= 180° - 50°$

$= \underline{\underline{\mathbf{130°}}}$ 答え 例題

としてもいいよ。

Point 44 角度の求めかたの手順

① **値のわかる角度，長さ**を図に書きこんでいく。

↓ 角度，長さの値がわからなくても

② **同じ角度のところは，**○，●，× など

同じ長さのところは，—+—，—++— など

と印をつけておく。

↓ それでもダメなときは

③ **角度，長さを x，y** などとおく。

✓CHECK 131

つまずき度 !!!!!

➡ 解答は別冊 p.95

右の図で，∠xの大きさを求めよ。
ただし，2直線l，mは平行とする。

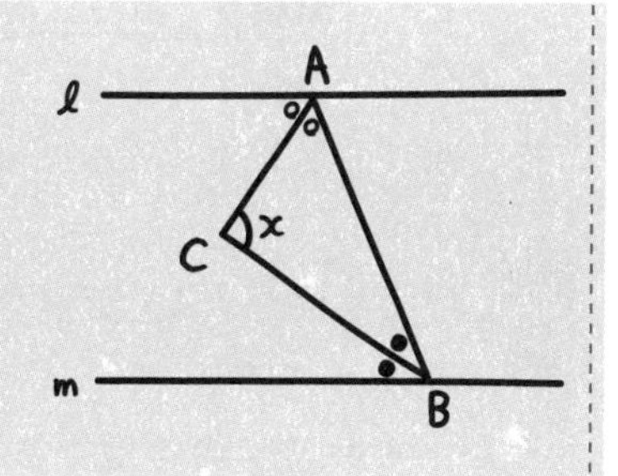

仮定と結論

「……ならば」という“仮定”。「明日，天気がよければ」という現実的なものもあれば，「私がハリウッドスターならば」という空想の世界の話にも登場するね。

例題　つまずき度 !!!!!

次のことがらの仮定と結論をいえ。

(1)　三角形の２つの内角が45°ならば，直角二等辺三角形である。

(2)　３の倍数である偶数は６の倍数である。

『AならばB』ということがらについて，Aを仮定（かてい），Bを結論（けつろん）というよ。
サクラさん，(1)はどうなる？

「解答　**仮定が『三角形の２つの内角が45°』**
結論が『直角二等辺三角形』　  (1)」

その通り。ケンタくん，(2)は？

「“ならば”って言葉がないですね。」

うん。でも，『3の倍数である偶数ならば，6の倍数である』という意味だよね。

「そうか。いいかたをかえるんだ。それなら最初から“ならば”でいってくれればいいのに。」

まぁ問題としては，そっちのほうが面白いからね(笑)。

正解は

解答　**仮定が『3の倍数である偶数』**
結論が『6の倍数』　⇦答え　例題 (2)

✓CHECK 132　つまずき度 !!!!!　➡ 解答は別冊 p.95

次のことがらの仮定と結論をいえ。

(1)　2でない素数ならば，奇数である。

(2)　平行四辺形は向かい合う角が等しい。

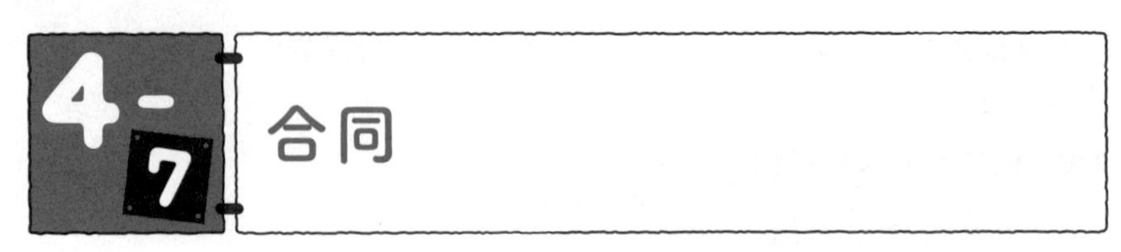

２つの三角形をハサミで切りとって，ピッタリ重なれば合同だ。しかし，そんなことをすると怒られるので(笑)，見ただけで合同かどうか判断できるようにしよう。

２つの図形が，大きさも形もまったく同じであることを合同(ごうどう)という。

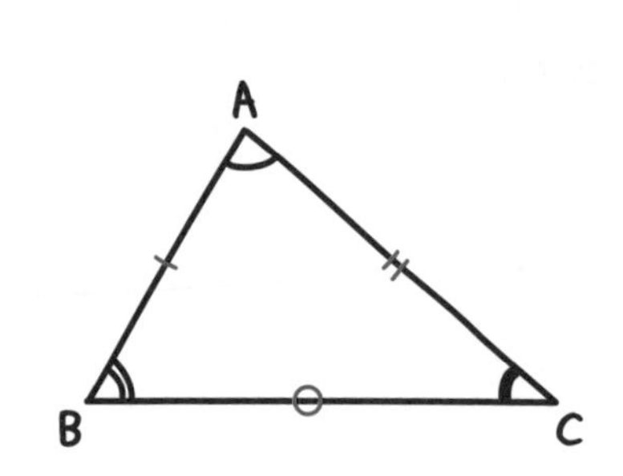

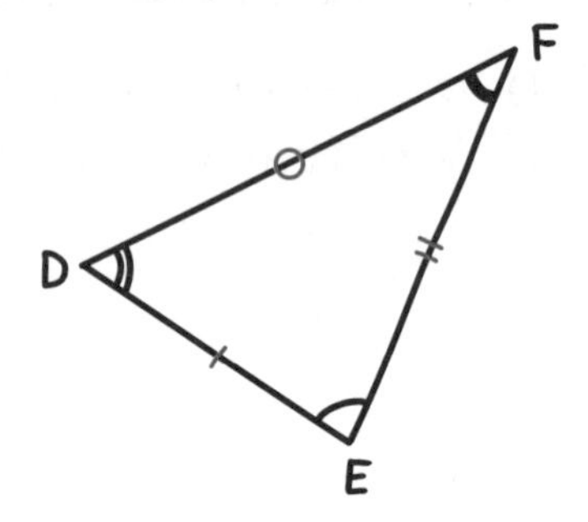

例えば，上の図の２つの三角形は

AB＝ED，BC＝DF，CA＝FE，

∠A＝∠E，∠B＝∠D，∠C＝∠F

というふうに３つの辺や３つの内角がそれぞれ等しいよね。

「向きが違っていてもいいのですか？」

うん。場所を移動したり，図を回転したり，裏返しにしたりしてもいい。上の２つの三角形なら，上下を反転させて少し回転させると重なる。

「あっ，そうか。頭でイメージするんだな。」

上の合同な三角形において『ABとED』，『BCとDF』，『CAとFE』が**対応する辺**，『∠Aと∠E』，『∠Bと∠D』，『∠Cと∠F』が**対応する角で，それぞれ等しい。**

△ABCと△EDFが合同であることを△**ABC≡**△**EDF**と書くんだ。

「なんでアルファベット順に△DEFとしないで，△EDFなんですか？」

点Aに対応するのが点E，点Bに対応するのが点D，点Cに対応するのが点Fだからだよ。**合同を示すときは対応する点の順番通りに書くんだ。**

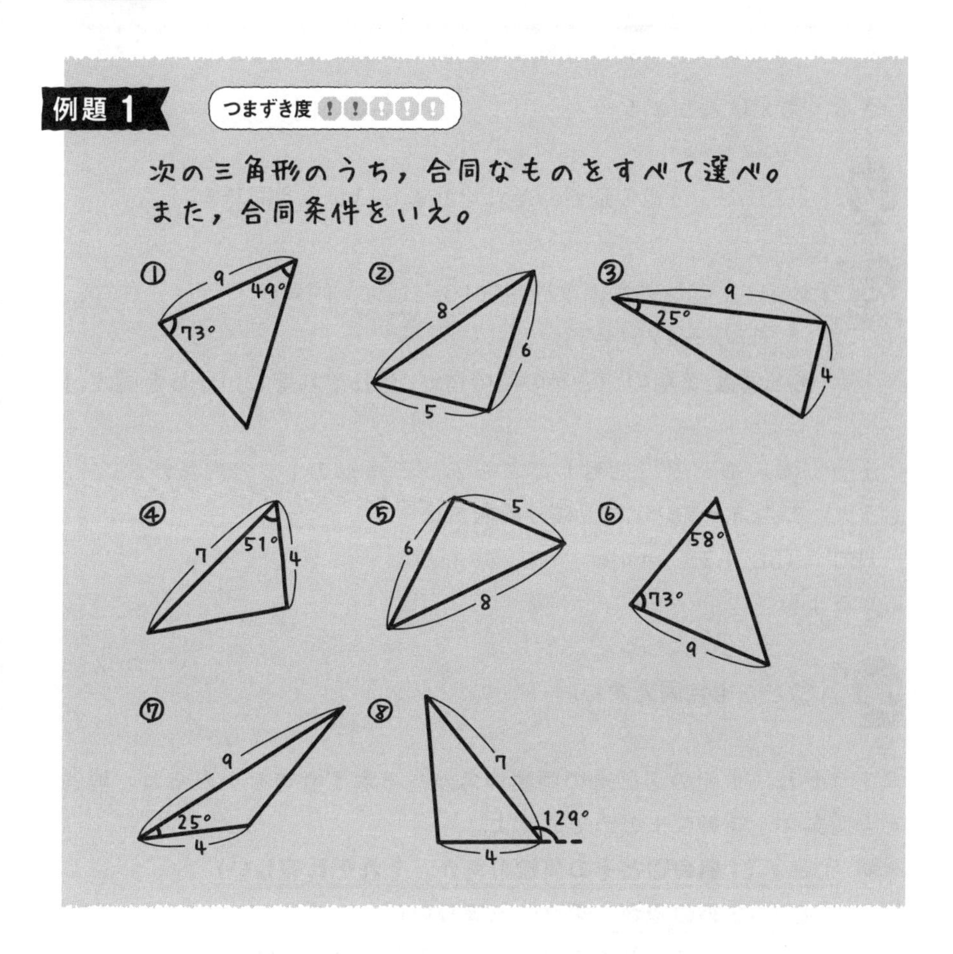

3つの辺，3つの角すべてをチェックする必要はない。次のページの合同条件が1つでも成立していればいいんだ。

Point 45

三角形の合同条件

２つの三角形を見比べて，次のア～ウのどれかが成立していれば，その２つの三角形は合同である。

ア　**3組の辺が，それぞれ等しい。**

イ　**2組の辺とその間の角が，それぞれ等しい。**

ウ　**1組の辺とその両端の角が，それぞれ等しい。**

さあ，答えはどうなる？

「②と⑤は，3組の辺が，それぞれ等しいから合同です。」

「あっ！　⑧は外角が129°ということは，内角が

$180° - 129° = 51°$

④と⑧は，2組の辺とその間の角が，それぞれ等しいから合同だ。」

そうだね。あと⑥に注目してごらん。三角形の1つの内角が58°で，もう1つの内角が73°なら，残りの内角は

$180° - (58° + 73°) = 49°$

になるよね。

「①と⑥も合同ですね。」

そうだね。1組の辺とその両端の角が，それぞれ等しいからね。解答と合同条件を簡単にまとめておくよ。

解答　**①と⑥（1組の辺とその両端の角が，それぞれ等しい）**

②と⑤（3組の辺が，それぞれ等しい）

④と⑧（2組の辺とその間の角が，それぞれ等しい）

例題 2 つまずき度 !!!!!

次の2つの三角形は $AB=PQ$，$\angle A=\angle P$ である。$\triangle ABC\equiv\triangle PQR$ といえるには，あと1つ何が等しければよいか。

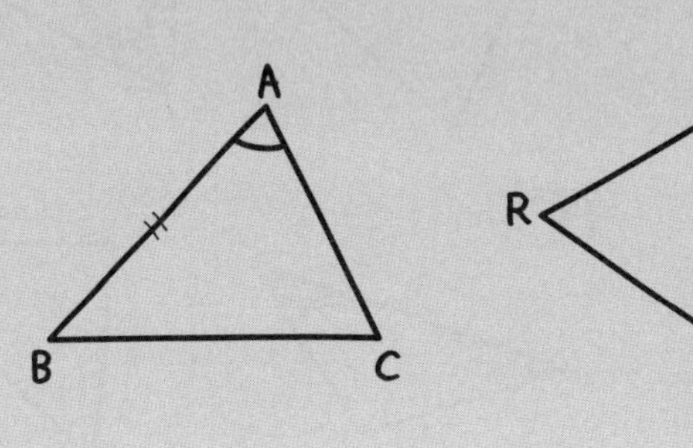

サクラさん。わかる？

「**2組の辺とその間の角が，それぞれ等しければいい**んですよね。じゃあ，$AC=PR$ です。」

そうだね。答えはもう1つあるよ。**1組の辺とその両端の角が，それぞれ等しくてもいい**わけだから……。

「あっ，そうか。$\angle B=\angle Q$ がいえてもいいのですね。」

うん。また，$\angle C=\angle R$ がいえていたら，内角の和が180°より自動的に $\angle B=\angle Q$ になる。これでもいいよ。

解答 **$AC=PR$，または，$\angle B=\angle Q$，または，$\angle C=\angle R$** ⇐答え 例題 2

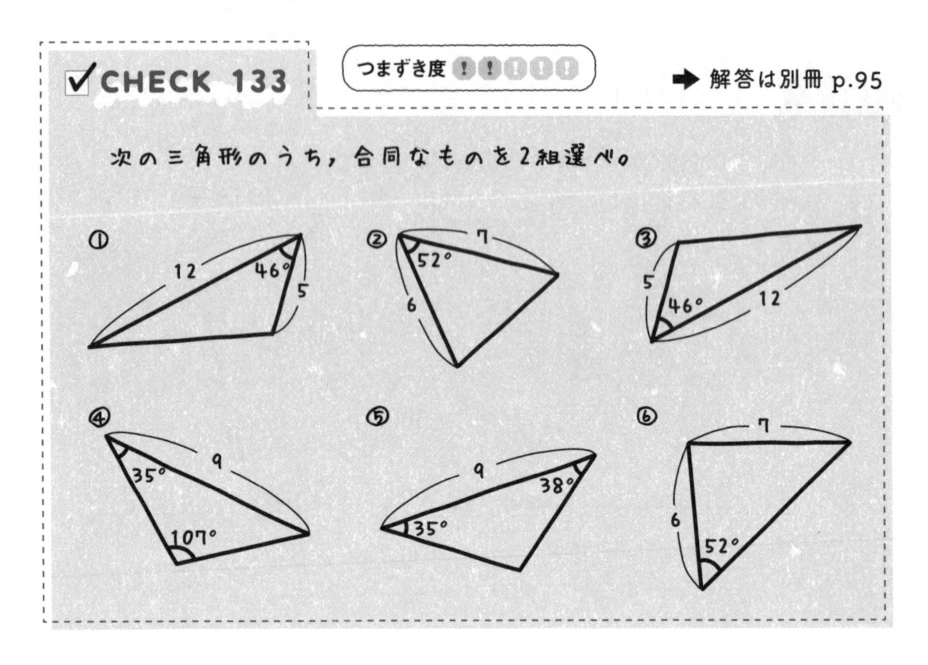
CHECK 133
つまずき度
➡ 解答は別冊 p.95
次の三角形のうち，合同なものを2組選べ。
①
12
46°
5
②
7
52°
6
③
5
46°
12
④
9
35°
107°
⑤
9
38°
35°
⑥
7
6
52°

数学 お役立ち話 22

なぜ，2辺とその“間”の角なの？

「合同になるための条件の1つに『2組の辺とその間の角が，それぞれ等しい』とありましたけど，どうして“間”の角じゃなきゃダメなんですか？」

例えば，AC＝5，BC＝7，∠B＝40°の三角形をかいてみてごらん。どういうふうになる？

「こんな感じですか？」

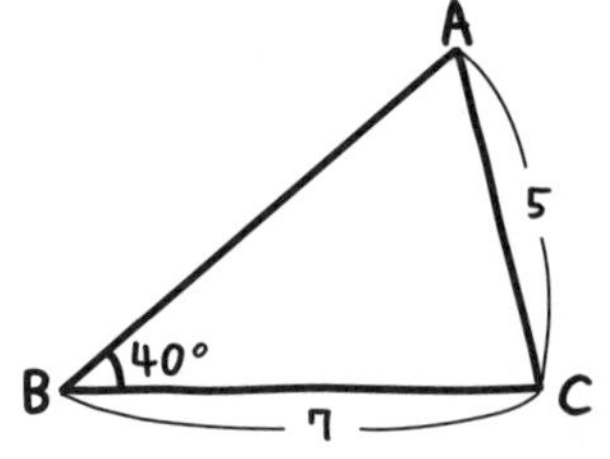

うん。それも答えの1つだけど，ほかにもかけるんだ。長さが5の辺を内側に食いこむようにすると，右下のような三角形もかけるよ。

「2組の辺と1つの角が同じというだけじゃあ，合同になるとは限らないってことか。」

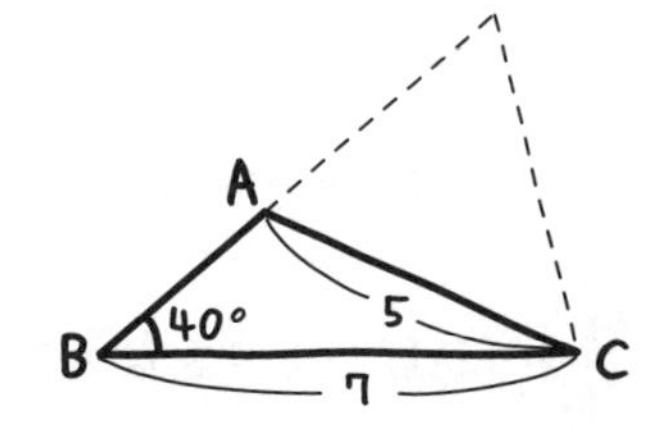

一方，2組の辺とその“間”の角が決まれば，三角形は1通りしかかけないはずだよ。

紙を折った図形

小学校のときに本の付録を組み立てるのが楽しみだった。“山折り” とか “谷折り” とかあったね。折り紙も懐かしいなぁ。

例題 つまずき度 !!!!!

右の図のように△ABCをDEで折り返したとき，∠xと∠yの角の和を求めよ。

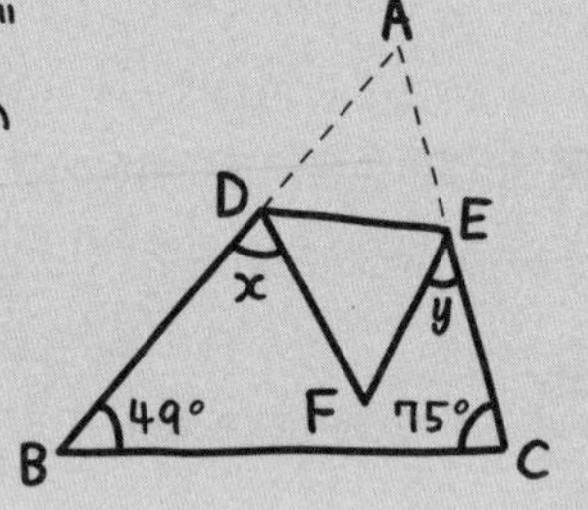

「本を読んでいて，ここまで読んだとわかるように，はしっこを折りますね。」

英語では『dog ear』というんだ。犬の耳の形に似ているからね。

「私はしおりをはさみます。本が傷むのはイヤだし。」

私はふせんを使う。人それぞれだね。じゃあ，問題に戻るよ。

△ADEと，△ADEを折ってできた△FDEは同じ図形なので，もちろん合同になる。 当たり前の話だけど，意外に見落とす人が多いんだ。これを参考に，図に角度を書いていこう。ケンタくん，解いてみて。

「まず，三角形の内角の和は180°なので，△ABCで

$\angle A=180°-(49°+75°)$
$=56°$

になるし，△ADE≡△FDEだから∠ADE=∠FDEなので，印をつけておくか。」

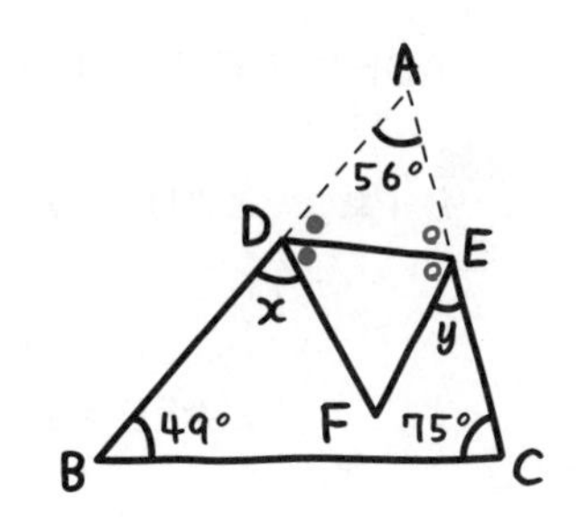

●と○は文字x，yで表せるよ。∠ADEと∠FDEと∠BDFを足したら180°でしょ。

「あっ，そうか！　180°から∠xを引いて2で割ればいいんだ。

$\angle ADE=\angle FDE=(180°-\angle x)\div 2$

$=90°-\frac{1}{2}\angle x$」

「∠AEDも同様に表せるわ。

$\angle AED=\angle FED=(180°-\angle y)\div 2$

$=90°-\frac{1}{2}\angle y$

それからどうすればいいのかしら？」

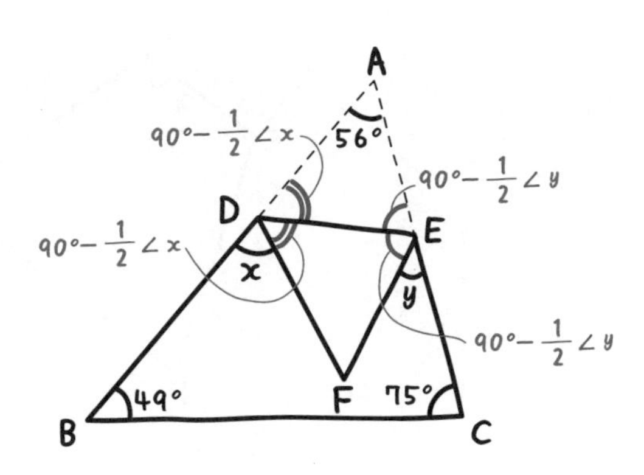

△ADEに注目すればいい。三角形の内角の和は180°だよ。

「**解答**　$\angle ADE = \angle FDE = (180° - \angle x) \div 2$

$= 90° - \frac{1}{2}\angle x$

$\angle AED = \angle FED = (180° - \angle y) \div 2$

$= 90° - \frac{1}{2}\angle y$

△ADEに注目すると

$56° + \left(90° - \frac{1}{2}\angle x\right) + \left(90° - \frac{1}{2}\angle y\right) = 180°$

$-\frac{1}{2}\angle x - \frac{1}{2}\angle y = -56°$

$\frac{1}{2}\angle x + \frac{1}{2}\angle y = 56°$

$\angle x + \angle y =$ **112°**　答え　例題

ちょっと難しかったな。あとで復習しておこう。」

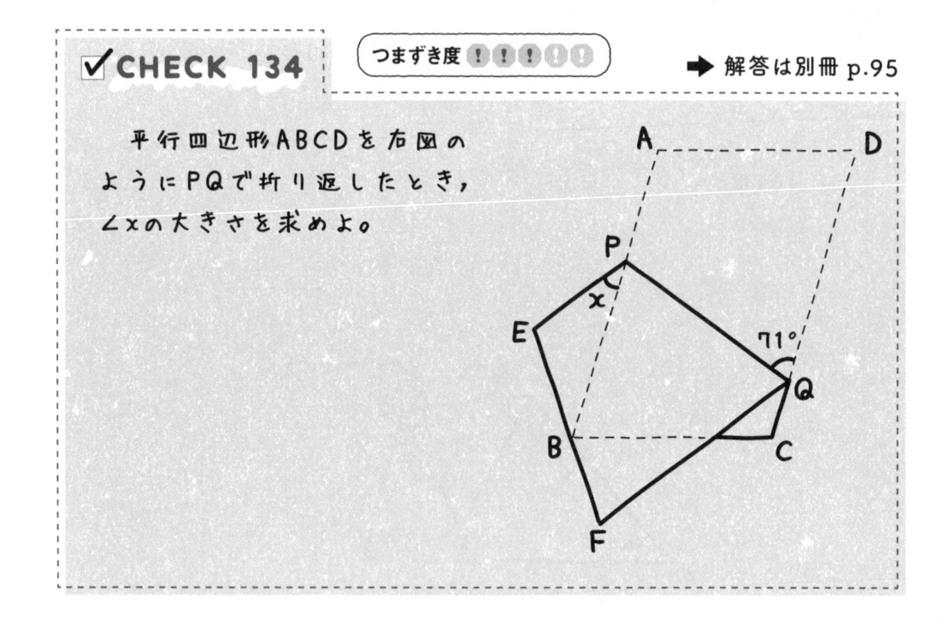

➡ 解答は別冊 p.95

平行四辺形ABCDを右図のようにPQで折り返したとき，∠xの大きさを求めよ。

証明してみよう

証明問題は苦手な人が多いね。小学校から算数，数学を“説明してもらう”ばかりで，“説明する”のは慣れてないからね。「同じ大きさ，形に見えるから……」ですめばうれしいけど，それじゃあ説得力がないよ(笑)。

例題 つまずき度 !!!!!

AD//BCの台形ABCDがある。
対角線ACの中点をEとし，点Eを通る直線が辺AD，辺BCと交わる点をそれぞれP，Qとするとき，AP=CQになることを証明せよ。

証明(しょうめい)というのは，正しいとわかることがらを積み重ねていき，すじ道を立てて仮定から結論を導くことだ。

問題文に書いてあることを理解して図をかくと，右のようになるね。APを含む三角形は△AEPで，CQを含む三角形は△CEQだ。だから，△AEPと△CEQが合同であることを証明しよう。

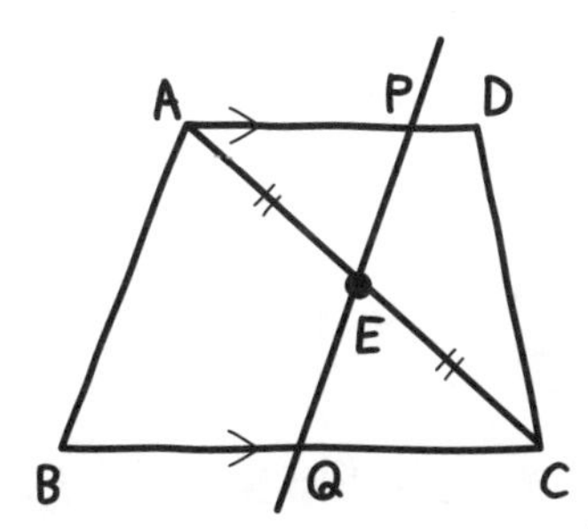

「長さや角度が等しいということを証明したければ，“それを含む三角形”が合同であることをいうのですか？」

いつも，そうっていうわけじゃないけど。そういうことが多いよ。

まず，図を大きくかいて，自分の頭の中で考えてみよう。△AEPと△CEQで，どことどこが同じになる？

「まず，点ＥはＡＣの中点だから，
ＡＥ＝ＣＥですよね。」

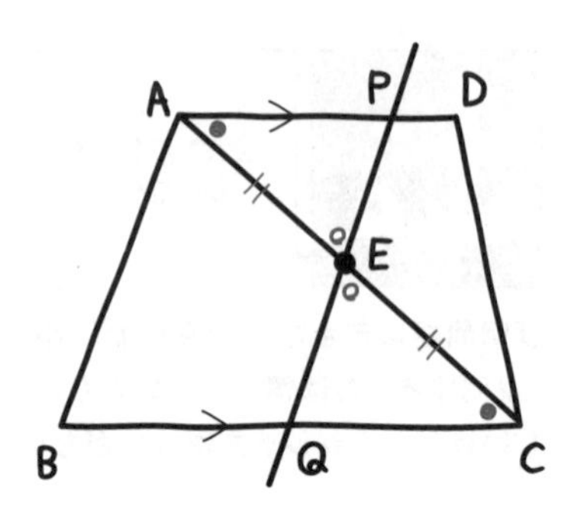

そうだね。問題文に書いてあるね。
ほかには？

「対頂角だから
∠ＡＥＰ＝∠ＣＥＱ　もいえる。」

「それから，平行線の錯角より
∠ＥＡＰ＝∠ＥＣＱ　ですね。」

そうだね。ＡＥ＝ＣＥ，∠ＡＥＰ＝∠ＣＥＱ，∠ＥＡＰ＝∠ＥＣＱならば
『１組の辺とその両端の角が，それぞれ等しい』
といえるから合同だ。

「同じく平行線の錯角だから，∠ＡＰＥ＝∠ＣＱＥも成立しますね。」

でも，∠ＡＰＥ＝∠ＣＱＥは合同の条件に使わないから，証明のときには触れないでいい。せっかく見つけてくれたのにゴメンね。

「実際の解答はどう書けばいいのかしら？」

今，考えた順番通り，リプレイ（再生）するような感じだよ。目の前に人がいて説明する気持ちでね。
まず，１行目に
『**△ＡＥＰと△ＣＥＱにおいて**（“**ついて**”でもいい）』　とする。
そして，問題文に“対角線ＡＣの中点がＥ”とあるけど，これは“ＡＥ＝ＣＥ”と同じ意味なので，いい直そう。
『**仮定より　ＡＥ＝ＣＥ**』　と書くんだ。

「どうしていい直すのですか？」

合同であることを証明するんだよね？　ということは，辺の長さや角の大きさが同じであるといわなければならない。“対角線ACの中点がEである”といっただけでは，辺の長さが同じだと伝えたことにならない。

「“仮定より”って，どんなときに使うの？」

問題文に書いてあったり，今みたいに「中点だからAE＝CE」と簡単にいい直せたりするときは，“仮定より”とすればいい。図をかいたり，計算したりして求めるときは，“仮定より”とはいわないよ。

次に，2人がいったように，2つの角がそれぞれ等しいとわかる。

『対頂角より　∠AEP＝∠CEQ

平行線の錯角より　∠EAP＝∠ECQ』　と書こう。

「“対頂角より”とか“錯角より”とか，いちいち書くのですか？」

そうだよ。そうしないと，「どうして∠AEP＝∠CEQになったのか」などが読んでいる人にわからないからね。もしくは

∠AEP＝∠CEQ（対頂角）

∠EAP＝∠ECQ（平行線の錯角）

としてもいい。どちらの書きかたでも，理由はちゃんと書くってことだ。また，∠APE＝∠CQEのような，使わなかったものはカットしよう。

最後に

『1組の辺とその両端の角が，それぞれ等しいので

△AEP≡△CEQ』　と書こう。

△AEPと△CEQが合同とわかったということは，対応する辺や角が等しいということだね。△AEPのAPにあたるものが，△CEQのCQだ。

よって　AP＝CQ

これで証明終了だ。解答をまとめておくよ。

解答 △AEPと△CEQにおいて
仮定より AE＝CE ……①
対頂角より ∠AEP＝∠CEQ ……②
平行線の錯角より ∠EAP＝∠ECQ ……③
①，②，③より，1組の辺とその両端の角が，それぞれ等しいので
△AEP≡△CEQ
よって AP＝CQ 例題

「①，②などとつける決まりがあるのですか？」

式が多いと，合同になる条件の式がどれかわからなくなるから，①，②などと番号をつけると便利なんだ。今回は，式が少ないから省略してもいいんだけど，証明にまだ慣れていないだろうからつけておいたよ。

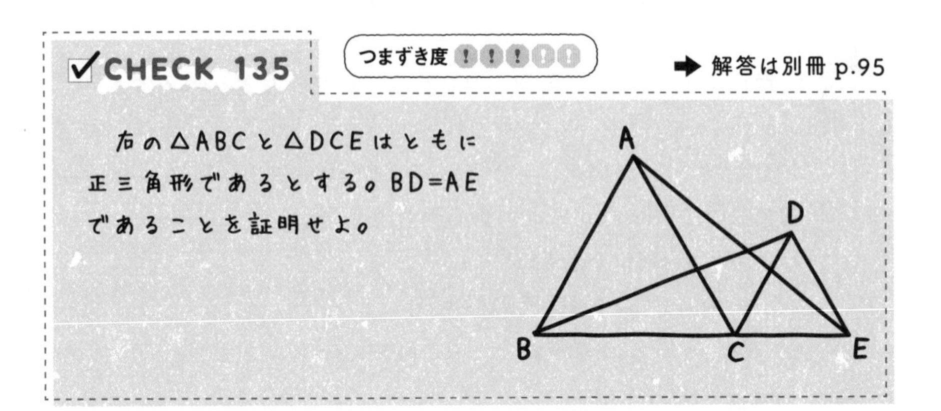

CHECK 135 つまずき度 !!!!!

➡ 解答は別冊 p.95

右の△ABCと△DCEはともに正三角形であるとする。BD=AEであることを証明せよ。

中学2年 5章

図形の性質と証明

小学校のころから，いろいろな図形を勉強してきたね。

「三角形，四角形，円，おうぎ形…，立体も考えれば，もっとありますね。」

そうだね。しかも，ひとことで三角形といっても，正三角形もあれば，二等辺三角形，直角三角形もある。それぞれに特徴があるね。

「四角形にも，正方形，長方形，平行四辺形，ひし形，台形とかいろいろあるし，大変そうだな。」

1つずつしっかり覚えていこう。

5-1 定義と定理

名前が似ていてまぎらわしいものってあるよね。数学の世界にもあるよ。"定義"と"定理"は似ているけど違うんだ。

例題　つまずき度 !!!!!

次は，定義，定理のいずれであるか。

(1)　偶数は2で割り切れる整数である。
(2)　奇数どうしの積は奇数である。

定義とは，その言葉の"もともとの意味"のことだ。だから，(1)は定義なんだ。昔，世界で初めて考えた人が，『2で割り切れる整数を"偶数"と名づけよう！』とか決めたんだよね。

一方，(2)は定義じゃなくて**定理**だ。『よし，奇数どうしの積を奇数にしよう！』と考えたわけじゃなくて，絶対にそうなるって証明されたものなんだ。

「人間が定めたのが定義，人間が定めたわけじゃなく，必ず正しくなるのが定理って感じね。」

解答　(1)　定義　　(2)　定理　←答え　例題

✔CHECK 136　つまずき度 !!!!!　➡ 解答は別冊 p.95

次は，定義，定理のいずれであるか。

(1)　半径がrの円の面積はπr^2である。
(2)　自然数は正の整数である。

5-2 二等辺三角形

二等辺三角形は小学校のときに習ったけど，改めて確認しておこう。

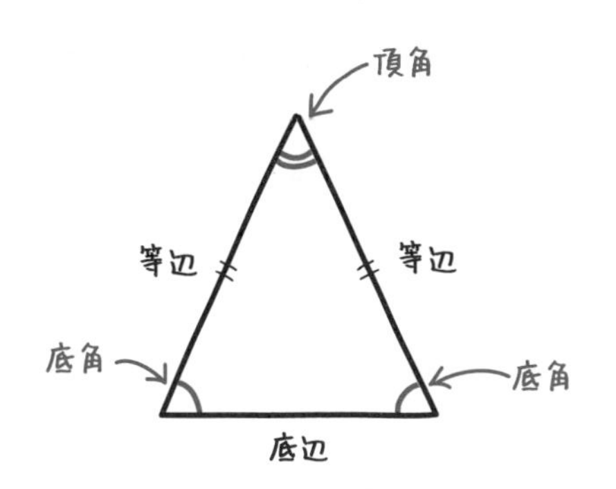

二等辺三角形の定義は，2辺の長さが等しい三角形ということだ。**2辺の長さが等しい三角形を，二等辺三角形と名づけた**人が，その昔にいるってことだね。ちなみに等しい辺のことを**等辺**（とうへん），等辺にはさまれた角を**頂角**（ちょうかく），ほかの2つの角を**底角**（ていかく）というので，こういった用語も覚えておこう。

① **底角が等しい**

② **頂角の二等分線は底辺を垂直に2等分する**

というのが特徴で定理といえる。これらを利用して問題を解いていこう。

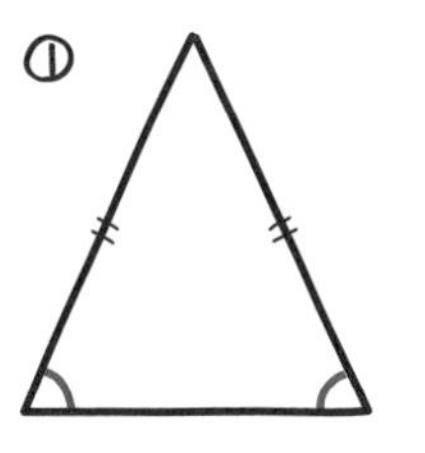

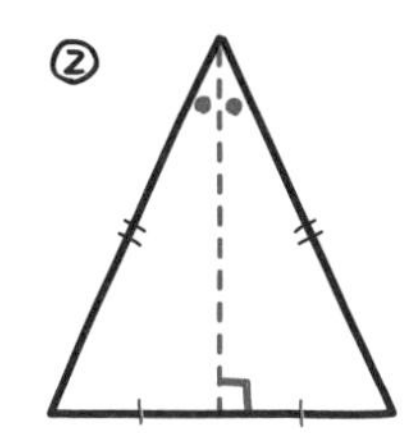

例題 1 つまずき度 !!!!!

右図の∠xの大きさを求めよ。

ただし，BA=BCとし，ℓ，mは平行であるとする。

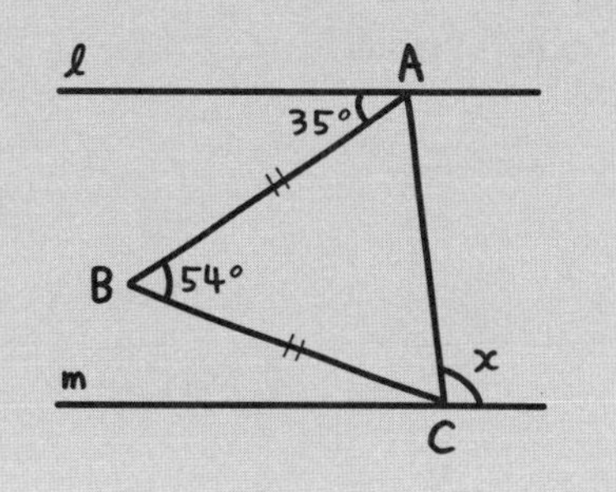

△ABCは，BA＝BCの二等辺三角形であることに注目しよう。∠BAC＝∠BCAとなるよね。

また，三角形の内角の和は180°だったね。

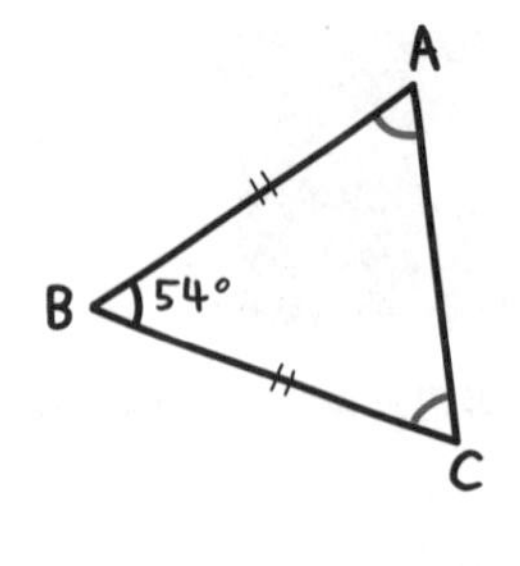

「180°から54°を引けば126°で，これを半分にすればいいんですね。」

うん。そこまでわかったら解けるんじゃないかな？　サクラさん。解いてみて。

「解答　∠BAC＝∠BCAより

　∠BAC

＝(180°−54°)÷2

＝126°÷2

＝63°

図のようにℓ上の点をD，

m上の点をEとおくと

∠DAC＝35°＋63°

　　　＝98°

錯角より

∠ACE＝98°

よって　$\angle x$＝**98°**  例題1」

うん。いいね。

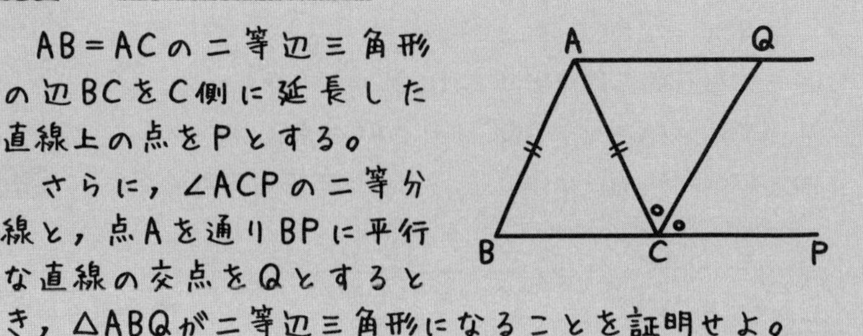

今度は，**2つの角が等しい三角形は，その2角を底角とする二等辺三角形である**という定理を使って証明する問題だよ。

まず，問題文からAB＝AC，∠ACQ＝∠QCPとわかるね。また，AQ//BPなので，∠QCP＝∠AQCもいえるよね。

「平行線の錯角だからですね。」

うん。∠ACQと∠QCPが同じで，∠QCPと∠AQCが同じだから，∠ACQと∠AQCも同じとわかる。ということは，△ACQは底角が等しいので二等辺三角形であり，AC＝AQもわかるね。

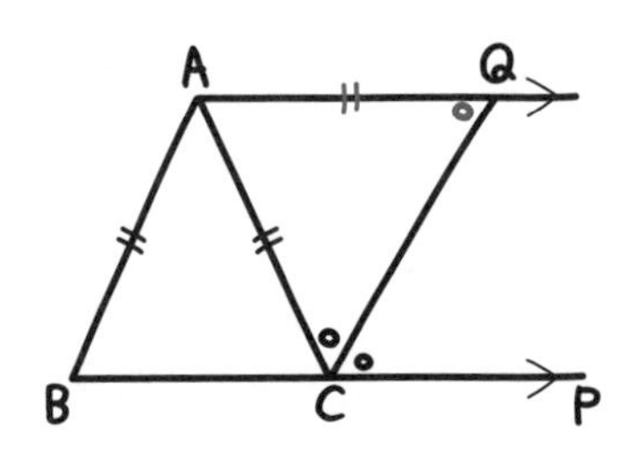

「あっ，AB＝ACでAC＝AQということは，AB＝AQか。なるほど！」

このように自分自身で考えてみて，わかったあとに，改めて再生して書けばいいよ。

解答 仮定より

AB＝AC

∠ACQ＝∠QCP

さらに平行線の錯角より ∠QCP＝∠AQC

よって，∠ACQ＝∠AQCより AC＝AQ

ゆえに，AB＝AQなので，△ABQは二等辺三角形である。 例題2

CHECK 137

つまずき度 !!!!!

➡ 解答は別冊 p.95

次の問いに答えよ。

(1) 図1の△ABCにおいて，AM=BM=CMであるとすると，∠ACB=90°であることを証明せよ。

ヒント：∠MAC=∠aとおいて，ほかの角を求める。

(2) 細長い長方形の形をした紙を図2のように折り曲げると，重なる部分が二等辺三角形になることを証明せよ。

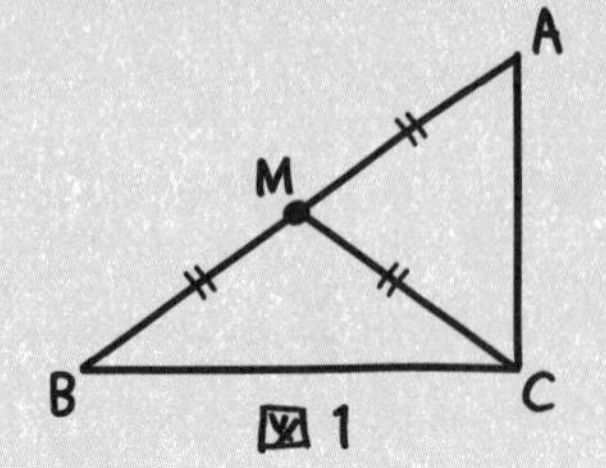

図1

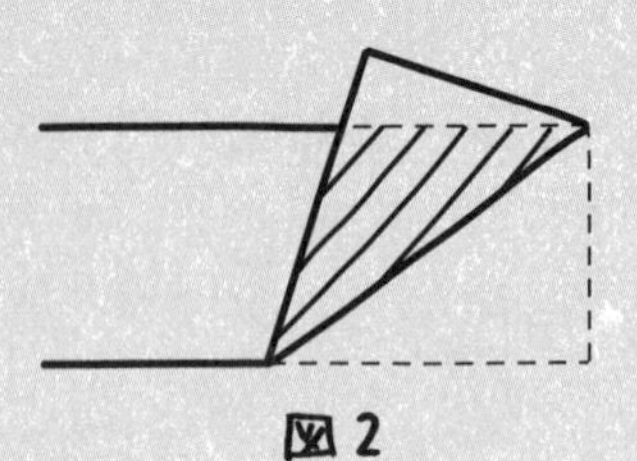
図2

5-3 正三角形

合同なたくさんの正三角形のタイルを△，▽の向きに交互につなぎ合わせると，床をすき間なく敷き詰めることができる。これは，内角が60°だからだよ。

正三角形の定義は

3辺の長さが等しい

ということだ。特徴としては

内角がすべて等しい（60°になる）

ということだね。これが定理だ。これらを利用して問題を解いていこう。

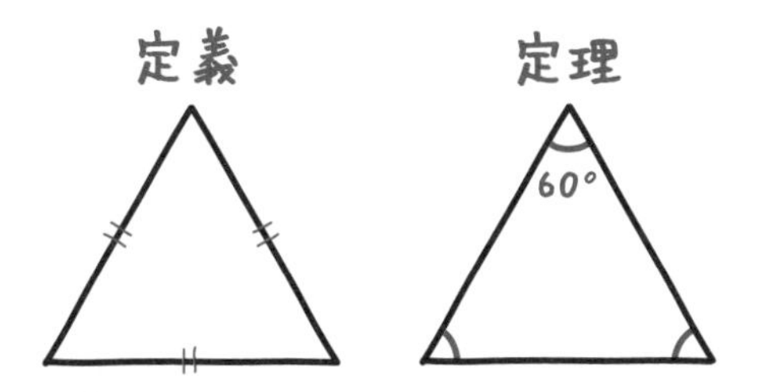

例題 つまずき度 !!!!!

正三角形ABCの辺BC，辺CA，辺AB上にそれぞれ点D，E，Fを，∠BAD＝∠CBE＝∠ACFを満たすようにとる。

さらに，線分ADと線分BEの交点をP，線分BEと線分CFの交点をQ，線分CFと線分ADの交点をRとすると，△PQRが正三角形になることを証明せよ。

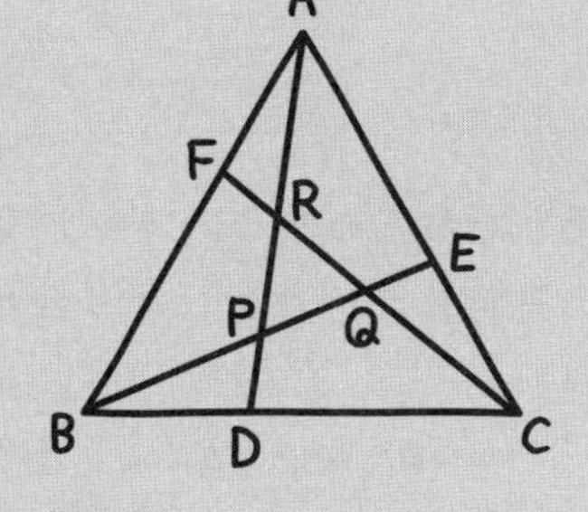

「どうやって解くんだろう？　どこかの三角形が合同であることを示して解いていくのかな？」

PRもRQもQPも△PQR以外の三角形の辺になっていないから，簡単にはPR＝RQ＝QPを示せなさそうだ。こういうときは角度を求めていこう。正三角形なら内角は60°のはずだ。∠BAD＝∠CBE＝∠ACF＝a°とかおいて，ほかの角度をドンドン求めていけばいいぞ。

「正三角形だから∠BAC＝60°で∠CAD＝60°－a°になる。同じようにして，∠ABEや∠BCFも60°－a°だ。
あとは，どうすればいいのかな？」

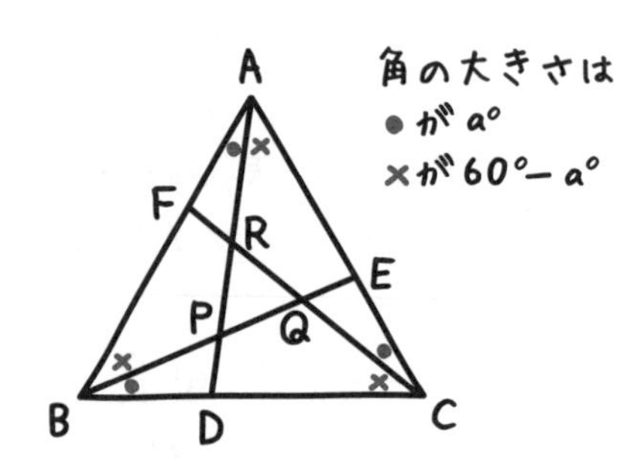

「△ABPを使えばいいんじゃない？
∠APB＝180°－{a°＋(60°－a°)}
＝120°　となるわ。」

「あっ，そうか。となると
∠RPQ＝180°－120°
＝60°　だ。」

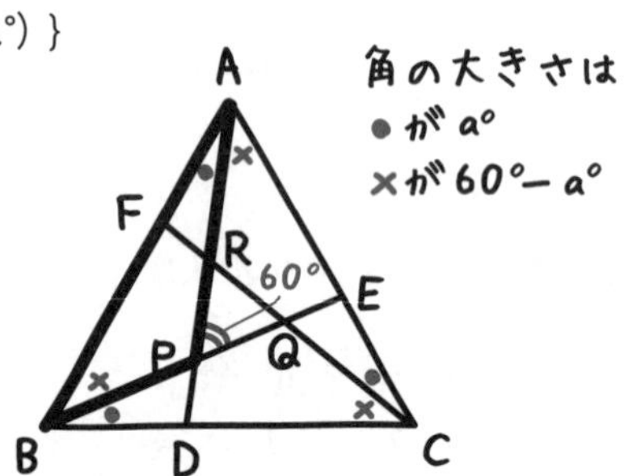

そうだね。もっとスマートに導くなら，4-2で登場した「三角形の１つの外角は，それととなり合わない２つの内角の和に等しい」を使えばいい。

∠RPQ＝∠BAP＋∠ABP
＝a°＋(60°－a°)
＝60°

となるね。

「∠PQRや∠QRPも同じように求めればいいんですね。」

そうだね。∠PQRや∠QRPを求めるときも，まったく同じ

$$a°+(60°-a°)=60°$$

の計算をするよね。同じことは2回やらなくてもいい。「同様に」としよう。

解答 ∠BAD＝∠CBE＝∠ACF＝a°とおくと

∠CAD＝∠ABE＝∠BCF＝60°－a°

よって　∠RPQ＝a°＋(60°－a°)

＝60°

同様にして　∠PQR＝∠QRP＝60°

よって，∠RPQ＝∠PQR＝∠QRPより，△PQRは正三角形である。

例題

自力で解答を作れそうかな？　自信のない人は，2日くらい時間をおいてから，自力で解答を作れるか試そう。

CHECK 138 つまずき度 

➡ 解答は別冊 p.96

正三角形ABCの辺AB，辺BC，辺CA上に，それぞれ点P，Q，RをAP=BQ=CRを満たすようにとる。

このとき，△PQRが正三角形になることを証明せよ。

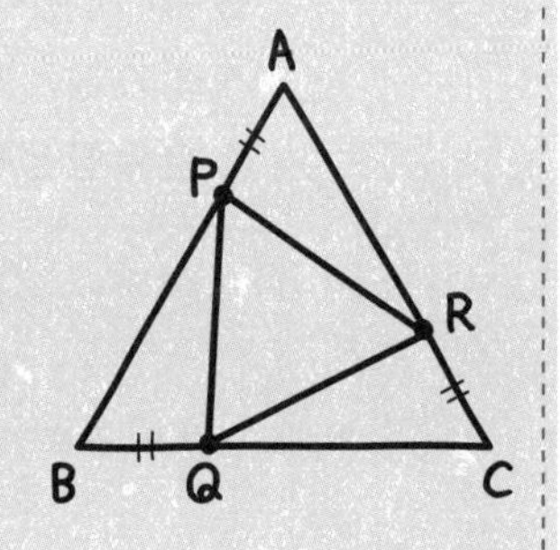

直角三角形の合同条件

直角三角形だけに使える合同条件もある。「覚えなきゃいけないことが，また増えちゃうの？」と思わないで。覚えたほうが便利だからね。

直角三角形の定義は大丈夫だよね？

内角のうちの１つが直角になっている三角形

だ。また，直角の向かい側の辺を**斜辺**（しゃへん）という。

ついでにいうと

“0°より大きくて，90°より小さい角”を**鋭角**（えいかく）

“90°より大きくて，180°より小さい角”を**鈍角**（どんかく）

という。直角三角形では，内角の１つが直角で，２つが鋭角になっているね。

さて，4-7で『三角形の合同条件』というのをやったよね。

「 **ア　3組の辺が，それぞれ等しい。**

イ　2組の辺とその間の角が，それぞれ等しい。

ウ　1組の辺とその両端の角が，それぞれ等しい。

というのですよね。」

うん。実は，直角三角形の場合はさらに2つあるんだ。

直角三角形の合同条件

直角三角形を考えるときは，次のどちらかが成立すると合同といえる。

エ　**直角三角形であり，斜辺と他の１辺が，それぞれ等しい。**

オ　**直角三角形であり，斜辺と１つの鋭角が，それぞれ等しい。**

エの例

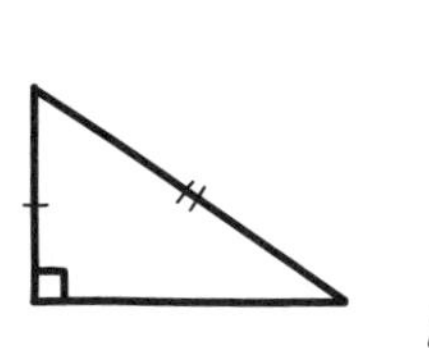

オの例

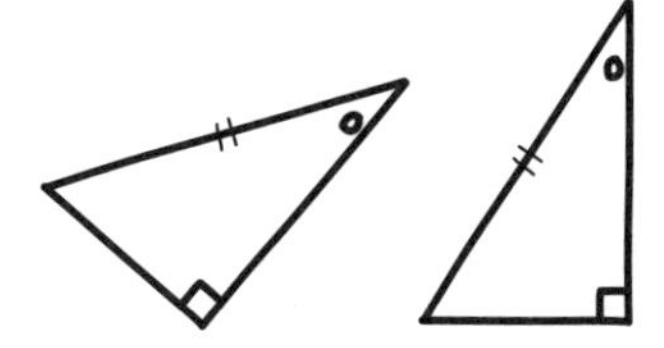

「直角三角形なら，“イ　２組の辺とその間の角”じゃなくて，“エ　斜辺と他の１辺”で合同といえちゃうんですね。」

例えば∠Bが直角で，AB＝4，AC＝7の直角三角形をかいてごらん。１種類しかかけないはずだよ。

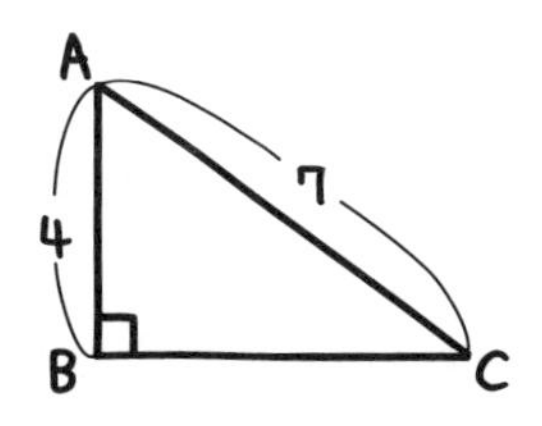

「あっ，本当だ。」

直角三角形でない場合は，“2組の辺とその間でない角”だと2種類かけてしまうから，合同にならない。**数学 お役立ち話㉒**で説明したよね。

「『オ』はどうしていえるのですか？」

内角の和は180°だから，２組の角が等しければ残りの１組も等しくなり，『ウ』がいえるからだよ。

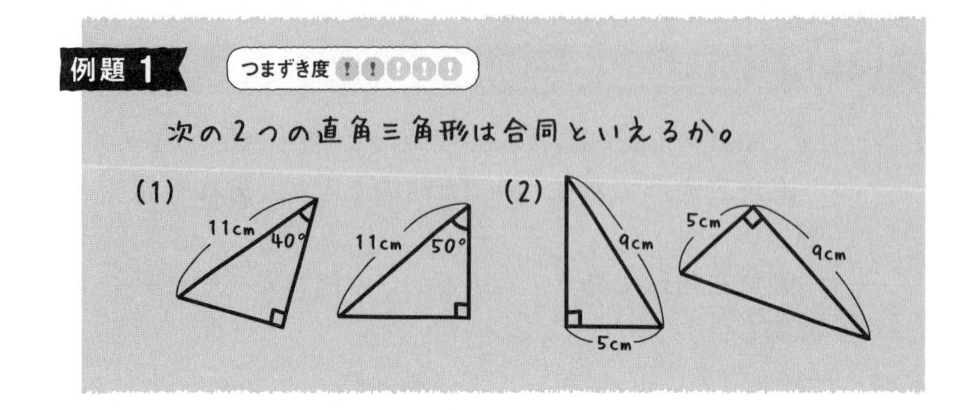

ケンタくん，(1)は合同といえる？

「斜辺の長さはどちらも11cmで同じですけど，ほかの角度は違うから合同じゃないです。」

三角形をよく見て！　三角形の内角の和は180°だよね。１つが90°で，１つが40°ということは，残りは？

「あっ！

$180° - (90° + 40°) = 50°$

だから，合同だ。」

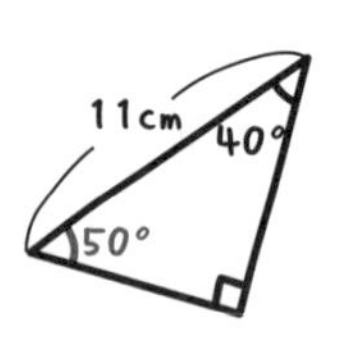

そうだね。斜辺と１つの鋭角がそれぞれ等しいからね。

解答　**合同といえる。**　答え　例題 1　(1)

じゃあ，サクラさん，(2)は？

「解答　**合同ではない。**　答え　例題 1　(2)」

正解。直角三角形が合同になるためには，斜辺の長さが等しくなければならないけど，２つめの三角形の斜辺は９cmより長いはずだからね。

例題 2　つまずき度 !!!!!

AB＝ACの二等辺三角形の点Cから ABに下ろした垂線と辺ABの交点をD，点BからACに下ろした垂線と辺ACの交点をEとすると，△ABEと△ACDが合同になることを証明せよ。

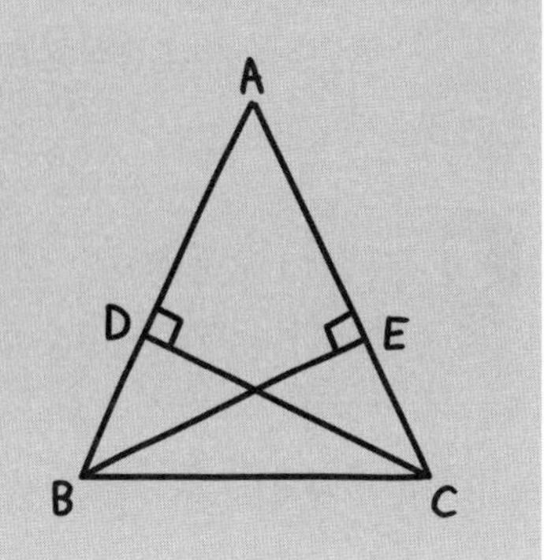

合同の証明のしかたは，4-9 でやっているからいいよね。解いていくよ。

解答　△ABEと△ACDにおいて

仮定より

　AB＝AC

　∠AEB＝∠ADC＝90°

さらに

　∠BAE＝∠CAD（共通）

よって，**直角三角形で，斜辺と1つの鋭角がそれぞれ等しい**ので

　△ABE≡△ACD　**例題 2**

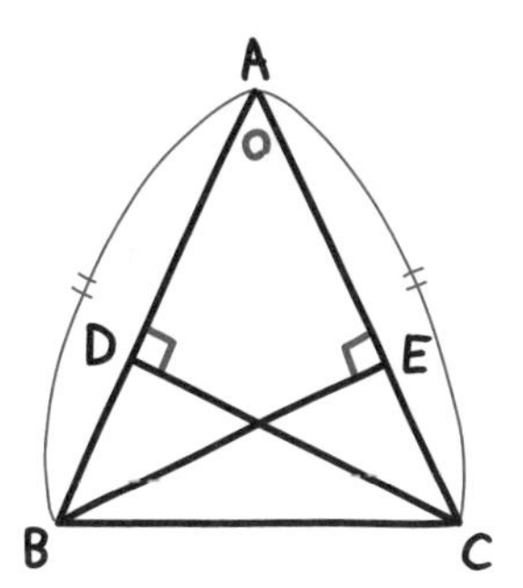

「直角三角形だと，合同が証明しやすい気がする。」

そうかもしれないね。ちゃんと直角三角形のときの合同条件を2つ覚えておくと，テストの点をとりやすいってことだ。

それからもう１つ。“＝90°”という書きかたをしたけど，直角であることを“$=\angle R$”と書く方法もあるんだ。

$\angle \mathrm{AEB} = \angle \mathrm{ADC} = \angle R$

というふうにね。

「Rという角が90°だと，まぎらわしいですよね。∠R＝$\angle R$ になっちゃう。」

あまりそういうことはないけど，心配なら“＝90°”で書けばいいよ。

つまずき度 !!!!!

➡ 解答は別冊 p.96

点Aから O を中心とする円に接線（接する直線）を引き，その接点をP，Qとすると，∠OPA＝∠OQA＝90°になる。

このとき，AP＝AQになることを証明せよ。

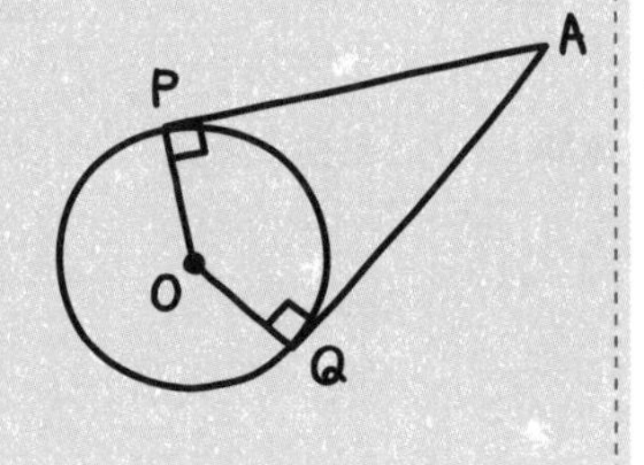

5-5 平行四辺形

平行四辺形には特徴がいっぱいあるんだ。まあ，ボクが見つけたわけじゃないけど。しっかり理解してね。

定義

平行四辺形の定義は

①　**向かい合う２組の辺が平行な四角形**

だが，ほかの特徴としては

②　**向かい合う２組の辺の長さが等しい(四角形)**

③　**向かい合う２組の角の大きさが等しい(四角形)**

④　**対角線の中点が一致する，つまり，**
　　対角線が交点で２等分される(四角形)

があるよ。これらはすべて定理といえる。

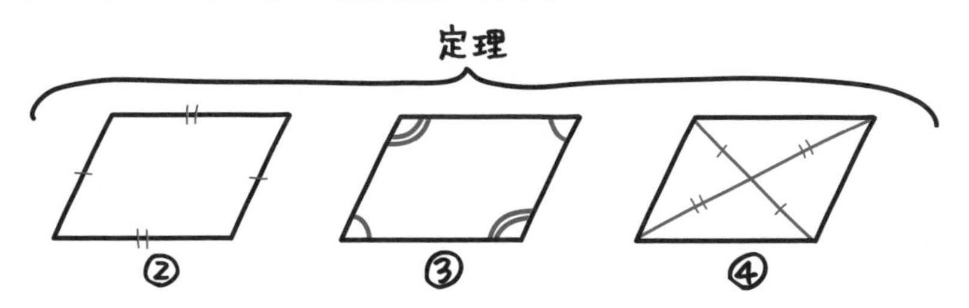

逆に **①～④は四角形が平行四辺形になるための条件** でもあるよ。①～④のどれかが成立すれば，その四角形は平行四辺形だ。くわしくは 5-6 で説明するよ。

例題 1　つまずき度 !!!!!

右の平行四辺形ABCDにおいて，∠xの大きさを求めよ。

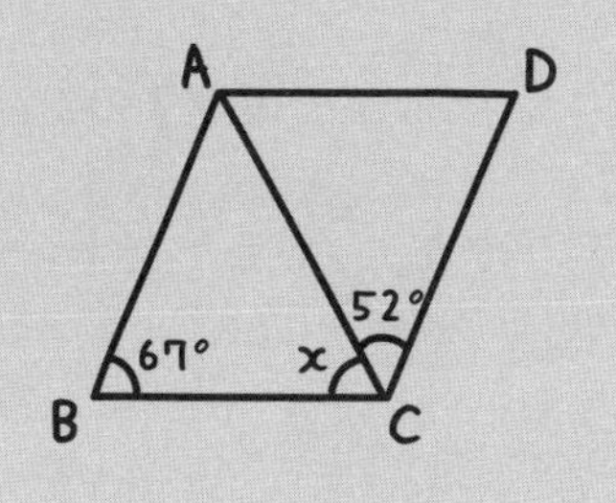

「えっ？　これは簡単じゃないですか？　$\angle x=52°$ですよね。」

いや，違うよ。∠ACB＝∠ACDじゃないよ。**平行四辺形の対角線は角を２等分するとは限らないからね。**カン違いしちゃダメだ。ここでは，図に角度をいろいろ書いていこうか。

「そうだったんだ……。

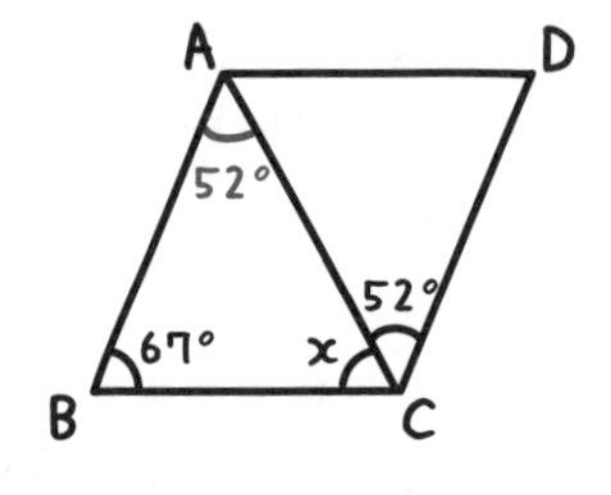

解答　AB//DCだから錯角が等しいので　∠BAC＝52°
△ABCの内角の和が180°だから
$\angle x=180°-(67°+52°)$
$=\underline{\underline{61°}}$　答え　例題１」

そうだね。ちなみに，**平行四辺形は，となりどうしの内角の和が180°になる**というのを覚えておいてもいいよ。

例えば，右のようにa，bと角度をおくと，**4-1**の例題１を使えば

$\angle a+\angle b=180°$

になるからね。

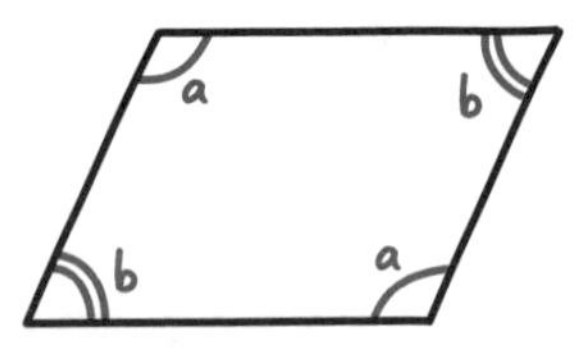

「あっ，そうか。じゃあ，∠BACを求めずに

解答　$67°+(\angle x+52°)=180°$
$\angle x+119°=180°$
$\angle x=\underline{\underline{61°}}$　答え　例題１

としても解けるのか。けっこう便利かも。」

例題 2　つまずき度 !!!!!

平行四辺形ABCDの対角線の交点をOとする。
点Oを通る直線を引いて，辺AB，辺DCとの交点をそれぞれP，Qとすると，△APOと△CQOが合同であることを証明せよ。

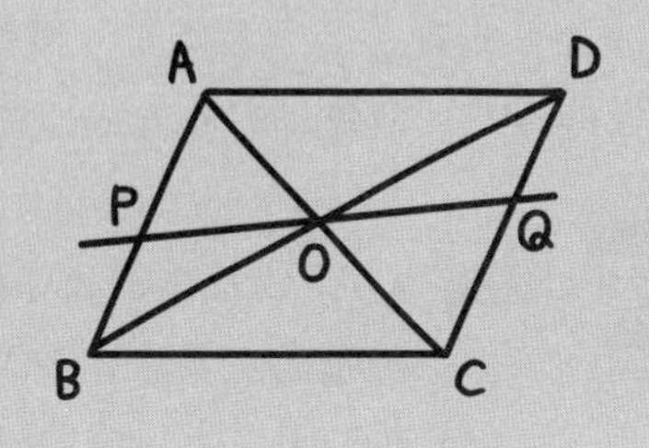

△APOと△CQOについてわかることを，ドンドン挙げていこう。ケンタくん，やってみて。

「まず，対頂角だから
　∠AOP＝∠COQ
がいえるし，平行だから，錯角が等しいので
　∠OAP＝∠OCQ
　∠OPA＝∠OQC　もいえます。」

ほかにもあるよ。平行四辺形の性質を使えば……。

「ほか？　あっ，そうか。
対角線が2等分されるから
OA＝OCだ！」

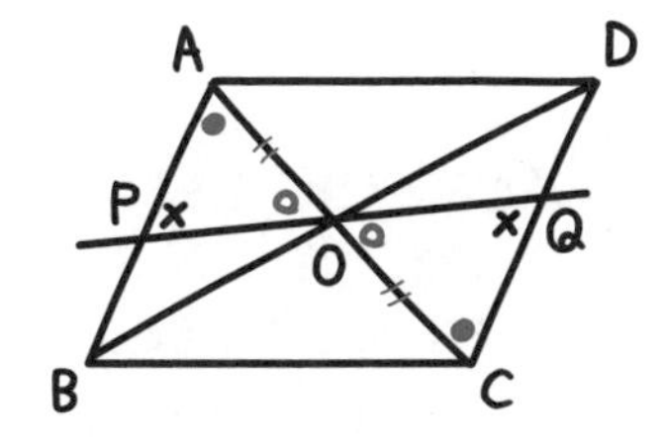

そうだね。これで，1組の辺とその両端の角が，それぞれ等しいわけだから合同とわかる。

「なるほど。あれっ？　じゃあ，∠OPA＝∠OQCは必要なかったのか。」

挙げたことはとてもいいよ。わかっていることはドンドン見つけて図に書きこんでいくことが大切だからね。結果的に使わなかったということはよくある。そうしたら，実際の解答を書くときにカットすればいいだけの話だ。解答はどんなふうになる？　書いてみて。

「**解答** △APOと△CQOにおいて
対頂角より　∠AOP＝∠COQ
AB//DCより錯角が等しいから，∠OAP＝∠OCQ
また，点Oは平行四辺形ABCDの対角線の交点だから
　OA＝OC
よって，1組の辺とその両端の角が，それぞれ等しいので
　△APO≡△CQO　**例題2**」

うん。いいね。

CHECK 140　つまずき度 !!!!!　➡解答は別冊 p.96

AB=4，AD=7の平行四辺形ABCDの∠Aの二等分線と，辺BCの交点をEとするとき，ECの長さを求めよ。

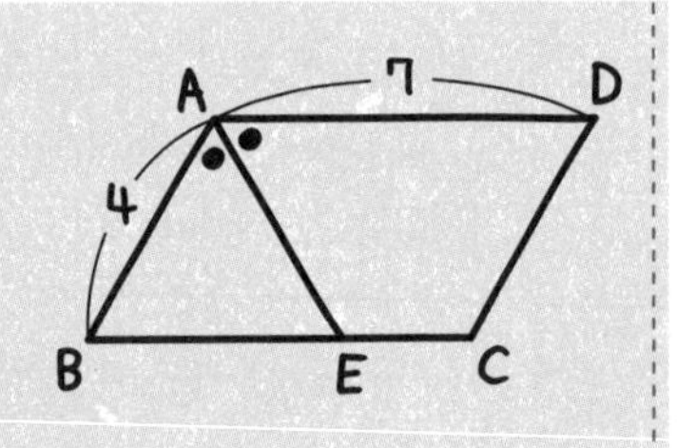

CHECK 141　つまずき度 !!!!!　➡解答は別冊 p.96

平行四辺形ABCDの辺BCのC側の延長線上に，DC=DPになるように点Pをとる。

このとき，AP=DBになることを証明せよ。

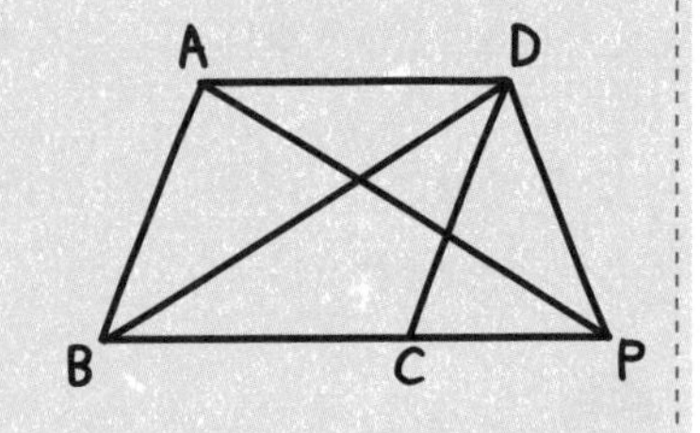

5-6 平行四辺形であることを証明する

平行四辺形であることを示す方法は，今までの４つにさらに⑤が加わる。おまけのような感じだけど，実は⑤がいちばんよく使われるよ。

例題 1　つまずき度 !!!!!

四角形ABCDは，AB//DC，かつ，AB=DCならば，平行四辺形になることを証明せよ。

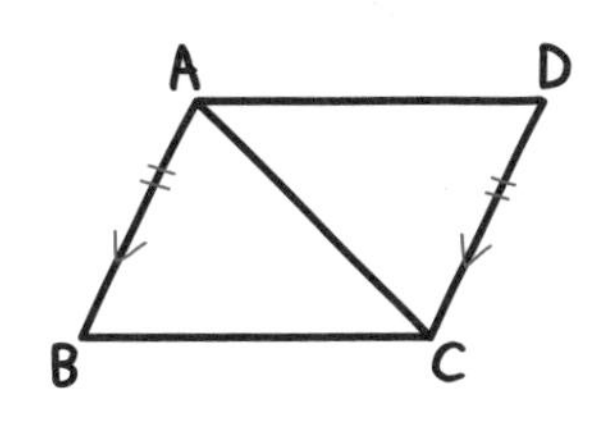

対角線ACを引いてみよう。△ABCと△CDAが，見た目でなんか合同っぽいね。そこに目をつけて考えればいいよ。

解答　△ABCと△CDAにおいて

仮定より

AB＝CD

また

AC＝CA（共通）

∠BAC＝∠DCA（平行線の錯角）

２組の辺とその間の角が，それぞれ等しいので

△ABC≡△CDA

対応する角は等しいから

∠BCA＝∠DAC

錯角が等しくなるため，**AD//BC**

よって，**向かい合う２組の辺が平行**なので，四角形ABCDは平行四辺形である。　**例題 1**

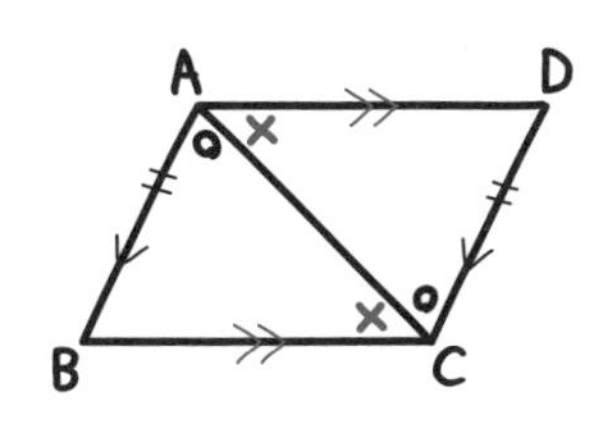

解答の流れは大丈夫かな？ まず，△ABCと△CDAに目をつけて合同を示したあと，四角形ABCDが平行四辺形であると証明するために，AD//BCを示したんだ。

「△ABCの∠BCAにあたるのが，△CDAの∠DACですもんね。」

「錯角が等しいということは，辺ADと辺BCのほうも平行ということですね。」

うん。問題文ではAB//DCといっているから，AD//BCも示せば四角形ABCDは平行四辺形といえるわけだ。

さて，5-5で学習した①から④に加えて，今やった

⑤ 向かい合う１組の辺が平行で長さが等しい（四角形）

の５つのうちの，どれかがいえれば平行四辺形であるといえるよ。まとめておくね。

Point 47 平行四辺形になるための条件

① **向かい合う２組の辺が平行。**（定義）

② **向かい合う２組の辺の長さが等しい。**

③ **向かい合う２組の角の大きさが等しい。**

④ **対角線の中点が一致する，つまり，対角線が交点で２等分される。**

⑤ **向かい合う１組の辺が平行で長さが等しい。**

「５つか……。けっこうたくさんありますね。」

どれも大事だから覚えておこう。

例題 2　つまずき度 !!!!!

平行四辺形ABCDで，辺AD上に点P，辺BC上に点QをAP=CQになるようにとると，四角形PBQDが平行四辺形になることを証明せよ。

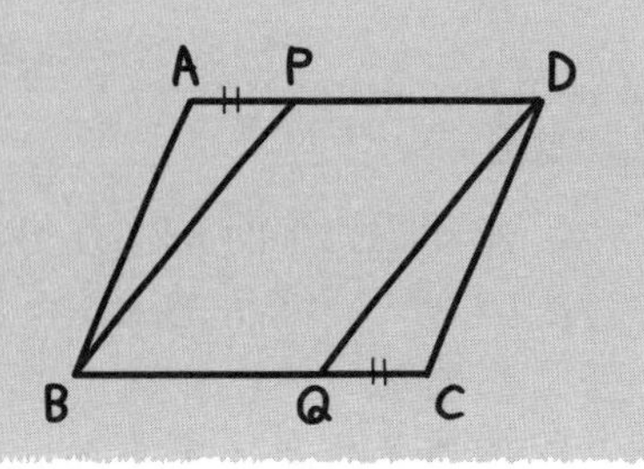

「平行四辺形だから，PD//BQはいえるはずで，PB//DQはいえるのかな？」

PB//DQをいうのは難しいと思う。別の方法を考えようよ。

「別の方法？」

平行四辺形だから，AD＝BCのはずだよね。さらに，問題文にAP＝CQと書いてあるということは……。

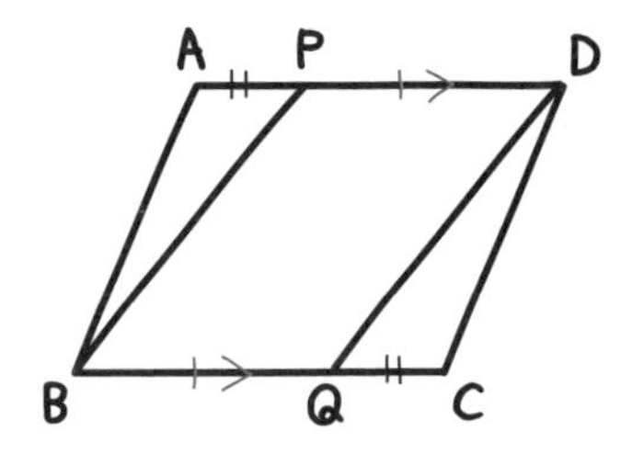

「PD＝BQもいえますね。あっ，

⑤　**向かい合う１組の辺が平行で長さが等しい**

がいえますね！」

それを答えにまとめればいいんだよ。サクラさん，できるかな？

「**解答**　四角形ABCDは平行四辺形なので

　PD//BQ，AD＝BC

また，仮定からAP＝CQなので　PD＝BQ

向かい合う１組の辺が平行で長さが等しいので，

四角形PBQDは平行四辺形である。　**例題 2**」

よくできました。もう１問やってみよう。

例題 3　つまずき度 !!!!!

平行四辺形ABCDで，点A，Cから対角線BDに下ろした垂線とBDとの交点をそれぞれP，Qとすると，四角形APCQが平行四辺形になることを証明せよ。

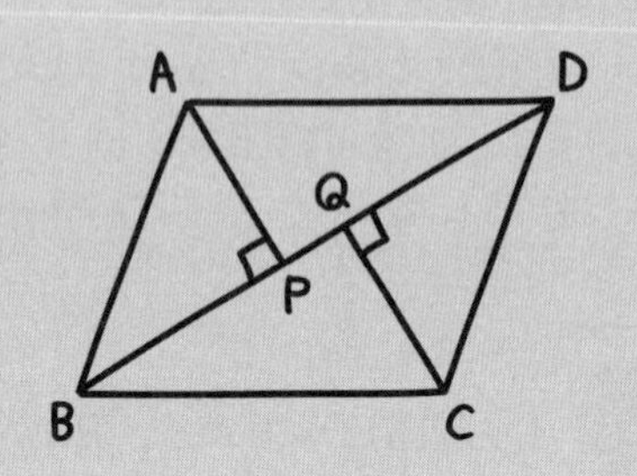

まず，対角線BDに対して，APは垂直だし，CQも垂直だ。

よって，**APとCQは平行になっている。**

さらに，△ABPと△CDQは合同っぽいね。これを実際に証明できればAP＝CQなので，四角形APCQは平行四辺形といえるね。

解答　BD⊥AP，BD⊥CQより

AP∥CQ　……①

また，△ABPと△CDQについて

∠APB＝∠CQD＝90°

AB＝CD（平行四辺形の対辺）

∠ABP＝∠CDQ（平行線の錯角）

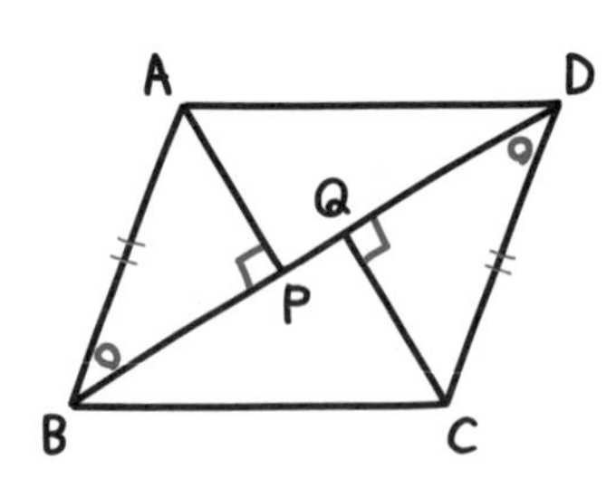

よって，直角三角形で，斜辺と１つの鋭角がそれぞれ等しいので

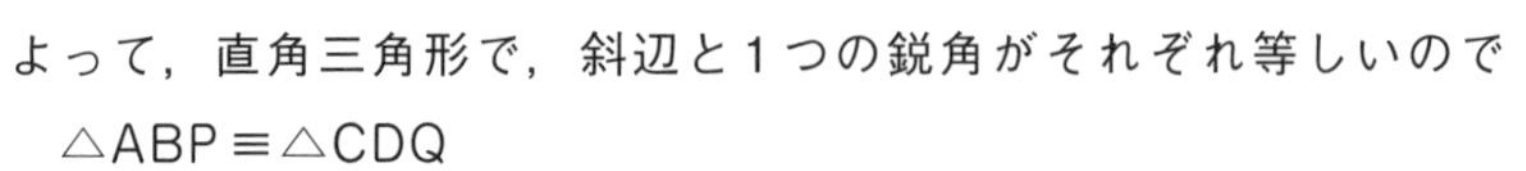

△ABP≡△CDQ

よって　AP＝CQ　……②

①，②より，向かい合う１組の辺が平行で長さが等しいので，

四角形APCQは平行四辺形である。　例題 3

「AP＝CQを示すために，△ABPと△CDQの合同を証明するんですね。」

うん。**平行四辺形であることを証明するために，前段階として三角形の合同を証明しなきゃいけないことは，けっこうある**んだ。大事なのは証明するための道すじを考えること。そのためには平行四辺形の5つの特徴を覚えて，どれを使うか考えられるようにしないとね。

「この例題はちょっと難しかったから，あとで復習しておきます。」

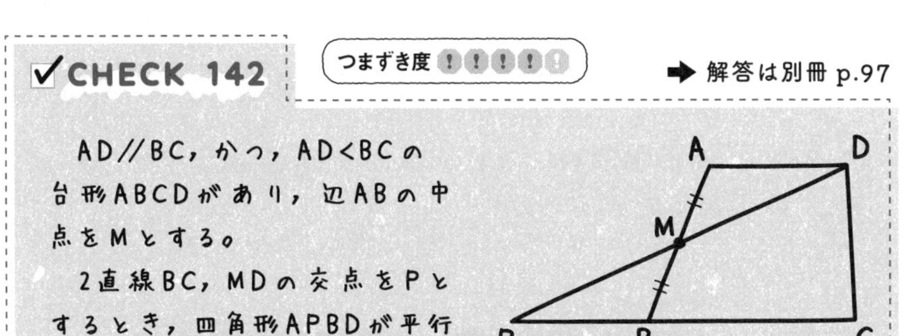

CHECK 142　つまずき度 ！！！！！

➡ 解答は別冊 p.97

AD//BC，かつ，AD<BCの台形ABCDがあり，辺ABの中点をMとする。

2直線BC，MDの交点をPとするとき，四角形APBDが平行四辺形になることを証明せよ。

5-7 逆

数学の世界では，“逆”という用語にはしっかりとした意味があるんだ。

例題　つまずき度 !!!!!

次のことがらの逆をいい，それは正しいかどうかを答えよ。

(1)　a，bが整数のとき，a，bの一方が奇数，他方が偶数ならば，$a+b$は奇数である。
(2)　a，bが整数のとき，a，bともに偶数ならば，abは偶数である。

「AならばBである。」の逆は「BならばAである。」だよ。“ならば”の前後を入れかえればいいんだ。だけど**「AならばBである。」が正しくても，逆の「BならばAである。」は正しくないこともあるんだ。**

「どういうことですか？」

例えば，「野球部員なら，運動部員である。」は正しいけど，「運動部員なら，野球部員である。」は正しくないでしょ。運動部は，野球部のほかにも，サッカー部とかバスケ部とかソフトボール部とか，いろいろあるもんね。

さて，逆をいうには“ならば”の前後を入れかえるから，(1)は次のようになる。

解答　**a，bが整数のとき，$a+b$が奇数ならば，a，bの一方が奇数，他方が偶数である。**　答え　例題　(1)

「“a，bが整数のとき”は，順番をかえなくてもいいのですか？」

うん。これは前ふりっていうか条件だからね。さて，これは正しいといえる？

「解答 **正しい。** 答え 例題 (1)」

そうだね。じゃあ，サクラさん，(2)を解いてみて。

「逆は

解答 **『a，bが整数のとき，abが偶数ならば，a，bともに偶数である。』**で，**正しくない。** 答え 例題 (2)」

どうして，そう思った？

「a，bの一方が奇数で，他方が偶数ということもあるから……。」

そうだね。例えば，$a=1$で$b=2$なら，abは“2”で偶数だけど，a，bともに偶数というわけではないから成り立たないよね。このように成り立たない例のことを**反例**(はんれい)という。**反例が1つでもあればアウトだ。正しくないということになる。**

✓CHECK 143 つまずき度 !!!!! ➡ 解答は別冊 p.97

次のことがらの逆をいい，それは正しいかどうかを答えよ。正しくないときは反例を1つ挙げること。

(1) $x>2$，かつ，$y>3$ならば，$x+y>5$になる。

(2) 四角形ABCDが平行四辺形ならば，AD//BC，かつ，AB=DCである。

特別な平行四辺形

「平行四辺形をかいて」といわれて，長方形やひし形をかいても間違ってはいない。でも，なぜ？　と思われるかもしれないよ。

5-5と5-6で平行四辺形の話をしたけど，実はキミたちになじみの深い長方形やひし形，正方形も平行四辺形の一員だって知っていた？

「えっ？　そうなんですか？」

そうなんだ。平行四辺形のうち，もっとルールを厳しくしたものが，それらの四角形なんだよ。では，まずは定義からまとめておこう。

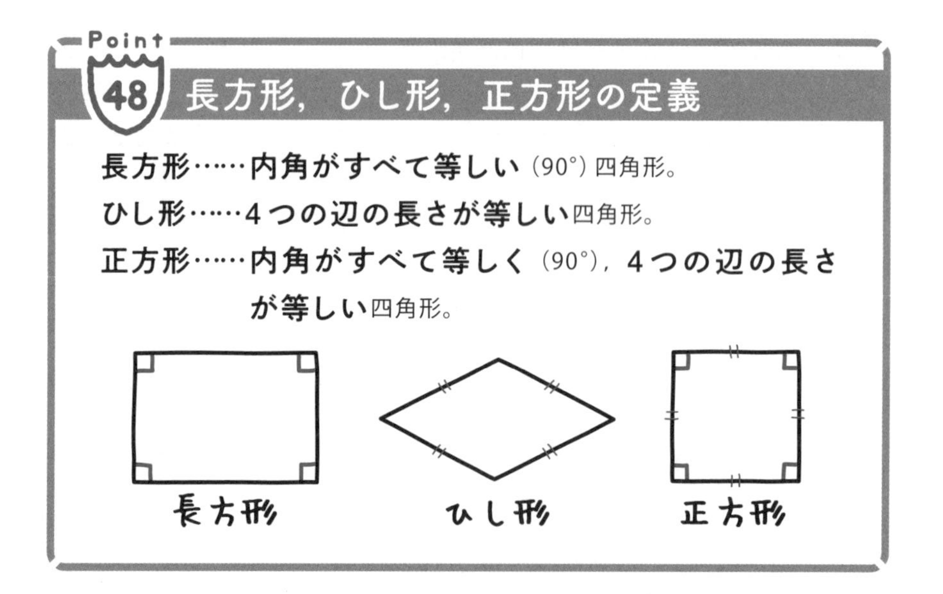

小学校で習ったおなじみの四角形だね。定義を見てみると，平行四辺形の５つの条件のどれかにあてはまらないかい？

例えば，長方形は内角がぜんぶ90°だから，「**向かい合う２組の角の大きさが等しい**」という平行四辺形の条件を満たしているだろう。

「あ，確かに！」

ひし形は４つの辺の長さが等しいのだから，「**向かい合う２組の辺の長さが等しい**」という平行四辺形の条件を満たしている。正方形は，長方形とひし形の両方を満たしているのだから，もちろん平行四辺形の条件を満たしているよ。

「長方形やひし形，正方形が平行四辺形の一員だなんて，初めて知りました。」

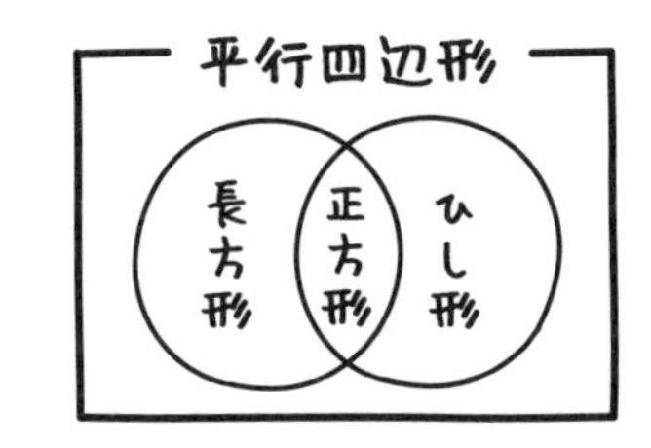

平行四辺形という大きなくくりの中に，それらの四角形があると考えればいいよ。

では，この定義を使って問題を解いてみよう。

例題　つまずき度 !!!!!

右の図のひし形ABCDで，対角線ACとBDは垂直に交わることを証明せよ。

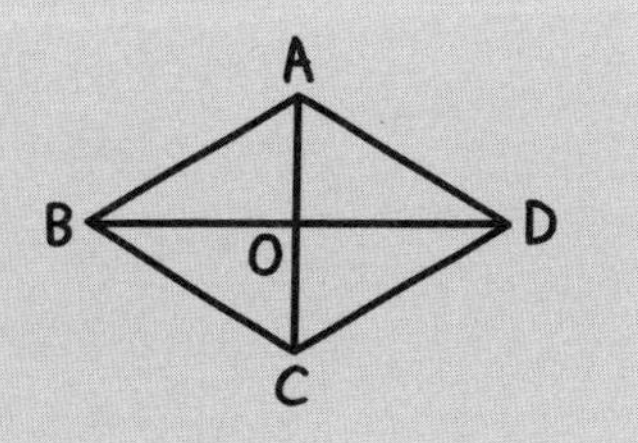

「垂直の証明なんて，どうすればいいのかしら？」

△ABOと△ADOの合同を証明すればいいよ。そうすれば，∠AOB＝∠AOD＝90°といえるでしょ。

「そうですね！」

解答を作る前に，道すじを立てていこう。ケンタくん，どうやって△ABOと△ADOの合同を証明すればいいかな？

「まず，AOは共通でしょ。ひし形だから4つの辺が等しいので，AB＝ADもいえるな。あとは，∠OAB＝∠OADかなぁ……。」

∠OAB＝∠OADはいえないね。ひし形は平行四辺形の一員だから，平行四辺形の対角線の特徴を使えばいいよ。

「対角線は交点で２等分されるから，BO＝DO。3組の辺が等しいから△ABO≡△ADOだ！」

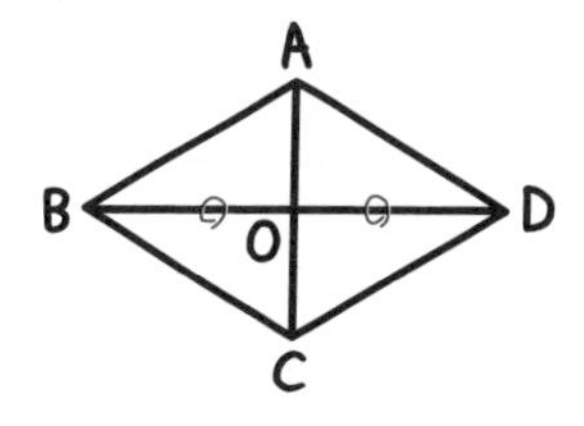

いいね。解答にまとめてごらん。

「解答　△ABOと△ADOについて
　AO＝AO（共通）
四角形ABCDはひし形だから
　AB＝AD
ひし形（平行四辺形）の対角線は
交点で2等分されるから
　BO＝DO
3組の辺がそれぞれ等しいので
　△ABO≡△ADO
よって，∠AOB＝∠AOD＝90°なので対角線ACとBDは
垂直に交わる。　例題」

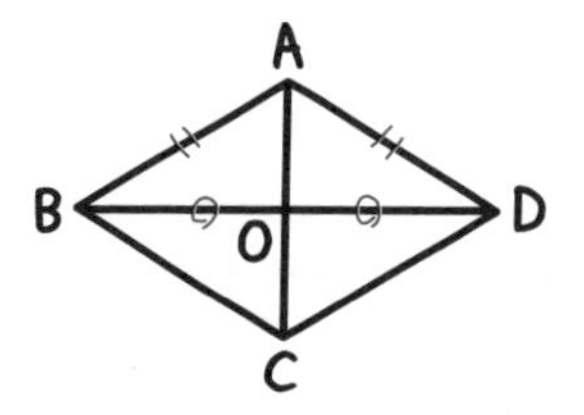

よくできました。平行四辺形の対角線の特徴を使うってところが難しかったかもね。平行四辺形の対角線の特徴にプラスして，長方形，ひし形，正方形にも，次のような対角線に関しての特徴があるんだ。

Point 49 長方形，ひし形，正方形の対角線に関する特徴

長方形……2つの対角線は**長さが等しい。**
ひし形……2つの対角線は**垂直に交わる。**
正方形……2つの対角線は**長さが等しく，垂直に交わる。**

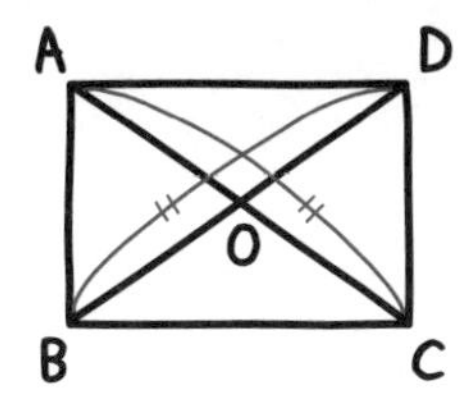

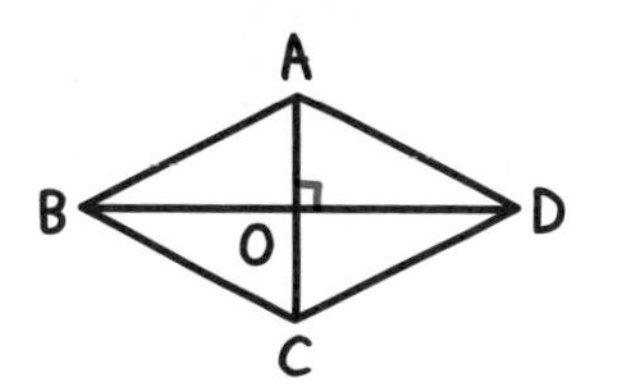

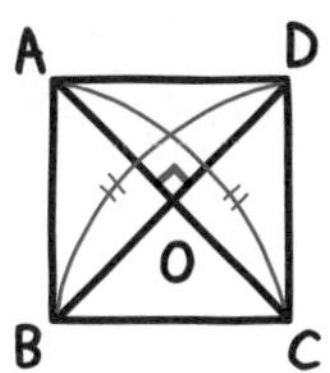

ひし形の対角線の特徴は，例題で証明したね。

「なんだか，どの四角形にどんな対角線の特徴があるか混乱しそう。」

覚えられなかったら，長方形とひし形の図を自分でかいてみればいいよ。そうすれば，対角線の特徴もわかるでしょ。正方形は，長方形とひし形の両方の特徴をもっているんだし。

「そうか！　じゃあ，長方形やひし形，正方形の対角線については無理に覚えなくてもいいですね。」

「対角線についての特徴があったな」ということまで忘れちゃダメだよ。あと，長方形，ひし形，正方形は平行四辺形の一員だから，「対角線が交点で2等分される」というのも成立しているからね。Point 49の図でいうと，AO＝CO，BO＝DOはどの図でも成立しているよ。

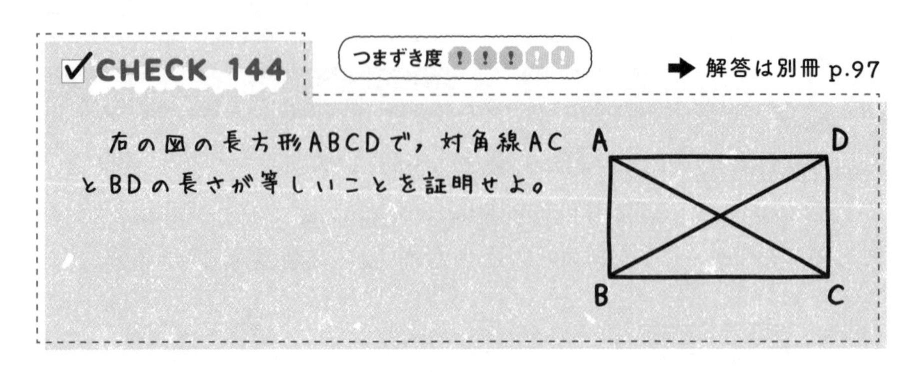
CHECK 144
つまずき度
解答は別冊 p.97
右の図の長方形ABCDで，対角線ACとBDの長さが等しいことを証明せよ。
A
D
B
C

5-9 平行線と面積

平行線と面積の関係について，理屈はいたって単純。でも，実際にそれを使うとなると思いつかないんだ。多くの問題を解いて慣れよう。

例えば，△PABがあり，点Pを通る直線をℓとしようか。

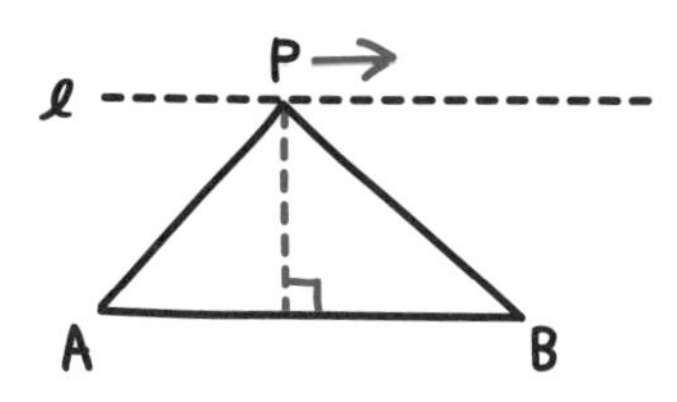

AB//ℓならば，ℓにそって点Pを移動させても三角形の面積は変わらない

というのはわかる？

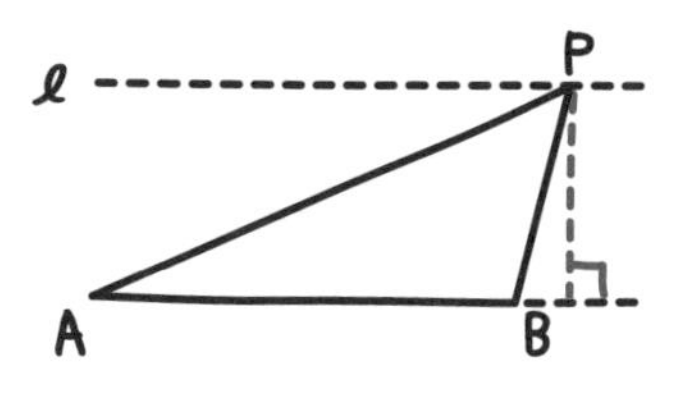

三角形の底辺はABで固定されているよね。そして，"高さ"というのは点Pから辺ABに下ろした垂線の長さのことだけど，点Pがℓ上のどの場所にあっても高さは変わらないよね。だから，面積も変わらないんだ。

「あっ，そういうことか！」

ちなみに，逆もいえるよ。

ℓにそって点Pを移動させても三角形の面積が変わらないならば，AB//ℓである

といえる。

例題　つまずき度 !!!!!

AD//BCの台形ABCDがある。
ACとBDの交点をPとすると，
△ABPと△DCPは面積が等しい
(△ABP=△DCP)ことを証明せよ。

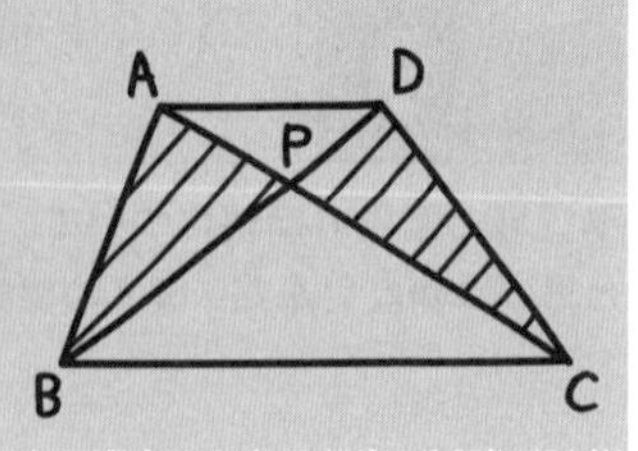

「△ABPと△DCP？　底辺が同じじゃない……。」

うん。そこで，両方の三角形に△PBCをつけ加えよう。

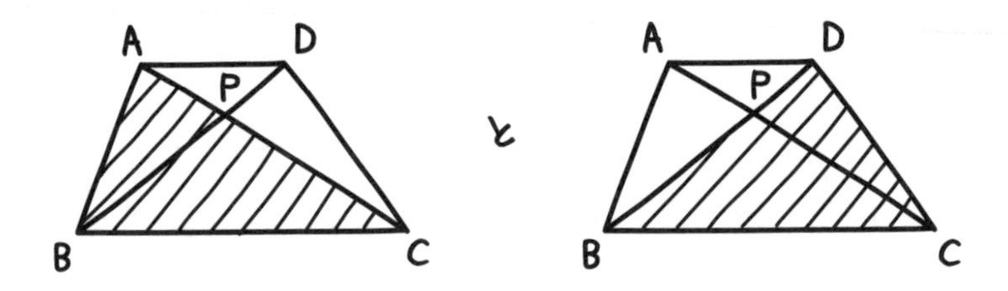

“△ABP＝△DCP”を証明したければ，“△ABC＝△DBC”を証明すればいいんだよね。

「そうか！　**△ABCと△DBCの両方から△PBCを引いた**と考えるんですね。」

このように**『これを証明するには何を証明すればいいのだろう？』と考えることが大切だ。**じゃあ，△ABC＝△DBCはどうやって示せばいいかな？

「さっき出てきましたよね。“BCを底辺とすると，もう１つの頂点を平行に移動させても面積は変わらない”っていう。」

あっ，わかっていたか（笑）。じゃあ，大丈夫だね。

解答 △ABCと△DBCはBCを底辺とすると，底辺も高さも同じなので

　△ABC＝△DBC

また　△ABP＝△ABC－△PBC

　　　△DCP＝△DBC－△PBC

よって　△ABP＝△DCP　例題

「わかれば簡単だけど，思いつくか不安だな。」

つまずき度 !!!!!

➡ 解答は別冊 p.97

平行四辺形ABCDの辺AB上に点Pをとり，2直線AD，CPの交点をQとする。次の問いに答えよ。

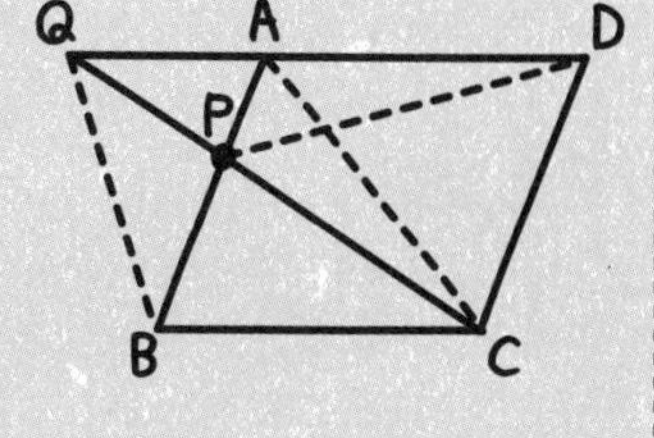

(1)　△APDと面積が等しく，APを底辺とする三角形を1つ挙げよ。

(2)　△APDと△BPQの面積が等しいことを示せ。

面積を２等分してみよう

ジュースを，形の違う２つのコップに同じ量ずつ入れることさえ至難の業なのに，形の異なる土地を２等分するとなると……。

例題 つまずき度 !!!!!

右の図で，点Pを通り，△ABCの面積を２等分する線分を引け。ただし，BP＜PCとする。

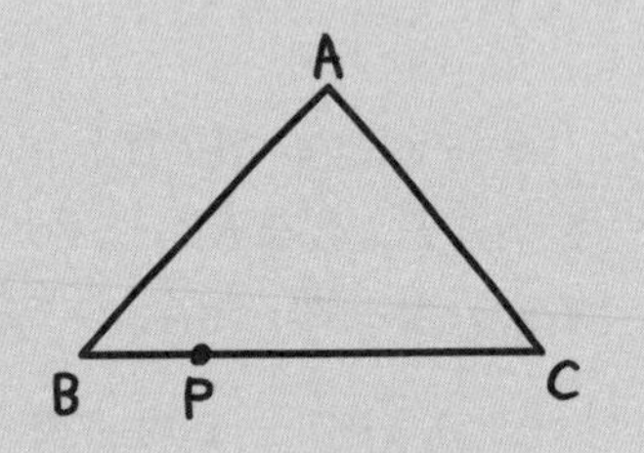

「長さがわかっていないし，パズルのようだな。」

少しずつ考えていこう。まずBP＜PCだから，△ABPは△ABCの$\frac{1}{2}$にならない。つまり，点Pを通って△ABCの面積を２等分する線分は，辺AC上の点を通るってことだ。この点をQとすると

四角形ABPQ＝$\frac{1}{2}$△ABC

になっていればいいね。

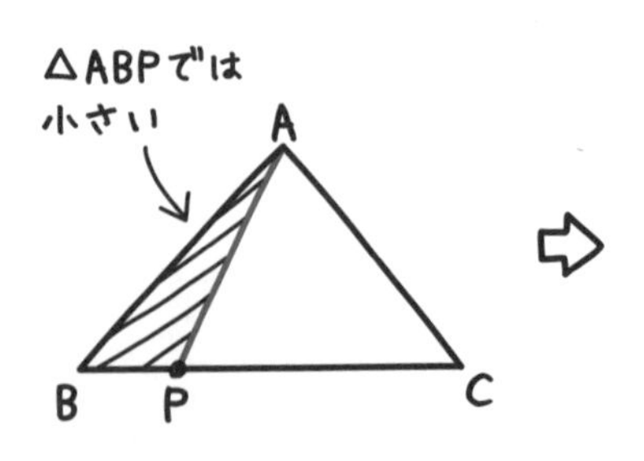

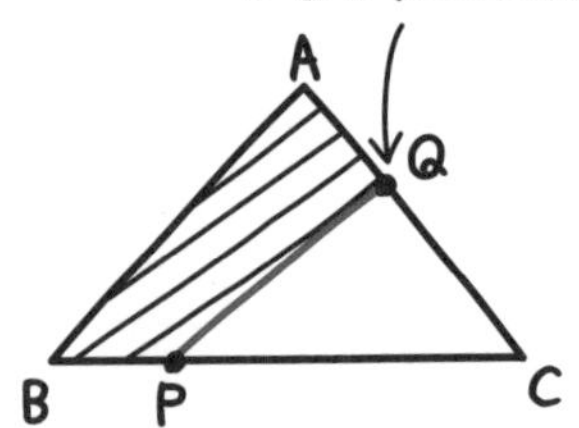

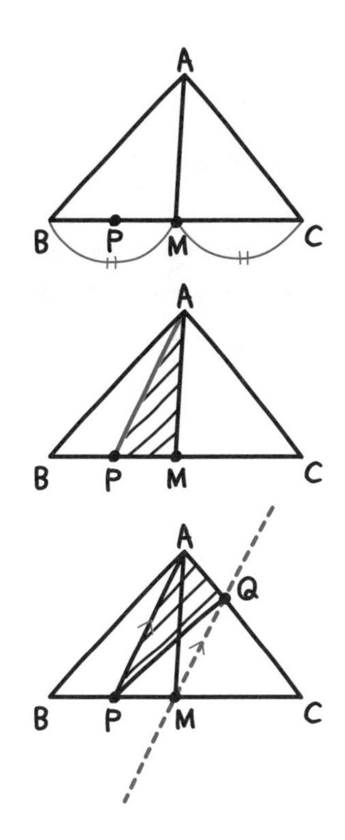

この点Qがどこになるかを求めていくよ。まず，辺BCの中点をMとしよう。△ABMは全体の半分になるね。

「はい。底辺の長さが$\frac{1}{2}$で，高さが同じですからね。」

そうだね。次に，２点A，Pを結んでみよう。**△ABPと△APMの和が全体の半分だ。**ということは，△APMと面積が等しくなるように，点QをAC上におけばいい。**△APM＝△APQってこと**だね。

APを底辺と考えると，△APMの点Mを辺APと平行にスライドさせていっても面積は変わらない。ということは，△APM＝△APQだ。

よって，△ABPと△APQの和が全体の半分といえる。

解答

A

B　P　M　C

点MはBCの中点

答え　例題

「これ，難しいですね。」

自力で解くのは難しいかもね。解答の流れを覚えて何度も復習しよう。

✓CHECK 146

つまずき度 !!!!!

➡ 解答は別冊 p.97

四角形ABCDの土地が右のように2等分されている。しかし，境界線が曲がっていて利用しにくいため，Pの地点を通る線分で面積を2等分し直したい。

どのように境界線を引けばいいか。

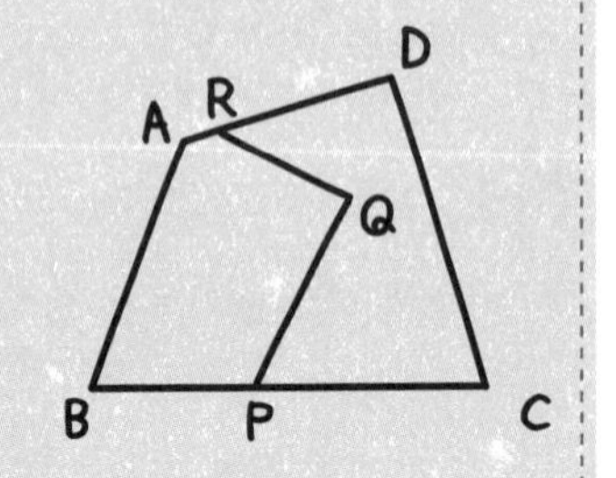

中学2年 6章

確率

「ジャンケン，弱いんだよな。」

「私は，くじ運がすごく悪い。」

ジャンケンに関してはグーをよく出すとか，パーはあまり出さないとか，いろいろなクセがあるから，強い，弱いがあるかもしれないね。でも，ふつうのくじ引きに個人差はないはずだよ。

「でも，なんか，いつもはずれを引いている気がする。」

くじはもともとはずれのほうが多いだろうから，そう感じるだけだよ(笑)。

公平なのは“同様に確からしい”から

買ってこなければいけないものがあるけど，誰も買いに行きたがらない。ちょっとしたゲームで買う人を決めるとき，どんなゲームをする？

「ジャンケンかな。または，サイコロで小さい目を出した人が負けとか，トランプでいちばん小さいカードを引いたら負けとか，コインの表・裏を予想して外した人が負けとか。いろいろありますね。」

これらのゲームで共通していえるのは，同じ可能性でことがらが起こるということだ。サイコロは1の目も6の目も出る可能性は同じだし，トランプだって1～13のカードはすべて4セットあるからどの数も出る可能性は同じだ。これを“**同様に確からしい**”というんだ。

「サイコロの目が小さかった人が負け」というルールで，自分に渡されたサイコロだけ1の目が4個あったらどうする？

「もちろん怒る。不公平だもん。」

そうだね。1が出る可能性が大きくなり，同様に確からしくないからだ。確率では“同様に確からしい”というのがルールだよ。

確率とは？

確率を知っておくと，トランプなどのゲームに勝ちやすくなるかも!?

例題　つまずき度 !!!!!

サイコロを1回投げたとき，3の倍数が出る確率を求めよ。

全体でn通りあり，n通りのすべてが同様に確からしいとする。そのとき **あることがらが起こるのがa通りなら，確率（かくりつ）は$\dfrac{a}{n}$だ。**

サイコロを投げると目の出かたは6通りあるね。しかも，1から6までの出る可能性は同じだ。同様に確からしいってことだね。そのうち3の倍数は“3”と“6”の2通りなので，求める確率は

解答　$\dfrac{2}{6}=\dfrac{1}{3}$　← 答え　例題

「『**全体で何通りあって，起こる場合が何通りあるか**』という2つを考えればいいんですね。」

✓CHECK 147　つまずき度 !!!!!　➡ 解答は別冊 p.98

ジョーカーを除く52枚のトランプの中から1枚引くとき，それが絵札（J，Q，K）になる確率を求めよ。

6-2 確率の表しかた

天気予報で「降水確率が何％」というけど，これは過去に同じ気象条件のとき，何回中何回雨が降ったかで計算しているんだよ。

確率は全体を1と考えるから，0以上1以下の数で表されるよ。 確率1は“絶対に起こる”ということだし，確率0は“絶対に起こらない”ということだ。

「でも，10％とか50％とか，1以上の数字じゃないんですか？」

10％も50％も1より小さいよ。1％は $\frac{1}{100}$ だからね。

「あ，そうか。小学校で習ったな。」

『確率が何％』という表現は，よく使われるね。ちょっと1問やってみよう。

例題 1　つまずき度 !!!!!

次の確率を％を使って表せ。

(1) $\frac{1}{4}$　　(2) 0.7

1が100％だから，小数や分数を％で表すには100倍すればいいよ。

「じゃあ

解答　(1)　$\frac{1}{4}\times 100 =$ **25 (%)**

(2)　$0.7\times 100 =$ **70 (%)**　答え　例題 1」

そう。正解。じゃあ，逆もやってみよう。

例題 2　つまずき度 !!!!!

確率35%を，全体を1と考えた表しかたに直せ。

「例題 1 の逆だから100で割ればいいわけだ。

解答　$35\div 100 = \frac{35}{100} = \frac{7}{20}$　答え　例題 2」

よくできました。簡単だったかな？

「ふつうは，“％”と“分数・小数”のどちらで答えるのですか？」

問題文で『確率が何％か？』と聞いていたら％で答えるけれど，**通常は全体を1として分数で答えるよ。**小数で答えることもたまにあるけどね。

CHECK 148　つまずき度 !!!!!　➡ 解答は別冊 p.98

次の問いに答えよ。

(1)　次の確率を％を使って表せ。

①　$\frac{3}{8}$　　②　0.28

(2)　確率12%を，全体を1と考えた表しかたに直せ。

確率の問題を解くときは区別して考える

２枚のコインを投げて，『両方とも表』，『両方とも裏』，『一方が表で，他方が裏』のどれになるか当てたら商品がもらえるとしたら，どれにかける？　確率を知らないと思わぬ損をするかも。

例題　つまずき度 !!!!!

２枚の10円玉を投げたとき，次の問いに答えよ。ただし，表裏の出かたは同様に確からしいとする。

(1)　表裏の出かたは，どのようなもので，ぜんぶで何通りあるか。

(2)　１枚が表で，１枚が裏の出る確率を求めよ。

「解答　**『両方とも表』，『一方が表で，他方が裏』，『両方とも裏』の３通り**　⇦答え　例題 (1)」

そうだね。正解！

「ということは，(2) の確率は $\frac{1}{3}$ ですね。」

いや，そうじゃないよ。

「えぇ，なんで？　だって全体で３通りで，１枚が表，１枚が裏の出かたは１通りだから $\frac{1}{3}$ でしょ？」

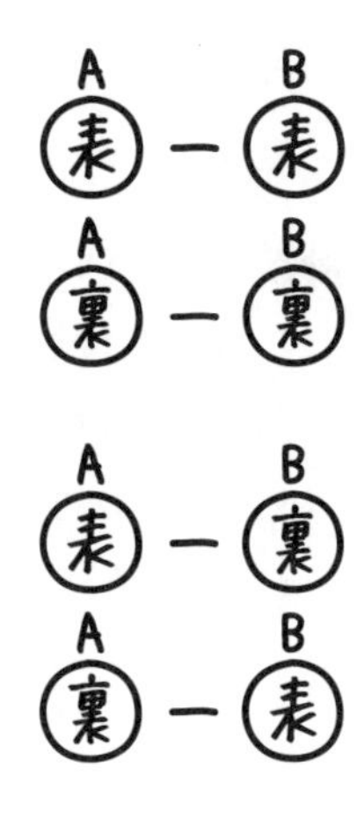

例えば，２枚の10円玉をA，Bと区別して考えてみようか。

『両方とも表』は，“Aが表で，Bも表”しかない。

『両方とも裏』は，“Aが裏で，Bも裏”しかない。

しかし，『一方が表で，他方が裏』は，“Aが表で，Bが裏”の場合もあるし，“Aが裏で，Bが表”の場合もある。

つまり，『両方とも表』，『両方とも裏』，『一方が表で，他方が裏』の３通りで考えると，可能性が一緒じゃないんだよね。『一方が表で，他方が裏』が出やすくなっちゃう。

「同様に確からしくないということですか？」

そうだね。今，そういおうとしたんだ（笑）。確率を考えるときは10円玉を区別して，『Aが表で，Bも表』，『Aが裏で，Bも裏』，『Aが表で，Bが裏』，『Aが裏で，Bが表』の４通りを全体と考えないと“同様に確からしい”といえないんだ。コイン以外でもそうだよ。

コツ13 確率の問題の注意点

確率の問題で登場するカード，サイコロ，ボール，コインなどの多くの**小道具は**，見た目が同じであっても**すべて区別して考える**。

「(1)の『何通りか？』のときは区別しないのですか？」

うん。区別するのは「確率を求めよ」といわれたときだけだ。
では，(2)についてまとめておくよ。

解答 ２枚の10円玉をA，Bと区別すると，10円玉の表裏の出かたは，
『AもBも表』，『AもBも裏』，『Aが表，Bが裏』，『Aが裏，Bが表』の４通りある。
そのうち，１枚が表，１枚が裏の出かたは２通りなので，求める確率は

$\frac{2}{4}=\frac{1}{2}$ ⇦答え　例題 (2)

CHECK 149　つまずき度 !!!!!　➡ 解答は別冊 p.98

袋の中に赤玉2個と白玉7個と青玉5個が入っている。袋の中を見ずに1個取り出したとき，次の問いに答えよ。

(1)　取り出しかたはぜんぶで何通りあるか。
(2)　青玉を取り出す確率を求めよ。

6-4 樹形図や表をかいてみる

組み合わせをすべて考えようとするときには，樹形図や表にするのが便利だ。あまりにも数が多いときは向かないけどね。

例題 つまずき度 !!!!!

サッカーで日本，韓国，中国，オーストラリアの4か国が総あたりで戦うとき，ぜんぶで何試合行われるか。次の場合で答えよ。

(1) ホーム&アウェイ方式
（自国と他国がそれぞれの本拠地で1回ずつ戦うとき）

(2) セントラル方式
（主催する国で1回だけ戦うとき）

(1)は全パターンをかいてみよう。左にホーム，右にアウェイの国をかくと，まず，“ホーム”が日本のとき，“アウェイ”は韓国，中国，オーストラリアの3つある。

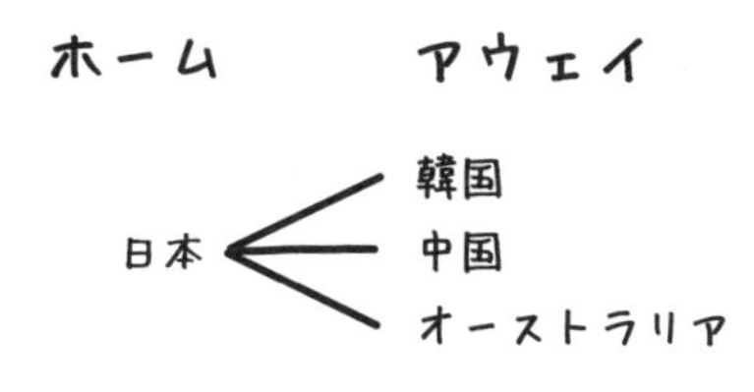

さらに，“ホーム”が韓国のとき，“アウェイ”は日本，中国，オーストラリア。さらに，“ホーム”が中国のとき……という感じでかいていくと，ぜんぶで右のようになる。

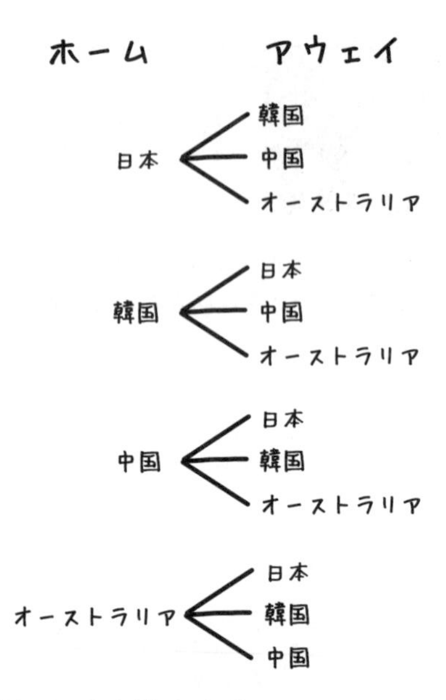

解答 **12試合** ⇦答え 例題 (1)

このような図を**樹形図**(じゅけいず)というよ。ほら，ちょうど木が枝分かれしているように見えるよね。そこから名づけられたんだ。

次のように，ぜんぶの組み合わせを表にする方法もある。

		アウェイ			
		日本	韓国	中国	オーストラリア
ホーム	日本	＼			
	韓国		＼		
	中国			＼	
	オーストラリア				＼

欄の数だけ試合があるから，やはり12試合とわかるね。

「じゃあ，(2) は？」

「試合数は半分だよ。ホーム＆アウェイ方式なら同じチームと2回戦うけど，セントラル方式なら1試合だから。」

答えを先にいわれちゃったか(笑)。

実際に樹形図をかいてみよう。まず，日本が戦う試合は，日本vs韓国，日本vs中国，日本vsオーストラリアの3試合だ。

日本　韓国
　　　中国
　　　オーストラリア

次に，韓国が戦う試合だが，“韓国vs日本”は，さっき“日本vs韓国”を挙げたよね。同じだからカットしよう。新たに増えるのは，韓国vs中国，韓国vsオーストラリアの2試合だ。

さらに，中国が戦う試合だが，“中国vs日本”は“日本vs中国”と同じだし，“中国vs韓国”も“韓国vs中国”と同じだ。中国vsオーストラリアだけだね。

最後に，オーストラリアが戦う試合だが，“オーストラリアvs日本”も“オーストラリアvs韓国”も“オーストラリアvs中国”もすでに挙げているから追加はないね。

ぜんぶで右のようになる。

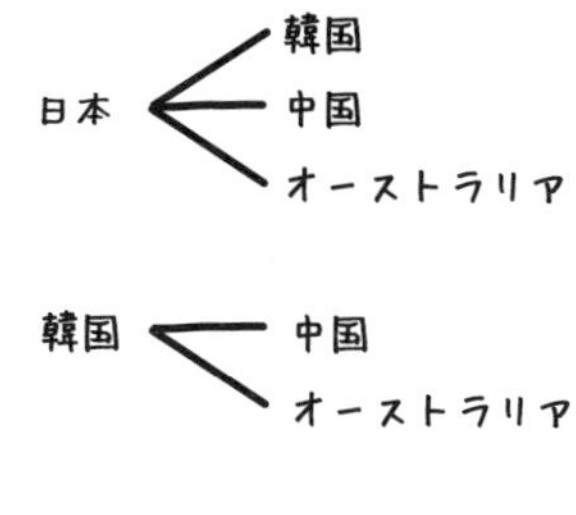

解答 **6試合** ⇐ 答え　例題 (2)

これも表で考えてもいいよ。次の表で同じ番号をふったものは同じ試合だから，ぜんぶで6試合となっているね。

	日本	韓国	中国	オーストラリア
日本		①	②	③
韓国	①		④	⑤
中国	②	④		⑥
オーストラリア	③	⑤	⑥	

このように，**「何通りか（何試合か）」を数えるときは，樹形図か表を用いると数え忘れずにすむよ。**

✓CHECK 150

つまずき度 !!!!!

➡ 解答は別冊 p.98

2個のサイコロを投げるとき，次の確率を求めよ。

(1) 出た目の和が8になる確率

(2) 出た目の和が4以下になる確率

6-5 くじを引く順番

テレビの公開番組を見に行ったときに，スタジオ観覧者全員が，その場でプレゼント抽選のくじを引くことになった。「はじめのほうに並んで引いたほうが当たりやすいかな？　あとのほうがいいかな？」と真剣に悩んでいるグループがいたよ。

例題　つまずき度 !!!!!

3本のうち当たりが1本だけ含まれているくじがある。美咲さん，愛さん，俊太くんの3人がこの順番にくじを引くとき，当たりやすいのは誰になるか？

くじ引きは，最初に引くのと，あとに引くのと，どちらが当たりやすいと思う？

「くじを選ぶことができるから，最初がいいような気がする。」

「でも，『残りものには福がある』っていうよ。最後かも。」

「意外に真ん中？　うーん，わからない……。」

じゃあ，実際に調べてみよう。**確率の問題を解くわけだから，くじは，当たりの1本はもちろん，当然，はずれの2本も区別するよ。**

当たり，はずれA，はずれBの3本として樹形図をかいてみよう。

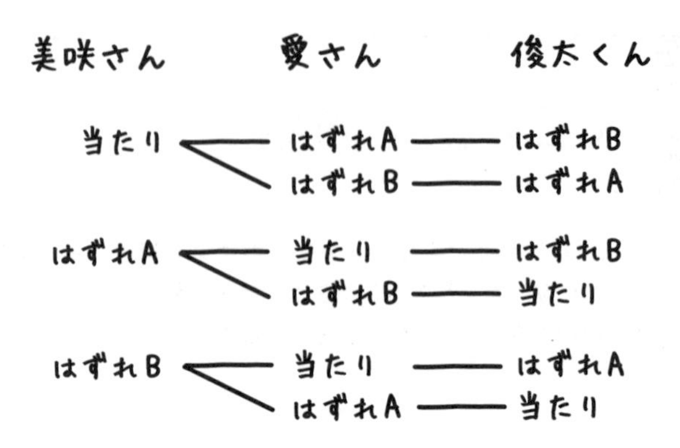

ぜんぶで6通りあり，同様に確からしいね。そして，美咲さんが当たりを引くのは，上の２つのパターンで２通りなので，確率は

$$\frac{2}{6}=\frac{1}{3}$$

愛さんが当たりを引く確率も　$\frac{2}{6}=\frac{1}{3}$

俊太くんが当たりを引く確率も　$\frac{2}{6}=\frac{1}{3}$

よって

解答　**3人とも当たりやすさは同じ。**　答え　例題

「へぇ〜，同じなんだ。じゃあ，もし3本のうち当たりが2本なら，どうなるのですか？」

やはり同じ確率になるよ。

「じゃあ，3人なのに，くじが4本あるときは？」

それも同じ。**くじ引きでは，全員が同じ本数ずつくじを引くなら，ぜんぶの本数が何本でも，当たりが何本でも，人数が何人でも，引く順番で有利・不利はないんだ。**

「でも，私は最初のほうにくじを引きたいな。」

単なる気持ちの問題だね(笑)。そういう気持ちもわかるけど，当たる確率はどの順番でも一緒なんだ。

CHECK 151　つまずき度 !!!!!　➡ 解答は別冊 p.98

5本のうち当たりが3本含まれているくじを2人が順番に引くとき，当たりやすさは変わらないことを樹形図を使って確認せよ。

樹形図を使わないほうがよい場合

あまりにも場合の数が多くなるときは，樹形図や表ではなく，計算で何通りあるか調べるようにしよう。

例題　つまずき度 !!!!!

サイコロを４回投げるとする。次の確率を求めよ。

(1)　４回とも異なる目が出る確率

(2)　同じ目が出ることがある確率

「１回サイコロを投げると目の出かたが６通りで，それが４回だから，全体では，6×6×6×6（通り）ですね。」

「４回とも異なる目の出かたは，どうやって求めるんだろう？　樹形図ですか？」

いや。樹形図や表で表そうとすると何百通りもかかなきゃいけなくて，大変だよ！　ここは，１回ずつ考えていこう。

各回で投げて出たサイコロの目を□に書きこんでいくと考えよう。例えば，2，5，3，2の順に出たとすると，次のようになるね。

1回め	2回め	3回め	4回め
2	5	3	2

では，4回とも異なる目が出る場合の数を調べていこう。まず，1回めは何を出してもいい。6通りだ。

2回めは1回めと異なる数を出さなきゃいけないね。5通りになる。

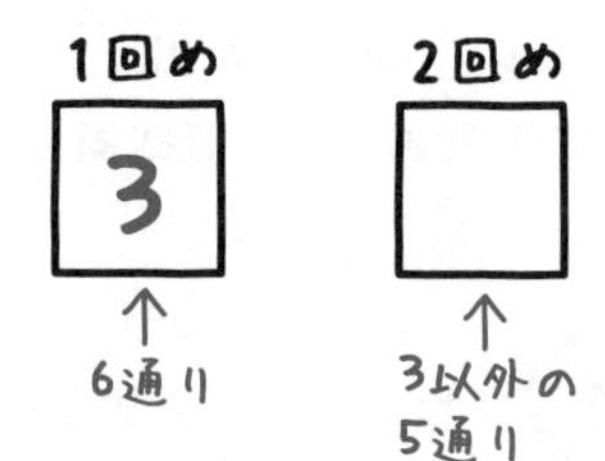

「例えば1回めに“3”が出たら，次は，1，2，4，5，6のどれかが出た場合を考えるということですよね。」

そういうことだ。

さらに，3回めは1，2回めと異なる数を出さなきゃいけないから4通りになるし，4回めは1，2，3回めと異なる数を出さなきゃいけないから3通りになる。

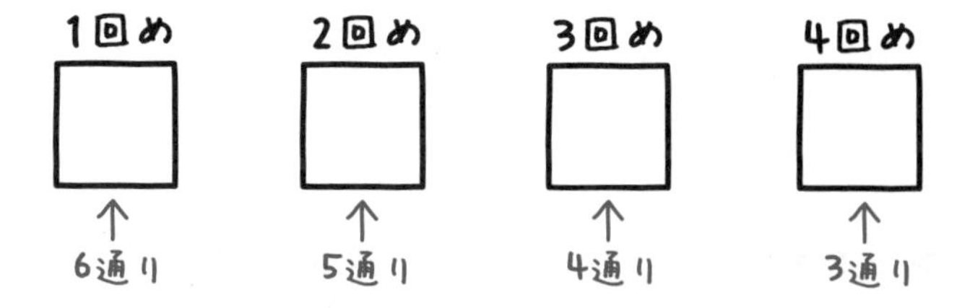

よって，4回とも異なる目の出かたは，6×5×4×3（通り）になる。全体の6×6×6×6（通り）で割れば確率が求められるよ。

解答　$\dfrac{6\times5\times4\times3}{6\times6\times6\times6}=\dfrac{5}{18}$　答え　例題 (1)

「このように1回ずつ考えれば，樹形図や表にしてぜんぶ数え上げなくてもいいんですね。」

うん，何回もサイコロを転がしたり，コインを投げたりするときは，数え上げるのが大変だから，1回ずつを考えて掛け算しよう。

「ということは，(2) も樹形図や表じゃないのかな？」

うん。『同じ目が出ることがある』といったって，4回とも同じ目が出ることもあるし，3回同じ目が出ることもあるし，2回同じ目が出ることもある。

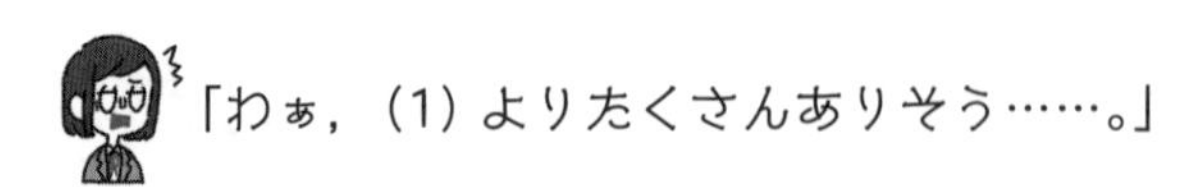
「わぁ，(1)よりたくさんありそう……。」

“2回同じ目が出る場合”は，1，3，3，6のように1つの数が2回出ることもあるし，2，2，5，5のように2つの数が2回出ることもあるね。とにかく数えるのが大変なんだ。そこで，視点を変えよう。

(1)では4回とも異なる目が出る確率を求めたけど，それを(2)で利用できないかな？

「利用？」

「4回とも異なる目が出る」と「同じ目が出ることがある」は，反対のことがらじゃない？

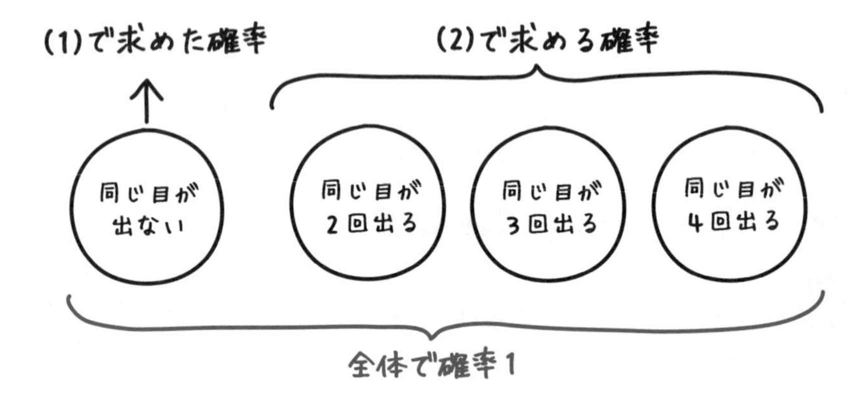

確率は全体で1だ。さらに，(1)で，『4回とも異なる目が出る確率』が$\frac{5}{18}$とわかったんだから……。

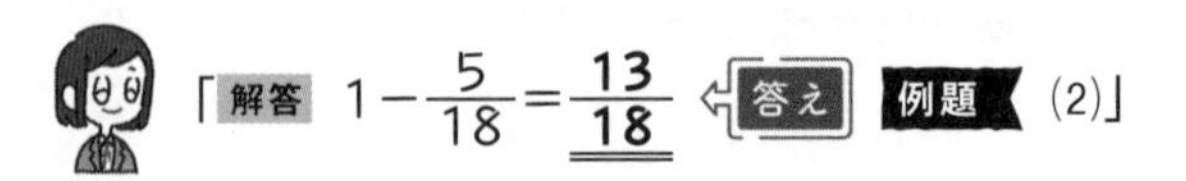
「解答　$1-\frac{5}{18}=\frac{13}{18}$　答え　例題 (2)」

「なんか頭のいい考えかたですね。」

ちょっと難しかったかな。でも，こうやって視点を変えて，数え上げなくても確率を求められるようにする練習も大事だよ。

コツ14 数え上げるのが大変なときの対処法

樹形図や表にするのが大変なときは，**1回ずつに注目して掛け算しよう！**

視点を変えて計算をラクにするのも大事！

✓CHECK 152

つまずき度 !!!!!

➡ 解答は別冊 p.99

ジョーカーを除く52枚のトランプの中から1枚ずつ4回カードを引く。ただし，一度取り出したカードはもとに戻さないとする。そのときに，4枚とも異なるマークになる確率を求めよ。

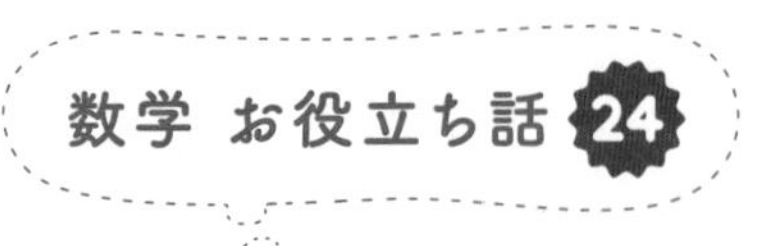

誕生日が同じになる確率

「私のクラスに同じ誕生日の人がいるんですよ。すごい偶然ですよね！」

うーん，別にめずらしくないよ。

「１年は365日あって，クラスの人数は40人だから，たまたま同じになるなんてめずらしいんじゃないんですか？」

実際に求めてみようか。１年は365日として，どの日に生まれるかは同様に確からしいとしよう。

「うるう年の２月29日生まれの人がいるかもしれないですよ。」

まぁ，ここではうるう年じゃないとさせてよ。

いきなり40人だと大変なので４人で計算しよう。6-6 の 例題 でやったように，まず，“同じ誕生日にならない”確率を求めるよ。

全体では，365×365×365×365（通り）　ある。

まず，１人めは365通り。

２人めは，１人めと異なる日に生まれていればいいので364通り。

３人めは，さらに別の日に生まれていればいいので363通り。

４人めも，さらに別の日に生まれていればいいので362通りだ。

4人が同じ誕生日にならない確率は

$$\frac{365\times364\times363\times362}{365\times365\times365\times365}$$

になるね。

「これは計算が大変だ……。」

うん。これはさすがに大変なので電卓を使っていいよ。いくつになる？
じゃあ，四捨五入して小数点以下第3位まで答えて。

「0.984。ということは，同じ誕生日になる確率は

$$1-0.984=0.016$$

になる。」

「じゃあ，4人のうち同じ誕生日になる人がいる確率は約1.6%ということね。すごく低い。」

うん。じゃあ，40人でやってみようか。
まず，“同じ誕生日にならない”確率は，同様にして

$$\frac{365\times364\times363\times362\times\cdots\cdots\times326}{365\times365\times365\times365\times\cdots\cdots\times365}$$

になる。同じように計算すると0.109になるんだ。これが40人で同じ誕生日の人がいない確率だよ。

「じゃあ，40人で同じ誕生日の人がいる確率は

$$1-0.109=0.891$$

約89%なんですか？　全然めずらしくないですね。」

6-7 反対のケースを求めて全体から引く

確率を求めるのがあまりにも大変なときは，その反対のケースの確率は？ と考えてみてもいいと思う。まさに裏ワザだね。

例題 つまずき度 !!!!!

コインを５枚投げたとき，少なくとも１枚が表になる確率を求めよ。

コインをA，B，C，D，Eと区別しよう。

「確率の問題だからですよね。」

そうだね。ちゃんとわかってきたね。

まず，全体だが，Aは表が出るか裏が出るかで２通りある。なおかつ，Bも２通り，Cも２通り，Dも２通り，Eも２通りということで，コインA，B，C，D，Eの表・裏の出かたは，２×２×２×２×２（通り）だ。

さて，「少なくとも１枚が表になる」場合は，どうやって考える？

「５枚もあるから，樹形図だと大変そうだな。１回ずつに注目したほうがよさそう。」

そうだね。樹形図や表はやめておこう。

でも，１回ずつに注目したとしても，「少なくとも１枚が表になる」のを考えるのは大変だよね。表が１枚のとき，表が２枚のとき，表が３枚のとき，表が４枚のとき，表が５枚のときのすべてを考えなきゃいけないわけだし。

「そんなに計算したくない。」

ボクもだよ(笑)。これは 6-6 の 例題 (2)のように，反対のケースの確率を求めて1から引くといい。「少なくとも1つは～」という表現のときは，そうやって考えるのが鉄則なんだ。

コツ15 「少なくとも1つは～」の確率の求めかた

「少なくとも1つは～」の確率を求めるときは，その反対の
「すべてが～ではない」確率を求めて，1から引く。

『少なくとも1枚が表になる（最低でも1枚は表になる）』の反対は，『すべてが表ではない』，つまり，『すべて裏になる』だね。では，サクラさん，解いてみて。

「**解答** すべて裏になるのは1通りしかないから，確率は

$$\frac{1}{2\times2\times2\times2\times2}=\frac{1}{32}$$

よって，求める確率は

$$1-\frac{1}{32}=\frac{31}{32}$$ 答え 例題」

そうだね，正解。

「数学 お役立ち話㉔の誕生日の確率のときも，これを使いましたね。」

✓CHECK 153

つまずき度 !!!!!

➡ 解答は別冊 p.99

サイコロを4回投げたとき，積が偶数になる確率を求めよ。

ヒント：4回投げて積が偶数になるということは，少なくとも1回は偶数が出るということである。

数を並べて整数を作る

カードを使って整数を作る問題だ。ちゃんと考えれば全然難しくないよ。

例題 つまずき度 !!!!!

箱の中に1から7までの数字が書かれたカードが1枚ずつ，計7枚ある。この箱から2枚を1枚ずつ引き，引いた順に並べて2ケタの数を作るとき，次の問いに答えよ。

(1)　ぜんぶで何通りの数が作れるか。
(2)　できた数が偶数になる確率を求めよ。
(3)　できた数が奇数になる確率を求めよ。

中2 6章

これは樹形図でなく，1つずつに注目して掛け算で求めたほうがいい。では，(1)を解いてみようか。

まず十の位に入る数字が何通りか考えると，7枚だから7通り。一の位に入る数字は何通り？

「十の位で使った数字以外の6通り。」

十の位　一の位

そうだね。だから

解答　$7 \times 6 =$ **42（通り）** ⇐ 答え 例題 (1)

(2)は偶数になる場合の数を考えよう。偶数っていうことは，一の位が偶数になればいいんだよね？

「一の位は2, 4, 6のどれかなんですね。」

そうだね。一方，十の位はなんでもいいわけだから，あとで考えればいい。一の位の数を先に決めてしまおう。そして，全体の場合の数42通りで割れば，確率が求められるぞ。

解答 一の位に入る数は，2，4，6の3通り
十の位は，一の位に入る数以外の6通り
よって，偶数になる場合の数は　$3\times6=18$（通り）
ゆえに，求める確率は　$\frac{18}{42}=\underline{\underline{\frac{3}{7}}}$ ⇦答え　例題 (2)

さぁ，(3)はどうやって求める？

「(2) と同じようにすればいいんですよね？」

それでもできるけど，もっと簡単に求められるよ。**「奇数になる」というのは「偶数になる」の反対**だよね？　偶数か奇数のどちらかにしかならないんだからさ。

「そうか！　全体の1から (2) の答えを引けばいいんだな。

解答 $1-\frac{3}{7}=\underline{\underline{\frac{4}{7}}}$ ⇦答え　例題 (3)」

うん，正解。もちろん，(2)と同じように一の位を決めてから十の位を決めて場合の数を求め，全体の数である42で割っても求められるよ。

➡ 解答は別冊 p.99

箱の中に1から5までの数が1つずつ書かれた5枚のカードがある。この箱から1枚ずつすべてのカードを引き，引いた順に並べて5ケタの数を作るとき，次の問いに答えよ。

(1)　ぜんぶで何通りあるか。
(2)　偶数になる確率を求めよ。

委員長と副委員長の選びかたと，委員２人の選びかたの違い

学校で５人のグループを作って，その中で委員長と副委員長を１人ずつ決めたいとき，選びかたは何通りあるかな？

「まず，委員長を１人選ぶのが5通りで，副委員長が残りの4人のうちから１人選ぶから4通り。だから
　5×4＝20（通り）
です。」

うん。完ペキ！　１つずつに注目するのに慣れてきたね。
では，５人のグループで委員を２人選ぶ選びかたは何通り？

「え？　同じで20通りですよね？」

それが違うんだ。５人をそれぞれＡ～Ｅとおいて，樹形図で委員の選びかたをかき出してみると10通りとわかる。

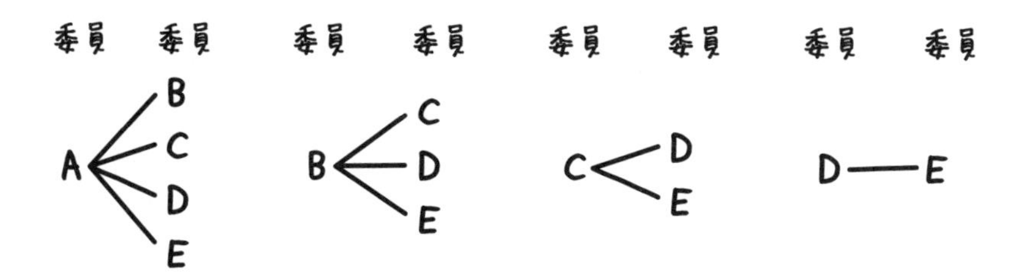

委員２人の選びかたは10通り

「本当だ！　なんで違うんですか？」

委員長と副委員長は違うものだよね。だから，「Aが委員長，Bが副委員長」というのと，「Bが委員長，Aが副委員長」というのは，違う選びかただ。

それに対して委員を２人選ぶ場合は，「AとBを委員にする」というのと，「BとAを委員にする」というのは，同じ選びかたになってしまうからなんだ。

「なるほど！　区別して選ぶのと，区別しないで選ぶのは違うんですね。」

高校数学では，区別して選ぶのを**順列**（じゅんれつ），区別しないで選ぶのを**組合せ**（くみあわせ）として教わる。そのときになったら，また思い出してね。

6-9 ジャンケンの確率

日常の中でふつうにやっていることの確率はどのくらいだろう？　と考えるようになれば，数学も面白く感じるね。

例題 つまずき度 ！！！！！

勇樹くん，早智子さん，香苗さんの3人がジャンケンをしたとき，あいこになる確率を求めよ。ただし，3人とも，グー，チョキ，パーの出しかたは同様に確からしいとする。

「実際には“チョキを多く出すクセがある人”とかいそうだな。」

そういうのは考えないよ。同様に確からしいとするんだ。サクラさん，答えはどうなる？

「勇樹くんが出すのはグー，チョキ，パーの3通り。
早智子さんも3通り，香苗さんも3通りだから，全体では
$3\times3\times3$（通り）　です。
そして，**あいこは“全員が同じものを出す”**のだから，
『全員がグー』『全員がチョキ』『全員がパー』の3通りね。」

いや。ほかにもあるよ。3人でジャンケンをするのだから，**“グー，チョキ，パーが出そろう”あいこもある**からね。3人が異なるものを出すという場合だ。

「あっ，そうだ。うっかりしていた。最初からやっていいですか？

解答 ぜんぶで手の出しかたは，3×3×3（通り）

3人が同じものを出すのは，3通り

3人が異なるものを出すのは

勇樹くん	早智子さん	香苗さん
グー	チョキ	パー
	パー	チョキ
チョキ	グー	パー
	パー	グー
パー	グー	チョキ
	チョキ	グー

の6通り。

あいこになる場合の数はぜんぶで，3+6=9（通り）

よって，確率は　$\frac{9}{3\times3\times3}=\frac{1}{3}$　答え　例題」

よくできました。ジャンケンにも確率があるなんて面白いでしょ？

➡ 解答は別冊 p.99

A，B，Cの3人でジャンケンをしたとき，1回のジャンケンでAだけが勝ちになる確率を求めよ。ただし，3人とも，グー，チョキ，パーの出しかたは同様に確からしいとする。

中学2年 7章

箱ひげ図とデータの活用

いくつかの100点満点のテストで，平均点が同じ60点といってもいろいろな場合があるよ。例えば，Aのテストではよい点の人もそうでない人もいるが，Bのテストではほとんどの人が60点前後に集中しているなんてこともある。

「テストの点と人数のばらつきに差があるのですね。」

そういうことだ。Aのテストで満点をとるのはすごいけど，Bのテストで満点をとるのはもっとすごいと考えられる。そこで，全体の点数のばらつき具合も考慮して，個人の点を評価しようと作られたのが偏差値なんだ。

「偏差値か……，うーん，嫌いな言葉だなあ（笑）。」

四分位数と箱ひげ図

データを中央値で２等分すれば，偏りがわかりやすい。４等分すれば，もっとわかりやすい。ここでは，そういう話をするよ。

例題　つまずき度 !!

ふだんゲームを楽しんでいる11人が何本のゲームソフトを持っているかを調べ，その本数を少ない順に並べると

2　3　4　4　4　5　8　9　9　12　17（単位：本）

になった。次の問いに答えよ。

(1)　最頻値，平均値，中央値を求めよ。
(2)　第１四分位数，第３四分位数を求めよ。
(3)　箱ひげ図をかけ。

「(1) は，小学校のおさらいの 0-12 で出てきましたね。

解答　最頻値は**4本**

平均値は

$$\frac{2+3+4\times3+5+8+9\times2+12+17}{11}=\mathbf{7\ (本)}$$

中静値は**5本**　⇦答え　例題 (1)」

「(2) の四分位数って，どういう意味ですか？“第1”，“第3”があって，“第2”がない……。」

まず，**中央値のことを第２四分位数**（だいにしぶんいすう）**ともいうんだ**。これはすでに求めたね。

そして，真ん中の数を取り除いたとき，小さいほうのグループの真ん中の値を**第１四分位数**，大きいほうのグループの真ん中の値を**第３四分位数**というよ。

解答　第１四分位数は**4本**
　　　第３四分位数は**9本**

答え　例題 (2)

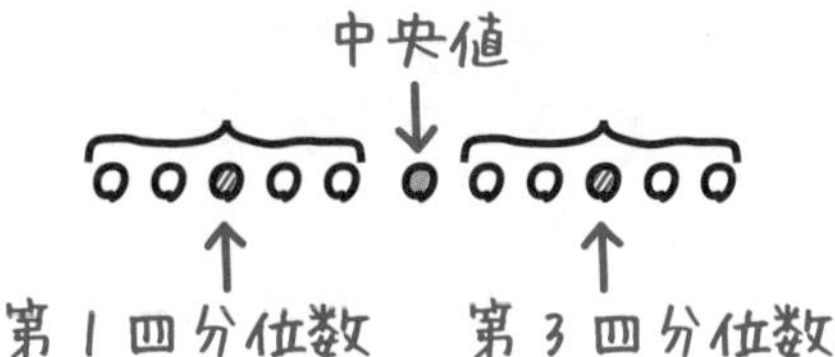

これら３つをまとめて**四分位数**という。そして，第１四分位数と第３四分位数の差を**四分位範囲**(はんい)という。今回は５だ。

「もし，**データの個数が偶数個**だったら，真ん中の数がないですよね。そのときはどうするのですか？」

その場合は，真ん中の数は取り除けない。 例えば，**データの個数が10個**の場合，前半と後半が5個ずつになり，それぞれの真ん中の数が第1四分位数と第3四分位数になる。

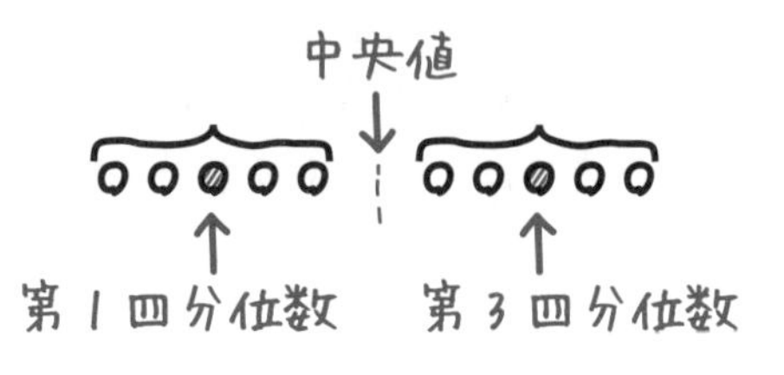

さらに，例えば，**データの個数が9個**の場合，まず，真ん中の数があるから取り除くと4個ずつのグループになるけど，4個の真ん中の数ってないよね。そうすると，0-12でやった方式を使うことになる。小さいほうのグループは，**2番目と3番目の平均が第１四分位数になる。** 大きいほうのグループは，**7番目と8番目の平均が第3四分位数になる。**

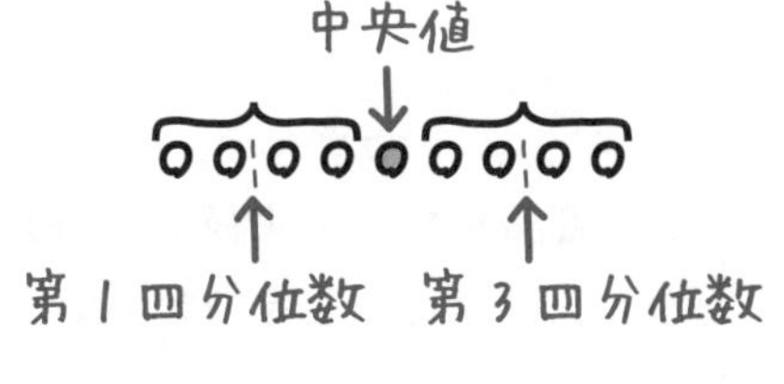

では，この方式で考えると，**データの個数が8個**なら？

「真ん中の数はないから取り除けないですよね。4個ずつになるから，第１四分位数は２番目と３番目の平均，第３四分位数は６番目と７番目の平均ということですね！」

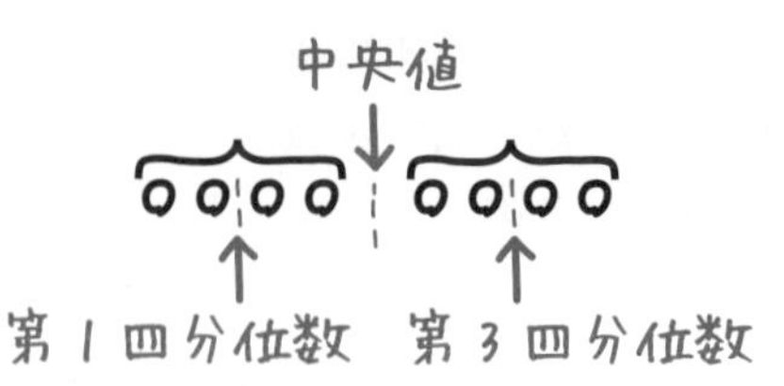

その通り。さて，問題に戻ろう。これらの値をまとめて表現する方法があるんだ。次のようになるよ。

①　**数直線をかく。**目盛りをつける場合，最小値2，最大値17だから，それより前後ちょっと多めにかこう。

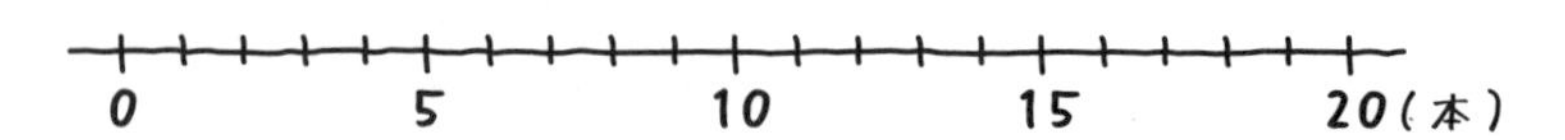

②　**その上部に縦線をかく。最小値，最大値のところは短めで長さが同じ２つの縦線，第１四分位数，中央値（第２四分位数），第３四分位数のところは，それよりも上下に長く，長さが同じ３つの縦線をかく。**

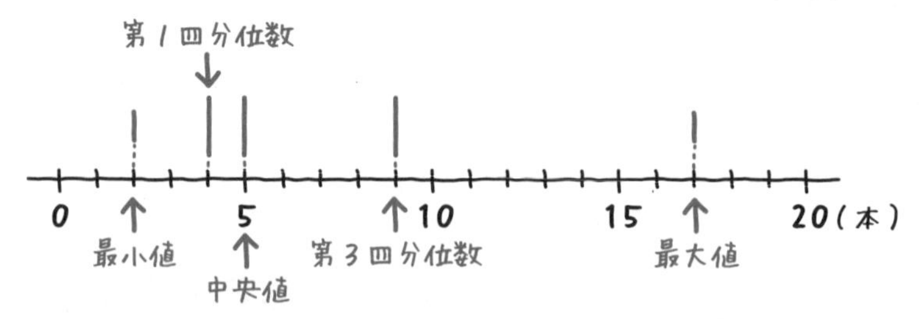

③　**第１四分位数，中央値（第２四分位数），第３四分位数の縦線の上端どうし，下端どうしをつないで，図のような箱形を作る。**

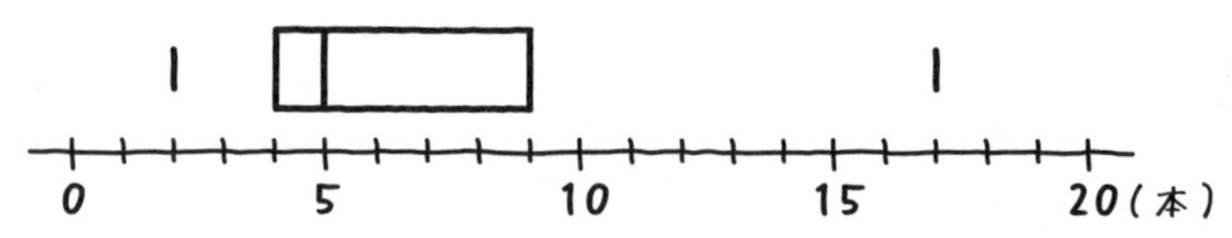

④　最小値と最大値の短い縦線の真ん中から，箱の側面に向けて線を引く。(3)の答えは，次のようになるよ。

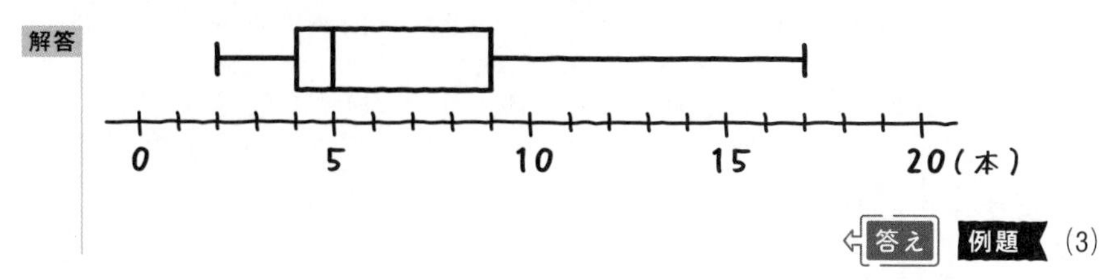

「変わった図形ですね……。」

箱(はこ)**ひげ図**(ず)と呼ばれているよ。

「ホントだ！　箱からひげが生えているように見える！　すごいネーミング（笑）。」

ちなみに，**⑤　平均値のところに＋の印をつけることもある。**まあ，これはやったりやらなかったりするよ。

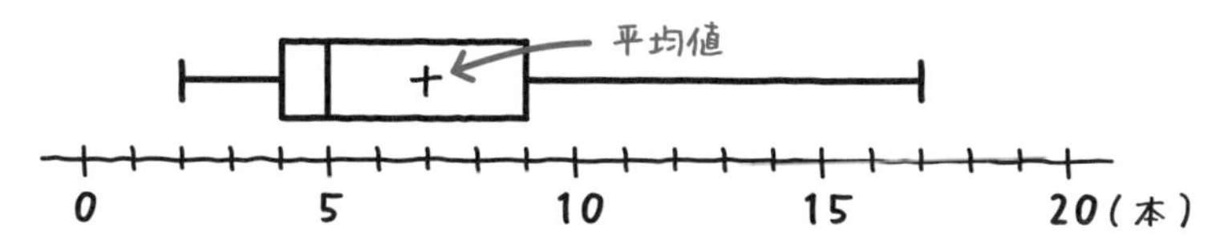

また，目盛りをかくのが大変なら，最小値2，第１四分位数4，中央値（第２四分位数）5，第３四分位数9，最大値17の５つの値だけを適当な幅でとってかいてもいい。値の差は2，1，4，8だから，その幅に見えるようにかこう。

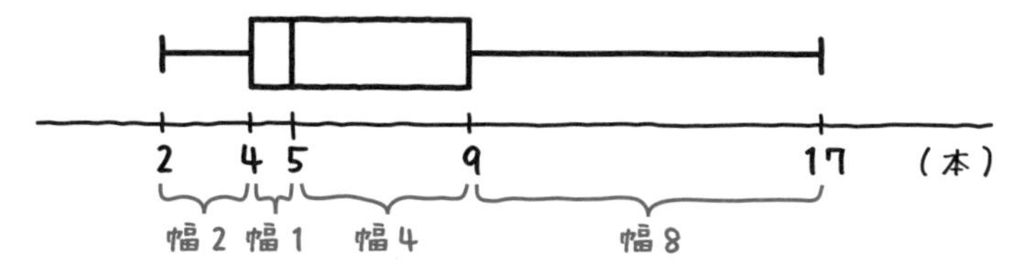

ちなみに，箱ひげ図は，横でなく縦にしてかいてもいいよ。

✓CHECK 156

つまずき度 !!!!!

➡ 解答は別冊 p.99

12人のプロゴルファーが参加した18ホールの大会のスコアが

72　73　70　68　76　75　70　73　71　69　77　73

（単位；打）

になった。次の問いに答えよ。

(1)　最頻値を求めよ。

(2)　範囲と四分位範囲を求めよ。

(3)　箱ひげ図をかけ。

7-2 箱ひげ図とヒストグラムの関係

箱ひげ図とヒストグラムの両方を使えば，データが読みやすくなるよ。

例題　つまずき度 !!!!!

次のヒストグラムは，あるメーカーの氷菓とアイスクリームの1日当たりの売り上げが，気温によりどのように変化するかを表したものである。このデータを箱ひげ図に表したとき，それぞれA，Bのどちらになるかを答えよ。

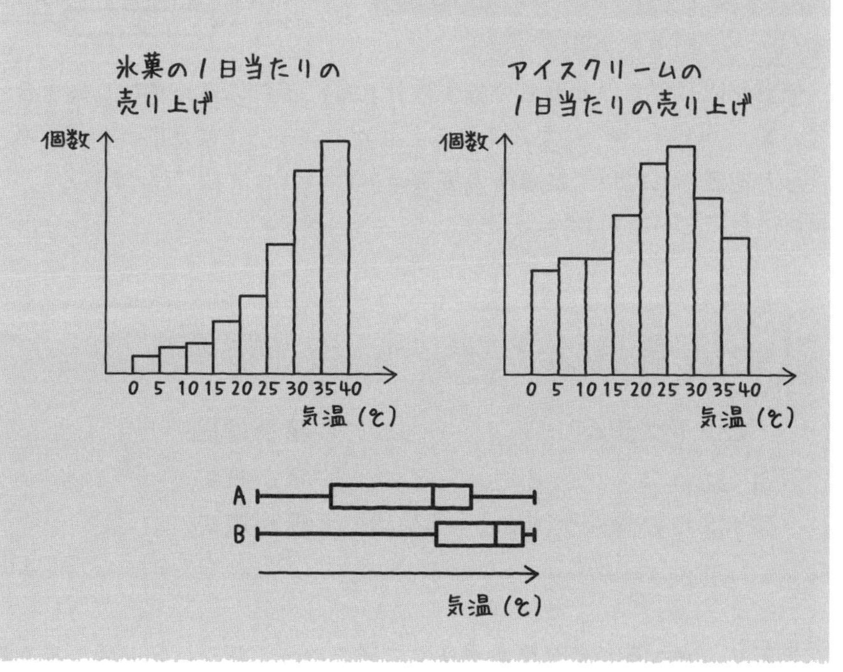

「氷菓って，シャーベットやかき氷などのことね。氷菓は気温が高いほど売れるけど，アイスクリームはそうでもないですね。」

「納得。すごく暑いと氷菓のほうが食べたくなる！ あと，意外に気温が低くてもアイスクリームを食べる人が多いんだな。」

「あっ，それわかる(笑)。私，冬に，暖房の効いた部屋でアイスクリームを食べるのが好きだもん。」

「あれ？ 箱ひげ図に気温や個数の数値が書いてない……。」

今回は，あえてそういう問題にしてある。でも，解けるよ。

箱ひげ図は全体を４分割した状態になっている。小さいほうから，①，②，③，④としようか。これは，私が説明しやすいように勝手に呼んだだけで，実際はこんないいかたはしないよ(笑)。**各グループが，全体の個数の$\frac{1}{4}$ずつをしめているという“イメージ”をもってほしい。**

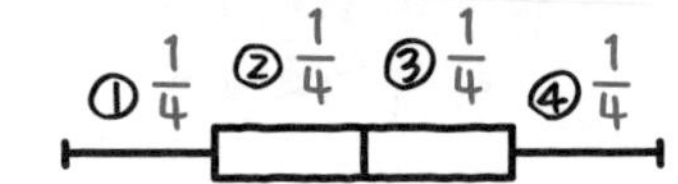

個数が同じにもかかわらず幅が狭ければ，そこに多くがひしめき合っている，つまり“密(みつ)”になっているとわかる。一方，幅が広ければ，ゆったりと配置されていて各場所の度数は少ない，つまり“疎(そ)(まばら)”の状態になっているわけだ。

Point 50

ヒストグラムと箱ひげ図の関係

ヒストグラム		箱ひげ図
密(ばらつきが小さい)	⟺	幅が狭い
疎(ばらつきが大きい)	⟺	幅が広い

氷菓は，右へ行くほど度数が多くて密だから，箱ひげ図の幅が狭くなるはずだ。

「解答　**氷菓の箱ひげ図はB**ですね。 答え　例題 」

アイスクリームは山の形になっているけど，頂上がちょっと右よりで多くなっているから，その辺が狭くなるはずだ。

「解答　**アイスクリームの箱ひげ図はA**です！  例題 」

CHECK 157　つまずき度 !!!!!

➡ 解答は別冊 p.100

山田さんは「オリジナル料理のレシピ」，伊藤さんは「ダンスパフォーマンス」，渡辺さんは「おすすめ映画の紹介」で，それぞれ数十本ずつの動画を公開していて，その再生回数を箱ひげ図で表したものは次のようになる。3人のデータをヒストグラムに表したとき，ア，イ，ウのいずれになるかを答えよ。

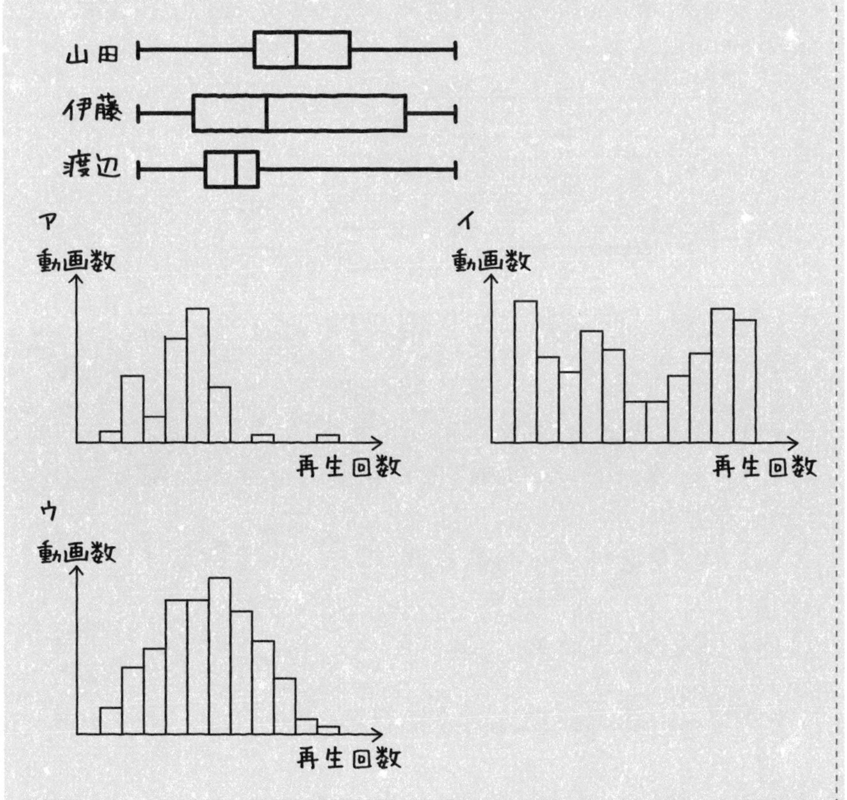

箱ひげ図を比較する

フリーマーケットの本来の意味は「flea market（ノミの市）」。自由に売り買いをすることから，日本では「free market」と呼ばれることもあるね。

例題 つまずき度 !!!!!

安藤さんと別所さんがフリーマーケットに参加することになった。店をそれぞれA，Bとし，どちらの店でも41個の商品を販売する。それぞれの商品の価格を箱ひげ図で表したところ，次のようになった。

このとき，(1)〜(4)は正しい，正しくない，このデータではわからないのいずれになるかを答えよ。

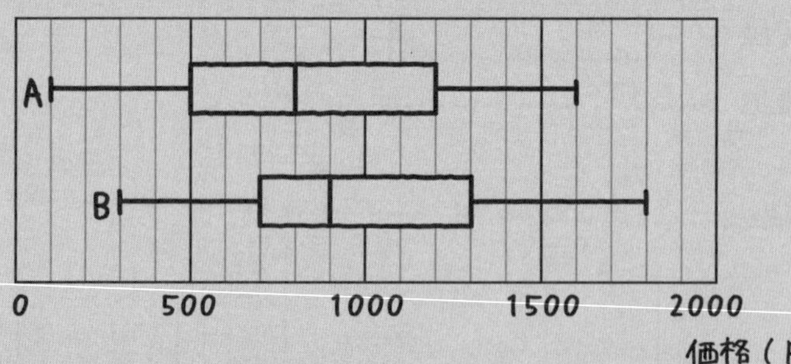

(1) Aの商品の価格の平均値は800円である。

(2) A，Bの商品の価格は，範囲，四分位範囲ともに等しい。

(3) 400円以下の商品の数は，AよりBのほうが少ない。

(4) 900円以上の商品の数は，AよりBのほうが多い。

「解答 (1) は，**このデータではわからない**。答え 例題 (1)
中央値は800円だけど，中央値と平均値は意味が違うもん。」

「解答 (2) は**正しくない**です。答え 例題 (2)
範囲はともに1500円だけど，四分位範囲は，Aが700円，Bが600円ですよね。」

そう，正解。さて，今回のAの場合，中央値（第2四分位数）が800円となっているけど，これって小さい（安い）ほうから何番目の数？

「小学校のおさらいの O-12 で出てきたやつだ。ぜんぶで41個ということは，21番目の数です。」

その通り。ということは**800円のものが存在し，“800円”の境界上にあることになる**。もっといえば，その左の20番目，19番目，……や，右の22番目，23番目，……にも800円のものがある可能性がある。

「“少なくとも1つ”は，800円の境界上にあるということですね。」

うん。箱ひげ図の4分割した状態の小さいほうから，①，②，③，④とする。このとき，800円の境界上には，中央値そのものと，②と③の一部がある可能性があるよ。

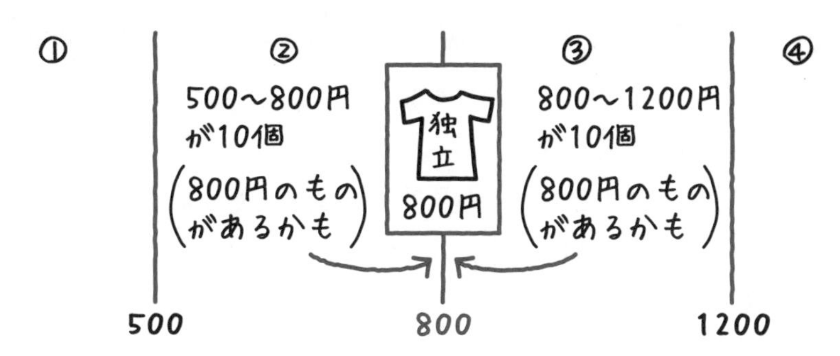

じゃあ，第1四分位数は？

「7-1の方法で考えればいいのですね。10番目と11番目の値の平均です。」

そうだね。ということは500円のものはないかもしれない。10番目が450円，11番目が550円で，平均すれば500円という場合もあるからね。

「でも，両方とも500円かもしれない。そうすると，平均で500円。」

うん。そうなんだ。**“500円”の境界上にあるかないかわからないよね。** ちなみに，第３四分位数は31番目と32番目の値の平均で，これも同様だ。

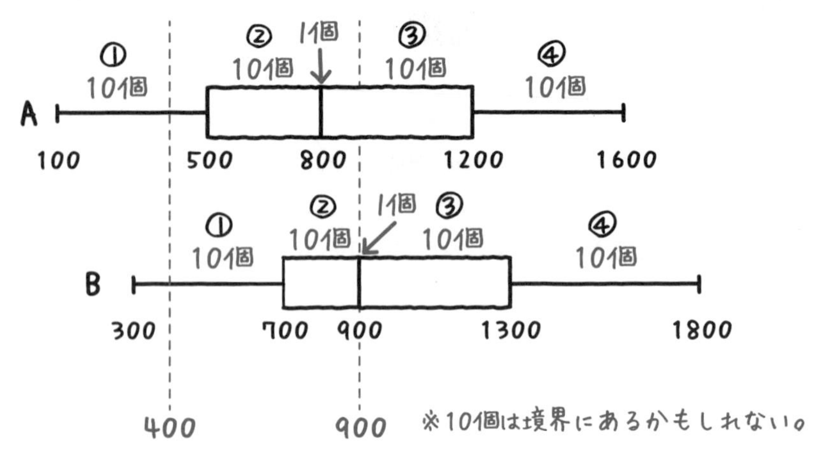

Point 51 四分位数の値が境界にあるかを調べる

『箱ひげ図を比較して，多い，少ないを当てる』問題では，まず，四分位数を考え，それが

“値そのもの”のときは，**境界に（少なくとも１個は）ある**

“値の平均”のときは，**境界にあるかもしれないし，ないかもしれない**

と考える。

じゃあ，⑶を考えてみよう。サクラさん，どっちだと思う？

「正しいです。400円以下のところを比べると，AよりBのほうがずっと短いですもん。」

いや，そうじゃない。**長さは関係ないよ**。A，Bともに，①に10個ある。でも，**均等にあるわけじゃない**。400円以下に，Aはわずかしかないけど，Bはその狭いエリア内にたくさんあるなんてこともあり得るんじゃないの？

「あっ，そうか……。
解答　(3) は，**このデータではわからない**です。 答え　例題 ⑶」

その通り。そして⑷だが，Aは900円以上が10個以上20個以下だ。

「まず，④のエリアの10個は絶対そうだし……。」

くり返しになるけど，③の10個は適度に散らばっているとも限らないからね。

「③のすべてが900円より小さい場合もあるし，大きい場合もありますね。それで，商品は10個から20個か，なるほど (笑)。」

一方，Bのほうは，④の10個，③の10個に加えて，中央値900円の1個も確実に含む。

「②の一部も“900円”の境界にいるかもしれない。」

その可能性もある。Bの900円以上の商品は21個以上31個以下だね。

「解答　(4) は**正しい**ということか。 答え　例題 ⑷」

中2 7章

✓CHECK 158

つまずき度 !!!!!

➡ 解答は別冊 p.100

7-3 の 例題 に加え，さらに千葉さんもフリーマーケットに参加することになった。店をCとし，26個の商品を販売することとする。それぞれに値段をつけたところ，次のようになった。

このとき，(1)，(2)は正しい，正しくないのどちらになるかを答えよ。

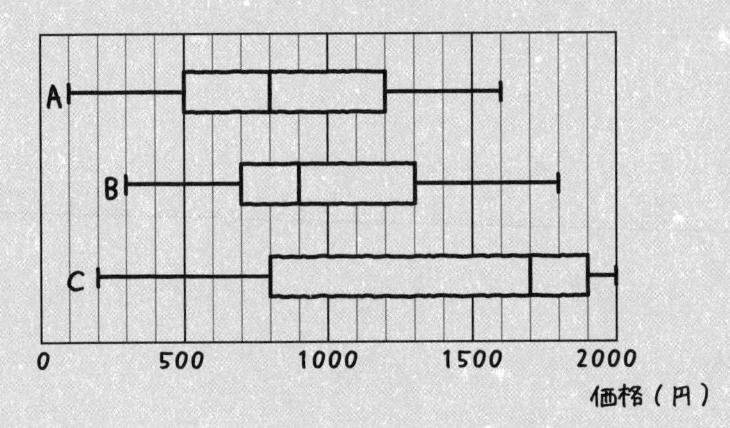

(1) Cには，A，Bのいずれの商品より価格が高いものが7個以上ある。

(2) CとAの800円以上の商品の数は必ず同じになる。

中学3年 1章

多項式

さぁ，いよいよ3年生の内容に入ろう。

「やっとここまで来ましたね。」

今まで出てこなかった文字式の計算がたくさん登場するよ。慣れるまでくり返し練習することが大切だよ。

「また，文字か。なんか，“数学”という割には数があまり出てこないですね。」

確かにそうかもね。数学では数の計算をする能力だけでなく，文字式を使う能力も求められるんだ。

多項式×単項式，多項式÷単項式

今までは，数や単項式の掛け算，割り算しか知らなかったけど，ここでは多項式の掛け算，割り算を扱うよ。

例題　つまずき度 !!

次の式を展開せよ。

(1)　$2k(4x+y)$　　(2)　$(5a^3-b)x^2$

(3)　$(6a^3y-15by^2)\div 3y$

中１の 1-16 2-11 で“分配法則”というのがあったね。これは文字どうしの掛け算でも使えるよ。

例えば，**$a(b+c)$ なら，a を b，c それぞれに掛けて足せばいい**し，$(a+b)c$ の形になっていても同じように計算すればいいよ。c を a，b それぞれに掛けて足せばいい。

$$a(b+c)=\underset{①}{ab}+\underset{②}{ac}$$

$$(a+b)c=\underset{①}{ac}+\underset{②}{bc}$$

このように掛け算の形で与えられた式を，足し算の形にすることを，**展開する**(てんかい)というよ。覚えておいてね。

ケンタくん，(1)と(2)を続けてやってみて。

「解答　(1)　$2k(4x+y)=\underline{\underline{8kx+2ky}}$　答え　例題 (1)

(2)　$(5a^3-b)x^2=\underline{\underline{5a^3x^2-bx^2}}$　答え　例題 (2)」

正解。じゃあ，次の(3)だが，割り算も同じようにすればいい。$6a^3y$，$-15by^2$ それぞれを $3y$ で割ればいいよ。

解答　$(6a^3y-15by^2)\div 3y=\underline{\underline{2a^3-5by}}$　答え　例題 (3)

「中1の内容が文字どうしの式になっただけね。簡単だわ。」

CHECK 159　つまずき度 !!!!!　➡ 解答は別冊 p.100

次の式を展開せよ。

(1)　$8a(6x-1)$　　(2)　$(3m^3+n)p$

(3)　$(35a^3x+10ax^2)\div 5a$

1-2 多項式×多項式

今度は，多項式どうしも掛けてみよう。計算のしかたは単純だが，このあたりから正と負の間違いをする人が多くなるので慎重に。

例題　つまずき度 !!!!!

次の式を展開せよ。

(1)　$(2p+5q)(x+6y)$　　(2)　$(3a^3-7)(2x^2-a)$

(3)　$(x-4)(a+5b-c)$

中１の 1-6 で出てきた話を覚えているかな？　項っていうのは，式の中にある，足し算でつながれている１つひとつのものだったね。(1)の（　）の中なら，$2p$，$5q$，x，$6y$ が項だし，(2)なら $3a^3$，-7，$2x^2$，$-a$ が項ということだ。負の数の場合はマイナスまでを含めて項と考えるよ。$3a^3-7$ なら $3a^3+(-7)$ と考えるんだ。

「１つひとつ，足し算や引き算のところでブツ切りにしたのが項ですね。」

そういうことだ。さて，今回のように，項が２つ以上ある式どうしの掛け算では，**１つめの（　）のどれか１つと，２つめの（　）のどれか１つを掛けたものの，すべての組み合わせを足すんだ。**

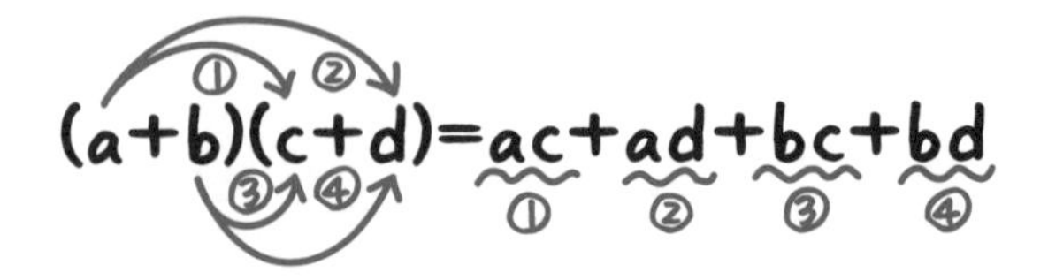

これを図で考えると，右のように4つに分けられた面積を求めていることになるね。4つの面積を足すと $(a+b)(c+d)$ の値になるだろう？

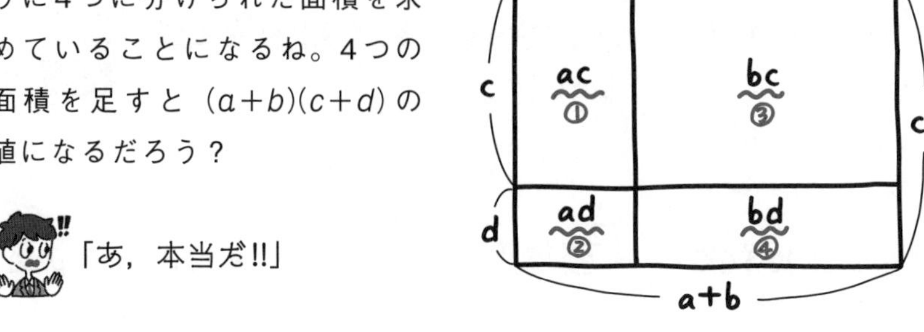

「あ，本当だ!!」

問題を解くときは，図を考えないで，1つひとつの項を掛けて確認していけばいい。(1)なら

$2p$ と x を掛けて，$2px$

$2p$ と $6y$ を掛けて，$12py$

$5q$ と x を掛けて，$5qx$

$5q$ と $6y$ を掛けて，$30qy$ だから

解答 $(2p+5q)(x+6y)=$ **$2px+12py+5qx+30qy$** ⇦答え 例題 (1)

サクラさん，同様にして(2)をやってみて。

「$3a^3-7$ は“$3a^3$ と -7 を足したもの”と考えればいいんですね。

$3a^3$ と $2x^2$ を掛けて，$6a^3x^2$

$3a^3$ と $-a$ を掛けて，$-3a^4$

-7 と $2x^2$ を掛けて，$-14x^2$

-7 と $-a$ を掛けて，$7a$ だから

解答 $(3a^3-7)(2x^2-a)=$ **$6a^3x^2-3a^4-14x^2+7a$** ⇦答え

例題 (2)」

よくできました。マイナスがあると計算ミスをしやすいから，あせらずに計算しよう。

「項が3つとか，4つとかでも，このやりかたでいいのですか?」

うん。同じようにすればいい。(3)は，次のようになるよ。

解答 $(x-4)(a+5b-c)=\mathbf{ax+5bx-cx-4a-20b+4c}$ 答え

例題 (3)

自分でも解いて確認しておこう。

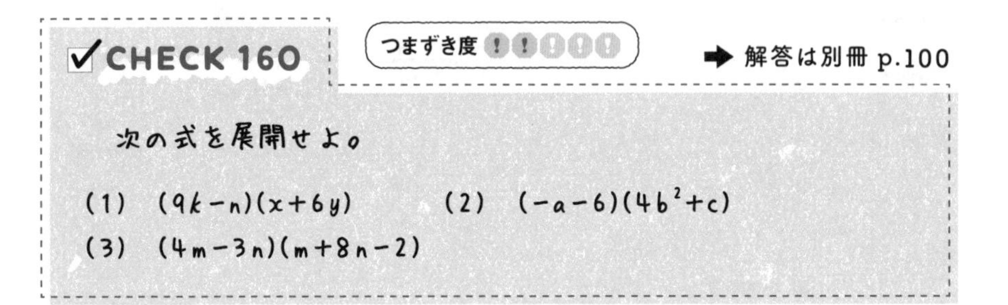

1-3 $(x+a)(x+b)$ の展開

$(x+a)(x+b)$ のような式は，ふつうに展開してもいいけど，公式を使えばもっとラクに展開できるよ。

例題 つまずき度 !

次の式を展開せよ。

(1) $(x+2)(x+8)$　　(2) $(x-5)(x+3)$

このような$(x+a)(x+b)$という形をした式の展開は，次の公式を使って解けるようにしよう。

Point 52 $(x+a)(x+b)$ の展開

$$(x+a)(x+b)=x^2+\underbrace{(a+b)}_{和}x+\underbrace{ab}_{積}$$

(1)なら，まず2と8の和，積を求めるんだ。

「和は10で，積は16ですね。」

そうだね。よって

解答 $(x+2)(x+8)=\underline{\underline{x^2+10x+16}}$ ⇐答え 例題 (1)

簡単だよね？

同じように，(2)をケンタくん，解いてみて。

「−5と3ということは，和は−2で，積は−15だから

解答　$(x-5)(x+3)=\underline{\underline{x^2-2x-15}}$ ⇦答え　例題 (2)」

そうだね。項が負の数のときは，符号に注意して和と積を求めよう。

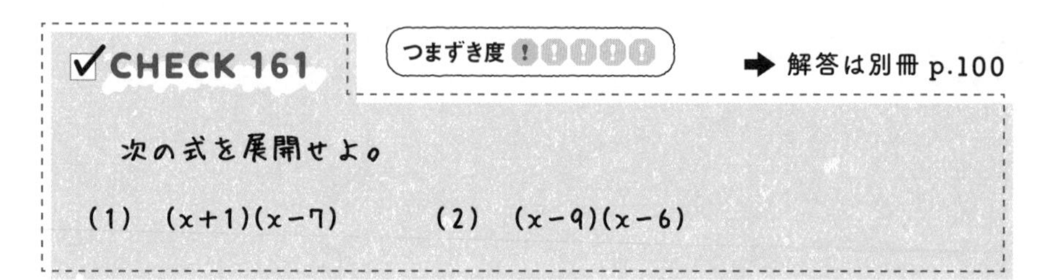

☑CHECK 161　つまずき度 ❗️

➡ 解答は別冊 p.100

次の式を展開せよ。

(1)　$(x+1)(x-7)$　　　(2)　$(x-9)(x-6)$

1-4 $(a+b)^2$, $(a-b)^2$, $(a+b)(a-b)$ の展開

多項式の展開には，ほかにもたくさんの公式がある。これからずっとお世話になる大切な公式だよ。

例題 1 つまずき度 !!!!!

次の式を展開せよ。

(1) $(3x+5)^2$　　(2) $(-7k+4l)^2$

(1)は，$(3x+5)(3x+5)$ と考えてふつうに展開してもいいけど，$(a+b)^2$ の形の式では次の公式が使えるよ。

Point 53 $(a+b)^2$ の展開

$$(a+b)^2=a^2+2ab+b^2$$

$$(●+□)^2=●^2+2\times●\times□+□^2$$

にあてはまる●，□を考えればいいんだ。(1)では，$3x$，5 をそれぞれひとカタマリと考えればいいんじゃないかな？

「　$(3x+5)^2=3x^2+2\times3x\times5+5^2$
　ということですか？」

あっ，$3x$ のところには (　) が必要だよ。$3x^2$ だと，x だけ2乗していることになる。中1の 1-10 で習ったよ。

「あっ，そうだ。

解答　$(3x+5)^2=(3x)^2+2\times 3x\times 5+5^2$

$=\underline{9x^2+30x+25}$ ⇦答え　例題1 (1)」

「(2) の $(-7k+4\ell)^2$ は公式と形が違いませんか？」

いや，公式と同じだよ。$-7k$，4ℓ をカタマリとみなせばいい。

「マイナスもひっくるめてカタマリと考えていいんだ！

$(-7k+4\ell)^2=(-7k)^2+2\times -7k\times 4\ell+(4\ell)^2$

⋮　」

真ん中の，$2\times -7k\times 4\ell$ の $-7k$ には(　)をつけなきゃダメだよ。
+，−，×，÷の記号は続けて書けないからね。

「あっ，すみません。

解答　$(-7k+4\ell)^2=(-7k)^2+2\times(-7k)\times 4\ell+(4\ell)^2$

$=\underline{49k^2-56k\ell+16\ell^2}$ ⇦答え　例題1 (2)」

そうだね。それでいいよ。では，次の問題だ。

つまずき度 !!!!!

次の式を展開せよ。

(1) $(4m-9)^2$　　(2) $(-5a-2b)^2$

今度は $(a-b)^2$ の形をしているね。公式は次のようになるよ。

Point 54 $(a-b)^2$ の展開

$$(a-b)^2=a^2-2ab+b^2$$

「さっきのと形が似てる！　$-2ab$ のところだけ違うね。」

そう。さっきの公式が使えたら，こっちも簡単だ。

$$(●-□)^2=●^2-2\times●\times□+□^2$$

にあてはまる●，□を考えればいいよ。ケンタくん，(1)をやってみて。

「$4m$，9をカタマリとみなせばいいのか。

解答　$(4m-9)^2=(4m)^2-2\times4m\times9+9^2$

$=\underline{\underline{16m^2-72m+81}}$ ⇦答え 例題 2 (1)」

正解。(　) もちゃんとつけているしね。サクラさん，(2)は？

「$-5a$，$2b$ をカタマリと考えるんですね。

解答　$(-5a-2b)^2=(-5a)^2-2\times(-5a)\times2b+(2b)^2$

$=\underline{\underline{25a^2+20ab+4b^2}}$ ⇦答え 例題 2 (2)」

そうだね。この公式は $(a\underline{\underline{-}}b)^2$ の公式だから，(2)では $-5a$ と $2b$ をカタマリと考えた。$-5a$ と $\underline{\underline{-}}2b$ だと思わないでね。

もっとくわしく　$(a-b)^2=a^2-2ab+b^2$は，$(a+b)^2=a^2+2ab+b^2$の$+b$を$-b$にすれば導ける。

$$\{a+(-b)\}^2=a^2+2a\times(-b)+(-b)^2$$
$$=a^2-2ab+b^2$$

では，もう1問やって展開の公式はおしまいだ。

例題 3　つまずき度 !!!!!

次の式を展開せよ。

(1)　$(3x-2y)(3x+2y)$　　(2)　$(-5a-7b)(-5a+7b)$

「(1) も (2) も，同じものの足し算と引き算の式を掛けてますね。」

そう。$(a+b)(a-b)$ の形の展開は，次の公式を使おう。

Point 55　$(a+b)(a-b)$ の展開

$$(a+b)(a-b)=a^2-b^2$$

これも簡単だ。

$$(●+□)(●-□)=●^2-□^2$$

にあてはまる●，□を考えればいいだけだ。サクラさん，(1)は？

「$(3x-2y)(3x+2y)$ で$3x$を●，$2y$を□と考えて……。
あれっ？　これじゃあ，(●−□)(●+□) の形になってしまいますよ？」

それでもいいんだよ。だって，掛け算は掛ける順番がかわってもいいんだから。

「あっ，そうですね。じゃ

解答　$(3x-2y)(3x+2y)=(3x)^2-(2y)^2$

$=\mathbf{9x^2-4y^2}$ 答え　例題 3 (1)」

そうだね。ケンタくん，(2)は？

「$-5a$，$7b$をカタマリと考えるんですね。

解答　$(-5a-7b)(-5a+7b)=(-5a)^2-(7b)^2$

$=\mathbf{25a^2-49b^2}$ 答え　例題 3 (2)」

OK！　1-3 と 1-4 で出てきた４つの展開の公式は**乗法公式**（じょうほうこうしき）と呼ばれているよ。これからずっと使うものだから，しっかり覚えて使えるようにしよう。

また，これらの公式は 1-2 で教えた展開のしかたで確認できる。余力のある人は，自分で公式を確認してみるといいよ。

CHECK 162　つまずき度 !!　➡ 解答は別冊 p.100

次の式を展開せよ。

(1)　$(a-7)^2$　　(2)　$(-6x+5)^2$

(3)　$(2m+9n)(2m-9n)$

1-5 展開の応用

今までの多項式の展開の知識やおきかえを使って計算してみよう。何度もしつこくいうけど，(　)のつけ忘れには注意しようね。

例題　つまずき度 !!!!!

次の式を展開せよ。

$(4a-b-7)(4a-b+7)$

「展開するのが面倒だな……。」

$4a-b$を何かの文字におきかえて，計算してからもとに戻せばラクに解けるよ。

「何の文字におきかえるか，決まっているのですか？」

a，bのように既に使われている文字はダメだけど，それ以外なら何でもいいよ。例えば，Mとしようか。

$(4a-b-7)(4a-b+7)=(M-7)(M+7)$

$=M^2-49$

「Mをもとに戻せば，$4a-b^2-49$ですね。」

いや。それだと，bだけ2乗することになって変だよ。M，つまり，$4a-b$を2乗するわけだから**(　)をつけなきゃいけないよ。**

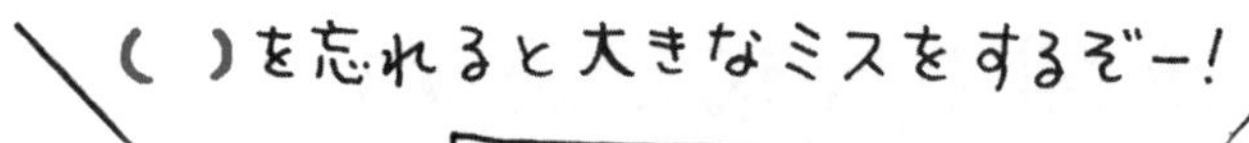

解答　$M=4a-b$ とおくと

$$\begin{aligned}(4a-b-7)(4a-b+7)&=(M-7)(M+7)\\&=M^2-49\\&=(4a-b)^2-49\\&=\mathbf{16a^2-8ab+b^2-49}\end{aligned}$$

答え　例題

✓CHECK 163

つまずき度 !!!

➡ 解答は別冊 p.100

次の式を展開せよ。

$(2x+3y-8)^2$

ヒント：$2x+3y$ を文字におきかえる。

1-6 展開の公式を使ってラクに計算する

せっかく展開の公式を習ったのだから，計算をラクにするために使ってみよう。

例題　つまずき度 !!!!!

103×97　を計算せよ。

「ふつうに筆算で求めてもいいんですよね？」

うん。それでもいいが，ここは工夫してみよう。**103は100＋3，97は100−3と考えればいい。**

(100＋3)(100−3) となって，1-4で習った

$$(a+b)(a-b)=a^2-b^2$$

の公式が使えるんだ。

解答

$$\begin{aligned}103\times97&=(100+3)(100-3)\\&=100^2-3^2\\&=10000-9\\&=\underline{\underline{\mathbf{9991}}}\end{aligned}$$

答え　例題

✓CHECK 164　つまずき度 !!!!!　➡ 解答は別冊 p.101

$(a-b)^2=a^2-2ab+b^2$ の公式を使って，99^2 を計算せよ。

因数分解　～共通なものでくくる～

“因数分解”って言葉は知っているけど，どんなことをするか知らない人が多いみたい。読んで理解してね。

これからやっていくのは因数分解だ！

「因数分解？　なんですかそれ？」

簡単にいうと，**因数分解**（いんすうぶんかい）とは**展開と逆の作業をすることだ**。例えば，$a(b+c)$ を展開すると $ab+ac$ になるよね？

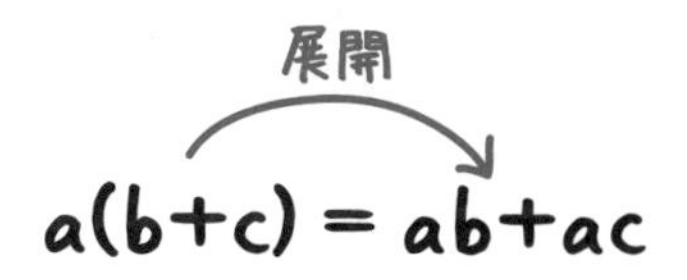

逆に $ab+ac$ を $a(b+c)$ にする作業を因数分解というんだ。展開と因数分解はまったく逆の作業なんだよ。

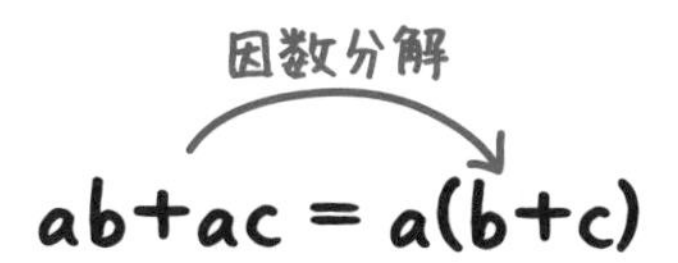

「へぇ～。でも，なんで因数分解っていう名前なの？」

中1の1-19で**「掛け算を構成する１つひとつのものを因数という」**って教えたよね？　文字でも同じで，例えば，ab の因数は a と b だし，xy の因数は x と y だ。さっきの $ab+ac=a(b+c)$ でいうと，$ab+ac$ の因数は a と $(b+c)$ ということになる。**因数に分解されたから因数分解ってわけさ。**

「与えられた足し算や引き算の式を，因数の掛け算の形で表すってことね。」

「“分解”っていうより“掛け合わせ”って感じがするけどな。“因数掛け合わせ”のほうがしっくりくるよ。」

確かにそうかもね。でも，定着してしまっている数学用語だから許してよ(笑)。まぁ名称のことはさておき，因数分解は展開と逆の作業をするということを頭において問題を解いてみよう。

例題 つまずき度 !!

次の式を因数分解せよ。

(1) $ab+2ac$　　(2) $3xy-6x^2z$

(3) $4kl+8km-6klm$

ここでは，“共通に割り切れるもの”でくくって因数分解をしていこう。“くくる”っていうのは“まとめる”っていうことだ。

(1)の項は，abと$2ac$だね。両方の項を割り切れるものは何？

「aです。」

そうだね。abも$2ac$もaを含んでいるから，aで割り切れるね。そこで，aでくくり，aで割ったものどうしを足すんだ。ab，$2ac$をそれぞれaで割るとどうなる？

「abをaで割るとbで，$2ac$をaで割ると$2c$です。」

そうだね。だから，因数分解をすると

解答　$ab+2ac=$**$a(b+2c)$**　答え　例題 (1)

$(b+2c)a$でもいいよ。$ab+2ac$という足し算が掛け算になるんだ。因数分解は展開の逆だから，因数分解したものを展開するともとに戻る。$a(b+2c)$でも$(b+2c)a$でも，展開すると$ab+2ac$に戻るね。

(2)もやってみよう。$3xy-6x^2z$の項は，$3xy$と$-6x^2z$だね。何でくくれる？

「xです。」

ほかにもまだあるよ。3と-6はどちらも3で割り切れるから，3でもくくれる。

「あっ，数字と文字の両方ということもあるのか！」

そうなんだ。**“共通で割り切れるもの”を考えるとき，数（係数）は『最大公約数』，文字は『共通に含まれるもの』を考えよう。** 今回は$3x$でくくることになるね。サクラさん，どうなる？

「$3xy$を$3x$で割るとyで，$-6x^2z$を$3x$で割ると$-2xz$だから

解答　$3xy-6x^2z=$**$3x(y-2xz)$**　答え　例題 (2)」

そうだね。

「$(y-2xz)3x$と書いてもいいのですか？」

$3(y-2xz)x$ならいいよ。数字は前に書こう。

最後に，(3)の$4k\ell+8km-6k\ell m$だけど，これには項が3つある。すべてを共通に割り切れるものを探そう。

「係数は4，8，-6だから，2ですね。」

「文字は，kと……，あっ，ℓやmもそうかな？」

3つの項すべてに含まれてなきゃダメだよ。　ℓは$4k\ell$と$-6k\ell m$の項にしか含まれていないし，mは$8km$と$-6k\ell m$の項にしか含まれていないからダメ。

「あっ，そうか。共通している文字はkだけってことになるな。
2とkでくくって

解答　$4k\ell+8km-6k\ell m=$ **$2k(2\ell+4m-3\ell m)$** ⇦ 答え

例題 (3)」

よくできました。

つまずき度 !!!!!　　➡ 解答は別冊 p.101

次の式を因数分解せよ。

(1)　$9x-6a$　　　(2)　$-2ab^2-8ab$

(3)　$5xyz-2y^2z+7x^3y$

1-8 x^2＋●x＋■を，$(x+a)(x+b)$に因数分解する

1-7では，何が共通の因数かがわかりやすい因数分解をしたけど，ここからは"展開の逆"を考えて行う因数分解を見ていこう。

例題 つまずき度 !!!!!

次の式を因数分解せよ。

(1) $x^2+11x+30$　　(2) $x^2-4x-21$

$(x+a)(x+b)$ を展開すると

展開

$$(x+a)(x+b)=x^2+\underbrace{(a+b)}_{\text{和}}x+\underbrace{ab}_{\text{積}}$$

となるんだったね。逆にいえば，$x^2+(a+b)x+ab$ の形の式なら $(x+a)(x+b)$ にできる。つまり，**与えられた式の x の係数は $a+b$，定数は ab ということだ。**

因数分解

$$x^2+\underbrace{(a+b)}_{\text{和}}x+\underbrace{ab}_{\text{積}}=(x+\underline{\underline{a}})(x+\underline{\underline{b}})$$

(1)の $x^2+11x+30$ なら，**和が11になり，積が30になる2つの数を考えればいい。** 5と6だね。よって

解答 $x^2+11x+30=\underline{\underline{(x+5)(x+6)}}$ ⇐答え 例題 (1)

「式が掛け算の形になりましたね。」

うん，それが因数分解だからね。ケンタくん，⑵はどうなるかな？

「和が－4で，積が－21になるものか。うーん……。」

“積”から考えていったほうがいいよ。 和から考えると，“足して－4になる数”ってすごくたくさんあるよね。その中で積が－21になるものを探すのは大変だ。しかし，**積が－21になる数はそんなに多くない。** 1と－21，3と－7，7と－3，21と－1の4つだけだね。その中から，和が－4になるものを見つけるとラクだと思うよ。

「わかった！　3と－7だ。

解答　$x^2-4x-21=(x+3)(x-7)$ ←答え　例題 ⑵」

Point 56　$x^2+●x+■$の因数分解

$x^2+●x+■$は，和が●，積が■になる**2つの数a，b**を見つけ，$x^2+\underset{a+b}{●}x+\underset{ab}{■}=(x+a)(x+b)$とする。

積abから考えると，a，bを見つけやすい！

CHECK 166　つまずき度 !!!!!　➡解答は別冊 p.101

次の式を因数分解せよ。

(1)　x^2+3x-4　　(2)　$x^2-11x+18$

1-9 因数分解　〜公式を使う〜

1-4 で紹介した展開の公式の逆を使えば，因数分解することもできるんだ。

例題 1　つまずき度 !!!!!

次の式を因数分解せよ。

(1)　$x^2+8x+16$　　(2)　$16x^2+24xy+9y^2$

(3)　$4p^2-36pq+81q^2$

「(1) は，1-8 で教わった，積 ab を求めてから，和 $a+b$ を求める方法で解けそうですね。」

うん，それでも解ける。やってごらん。

「えーと，掛けて16になるのは，1と16，2と8，4と4，−1と−16，−2と−8，−4と−4。その中で足して8になるのは，4と4だから同じ数字だわ。」

解答　$x^2+8x+16=\underline{\underline{(x+4)^2}}$　⇦答え　例題 1 (1)

となるね。でも，こういう2乗の形になるときは，1-4 でやった

$(a+b)^2=a^2+2ab+b^2$　や　$(a-b)^2=a^2-2ab+b^2$

の逆を考えて因数分解したほうが早いよ。

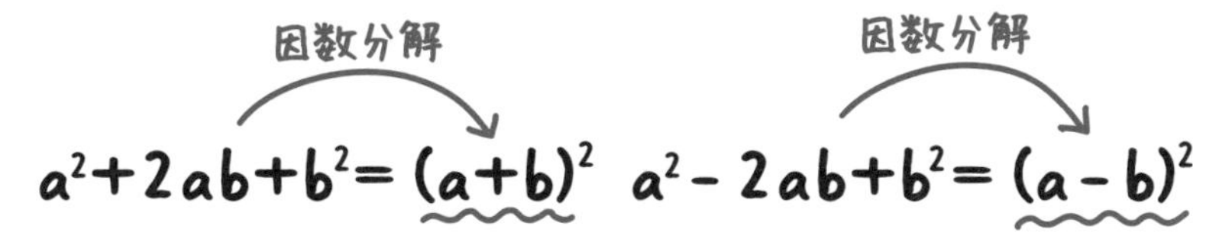

「与えられた式をどうやって見ると，$(a+b)^2$ や $(a-b)^2$ の形に因数分解できることに気づけるんですか？」

まず，アタマとお尻に注目しよう。(1)の $x^2+8x+16$ なら，x^2 と16だ。x^2 は x の2乗だね。お尻の16は4の2乗だ。

そして，真ん中は $\underline{\underline{+}}8x$ だから，「$a^2\underline{\underline{+}}2ab+b^2=(a+b)^2$ の形の因数分解で，$(x+4)^2$ かな？」と考える。a を x，b を4と考えて $2ab$ を計算すると，$2\times x\times 4=8x$ だから合っているとわかる。

間違っていたら，$(a+b)^2$ の形の因数分解ではないので，さっきサクラさんがやった方法で a と b を見つけよう。

「(2) は x^2 の係数が16ですね。どうしたらいいんですか？」

これもまず，アタマとお尻に注目だ。$16x^2$ は $(4x)^2$ だし，$9y^2$ は $(3y)^2$ だ。ここから「$(4x+3y)^2$ かな？」と予想する。そして，真ん中の $24xy$ は $2\times 4x\times 3y$ だから，公式の形にピッタリはまっているね。

解答 $16x^2+24xy+9y^2=\underline{\underline{\boldsymbol{(4x+3y)^2}}}$ ⇦ 答え 例題1 (2)

最後に，(3)の $4p^2-36pq+81q^2$ を，サクラさん，やってみようか。

「$4p^2$ は $(2p)^2$，$81q^2$ は $(9q)^2$ で，真ん中は $\underline{\underline{-}}36pq$ だから『$(2p-9q)^2$ かな？』と予想して，$-2\times 2p\times 9q=-36pq$ で合っているから

解答 $4p^2-36pq+81q^2=\underline{\underline{\boldsymbol{(2p-9q)^2}}}$ ⇦ 答え 例題1 (3)」

よくできました。$a^2+2ab+b^2=(a+b)^2$，$a^2-2ab+b^2=(a-b)^2$ の因数分解の考えかた，ちゃんとわかってくれたかな？　慣れないうちは，答えの式を展開して確認するといいよ。もとの形に戻れば正しく因数分解できたということだ。

次は，ちょっと違う形の因数分解だ。

例題 2　つまずき度 !!!!!

次の式を因数分解せよ。

(1)　x^2-25　　(2)　$9a^2-4b^2$

「今までとは違って項が2つしかない！」

これは，$(a+b)(a-b)=a^2-b^2$ の公式の逆を考えて因数分解をするんだ。

因数分解

$$a^2-b^2=(a+b)(a-b)$$

与えられた式が，$●^2-□^2$ の形をしていたら $(●+□)(●-□)$ にできるってことだ。

(1)の x^2-25 は x^2-5^2 とみなして

解答　$x^2-25=\underline{\underline{(x+5)(x-5)}}$ ⇦答え　例題 2 (1)

(2)はサクラさん，わかる？

「$9a^2$ は $(3a)^2$ で，$4b^2$ は $(2b)^2$ だから

解答　$9a^2-4b^2=\underline{\underline{(3a+2b)(3a-2b)}}$ ⇦答え　例題 2 (2)」

CHECK 167　つまずき度 !!!!!　➡ 解答は別冊 p.101

次の式を因数分解せよ。

(1)　$25a^2-20ab+4b^2$　　(2)　$36x^2-49y^2$

1-10 因数分解の応用

今までいろいろな因数分解のしかたを学んだけど，それらの“合わせワザ”もあるよ。

例題　つまずき度 !!!!!

次の式を因数分解せよ。

(1)　$px^2+2px-48p$　　(2)　$98x^3-56x^2+8x$

(3)　$(x-y)^2+3(x-y)-10$

(1)は，まずpでくくることができるね。

$$px^2+2px-48p=p(x^2+2x-48)$$

でも，これで終わりにしちゃダメだよ。因数分解は，“もうこれ以上できない”というところまでやらないといけない。

「$x^2+2x-48$は，さらに因数分解できないかな？」と考えて，1-8でやった方法で積が-48，和が2の2つの数を探すと，8と-6とわかる。つまり$x^2+2x-48=(x+8)(x-6)$だ。

解答　$px^2+2px-48p=p(x^2+2x-48)$

$$=\underline{\underline{p(x+8)(x-6)}}$$ ←答え　例題 (1)

「3つの因数の掛け算になりましたね。」

じゃあ，(2)はどうなる？

「まず，xでくくれて……。」

数字も見なきゃダメだよ！　2でもくくれるよ。

「あっ，そうだ！　$2x$でくくると

$2x(49x^2-28x+4)$

$49x^2-28x+4$は……，あっ，$(a-b)^2$の公式だ！」

そうだね。1-9でやったね。

「$49x^2$は$(7x)^2$，4は2^2，真ん中は$-28x$だから，『$(7x-2)^2$かな？』と考えて，$-2\times7x\times2=-28x$だから，これで正解だ！

解答　$98x^3-56x^2+8x=2x(49x^2-28x+4)$

$=\mathbf{2x(7x-2)^2}$　答え　例題（2）」

そうだね。正解！

今まではそれぞれの因数分解のしかた，今回はそれらの組み合わせの問題だけど，「どの因数分解の方法を使えばいいか？」が判断しにくいね。

「確かに。やみくもに試しちゃいそう……。」

そうしないように，因数分解の問題の考えかたの手順をまとめるよ。

コツ16　因数分解の手順

① まず**「共通で割れるものはないか？」**と考える。

（1-7）

② 次に**「公式が使えないか？」**と考える。（1-9）

2乗のものが2つあれば，公式が使えることが多い。

$(a^2-b^2,\ a^2+2ab+b^2,\ a^2-2ab+b^2)$

③ **積**「ab」と**和**「$a+b$」なら

$x^2+(a+b)x+ab=(x+a)(x+b)$を考える。

（1-8）

「共通」→「公式」→「和，積」の順だね。この順で考えれば，因数分解の問題が考えやすくなるはずだ。

「(3) は，まず展開してから因数分解すればいいのですか？」

展開してバラバラにしてしまうと，すごい式になって因数分解できなくなってしまうよ。**1-5** でやったように，$x-y$ を何かの文字におきかえて解けばいいんだ。

解答 $M=x-y$ とおくと

$$(x-y)^2+3(x-y)-10=M^2+3M-10$$
$$=(M+5)(M-2)$$
$$=\{(x-y)+5\}\{(x-y)-2\}$$
$$=\mathbf{(x-y+5)(x-y-2)}$$
答え　例題 (3)

CHECK 168　つまずき度 ！！！！！　➡ 解答は別冊 p.101

次の式を因数分解せよ。

(1) $3mx^2-9mx+6m$　　(2) $50a^2b-18b^3$

(3) $4a(6x+y)-3b(6x+y)$　　(4) $(x+2y)^2-(5p-1)^2$

1-11 因数分解の公式を使ってラクに計算する

文字がなく，数だけの計算のときも，因数分解の公式が役立つことがあるよ。

例題 つまずき度 !!

98^2-2^2 を計算せよ。

98^2 なんて計算するのイヤだよね。ここでは，1-9 で学習した $a^2-b^2=(a+b)(a-b)$ の公式を使おう。

解答

$$98^2-2^2=(98+2)(98-2)$$
$$=100\times96$$
$$=\underline{\underline{9600}}$$ ⇐ 答え 例題

「すごい！　計算が簡単になった。」

「公式って，いろいろな場面で使えるのですね。」

うん。1-6 では展開の公式を利用したね。面倒な計算の問題は，展開や因数分解の公式を使うと簡単になることが多い。頭をはたらかせてラクに計算しよう。

✓CHECK 169 つまずき度 !! ➡ 解答は別冊 p.101

$x=0.83$，$y=0.17$ のとき，$x^2+2xy+y^2$ の値を求めよ。

1-12 奇数，偶数の証明

中２の 1-7，1-8 でも登場した，“偶数”,“奇数”,“連続した整数” などの表しかたを，もう一度チェックしておこう。

例題 1　つまずき度 !!!!!

奇数を２乗した数は，４の倍数より１大きい数になることを証明せよ。

偶数や奇数の表しかたは覚えているかな？　中２の 1-8 でも登場したね。偶数は$2m$，奇数は$2m-1$や$2m+1$（mは整数）などとおいた。

解答　奇数を$2m-1$（mは整数）とおくと

$$(2m-1)^2=4m^2-4m+1$$
$$=4(m^2-m)+1$$

よって，４の倍数より１大きい数になる。　例題 1

「あっ，そうか。$4m^2$は４の倍数だし，$-4m$も４の倍数だ。」

「奇数は$2m+1$とおいてもいいんですよね。そうしても証明できるんですか？」

うん，できるよ。

$$(2m+1)^2=4m^2+4m+1$$
$$=4(m^2+m)+1$$

になって，やはり４の倍数より１大きい数になるね。

では，もう１問やってみよう。

例題 2　つまずき度 !!!!!

整数について，連続した2つの奇数のうち，大きい数の平方から小さい数の平方を引いた数は8の倍数になることを証明せよ。

「“連続した2つの奇数”って？」

これも，中2の **1-8** で登場したよ。“$2m-1$ と $2m+1$”や“$2m+1$ と $2m+3$”などとおけばいいんだ。では，解いてみて。

「**解答**　2つの奇数を $2m-1$，$2m+1$（mは整数）とおくと

$$(2m+1)^2-(2m-1)^2$$
$$=(4m^2+4m+1)-(4m^2-4m+1)$$
$$=8m$$

よって，8の倍数になる。　**例題 2**」

そうだね。よくできました。

✔CHECK 170　つまずき度 !!!!!　➡ 解答は別冊 p.101

連続した3つの整数の真ん中の数の平方は，ほかの2つの数の積より1大きい数になることを証明せよ。

多項式の文章題

今回も“日常の中に転がっている数学”の例を考えてみよう。

例題　つまずき度 !!!!!

図１のような円形の道路と，図２のような直線の道路がある。道路の幅も中心線も同じ長さであるとき，道路の面積はどちらが大きいか。

図１　　　　図２

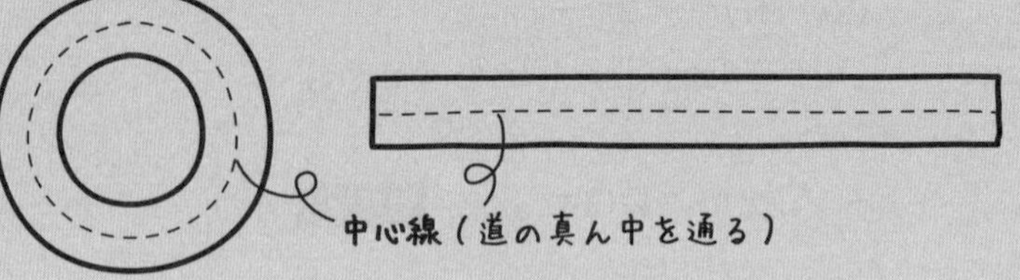

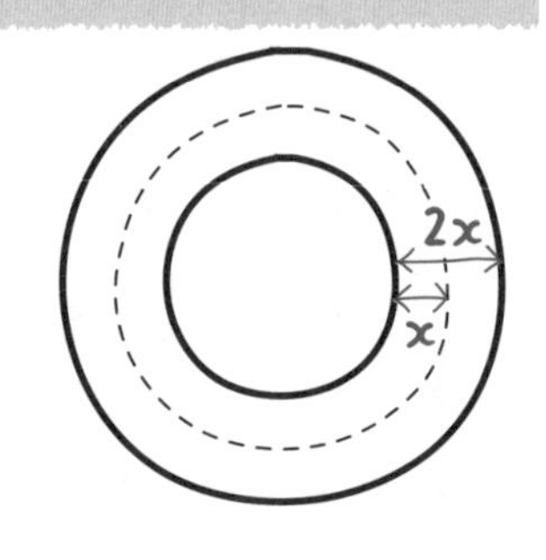

まず，図1，図2の**道路の幅を$2x$としよう。**道路の中心線とはしの幅はxになるね。

「道路の幅をxとしちゃダメなんですか？　なんで$2x$なの？」

うん。それでも計算はできるけど，道路の中心線とはしの幅が$\frac{x}{2}$になってしまい，計算が面倒になりそうだよね。

「なるほど。納得！」

「あっ，円周の中心線の長さもわかっていないので，求めなきゃいけないですね。」

うん。それもなんだけど，**円の場合は常に半径を文字でおくように**しよう。たとえ円周や面積を求める問題であってもね。今回は，中心線である破線の円の半径をrとしよう。

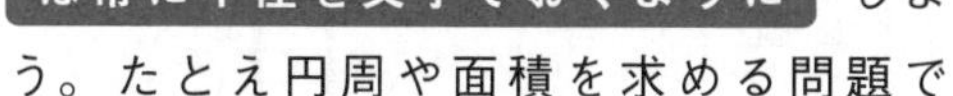

では，図1の面積を求めてみよう。ドーナツ形の面積だ。

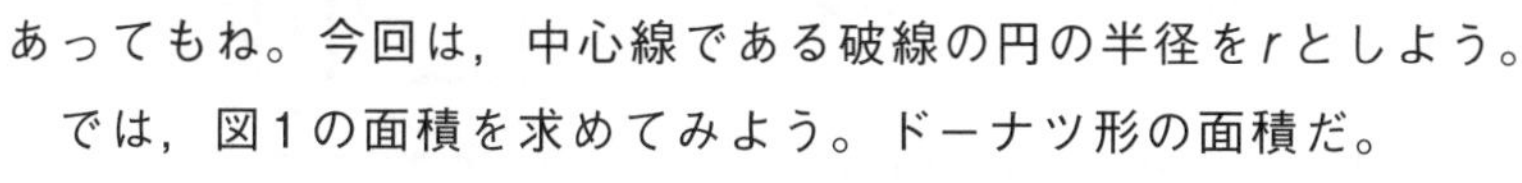

（外側の円の面積）－（内側の円の面積）

で計算すればいいね。

「外側の円は半径が$r+x$だから，面積は$\pi(r+x)^2$ですね。」

「内側の円は半径が$r-x$で，面積は$\pi(r-x)^2$だから，図1の面積は，$\pi(r+x)^2-\pi(r-x)^2$ということか。

$$\pi(r+x)^2-\pi(r-x)^2$$
$$=\pi(r^2+2rx+x^2)-\pi(r^2-2rx+x^2)$$
$$=\pi r^2+2\pi rx+\pi x^2-\pi r^2+2\pi rx-\pi x^2$$
$$=4\pi rx$$」

そうだね。じゃあ，サクラさん，図2の面積は？

「中心線の長さは図1と同じだから$2\pi r$，道路の幅は$2x$なので

$2\pi r\times 2x=4\pi rx$

あっ，同じだ！」

そうだね。解答をまとめておこう。

解答　道路の幅を $2x$，破線の円の半径を r とすると，図1の面積は

$$\pi(r+x)^2-\pi(r-x)^2=\pi(r^2+2rx+x^2)-\pi(r^2-2rx+x^2)$$
$$=\pi r^2+2\pi rx+\pi x^2-\pi r^2+2\pi rx-\pi x^2$$
$$=4\pi rx$$

図2の面積は

$$2\pi r\times 2x=4\pi rx$$

よって，**等しい。**　答え　例題

ちなみに，図2の道路を右のように直角に曲げたら，面積はどうなると思う？

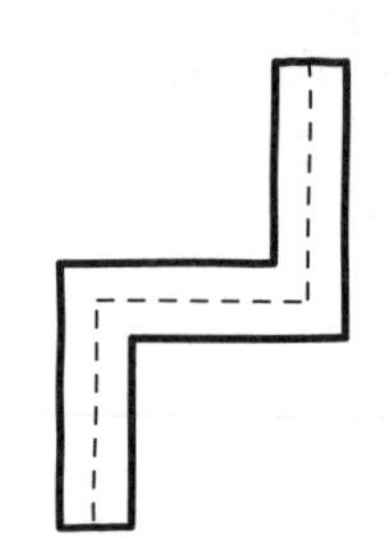

「なんか，話の流れからいって，同じになりそうな気がする。」

カンで答えるなって(笑)！　次の図のように道路を切断して横に並べてみよう。両端の図形はくるっと裏返しにすればいいよ。すると，図2と同じ図形になるから面積も等しくなるね。

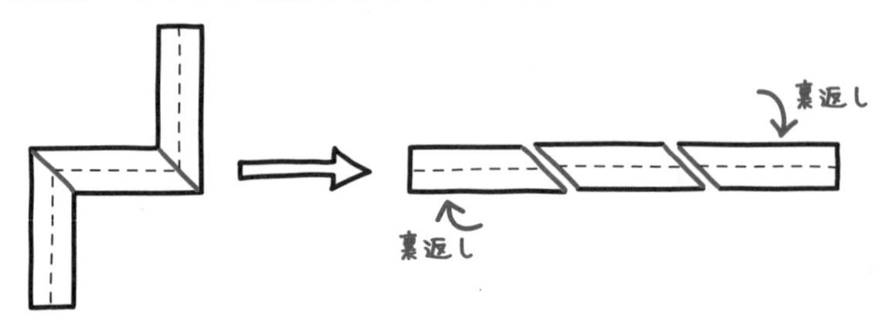

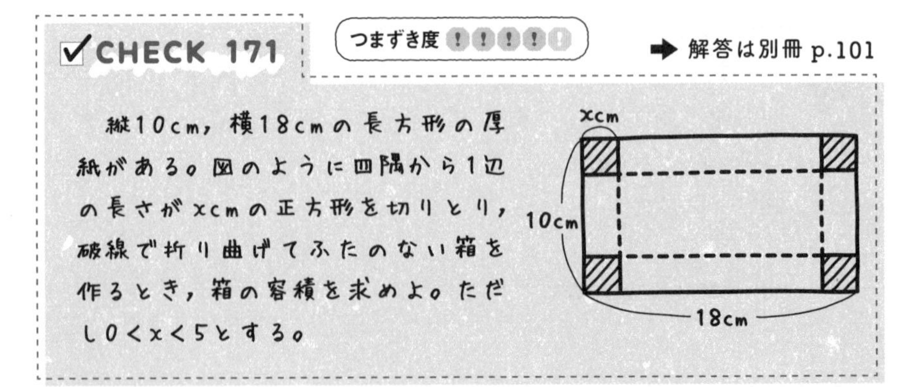

➡ 解答は別冊 p.101

縦10cm，横18cmの長方形の厚紙がある。図のように四隅から1辺の長さが x cmの正方形を切りとり，破線で折り曲げてふたのない箱を作るとき，箱の容積を求めよ。ただし $0<x<5$ とする。

中学3年 2章

平方根

面積が$4m^2$の正方形の土地の1辺の長さってわかる？

「$2^2=4$だから，2mです。」

そうだね。じゃあ，面積が$5m^2$の正方形なら？

「えっ？　2回掛けて5になる数ってあるんですか？」

実はあるんだ。この章で出てくる“平方根”を勉強したら，数学の世界がグッと広がるよ。

平方根とは？

『平方(2乗) して●になるもとの数』を求めてみよう。

例題　つまずき度 !!!!!

次の数の平方根を求めよ。

(1)　9　　(2)　0　　(3)　5

2乗 (平方) すると a になる数を a の**平方根**(へいほうこん)というんだ。
(1)だけど，2乗して9になる数は？

「3です。」

いや，もう1つある。

「あっ，そうか！　－3もです。」

そうだね。9の平方根は3と－3といえる。

解答　**3，－3**　⇐答え　例題　(1)

(2)はどうなるかな？　サクラさん答えて。

「2乗して0になる数だから

解答　$\underline{\underline{0}}$　←答え　例題　(2)」

そうだね。ちなみに，**マイナスの数の平方根はないよ。**正の数は2乗したら正だし，負の数も2乗したら正になる。0は2乗したら0だ。2乗して負になることはないからね。

さて，次の(3)だけど……。

「2乗して5になる数？　えっ？　いくつ？」

実は，**aの平方根（2乗してaになる数）のうち正のほうを$\sqrt{a}$と書き，『ルートa』という**んだ。$\sqrt{\quad}$は**根号**（こんごう）というよ。

「負のほうは，どうやって書くのですか？」

負のほうの平方根は$-\sqrt{a}$と書くよ。じゃ，(3)はどう答えられる？

「解答　$\underline{\underline{\sqrt{5},\ -\sqrt{5}}}$　←答え　例題　(3)」

そうだね。これは，まとめて$\underline{\underline{\pm\sqrt{5}}}$と答えてもいい。『プラスマイナスルート5』と読むよ。

「じゃ，(1)を$\sqrt{9}$，$-\sqrt{9}$と答えてもいいの？」

あっ，それはダメ。3，−3と答えなきゃいけないよ。**簡単に直せないものだけ，しかたなく$\sqrt{\quad}$を使って答える**んだ。

「$\sqrt{5}$って，どのくらいの数なんですか？」

それは 2-7 でくわしく説明するよ。

✓CHECK 172 つまずき度 !!!!! ➡ 解答は別冊 p.101

次の数の平方根を求めよ。

(1) $\frac{25}{16}$ (2) 13

数学 お役立ち話 26

$\sqrt{}$ を使った値のキホン！

$\sqrt{}$ を使った値について，ここで基本的で大事なことをまとめるよ。

コツ17 $\sqrt{}$ についての基本的で大事なこと

① $\sqrt{●}$ の●は**必ず0以上の数！**

② $\sqrt{●}$ **の値は必ず0以上！**
　 $-\sqrt{●}$ **の値は0以下**となる。

まず①について，"$\sqrt{●}$"というのは2乗をしたら●になる数のことだ。つまり，●は負の数にはならないんだ。だから$\sqrt{-3}$や$\sqrt{-16}$などはありえなくて，$\sqrt{}$ の中には0以上の数しか入らないんだよ。理解しておこう。

そして②だけど，正の数●の平方根は2つあって，正のほうが$\sqrt{●}$，負のほうが$-\sqrt{●}$となるからね。

「0の平方根は0だけですよね。」

うん。$\sqrt{0}$とも$-\sqrt{0}$とも表せるから，②が成り立つわけだ。

2-2 $\sqrt{}$ を外したり，つけたり

解答は最も簡単な形で答えるのが鉄則なので，$\sqrt{}$ でも，整数や分数に直せるものは直そう。逆に，問題を解くために整数や分数をあえて $\sqrt{}$ に直すこともあるよ。

例題 1 つまずき度 !!!!!

次の値を $\sqrt{}$ を使わないで表せ。

(1) $\sqrt{36}$　(2) $\sqrt{5^2}$　(3) $\sqrt{(-7)^2}$

$\sqrt{}$ で表された数の中には整数や分数に直せるものがあるよ。(1)～(3)をまとめて，ケンタくん，答えてみよう。

「解答　(1) は2乗して36になる正の数だから，$\underline{\underline{6}}$

(2) は $\sqrt{25}$ だから，$\underline{\underline{5}}$

(3) は $\sqrt{49}$ だから，$\underline{\underline{7}}$ ⇦答え 例題 1」

そうだね，正解だ。では，もう1問やってみよう。

例題 2 つまずき度 !!!!!

次の値を $\sqrt{}$ を使って表せ。

(1) 9　(2) -4

今度は $\sqrt{}$ のないものを $\sqrt{}$ をつけて表すよ。$a \geqq 0$ のとき $\sqrt{a^2}=a$，これを右から左へ変形しよう。

(1)は$a=9$だから

解答 $9=\sqrt{9^2}=\underline{\underline{\sqrt{81}}}$ ⇦答え 例題 2 (1)

というふうにね。

「(2) はマイナスですけど，どうやって表すんですか？」

コツ17で学んだ基本に戻ろう。$\sqrt{●}$は必ず0以上の数で，$-\sqrt{●}$が0以下の数になるから，「$-4=-\sqrt{●}$」と表せばいいね。$4=\sqrt{4^2}=\sqrt{16}$だから……。

「解答 $-4=-\sqrt{4^2}=\underline{\underline{-\sqrt{16}}}$ ⇦答え 例題 2 (2)」

そういうことだ。

「さっきはコツ17のことを当たり前だって軽く見てたけど，こうやって説明されると大事なことだったんだなって思います。」

うん。何事も基本が大事とはよくいったもんだね。

✓CHECK 173

つまずき度 !!!!!

➡ 解答は別冊 p.102

[1] 次の値を$\sqrt{\quad}$を使わないで表せ。

(1) $\sqrt{\dfrac{16}{49}}$　(2) $\sqrt{4^2}$　(3) $\sqrt{\left(-\dfrac{8}{5}\right)^2}$

[2] 次の値を$\sqrt{\quad}$を使って表せ。

(1) 11　(2) $-\dfrac{5}{2}$

2-3 平方根の掛け算・割り算

$\sqrt{\ }$ は，中身どうしを掛けたり割ったりできる。とてもシンプルだね。

例題 1　つまずき度 ❗

次の計算をせよ。

(1) $\sqrt{2}\times\sqrt{3}$　　(2) $\sqrt{14}\div\sqrt{2}$

(3) $\dfrac{\sqrt{35}}{\sqrt{7}}$　　(4) $(\sqrt{10})^2$

まずは平方根の掛け算・割り算のルールを確認しよう。$\sqrt{\ }$ どうしを掛けたり割ったりしたいときは，$\sqrt{\ }$ の中身どうしを掛けたり割ったりすればいいんだ。

Point 57　$\sqrt{\ }$ の掛け算・割り算

a，bが正の数のとき

$$\sqrt{a}\times\sqrt{b}=\sqrt{ab}\qquad \sqrt{a}\div\sqrt{b}=\frac{\sqrt{a}}{\sqrt{b}}=\sqrt{\frac{a}{b}}$$

これをふまえて，(1)をケンタくん，解いてみて。

「**解答**　$\sqrt{2}\times\sqrt{3}=\sqrt{2\times3}$

$=\underline{\underline{\sqrt{6}}}$ ⇦ **答え**　**例題 1** (1)」

そうだね。サクラさん，(2)と(3)は？

「**解答**　(2)　$\sqrt{14}\div\sqrt{2}=\sqrt{\dfrac{14}{2}}$

$=\underline{\underline{\sqrt{7}}}$ ⇦ 答え　例題 1 (2)

(3)　$\dfrac{\sqrt{35}}{\sqrt{7}}=\sqrt{\dfrac{35}{7}}$

$=\underline{\underline{\sqrt{5}}}$ ⇦ 答え　例題 1 (3)」

うん，正解。(4)は？

「$(\sqrt{10})^2$ということは，$\sqrt{10}\times\sqrt{10}$ だから $\sqrt{100}$ です。」

もっと簡単にいうと？

「2乗して100になる正の数だから……，あっ，10ですか？」

そうだね。

解答　$(\sqrt{10})^2=\sqrt{10}\times\sqrt{10}$

$=\sqrt{100}=\underline{\underline{\mathbf{10}}}$ ⇦ 答え　例題 1 (4)

このような場合，次の公式を覚えておけばもっと便利だよ。

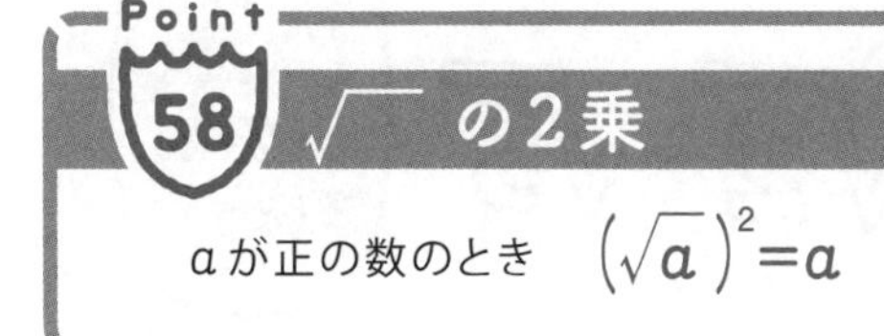

Point 58　$\sqrt{}$ の2乗

aが正の数のとき　$(\sqrt{a})^2=a$

$(\sqrt{a})^2$は，$\sqrt{a}\times\sqrt{a}$ ということだ。$\sqrt{a}$ は『2乗してaになる数』だから，『2乗してaになる数』と『2乗してaになる数』を掛けるとaになるに決まっているもんね。

例題 2　つまずき度 !!!!!

次の計算をせよ。

(1)　$4\sqrt{2} \times 2\sqrt{5}$　　(2)　$-35\sqrt{6} \div 5\sqrt{3}$

(3)　$\dfrac{8\sqrt{15}}{4\sqrt{5}}$

「$4\sqrt{2}$とか$2\sqrt{5}$とか，$\sqrt{\ }$の前の数字はなんのことですか？」

$4\sqrt{2}$は$4\times\sqrt{2}$，$2\sqrt{5}$は$2\times\sqrt{5}$のことだよ。**このような場合，$\sqrt{\ }$の外のものどうし，$\sqrt{\ }$の中のものどうしを掛けたり割ったりすればいいよ。**

「(1)なら，4と2，$\sqrt{2}$と$\sqrt{5}$を掛けるということですか？」

そうだね。次のようになるよ。

$4\times2=8$

解答　$4\sqrt{2}\times2\sqrt{5}=\mathbf{8\sqrt{10}}$ ⇐ 答え　例題2 (1)

$2\times5=10$

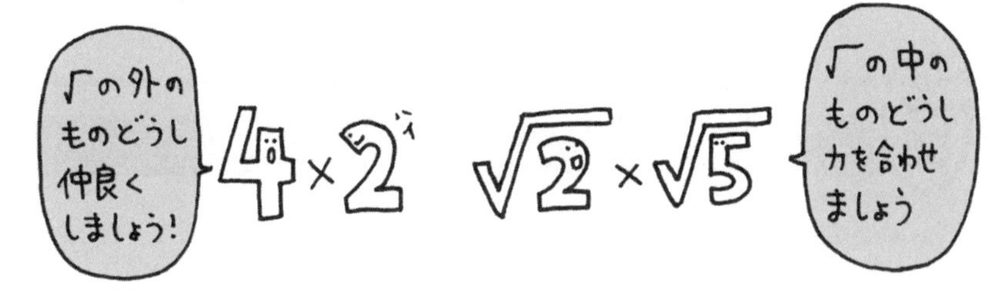

(2)はサクラさん，わかる？

「“負の数を正の数で割ると，負の数になる”というルールは，そのままですよね？」

うん，そのルールはいつでも成立するよ。

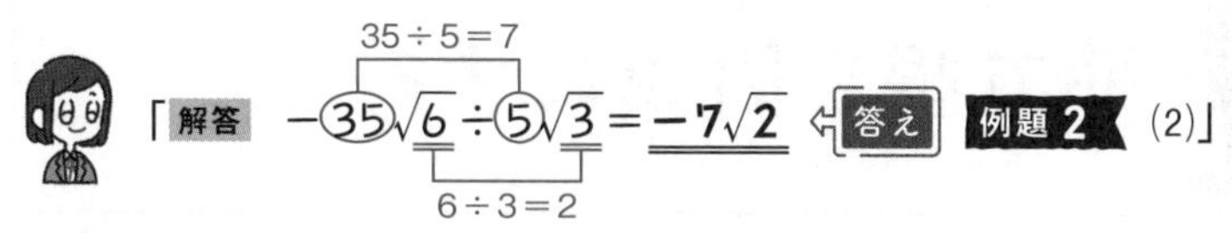

「解答　$-35\sqrt{6}\div5\sqrt{3}=\underline{\underline{-7\sqrt{2}}}$ ⇦答え　例題 2 (2)」

正解。じゃ，ケンタくん，(3)はどうなる？

「整数どうし，$\sqrt{}$ どうしを約分していいのですか？」

そうだね。答えはどうなる？

「解答　$\dfrac{\overset{2}{\cancel{8}}\sqrt{\cancel{15}}^{3}}{\cancel{4}\sqrt{\cancel{5}}}=\underline{\underline{2\sqrt{3}}}$ ⇦答え　例題 2 (3)」

✓CHECK 174

つまずき度 !!!!!

➡ 解答は別冊 p.102

次の計算をせよ。

(1)　$\sqrt{7}\times(-\sqrt{11})$　　(2)　$\sqrt{\dfrac{2}{3}}\times\sqrt{\dfrac{15}{2}}$

(3)　$(-\sqrt{12})\div(-\sqrt{6})$　　(4)　$-\sqrt{\dfrac{5}{7}}\div\sqrt{\dfrac{3}{14}}$

(5)　$(\sqrt{6})^2$

✓CHECK 175

つまずき度 !!!!!

➡ 解答は別冊 p.102

次の計算をせよ。

(1)　$2\sqrt{3}\times5\sqrt{13}$　　(2)　$9\sqrt{\dfrac{6}{7}}\times\dfrac{4}{3}\sqrt{7}$

(3)　$21\sqrt{10}\div3\sqrt{2}$　　(4)　$\dfrac{18\sqrt{42}}{3\sqrt{6}}$

(5)　$6\sqrt{\dfrac{9}{2}}\div2\sqrt{\dfrac{3}{4}}$

2-4 平方根を簡単にする

平方根を整数や分数に直せなくても，$\sqrt{}$ の中の数を小さくできることがあるよ。

例題 1 つまずき度 !!!!!

次の数を簡単に直せ。

(1) $\sqrt{18}$　　(2) $\sqrt{160}$

「『簡単に直す』って，どういうことですか？」

$\sqrt{}$ の中の数は，できるだけ小さい自然数にするのがルール なんだ。
例えば，(1)の18は9×2なので

$$\sqrt{18}=\sqrt{9\times2}=\sqrt{9}\times\sqrt{2}=3\sqrt{2}$$

とすることができるよ。

「18を9×2と考えるなんて思いつくかな？」

「そう。18を，もし3×6とかにしちゃったら無理ですよね。」

うん。そこで確実に直す方法がある。**18を素因数分解する**んだ。これは，中1の 1-19 でやったよね。

$$\begin{array}{r|l} 2 & 18 \\ \hline 3 & 9 \\ \hline & 3 \end{array}$$

18＝2×3×3　だ。

そして，**$\sqrt{}$ の中に同じ素数が2つあれば，1つにして外に出すことができる** よ。今回は，3が2つあるので，3を1つ外に出せる。

解答 $\sqrt{18}=\sqrt{2\times\mathbf{3}\times\mathbf{3}}$

$=\mathbf{3\sqrt{2}}$ 答え 例題 1 (1)

サクラさん。(2)をやってみよう。素因数分解してごらん。

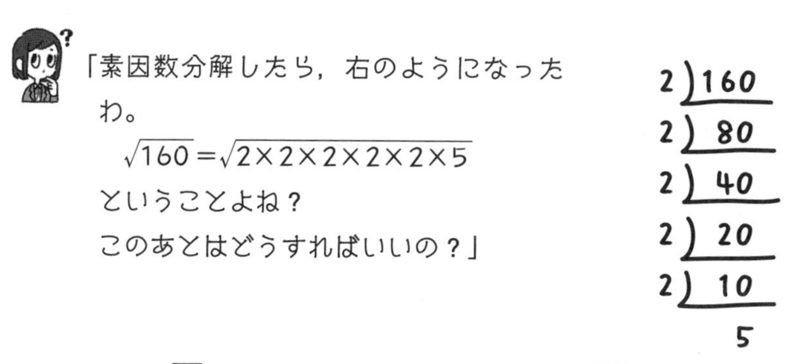

「素因数分解したら，右のようになったわ。

$\sqrt{160}=\sqrt{2\times2\times2\times2\times2\times5}$

ということよね？

このあとはどうすればいいの？」

2つで1つ$\sqrt{\quad}$の外に出せるんだよ。今回は，$\sqrt{\quad}$の中に2が5つもあるから“2ペア”作れて，さらに2が1つ残るね。

「じゃ，こういうことですね。

解答 $\sqrt{160}=\sqrt{\mathbf{2}\times\mathbf{2}\times\mathbf{2}\times\mathbf{2}\times2\times5}$

$=2\times2\sqrt{2\times5}$

$=\mathbf{4\sqrt{10}}$ 答え 例題 1 (2)」

そうだね。では，もう1問。今度は工夫が必要だよ。

例題 2　つまずき度 ！！！！！

次の数を簡単に直せ。

(1) $\sqrt{63000000}$　　(2) $\sqrt{0.0098}$

「え〜，(1) は一，十，百，千，万，……。6千3百万ですか！？0が6つもありますよ。」

そのまま計算するわけじゃないから安心して。0が多くつく数のときは，まず，100をたくさん作るように心がければいい。$\sqrt{100}$ は10になるね。数に100を掛けると0が2つ増えるから，0が6つということは，100が3回掛けられているということだ。

解答

$$
\begin{aligned}
\sqrt{63000000} &= \sqrt{63\times\mathbf{100}\times\mathbf{100}\times\mathbf{100}}\\
&= \mathbf{10}\times\mathbf{10}\times\mathbf{10}\sqrt{63}\\
&= \mathbf{1000}\sqrt{63}\\
&= \mathbf{1000}\sqrt{3\times3\times7}\\
&= \mathbf{1000}\times3\sqrt{7}\\
&= \mathbf{3000\sqrt{7}}
\end{aligned}
$$

答え　例題 2 (1)

「よかった。計算しやすくて安心したわ。」

「(2) のような小数のときは，どうすればいいのですか？」

分母に100をたくさん作るようにするんだ。分母に100を掛けたら，分子にも100を掛けることになるね。分子が小数でなくなるまで続けよう。そのあとは分母から10を出すよ。

解答 $\sqrt{0.0098}=\sqrt{\dfrac{0.98}{100}}$　　$0.98=\dfrac{98}{100}$

$=\sqrt{\dfrac{98}{100\times100}}$　　$\sqrt{\dfrac{1}{100}}=\dfrac{1}{10}$

$=\dfrac{1}{10}\times\dfrac{1}{10}\sqrt{98}$

$=\dfrac{1}{100}\sqrt{2\times7\times7}$

$=\dfrac{7\sqrt{2}}{100}$ ⇦ 答え　例題 2 (2)

「(2) のほうが (1) より難しいかも。練習しておかないと。」

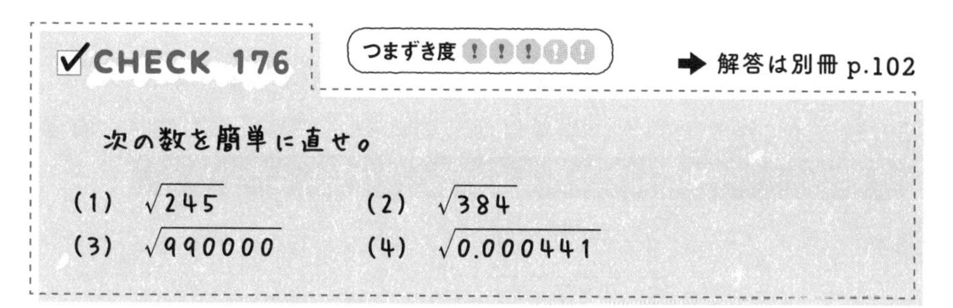

✓CHECK 176　つまずき度 !!!!!　➡ 解答は別冊 p.102

次の数を簡単に直せ。

(1) $\sqrt{245}$　　(2) $\sqrt{384}$

(3) $\sqrt{990000}$　　(4) $\sqrt{0.000441}$

✓CHECK 177　つまずき度 !!!!!　➡ 解答は別冊 p.102

$\sqrt{28a}$ が整数になるとき，最小の自然数 a を求めよ。

2-5 $\sqrt{}$ の中が大きな数にならないように工夫して計算する

計算はうまくやることが大切ということを実感できる話だよ。

例題 1 つまずき度 !!

$\sqrt{21}\times\sqrt{77}$ を計算せよ。

「掛け算すると，$\sqrt{1617}$。これを素因数分解して簡単にするの？ ハァ……。」

ため息をついちゃってるけど，大丈夫かな？ このように $\sqrt{}$ の中が3ケタとか4ケタとか大きな数になるのはイヤだよね。こういう場合，

最初に $\sqrt{}$ の中を素因数分解してから，掛け算するといいよ。

解答

$$
\begin{aligned}
\sqrt{21}\times\sqrt{77} &= \sqrt{3\times7}\times\sqrt{7\times11}\\
&= \sqrt{3\times\mathbf{7}\times\mathbf{7}\times11}\\
&= \mathbf{7}\sqrt{3\times11}\\
&= \mathbf{7\sqrt{33}}
\end{aligned}
$$

← 答え 例題 1

「すごい！ 簡単に求められた！！」

うん，最初に素因数分解しておくと，ラクに求められるんだ。

もう１問やってみよう！

例題 2 つまずき度 !!!!!

$\sqrt{47^2-23^2}$ を計算せよ。

「これはもっと大変そう。2乗して引き算してある……。」

この式をよく見てごらん。$\sqrt{\quad}$ の中が a^2-b^2 の形になっているから，**1-9** で登場した

$$a^2-b^2=(a+b)(a-b)$$

の公式を使って変形できるんだよね。

解答

$$\sqrt{47^2-23^2}=\sqrt{(47+23)(47-23)}$$
$$=\sqrt{70\times24}$$

そのまま計算せずにここで素因数分解する

$$=\sqrt{\underbrace{2\times5\times7}_{70}\times\underbrace{2\times2\times2\times3}_{24}}$$
$$=2\times2\sqrt{5\times7\times3}$$
$$=4\sqrt{105}$$ 答え **例題 2**

「**1-11** でやった方法ですね。忘れてたから復習しなきゃ。」

そうだね。**例題 1** と **例題 2** は，「そのまま計算したら $\sqrt{\quad}$ の中が大きな数になるな」という予感がするだろう？ **$\sqrt{\quad}$ の中が大きな数になりそうなときは，工夫して計算できることが多い** んだ。覚えておこう。

✓CHECK 178 つまずき度 !!!!!

➡ 解答は別冊 p.102

次の計算をせよ。

(1) $\sqrt{15}\times\sqrt{39}$　　(2) $\sqrt{61^2-39^2}$

2-6 平方根の大小

$\sqrt{\ }$ は，中身が大きいほど大きい……。これもシンプルで，わかりやすいと思うよ。

$\sqrt{\ }$ を使った値どうしの大小を比べるのは簡単。$\sqrt{\ }$ の中の数が大きいほうが，値は大きい。

Point 59 $\sqrt{\ }$ の値の大小

a，bが正の数のとき

$$a<b \iff \sqrt{a}<\sqrt{b}$$

例題　つまずき度 !!!!!

$\sqrt{26}$，5，$2\sqrt{7}$ の大小を不等号を使って表せ。

例えば，丸いものと四角いものを比べて「どっちが大きい？」と聞かれても困るよね。でも，両方とも同じ形をしていたらわかりやすい。数もそれと同じで，**大小を比べるときは形をそろえるというのが大切なんだ。ぜんぶ $\sqrt{\ }$ にしてしまおう。**

「$\sqrt{26}$ は，はじめから $\sqrt{\ }$ になっていますね。」

そうだね。これは，そのままでいいね。サクラさん，5は？

「$5=\sqrt{5^2}=\sqrt{25}$　です。」

そうだね。2-2でやったね。
じゃ，ケンタくん。$2\sqrt{7}$はいくつになる？

「わかりません。」

じゃあ，ヒント。$2\sqrt{7}$の2を$\sqrt{\quad}$の中に入れちゃおう。2-4でやったことの逆をやればいいよ。$\sqrt{\quad}$の外に1つあれば，中に入れると2つになるね。

「わかった！
$2\sqrt{7}=\sqrt{2\times2\times7}=\sqrt{28}$　ですね。」

そう。正しいよ。これで大小がわかったんじゃないかな？

「$\sqrt{25}<\sqrt{26}<\sqrt{28}$ です。」

うん。そうなんだけど，問題は『$\sqrt{26}$，5，$2\sqrt{7}$の大小を表せ』だから，もとの形で答えなきゃいけないよ。

「あっ，そうか。

解答　$5<\sqrt{26}<2\sqrt{7}$　←答え　例題」

✓CHECK 179　つまずき度 !!!!!　➡解答は別冊 p.103

$-2\sqrt{3}$，$-\frac{3\sqrt{6}}{5}$，$-\sqrt{10}$ の大小を不等号を使って表せ。

2-7 $\sqrt{2}$, $\sqrt{3}$, $\sqrt{5}$, $\sqrt{6}$, $\sqrt{7}$ は，いくつくらい？

今はコンピュータで計算できるけど，昔の人は $\sqrt{2}$ を次のようなやりかたで小数点以下何百位まで求めたらしい。ホントにすごいと思う……。

さて，$\sqrt{2}$ って，どのくらいの数になるだろう？ 2-6 でやったようにして大小を比較してみようか。

1は $\sqrt{1}$ だし，2は $\sqrt{4}$ だ。よって，$\sqrt{2}$ は1と2の間の数といえる。

$$1 < \sqrt{2} < 2$$

でも，もっと絞りこむことができるよ。

$1.1 \times 1.1 = 1.21$ だから　$1.1 = \sqrt{1.21}$

同様にして，$1.2 = \sqrt{1.44}$，$1.3 = \sqrt{1.69}$，$1.4 = \sqrt{1.96}$，$1.5 = \sqrt{2.25}$

なので　$1.4 < \sqrt{2} < 1.5$

さらに細かくすると，$1.41 = \sqrt{1.9881}$，$1.42 = \sqrt{2.0164}$ だから

$$1.41 < \sqrt{2} < 1.42$$

「キリがないですよ。」

そうなんだ。規則なく永久に続く数になるから，これは語呂（ごろ）で覚えてしまうといいよ。

$\sqrt{2} = 1.41421356$……『一夜（ひとよ）一夜に人見（ひとみ）ごろ』
$\sqrt{3} = 1.7320508$……『人並（ひとな）みにおごれや』
$\sqrt{5} = 2.2360679$……『富士山麓（ふじさんろく）オウム鳴く』
$\sqrt{6} = 2.449489$……『煮（に）よ，よく弱く』
$\sqrt{7} = 2.64575$……『（菜（な））に虫いない』

「なんで，$\sqrt{7}$ は“いない”なのに“575”なの？」

5個のことを“いつつ”というでしょ。だから“575”で“いない”なんだ。

「$\sqrt{2}$，$\sqrt{3}$，$\sqrt{5}$，$\sqrt{6}$，$\sqrt{7}$ 以外は覚えなくていいのですか？」

そうだね。この5つだけで十分だ。

ただし，こんな細かい小数は，計算するのに使いづらい。だから，小数にするときは四捨五入した数を使うんだ。$\sqrt{5}=2.23606\cdots\cdots$ なら，2.2や2.24などとね。正確ではないけど，**近い値ということで近似値**（きんじち）と呼ばれている。

“(近似値)−(真の値)”を**誤差**（ごさ）というよ。例えば，$\sqrt{5}$の近似値として2.24を使ったら，誤差は0.00393……になる。

じゃあ，サクラさんに質問。例えば，$\sqrt{3}=1.73205\cdots\cdots$ の近似値として1.7を使ったら？

「誤差は，−0.03205……ということですね。」

（注：誤差は，『近似値が真の値よりどれだけ大きいか，小さいか』ではなく，『近似値と真の値の差』を意味する場合もあります。そのときは，“(近似値)−(真の値)”の絶対値で答えてください。サクラさんの答えは0.03205……になります。）

例題 つまずき度 !!!!!

次の数を四捨五入して小数第6位までの小数で表せ。

(1) $\sqrt{8}$　　(2) $\sqrt{0.03}$

「(1)の $\sqrt{8}$ は暗記しなくていいっていいましたよね。」

覚える必要はないよ。$\sqrt{8}$ は $2\sqrt{2}$ と同じだからね。$\sqrt{2}$ さえわかっていたら，それを2倍すればいいんだ。

「あっ，そうか！　じゃあ

解答　$\sqrt{8}=2\sqrt{2}$

$=2\times1.41421356\cdots\cdots$

$=2.82842712\cdots\cdots$

小数第7位を四捨五入して **2.828427** ◁答え　例題 (1)」

「(2) は，どうやって求めるんですか？」

分数にして計算してみるといいよ。2-4 の 例題 2 (2)の解きかたと同じだ。

「解答　$\sqrt{0.03}=\sqrt{\frac{3}{100}}$

$=\frac{\sqrt{3}}{10}$

$=0.17320508\cdots\cdots$

小数第7位を四捨五入して **0.173205** ◁答え　例題 (2)」

よくできました。今回は，問題で四捨五入して小数に直して答えるように指定されているけど，そうでないときは $\sqrt{}$ **のまま答えるんだよ。**

CHECK 180　つまずき度 !!　➡ 解答は別冊 p.103

次の数を四捨五入して小数第5位までの小数で表せ。

(1) $\sqrt{45}$　　(2) $\sqrt{0.0007}$

CHECK 181　つまずき度 !!　➡ 解答は別冊 p.103

$\sqrt{10}$ を小数第2位を切り捨てて，小数第1位までの小数で表せ。

2-8 分母から$\sqrt{\ }$をなくす

$\sqrt{\ }$のついた分数では，分母は$\sqrt{\ }$を使わないで答えるのがふつうだ。直しかたはいたって単純だ。

例題 1　つまずき度 ！！！！！

次の数を分母に根号を含まない形で表せ。

(1) $\dfrac{2}{\sqrt{5}}$　　(2) $-\sqrt{\dfrac{7}{3}}$

分母が$\sqrt{a}$のときは，分母・分子に$\sqrt{a}$を掛けて分母の$\sqrt{\ }$をなくすんだ。 (1)は，分母が$\sqrt{5}$だから，分母・分子に$\sqrt{5}$を掛けよう。

解答

$$\frac{2}{\sqrt{5}}=\frac{2\times\sqrt{5}}{\sqrt{5}\times\sqrt{5}}$$
$$=\frac{2\sqrt{5}}{(\sqrt{5})^2}=\frac{2\sqrt{5}}{5}$$

答え　例題 1 (1)

「2-3でやった$(\sqrt{a})^2=a$を使って，分母から$\sqrt{\ }$をなくすんですね。」

「(2)は，分子も$\sqrt{\ }$の中に入ってますけど，どうすればいいんですか？」

単純だよ。$\sqrt{\dfrac{7}{3}}$は$\dfrac{\sqrt{7}}{\sqrt{3}}$と考えればいい。

「あっ，分母・分子に$\sqrt{3}$を掛ければいいんですね。

解答 $-\sqrt{\dfrac{7}{3}}=-\dfrac{\sqrt{7}}{\sqrt{3}}$

$=-\dfrac{\sqrt{7}\times\sqrt{3}}{(\sqrt{3})^2}=-\dfrac{\sqrt{21}}{3}$ ⇦答え 例題1 (2)」

正解。このように分母から$\sqrt{\ }$をなくすことを**分母の有理化**（ゆうりか）という。**$\sqrt{\ }$のついた分数では，分母に$\sqrt{\ }$を含まない形で答えるのがルールだ。**

例題2 つまずき度 !!!!!

$\dfrac{1}{\sqrt{5}}$を四捨五入して小数第4位までの小数で表せ。

$\sqrt{5}$を小数で表した値をそのまま代入すると，$\dfrac{1}{2.2360679\cdots\cdots}$となり計算が大変だ。分母から$\sqrt{\ }$をなくしてから代入するといいよ。ケンタくん，やってみて。

「解答 $\dfrac{1}{\sqrt{5}}=\dfrac{1\times\sqrt{5}}{(\sqrt{5})^2}=\dfrac{\sqrt{5}}{5}$

$=\dfrac{2.2360679\cdots\cdots}{5}=0.44721\cdots\cdots$

小数第5位を四捨五入すると**0.4472** ⇦答え 例題2」

正解。分母の有理化をすれば難しくないね。

✓CHECK 182 つまずき度 !!!!! ➡解答は別冊 p.103

次の数を分母に根号を含まない形で表せ。

(1) $-\dfrac{9}{\sqrt{2}}$　　(2) $\sqrt{\dfrac{5}{6}}$

2-9 平方根の足し算・引き算

掛け算や割り算のときは，$\sqrt{\quad}$ の中身どうしを掛けたり割ったりした。でも，足し算や引き算は，$\sqrt{\quad}$ の中身どうしを足したり引いたりしちゃダメだよ。

例題 1　つまずき度 !!!!!

次の計算をせよ。

(1)　$3\sqrt{2}-\sqrt{5}+4\sqrt{2}+3\sqrt{5}$

(2)　$-2\sqrt{3}+\sqrt{147}-4\sqrt{5}-\sqrt{45}$

(1)は，$\sqrt{2}$ どうし，$\sqrt{5}$ どうしを，それぞれ足したり引いたりすればいい。

「$3\sqrt{2}$ と $4\sqrt{2}$ を足すから……，えっ，どうすればいいのですか？」

$3\sqrt{2}$ は $\sqrt{2}$ が3つ，$4\sqrt{2}$ は $\sqrt{2}$ が4つだ。$3\sqrt{2}$ と $4\sqrt{2}$ を足すとどうなる？

「あっ，$7\sqrt{2}$ ですね。」

そうだよ。係数どうしを足せばいい。文字式みたいに扱えばいいよ。

「$-\sqrt{5}+3\sqrt{5}$ のほうは $2\sqrt{5}$ になりますね。」

「ということは，$7\sqrt{2}+2\sqrt{5}$ だから $9\sqrt{7}$ か。」

いや，そうじゃない。$\sqrt{\quad}$ の中身どうしは，足したり引いたりはできないよ。だから，$7\sqrt{2}+2\sqrt{5}$ が答えだ。

解答 $3\sqrt{2}-\sqrt{5}+4\sqrt{2}+3\sqrt{5}=\mathbf{7\sqrt{2}+2\sqrt{5}}$ ⇦答え 例題1 (1)

ここは，多くの人がカン違いをするところだから気をつけよう。実際に，$\sqrt{2}+\sqrt{5}=3.650\cdots\cdots$，$\sqrt{7}=2.645\cdots\cdots$ だから，$\sqrt{2}+\sqrt{5}\neq\sqrt{7}$ は明らかだ。$\sqrt{\quad}$ の中身が違ったら，足し算や引き算は，それ以上簡単な形にはできないよ。

Point 60 $\sqrt{\quad}$ の足し算・引き算の注意点

$$\sqrt{a}+\sqrt{b}\neq\sqrt{a+b} \qquad \sqrt{a}-\sqrt{b}\neq\sqrt{a-b}$$

$\sqrt{\quad}$ の中身が違ったら，足し算・引き算はそこまででストップ!!

さて，問題に戻ろう。(2)の $-2\sqrt{3}+\sqrt{147}-4\sqrt{5}-\sqrt{45}$ は，まず簡単な $\sqrt{\quad}$ に直してから計算しよう。サクラさん，やってみて。

「解答

$$\begin{aligned}&-2\sqrt{3}+\sqrt{147}-4\sqrt{5}-\sqrt{45}\\&=-2\sqrt{3}+\sqrt{3\times7\times7}-4\sqrt{5}-\sqrt{3\times3\times5}\\&=-2\sqrt{3}+7\sqrt{3}-4\sqrt{5}-3\sqrt{5}\\&=\mathbf{5\sqrt{3}-7\sqrt{5}}\end{aligned}$$

⇦答え 例題1 (2)」

そうだね。前に習ったことを理解せずにいると，いつまでも解けないけど，1つひとつをクリアすれば必ず解けるよ。間違えたら，前のことも復習しようね。

例題 2　つまずき度 !!!!!

$3\sqrt{7}-9\sqrt{2}+4\sqrt{3}-\sqrt{\dfrac{1}{7}}$ を計算せよ。

中3 2章

「どこから手をつけたらいいのか……。」

まず，分母から$\sqrt{}$をなくそう。2-8でやったよ。$\sqrt{\dfrac{1}{7}}$は$\dfrac{1}{\sqrt{7}}$とみなせばよかったね。

「まずはそこからか。えっと，$\sqrt{\dfrac{1}{7}}$の分母・分子に$\sqrt{7}$を掛けて

$$3\sqrt{7}-9\sqrt{2}+4\sqrt{3}-\sqrt{\frac{1}{7}}=3\sqrt{7}-9\sqrt{2}+4\sqrt{3}-\frac{1}{\sqrt{7}}$$

$$=3\sqrt{7}-9\sqrt{2}+4\sqrt{3}-\frac{\sqrt{7}}{7}$$

$\sqrt{2}$や$\sqrt{3}$は1つしかなくて足せないから，$\sqrt{7}$どうしを計算すればいいんだな。

あれっ？　$3\sqrt{7}-\dfrac{\sqrt{7}}{7}$って，どうやって計算するんですか？」

$3-\dfrac{1}{7}$を計算したければ，$\dfrac{21}{7}-\dfrac{1}{7}$というふうに分母を7にそろえるよね。分子どうしを引いて$\dfrac{20}{7}$になる。$\sqrt{}$がついていても同じだよ。

「あっ，そうか。やってみます。

解答 $3\sqrt{7}-9\sqrt{2}+4\sqrt{3}-\sqrt{\frac{1}{7}}=3\sqrt{7}-9\sqrt{2}+4\sqrt{3}-\frac{\sqrt{7}}{7}$

$=\frac{21\sqrt{7}}{7}-9\sqrt{2}+4\sqrt{3}-\frac{\sqrt{7}}{7}$

$=-9\sqrt{2}+4\sqrt{3}+\frac{20\sqrt{7}}{7}$ ⇦答え

例題 2」

そうだね。それでいいよ。

あっ，それから，最後にもう１つ話をさせて。

$\sqrt{a}+\sqrt{b}\longrightarrow\sqrt{a+b}$　　$\sqrt{a}-\sqrt{b}\longrightarrow\sqrt{a-b}$

という間違いが多いけど

$\sqrt{a+b}\longrightarrow\sqrt{a}+\sqrt{b}$　　$\sqrt{a-b}\longrightarrow\sqrt{a}-\sqrt{b}$

の間違いをする人も多いんだ。$\sqrt{\ }$ の中の式を，足し算・引き算で $\sqrt{\ }$ から切り離しちゃダメだよ。例えば，$\sqrt{2^2+3^2}$ は

$\sqrt{2^2+3^2}=\sqrt{4+9}=\sqrt{13}$

となる。決して

$\sqrt{2^2+3^2}=\sqrt{2^2}+\sqrt{3^2}=2+3=5$ ←間違い！

としちゃダメだからね。

「わーっ，やっちゃいそうだな……。気をつけます。」

CHECK 183　つまずき度 !!!!!　➡ 解答は別冊 p.103

次の計算をせよ。

(1)　$-4\sqrt{6}-\sqrt{12}-\sqrt{3}+\sqrt{54}$

(2)　$5\sqrt{2}+4\sqrt{3}+\frac{3}{\sqrt{2}}-\sqrt{75}+\frac{4}{\sqrt{5}}$

2-10 平方根の展開

$\sqrt{\ }$ を使った展開をやってみよう。1-1 ~ 1-4 の内容が完全にわかっていたら解けるはずだ。

例題 つまずき度 !!!!!

次の計算をせよ。

(1) $\sqrt{3}(4\sqrt{7}-\sqrt{2})$　　(2) $(\sqrt{5}+3\sqrt{7})^2$

(3) $(2\sqrt{6}+\sqrt{19})(2\sqrt{6}-\sqrt{19})$

分配法則を使った展開は 1-1 で登場したから，説明はいらないよね。

$$a(b+c)=ab+ac$$

これは $\sqrt{\ }$ の計算でも使えるよ。

「(1) はこうですね。

解答 $\sqrt{3}(4\sqrt{7}-\sqrt{2})=\underline{\underline{4\sqrt{21}-\sqrt{6}}}$ ⇦ 答え 例題 (1)」

そうだね。(2)は

$$(a+b)^2=a^2+2ab+b^2$$

の公式を使おう。$\sqrt{5}$ を a，$3\sqrt{7}$ を b とみなせばいいね。

解答 $(\sqrt{5}+3\sqrt{7})^2=(\sqrt{5})^2+2\times\sqrt{5}\times3\sqrt{7}+(3\sqrt{7})^2$

$=5+6\sqrt{35}+63$

$=\underline{\underline{68+6\sqrt{35}}}$ ⇦ 答え 例題 (2)

$(a-b)^2=a^2-2ab+b^2$ という公式もあったから確認しておこう。

「(3)は，同じものを足したり引いたりしてますね。」

こうういうときは

$$(a+b)(a-b)=a^2-b^2$$

の公式を使おう。$2\sqrt{6}$ を a，$\sqrt{19}$ を b とみなせばいいね。

解答 $(2\sqrt{6}+\sqrt{19})(2\sqrt{6}-\sqrt{19})=(2\sqrt{6})^2-(\sqrt{19})^2$

$=24-19$

$=\underline{\underline{5}}$ ⇦答え 例題 (3)

✓CHECK 184

つまずき度 !!!!!

➡ 解答は別冊 p.103

次の計算をせよ。

(1) $6\sqrt{2}(\sqrt{5}+2\sqrt{2})$　(2) $(2\sqrt{3}-\sqrt{6})^2$

(3) $(5\sqrt{3}+\sqrt{7})(\sqrt{7}-5\sqrt{3})$

2-11 平方根の整数部分，小数部分

$\sqrt{\ }$ を使った有名な問題の一つだよ。

例題 1　つまずき度 !!!!!

$1+\sqrt{5}$ の整数部分を a，小数部分を b とするとき，次の値を求めよ。

(1)　a　　　　(2)　b^2+4b

「(1)の整数部分 a は1ですね。」

いや，**整数部分というのは，小数に直したとき整数になる部分**という意味だよ。

「$1+\sqrt{5}$ を小数に直すと

$1+2.236\cdots\cdots=3.236\cdots\cdots$

あっ，(1)は

解答　$a=\underline{\underline{3}}$ ⇦ 答え　**例題 1** (1)

ですか？」

その通り。一方，**小数部分は，その小数点以下の部分を指す。**

「今回は，$b=0.236\cdots\cdots$ だけど，これでは小数が永久に続いてしまう。」

うん。実は，小数部分は小数を使わないで表せるんだ。

$1+\sqrt{5}=3.236\cdots\cdots$ だった。$0.236\cdots\cdots$ は，これから３をとった数だから

$$\begin{aligned} b &= (1+\sqrt{5})-3 \\ &= \sqrt{5}-2 \end{aligned}$$

と表せるよ。

「あっ，そうか。(2) は，これを代入したら解ける！」

そのまま代入してもいいが，今回は，因数分解してから代入したほうが，ちょっとラクかな。サクラさん。解いてみて。

「**解答**　小数部分は　$b=(1+\sqrt{5})-3$
$=\sqrt{5}-2$

よって　$b^2+4b=b(b+4)$
$=(\sqrt{5}-2)(\sqrt{5}+2)$
$=(\sqrt{5})^2-2^2$
$=5-4$
$=\underline{\underline{1}}$ ⇦ **答え**　**例題 1** (2)」

うん。正解。

例題 2　つまずき度 !!!!!

$2\sqrt{11}$ の整数部分を求めよ。

$\sqrt{2}$，$\sqrt{3}$，$\sqrt{5}$，$\sqrt{6}$，$\sqrt{7}$ 以外は値がわからないので，**2-7** の冒頭で出てきたやりかたで解けばいいよ。

「3は$\sqrt{9}$，4は$\sqrt{16}$だから　$3<\sqrt{11}<4$
つまり，$6<2\sqrt{11}<8$だから，$2\sqrt{11}$は6.……，または7.……
という数だけど，あれっ？　どちらだろう？」

$\sqrt{\ }$の外の数が1より大きいときは，その数を$\sqrt{\ }$の中に入れてから同じようにすれば，もっと範囲が絞れるよ。

「解答　$2\sqrt{11}=\sqrt{44}$で，$6=\sqrt{36}$，$7=\sqrt{49}$より
$6<\sqrt{44}<7$
よって，整数部分は6　答え　例題2」

うん。合っているね。

つまずき度 !!!!!　➡ 解答は別冊 p.103

次の問いに答えよ。

(1)　$\frac{18}{\sqrt{6}}$の小数部分をcとするとき，c^2+7cの値を求めよ。

(2)　$\frac{\sqrt{73}}{4}$の整数部分を求めよ。

中3 2章

有理数と無理数

有理数と無理数，どちらも世の中にある数なのに，理にかなっている，かなっていないで名前をつけられるのも随分な話だね。$\sqrt{\ }$ やπは，昔の日本人には違和感があったのかもしれない。

数には，**有理数**（ゆうりすう）と呼ばれるものと，**無理数**（むりすう）と呼ばれるものがあるんだ。

「どこが違うのですか？」

大ざっぱにいうと，**みんなが今まで習ってきた整数や分数が有理数。一方，$\sqrt{\ }$ や円周率πを使わないと表せない数が無理数だ。**

「$\sqrt{2}$ は無理数ということですか？」

その通り。ちなみに，2-2 の 例題1 の3つの数$\sqrt{36}$，$\sqrt{5^2}$，$\sqrt{(-7)^2}$は，$\sqrt{\ }$ がついているけど，$\sqrt{\ }$ を使わなくても表すことができたよね。これらは有理数だ。

「さっきの『大ざっぱにいうと』という前置きが気になったのですが，厳密にいうと違うのですか？」

定義は，$\dfrac{\text{整数}}{\text{整数}}$**の形に表せるものが有理数，表せないものが無理数**だ。

例えば，$\dfrac{3}{8}$は$\dfrac{\text{整数}}{\text{整数}}$の形だし，$-\dfrac{9}{2}$は$\dfrac{-9}{2}$と考えれば有理数とわかる。

「整数は$\dfrac{\text{整数}}{\text{整数}}$の形をしていないですよ。」

いや。例えば，4なら$\frac{4}{1}$と表せるので有理数だ。

「有理数と無理数って，ほかにも違いがあるのですか？」

整数以外の有理数は，小数に直すと，$\frac{3}{4}=0.75$のような終わりのある小数（**有限小数**）か，$\frac{9}{11}=0.818181\cdots\cdots$のような同じくり返しが永久に続く小数（**循環する無限小数**，単に**循環小数**ともいう）のどちらかになる。

一方，無理数は，小数に直すと$\sqrt{2}=1.41421356\cdots$や$\pi=3.1415926\cdots$などのように，不規則な数が永久に続く小数（**循環しない無限小数**）になるんだ。

まとめると，以下のようになるよ。

- 数
  - 有理数
    - 整数
    - 分数
      - 有限小数
      - 循環する無限小数（循環小数）
  - 無理数……循環しない無限小数

例題　つまずき度 !!!!!

次の数は，有理数，無理数，有理数か無理数かわからない，のどれにあたるか。

(1)　有理数どうしの和，差，積，商

(2)　(0でない)有理数と無理数の和，差，積，商

(3)　無理数どうしの和，差，積，商

サクラさん。(1) はわかる？

「"整数や分数"どうしで足す，引く，掛ける，割るをしたら，答えは整数や分数ですよね。だから

解答 **有理数** ⇦答え 例題 (1)」

正解。ケンタくん，(2) は？

「"整数や分数"と"$\sqrt{\ }$ やπ"の計算なら，答えに$\sqrt{\ }$ やπは残るから

解答 **無理数** ⇦答え 例題 (2)」

その通り！　そして，(3) だけど……。

「"$\sqrt{\ }$ やπ"どうしの計算なら，答えに$\sqrt{\ }$ やπは残るから，これも無理数ですね。」

「ボクも，そう思う。」

残念！　不正解（笑）。

無理数のときもあるけど，例えば，$\sqrt{3}$ と$-\sqrt{3}$ なら，足したり，掛けたり，割ったりすれば，$\sqrt{\ }$ は消えて有理数になるよ。

「あっ，そうか。引っかかった……。

解答 **有理数か無理数かわからない** ⇦答え 例題 (3)

ということか。」

例えば，$\sqrt{3}$ どうしを引けば0となり，$\sqrt{\ }$ がなくなるね。

こういう例は，ほかにもたくさんあるよ。

✓CHECK 186　つまずき度 !!!!!

➡ 解答は別冊 p.104

ある店では，1辺の長さが$x$cmの正方形のパンケーキと，半径が$r$cmの円形のパンケーキを売っている。ただし，x，rともに有理数とする。

(1)　現在の正方形のパンケーキと比べて，面積が2倍の正方形のパンケーキを作りたい。1辺の長さは何倍にすればよいか。

(2)　現在の円形のパンケーキと比べて，面積が2倍の円形のパンケーキを作りたい。半径は何倍にすればよいか。

(3)　現在の正方形と円形のパンケーキの面積の和に等しく，1辺の長さが$y$cm(yは有理数)の正方形のパンケーキを作りたい。それは可能か。

有理数，無理数のこぼれ話

大昔の人は，長い間，すべての数が$\frac{整数}{整数}$の形に直せると思いこんでいた。だから，$\sqrt{5}$なども$\frac{整数}{整数}$の形に直そうとしたらしいよ。

「えっ？　本当ですか？」

「何かのタイミングで気づいたんだろう。これは“無理”だって（笑）。」

当然，πも直そうとした。そして，『見つけた，$\frac{22}{7}$だ！』と主張する人が出てきたんだ。

「えっ？　ちょっと計算してみます。

$\frac{22}{7}=3.142857\cdots\cdots$」

「確かに$\pi=3.1415926\cdots\cdots$に近いけど，同じじゃないよ。」

そうだね。きっとつっこまれたと思うけど，うまくごまかしたんだろう（笑）。何しろ直せるはずと，誰も信じて疑わなかったからね。

話が変わるけど，円周率の日があるって知っている？　世界的に3月14日がその日になっている。

「3.14だから，すぐにわかった！」

でも，ヨーロッパの一部の国では，さっきの$\frac{22}{7}$に由来して7月22日になっているんだ。

一方，中国では，$\frac{355}{113}$なら3.1415929……になることを見つけ，『西洋人は小数点以下2位までしか合ってないけど，中国人は6位まで合っているものを見つけた！』と優越感を抱く人が多くいたらしいよ。

「変な意地の張り合い……。結局，どっちも間違っているんですけどね。」

2-13 有効数字

円の問題を解くとき，小学校では円周率3.14を使ったけど，中学ではπを使わなければいけない。厳密にいえば，πは3.14じゃないからね。有効数字を使っているだけだ。

走り幅跳びをすることになり，使う巻き尺のいちばん小さい目盛りが1cm，つまり0.01mだったとする。測定のとき，3.61mと3.62mの間になっていたら，どうする？

「近いほうの値を選びます。」

そうだよね。ただし，正確な値にはならない。それは，2-7で習った近似値だ。厳密に求めようとしたら，最新鋭の電子技術を使えば3.612957……などマイクロレベルまで測定できるかもしれない。そういうシステムがあったら使う？

「いらない（笑）。誤差なんてほんのわずかだし，意味がないもん。」

みんなも日常生活で，細かい値は四捨五入して“**意味のある数**”だけを使っているはずだ。これを**有効数字**（ゆうこうすうじ）といい，特に決まっているわけではないが，**2，3，4けたくらいが多い**。例えば，円周率πは3.14，$\sqrt{2}$は1.4，1.41，1.414のどれかを使うのがふつうだ。数によっては，四捨五入すると最後が0になるときがある。

「数学 お役立ち話① で出てきましたね！」

さて，小数はいいけど，整数になると，ちょっとやっかいなんだ。

例えば，外国の口座の残高が15879.32ドルの人がいたとする。

（注：0.32ドルは32セントのこと）

その人が，『口座の残高を書類に記入してください』といわれて『＄20000』と書いたら，『うそだ，みえはって水増ししているよ』と思うだろう。『だって四捨五入すれば20000になるじゃないか』と反論してきたら，ちょっとあきれて『いや，上1けただけ残して四捨五入なんてやり過ぎだよ』とツッコミたくなる。でも，『＄16000』や『＄15900』と書いたら，違和感はないんじゃない？

「有効数字が2けたや3けたなら自然ですね。納得（笑）。」

じゃあ，別の人が来て，やはり＄20000と書いたとする。この人の残高はどのくらいだと思う？

「えーっ，すごい質問（笑）。例えば，有効数字が2けたなら四捨五入して20000になったわけだから，19500以上20500未満ですよね。」

「もし3けたなら，19950以上20050未満になるけど，有効数字が何けたかがわからないからな……。」

そうだね。だから，**整数のときは，有効数字のけた数が書かれていなければ，全部が有効数字とみなすんだ**。今回は有効数字が5けたとなり，19999.5以上20000.5未満となるんだ。

「えっ？　絶対，変！　めちゃくちゃ不自然！」

「誤差が50セント以内なんて，すごく違和感あります。」

でも，これが数学のルールなんだ。そして，もう1つ決まりがある。

Point 61 有効数字を使った近似値の表し方

近似値を書くとき，有効数字を何けたにしたのかを示したいときは，

●.●×10^●，●.●●×10^●，……などの形で書く。

（整数部分が1けたの数字）×（10の累乗）

さっきのサクラさんの，有効数字が2けたの近似値なら2.0×10^4，ケンタくんの3けたなら2.00×10^4と書けばいい。

例題 つまずき度 !!!!!

近似値が4.60×10^5で表されるとき，真の値は何以上，何未満か答えよ。

「ふつうに書けば460000で……。」

有効数字3けたとして四捨五入したら，この数になったわけだよね。

「答えは，こうなりますね。

解答 **459500以上，460500未満**  例題」

✓CHECK 187 つまずき度 !!!!!

➡解答は別冊 p.104

7385を有効数字が2けたになるように四捨五入した近似値を，有効数字が2けたであることがわかるように書け。

中学3年 3章

2次方程式

(自然数)^2＋(自然数)^2＝(自然数)^{2}になる3つの自然数の組み合わせっていくつもあるんだ。例えば，3と4と5がそうだ。

「$3^2+4^2=9+16=25$，$5^2=25$
あっ，ホントだ!」

ほかにも，5と12と13，8と15と17などもあるよ。

「(自然数)^3＋(自然数)^3＝(自然数)^3
になる自然数は？」

それは1つもないんだ。
同様に，(自然数)^4＋(自然数)^4＝(自然数)^4，(自然数)^5＋(自然数)^5＝(自然数)^5，……となる整数も存在しない。

「どうして？理由を知りたいです！」

無理。『フェルマーの最終定理』といって，世界中の数学者が考えて，この定理を証明するのに360年もかかった難問なんだよ。

3-1 ２次方程式とは？

中１では１次方程式を扱ったけど，ここではさらに進化して“２次方程式”について学ぼう。３次方程式や４次方程式などもあるが，それは高校に入ってから。

中１の 3-1 で方程式の勉強をしたよね。「与えられた文字に，ある数をあてはめるとイコールが成立したりしなかったりする等式」というのが方程式だった。さらに，中２の 1-1 で，$ax^2+bx+c\ (a \neq 0)$ のような形になる式を２次式と呼ぶと習った。

今回は $ax^2+bx+c=0\ (a \neq 0)$ の形になる式を扱っていくよ。“$=0$”があるから，２次式の方程式ということで**２次方程式**（じほうていしき）というよ。

例題　つまずき度 !!!!!

次の中で２次方程式はどれか。

① $5x-27=0$
② $3x^2+x-8=-x^2+4x+13$
③ $2x^2+x+15=2x^2+5x+1$

「①は２次方程式じゃなくて，１次方程式だな。②は？」

ぜんぶを左辺に移項して，右辺を０にしてみればいいよ。
$ax^2+bx+c=0$ になるのが２次方程式だ。

「
$$3x^2+x-8=-x^2+4x+13$$
$$3x^2+x-8+x^2-4x-13=0$$
$$4x^2-3x-21=0$$
あっ，２次方程式ですね。」

じゃ，サクラさん，③はどうだと思う？

「x^2があるということは2次方程式じゃないんですか？」

いや，そうとは限らない。ケンタくんがやったように，すべて左辺に移項してみて。

「

$$2x^2+x+15=2x^2+5x+1$$
$$2x^2+x+15-2x^2-5x-1=0$$
$$-4x+14=0$$

あっ，1次方程式だわ。」

そうだね。③はx^2の項がなくなってしまうから，1次方程式ということだ。

解答　②　答え　例題

CHECK 188　つまずき度 ❗

➡ 解答は別冊 p.104

次の中で2次方程式はどれか。

① $2x+x^2-7=x^2-5x+4$

② $x^2-2x+1=x^2+3x+4$

③ $3x-x^2+2=x^2+5x+9$

3-2 “2乗”と“定数”の項だけの方程式

２乗から１乗を求める計算はとても多いけど，ミスをする人もとても多いよ。

例題　つまずき度 !!!!!

次の２次方程式を解け。

(1)　$x^2-9=0$　　(2)　$5x^2-2=0$

(3)　$(x+4)^2-7=0$

(1)や(2)のように**“２乗”と“定数”の項しかない２次方程式は，まず“●^{2}＝”の形にしよう**。(1)なら，-9を移項して$x^2=9$にするんだ。２乗して９になる数は何？

「3です。」

ケンタくん，-3もあるよ。マイナスのほうを忘れる人が多いから注意してね。

解答 $x^2-9=0$

$x^2=9$

$x=\underline{\underline{\pm 3}}$ 答え 例題 (1)

「±3というのは，−3と3という意味ですか？」

そうだよ。3，−3と書いてもいいし，2つ書くのが面倒なら，このように±3と書けばいい。2-1で教えたね。

じゃ，サクラさん，(2)をやってみて。

「$5x^2-2=0$

$5x^2=2$

$x^2=\dfrac{2}{5}$ で……。」

2乗して$\dfrac{2}{5}$になる数は何？

「あっ，$\sqrt{\dfrac{2}{5}}$と$-\sqrt{\dfrac{2}{5}}$ですか？」

そうだね。2-8でやったように，分母は有理化しよう。ここも大事なポイントだ。最初から通して答えてごらん。

「$x=\pm\dfrac{\sqrt{2}}{\sqrt{5}}$だから，分母・分子に$\sqrt{5}$を掛ければ有理化できますね。

解答 $5x^2-2=0$

$5x^2=2$

$x^2=\dfrac{2}{5}$

$x=\pm\sqrt{\dfrac{2}{5}}$ 分母・分子に$\sqrt{5}$を掛けて有理化

$x=\underline{\underline{\pm\dfrac{\sqrt{10}}{5}}}$ 答え 例題 (2)」

そうなるね。**ふつうは，1次方程式の解は1つで，2次方程式の解は2つなんだ。**

「“ふつうは”っていうことは，例外もあるということですか？」

それは，次の **3-3** で紹介するよ。

さて，最後の(3)だけど，これも“●^{2}＝”の形にしよう。$(x+4)^2=7$ になるね。2乗して7になる数は$\pm\sqrt{7}$ だ。

解答
$$(x+4)^2-7=0$$
$$(x+4)^2=7$$
$$x+4=\pm\sqrt{7}$$
$$x=\mathbf{-4\pm\sqrt{7}}$$
答え 例題 (3)

✓CHECK 189　つまずき度 !!!!!　➡ 解答は別冊 p.104

次の2次方程式を解け。

(1) $x^2-13=0$　(2) $2x^2-9=0$

(3) $(x-1)^2-5=0$

3-3 因数分解して2次方程式を解く

1-7 ～ 1-9で習った因数分解をもう忘れている……なんてことないかな？　忘れた人は見直してから学習しよう！

例題 1　つまずき度 !!!!!

次の２次方程式を解け。

(1)　$x^2-7x+10=0$　　(2)　$3x^2+9x-12=0$

今回は x^2 と定数の項だけでなく，x の項もあるね。

$ax^2+bx+c=0$ の形をしているときは，まず，左辺を因数分解しよう。

「(1) は，$x^2-7x+10=(x-2)(x-5)$ だから
$(x-2)(x-5)=0$　ということですか？」

そうだね。**掛けて0になるということは，少なくとも一方が0**ということなんだ。

$$AB=0 \iff A=0,\ \text{または},\ B=0$$

今回は，$(x-2)(x-5)=0$ ということは $x-2=0$，または，$x-5=0$ ということだ。つまり，$x=2$，または，$x=5$ が答えになる。“または”は省略してもいいよ。

解答　$x^2-7x+10=0$

$(x-2)(x-5)=0$

$x=\underline{\underline{2,\ 5}}$ ← 答え　例題 1 (1)

ケンタくん，(2)をやってみて。

「解答

$$3x^2+9x-12=0$$
$$3(x^2+3x-4)=0$$
$$3(x+4)(x-1)=0$$
$$x=-4,\ 1$$

答え　例題１ (2)」

そうだね。ちなみに，最初に３でくくったけど，中１の 3-7 で説明したように **“両辺”があるわけだから，両辺を３で割ってもいい** よ。

解答

$$3x^2+9x-12=0$$
$$x^2+3x-4=0$$
$$(x+4)(x-1)=0$$
$$x=-4,\ 1$$

答え　例題１ (2)

というふうにね。ともあれ，２人とも因数分解は完ペキで安心したよ。因数分解ができないと，ここは話がわからなくなっちゃうからね。不安な人は復習しよう。

例題２　つまずき度 !!!!!

$x^2=4x$　を解け。

サクラさん，どうやって計算する？

「両辺をxで割って，$x=4$ですか？」

いや，それはできないよ。**もし，xが０だったらどうするの？　０で割るなんて計算はないからね。**

「あっ，そうか……。」

文字で割るときは，“明らかに0でないとわかっているもの”でしか割っちゃダメなんだ。 これは計算の大切なルールだよ。

「だとすると，どうやって計算するのですか？」

まず，移項してすべて左辺に集めよう。

$$x^2-4x=0$$

これにはx^2とxの項しかないね。このようなときは，**共通なものでくくればいい。** 1-7 でやったよ。

「あっ，xが共通だから

$$x(x-4)=0$$

ということですか？」

そうだね。そして，掛けて0になるということは，少なくとも一方が0なので，$x=0$，または，$x-4=0$ということだ。

解答

$$x^2=4x$$
$$x^2-4x=0$$
$$x(x-4)=0$$
$$x=\underline{\underline{\mathbf{0,\ 4}}}$$ ⇦答え　例題２

例題３　つまずき度 !!!!!

$x^2+10x+25=0$　を解け。

「足して10，掛けて25になるのは，5と5だから

$(x+5)(x+5)=0$　かな？」

うん。$(x+5)^2=0$と書いたほうがいいね。定数が数の2乗なら

$$a^2+2ab+b^2=(a+b)^2$$

の因数分解かな？ と考えよう。

「あっ，1-9で習ったやつだ。」

解答

$$x^2+10x+25=0$$
$$(x+5)^2=0$$
$$x+5=0$$
$$x=\underline{\underline{-5}}$$ ⇐答え 例題3

さて，解は$x=-5$という1種類しか出てこないね。

「あっ，解が1つということか。」

そうだね。でも，この場合は解が1つといっても正しいし，2つといっても正しいんだ。例えば，$(x+5)(x+5)=0$だから，“xの解は$x=-5$と-5の2つで，この2つがたまたま同じ数だった”と考えれば，“解は2つ”といえなくもないだろう？ ちょっと強引かもしれないけど（笑）。

つまずき度 !!!!!

➡ 解答は別冊 p.104

次の2次方程式を解け。

(1) $x^2-5x-14=0$　　(2) $2x^2+16x+24=0$

(3) $x^2=-7x$　　(4) $x^2-6x+9=0$

3-4 解の公式を使って２次方程式を解く

２次方程式を解くとき，これまでのような因数分解がいつもできるとは限らない。そのときの解きかたをみてみよう。

例題　つまずき度 !!!!!

次の２次方程式を解け。

(1)　$x^2+5x-3=0$　　　(2)　$2x^2-7x+1=0$

「(1) は，足して5，掛けて−3になる数……，あれっ？　ない。」

「(2) なんて，両辺を２で割ると分数だし……。」

うん。今までのような因数分解はできないんだ。**このように因数分解で解が求められない２次方程式が出てきたときは，次の解の公式を使おう。**

Point 62　２次方程式の解の公式

因数分解できない２次方程式の解は，**解の公式**で求める！　$ax^2+bx+c=0$ $(a \neq 0)$ の解は

$$x=\frac{-b\pm\sqrt{b^2-4ac}}{2a}$$

a，b，cにあたる数が何かを考えて代入すればいいよ。サクラさん，(1)をやってみて。

「えっ？　でも，aにあたる数は？」

x^2の係数は1だよ。係数が1のときは省略されるからね。

「あっ，そうだった。aが1，bが5，cが−3だから

解答

$$x=\frac{-5\pm\sqrt{5^2-4\times1\times(-3)}}{2\times1}$$

$$=\frac{-5\pm\sqrt{25-(-12)}}{2}$$

$$=\frac{-5\pm\sqrt{37}}{2}$$ ←答え　例題 (1)」

そうだね。$\sqrt{37}$は，それ以上簡単にならないからね。これが正解だ。じゃあ，ケンタくん，(2)をやってみよう。

「aが2，bが−7，cが1だから

解答

$$x=\frac{-(-7)\pm\sqrt{(-7)^2-4\times2\times1}}{2\times2}$$

$$=\frac{7\pm\sqrt{49-8}}{4}$$

$$=\frac{7\pm\sqrt{41}}{4}$$ ←答え　例題 (2)」

よくできました。2次方程式は，まず「因数分解できないか？」を考え，できなかったら解の公式を使おう。

✓CHECK 191　つまずき度 !!!!!　➡解答は別冊 p.104

次の2次方程式を解け。

(1)　$x^2-x-8=0$　　(2)　$5x^2+3x-2=0$

●^{2}を作って求める

さて，x^2とxと定数の項がある方程式は，因数分解や，解の公式で計算するのがふつうだけど，実は3-2のように，"●^{2}＝"の形にして計算することもできるんだ。

「新しい解きかたですね。どうやって計算するんですか？」

例えば，$x^2+6x-2=0$を解いてみようか。**まず，xの係数の半分を考えよう。xの係数は6だよね。6の半分は3だ。そして，3の2乗は9なので，最後を9に変えてしまう。**こうすれば左辺は$(x+3)^2$にできるからね。

$$x^2+6x-2=0$$
$$x^2+6x\mathbf{+9}=$$

左辺にいくつ足したことになる？

「11です。」

そう。左辺に11を足したから，右辺にも11を足さなければならない。

解答

$$x^2+6x-2=0$$
両辺に11を足す
$$x^2+6x+9=11$$
左辺が●^{2}の形になる
$$(x+3)^2=11$$
$$x+3=\pm\sqrt{11}$$
$$x=\mathbf{-3\pm\sqrt{11}}$$ ← 答え

解の公式を使ったときと同じ答えになるよ。

3-5 複雑な形の2次方程式

ちょっと難しめの2次方程式に挑戦してみよう。

例題 つまずき度 !!!!!

次の方程式を解け。

(1) $(x+5)^2=-x(x-8)+29$

(2) $\dfrac{(x+3)(x-1)}{2}=\dfrac{(x+1)^2}{3}$

(1)は，まず展開してから，ふつうに解けばいいよ。サクラさん，解いてみて。

「**解答**

$$(x+5)^2=-x(x-8)+29$$
$$x^2+10x+25=-x^2+8x+29$$ 両辺を展開
$$2x^2+2x-4=0$$
$$x^2+x-2=0$$ 両辺を2で割った
$$(x+2)(x-1)=0$$
$$x=\underline{\underline{-2,\ 1}}$$ ⇦答え 例題 (1)」

そう，正解。(2)は，どうやって解く？　ケンタくん。

「分母を6にそろえればいいんですね。」

それでもできないことはないけど，“両辺”があるので，両辺に同じものを掛けて分数をなくしてから計算したほうがラクだよ。分数は計算しにくいから。これは，中1の **3-6** でやったね。

オレたち整数になりたいなぁ…

$$\frac{(x+3)(x-1)}{2}=\frac{(x+1)^2}{3}$$

最小公倍数の6を掛ける

$$3(x+3)(x-1)=2(x+1)^2$$

整数になれた!!

「あっ，両辺に6を掛ければいいのか！

解答

$$\frac{(x+3)(x-1)}{2}=\frac{(x+1)^2}{3}$$

6を掛けた

$$3(x+3)(x-1)=2(x+1)^2$$

$$3(x^2+2x-3)=2(x^2+2x+1)$$

$$3x^2+6x-9=2x^2+4x+2$$

$$x^2+2x-11=0$$

$$x=\frac{-2\pm\sqrt{2^2-4\times1\times(-11)}}{2}$$

$$=\frac{-2\pm\sqrt{48}}{2}$$

$$=\frac{-2\pm4\sqrt{3}}{2}$$

$$=\mathbf{-1\pm2\sqrt{3}}$$ 答え　例題 (2)」

✓CHECK 192

つまずき度 !!!!!

➡ 解答は別冊 p.104

次の方程式を解け。

(1)　$(3x-5)^2-2x(4x-11)=34$

(2)　$\dfrac{(x+1)(2x+7)}{5}-\dfrac{(x+3)^2}{2}=0$

3-6 解であるということは代入できる

解であれば代入できるというのは，1次方程式で習った“方程式の鉄則”の1つだった。もちろん2次方程式でも使えるよ。

例題 1 つまずき度 !!!!!

$x=2$ が次の方程式の解であるとき，a の値ともう1つの解を求めよ。

$$x^2-3ax+4a+8=0$$

中1の 3-9 でも教えたね。**“解である”ということは，“代入したら成り立つ”**ということだ。解いてみて。

「解答 $x^2-3ax+4a+8=0$ に $x=2$ を代入して

$4-6a+4a+8=0$

$-2a=-12$

$a=\underline{\underline{6}}$ ⇦答え 例題 1

これをもとの式に代入して

$x^2-18x+32=0$

$(x-2)(x-16)=0$

$x=2, 16$

よって，もう1つの解は $\underline{\underline{16}}$ ⇦答え 例題 1」

そうだね。$a=6$ とわかったので，もとの式が完全な形でわかって，もう1つの解も求められた。

ところで，$x^2-18x+32=0$ から $(x-2)(x-16)=0$ と因数分解するときは，どうやって計算した？

「どうやってって……。ふつうに掛けて32，足して-18になる数を探したら-2と-16だったんですよ。」

うん，それでももちろんいいんだけど，$x=2$は解だってわかっているから，$(x-2)(x+●)=0$という形になるのは最初からわかるよね。お尻の-2と●を掛けて定数項の32になるわけだから，●にあたる数は-16だとわかる。

「確かに！　解が1つ与えられているから，そう考えてもいいですね。」

ちょっとした裏ワザだね。ではもう1問。

例題 2　つまずき度 ！！！！！

$x=-5$，4が次の方程式の解であるとき，a，bの値を求めよ。

$$x^2+ax+b=0$$

サクラさん，解を代入して求めよう。

「xに代入すると，$25-5a+b=0$と$16+4a+b=0$
えっ，式が2つ？」

中2でやった“連立方程式”で解けば，a，bが求められるよ。

「あっ，そうか。

解答　$x=-5, 4$が，方程式$x^2+ax+b=0$の解より

$25-5a+b=0$

$-5a+b=-25$……①

$16+4a+b=0$

$4a+b=-16$……②

①式−②式より　$-9a=-9$

$a=1$

①式に代入すると　$-5+b=-25$

$b=-20$

よって　$a=\underline{1}$，$b=\underline{-20}$ ⇦答え　例題2」

よくできました。連立方程式を解けば2つの文字の値がわかるからね。

さて，例題1で使った裏ワザはこの問題でも使えるよ。$x=-5$，4が解だから，$x^2+ax+b=0$は$(x+5)(x-4)=0$ということがわかる。

$(x+5)(x-4)=x^2+x-20$

よって，$a=1$，$b=-20$だ。

「すごい！　こっちのほうがはやく求められるぞ！」

うん，でも，基本は**「解だったら代入して成り立つ」**だ。裏ワザは時間がないときだけ活用しよう。

✓CHECK 193　つまずき度 !!!!!　➡解答は別冊 p.105

次の問いに答えよ。

(1)　$x=-6$が次の方程式の解であるとき，aの値ともう1つの解を求めよ。

$x^2+ax+2a-4=0$

(2)　$x=3$，-8が次の方程式の解であるとき，a，bの値を求めよ。

$x^2+ax+b=0$

3-7 2次方程式の応用 ～数～

2次方程式を使った文章題の例を見ていこう。

例題 1　つまずき度 !!!!!

2乗すると，3倍したときよりも10大きくなる数を求めよ。

求める数をxとおこう。2乗した数x^2が，3倍した数$3x$よりも10大きいことを式に表すよ。

解答　求める数をxとおくと

$$x^2=3x+10$$
$$x^2-3x-10=0$$
$$(x+2)(x-5)=0$$
$$x=-2,\ 5$$

これは問題にあてはまる。

よって，求める数は**−2，5** ← 答え　例題 1

“問題にあてはまるか”のチェックも忘れちゃダメだよ。中1の3-7でやったよね。

例題 2　つまずき度 !!!!!

連続する2つの自然数の2乗の和が85になるとき，この2つの数を求めよ。

中3 3章

中２の1-7で**“連続する２つの数はn，$n+1$とおく”**と習ったね。

解答　連続する２つの自然数をn，$n+1$とおくと

$$n^2+(n+1)^2=85$$
$$n^2+n^2+2n+1=85$$
$$2n^2+2n+1=85$$
$$2n^2+2n-84=0$$
$$n^2+n-42=0$$
$$(n+7)(n-6)=0$$
$$n=-7,\ 6$$

nは自然数なので，$n=-7$は問題にあてはまらない。

$n=6$のとき，２つの自然数は6，7で問題にあてはまる。

よって，求める数は**6，7**　⇐答え　例題２

問題には“自然数”と書いてあるよね。もし，$n=-7$なら，２つの数は-7と-6になって問題に合わないから，$n=6$だけを考えるんだよ。

CHECK 194　つまずき度 !!!!!　➡ 解答は別冊 p.105

連続する３つの自然数のうち，最大の数が残り２つの数の積よりも７小さくなった。この３つの数を求めよ。

3-8 2次方程式の応用 ～面積～

2次方程式は日常の中にもある。特に土地の大きさなど，面積の話によく登場するよ。

例題 1　つまずき度 !!!!!

長さが28cmの針金を折り曲げて長方形を作ったら，面積が45cm²になった。縦と横の長さを求めよ。

まず，求めたいものをxとおこう。縦の長さを$x$cmとしようか。

「横の長さは，どうすればいいのですか？」

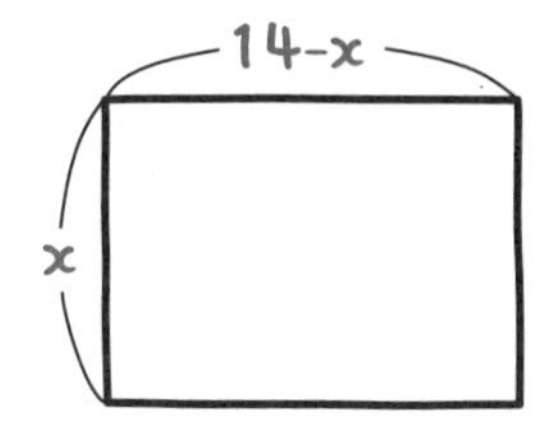

4つの辺の長さの和が28cmということは，2つの辺(縦と横)の長さの和は14cmになるよね。**縦の長さが$x$cmということは，横の長さは$(14-x)$cm**だ。

「じゃあ，面積は$x(14-x)$cm²ということか。」

そうだね。問題には，それが45cm²になると書いてある。じゃあ，解けるんじゃないかな？　ケンタくん，解いてみて。

「
$$x(14-x)=45$$
$$14x-x^2=45$$
$$x^2-14x+45=0$$
$$(x-5)(x-9)=0$$
$$x=5,\ 9$$
」

あっ，まだ答え終わってないよ。xは求めたけど，肝心の“縦と横の長さ”を求めていないよね。

「あっ，そうだ。xが2つ出たということは，答えが2つあるということですか？」

うん。$x=5$のとき～，$x=9$のとき～，というふうに計算すれば結果がわかるよ。最初からやってみて。

「**解答** 縦の長さをx cmとすると，横の長さは$(14-x)$cmより

$$x(14-x)=45$$
$$14x-x^2=45$$
$$-x^2+14x-45=0$$
$$x^2-14x+45=0$$
両辺を－1倍
$$(x-5)(x-9)=0$$
$$x=5,\ 9$$

$x=5$のとき，縦の長さは5cm，横の長さは9cm

$x=9$のとき，縦の長さは9cm，横の長さは5cm

これは問題にあてはまる。

よって，**縦の長さが5cm，横の長さが9cm，または，縦の長さが9cm，横の長さが5cm** 答え 例題1」

正解。ちなみに，最初，縦の長さをx cmとおいた時点で，xの範囲がわかってしまうんだ。まず，長さだから明らかに正。さらに，縦と横の長さの和14 cmより短いはずだ。

「$0<x<14$ですね。」

そう。ケンタくんの解答で$x=5$，9と求まったタイミングで，この条件に合うかを確認してもいいんだ。「$0<x<14$より，$x=5$，9は問題にあてはまる」と書いて，後の「これは問題にあてはまる。」は省いてもいいよ。

例題 2　つまずき度 ！！！！！

縦，横の長さがそれぞれ17m，22mの長方形の大きな花だんの中に，縦，横に十文字型の道を作ることにした。道幅を同じにし，しかも，道以外の，花を植える部分の面積を234m²にしたい。道幅を何mにすればよいか。

「花を植える部分は，右の図の4つの斜線部分の面積を合計すればいいのか。まず，求めたい道幅をxmとすると……。うーん。」

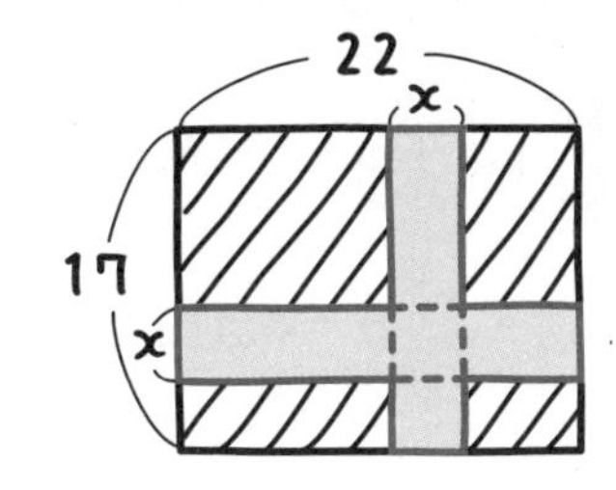

斜線部分の4つの長方形それぞれの縦，横の長さがわからないよね。そこで，上下に走る道と，左右に走る道を，平行にはじっこにずらしてみよう。道がどこにあっても，花を植える部分の面積は変わらないよね。

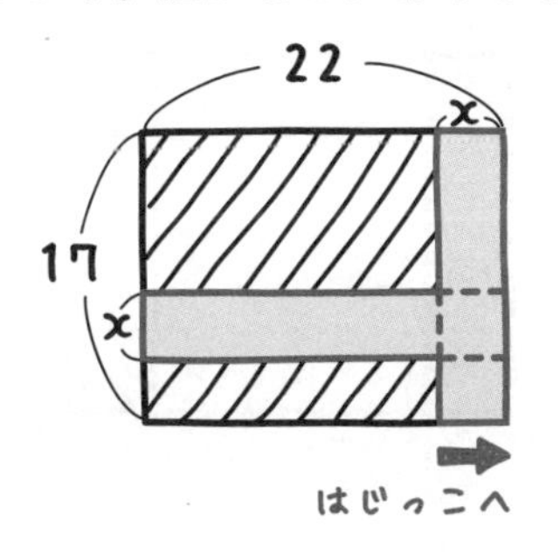

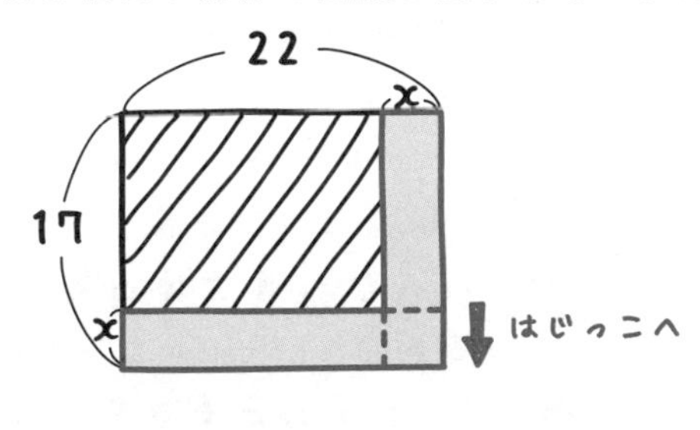

「あっ，縦が$(17-x)$m，横が$(22-x)$mということですね！」

そうだね。あとは解けるんじゃないかな？　ケンタくん，解いて。

「**解答** 道幅をx mとすると

$$(17-x)(22-x)=234$$
$$374-17x-22x+x^2=234$$
$$x^2-39x+140=0$$
$$(x-4)(x-35)=0$$
$$x=4,\ 35$$」

最後に，条件に合うか確認してみて。35は答えじゃないよ。だって，縦，横の長さがそれぞれ17m，22mだからね。道幅35mの道は作れないよ。

「そうか！　道幅は17mより短くなきゃダメなんだ。
$0<x<17$より，$x=35$は問題にあてはまらない。
$x=4$は問題にあてはまる。
よって　**4m** ⇐答え　**例題2**」

✓CHECK 195

つまずき度 !!!!!

➡ 解答は別冊 p.105

縦よりも横のほうが5cm長い長方形の紙がある。
図のように，四隅から1辺が4cmの正方形を切りとり，破線で折り曲げてふたのない直方体の箱を作ったら，容積が416cm^3になった。長方形の紙の縦と横の長さを求めよ。

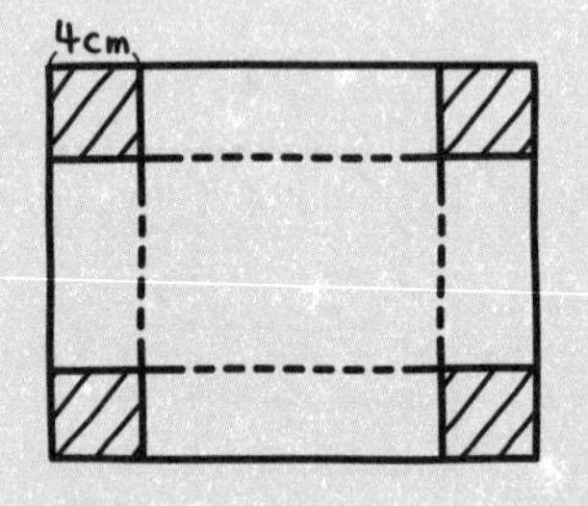

3-9　2次方程式の応用　～動く点～

点が動くという問題は，とっつきにくくて苦手な人が多いよね。動くものは止めて考えよう。

例題　つまずき度 !!!!!

座標の1目盛りが1cmの座標軸がある。
点Pが原点Oから出発して，x軸の正の方向へまっすぐ動き，点Qは点Pと同時に点(0, 18)から出発して，点Pの2倍の速さでy軸上を原点Oまでまっすぐ動く。
三角形OPQの面積が14cm²になるとき，点P，Qの座標を求めよ。

点が動く問題では，"t秒動いたとき"や"$x$cm動いたとき"を考えるとわかりやすいよ。今回は，点Pが$x$cm動いたとしよう。点Qはどれだけ進む？

「2倍のスピードだから，2$x$cmですね。」

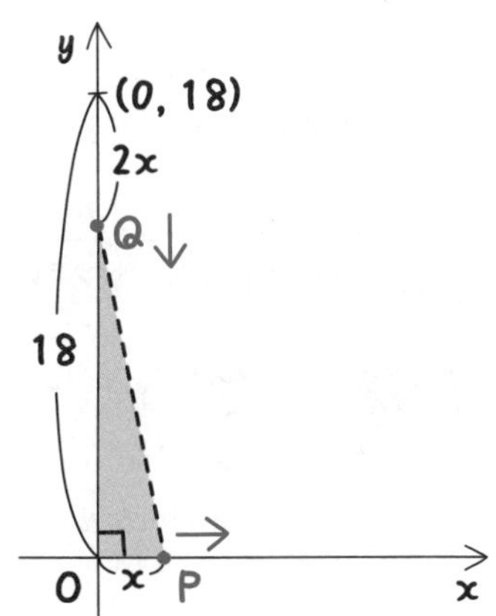

そうだね。右の図のような状態になるね。三角形OPQは直角三角形で，面積は求められるはずだ。
ところで，xの範囲ってわかる？

「xの範囲？　あっ，そうか。2xは18以下だ。」

「あと，原点から出発するので，xは0以上ですね。」

そうだね。**$0 \leqq x \leqq 9$だね。最後にxの値が求められたときに，$0 \leqq x \leqq 9$になっているかの確認が必要だ。**

解答 OP＝x cmとすると

P$(x,\ 0)$，Q$(0,\ 18-2x)$

三角形OPQの面積は$\frac{1}{2}x(18-2x)$ cm^{2}で

$$\frac{1}{2}x(18-2x)=14$$
$$9x-x^2=14$$
$$-x^2+9x-14=0$$
両辺を－1倍
$$x^2-9x+14=0$$
$$(x-2)(x-7)=0$$
$$x=2,\ 7$$

$0 \leqq x \leqq 9$より　$x=2,\ 7$

$x=2$のとき，P$(2,\ 0)$，Q$(0,\ 14)$

$x=7$のとき，P$(7,\ 0)$，Q$(0,\ 4)$

よって，**P(2, 0)，Q(0, 14)，または，P(7, 0)，Q(0, 4)**

答え　例題

わかったかな？　点が動く問題は，頭の中で考えているだけでは解けない。ある程度点が進んだときを，自分で図示して，計算にもちこもう！

✓CHECK 196　つまずき度 !!!!!　➡ 解答は別冊 p.106

3-9 の 例題 において，点Qが原点Oで折り返したあと，もとの場所の点(0，18)に戻るとする。戻る途中で，三角形OPQの面積が22cm^{2}になるときの点P，Qの座標を求めよ。

中学3年 4章

関数 $y=ax^2$

車の運転中にブレーキを踏んだとき，すぐに止まるわけじゃないんだ。このとき動いてしまう距離を制動距離というよ。

制動距離は車の速度の2乗に比例するんだって。つまり，速度が2倍だったら，制動距離は$2^2=4$(倍)になるし，速度が3倍だったら，$3^2=9$(倍)となるんだ。

「雨が降っていたら，もっと進みそうだね。」

「安全運転は大事ですね。」

xの２乗に比例するということ

中１で比例を学習したけど，今回はその発展形だよ。

関数には，$y=ax^2$（**$a≠0$，aは定数**）の形のものがある。**xの２乗に比例する関数**なんだ。aが**比例定数**（ひれいていすう）になる。

例題　つまずき度 ❗

１辺の長さが$x$cmの立方体について，次のうち，xの２乗に比例する関数になっているものはどれか。

① すべての辺の長さの和$y$cm
② 表面積Scm^2　③ 体積Vcm^3

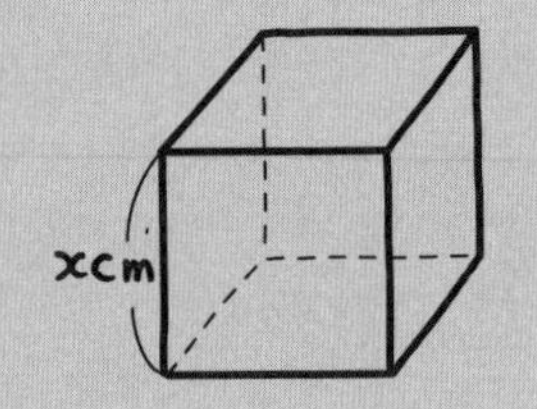

①は$\boldsymbol{y=12x}$。立方体の辺は12本だからね。これはxの２乗に比例していない。サクラさん，②は？

「正方形の面積はx^2cm^{2}で，それが６面あるから，$\boldsymbol{S=6x^2}$ですね。$y=ax^2$の形をしています。」

うん。そして，③は$\boldsymbol{V=x^3}$だから，これは違うね。

解答　②　⇐答え　例題

✓CHECK 197　つまずき度 ❗　➡ 解答は別冊 p.106

半径が$x$cmの円について，次のうち，xの２乗に比例する関数になっているものはどれか。

① 円周$y$cm　　② 面積Scm^2

4-2 $y=ax^2$のグラフ

ここでは，放物線というものが登場する。ボールを山なりに投げたときを想像してごらん。"放たれる物が描く線"の形だよ。

例題 1 つまずき度 !!!!!

次のグラフをかけ。

(1) $y=x^2$　　(2) $y=2x^2$

中3 4章

まず，(1)は表にしてみようか。

x	−3	−2	−1	0	1	2	3
y	9	4	1	0	1	4	9

これらの点をとってみると，次のようになる。

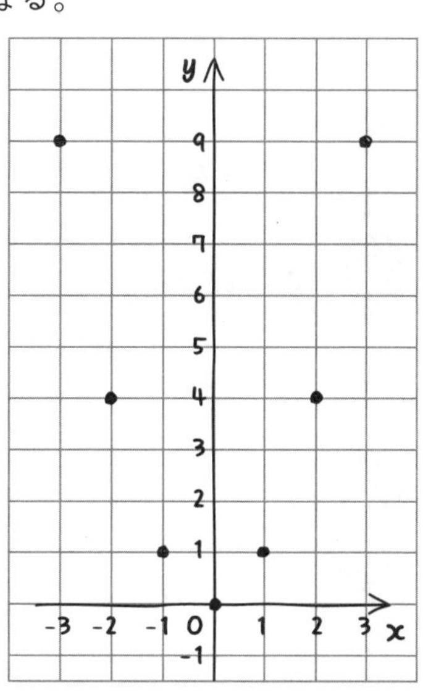

「グラフの形がわかりにくい。」

中1の4-3や4-7でやったように，もっと細かく値をとればいい。

$x=0.5$のときは　$y=0.5\times0.5=0.25$

$x=1.5$のときは　$y=1.5\times1.5=2.25$

$x=2.5$のときは　$y=2.5\times2.5=6.25$

⋮

とね。$x=0.1$，$x=0.2$のとき……と，もっと細かくとれば，さらに正確なグラフになるよ。

まぁ大変なので，ここでは省略するけどね。点をつなげると，右のようなグラフになる。

「曲線になるんですね。」

解答

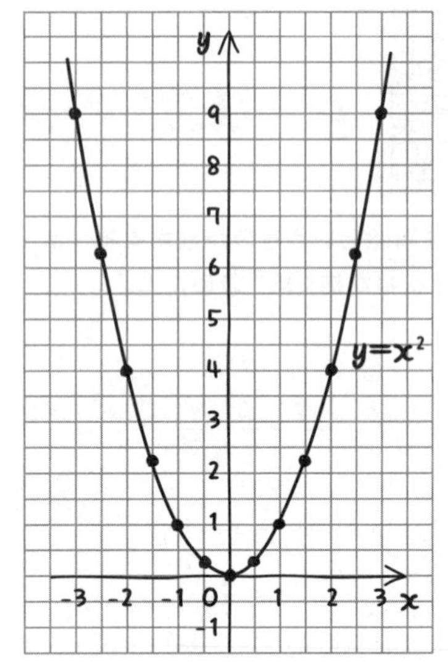

(1)

このような曲線を**放物線**（ほうぶつせん）というんだ。右上のグラフのような形の場合は，**上に開いた放物線**や**下に凸の放物線**などというよ。

ちなみに，放物線は英語で『parabola（パラボラ）』という。衛星放送の受信に必要なアンテナを，パラボラアンテナというよ。

「ウチの屋根にもある！」

「おわんのようになっていますもんね。放物線と同じ形だわ。」

さて，$y=x^2$ のグラフに戻ろう。どんな特徴がある？

「$x<0$ では減少しているけど，$x>0$ では増加しています。」

「あっ，それから，**左右対称の形をしている！**」

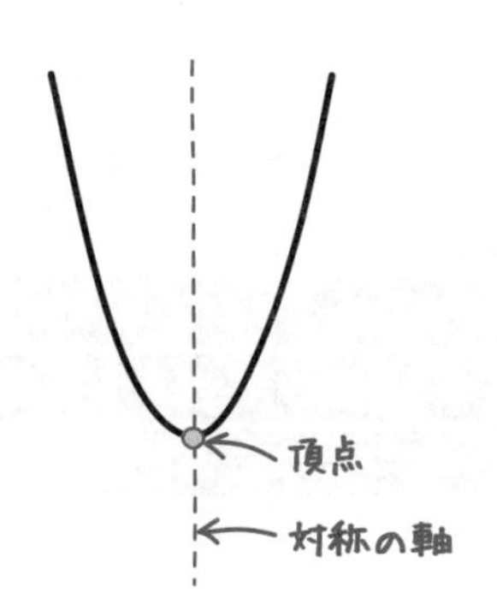

そうだね。y 軸を中心に左右に折るとピッタリ重なるね。このときの y 軸を**対称の軸**（たいしょうのじく）（または単に軸）というよ。

さらに，グラフの先端の部分，グラフと対称の軸の交点を**頂点**（ちょうてん）というから覚えておこう。**原点が頂点になっている**ね。

そして，グラフは $x=0$ のとき，つまり，頂点のときにいちばん低くなっている。$x=0$ のとき，最小値0といえる。

「最大値はいくつですか？」

最大値はないよ。いくらでも上があるからね。

さて，(2) の $y=2x^2$ のグラフを同様にしてかいてみると，右のようになるよ。

解答

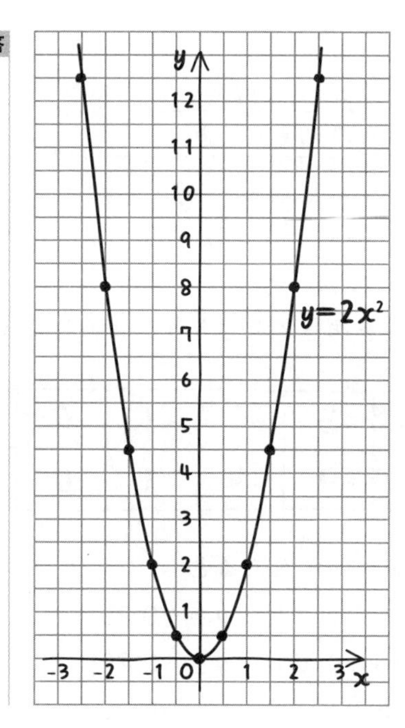

「$y=2x^2$ のグラフのほうが，$y=x^2$ より細い！」

「同じような感じだけどカーブが急なんですね。」

(2)

うん。ちょうど，(1)の $y=x^2$ のグラフを上に2倍に拡大した形になるね。

$y=ax^2$ のグラフの場合，比例定数の a が0から遠ざかるほど急なカーブになるんだ。

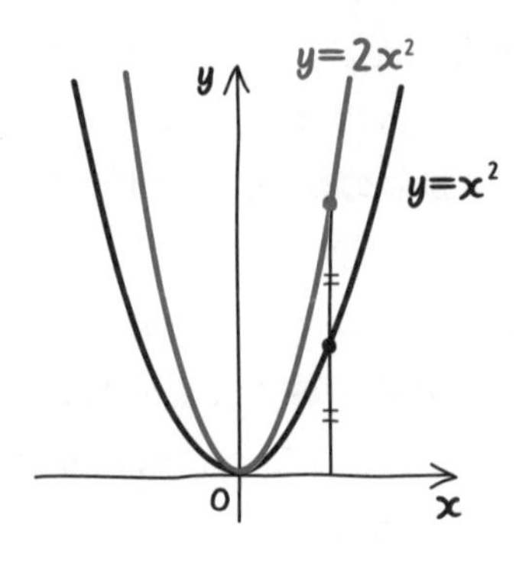

$y=ax^2\ (a>0)$ のグラフの形

・・・

例題 2　つまずき度 !!!!!

$y=-x^2$ のグラフをかけ。

同様に表を作ってみると次のようになるね。

x	−3	−2	−1	0	1	2	3
y	−9	−4	−1	0	−1	−4	−9

また，細かい値をとると

$x=0.5$ のときは　$y=-0.25$

$x=1.5$ のときは　$y=-2.25$

$x=2.5$ のときは　$y=-6.25$

⋮

となるので，グラフは次のページのようになるよ。

「今度は，$x<0$のときに増加して，$x>0$のときは減少するんですね。」

解答

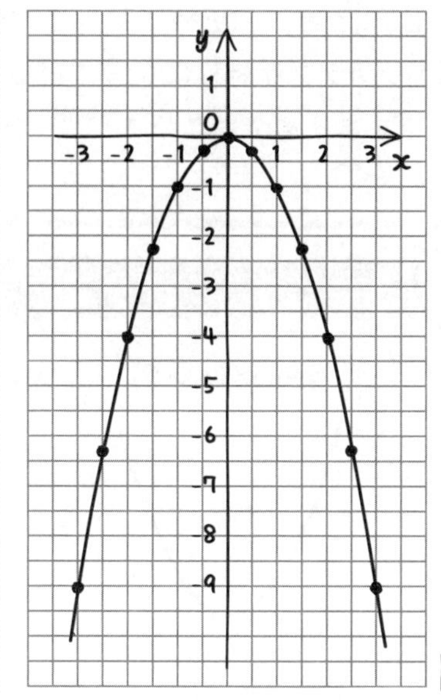

答え

例題 2

そうだね。やはり，対称の軸はy軸で，頂点は原点，$x=0$のとき最大値0になるね。最小値はなしだ。

「"下に開いた放物線"といえばいいんですか？」

うん。"上に凸の放物線"といってもいい。**比例定数aがマイナスのときはこのような形になるよ。** このように上に凸な放物線も，比例定数aが0から遠ざかるほど急なカーブになる。

$y=ax^2(a<0)$のグラフの形

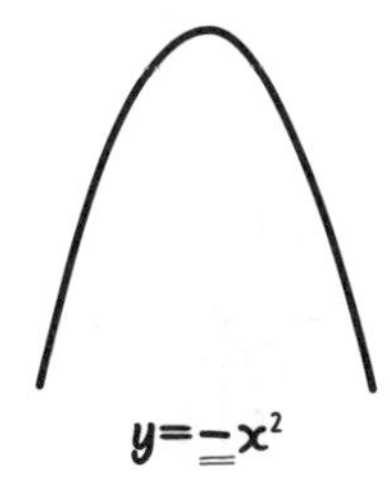

$y=-x^2$

$y=-2x^2$

$y=-3x^2$

・・・

さて，$y=x^2$のグラフと$y=-x^2$のグラフを見比べてみると，どうかな？

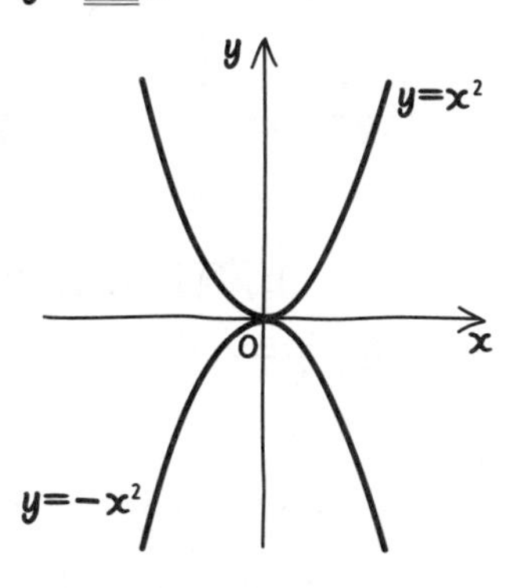

「x軸に関して折り返したような，または，鏡に映したような状態です。」

そうだね。『x 軸で（x 軸に関して）対称移動したもの』だ。$y=ax^2$ と $y=-ax^2$ のグラフは対称になっているんだ。

ここまでをまとめておこう！

Point 63 $y=ax^2$ のグラフ

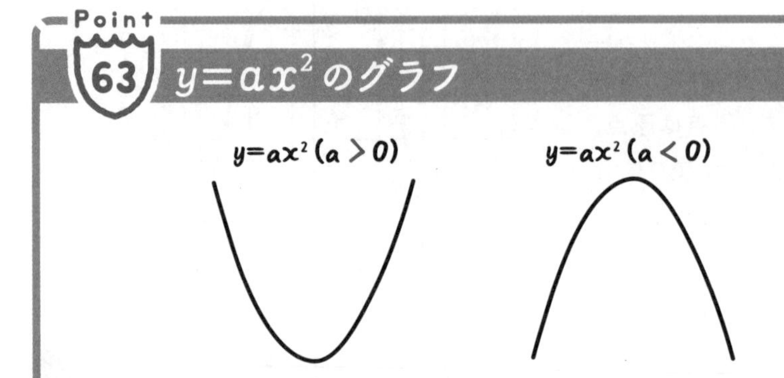

$y=ax^2(a \neq 0)$ のグラフは，

$a>0$ のときは，上に開いた（下に凸の）放物線

$a<0$ のときは，下に開いた（上に凸の）放物線

になる。

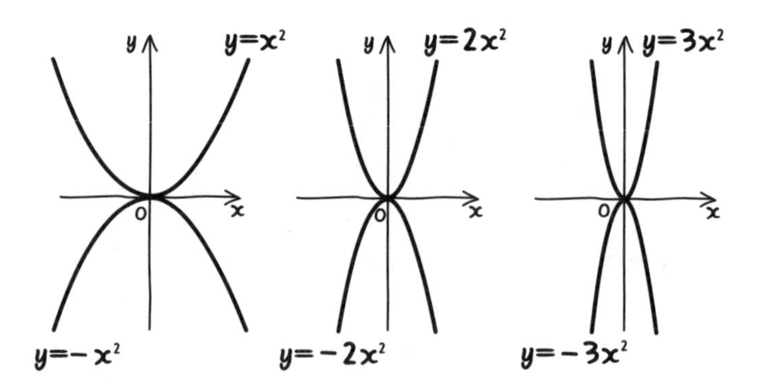

また，**比例定数 a が0から遠ざかるほど急なカーブになり，$y=ax^2$ と $y=-ax^2$ のグラフは x 軸に関して対称**である。

✓CHECK 198

つまずき度 !!!!!

➡ 解答は別冊 p.106

4-2 の 例題 1 , 例題 2 のグラフを参考にして，$y=-2x^2$のグラフをかけ。

✓CHECK 199

つまずき度 !!!!!

➡ 解答は別冊 p.106

関数$y=ax^2 (a \neq 0)$のグラフが右の図のようになるとき，定数aの値を求めよ。

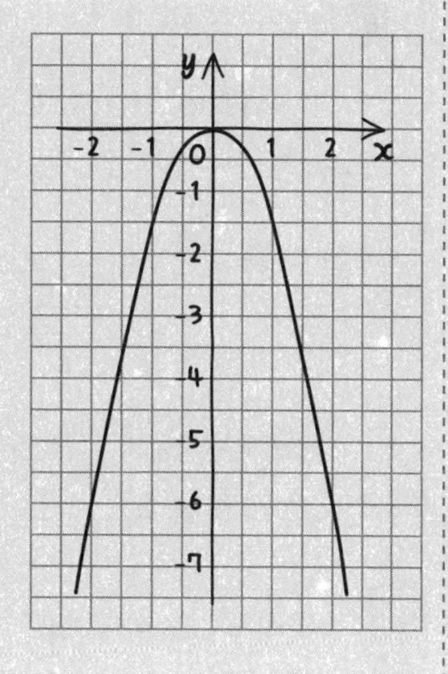

$y=ax^2$ の変域

曲がりくねった線になると，どこがいちばん大きいのか小さいのかがわかりにくい。実際にグラフをかいて確認してみよう。

例題　つまずき度 ！！！！！

次の関数の y の変域を求めよ。

(1)　$y=x^2$ $(-1 \leqq x \leqq 2)$

(2)　$y=-\frac{1}{2}x^2$ $(1 < x \leqq 3)$

x，y などの変数の“範囲”を**変域**というんだったね。中１の 4-5 で教えたことの復習だ。

「簡単！　x の変域の両端を考えればいいんでしょ。
(1) は，$x=-1$ のとき $y=1$ で，$x=2$ のとき $y=4$ なので，
$1 \leqq y \leqq 4$ が答えですね。」

残念だけど不正解！　中２で学んだ１次関数のグラフの場合は，両端が最大値か最小値になったね。

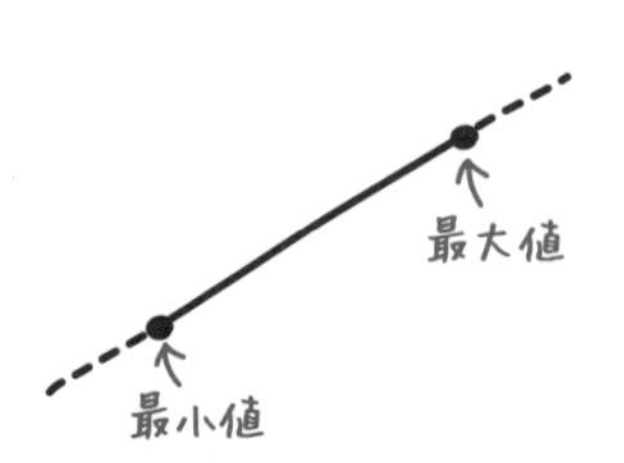

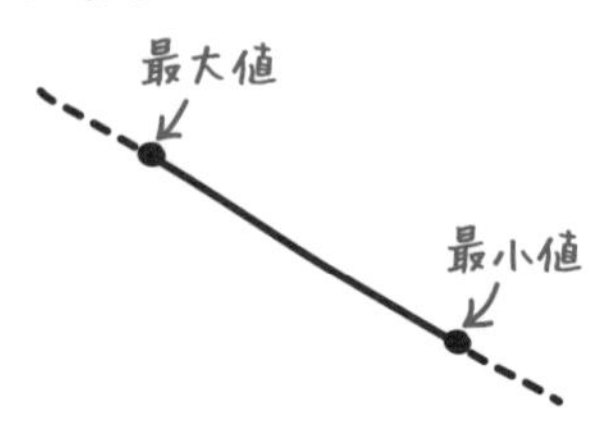

でも，**関数$y=ax^2$のグラフの場合は，必ずしも両端が最大，最小になるとは限らないんだ。** 実際にグラフをかいて，$-1\leqq x\leqq 2$の部分をなぞってみよう。グラフをかくと次のようになるね。

「そうか！
$x=0$のとき最小値0になるんだな。$x=2$のとき最大値4だから

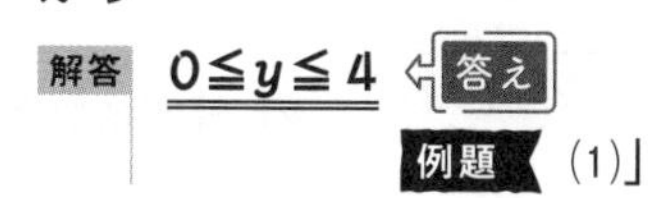

例題 (1)」

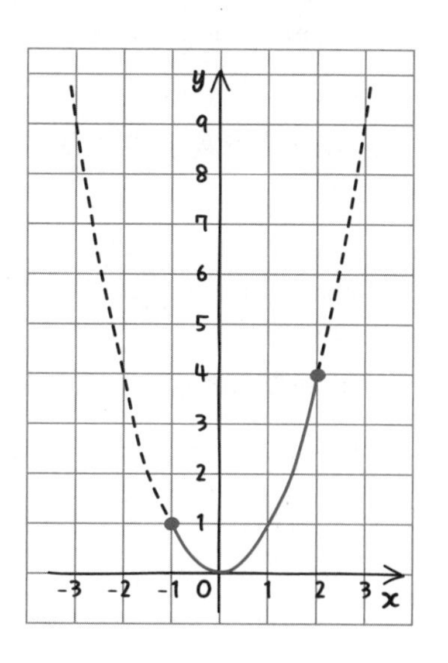

正解。じゃあ，サクラさん。(2)もグラフをかいて求めよう。

「グラフをかくと

$x=3$のとき最小値$-\dfrac{9}{2}$，

$x=1$のとき最大値$-\dfrac{1}{2}$だから，

$-\dfrac{9}{2}\leqq y\leqq -\dfrac{1}{2}$です。」

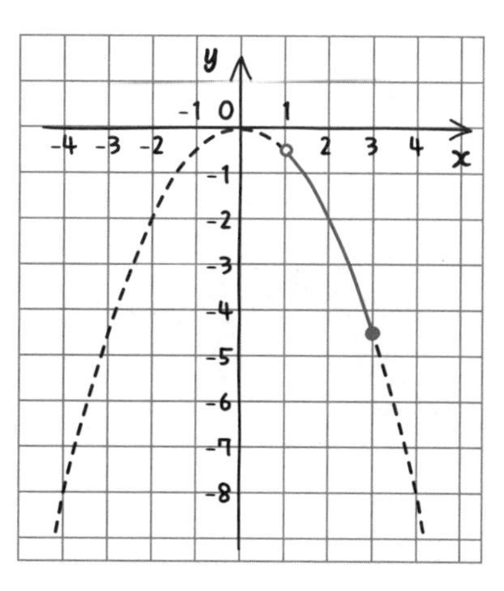

あっ，ちょっとだけ違う。グラフをかくと，右のようになるからね。

$x=1$のとき，$y=-\dfrac{1}{2}$の値はないから，そこは除かなければならない。

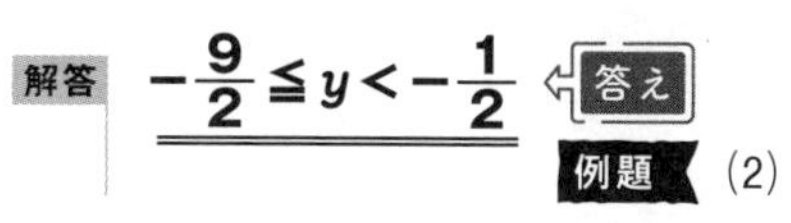

例題 (2)

$y\leqq -\dfrac{1}{2}$じゃなくて$y<-\dfrac{1}{2}$にするんだ。

「あっ，そうか。グラフの点$\left(1,\ -\frac{1}{2}\right)$は含まないから，● でなくて ○ にするんですね。
もし，『最大値と最小値は？』と聞かれたら，どうやって答えればいいのですか？」

『$x=3$のとき最小値$-\frac{9}{2}$，最大値なし』になるよ。

つまずき度 !!!!!

➡ 解答は別冊 p.106

次の関数のyの変域を求めよ。

(1) $y=-2x^2$ $(-2 \leqq x \leqq 3)$

(2) $y=\frac{3}{2}x^2$ $(-1 < x \leqq 1)$

放物線の変化の割合

直線は，変化の割合がいつも同じだったけど，放物線は？

中2の 3-2 で1次関数の**変化の割合**を調べたね。**$\dfrac{(y\text{の増加量})}{(x\text{の増加量})}$で計算すればよかった。**先ほどの 4-2 でかいた$y=x^2$の表とグラフを使って調べてみよう。

$y=x^2$で，$x=0$のときのyの値は0，$x=1$のときのyの値は1なので

$x=0$から$x=1$までの変化の割合は，$\dfrac{1-0}{1-0}=1$

同様にして

$x=1$から$x=2$までの変化の割合は，$\dfrac{4-1}{2-1}=3$

$x=2$から$x=3$までの変化の割合は，$\dfrac{9-4}{3-2}=5$

⋮

となっていくね。一方，$x<0$の部分では

$x=-1$から$x=0$までの変化の割合は，$\dfrac{0-1}{0-(-1)}=-1$

$x=-2$から$x=-1$までの変化の割合は，$\dfrac{1-4}{(-1)-(-2)}=-3$

$x=-3$から$x=-2$までの変化の割合は，$\dfrac{4-9}{(-2)-(-3)}=-5$

⋮

となる。

x	-3	-2	-1	0	1	2	3
y	9	4	1	0	1	4	9

変化の割合　-5　-3　-1　1　3　5

「変化の割合が変わるんだ。」

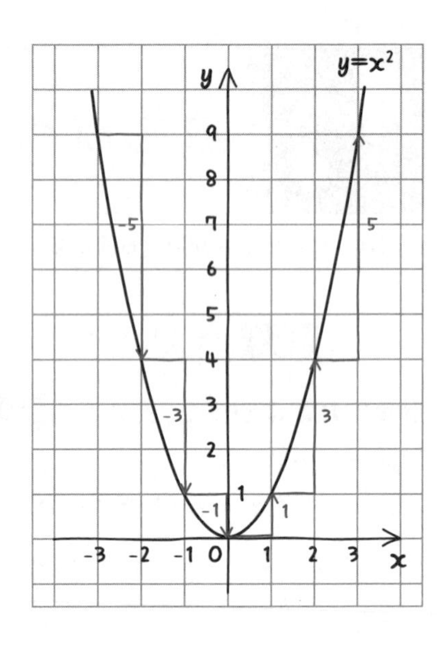

実際に右のグラフを見ても，**変化の割合は，$x>0$ のときは正で，$x<0$ のときは負だとわかるね。**

「ほかの $y=ax^2$ のグラフでも，変化の割合は，$x>0$ のときは正，$x<0$ のときは負になるのですか？」

上に開いている（下に凸の）グラフは，すべてそうなるよ。

一方，下に開いている（上に凸の）グラフの**変化の割合は，$x>0$ のときは負で，$x<0$ のときは正になるよ。**$y=-x^2$ のときは，右のような感じだ。

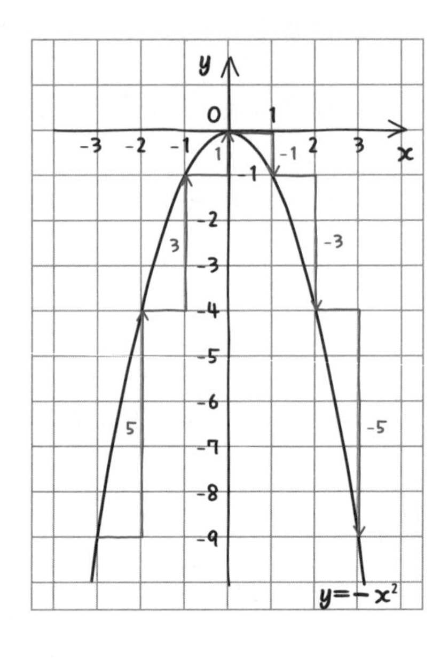

この $y=-x^2$ のグラフも，さっきの $y=x^2$ のグラフも，**x が０から遠ざかる（つまり，絶対値が大きくなる）にしたがって，変化の割合が増えたり減ったりするペースが上がっている**のもわかるね。

例題　つまずき度 !!!!!

次の問いに答えよ。

(1)　関数$y=4x^2$の$x=-3$から$x=2$までの変化の割合を求めよ。

(2)　関数$y=ax^2$ $(a \neq 0)$の$x=-5$から$x=2$までの変化の割合が6であるとき，aの値を求めよ。

グラフはかかず，変化の割合の公式$\frac{(y\text{の増加量})}{(x\text{の増加量})}$で求めればいいよ。

「(1)は，$x=-3$のときは36で，$x=2$のときは16だから

解答　$\frac{16-36}{2-(-3)}=\frac{-20}{5}=\underline{\underline{-4}}$ ⇐答え　例題 (1)」

(2)をやってみよう。まず，$x=-5$や$x=2$のときの値はいくつ？

「$x=-5$のときは$25a$で，$x=2$のときは$4a$です。」

そうだね。じゃあ，変化の割合がわかるよね。

「解答　$\frac{4a-25a}{2-(-5)}=\frac{-21a}{7}=-3a$

これが6に等しいので　$-3a=6$

$a=\underline{\underline{-2}}$ ⇐答え　例題 (2)」

✓CHECK 201　つまずき度 !!!!!　➡解答は別冊 p.107

次の問いに答えよ。

(1)　関数$y=-3x^2$の$x=-5$から$x=1$までの変化の割合を求めよ。

(2)　関数$y=ax^2$ $(a \neq 0)$の$x=-2$から$x=4$までの変化の割合が-8であるとき，aの値を求めよ。

グラフの交点を求める

グラフの交点は連立方程式で求められるという理屈は，どんなグラフでも使えるよ。

例題　つまずき度 !!!!!

次の2つのグラフの交点の座標を求めよ。

$y=-x^2$ ……①
$y=-2x-3$……②

交点は，実際にグラフをかいてみれば求められる。$y=-x^2$ のグラフと $y=-2x-3$ のグラフをかくと，右のようになるよ。

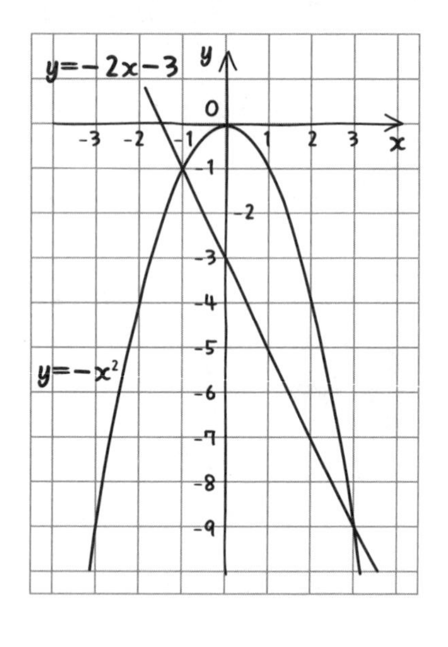

「(−1，−1) と (3，−9) が交点ですね。」

そうだね。でも，実際にグラフをかくのは面倒だし，必ずしも整数の座標で交わるとは限らない。

ケンタくん，グラフの交点を求めるときはどうするか覚えているかな？　中2の 3-8 でやったよ。

「そうだ！　2つの式を連立方程式として考えればいいのか！」

その通り。**「グラフの交点の座標を求める」ときは，「式を連立して解を求める」んだ。**

解答

$y=-x^2$ ……①

$y=-2x-3$ ……②

①，②式より

$$-x^2=-2x-3$$

$$x^2-2x-3=0$$

$$(x+1)(x-3)=0$$

$$x=-1,\ 3$$

①式に代入すると

$x=-1$のとき，$y=-1$

$x=3$のとき，$y=-9$

よって，交点の座標は **(−1，−1)，(3，−9)** ⇦答え　例題

「式を連立すると，2次方程式になるのね。解きかたを復習しておかなくちゃ。」

✓CHECK 202

つまずき度 !!!!!

➡ 解答は別冊 p.107

次の2つのグラフの交点の座標を求めよ。

$y=2x^2$ ……①

$y=10x+12$ ……②

中3 4章

日常にある$y=ax^2$

$y=ax^2$の代表的な例として，自然落下というものがある。くわしくは高校の『物理』で学ぶからね。

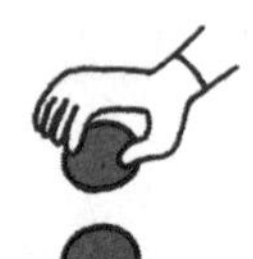

ボールを持ってパッと手を離すと，ボールは下に落ちる。t秒後にy m落ちるとすると，$y=4.9t^2$という関係になっているんだ。yがtの２乗に比例しているね。

「ボールの重さは関係ないのですか？」

うん。重いものは軽いものより速く落ちるように見えるけど，実は同じ速さで落ちるんだ。ガリレオが，ピサの斜塔から重い球と軽い球を同時に落として同時に地面に落ちる場面を，街の人に見せる，というパフォーマンスをした話は有名だ。

「へぇ，そんな話があるんだ。」

「実は，この話はデマだ」という学者も多いんだけどね。昔のことだから，真偽のほどはボクにはわからないよ(笑)。でも，理論上，同時に落ちるというのは本当の話だよ。

「じゃあ，例えば，落ちるまでにかかった時間tがわかれば，“何mの高さから落ちたか？”のyがわかるんですね。」

「何m落ちたかのyがわかれば，落ちた時間tもわかりますよね？」

そうだね。どちらも求められるよ。例外として，紙のような薄っぺらいものは，空気抵抗といって下から空気が押し返す力を受けやすいので，単純に $y=4.9t^2$ の式にはあてはまらないよ。

「パラシュートは，空気の力を受けてゆっくり落ちるもんね。」

じゃあ，この原理を使った問題を解いてみよう。

例題　つまずき度 !!!!!

物体が自然落下するとき，t 秒で落ちる距離が y m とすると，y は t の2乗に比例し，4秒後までに落ちた距離は80mだった。次の問いに答えよ。

(1)　y を t を用いた式で表せ。
(2)　7秒で落ちる距離を求めよ。
(3)　720m落ちるのにかかる時間を求めよ。

「あれ？　(1) は $y=4.9t^2$ じゃないの？」

ちゃんと計算して求めよう。“y は t の2乗に比例し” とあるから，$y=at^2$ とおいて，a を求めればいいんだ。ケンタくん，解いてみよう。

「$t=4$ のときに，$y=80$ ってことだな。

解答　y が t^2 に比例するので，式を $y=at^2$ とおくと

$\underset{y}{80}=a\times\underset{t^2}{4^2}$

$80=16a$

よって　$a=5$　　$y=5t^2$ ← 答え　例題 (1)

計算しやすいように，4.9じゃなくて5になっているんですね。」

その通り。よくできました。(2)は簡単だね。(1)で求めた $y=5t^2$ に $t=7$ を代入すればいいよ。

解答　$y=5\times7^2=$**245 (m)**　答え　例題 (2)

(3)をサクラさん，やってみよう。これも代入だ。

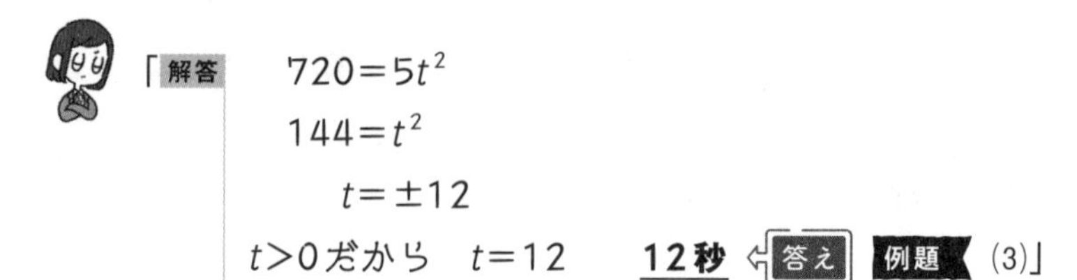

「解答

$720=5t^2$

$144=t^2$

$t=\pm12$

$t>0$ だから　$t=12$　　**12秒**　答え　例題 (3)」

よくできました。144が12の２乗だとよくわかったね。

「15の２乗までは覚えてます！」

うん。$11\times11=121$，$12\times12=144$，$13\times13=169$，$14\times14=196$，$15\times15=225$ くらいまでは覚えているといいかもね。

もしくは，**2-4** でやったように素因数分解をしよう。$144=t^2$ ということは，$\pm\sqrt{144}$ を求めればいいということだからね。

CHECK 203

つまずき度 !!

➡ 解答は別冊 p.107

$1m^2$ の板に風が当たったときの力 $y$kgは，風の秒速 xmの２乗に比例すると知られている。秒速10mのときの力が5kgであるとき，次の問いに答えよ。

(1)　y を x を用いて表せ。

(2)　秒速6mのときの力は何kgか。

(3)　力が80kgであるときの秒速は何mか。

中学3年 5章

相似な図形

形は変わらずに，大きさだけが変わるものって身近にあるよね。

「コピー機で拡大，縮小とか。」

「写真を大きいサイズに引きのばすのもそうですね。」

そうだね。地図なんかもそうだね。街の地形を縮小したものだ。地図上の長さをものさしで測れば，実際の距離がわかるね。

5-1 相似

絵をコピー機で拡大・縮小すると，大きさは変わるが形は変わらない。これが相似だよ。

大きさの異なる２つの図形を拡大や縮小すると，形がまったく同じになるとき，この関係を**相似**(そうじ)という。

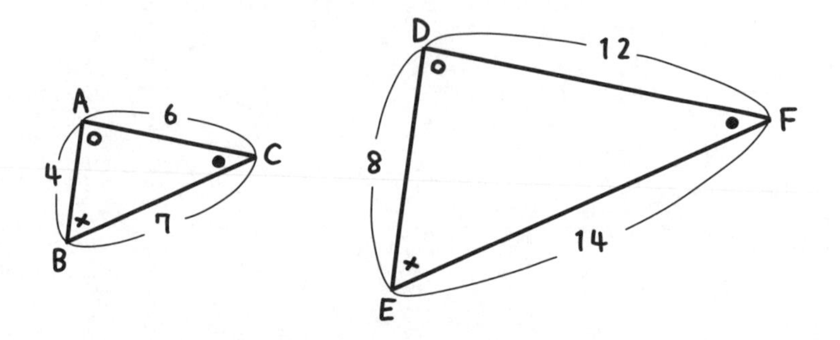

上の図は，相似な２つの三角形△ABCと△DEFだ。まずは，辺の長さに注目しよう。AB＝4に対して，DE＝8になっているよね。比は1：2だ。同じく，BC＝7に対してEF＝14だから，これも1：2だし，CA＝6に対してFD＝12で，やはり1：2だ。

相似なら，対応する辺の長さの比はすべて同じになるんだ。この比を**相似比**(そうじひ)というよ。

「中２の4-7で教わった“合同”の場合は，辺の長さがまったく同じじゃなきゃいけなかったけど，**“相似”の場合は比が同じならいいのですね。**」

そうだね。また，角度にも注目していこう。∠A＝∠D，∠B＝∠E，∠C＝∠Fというふうに，**相似なら，対応する角の大きさはそれぞれ同じになる**よ。

また，△ABCと△DEFが相似であることを**△ABC∽△DEF**と書くんだ。点Aに対応するのが点D，点Bに対応するのが点E，点Cに対応するのが点Fだから，合同のときと同じように**対応する点の順番通りに書くのがルール**だよ。ここまでをまとめておこう。

Point 64 相似な図形

2つの図形が相似のとき

△ABC∽△DEF，四角形GHIJ∽四角形KLMN

などと表す。

相似であれば，**対応する辺の長さの比はすべて等しく，対応する角の大きさはそれぞれ等しい。**

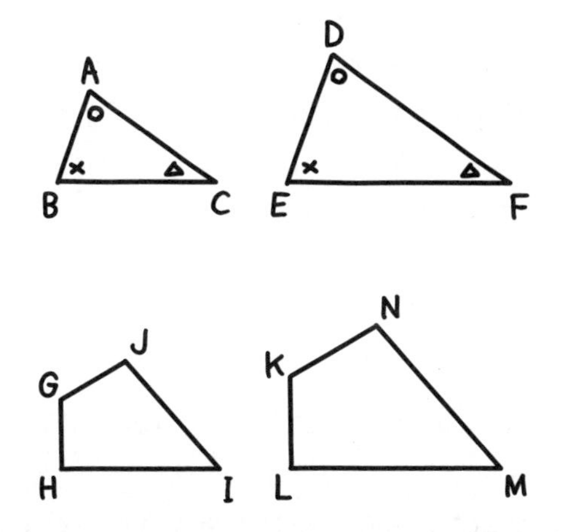

例題　つまずき度 ❗❗❗❗❗

次の図で，△ABC∽△DEFであるとき，x，yの値を求めよ。

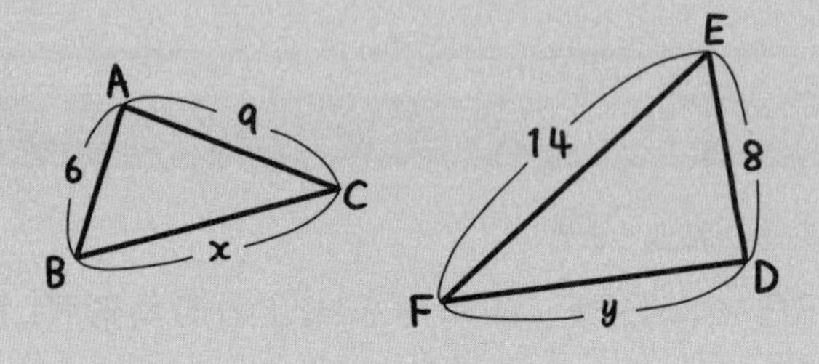

△ABC∽△DEFとあるので，A→D，B→E，C→Fと対応させて見ていこう。

△ABCのABにあたるのが，△DEFのDEだね。

△ABCのBCにあたるのが，△DEFのEFだし，

△ABCのCAにあたるのが，△DEFのFDになる。

３組の辺の比が等しいから

AB：DE＝BC：EF＝CA：FD

$6:8=x:14=9:y$

になる。

「イコールがじゅずつなぎになって，等式がつながっている。」

等式がつながっているときは，分けて考えればいいよ。つまり

$6:8=x:14$　も　$x:14=9:y$　も成り立つ

とか

$6:8=x:14$　も　$6:8=9:y$　も成り立つ

などと考えて，１つずつ解いていけばいいんだ。

じゃあ，サクラさん，解いてみて。

「解答 $6:8=x:14$
$3:4=x:14$　　6：8＝3：4
$4x=42$　　（内側）×（内側）＝（外側）×（外側）
$x=\frac{21}{2}$　　両辺を４で割った　答え　例題

$6:8=9:y$
$3:4=9:y$
$3y=36$
$y=\underline{12}$　答え　例題」

そうだね。中１の 3-10 の Point 18 の解き方でいいね。

CHECK 204

つまずき度 !!!!!　➡ 解答は別冊 p.107

次の図で，四角形ABCD∽四角形EFGHであるとき，x，yの値を求めよ。

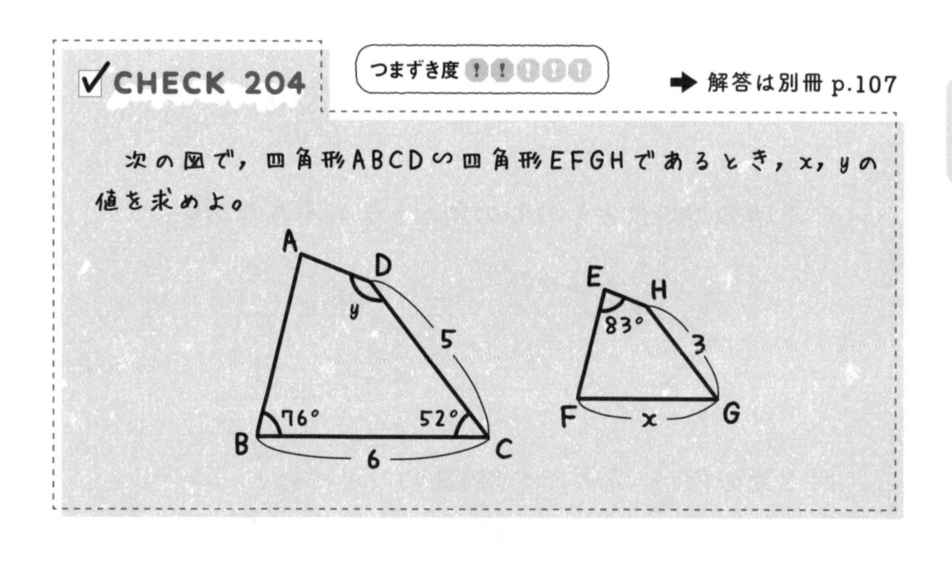

相似になるための条件

合同になるための条件というのがあったが，相似になるための条件もある。むしろ，こちらのほうが試験に出る可能性が高いよ。

三角形の相似条件

ア　３組の辺の比が，すべて等しい。

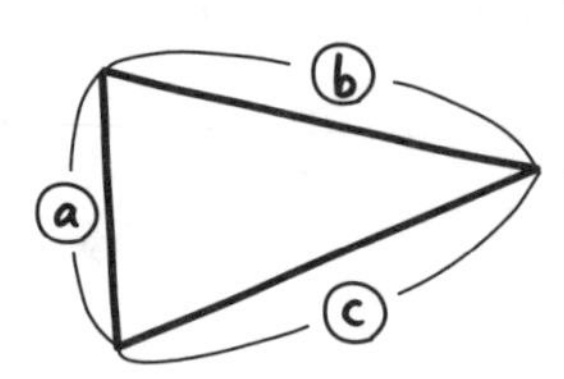

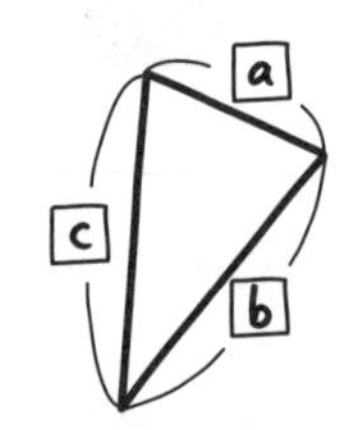

イ　２組の辺の比とその間の角が，それぞれ等しい。

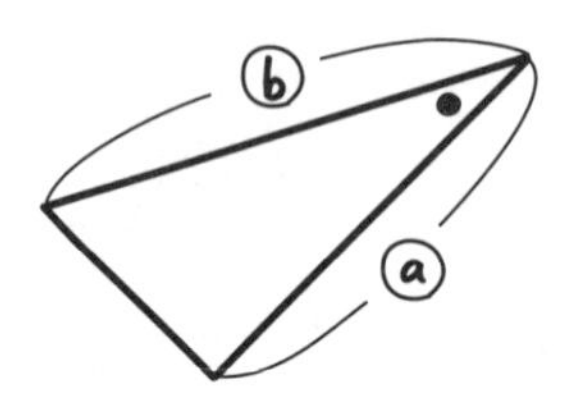

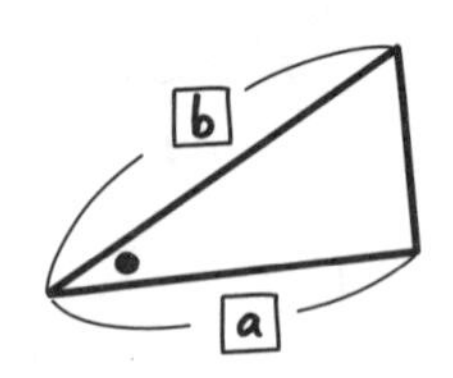

ウ　２組の角が，それぞれ等しい（『二角相等』という）。

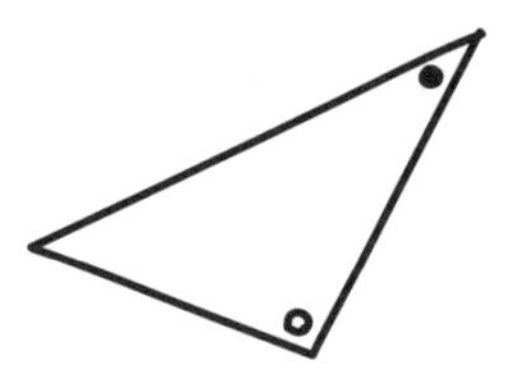

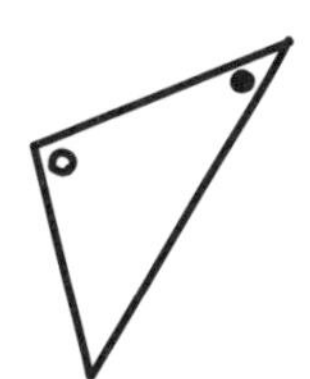

いきなり Point 65 でビックリしたかな？ 中2の 4-7 で教えた，三角形の合同条件って覚えているよね？ 相似にも，三角形の相似条件というのがあるんだ。合同のときと同様に，**3つの辺と3つの角すべてをチェックする必要はないんだよ。**

「合同条件とよく似ていますね。」

ア，イについては“辺の比”となっただけで，合同条件とほぼ同じだね。ウについては，辺の条件がなくなっている。合同条件を覚えていたら，相似条件も簡単に覚えられるね。

ア～ウのどれか1つでも成立すれば相似だよ。

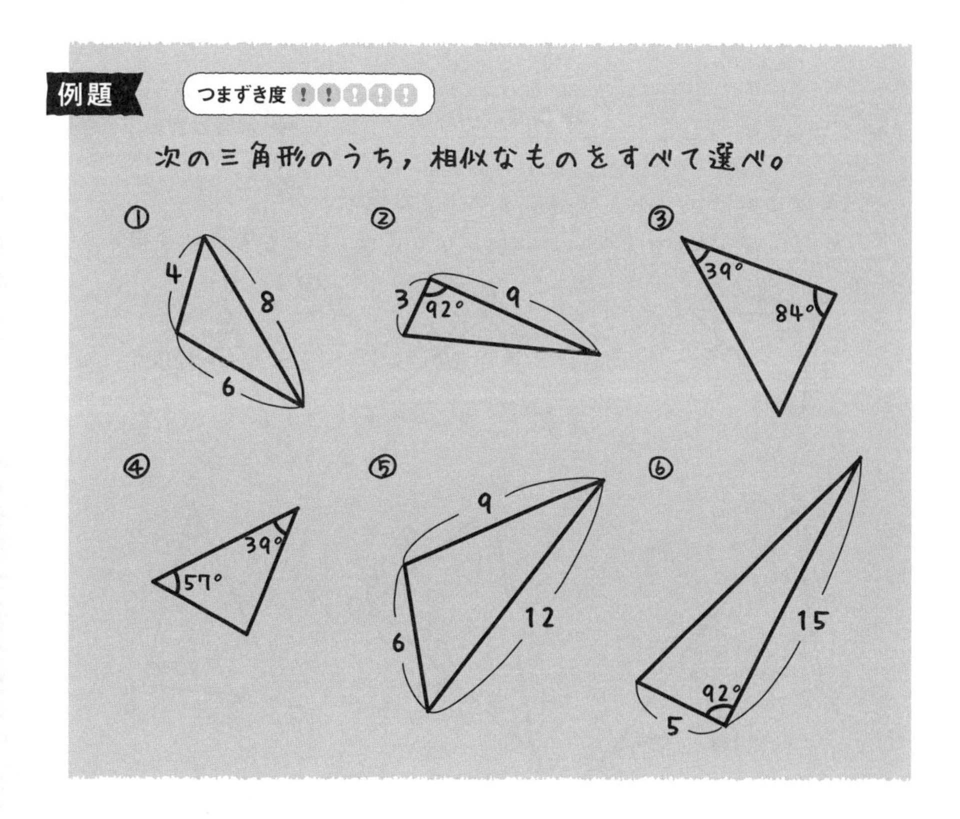

さぁ，答えはどうなる？

「①と⑤が，**3組の辺の比がすべて2：3で同じ**だから，相似か。あと，②と⑥は，**2組の辺の比がともに3：5で，その間の角が等しい**から，相似です。」

うん。そうだね。ほかにもあるよ。

「③は内角が84°と39°ということは，残りは

180°−(84°+39°)＝57°

なので，③と④が，**2組の角がそれぞれ等しく(二角相等)**，相似ですね。」

その通り。

解答　**①と⑤，②と⑥，③と④**　答え　例題

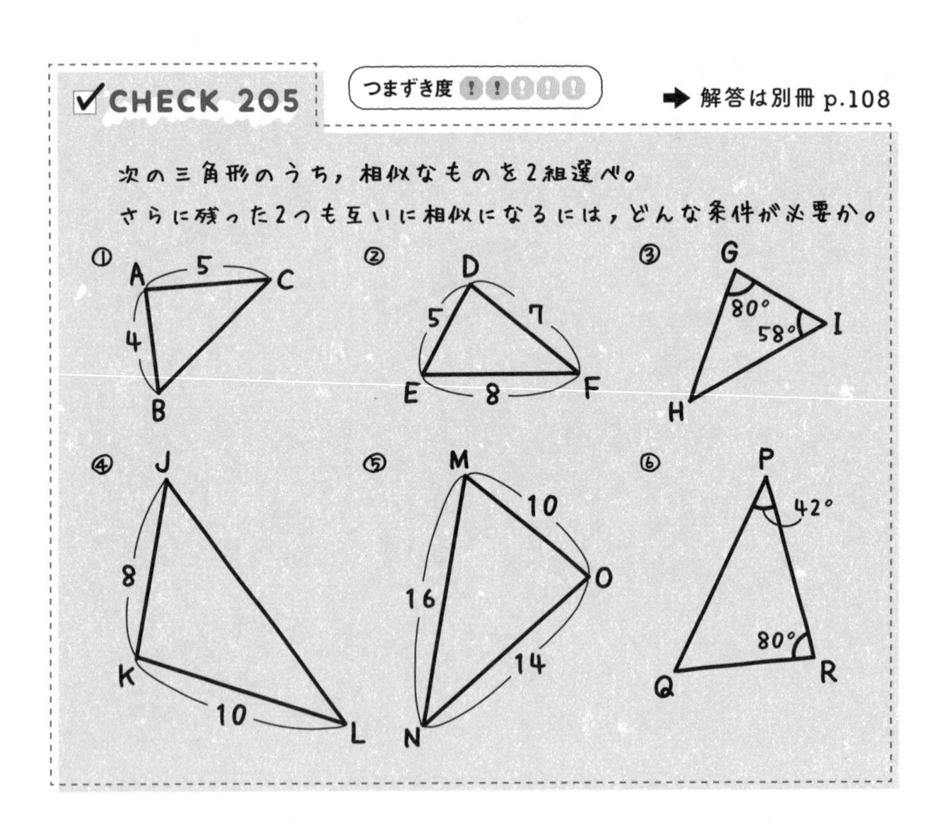

白銀比と黄金比

みんなが使っているコピー用紙などの紙のサイズは，縦と横の長さの比が **1：$\sqrt{2}$** になっている。これは**白銀比**（はくぎんひ）という特別な比なんだ。

「何が特別なんですか？」

合同な２枚のコピー用紙を，長いほうの辺をくっつけて１枚にすると，短いほうの辺の長さの$\sqrt{2}$に対して，長いほうは２になる。比率はどうなる？

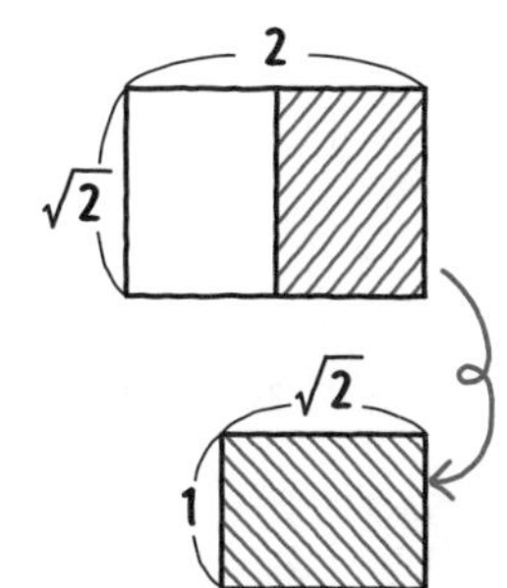

「2は，$\sqrt{2}$の$\sqrt{2}$倍だから，1：$\sqrt{2}$
あっ，１枚のときと同じ比率です。」

そういうこと。これを何回くり返しても同じ比率となる。逆に，紙を半分にすることをくり返しても，比率は１：$\sqrt{2}$のままになるよ。

ちなみに，『縦横の長さが白銀比で，面積が10000 cm^2の紙のサイズ』をA0（エーゼロ）判という。縦横は，約84 cmと約119 cmの長さになるんだ。これを半分にしたものがA1判，さらに半分にしたものがA2判，……となる。

「あっ，A4判やA5判というのは，そういう意味なのか。」

「B4判なども，そうなんですか？」

『縦横の長さが白銀比で，面積が15000 cm^2の紙のサイズ』をB0（ビーゼロ）判といい，同じようにB1判，B2判，……と名前がついているよ。A判は世界共通だけど，B判は美濃和紙（みのわし）（岐阜県美濃市で作られる和紙）のサイズをもとに作られた規格だから，主に日本でしか使われていないんだ。

じゃあ，もう1つ面白い話をしよう。今，何かカードをもっている？

「クレジットカードやATMカードはもたせてもらえないけど，ポイントカードや図書カードはあります。」

「電車に乗るときのカードならもっているよ。」

「それでこっそりアイスを買って，お母さんに怒られたのよね。」

「いうなって～。記録を調べられて，バレた。」

うん。いろいろ便利なカードだね。ボクも運転免許証をもっている。さて，これらには共通していえることがあるよ。

「あっ，大きさも形も同じ！ “合同”ですね。」

「ボクもそう思った。もち運ぶのに便利なように大きさをそろえてあるんだと思う。」

ところで，長方形っていろいろな形があるけど，その中でも縦横の長さの比が**2：(1+$\sqrt{5}$)**になっているものが，人が見て最も美しく感じるらしいんだ。これを**黄金比**(おうごんひ)というよ。カード類の縦横の長さの比は黄金比になっているものが多いんだ。ほかにも，“新書版”と呼ばれる小型本がある。大きさは違うけど同じ比率だ。

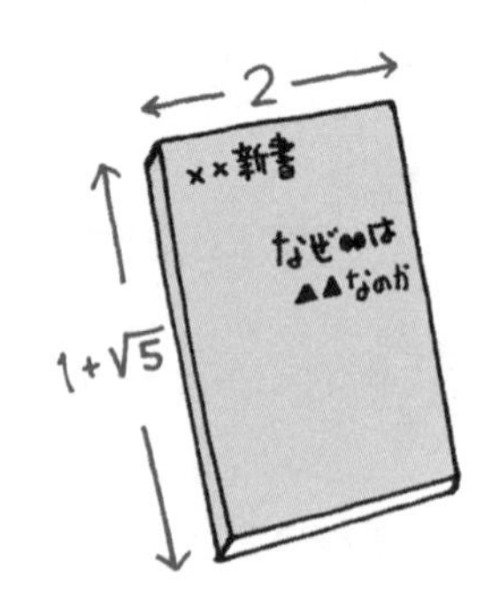

「“相似”なんですね。」

黄金比は今始まったものではなく，古代からあったんだ。彫刻のミロのヴィーナスは，おへそより上と下の長さが黄金比だしね。

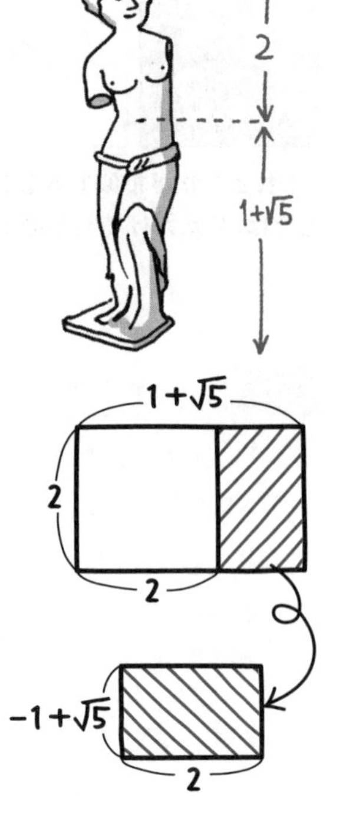

「えっ？　ホントに？　すごくきれいだと思っていたけど，そんな秘密があったなんて。」

さて，この黄金比だけど，例えば，縦の長さが2，横の長さが$1+\sqrt{5}$ の長方形があるとしよう。そこから1辺の長さが2の正方形を切りとる。すると，あまった部分は長方形になるよね。辺の長さはいくつになるかな？

「2と $(1+\sqrt{5})-2=-1+\sqrt{5}$ です。」

そうだね。長方形を横に倒して見てごらん。もとの長方形と相似だね。

「ホントだ！　不思議。」

実際に長さの比を比べても　$2:(1+\sqrt{5})=(-1+\sqrt{5}):2$
が成り立っているよ。中１の3-10でやったように，内側どうし，外側どうしを掛けると同じ値になるはずだ。

「(内側)×(内側) は　$(\sqrt{5}+1)(\sqrt{5}-1)=(\sqrt{5})^2-1^2=4$
(外側)×(外側) は　$2\times2=4$
あっ，ホントだ。」

これを何度くり返しても同じだ。不思議で美しい黄金比。探してみると世界にはたくさんの黄金比があるんだよ。

相似であることを証明する

「これとこれが相似であることを証明せよ」と指定してくれたらいいけど，そうでないときは，見ただけで相似のような図を見つけなきゃいけない。合同よりもくせ者なんだ。

例題　つまずき度 !!!!!

∠Aが直角の直角三角形ABCにおいて，点Aから辺BCに下ろした垂線と辺BCの交点をHとするとき，次の問いに答えよ。

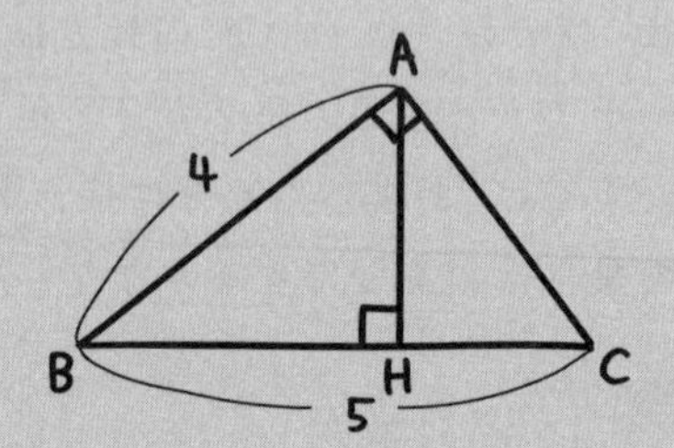

(1)　△ABC∽△HBAであることを証明せよ。

(2)　AB＝4，BC＝5であるとき，BHの長さを求めよ。

(1)の△ABCと△HBAが相似なのはイメージがわくかな？　**△HBAをくるっとひっくり返すと相似っぽいよね。**

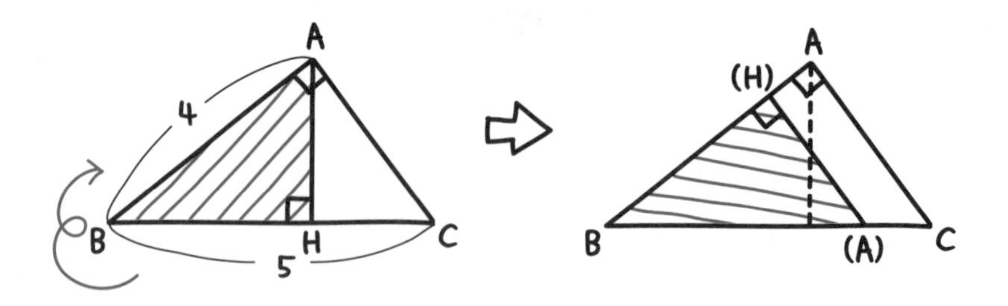

「でも，“相似っぽいから”じゃ，証明じゃないですよね？」

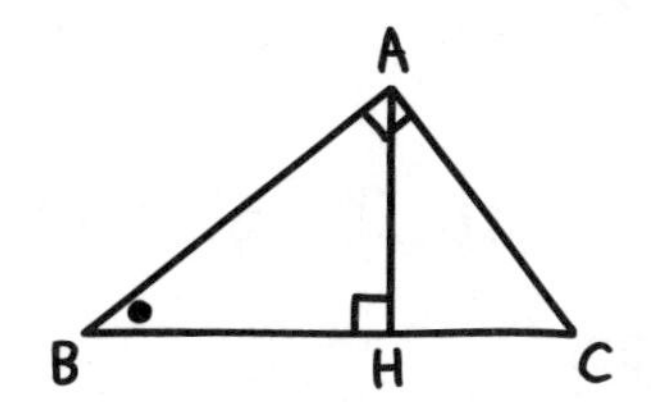

うん。ちゃんと確認していこう。

まず，∠ABCと∠HBAは共通だ。さらに，∠BACと∠BHAはともに90°だ。これで相似といえる。

「えっ？　それだけ？」

うん。あとは，合同のときでもやったように，答えにまとめればいい。リプレイする感じだ。

解答　△ABCと△HBAについて
　∠ABC＝∠HBA（共通）
　∠BAC＝∠BHA＝90°
よって，2組の角が，それぞれ等しい（二角相等）から
　△ABC∽△HBA　**例題**（1）

相似の証明は，**5-2** の Point 65 で挙げたア～ウの相似条件のうち，ウの二角相等を使うことがいちばん多いよ。

さて(2)だが，相似とわかったおかげで，ほかの辺の比や角もそれぞれ等しいとわかる。ところで，△ABCのBCにあたるのは△HBAのどれ？

「うーん……。」

ほら，さっき，同じ向きになるように，△HBAを上下にひっくり返してみたよね。その図で考えてごらん。

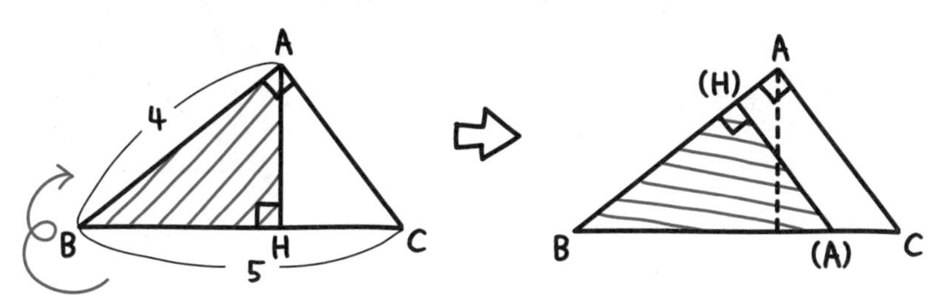

「あっ，△ABCのBCにあたるのは，△HBAのBAです。」

そうだね。じゃあ，△ABCのBAにあたるのは？

「△HBAのBHです。」

そうだね。△ABCと△HBAの辺の比から答えを出そう。

解答

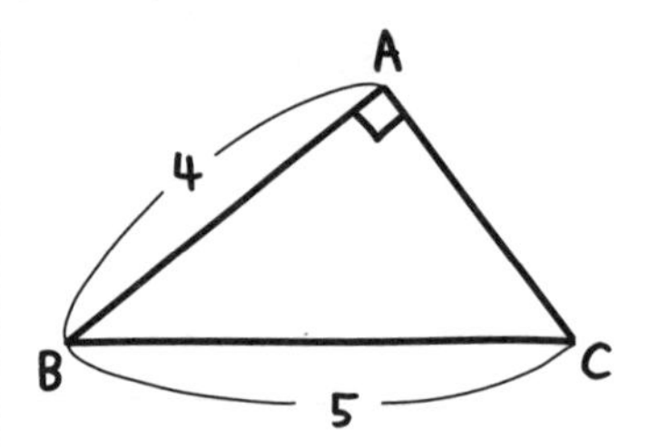

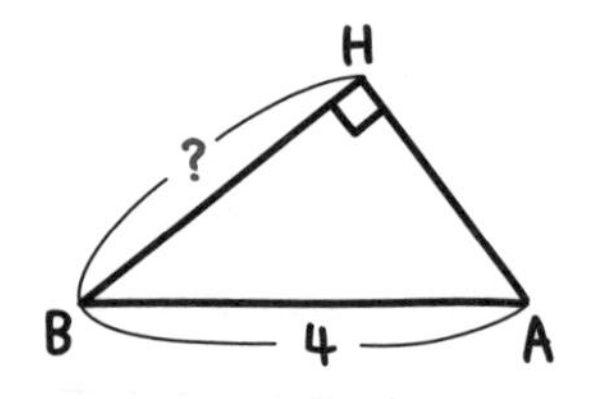

BC：BA＝BA：BHより

5：4＝4：BH

5BH＝16

BH＝$\dfrac{16}{5}$ ← 答え　例題 (2)

☑CHECK 206

つまずき度 !!!!!

➡ 解答は別冊 p.108

∠A＝36°，AB＝AC＝1の二等辺三角形において，∠Bの二等分線と辺ACの交点をDとする。次の問いに答えよ。

(1)　△ABC∽△BDCであることを証明せよ。

(2)　BCの長さを求めよ。

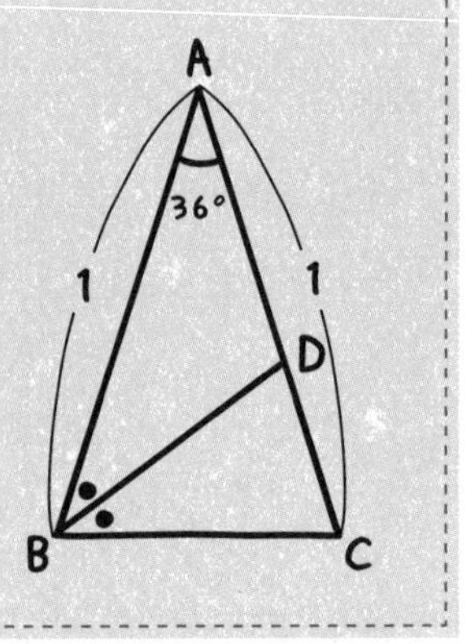

5-4 三角形の平行線と比

平行な直線のときに成り立つ定理は，覚えてしまえば，三角形の相似の証明をしないで使っていいよ。

△ABCにおいて，BCと平行な直線をℓとし，ℓと辺ABの交点をD，ℓと辺ACの交点をEとしようか。

そうすると相似な図形ができるんだけど，どこかわかる？

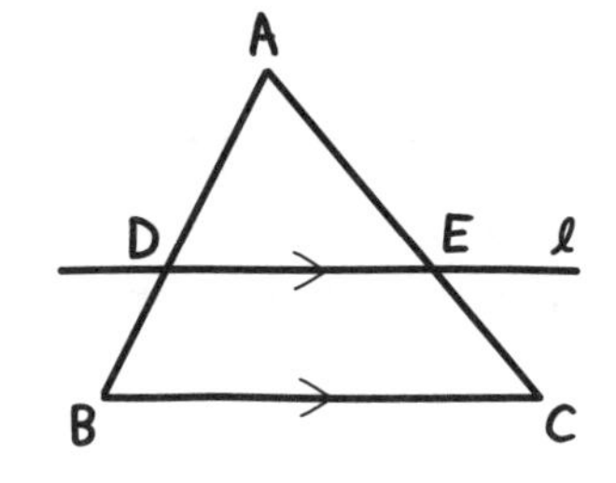

「△ADEと△ABCですね。」

そうだね。∠DAEと∠BACは共通だし，∠ADEと∠ABCは同位角で等しいからね。対応する2組の角の大きさがそれぞれ等しいから，相似になる。相似ということは，対応する辺の比が等しくなるわけだから，AD：AB＝AE：ACになる。三角形と平行線が登場するたびに相似を証明するのは面倒だから，定理として次のように覚えてしまうといいよ。

Point 66 三角形の平行線と比 ～その1～

△ABCにおいて，直線AB上の点をD，直線AC上の点をEとするとき，

DE//BCなら

AD：AB＝AE：AC

(＝DE：BCもいえる)

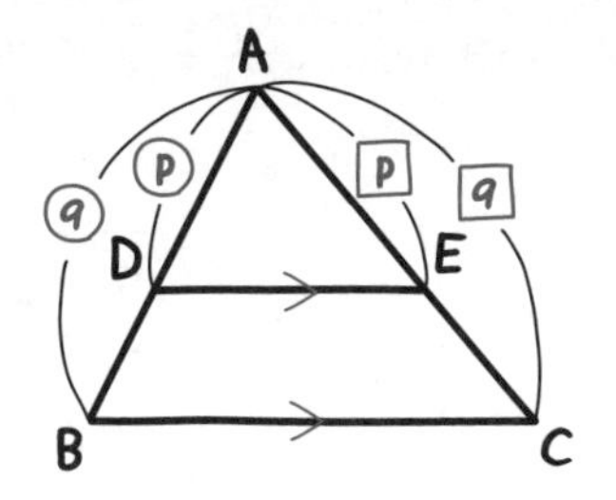

“直線”ABやAC上に点D, Eがあって, DE//BCならば成り立つんだよ。辺ABやAC上ではないから，点D，Eは延長線上にあってもいいということだ。次の２つの図のようにね。

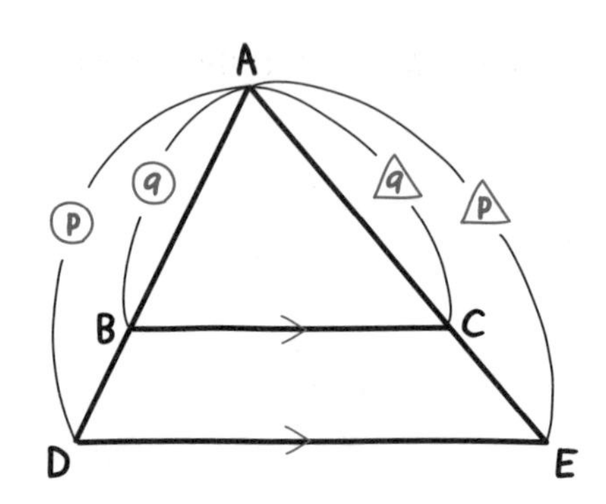

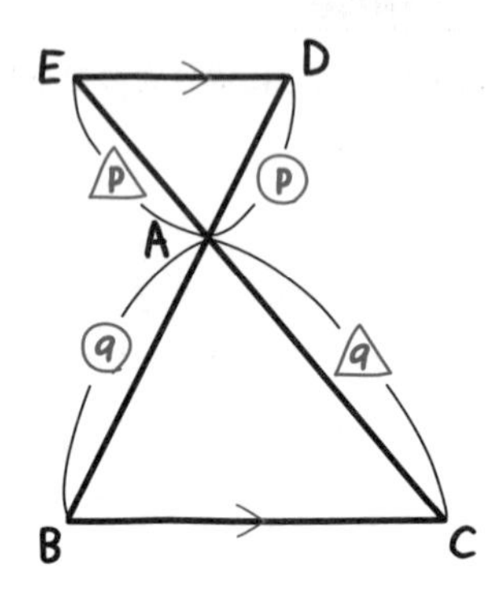

「これでもAD：AB＝AE：AC（＝DE：BC）が成立するんですね。」

ちなみに，この定理は逆も成り立つよ。

AD：AB＝AE：ACなら　DE//BC　といえる。

「いちいち相似を証明しなくていいから，三角形と平行線の問題では，この定理を使って答えることにします。」

例題 1　つまずき度 ！！！！！

次のx, yの長さを求めよ。

ケンタくん，解いて。

「**解答**　$5:x=4:9$　　内側どうし，外側どうしを掛けた

$4x=45$

$x=\dfrac{45}{4}$　答え　例題 1

$y:7=3:8$　　内側どうし，外側どうしを掛けた

$8y=21$

$y=\dfrac{21}{8}$　答え　例題 1」

正解。さらに，Point 66の定理を少しだけ変えると，次の定理もいえるよ。

三角形の平行線と比　～その2～

△ABCにおいて，直線AB上の点をD，直線AC上の点をEとするとき，

DE//BCなら

AD：DB＝AE：EC

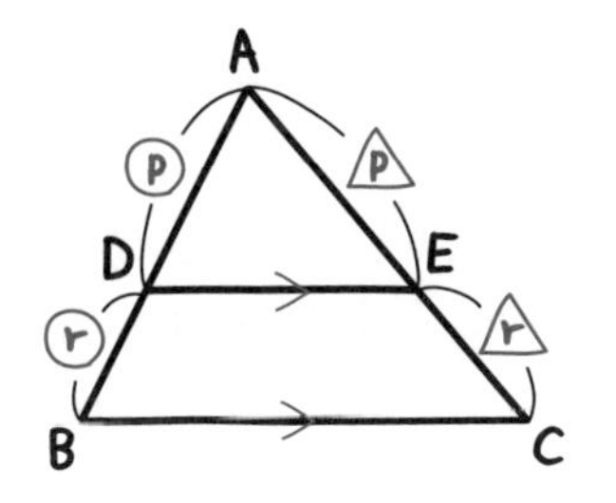

「どうして，この定理が成り立つのですか？」

AD：AB＝p：qなら

AD：DB＝p：$(q-p)$

同様に，AE：AC＝p：qだから

AE：EC＝p：$(q-p)$

つまり　AD：DB＝AE：EC　になる。

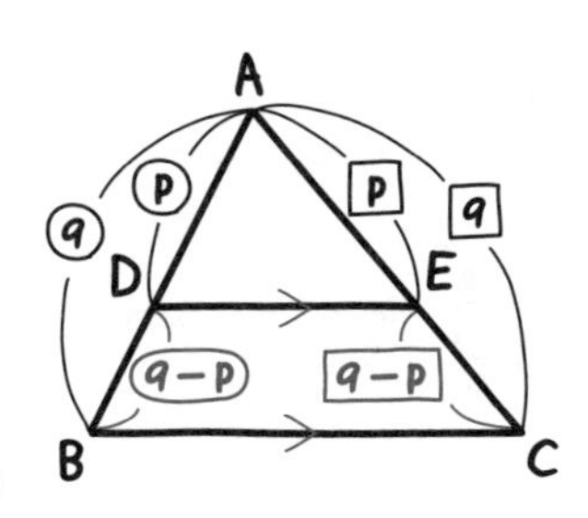

まぁ，$q-p$だと面倒なので，rとでもしておけばいいよ。これも逆がいえる。

AD：DB＝AE：ECなら　DE//BC　だ。

例題 2　つまずき度 !!!!!

右のxの長さを求めよ。

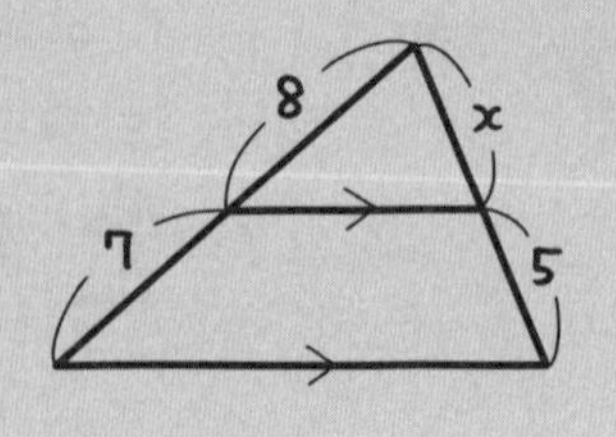

サクラさん，解いて。

「**解答**　$8 : 7 = x : 5$
$7x = 40$　　内側どうし，外側どうしを掛けた
$x = \frac{40}{7}$ ⇦ 答え　例題 2」

例題 3　つまずき度 !!!!!

△ABCで∠Aの二等分線と辺BCの交点をDとするとき，
AB : AC = BD : DC
になることを証明せよ。

点Cを通りADに平行な直線と，BAの延長線の交点をEとしよう。すると，今出てきた Point 67 の定理が使えるね。

「BA：AE＝BD：DCですね。」

そうだね。そして実は，△ACEはAC＝AEの二等辺三角形になるんだ。

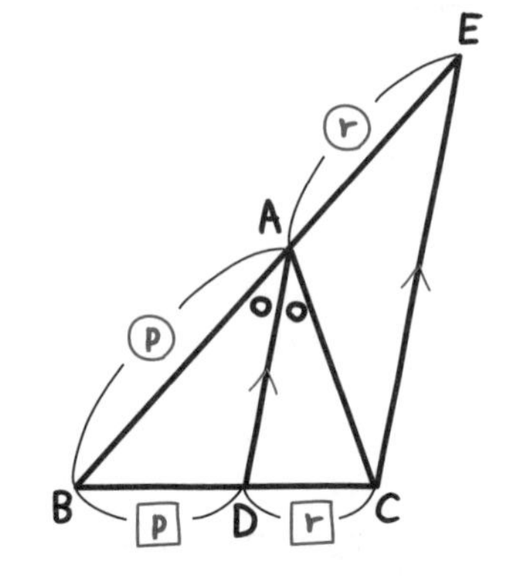

「えっ？　どうしてですか？」

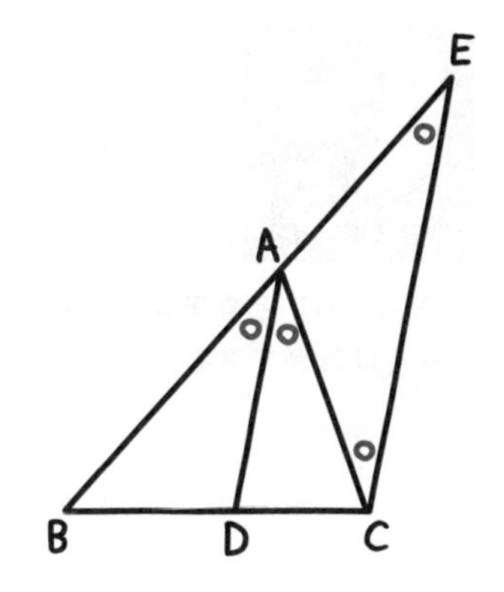

右の図の○をつけた4つの角が同じになるんだ。なぜかは，このあとに説明するからね。これと，さっきサクラさんがいったことを合体すると，AB：AC＝BD：DCになるよ。

解答　点Cを通りADに平行な直線と，BAの延長線の交点をEとすると

BA：AE＝BD：DC　……①

平行線の錯角より　∠DAC＝∠ACE

平行線の同位角より　∠BAD＝∠AEC

仮定より，∠DAC＝∠BADだから

∠ACE＝∠AEC

よって，△ACEは二等辺三角形であり

AC＝AE　……②

①，②より

AB：AC＝BD：DC　**例題 3**

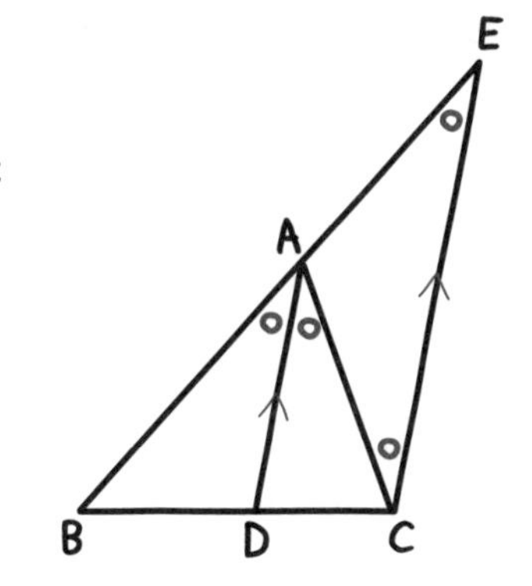

今証明した，**「頂角Aの二等分線は，底辺BCを左右の辺であるAB，ACの長さの比に分ける」**というのは，よく知られている性質だ。性質は知っているけど，証明はできないという人も多いと思うよ。

つまずき度 !!!!!

➡ 解答は別冊 p.108

右の図でAB//EF//DCであるとき，EFおよびBFの長さを求めよ。

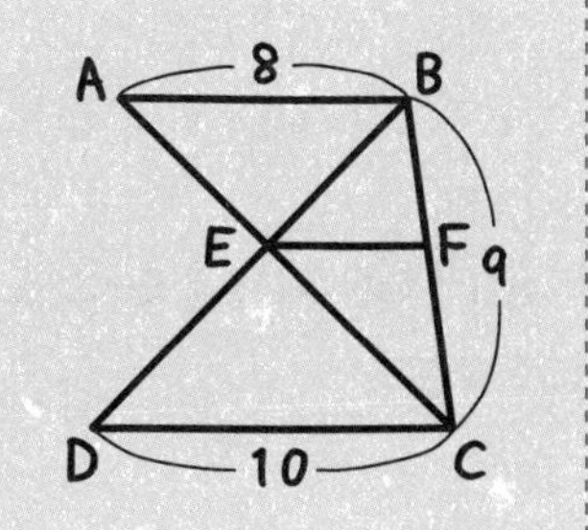

平行線と比

定理にいろいろなアレンジをすると，別の定理ができてしまう。それを覚えると，もっと速く計算ができる。

まず，次の定理を覚えてほしい。

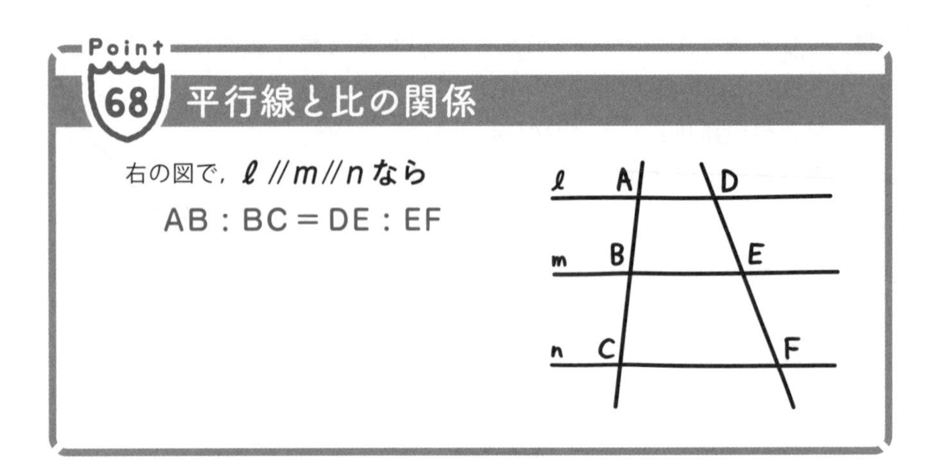

理屈は簡単だ。線分CA，線分FDを延長し，その交点をOとして考えればいいよ。

5-4 の Point 67 の定理を使えば

OA : AB : BC＝OD : DE : EF

になるからね。ちなみに，逆も成り立つ。

AB : BC＝DE : EFなら　$\ell /\!/ m /\!/ n$

になるよ。

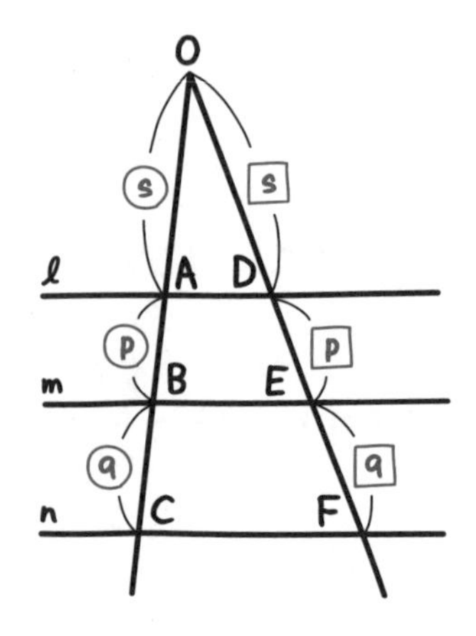

例題　つまずき度 !!!!!

右の図で，直線ℓ，m，nが平行のとき，xの値を求めよ。

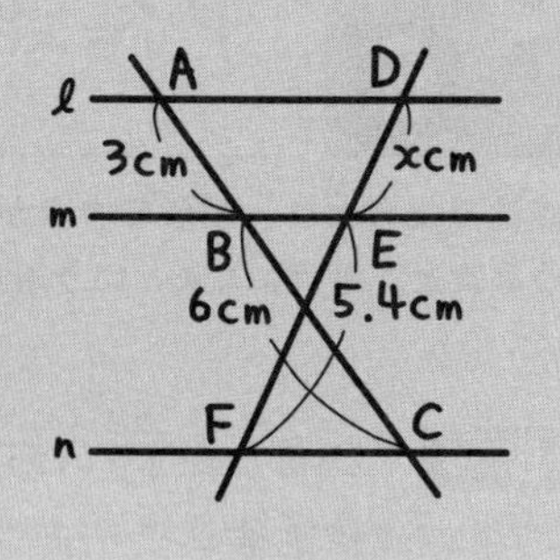

ACとDFが途中でクロスしていても，平行線と比の関係は変わらないよ。ケンタくん，解いてみよう。

「解答　$\ell /\!/ m /\!/ n$なので

$$AB:BC=DE:EF$$
$$3:6=x:5.4$$
$$1:2=x:5.4$$
$$2x=1\times 5.4$$
$$x=\underline{\underline{2.7}}$$
← 答え　例題」

よくできました。これは大丈夫そうだね。

✓CHECK 208　つまずき度 !!!!!　➡ 解答は別冊 p.109

右の図で$\ell /\!/ m$であるとき，ℓ，mと平行である直線は①～③のどれか。

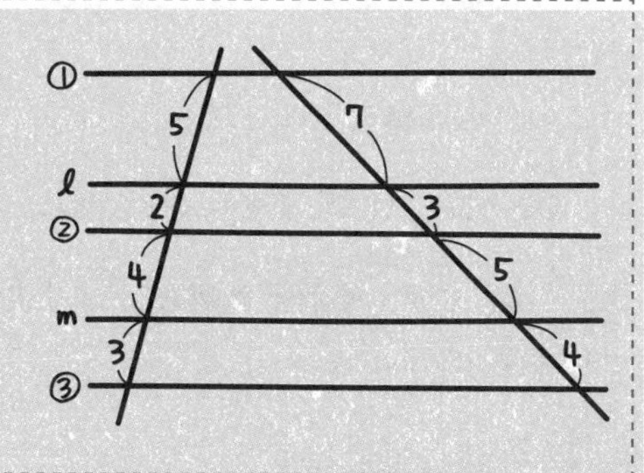

5-6 中点連結定理

中点連結定理とは，図形で中点が登場したときの定番の定理だ。長さが半分になるという事実と，平行になるという事実の両方ともよく使うよ。

5-4 で登場した Point 66 の応用で，点D，EがAB，ACの中点のときは，次の中点連結定理が成り立つんだ。

Point 69 中点連結定理

△ABCの辺AB，ACの**中点**をそれぞれ**D，E**とすると

DE//BC

$DE = \frac{1}{2}BC$

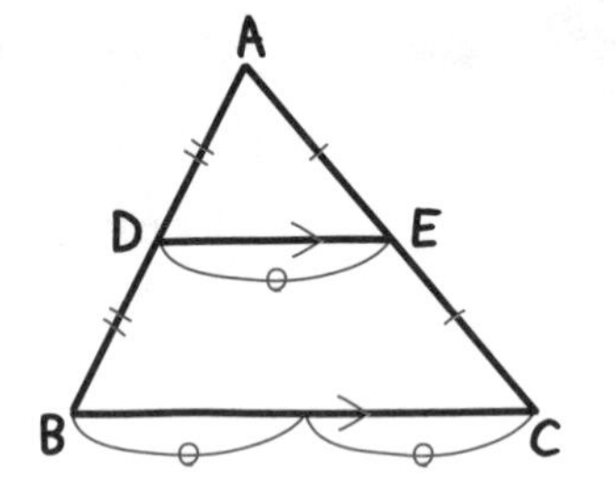

「Point 66 の $p : q$ が1：2になっただけですね。」

そうだね。中点のときは，DE:BC＝1：2，つまり $DE = \frac{1}{2}BC$ となるってことだ。

この中点連結定理は，逆も正しくて

DE//BC，かつ，$DE = \frac{1}{2}BC$ なら

D，Eが，それぞれ辺AB，ACの中点

といえるよ。

例題 1 つまずき度 ❗❗❗❗❗

AD//BC，AD＝x，BC＝y である台形ABCDの辺AB，CDの中点をそれぞれE，Fとすると，AD//EF//BCとなる。線分EFの長さをx，yを用いて表せ。

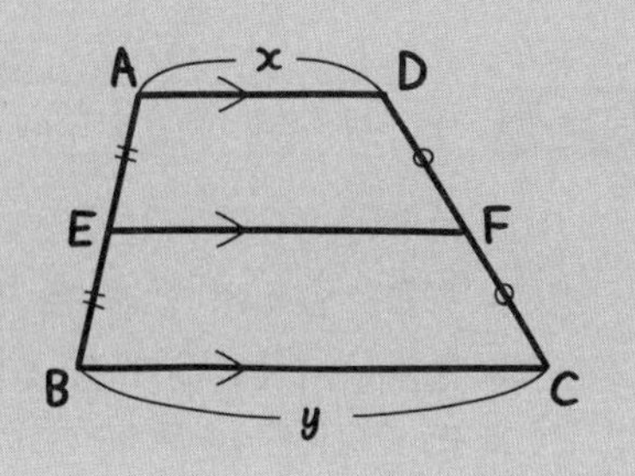

5-5 で学んだ平行線と比の関係から，AE：EB＝DF：FC（＝1：1）なのでAD//EF//BCとなるんだけど，ここまでは問題文に書かれているね。中点連結定理を使ってEFの長さを求めていこう。

「でも，三角形がないから，中点連結定理が使えませんよ。」

対角線を1本引いて三角形を作ってしまえばいいよ。例えば，ACを引いて線分EFとの交点をPとおこう。△ABCでも△CADでも中点連結定理が使える。ただし，点PがACの中点であることをいわないとダメだよ。

解答 対角線ACと線分EFの交点をPとする。

△ABCにおいて，EP//BCでAE＝EBだから，平行線と比の関係よりAP＝PCとなりPは線分ACの中点である。

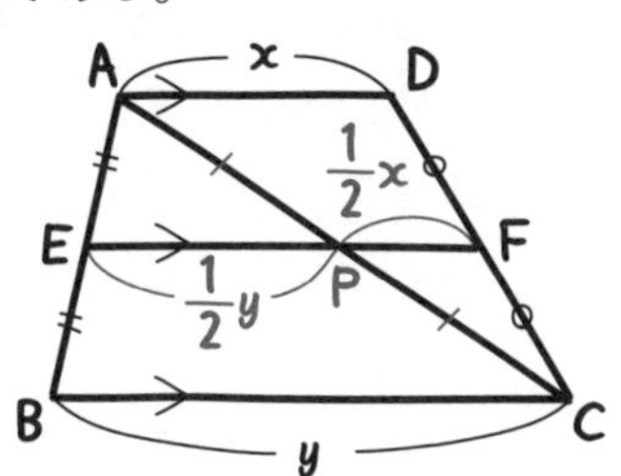

△ABCで中点連結定理より

$$\mathrm{EP}=\frac{1}{2}\mathrm{BC}=\frac{1}{2}y$$

△CADで中点連結定理より

$$\mathrm{PF}=\frac{1}{2}\mathrm{AD}=\frac{1}{2}x$$

よって　EF＝EP＋PF

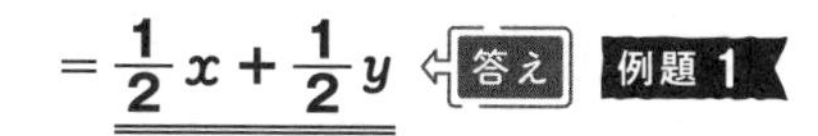

「線を１本引くだけで，すごくわかりやすく表せるんですね。」

例題 2　つまずき度 !!!!!

四角形ABCDの辺AB，BC，CD，DAの中点をそれぞれP，Q，R，Sとすると，四角形PQRSが平行四辺形になることを証明せよ。

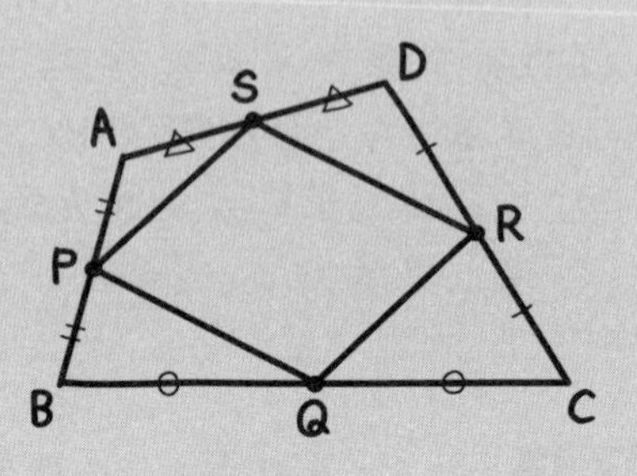

「平行四辺形になることの証明……。難しそう。」

問題文を見て，心が折れてたらダメだよ。負けグセがついちゃうぞ！中点がたくさん与えられていたら，「中点連結定理を使うんじゃないか？」と考えよう。それには三角形が必要だから対角線を引くんだ。

「そうやって解法に見当がつけば，ヤル気が出ます。」

中点連結定理の“平行になる”という性質を使えばいいよ。

解答　対角線ACを引くと，

△BACと△DACで中点連結定理より

PQ//AC，かつ，SR//AC

よって　PQ//SR

また，対角線BDを引くと，

△ABDと△CBDで中点連結定理より

PS//BD，かつ，QR//BD

よって　PS//QR

ゆえに，四角形PQRSは向かい合う２組の辺が平行なので平行四辺形である。

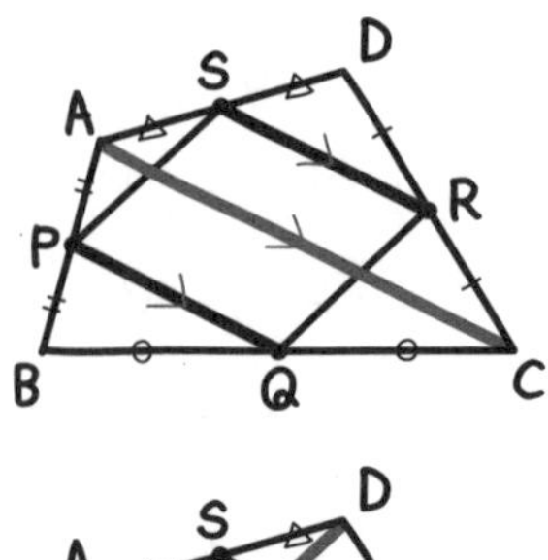

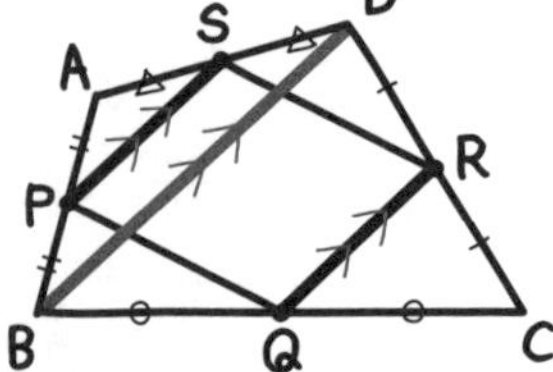

例題 2

「“中点連結定理を使う”とわかれば，対角線も引くし，そんなに難しくないですね。」

そうだね。復習のときは自力で解いてみよう。また，次のようにして証明してもいいよ。

解答 対角線ACを引くと，

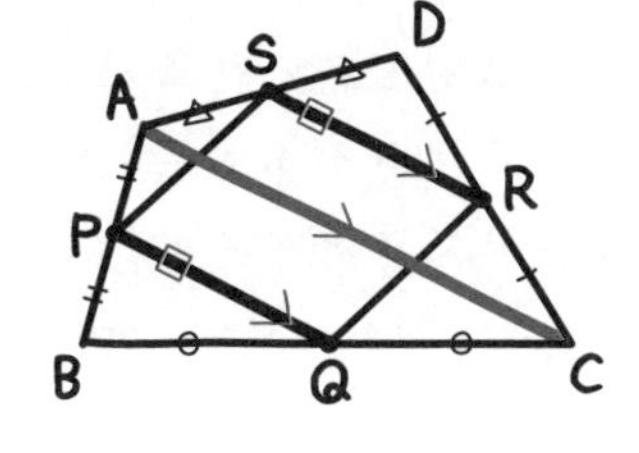

△BACと△DACで中点連結定理より

PQ//AC，かつ，SR//AC

よって　PQ//SR

また，△BACと△DACで中点連結定理より

$PQ=\frac{1}{2}AC$，$SR=\frac{1}{2}AC$

よって　PQ＝SR

ゆえに，四角形PQRSは向かい合う1組の辺が平行で長さが等しいので，平行四辺形である。 例題 2

「こっちのほうが簡単かも！」

中２の 5-6 の Point 47 ⑤で登場したものだね。

コツ18 中点を図に与えられたときの考えかた

中点がいくつも登場したときは，“中点連結定理”ではないか？　と考えることにしよう。

✓CHECK 209

つまずき度 !!!!!

➡ 解答は別冊 p.109

AD∥BC，AD＝3，BC＝7である台形ABCDの辺AB，CDの中点をそれぞれE，Fとすると，平行線と比の関係からAD∥EF∥BCとなる。線分EFと対角線BD，ACとの交点をそれぞれP，Qとするとき，PQの長さを求めよ。

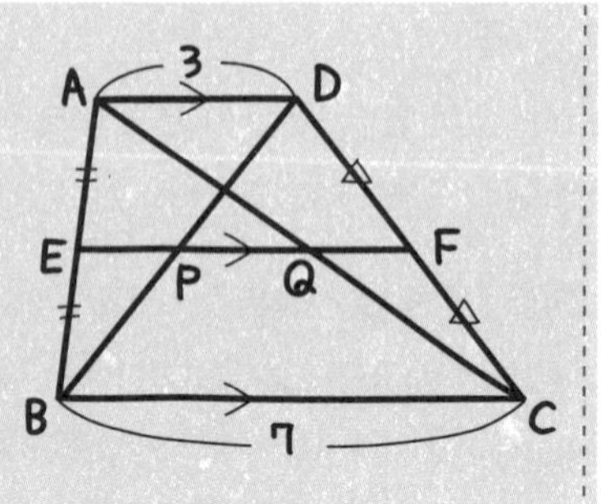

✓CHECK 210

つまずき度 !!!!!

➡ 解答は別冊 p.109

四角形ABCDの辺AB，辺CD，対角線AC，対角線BDの中点をそれぞれP，Q，M，Nとすると，四角形PMQNが平行四辺形になることを証明せよ。

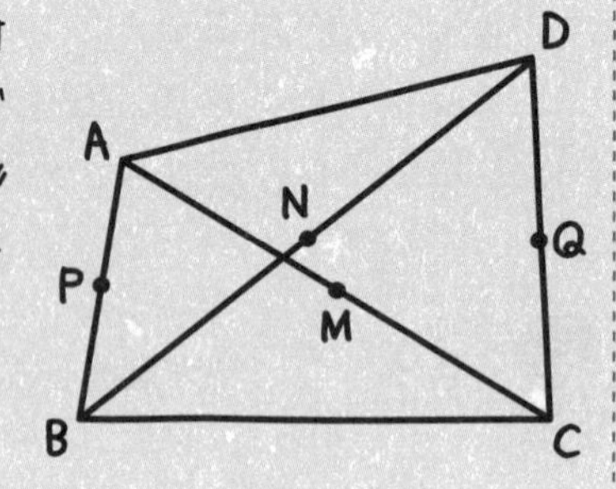

5-7 縮図をかいてみよう

相似の考えかたが，実際にどのように活用できるかの１つの例を挙げてみるよ。

例題　つまずき度 !!!!!

ビルの屋上に目印をつけ，40m離れた地点から計測器でそれをのぞきこむと，水平面に対して38°の角度をなしていることがわかった。

縮図をかくことにより，ビルのおよその高さを求めよ。また，計測器の高さは1mとする。

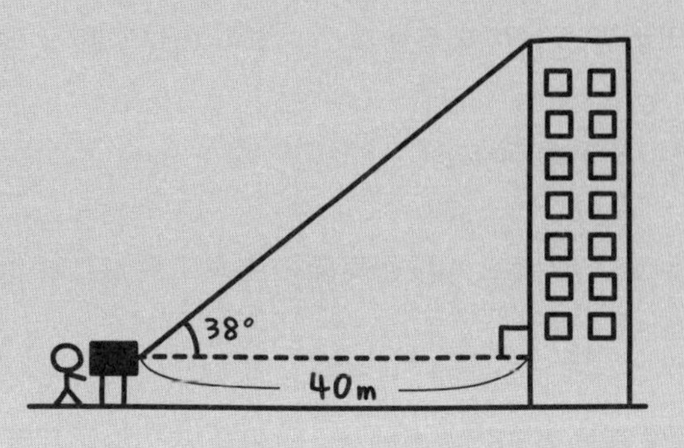

中3 5章

もちろん，長さが40ｍの図なんてかけないから，長さが4ｃｍの図をかこう。

「40ｍなら4ｃｍにすると決まっているのですか？」

例えば，5ｃｍにしてもできないことはない。でも，計算が面倒になるんだよね。**実際の長さのちょうど1000分の1とか，10000分の1とか，キリのいい縮尺で縮図をかこう。**

「じゃあ，4mmでもいいの？」

それはさすがに図としては小さすぎるよ。逆に4mは長すぎるしね。4cmがちょうどいいだろう。ちょうど1000分の1の縮尺になるからね。

では，実際に縮図をかいてみよう。分度器とものさしを使ってかくよ。

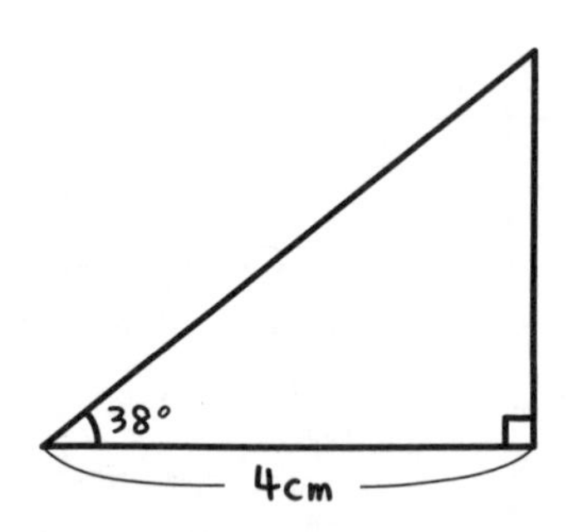

縦の長さはどれくらいになるかな？　ものさしで測ってみて。

「だいたい3.1cmです。」

そして，今かいた直角三角形と実際の直角三角形は相似になっているんだよね。

「どちらも直角と38°だから，2組の角がそれぞれ等しい！」

うん。ということは辺の比が等しいね。縮図の横の長さの“4cm”と実際の“40m”は1：1000の相似比になっている。実際の長さは1000倍ということだ。

「じゃあ，ビルの高さは3.1cmの1000倍だから，およそ31mですね！」

それから，**計測器の高さは1mだから，この長さを上乗せしなきゃいけないよ。**

「解答 三角形の$\frac{1}{1000}$の縮図をかいて，縦の長さを測るとおよそ3.1 cmより，問題の三角形の縦の長さはおよそ31 m

さらに，計測器の高さは1 mより，ビルの高さは

およそ**32 m** ⇦答え 例題」

正解。もちろん，計測器で測ったときの角度が完全に正確でなかったり，縮図をかくときに長さや角度が微妙にずれてピタッとした数にならなかったりするかもしれない。でも，この方法で，およその長さは求められるよ。

✓CHECK 211

つまずき度 !!!!!

➡ 解答は別冊 p.109

港をA，B，離れ小島の船着き場をCとする。今，AB間の直線距離は610 m，∠BAC＝47°，∠ABC＝69°とわかっている。

縮図をかくことにより，A，Bのそれぞれの港から船着き場Cまでのおよその距離を求めよ。

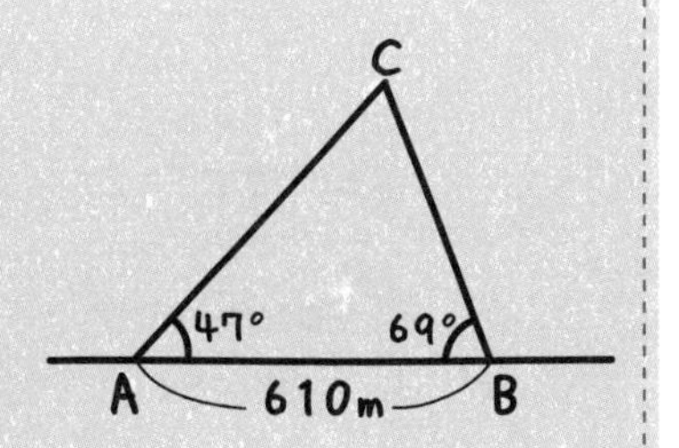

相似比と面積比・体積比

サイズがA4の紙の２枚分の大きさがA3。でも，コピー機でA4をA3にするには，1.41倍に拡大する。２倍じゃないのはなぜかな？

例題 1　つまずき度 ❗❕❕❕❕

次の長方形ABCDと長方形EFGHは相似な図形であり，相似比は3：5である。次の問いに答えよ。

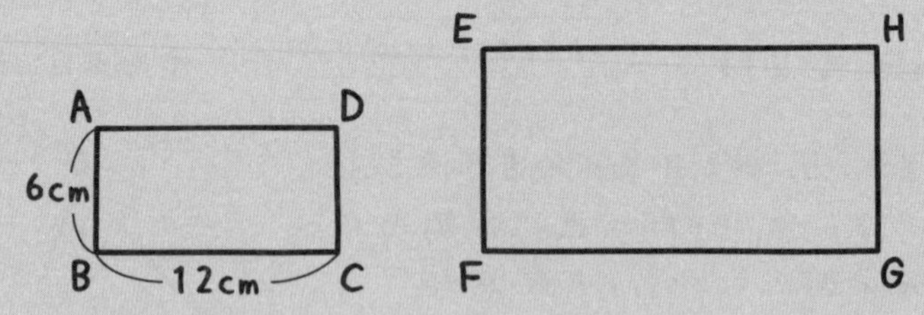

(1)　EFとFGの長さを求めよ。
(2)　長方形ABCDと長方形EFGHの周の長さの比を求めよ。
(3)　長方形ABCDと長方形EFGHの面積比を求めよ。

(1)をサクラさん，解いてみて。

「**解答**　相似比が３：５だから

AB：EF＝３：５

6：EF＝３：５

3×EF＝30　（内側）×（内側）＝（外側）×（外側）

EF＝10 (cm)　⇦ **答え**　**例題 1**　(1)

$BC : FG = 3 : 5$

$12 : FG = 3 : 5$

$3 \times FG = 60$　（内側）×（内側）＝（外側）×（外側）

$FG = \underline{\underline{20\ (cm)}}$　答え　例題 1　(1)」

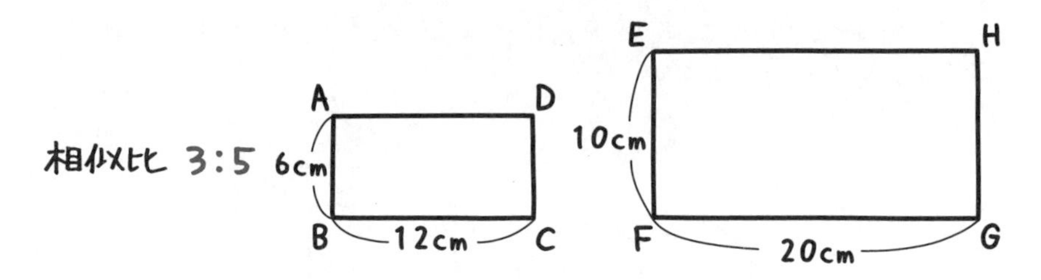

よくできました。それでは，ケンタくん，(2)と(3)を解いて。

「解答　長方形ABCDの周の長さは　$6 \times 2 + 12 \times 2 = 36$ (cm)

長方形EFGHの周の長さは　$10 \times 2 + 20 \times 2 = 60$ (cm)

周の長さの比は

両方を最大公約数の12で割った

$36 : 60 = \underline{\underline{3 : 5}}$　答え　例題 1　(2)

長方形ABCDの面積は　$6 \times 12 = 72$ (cm^2)

長方形EFGHの面積は　$10 \times 20 = 200$ (cm^2)

面積比は

両方を最大公約数の8で割った

$72 : 200 = \underline{\underline{9 : 25}}$　答え　例題 1　(3)」

正解。相似比と周の長さの比，面積比を見比べて何か気づかない？

「相似比と周の長さの比は同じですね。相似比と面積比は……。」

面積比は相似比の２乗になるんだ。

解答　周の長さの比は　$\underline{\underline{3 : 5}}$　答え　例題 1　(2)

面積比は　$3^2 : 5^2 = \underline{\underline{9 : 25}}$　答え　例題 1　(3)

としても正解だよ。

では，もう1問。今度は立体について考えよう。

例題 2　つまずき度 !!!!!

次の2つの立方体A，Bの1辺の長さはそれぞれ3cmと4cmである。

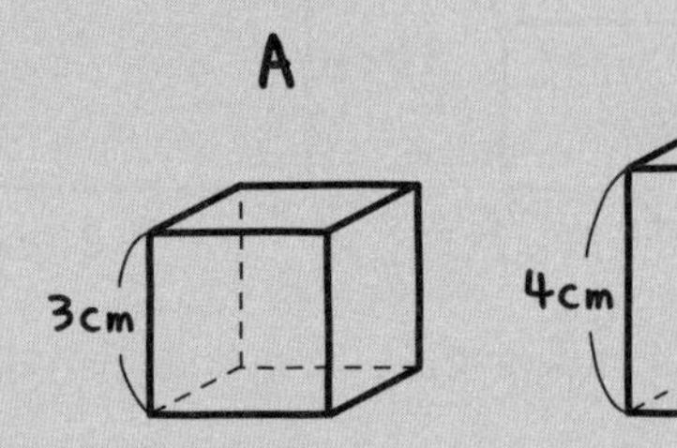

(1)　A，Bの表面積の比を求めよ。
(2)　A，Bの体積比を求めよ。

まず，(1)についてだけど，立方体は正方形が6面あるから，1つの面の面積を求めて6倍すれば表面積は求められるね。

解答　Aの表面積は3×3×6，Bの表面積は4×4×6で求められる。

表面積の比は　　（両方とも6で割った）

3×3×6（Aの表面積）：4×4×6（Bの表面積）＝**9：16**　← 答え　例題 2 (1)

Aの体積は　3×3×3＝27 (cm^3)

Bの体積は　4×4×4＝64 (cm^3)

よって体積比は **27：64**　← 答え　例題 2 (2)

サクラさん，相似比と表面積の比，体積比を見比べるとどうなっている？

「表面積の比は相似比の2乗，体積比は相似比の3乗になっています。」

その通り。

解答　表面積の比は　$3^2:4^2=$**9：16**　答え　例題2 (1)

体積比は　$3^3:4^3=$**27：64**　答え　例題2 (2)

としても正解だよ。

Point 70 相似比と面積比・体積比

◎　**平面図形の相似比**が$a:b$のとき

周の長さの比は$a:b$，**面積比**は$a^2:b^2$

◎　**立体図形の相似比**が$a:b$のとき

表面積の比は$a^2:b^2$，**体積比**は$a^3:b^3$

面積に関しては2乗になって，体積に関しては3乗になるんだ。

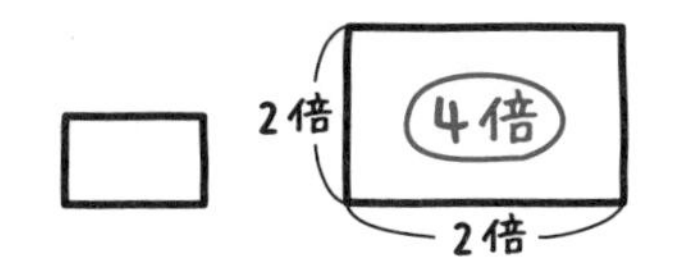

コピーを思い浮かべてごらん。2倍のコピーなら上下に2倍，左右に2倍になるので，面積は2^2で4倍になるよね。つまり，相似比が1：2のとき面積比は$1^2:2^2$ということだ。

また，例えば，立体をコピーできる機械があったら，2倍のコピーなら上下に2倍，左右に2倍，奥行きも2倍になるので，体積は2^3で8倍になるはずだ。つまり，相似比が1：2のとき体積比は$1^3:2^3$ということだね。

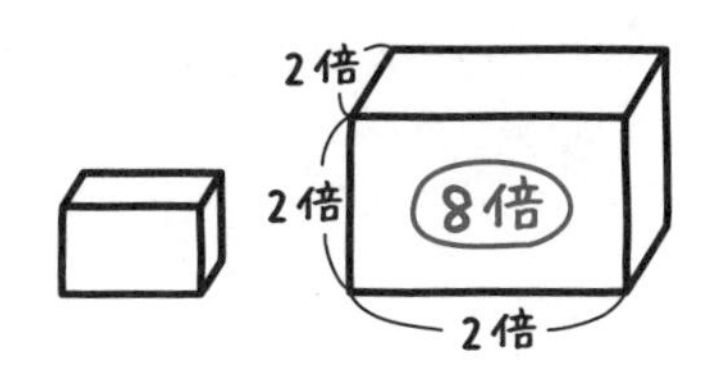

「立体は3Dプリンタでコピーできますね。」

さて，1つ面白い話をしよう。『ガリバー旅行記』を知っているかな？

ガリバーが小人たちの国に行くんだけど，ガリバーの身長は小人たちの12倍だった。そして，『小人たちはガリバーのベッドのために150枚のシーツをつなぎ合わせ，ガリバーの食事のために1728人分(注：1724人分の本もあります)の食材を用意した』というシーンが登場するんだ。この数字には根拠があるんだよ。12倍なので，平面であるシーツの面積は$12^2=144$で約150倍，立体である料理の体積は12^3で1728倍になる。

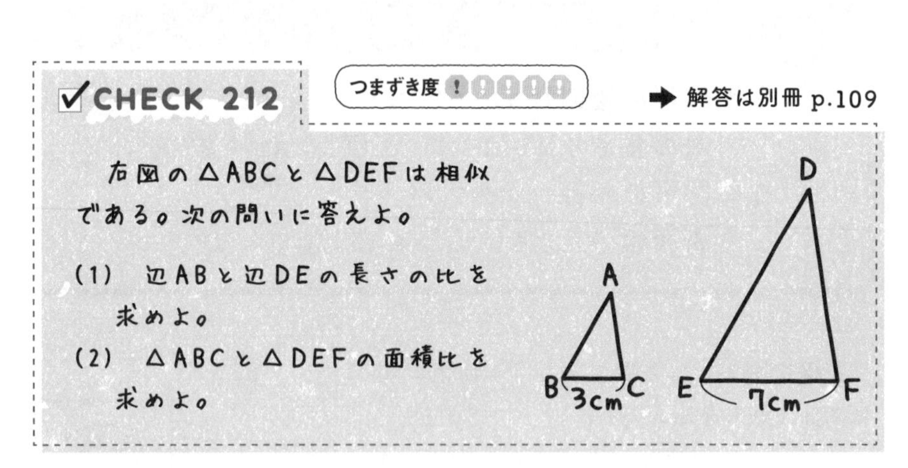

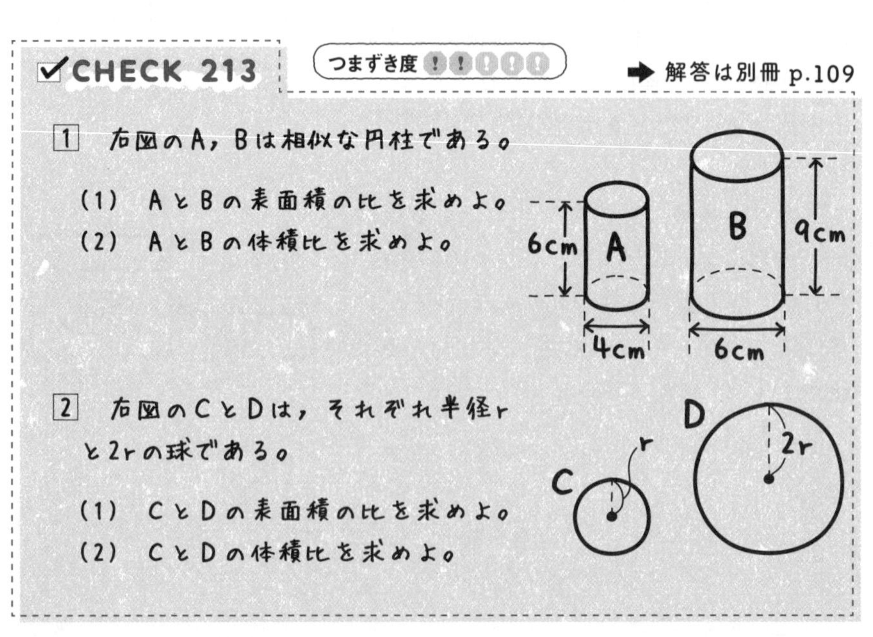

中学3年 6章

円の性質

「円って以前にやった記憶が……。」

中1で出てきたよ。円とおうぎ形について学んだよね。

「そう，そう。たしか，円が関係する作図をやったり，おうぎ形の面積を求めたりしましたね。
まだ，ほかにもやることがあるのですか？」

うん。まだ覚えてほしい公式や解いてほしい問題があるんだ。しっかりやっていこう。

6-1 円と接線，円周角

中1の5-8で，「弦」や「弧」という言葉が登場した。忘れた人は，それをチェックしてから学習しよう。

まず，円と接線について，次の性質が成り立つ。

Point 71 円と接線の性質

図の線分AP，AQの長さを，**点Aから円Oに引いた接線の長さ**といい，**AP＝AQ**が成り立つ。

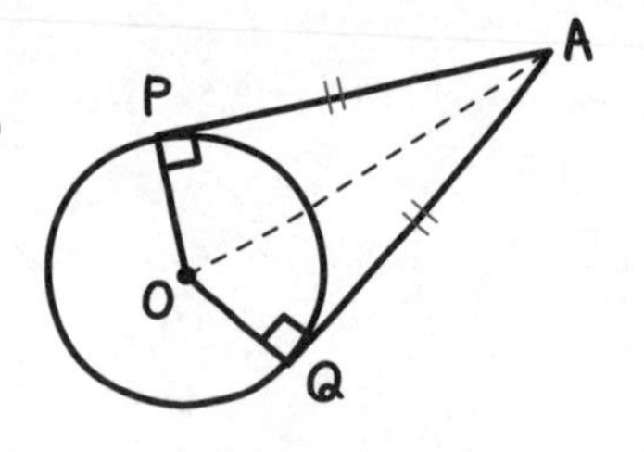

実は，中2の5-4のCHECK 139で，これがなぜ成立するかを証明する問題を出しているんだ。確認しておいてね。

さて，円周上に2点A，Bがある。そして，同じ円周上に点Pをとり，∠APB＝$\angle x$としようか。この$\angle x$を$\overset{\frown}{AB}$に対する**円周角**（えんしゅうかく）というよ。

円周角について成り立つことをまとめておこう。

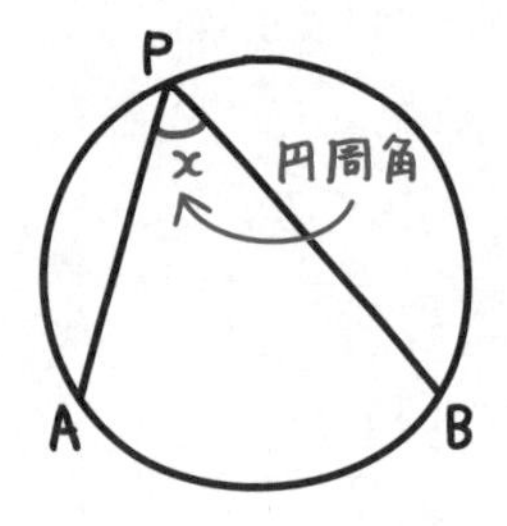

円周角の定理①

弧ABに対する円周角(∠APB)

は，弦ABに対して同じ側に点Pがあるとき，**同じ大きさ**になる。

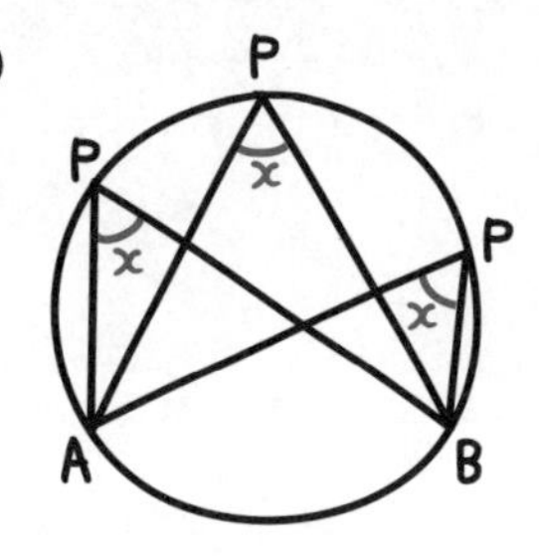

「弧が同じなら，円周角の大きさも同じってことですね。」

さらに，円の中心をOとしたとき∠AOBを，中1の **5-8** で習ったけど**中心角**といったね。円周角と中心角には，次のような関係があるよ。

Point 73

円周角の定理②

1つの弧に対する**中心角**の大きさは，その弧に対する **円周角の2倍** になる。

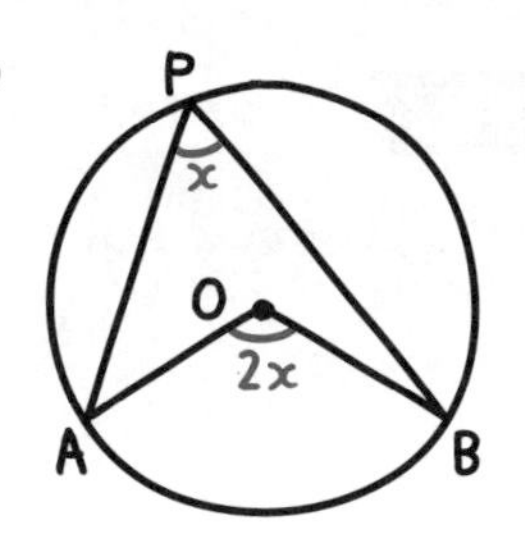

これらを使って問題を解いていこう！

例題 1 つまずき度 !!!!!

右図の∠xの大きさを求めよ。

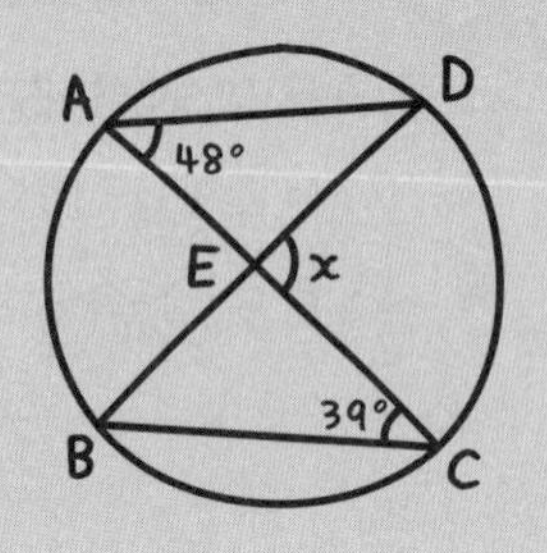

点Eは円の中心ではないから，∠xは中心角ではないよ。

また，∠DACは$\overset{\frown}{DC}$に対する円周角だ。ということは，同じ角度になるところがあるよね。

「∠DBCですね。∠DBC＝48°となり，△EBCで∠xは外角だから

解答 ∠x＝48°＋39°

＝**87°** ←答え 例題 1」

三角形の外角は，となり合わない2つの内角の和に等しいという，中2の 4-2 で学習した知識を使えばいいね。では，次もやってみよう。

例題 2 つまずき度 !!!!!

右図の∠xの大きさを求めよ。

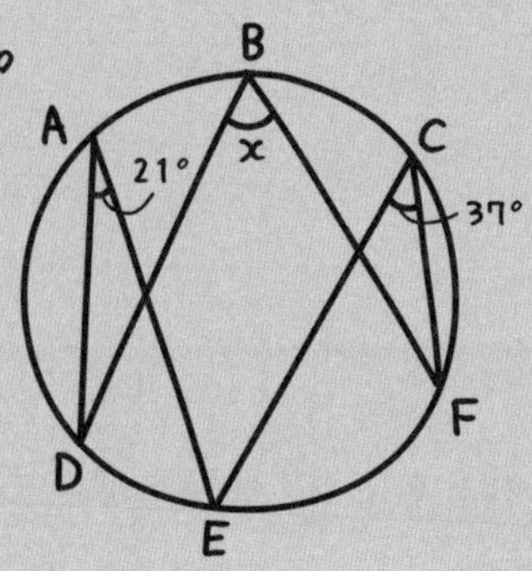

「$\angle x$は，21°とも37°とも等しくないですよね？」

うん。$\overset{\frown}{DE}$と$\overset{\frown}{EF}$の円周角がわかっているから，補助線BEを引いて考えよう。

解答　$\angle$DAEは$\overset{\frown}{DE}$に対する円周角だから，
$\angle$DAE＝21°ということは
　$\angle$DBE＝21°
$\angle$ECFは$\overset{\frown}{EF}$に対する円周角だから，
$\angle$ECF＝37°ということは
　$\angle$EBF＝37°
よって　$\angle x$＝21°＋37°
　　　　　＝**58°**　答え　例題2

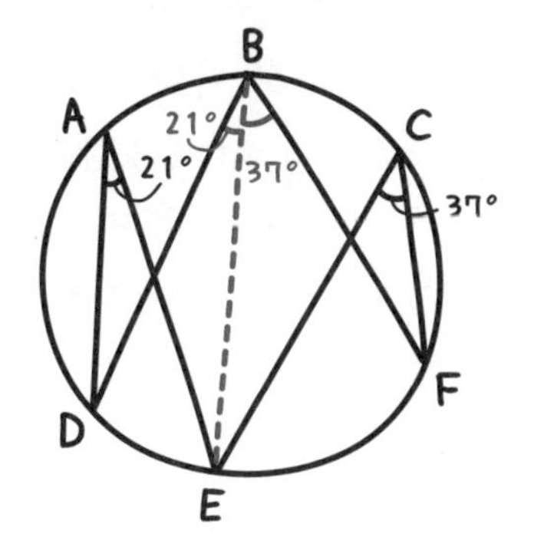

「そうか。$\angle x$は2つに分けて考えればいいんだな。」

そういうこと。では次だ。ドンドンいくよ。

例題 3

つまずき度 !!!!!

右図の$\angle x$の大きさを求めよ。ただし，点Oは円の中心とする。

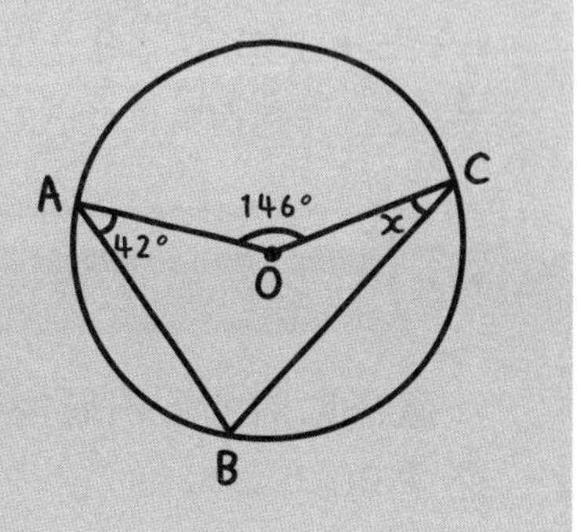

「$\angle$AOCは中心角だな。中心角は円周角の2倍だ。
ということは，円周角は146°の半分なので，$\angle$ABC＝73°ですね。あとは，うーん……。」

これと似た形を中２の**4-2**で扱ったよ。同じようにやってごらん。

「そうか。分割するんだった！

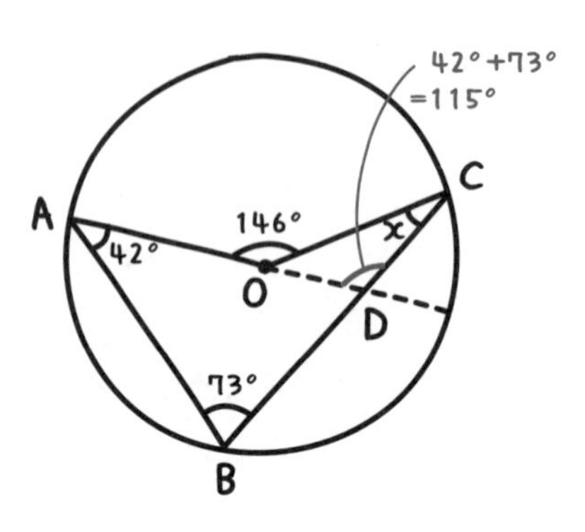

解答　$\angle ABC = \frac{1}{2}\angle AOC$

$= 73°$

AOの延長とBCの交点をDとすると

$\angle ODC = 42° + 73°$

$= 115°$

で……。」

∠OCDと∠ODCの和が∠AOCだね。

「そうか！

$115° + \angle x = 146°$

$\angle x =$ **31°** ⇐答え　例題3

うーん……，けっこう難しいな。」

少しずつ慣れていってね。わかる角度は図中にドンドン書いていこう。さて，ここで円周角についての新しいことを教えよう。

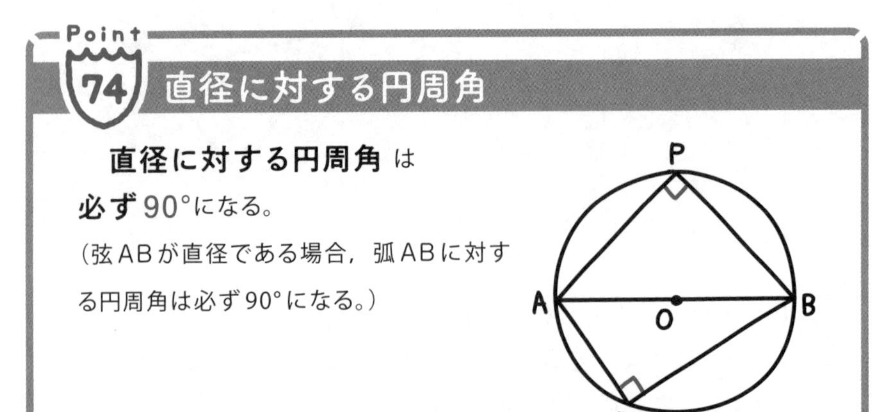

直径に対する円周角は**必ず**90°になる。

（弦ABが直径である場合，弧ABに対する円周角は必ず90°になる。）

「直径のときは，円周角が90°なんですね。」

うん。問題の図には90°となくても，必ず90°として考えよう。

例題 4 つまずき度 !!!!!

右図の$\angle x$の大きさを求めよ。ただし，点Oは円の中心とする。

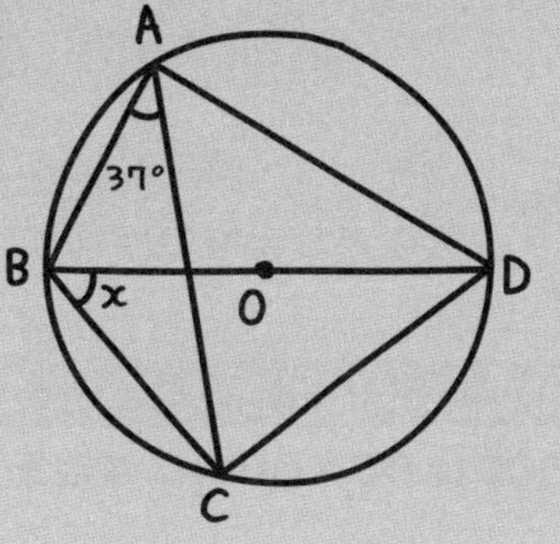

∠BAD＝90°だね。それを使おう。

「**解答** BDは円の直径なので

$\angle BAD=90°$

$\angle CAD=90°-37°$

$=53°$

∠CBDも∠CADと同様に$\overset{\frown}{CD}$に対しての円周角だから

$\angle x=$ **53°** ⇐答え 例題 4」

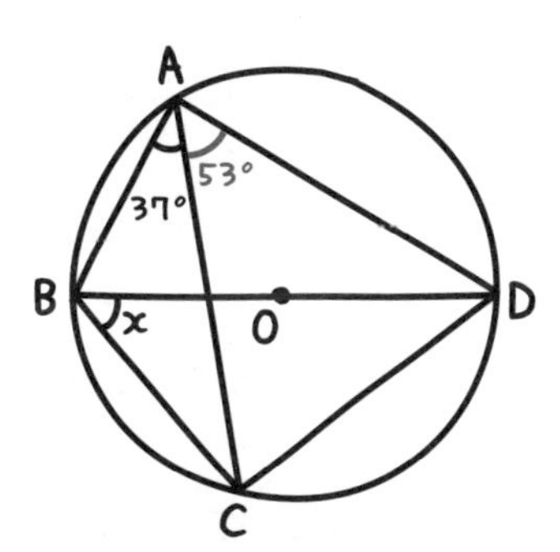

そうだね。正解。

例題 5

つまずき度 !!!!!

右図の$\angle x$，$\angle y$の大きさを求めよ。ただし，点Oは円の中心とする。

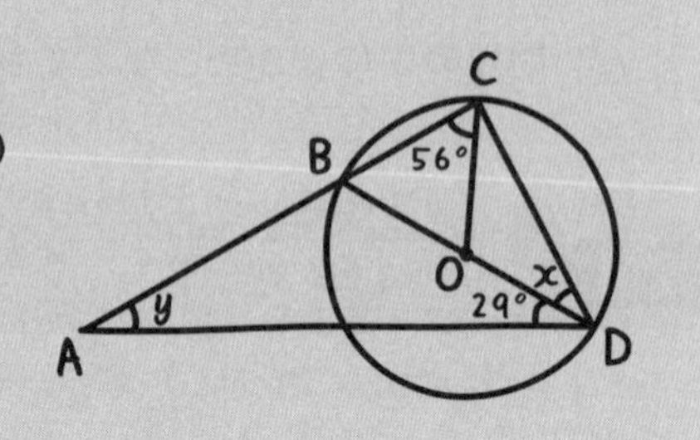

「どこから手をつければいいのか……。」

OC，ODは半径なので，長さが等しいんだよね。**ということは△OCDはOC＝ODの二等辺三角形**なので，底角は等しくなる。

「$\angle$OCD＝$\angle x$になるんですね！　しかも，$\angle$BCD＝90°だから

解答　OC＝OD（円の半径）より

△OCDは二等辺三角形なので

$\angle$ODC＝$\angle$OCD

＝$\angle x$

よって　$\angle x+56°=90°$

$\angle x=$ **34°** ⇐ 答え 例題 5

$\angle$ADC＝34°＋29°

＝63°

△ADCの内角の和は180°より

$\angle y=180°-(90°+63°)$

＝**27°** ⇐ 答え 例題 5

半径が三角形の２辺になる場合，二等辺三角形になるのね。」

また，はじめに$\angle$BCD＝90°を使って，$\angle$OCD＝34°を求めたあとに，$\angle$OCD＝$\angle$ODCに注目しても解けるよ。

さて，ここではたくさん問題を扱ったけど，大丈夫だったかな？　円の中に図形があるときは，円周角についての知識を使うことが多いよ。Point 71～Point 74の内容はよく覚えておいてね。

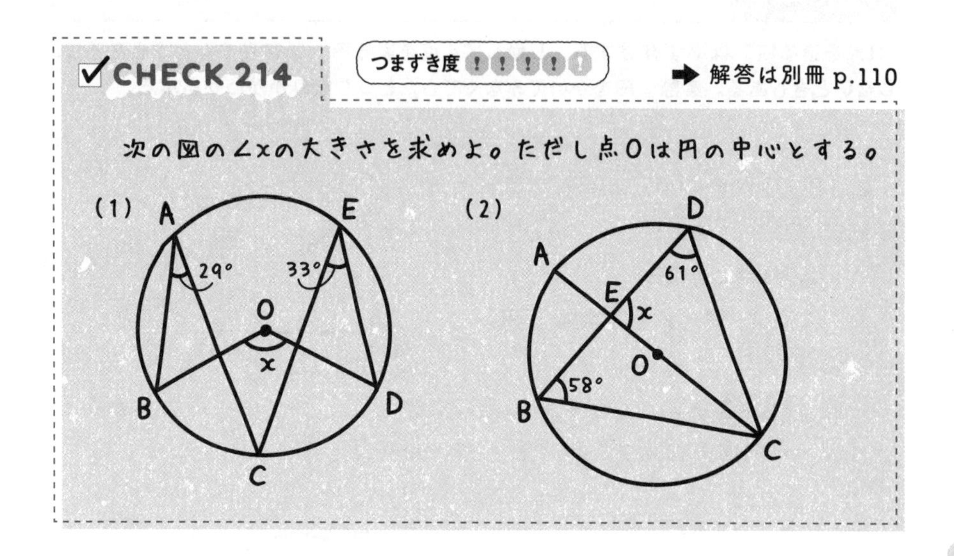

中3 6章

6-2 円周角の定理の逆

“3点を通る円” は必ず存在する。しかし，“4点を通る円” は存在するときもあるし，しないときもある。実際に円をかいてみなくても，どっちなのかがわかるんだ。

２点P，Qが直線ABに対して同じ側にあり

$\angle APB = \angle AQB$

なら，**４点A，B，P，Qは同じ円周上にある。**

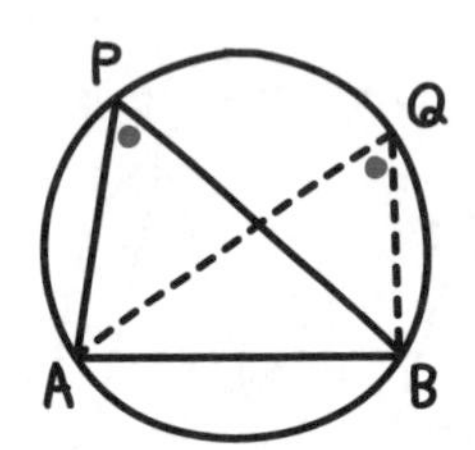

これは6-1で学んだ**円周角の定理の逆**だよ。つまり，円周角が等しければ同じ円周上にあるということだ。同様に，次のこともいえる。

$\angle APB < \angle AQB$

なら，点Qは3点A，B，Pを通る円の内側にある。

$\angle APB > \angle AQB$

なら，点Qは3点A，B，Pを通る円の外側にある。

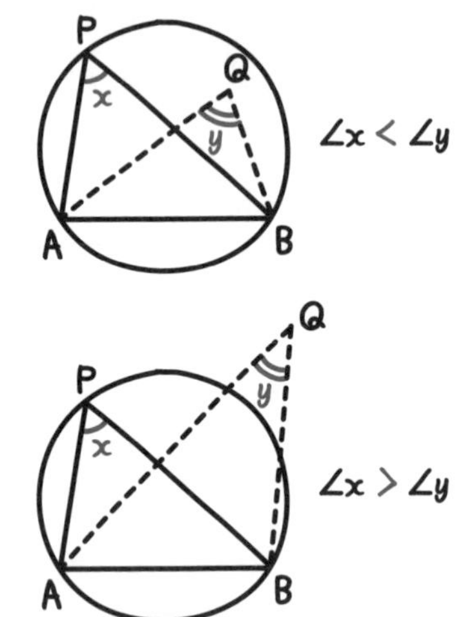

これらを使って問題を解いてみよう。

例題 つまずき度 !!!!!

次の(1)，(2)の図において4点A，B，P，Qは同じ円周上にあるといえるか。同じ円周上にないときは，点Qが3点A，B，Pを通る円の内側，外側のどちらにあるかを答えよ。

(1)

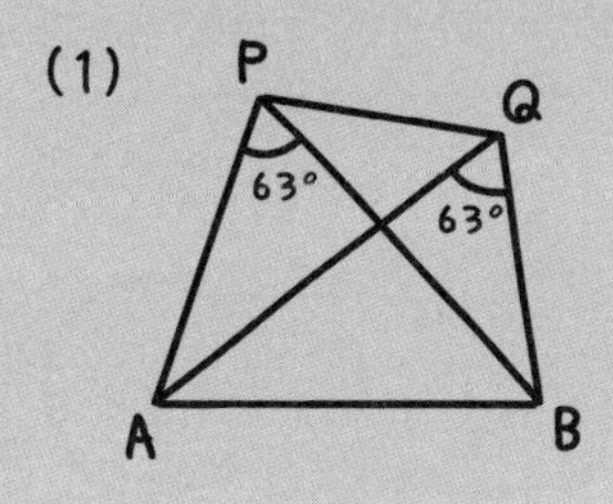

(2)

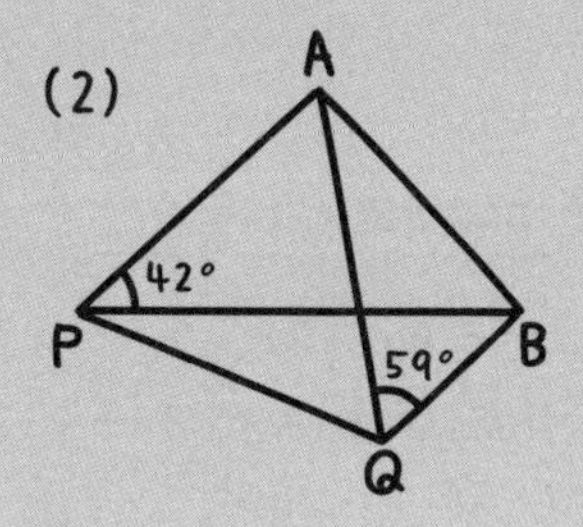

できるかな？　サクラさん，解いてみて。

「解答 (1)　∠APB＝∠AQBより，

4点A，B，P，Qは同じ円周上にある。

(2)　∠APB＜∠AQBより，

4点A，B，P，Qは同じ円周上になく，

点Qは3点A，B，Pを通る円の内側にある。

」

CHECK 215 つまずき度 !!!!! ➡ 解答は別冊 p.110

右図の4点A，B，P，Qは同じ円周上にあるといえるか。同じ円周上にないときは点Pが3点A，B，Qを通る円の内側，外側のどちらにあるかを答えよ。

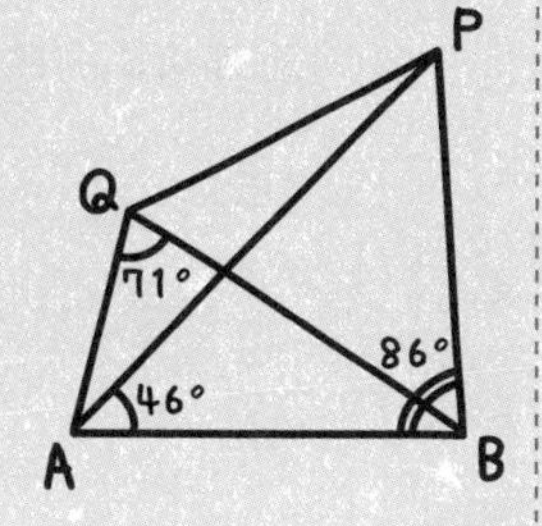

6-3 円周角を使った作図

グラウンドに円のラインをかくときは，巨大なコンパスがないので，２点Ａ，Ｂに立った２人が同じひもをピンと張った状態で持ち，１人がラインを引きながら移動すればいいよ。

例題 1　つまずき度 !!!!!

図のように，点Oを中心とする円の外側に点Aがある。点Aから円に引いた接線を作図せよ。

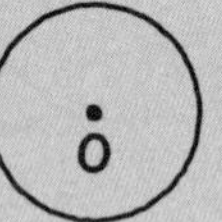

ＯＡを直径とする円をかき，問題の図の円との交点を求めるんだ。

解答　①　**線分OAの垂直二等分線を引くと，線分OAとの交点が中点になる**から，これをMとする。

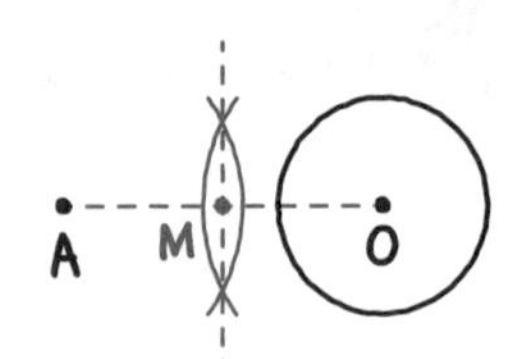

②　**点Mを中心として半径OMの円をかく。**問題の円との交点をB，B′とする。

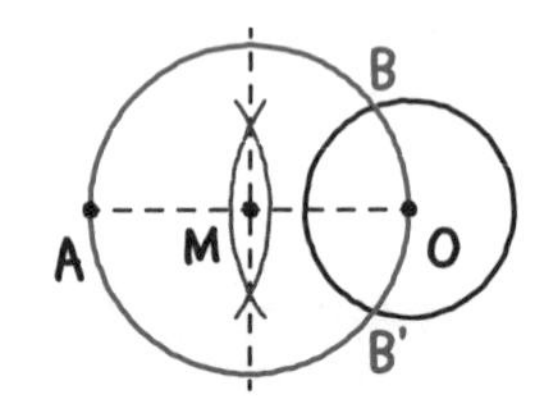

③　**直線AB，AB′が求める接線になる。**

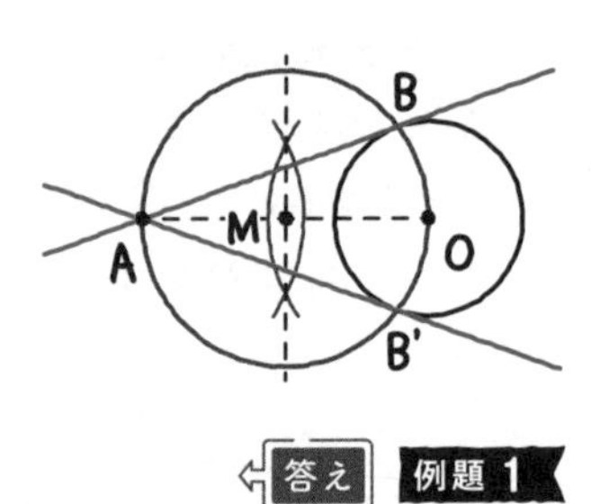

答え　例題 1

「どうして，これで接線になるのですか？」

6-1 の Point 74 を使えばいい。OAが点Mを中心とした円の直径だから，∠OBA＝90°で接線とわかる。∠OB′Aも同じだよ。

さて，もう1つ話をしよう。サッカーやハンドボールで，うまい選手はどこからでもシュートをきめられるよね。何人かで，図のようにゴールラインの点A，Bから同じ角度となる位置でシュートの練習をしたい。この位置は，どのようにすれば見つけられる？

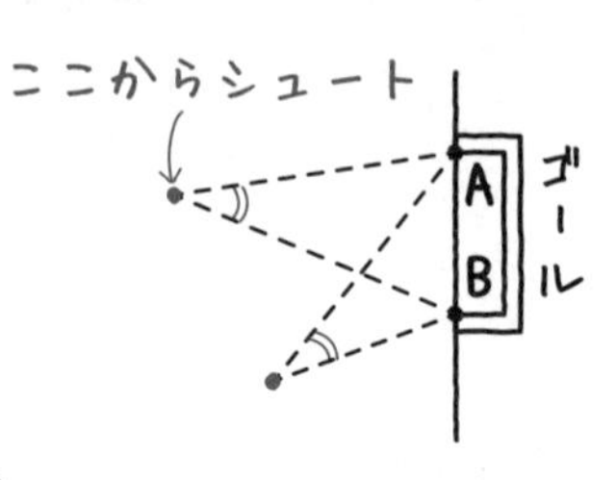

「巨大な分度器はないですよね。」

実はいい方法があるよ。2点A，Bを通る円を考えればいいんだ。

「円の中心は，どこにすればいいのですか？」

中1の 5-4 で登場したよ。

① 線分ABの垂直二等分線を引けば，その上に2点A，Bを通る円の中心をとることができる。ゴールラインの正面側ならどこでもいいので中心Oをとる。

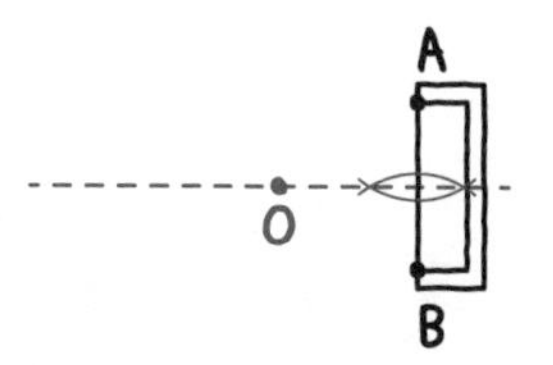

② 点Oを中心にOAを半径とする円をかけば，点Bを通る。

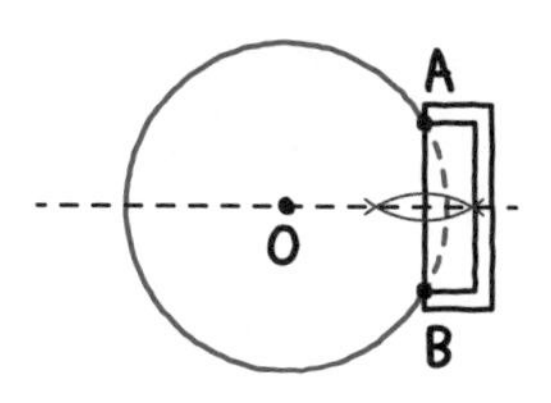

③　長いほうの弧ABのどこに点Pをとっても，∠APBは一定になる。つまり，求める位置は長いほうの弧AB上になる。

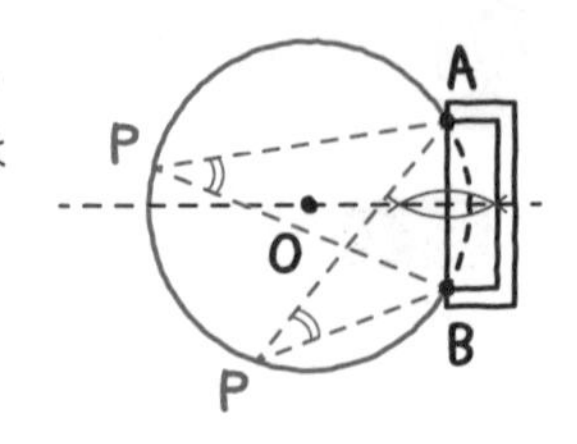

「円周角の定理が成り立つからですね！すごーい。」

もっといえば，その円周角が30°や45°になるようにもできるんだ。

例題 2　つまずき度 ！！！！！

図のようなサッカーのゴールがある。ゴールラインに点A，Bをとるとき，∠APB＝45°になる点Pの位置をゴールの正面側に作図せよ。

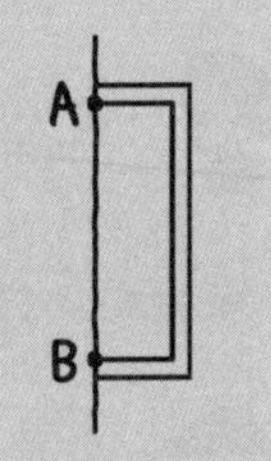

まず，**ABを斜辺とする直角二等辺三角形ABDを作ろう。**

解答　①　**線分ABの垂直二等分線を引くと，線分ABとの交点が中点となる**から，これを点Mとする。**AMの長さをコンパスではかり，これを半径とする点Mを中心とした円の一部をかき，垂直二等分線との交点をDとする。これで，△ABDはDA＝DBの直角二等辺三角形となる。**

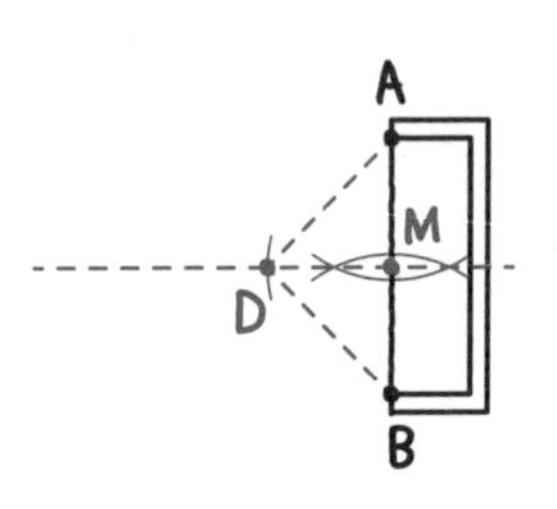

②　**点Dを中心とした半径DAの円をかけば，点Bも通る。**

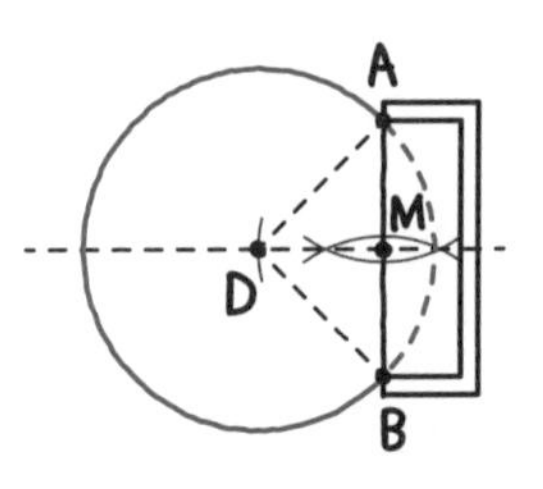

③　長いほうの弧ABのどこに点Pをとっても∠APB＝45°になる。点Pの位置は長いほうの弧AB上となる。

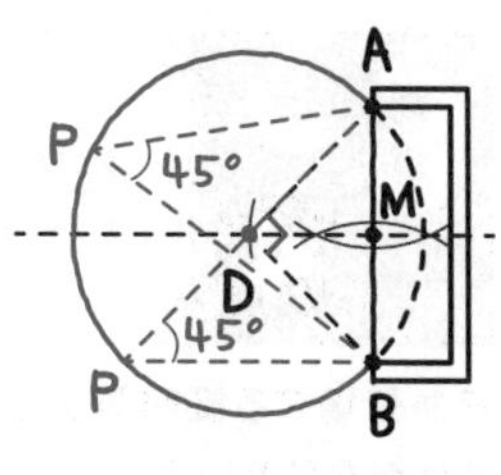

「どうして，△ABDが直角二等辺三角形になるのですか？」

まず，①の手順から∠AMD＝90°とAM＝DMがわかるので，△AMDは直角二等辺三角形になる。ということは，∠ADMの角度は？

「45°です。」

その通り。しかも，△AMD≡△BMDだから∠BDM＝45°とわかる。

「∠ADB＝90°でDA＝DBだから，直角二等辺三角形になりますね。」

つまずき度 !!!!!

➡ 解答は別冊 p.110

図のようなサッカーのゴールがあり，ゴールラインに点A，Bをとる。

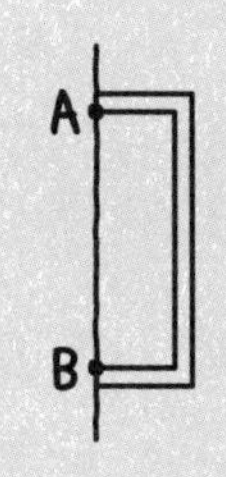

(1)　△ABCが正三角形となる点Cを，ゴールの正面側に作図せよ。

(2)　∠AQB=30°になる点Qの位置を，ゴールの正面側に作図せよ。

(3)　∠ARB=60°になる点Rの位置を，ゴールの正面側に作図せよ。

円周角を使った証明

円が登場する証明問題が出てきたら，円周角を思い浮かべるようにしよう。使う可能性はかなり高いよ。

例題 1　つまずき度 !!!!!

円周上に，A，B，C，Dの順に点をとり，線分AC，BDの交点をPとする。このとき，△PAB∽△PDCになることを証明せよ。

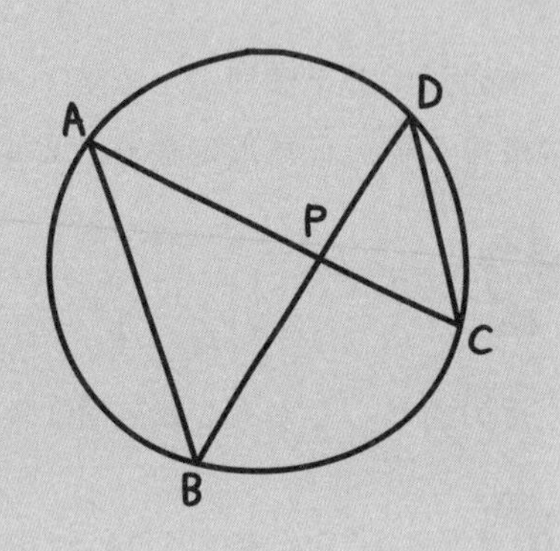

相似になるための条件は，5-2 の Point 65 で学んでいるね。

「今回は，長さが書いてないから，きっとウの『2組の角が，それぞれ等しい』だ。」

そうだね。対頂角に加え，円周角の定理も使えばいい。

解答　△PABと△PDCにおいて

∠APB＝∠DPC（対頂角）

∠PAB＝∠PDC（$\overset{\frown}{BC}$に対する円周角）

2組の角がそれぞれ等しいから，△PAB∽△PDC　**例題 1**

例題 2　つまずき度 !!!!!

図のように，ABを直径とする円周上に2点P，Qをとり，2直線AP，BQの交点をR，2直線AQ，BPの交点をSとする。このとき，4点P，Q，S，Rは同じ円周上にあることを証明せよ。

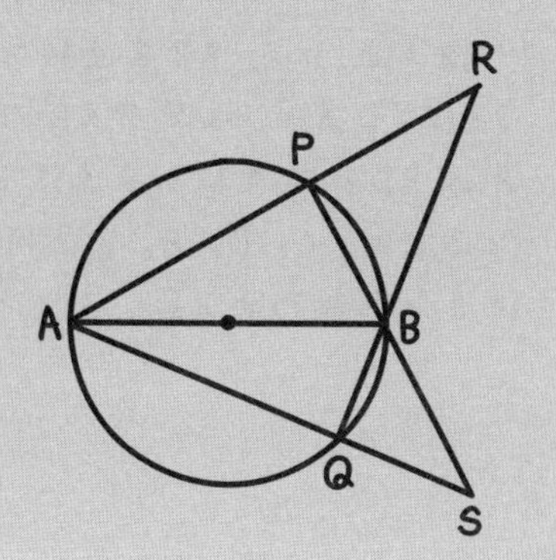

まず，直径に対する円周角より∠APBが直角になる。ということは，∠RPSも直角になるよね。これはわかる？

「はい。同じようにして，∠AQBも∠SQRも直角ですよね。」

そういうことだ。これで証明できるよ。

解答　ABは直径なので，∠APB＝90°より　∠RPS＝90°
同様に，∠AQB＝90°より　∠SQR＝90°
よって，∠RPS＝∠SQRより，4点P，Q，S，Rは同じ円周上にある。　**例題 2**

「あっ，そうか。$\overset{\frown}{SR}$を弧と考えると，円周角が等しいから同じ円周上なんですね。」

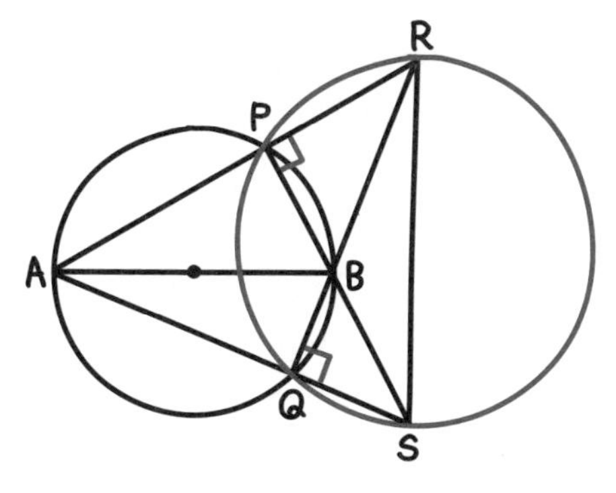

ちなみに∠RPS＝∠SQR＝90°だから，SRが直径となる円周上に4点P，Q，S，Rはあるよ。

✓CHECK 217

つまずき度 !!!!!

➡ 解答は別冊 p.111

図のように，ABを直径とする円周上に2点C，Dをとり，線分AD，BCの交点をE，AC，BDの延長線の交点をFとする。このとき，4点C，D，E，Fは同じ円周上にあることを証明せよ。

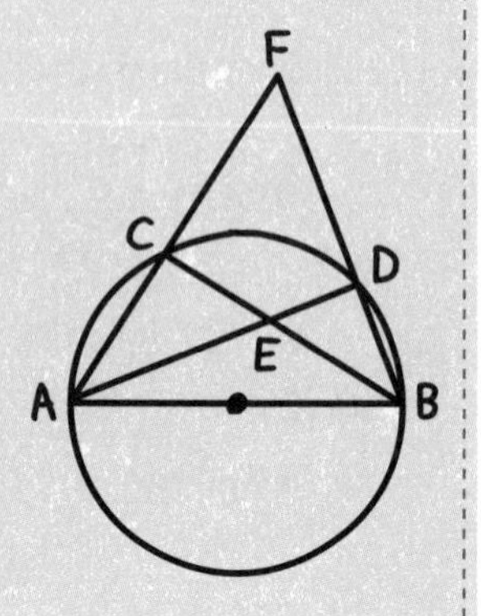

中学3年 7章

三平方の定理

テレビの画面の大きさを『●インチ』というよね。1インチは約2.5cmのことだ。だから，40インチなら

$$2.5\times40=100(\mathrm{cm})$$

のことになるんだ。

「それって，縦，横どっちの長さなんですか？」

いや，どちらでもない。対角線の長さを表しているんだよ。

「えっ？　知らなかった。」

テレビの縦と横の長さの比は9：16なので，一方の長さがわかればもう一方もわかるし，この単元を勉強すれば，対角線の長さもわかるよ。逆に，対角線の長さから縦，横の長さも求められるよ。

三平方の定理

三平方の定理は，ピタゴラスの定理ともいうよ。ピタゴラスさんが初めて考えたんじゃないけど，名前に使われているのはすごいね。

ここでは，とても大事な定理である**三平方の定理**（さんへいほう）について説明するよ。

直角をはさむ２辺の長さがa，bで，**斜辺の長さがcの直角三角形なら**

$$a^2+b^2=c^2$$

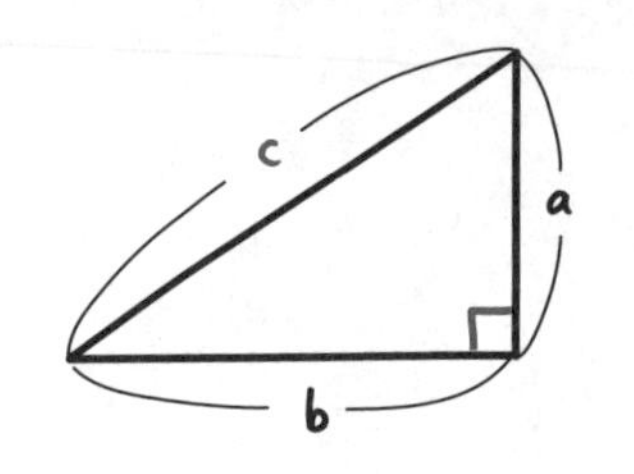

「直角三角形にそんなルールがあったんですね。」

例題　つまずき度 !!!!!

次の図のxの値を求めよ。

(1)

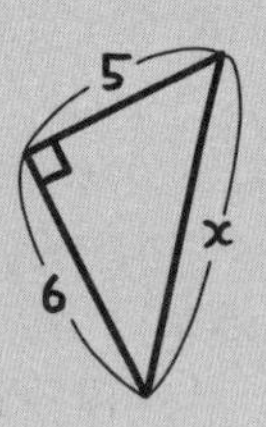

(2)

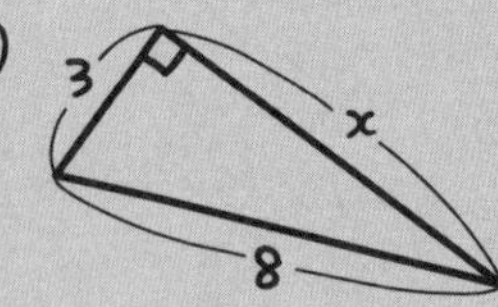

(1)を解いてみるね。

解答

$$6^2+5^2=x^2$$
$$36+25=x^2$$
$$x^2=61$$

$x>0$ より　$x=\sqrt{61}$ ⇦答え　例題 (1)

2-1 でも説明したけど，2乗して61になる数は，$\sqrt{61}$ と $-\sqrt{61}$ の2つあるよね。でも，今回の“x”は長さだから，正の数に決まっている。だから $\sqrt{61}$ だけが答えになるよ。

サクラさん，(2)を解いて。

「**解答**

$$3^2+x^2=8^2$$
$$9+x^2=64$$
$$x^2=55$$

$x>0$ より　$x=\sqrt{55}$ ⇦答え　例題 (2)」

そうだね。正解。

三平方の定理は，なぜ成り立つの？

実は，三平方の定理を証明する方法はたくさんあるんだ。
例えば，１辺の長さが$a+b$の正方形の面積っていくつ？

「$(a+b)^2=a^2+2ab+b^2$です。」

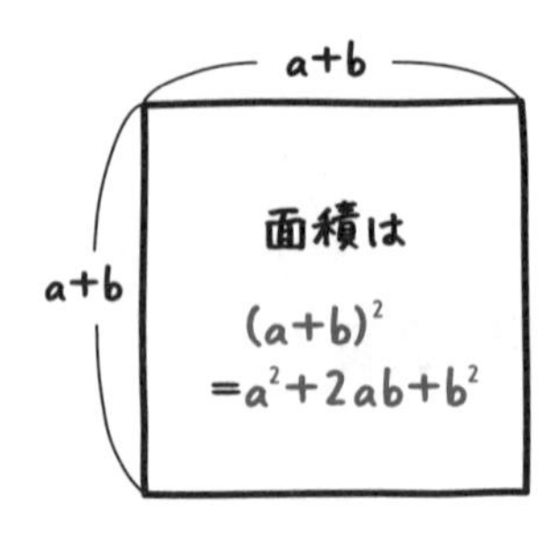

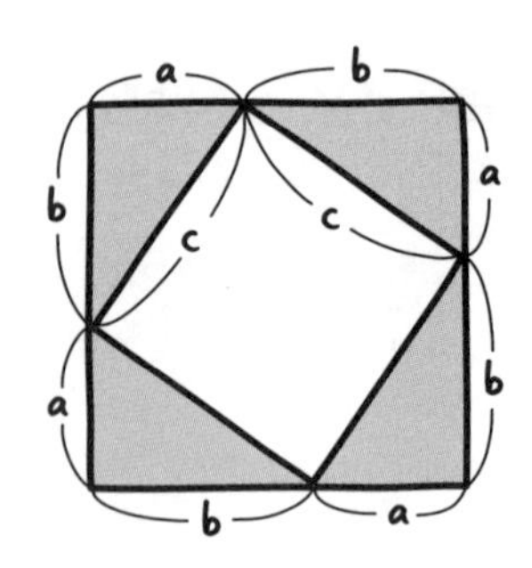

そうだね。その四隅に，“直角をはさむ辺の長さがa，b（ただし，$a<b$）で斜辺の長さがc”の直角三角形を，右上の図のように４つ敷き詰める。すると，真ん中には１辺の長さがcの正方形ができるんだ。ケンタくん，右上の図の４つの直角三角形と真ん中の正方形の面積を合わせるといくつ？

「直角三角形の１つの面積は$\frac{1}{2}ab$で，これが４つあるから$2ab$
そして，真ん中の正方形の面積はc^2だから
$2ab+c^2$　です。」

そうだね。サクラさんとケンタくんの求めた面積は同じものになるから……。

「$a^2+2ab+b^2=2ab+c^2$ だから

$a^2+b^2=c^2$

あっ，ホントだ。三平方の定理になっている。」

ほかにも，1辺の長さがcの正方形をかいて，その4辺に斜辺cが密着するようにさっきの直角三角形を貼りつけてもいい。真ん中は，1辺の長さが$b-a$の正方形になる。あとは，さっきと同じやりかただよ。

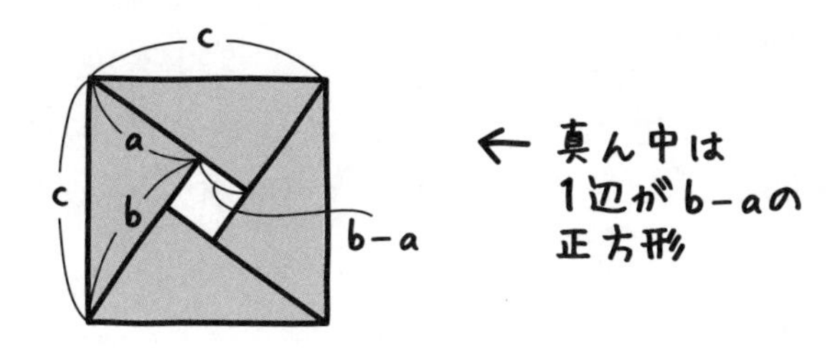

全体の面積はc^2

一方，直角三角形4つと，1辺の長さが$b-a$の正方形の面積の和は

$$2ab+(b-a)^2=2ab+b^2-2ab+a^2$$
$$=a^2+b^2$$

よって，$a^2+b^2=c^2$になるね。

「パズルみたいで楽しいですね。」

7-2 三平方の定理の逆

中２の 5-7 で，「“逆”は必ずしも成り立つとは限らない」と学んだね。三平方の定理は，逆もちゃんと成り立つよ。

例題 つまずき度 !!!!!

△ABCの３辺の長さが次のようになる三角形は直角三角形といえるか。直角三角形のときは，どの角が直角になるかも答えよ。

(1) AB＝3，BC＝4，CA＝5
(2) AB＝2，BC＝7，CA＝8

三平方の定理は逆もいえる。つまり，**三角形の辺の長さがa，b，cで，$a^2+b^2=c^2$が成り立てば，“cの辺の向かいの角が直角”の直角三角形になる**ということだ。

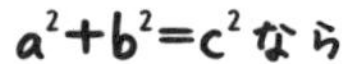

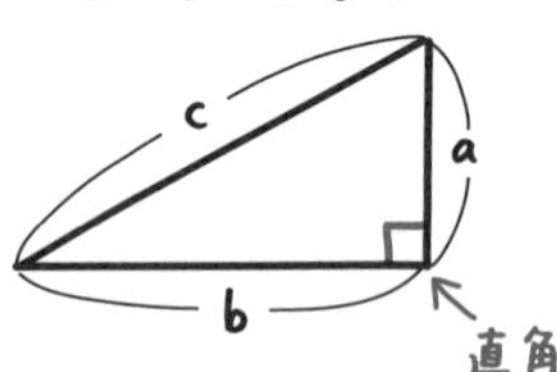

では，(1)を解いてみるよ。

解答 最長の辺はCAで，$AB^2=9$，$BC^2=16$，$CA^2=25$より

$AB^2+BC^2=CA^2$

の関係が成り立っているから

∠Bが直角の直角三角形になる。

(1)

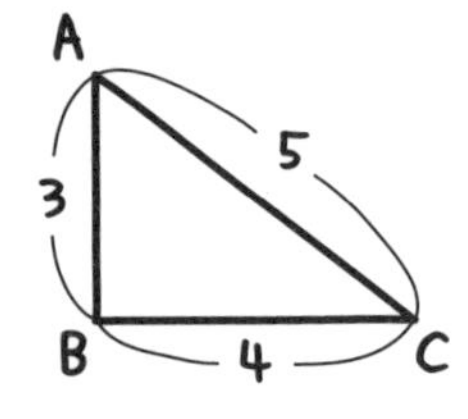

じゃあ，ケンタくん，(2)は？

「**解答**　最長の辺はCAで，$AB^2=4$，$BC^2=49$，$CA^2=64$より

$AB^2+BC^2 \neq CA^2$

よって，**直角三角形ではない。** 答え　例題 (2)」

そうだね。正解。

✓CHECK 219

つまずき度 ❗❗❗❗❗

➡ 解答は別冊 p.111

△ABCの3辺の長さが次のようになる三角形は直角三角形といえるか。直角三角形のときは，どの角が直角になるかも答えよ。

(1)　BC=6，CA=11，AB=14

(2)　BC=7，CA=24，AB=25

7-3 「90°，45°，45°」と「90°，60°，30°」の三角形

ここでは，特別な角度の直角三角形の話をするよ。辺の長さの比を必ず覚えよう。

Point 76

特別な直角三角形

90°，45°，45°の直角三角形（直角二等辺三角形）は

3辺の長さの比が $1:1:\sqrt{2}$

90°，30°，60°の直角三角形は

3辺の長さの比が $1:\sqrt{3}:2$

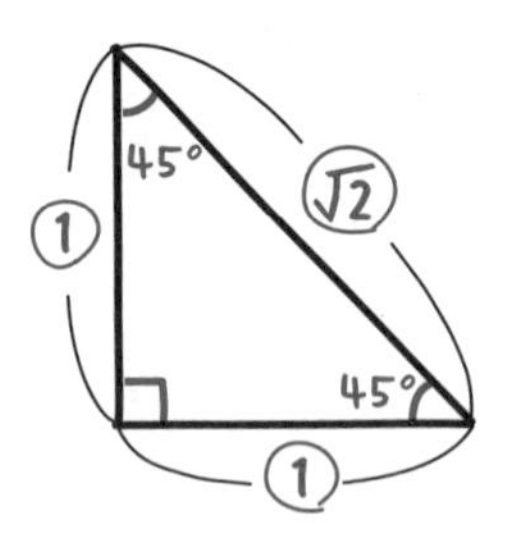

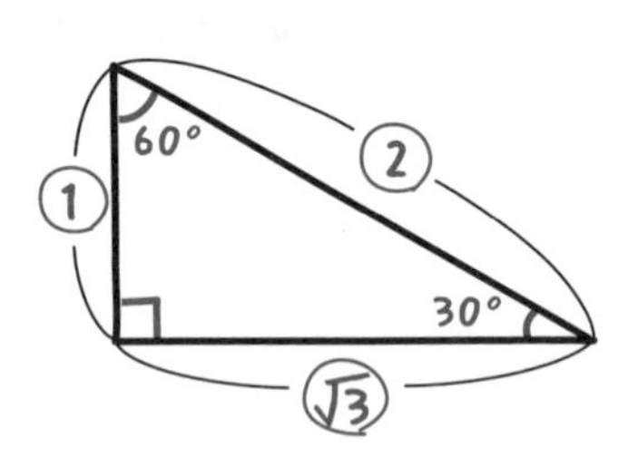

「三角定規の形ですね。」

そうだ。直角三角形は，2辺の長さがわかっていれば，三平方の定理からもう1辺の長さもわかる。ただし，これらの角度の直角三角形の場合は，1辺の長さがわかれば，残りの2辺の長さも比から求められるよ。

例題 つまずき度 !!!!!

右図のxの値を求めよ。

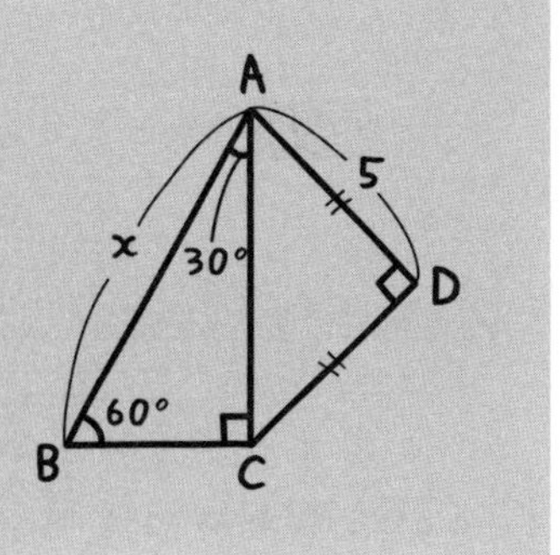

△ACDはDA＝DCの直角二等辺三角形だ。まず，ACが求められるよ。

$$AD : AC = 1 : \sqrt{2}$$
$$5 : AC = 1 : \sqrt{2}$$
$$AC = 5\sqrt{2}$$

内側どうし，外側どうしを掛ける

さらに，△ABCは，90°と60°と30°の直角三角形だから……。

「BC：CA：AB＝1：$\sqrt{3}$：2ですね。」

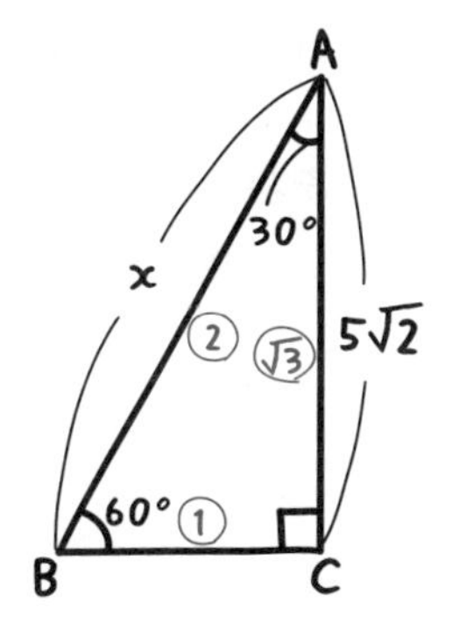

うん。だけど，**今回はCAからABを求めるのだから，この2つだけ使えばいいね。**BCはいらない。CA：AB＝$\sqrt{3}$：2のみでいいよ。では，解答をまとめておくよ。

解答 $AD : AC = 1 : \sqrt{2}$ より

$$5 : AC = 1 : \sqrt{2}$$
$$AC = 5\sqrt{2}$$

$5\sqrt{2} : AB = \sqrt{3} : 2$ より

$$\sqrt{3}x = 10\sqrt{2}$$
$$x = \frac{10\sqrt{2}}{\sqrt{3}}$$
$$= \frac{10\sqrt{2} \times \sqrt{3}}{\sqrt{3} \times \sqrt{3}} = \mathbf{\frac{10\sqrt{6}}{3}}$$

「最後は，分母・分子に$\sqrt{3}$を掛けて，分母の$\sqrt{}$をなくしたんですね。」

そう。**2-8**でやった分母の有理化だ。

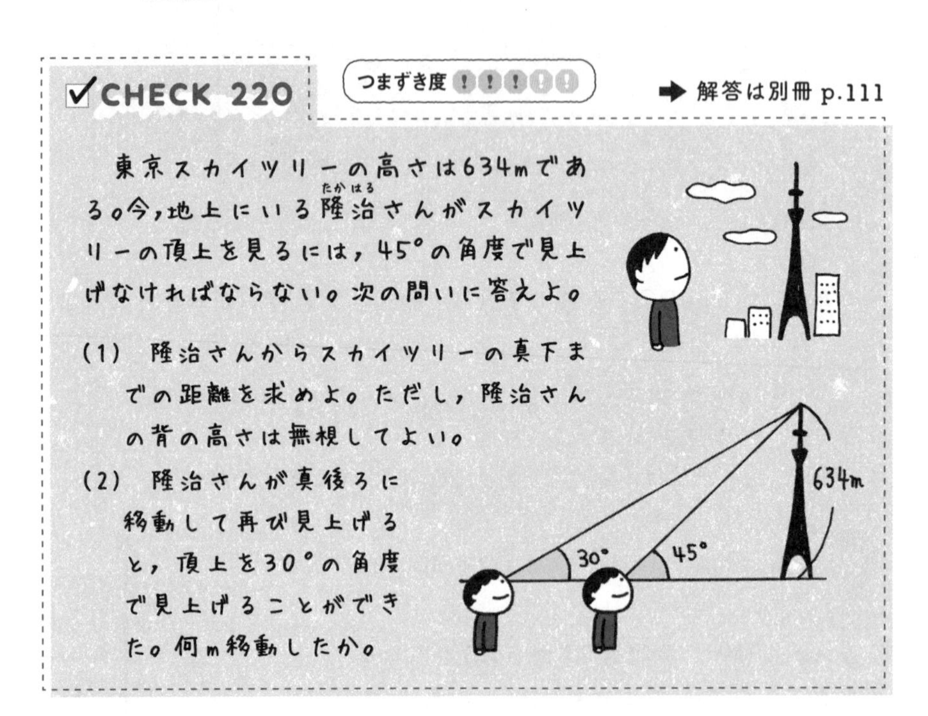

CHECK 220　つまずき度 !!!!!　➡解答は別冊 p.111

東京スカイツリーの高さは634mである。今，地上にいる隆治(たかはる)さんがスカイツリーの頂上を見るには，45°の角度で見上げなければならない。次の問いに答えよ。

(1)　隆治さんからスカイツリーの真下までの距離を求めよ。ただし，隆治さんの背の高さは無視してよい。

(2)　隆治さんが真後ろに移動して再び見上げると，頂上を30°の角度で見上げることができた。何m移動したか。

さしがね

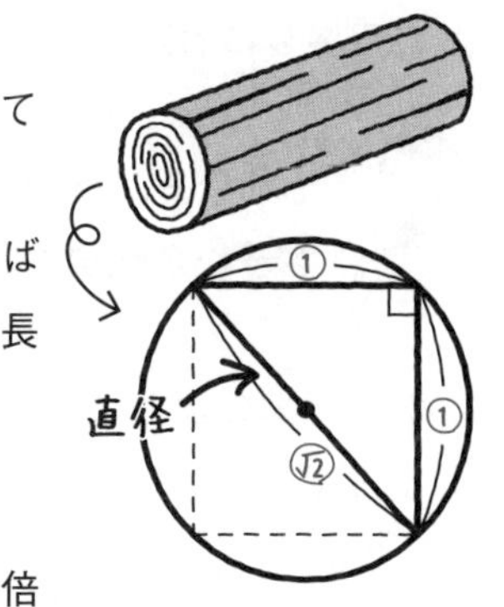

丸太から正方形の角材を切り出すことを考えてみよう。丸太の断面は円になると考えるよ。

正方形を対角線上に斜めに切って2等分すれば直角二等辺三角形になるから，正方形の１辺の長さは円の直径の$\frac{1}{\sqrt{2}}$倍とわかる。

見方を変えれば，まず円の直径を測って$\frac{1}{\sqrt{2}}$倍すれば，１辺が何cmの正方形の角材が切り出せるかがわかるわけだ。

「直径をπ倍すれば，丸太の断面の周の長さもわかりますね。」

その通り。さて，大工さんがよく使うLの形をしたものさしは見たことある？　『**さしがね**』や『**曲尺**（かねじゃく）』っていうんだ。一部のさしがねには，表面にふつうの目盛りがあり，裏面には“丸目（まるめ）”という，あらかじめπ倍した長さの目盛りがある。

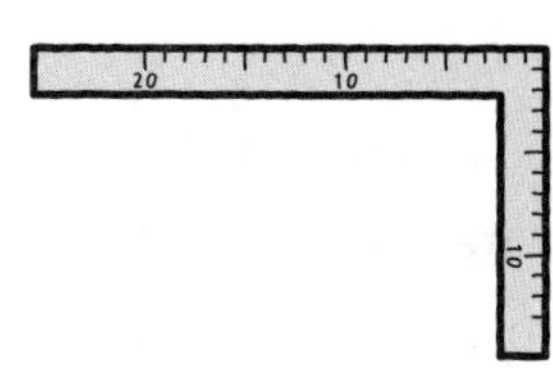

$\frac{1}{\pi}$cm（約0.32cm）のところに『**1cm**』

$\frac{2}{\pi}$cm（約0.64cm）のところに『**2cm**』

⋮

という感じにね。

「あっ，それなら，いちいちπ倍しなくても，直径に丸目をあてれば円周がわかる！」

また“角目（かくめ）”という，あらかじめ$\dfrac{1}{\sqrt{2}}$倍した長さの目盛りがあるさしがねもあるよ。

$\sqrt{2}$ cm（約1.4 cm）のところに『**1 cm**』

$2\sqrt{2}$ cm（約2.8 cm）のところに『**2 cm**』

⋮

という感じにね。

「それなら，直径に角目をあてれば，切り出せる正方形の1辺の長さがわかりますね。」

まず，図のようにさしがねを裏面にして置いて円の直径を引き，角目を使って長さを測る。例えば，角目の目盛りが『**10 cm**』なら（直径$10\sqrt{2}$ cmとなり），正方形の１辺の長さは10 cmとわかる。

今度はさしがねを表面にして，直径の両端がさしがねの外側の『**10 cm**』のところにくるように置いて線を引く。反対側も同様にすれば正方形がかけるよ。

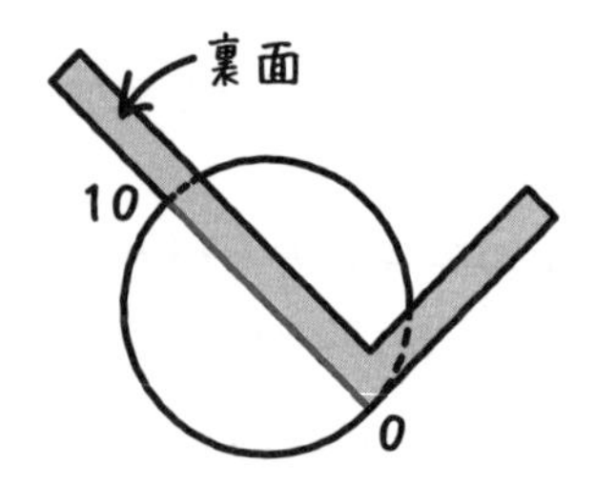

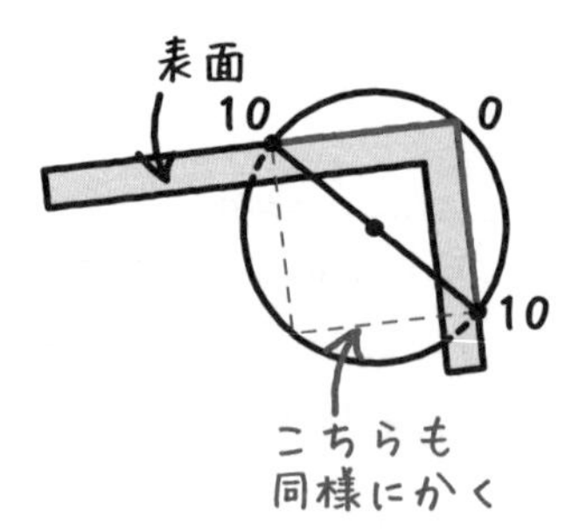

長方形の角材を切り出したいときは，直径の両端がさしがねの外側になっている状態で直角の部分を動かせばいい。長さを見ながら調整できて，とても便利なんだ。このとき，直角の部分は常に円周上を動くよ。

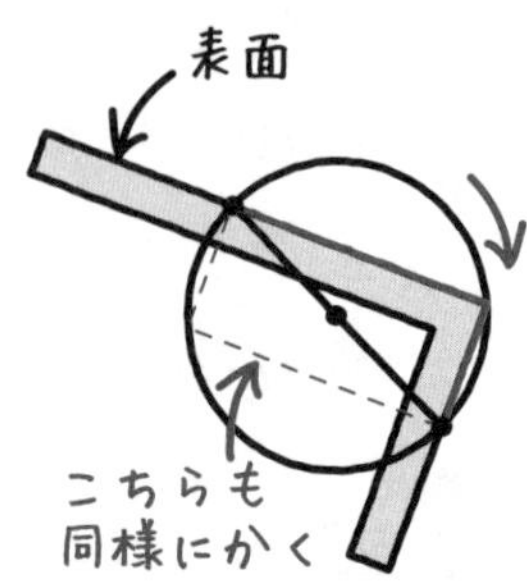

「直径に対する円周角ですね！」

7-4 三角形，台形に関する問題

三平方の定理を使えば，今まで求められなかったものが求められるようになり，計算の幅がグッと広がるよ。

例題 1　つまずき度 !!!!!

等辺の長さが17，底辺の長さが16の二等辺三角形の面積Sを求めよ。

頂点に名前がついていないと不便なので，△ABCとして，AB＝17，AC＝17，BC＝16としよう。

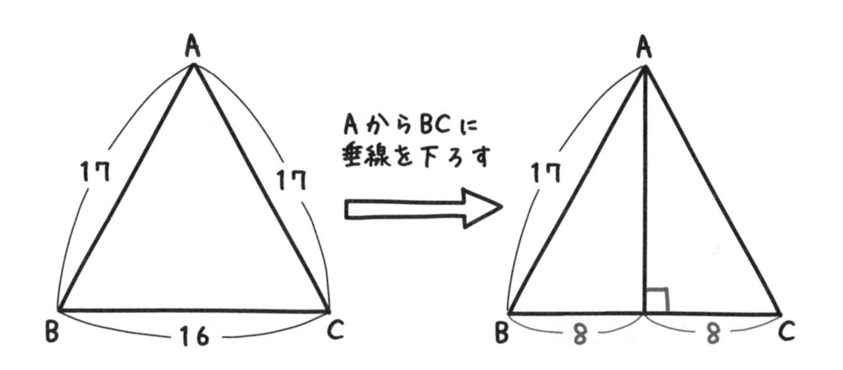

そして，**点Aから辺BCに垂線を下ろすと，底辺が2等分される**ことを使えばいいよ。

次のページに解答をまとめておくよ。

解答 AB＝17，AC＝17，BC＝16の△ABCで，点Aから辺BCに下ろした垂線と辺BCの交点をMとすると

BM＝CM＝8

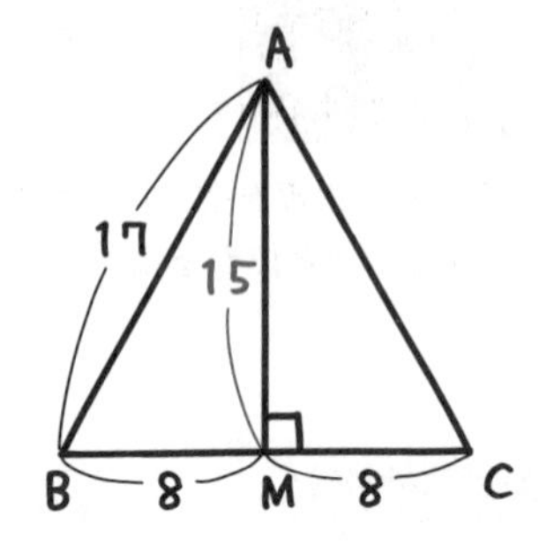

△ABMで三平方の定理より

$AM^2+BM^2=AB^2$

$AM^2+8^2=17^2$

$AM^2+64=289$

$AM^2=225$

AM＞0より　AM＝15

よって，△ABCの面積Sは

$S=\frac{1}{2}\times BC\times AM$

$=\frac{1}{2}\times 16\times 15$

$=\underline{\underline{120}}$ ⇦答え　例題1

例題2　つまずき度 !!!!!

1辺の長さがaの正三角形の面積Sを求めよ。

ケンタくん，できるかな？

「さっきの 例題1 と同じように考えればいいんですよね。
AB＝AC＝BC＝aとしてみます。

解答 1辺がaの△ABCで，点Aから辺BCに下ろした垂線と辺BCとの交点をMとすると

$BM=CM=\frac{1}{2}a$

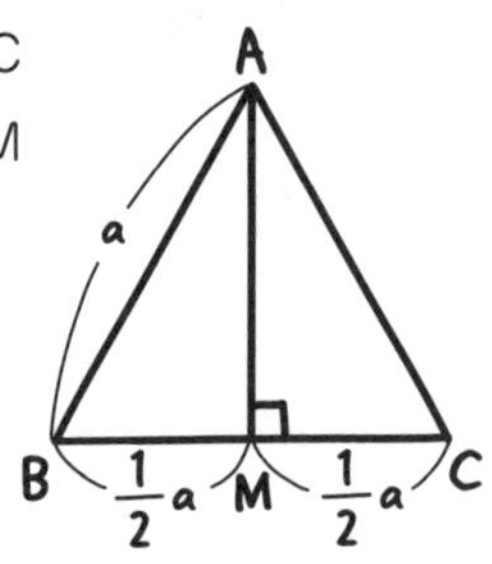

△ABMで三平方の定理より

$$AM^2+BM^2=AB^2$$

$$AM^2+\left(\frac{1}{2}a\right)^2=a^2$$

$$AM^2+\frac{1}{4}a^2=a^2$$

$$AM^2=\frac{3}{4}a^2$$

AM＞0より　$AM=\frac{\sqrt{3}}{2}a$

よって，△ABCの面積Sは

$$S=\frac{1}{2}\times BC\times AM$$

$$=\frac{1}{2}\times a\times\frac{\sqrt{3}}{2}a$$

$$=\frac{\sqrt{3}}{4}a^2$$ ⇦ 答え　例題 2」

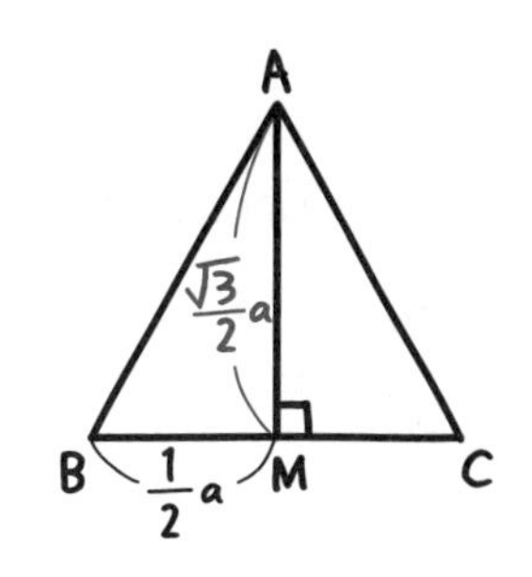

正三角形を２つに分割したとき，△ABM，△ACMともに90°，60°，30°の直角三角形だから，次のように $1:\sqrt{3}:2$ の比を使ってもいいよ。

AM：AB$=\sqrt{3}:2$より

$$AM:a=\sqrt{3}:2$$

$$2AM=\sqrt{3}a$$

$$AM=\frac{\sqrt{3}}{2}a$$

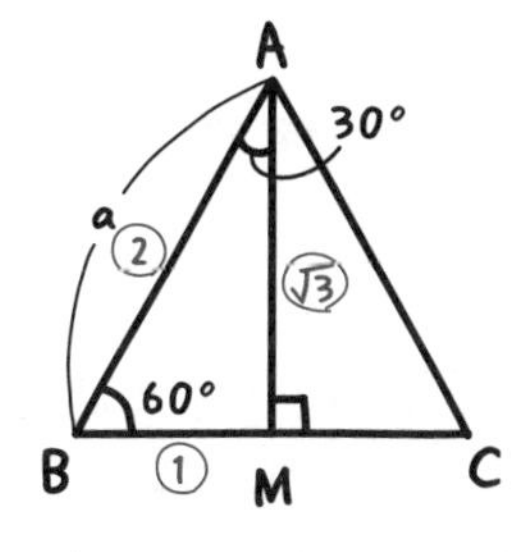

「あっ，そうか！　気がつかなかった。」

今後も正三角形の問題はよく見かけるだろうから，**1辺の長さがaの正三角形の高さは$\frac{\sqrt{3}}{2}a$，面積は$\frac{\sqrt{3}}{4}a^2$**は覚えておくと便利だよ。

例題 3　つまずき度 ❗❗❗❗❗

AD//BCで，AB=7，BC=14，CD=7，DA=8の台形ABCDの面積Sを求めよ。

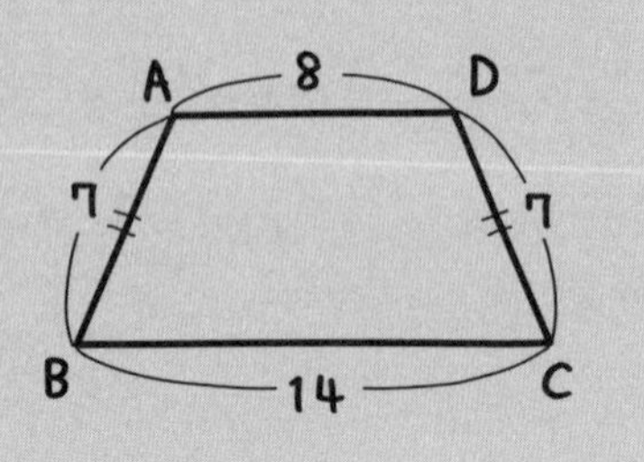

今回のような台形を**等脚台形**というよ。

「台形の“脚”の部分の長さがAB＝DCで同じだからですね。」

「台形の面積の公式は

$$（上底＋下底）\times 高さ \times \frac{1}{2}$$

ですね。」

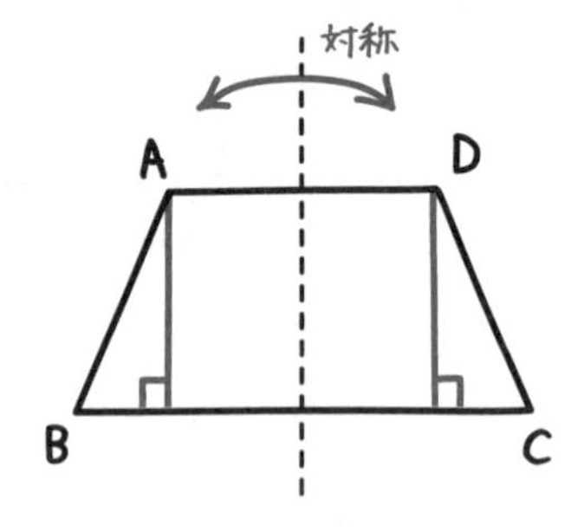

そうだね。上底と下底の長さはわかっているから，高さを求めなきゃいけない。台形の問題では，頂点から図のように垂線を下ろそう。長方形１つと，直角三角形２つに分けられる。特に，**等脚台形は“線対称”の図形になるから，両側の直角三角形２つが合同になるんだ。**

２点A，Dから辺BCに下ろした垂線と辺BCの交点を，それぞれE，Fとしようか。EF＝8より，残りのBE＋FCが14−8＝6になるね。しかも，BEとFCが同じ長さなので，半分の3ずつになる。これで，高さのAEが求められるはずだ。

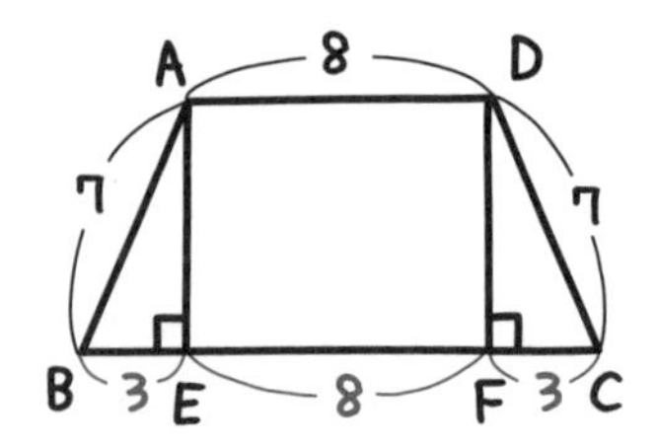

解答　2点A，Dから辺BCに下ろした垂線と辺BCとの交点を，それぞれE，Fとすると，BE＝FC＝3より

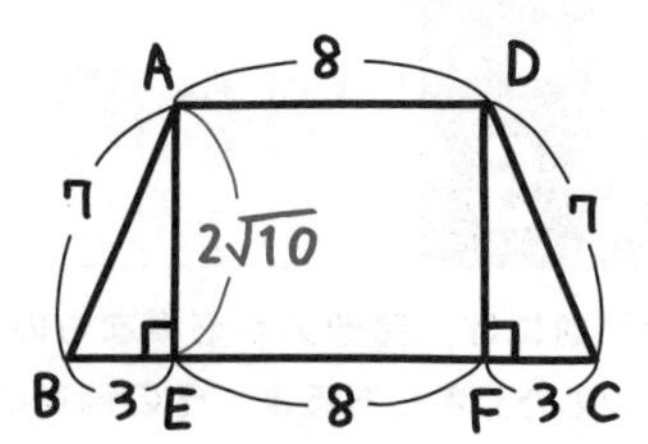

$AE^2+BE^2=AB^2$

$AE^2+3^2=7^2$

$AE^2+9=49$

$AE^2=40$

AE＞0より　$AE=2\sqrt{10}$

よって，台形ABCDの面積 S は

$S=\underbrace{(8+14)}_{\text{上底＋下底}}\times 2\sqrt{10}\times\frac{1}{2}$

$=\mathbf{22\sqrt{10}}$ ⇦ 答え　例題3

✓CHECK 221

つまずき度 ！！！！！

➡ 解答は別冊 p.111

AB=13，BC=10，CA=13の二等辺三角形ABCについて，次の問いに答えよ。

(1)　∠Aの二等分線と辺BCの交点をHとするとき，AHの長さを求めよ。

(2)　線分AH上には3点A，B，Cから同じ距離にある点がある。この点をOとし，OA=xとする。xの値を求めよ。

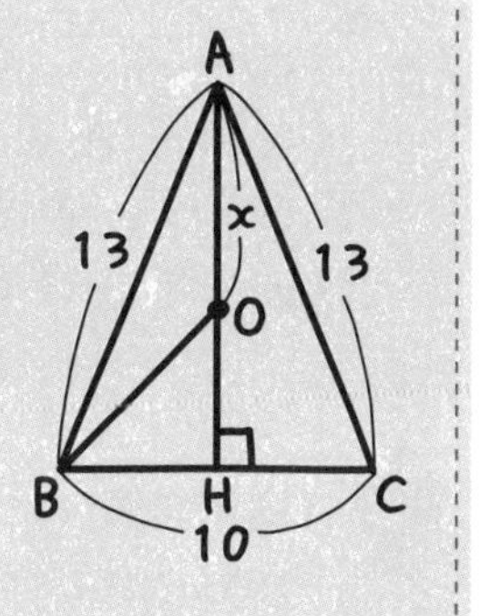

7-5 円に関する問題

図形問題には，発想力が必要なものがあるけど，「この問題はこう解く！」という定番のものもたくさんあるよ。その例を紹介しよう。

ここでは，円と接線，円と弦についての問題を扱うよ。

例題 1 つまずき度 !!!!!

右図のように直径ABの半円があり，その周上の点Pを通る接線ℓがある。

点A，Bを通る直径ABの垂線と接線ℓとの交点をC，Dとすると，AC=16cm，BD=25cmであった。このとき直径ABの長さを求めよ。

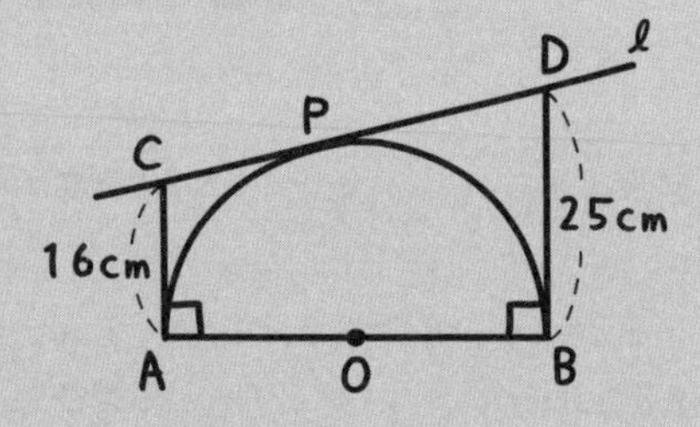

「円と接線の性質よりAC＝CP＝16cm，DB＝DP＝25cmだから，CD＝CP＋DP＝41cmというのがわかりますね。
でも，ABはどうやって求めるのかしら？」

点Cから線分DBに垂線を下ろした点をEなどとおいてみるとわかるんじゃないかな？

「わかりました！　四角形ABECが長方形で△CEDが直角三角形になるから，三平方の定理を使えばいいんですね。」

その通り。6-1の Point 71 と三平方の定理を使って解いてみよう。

解答 点Cから線分DBに下ろした垂線と線分DBの交点をEとすると，
四角形ABECは長方形になるので　BE＝16

よって　$\mathrm{DE}=\underset{\mathrm{DB}}{\underline{\underline{25}}}-\underset{\mathrm{EB}}{\underline{\underline{16}}}=9$

円と接線の性質より

　CA＝CP＝16，DB＝DP＝25

ゆえに　$\mathrm{CD}=\underset{\mathrm{CP}}{\underline{\underline{16}}}+\underset{\mathrm{DP}}{\underline{\underline{25}}}=41$

△CEDで三平方の定理より

$$\mathrm{CD}^2=\mathrm{CE}^2+\mathrm{DE}^2$$

$$41^2=\mathrm{CE}^2+9^2$$

$$\mathrm{CE}^2=1681-81=1600$$

CE＞0より　CE＝40

四角形ABECは長方形なので　CE＝AB

よって　AB＝**40cm** ⇦答え　例題1

では，もう1問。今度は，接線ではなく弦の問題だ。

例題 2　つまずき度 !!!!!

半径8の円と直線が2つの点A，Bで交わっている。円の中心Oと直線の距離が5のとき，弦ABの長さを求めよ。

まず，問題文を図にしよう。

円の中心Oと直線の距離が5だから，**円の中心OからABに下ろした垂線と直線ABの交点をHとすると，OH＝5**ということだ。さらに，半径が8だから，**2点O，Aをつなぐと，斜辺OA＝8**になる。

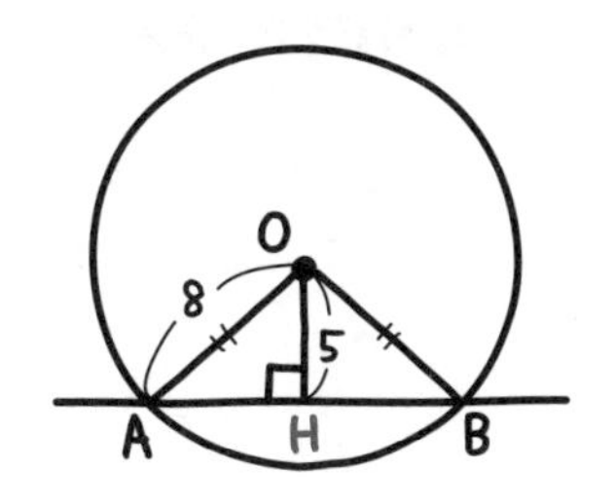

すると，直角三角形OAHで三平方の定理を使えば，AHの長さがわかる。ABはその2倍ということだ。

「どうして２倍とわかるのですか？」

△OABがOA＝OBの二等辺三角形だからだよ。頂点Oから垂線を下ろすと，底辺ABは２等分される。7-4でやったね。

解答 円の中心OからABに下ろした垂線と直線ABの交点をHとすると

$OH=5$

さらに，OA＝8より，△OAHで三平方の定理より

$$AH^2+OH^2=OA^2$$
$$AH^2+5^2=8^2$$
$$AH^2+25=64$$
$$AH^2=39$$

AH＞0より　$AH=\sqrt{39}$

よって　$AB=\mathbf{2\sqrt{39}}$ ⇦答え　例題２

コツ19 円に関する問題の解法

「接線」，「弦の長さ」が登場したら，**円の中心から垂線を下ろす**ようにしよう。直角三角形が作られて**三平方の定理が使える！**

✓CHECK 222

つまずき度 !!!!!

➡ 解答は別冊 p.111

右図で，弦ABの長さが8，円の中心と直線ABの距離を9とするとき，円の半径を求めよ。

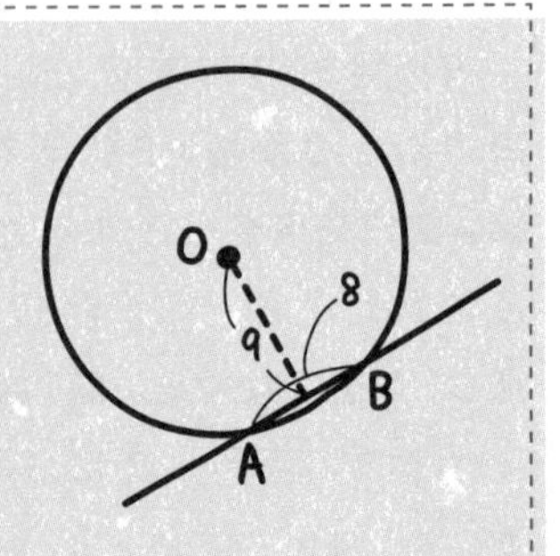

7-6 ２点間の距離を求める

三平方の定理は，図形だけではなく座標でも使えるよ。

例題　つまずき度 !!!!!

２点 A (2, −3), B (7, 1) の距離を求めよ。

２点の位置関係を調べてみよう。点Ａから点Ｂへ，x 座標が5，y 座標が４増えているよね。

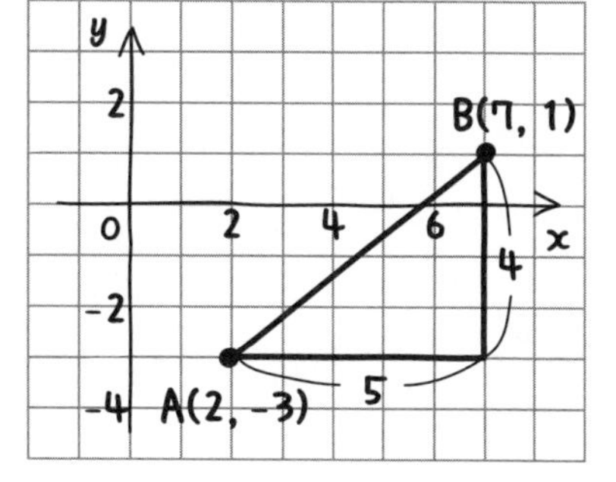

「解答　三平方の定理より

$AB^2=5^2+4^2$

$=41$

$AB>0$ より

$AB=\sqrt{41}$ ⇦答え　例題」

「え！　これだけ？」

座標で表された2点間の距離は，三平方の定理で求められると覚えておいてね。

✓CHECK 223　つまずき度 !!!!!　➡ 解答は別冊 p.112

２点 A (3, 2), B (−4, 5) の距離を求めよ。

直方体の対角線

三平方の定理は，平面だけでなく立体にも利用できるよ。

例題 つまずき度 !!!!!

右の直方体において，AB＝2，AD＝4，AE＝3であるとき，対角線AGの長さを求めよ。

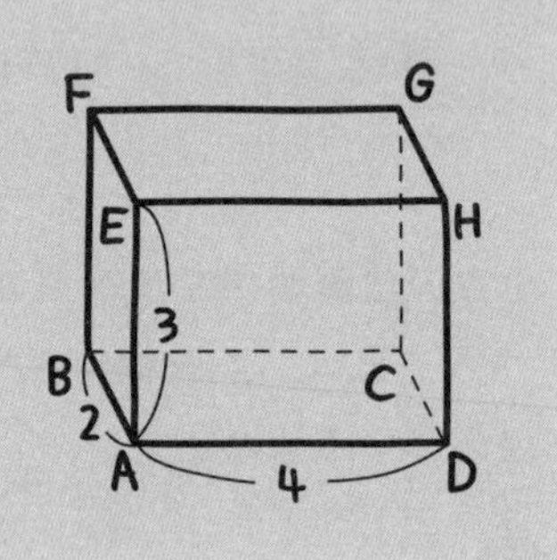

「立体の図形でも“対角線”ってあるんですね。」

平面の場合，対角線というのは，２点を結んで，すでにある辺と重ならないものだったよね。

対角線

立体の場合の対角線というのは，２点を結んで，すでにある辺や面の一部にならないものだ。

今回の場合，“Ａを通る対角線”に限っていえばAGしかないよ。例えば，ＡとＢを結んだら辺になるし，ＡとＦを結んだら面ABFEの一部になっちゃうからね。

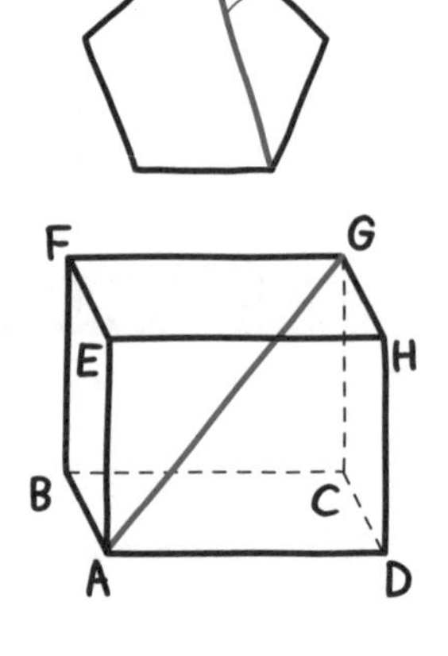

ちょっと話が脱線したね。問題を解いていこう。まず，ACの長さを計算してみようか。

「どうやって求めればいいのですか？」

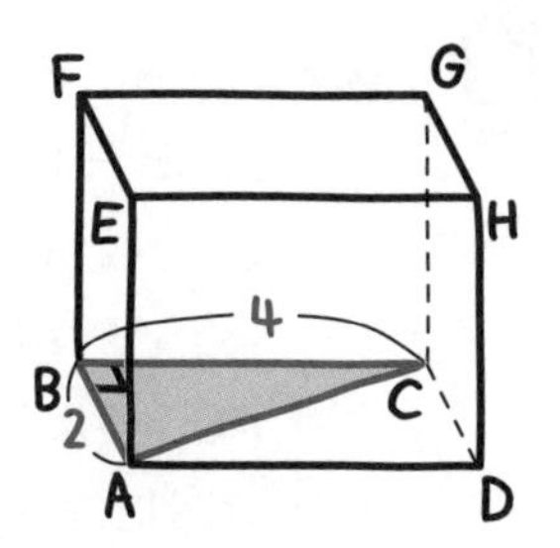

この立体は直方体だから，四角形ABCDは長方形だよ。

「あっ，ということは，△ABCは直角三角形なんですね。気がつかなかった。」

「なんか，立体図形って斜めから見た図だから，直角だったこととか忘れちゃうんだなぁ……。」

「私も。**もとがどんな図形だったかイメージし続けないとね。**」

そうだね。気をつけよう。ACの長さはどうなる？

「三平方の定理より

$$AB^2+BC^2=AC^2$$

$$2^2+4^2=AC^2$$

$$AC^2=20$$

$AC>0$より，$AC=2\sqrt{5}$です。」

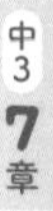

うん，そうだね。そして，△ACGで三平方の定理を使えばいいよ。

「GCは底面に垂直にささっているから，ACと垂直なんですね。」

そうだね。では，最初から解いてみて。

「解答　△ABCで三平方の定理より

$AB^2+BC^2=AC^2$

$2^2+4^2=AC^2$

$AC^2=20$

$AC>0$より　$AC=2\sqrt{5}$

さらに，△ACGで三平方の定理より

$AC^2+GC^2=AG^2$

$(2\sqrt{5})^2+3^2=AG^2$

$AG^2=29$

$AG>0$より　$AG=\sqrt{29}$ ⇦答え　例題」

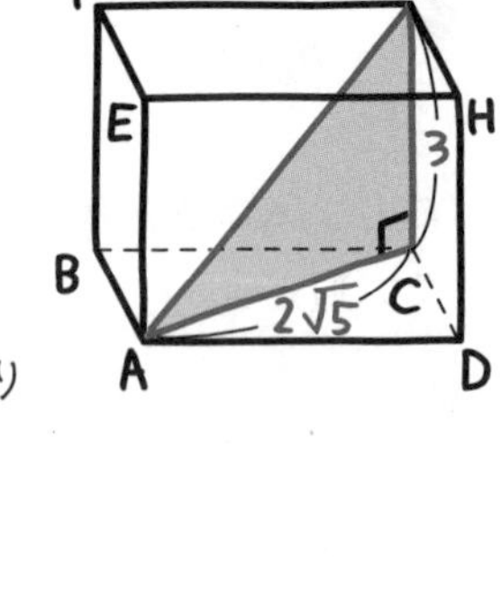

そうだね。ちなみに，縦AB，横BC，高さGCの3つの長さをx，y，zとして対角線の長さを求めてみようか。

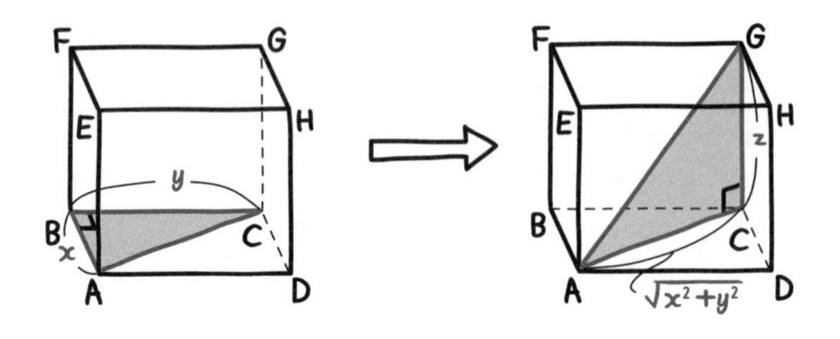

△ABCで三平方の定理より

$AB^2+BC^2=AC^2$

$x^2+y^2=AC^2$

$AC>0$より　$AC=\sqrt{x^2+y^2}$

さらに，△ACGで三平方の定理より

$AC^2+GC^2=AG^2$

$(\sqrt{x^2+y^2})^2+z^2=AG^2$

$AG^2=x^2+y^2+z^2$

$AG>0$より，$AG=\sqrt{x^2+y^2+z^2}$になるよ。覚えやすい式の形だね。

コツ20 直方体の対角線の長さ

縦，横，高さがそれぞれ x，y，z である**直方体の対角線の長さ**は

$$\sqrt{x^2+y^2+z^2}$$

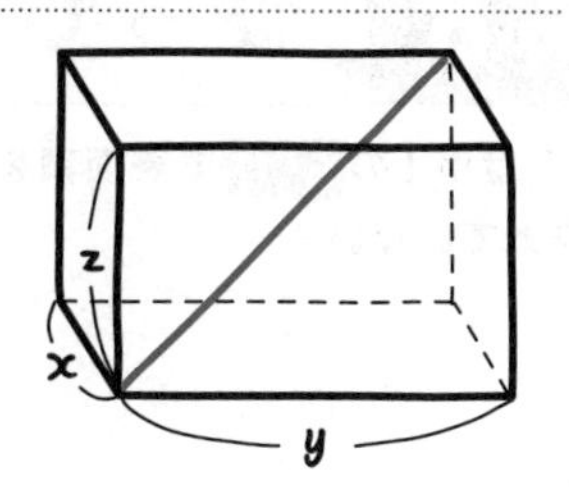

✓CHECK 224

つまずき度 !!!!!

➡ 解答は別冊 p.112

1辺の長さが6の立方体の対角線の長さを求めよ。

7-8 “～錐”で三平方の定理を使ってみよう

“～錐”は中1の6-11で表面積を，6-12で体積を扱った。今回はひさしぶりの登場だ。忘れていない？

例題 つまずき度 !!!!!

右のような，底面が1辺の長さ6の正方形ABCDで，OA＝OB＝OC＝OD＝8の四角錐の体積を求めよ。

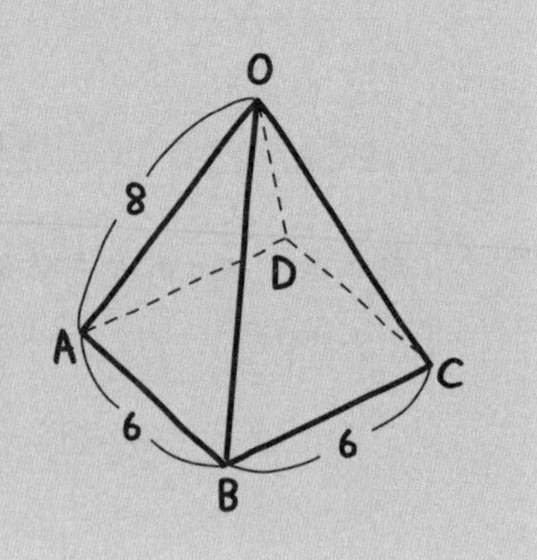

高さを求めて，“～錐”の体積の公式を使おう。

まず，点Oから底面にポトリと垂線を下ろすと，正方形ABCDの真ん中になるのはわかる？

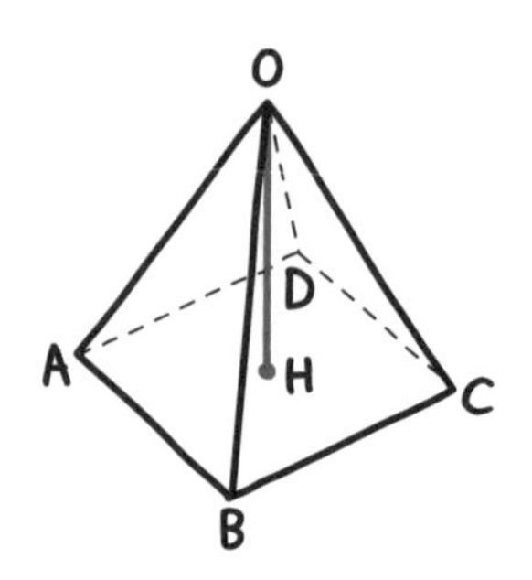

「バランスがとれていますね。」

そうだね。じゃあ，その正方形の中心をHとしようか。ケンタくん，AHの長さはいくつ？

「底面のABCDは正方形だったな。△ABCは直角三角形になるから，三平方の定理で

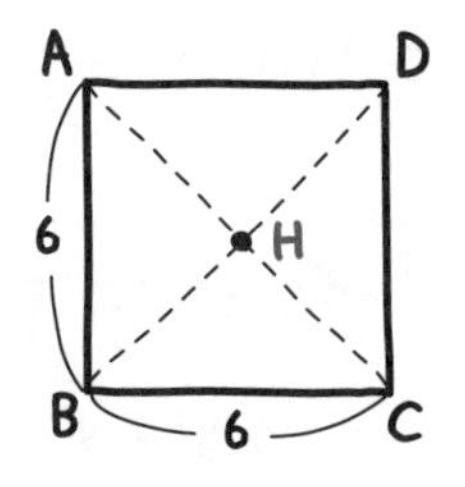

$AB^2+BC^2=AC^2$

$6^2+6^2=AC^2$

$72=AC^2$

AC＞0より　$AC=\sqrt{72}=6\sqrt{2}$

AHはACの半分だから，$AH=3\sqrt{2}$ です。」

そうだね。ちなみに，△ABCは90°，45°，45°の直角二等辺三角形だから，1：1：$\sqrt{2}$ を使ってもいいよ。7-3で教えたね。

「あっ，そうか！　それでもよかった。そのあとは……，△OAHで三平方の定理を使えば高さが求められる。」

O
8
D
A
H
C
$3\sqrt{2}$
B

じゃあ，最初から通して解いてみて。

「解答　点Oから底面ABCDに下ろした垂線と底面の交点をHとする。

AB：AC＝1：$\sqrt{2}$ より

6：AC＝1：$\sqrt{2}$

$AC=6\sqrt{2}$

よって　$AH=3\sqrt{2}$

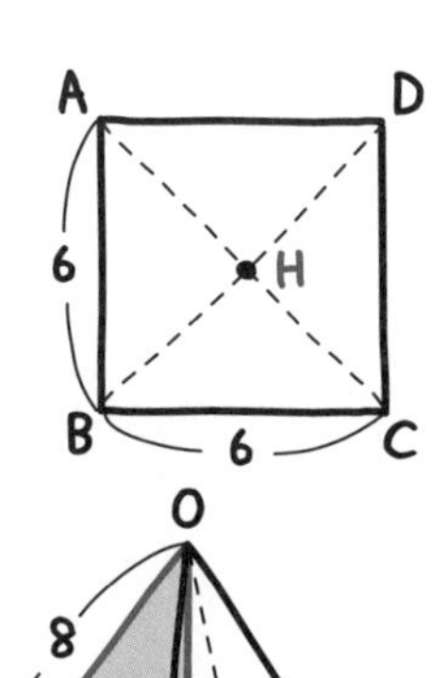

さらに，△OAHで三平方の定理より

$OH^2+AH^2=OA^2$

$OH^2+(3\sqrt{2})^2=8^2$

$OH^2+18=64$

$OH^2=46$

OH＞0より　$OH=\sqrt{46}$

よって，求める体積は

$\frac{1}{3}\times36\times\sqrt{46}=\underline{\underline{12\sqrt{46}}}$

」

そうだね。最後は，“～錐”の体積の公式，$\frac{1}{3}$×(底面積)×(高さ) を使えばいい。中1の6-12で登場したね。

✓CHECK 225

つまずき度 !!!!!

➡ 解答は別冊 p.112

底面が半径3の円，母線の長さが7の円錐の体積を求めよ。

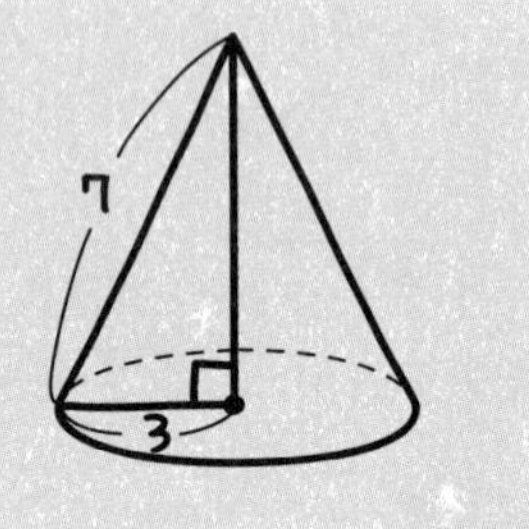

7-9 難問にチャレンジ！

この章の知識をフルに使って，解いてみよう。

例題　つまずき度 !!!!!

中心をAとする半径$\sqrt{2}$の円と，中心をBとする半径2の円の交点をP，Qとする。

線分PQの長さが2であるとき，2つの円の重なっている部分の面積を求めよ。

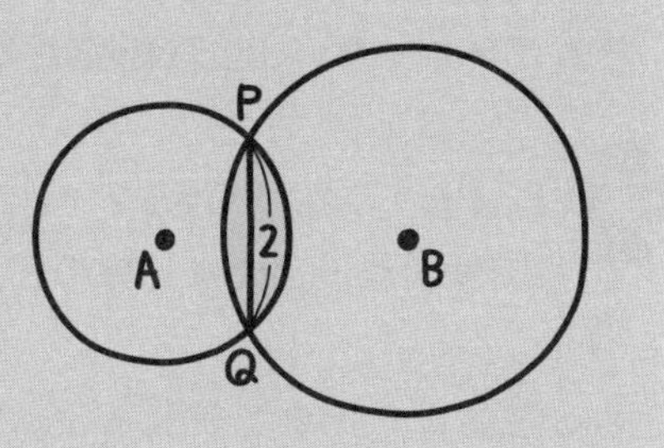

「どうしたらいいかわかりません。」

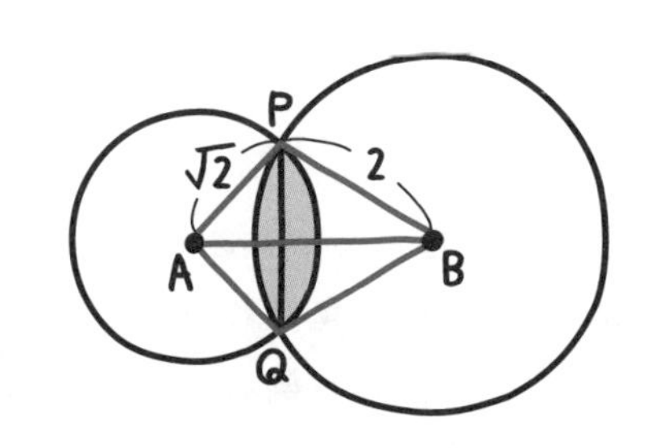

ここでは難問を扱うから，いきなり自力で解けないのはしかたない。解きかたを説明するから，復習のときは自力で解けるようにしよう。

このような，**円の一部の面積を求めるという問題では，円の中心や交点をすべて結ぶようにしよう。** 交点を結んだら，まずは左の円だけで考えてみようか。では，図をかこう。

「えー，図をかくの？」

図をかくのを面倒がっていると，力はつかないぞ！　図形問題が苦手な人は図をかかないことが多いよ。

「これからはかくようにします。」

さて，△PQAはどんな三角形？

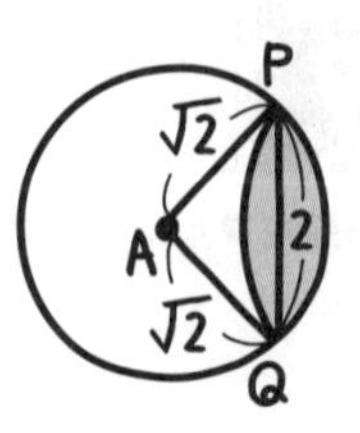

「あっ，PAもQAも半径で長さが $\sqrt{2}$ で等しいから，二等辺三角形です。」

それだけじゃないよ。PQ＝2だね。特別な三角形の辺の比が使えるよ。

「　PA：QA：PQ＝$\sqrt{2}$：$\sqrt{2}$：2
ですよね。こんな比率の三角形ってありましたっけ？」

もっと簡単な比率で表せるよ。**2は $\sqrt{2}\times\sqrt{2}$ と考えることが大切なんだ。**

「あ，わかった！
PA：QA：PQ＝$\sqrt{2}$：$\sqrt{2}$：($\sqrt{2}\times\sqrt{2}$)
＝1：1：$\sqrt{2}$
だから，△PQAは直角二等辺三角形です！」

そうだね。ということは∠PAQ＝90°，つまり$\overset{\frown}{PQ}$の中心角がわかったね。

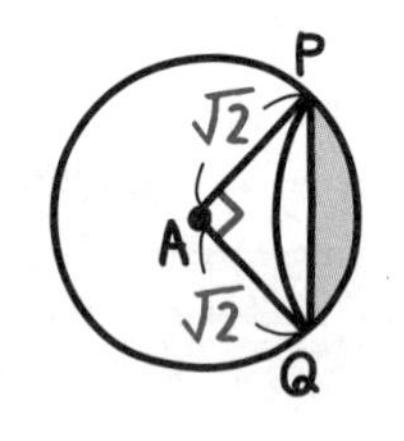

まず，PQの右側の部分の面積は，中心角90°のおうぎ形から直角二等辺三角形の面積を引けばいいんだ。

「あっ，そうですね！　じゃあ……。」

計算は，あとでまとめてやろう。

もう片方の円も考えるよ。ケンタくん，△PQBはどんな三角形？

「PB＝QB＝PQ＝2なので，正三角形だ！」

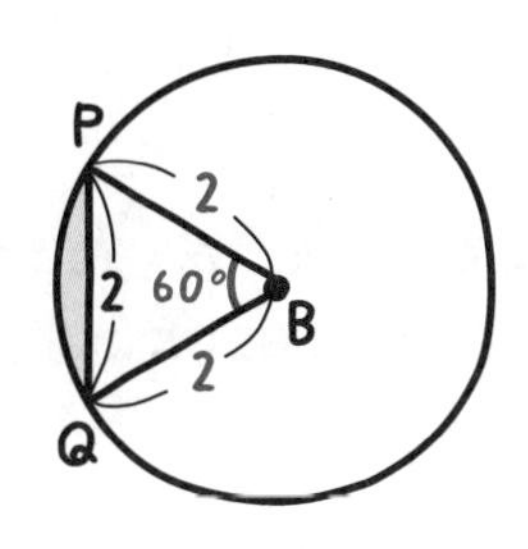

そうだね。PQの左側の部分の面積は，中心角60°のおうぎ形から正三角形の面積を引けばいいね。

7-4 で，1辺がaの正三角形の面積は $\frac{\sqrt{3}}{4}a^2$ と覚えるといいと教えたね。今回は，1辺が2だからaに2を代入して，△PQBの面積は $\sqrt{3}$ だ。

こうして求めた「(おうぎ形)－(三角形)」の2つの面積を足せば，求めたい図形の面積になるよ。サクラさん，最初から計算してみて。

「**解答**

$$PA：QA：PQ=\sqrt{2}：\sqrt{2}：(\sqrt{2}\times\sqrt{2})$$
$$=1：1：\sqrt{2}$$

∠PAQ＝90°なので，PQの右側の部分の面積は

$$\underbrace{\pi\times(\sqrt{2})^2\times\frac{90}{360}}_{\text{おうぎ形の面積}}-\underbrace{\frac{1}{2}\times\sqrt{2}\times\sqrt{2}}_{\triangle\text{PAQの面積}}$$

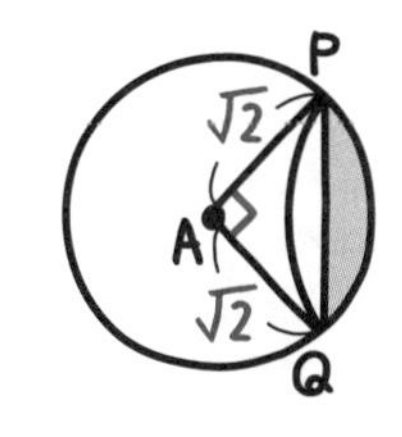

$$=\pi\times2\times\frac{1}{4}-\frac{1}{2}\times2$$

$$=\frac{1}{2}\pi-1$$

PB＝QB＝PQ＝2より∠PBQ＝60°なので，
PQの左側の部分の面積は

$$\underbrace{\pi\times2^2\times\frac{60}{360}}_{\text{おうぎ形の面積}}-\underbrace{\frac{\sqrt{3}}{4}\times2^2}_{\triangle\text{PBQの面積}}$$

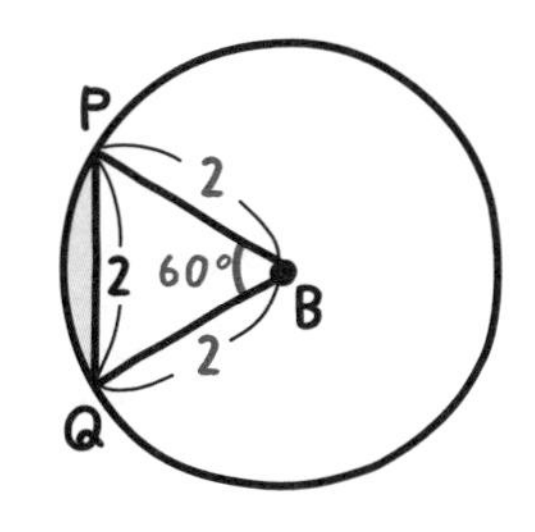

$$=\pi\times4\times\frac{1}{6}-\sqrt{3}$$

$$=\frac{2}{3}\pi-\sqrt{3}$$

よって，求める面積は

$$\left(\frac{1}{2}\pi-1\right)+\left(\frac{2}{3}\pi-\sqrt{3}\right)=\frac{7}{6}\pi-1-\sqrt{3}$$ 答え 例題」

よくできました。難しかったでしょ？　時間をおいて自力で解いてみよう。次のCHECKにも挑戦してみてね。

CHECK 226

つまずき度 ！！！！！

➡ 解答は別冊 p.112

右図のように，1辺の長さが10cmの正方形の頂点を中心として半径10cm，中心角90°のおうぎ形をかく。4つのおうぎ形の重なっている部分の面積を求めよ。

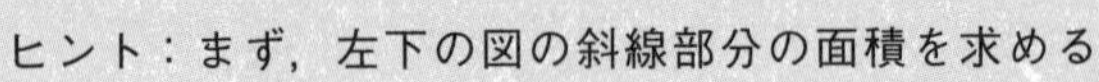

ヒント：まず，左下の図の斜線部分の面積を求めるとよい。点線のように補助線を引くと，どのような三角形になるか考える。正方形から斜線部分4つを引くと，右下の図のように求める面積になる。

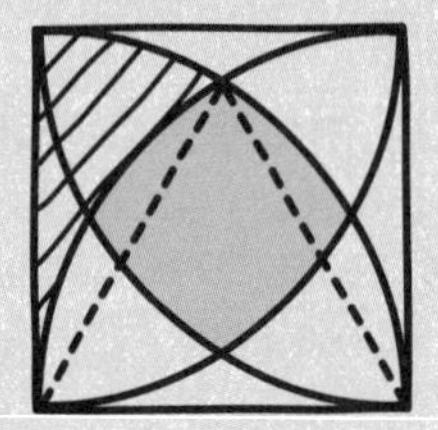

中学3年 8章

標本調査

テレビの『視聴率』というのがあるよね。全世帯のうち何%が，その時間にどの番組を見たかを調べたものだ。

「どうやって調べるのですか？」

専門会社が一般家庭に依頼してテレビに専用機器を取り付けさせてもらい，それに記録されたデータが会社に送られるという仕組みだよ。

「えっ？　でも，家でそんな機器を見たことない。」

例えば，関東なら，1500万以上の世帯があり，すべての世帯で行うのは時間や費用がかかって大変だから，選ばれた2000～3000世帯で調べている。それでも，かなり正確な値が出るそうだよ。

8-1 標本（サンプリング）調査って？

大量のチャーハンをかき混ぜておたまですくって盛りつけたら，具の入り具合にかたよりはないはず。それが標本調査の考えかただ。

ある中学校の82人の体力について調べたいとき，この82人全体を**母集団**（ぼしゅうだん）という。ただし，人数が多いので，全員が体力測定を行うには時間がかかる。そこで，例えば10人くらいを**無作為に抽出して**（むさくい／ちゅうしゅつ），その平均を代表値と考えてもいい。これを**標本（サンプリング）調査**（ひょうほん）という。

「えっ？　全員を調べなくていいの？」

「それに，**無作為**ってどういう意味ですか？」

“意識しないで適当に選ぶ”ということだ。ランダムってことだね。

例えば，『いい結果を出したい。そうだ，この生徒は走るのが速いから10人の中に入れよう。』と考えるのは作為（さくい）だ。

そうではなく，例えば，同じ大きさの82枚の紙に生徒の名前を１人ずつ書いて裏返しにして，よくまぜてから10枚を適当に選ぶ。これは無作為だ。この方法で調べたら公平だよね。

「でも，本当の平均にはならないんじゃ……。」

うん。多少の誤差は出ると思う。でも，選んだ人数，これを**標本の大きさ**というけど，**ある程度以上の数を選んで行うと，**走るのが速い人もそうでない人も選ばれて**“標本の平均”はかなり本当の平均に近い値（近似値）になるよ**（きんじち）。もちろん，たくさんの人を選んで行うほど正確性は増す。

「そうなのか。でも，人を“標本”というのはどうなのかな？　カブトムシじゃないんだから。」

まぁ，統計の世界の用語だからね（笑）。さて，この標本調査の例は身近にもいろいろあるよ。

例題 つまずき度 !!!!!

ある工場で生産している商品のうち，無作為に100個を選んで調べたら不良品が2個あった。1日に8350個の商品を生産しているとすると，そこに含まれる不良品はおよそ何個あると考えられるか。

100個で不良品が2個あるんだよね。8350個ということは，その$\frac{8350}{100}$倍だから，次のようになる。

解答 $2\times\frac{8350}{100}=167$　およそ **167個** ← 答え 例題

「定期健診が標本調査だったらイヤだな。何人かを無作為に選んで健康だったら，全員健康！　とか……。」

「そうね。全員調べてほしい。不安だもの。」

そうだよね。標本調査に対して，全員を調べるのは**全数調査**（ぜんすう）というよ。

中3 8章

✓CHECK 227 つまずき度 !!!!! ➡ 解答は別冊 p.112

ある広場で行われた無料のライブイベントに多くの人が集まった。面積945m^{2}の場所が観客用に用意されていて，そのうちの一部にいる人数を数えたら38人であった。後日，その部分の面積を調べると70m^{2}であることがわかった。

観客の総数はおよそ何人と推定できるか。ただし，ライブ中に人は移動せず，すべての場所で均等に人がいたとする。

さて，これで中学数学がすべて終了になるんだけど，どうだった？

「難しい問題もあれば，意外にイケるのもあったし。せめて，1回習った問題だけは確実に解けるようにしたい。」

「計算のほうはなんとかなったけど，図形は大変でした。もっと練習しなきゃ。」

でも，最初のころから比べれば格段にできるようになったよ。

「本当ですか？　うれしい！！」

「なんか，高校の数学にもちょっと興味がわいてきたけど……，やっぱり難しいのかな？」

大変だよ(笑)。『中学のときは数学がまぁまぁできたけど，高校に入ってからは，全然……』という声はよく聞くからね。覚えることが圧倒的に多くなるから，中学のときと同じ感覚だと苦手科目になるかもしれない。まったく新しい勉強が始まると思って，気を引きしめて頑張ってね。

「ありがとうございました。」

「私も。ありがとうございました。」

さくいん

あ

か

さ

た

な

は

⑨

◆ ブックデザイン　野崎二郎（Studio Give）
◆ 本文イラスト　坂木浩子（ぽるか）
◆ キャラクターイラスト　徳永明子
◆ 編集協力　秋下幸恵，石割とも子
◆ 校正　荻野径彦，林千珠子，編集企画ＦＵＫＵ
◆ 企画　宮﨑純
◆ データ作成　株式会社　四国写研
◆ 印刷所　株式会社　リーブルテック

やさしい中学数学 改訂版

掲載問題集

→

この冊子はとりはずせます。
矢印の方向にゆっくり引っぱってください。

小学校内容

0章 小学校の算数のおさらい

✓CHECK 1

つまずき度 ❗

➡ 解答は p.71

次の計算をせよ。

(1) $8+15\div5$　　(2) $63-(4\times3+6)\times2$

✓CHECK 2

つまずき度 ❗

➡ 解答は p.71

次の計算をせよ。

(1) $8.14+23.76$　　(2) $30.257-1.49$

✓CHECK 3

つまずき度 ❗❗

➡ 解答は p.71

次の計算をせよ。

(1) 4.381×290　　(2) 61000×7.48

✓CHECK 4

つまずき度 ❗❗

➡ 解答は p.71

次の計算をせよ。
ただし，四捨五入して小数第1位まで答えること。

$0.079352\div0.046$

✓CHECK 5

つまずき度 ❗❗

➡ 解答は p.71

次の計算をせよ。

(1) $\frac{3}{4}+\frac{5}{6}$　(2) $\frac{2}{7}\times\frac{14}{3}$　(3) $\frac{4}{9}\div\frac{8}{3}$

✓CHECK 6

つまずき度 ❗

➡ 解答は p.71

次の問いに答えよ。

(1) $\frac{31}{4}$を帯分数に直せ。　(2) $5\frac{2}{9}$を仮分数に直せ。

✓CHECK 7

つまずき度 ❗❗

➡ 解答は p.71

次の計算をせよ。

(1) $14-3+8-6-8+3$

(2) $94-20+18+6+32$

(3) $8\times2\times9\times5$

✓CHECK 8

つまずき度 ❗❗

➡ 解答は p.72

不動産屋の『駅から徒歩○○分』という案内は，時速4.8kmで歩いたとして計算されている。このとき，“駅から11分”は，駅からの道のりが何mということか求めよ。

✓CHECK 9

つまずき度 ❗❗

➡ 解答は p.72

台形の面積が

$$(上底+下底)\times 高さ\times \frac{1}{2}$$

で求められる理由を考えよ。

✓CHECK 10

つまずき度 ❗

➡ 解答は p.72

円周の長さが18.84cmの円の直径と面積を求めよ。

✓CHECK 11

つまずき度 ❗❗

➡ 解答は p.72

右図の立体の体積を求めよ。

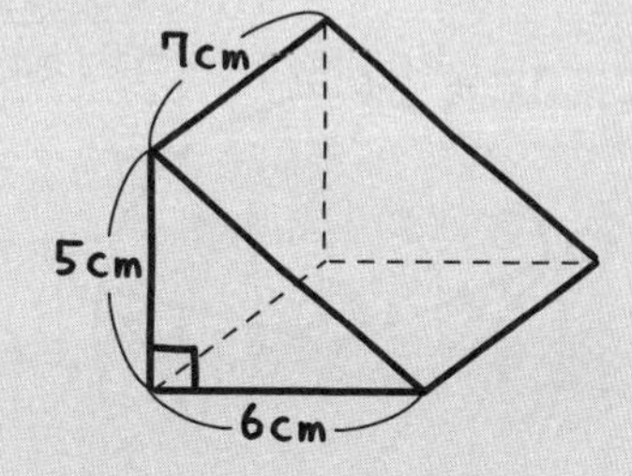

中学1年

中学1年 1章 正の数・負の数

✓CHECK 12

つまずき度 ❗

➡ 解答は p.72

次の□にあてはまる言葉または数字を答えよ。

(1) “−4時間後”は，“4時間□”である。

(2) “200円もらう”は，“□円あげる”である。

✓CHECK 13

つまずき度 ❗❗

➡ 解答は p.72

次の数を求めよ。

(1) 絶対値が2.4になる数をすべて求めよ。

(2) 絶対値が$\frac{13}{7}$より小さくなる整数をすべて求めよ。

✓CHECK 14

つまずき度 ❗❗

➡ 解答は p.72

次の数の大小を表せ。

$4.6,\ 0,\ -\frac{8}{5},\ \frac{7}{2},\ -1$

✓CHECK 15

つまずき度 ❗❗

➡ 解答は p.72

次の計算をせよ。

(1) $(-2)+(-9)$　　(2) $\left(-\frac{1}{4}\right)+\left(-\frac{7}{2}\right)$

✓CHECK 16

つまずき度 !!

➡ 解答は p.72

次の計算をせよ。

(1) $(-3)+(+7)$　　(2) $\left(+\frac{2}{3}\right)+\left(-\frac{1}{5}\right)$

✓CHECK 17

つまずき度 !!!

➡ 解答は p.72

次の計算をせよ。

(1) $(-6)-(+7)+(+5)+(-2)-(-3)$

(2) $-\left(+\frac{2}{5}\right)+\left(-\frac{1}{2}\right)+(+4)-(-1)$

✓CHECK 18

つまずき度 !!!

➡ 解答は p.73

右の表は，ある花屋の月曜日から土曜日までの客の数と，ある人数を基準にして客の数がそれより多い場合を正の数，少ない場合を負の数で表したものである（単位は人）。次の問いに答えよ。

曜日	客の数	基準の人数との比較
月	58	
火		−5
水	60	
木		+2
金	53	−4
土	55	

(1) 基準の人数は何人か。

(2) 右の表の空欄に入る数を答えよ。

(3) いちばん客の少ない日を基準としたとき，いちばん客の多い日の人数を符号をつけて表せ。

✓CHECK 19

つまずき度 !!

➡ 解答は p.73

次の計算をせよ。

(1) $(+4)\times(-9)$　　(2) $\left(-\frac{5}{6}\right)\times\left(-\frac{2}{3}\right)$

✓CHECK 20

つまずき度 ●●●○○

➡ 解答は p.73

次の計算をせよ。

(1) $(+7)\times(-1)\times(-4)\times(+2)\times(-3)$

(2) $\left(-\frac{2}{5}\right)\times\left(+\frac{3}{7}\right)\times(-10)\times\left(+\frac{1}{3}\right)$

✓CHECK 21

つまずき度 ●●○○○

➡ 解答は p.73

次の計算をせよ。

(1) $(-4)^2$　　(2) $-\left(\frac{2}{9}\right)^2$

✓CHECK 22

つまずき度 ●○○○○

➡ 解答は p.73

次の数の逆数を求めよ。

(1) $-\frac{7}{2}$　　(2) -1

✓CHECK 23

つまずき度 ●●○○○

➡ 解答は p.73

次の計算をせよ。

(1) $(-18)\div(-6)$　　(2) $\left(-\frac{3}{4}\right)\div\left(+\frac{9}{2}\right)$

✓CHECK 24

つまずき度 ❗❗❗

➡ 解答は p.73

次の計算をせよ。

(1) $-6\times(-18)\div(-2)\div9$　　(2) $-\frac{1}{8}\div\frac{4}{9}\times\left(-\frac{8}{3}\right)\div3$

✓CHECK 25

つまずき度 ❗❗❗❗

➡ 解答は p.73

$\left(0.3+\frac{1}{3}\right)-\left(\frac{1}{6}-\frac{2}{5}\right)\times2^3$ を計算せよ。

✓CHECK 26

つまずき度 ❗❗❗❗

➡ 解答は p.74

次の計算をせよ。

(1) $\{4-(3-8\times2)\}-7$

(2) $1.25-\left\{\left(2\frac{1}{2}+\frac{1}{4}\right)+\left(\frac{3}{5}-0.1\right)\times3^3\right\}$

✓CHECK 27

つまずき度 ❗❗

➡ 解答は p.74

次の計算をせよ。

(1) $-15\times\left(\frac{2}{5}+\frac{1}{3}\right)$　　(2) $-\frac{5}{9}\times7.1-\frac{5}{9}\times1.9$

✓CHECK 28

つまずき度 ❗

➡ 解答は p.74

525を素因数分解せよ。

✓CHECK 29

つまずき度 ❗❗

➡ 解答は p.74

855にできる限り小さい自然数を掛けたり，割ったりして，ある整数の2乗にしたい。

何を掛けたり，何で割ったりすればいいか。

✓CHECK 30

つまずき度 ❗❗

➡ 解答は p.74

次の数の正の約数をすべて求めよ。

(1) 42　　(2) 175

✓CHECK 31

つまずき度 ❗❗❗

➡ 解答は p.75

次の各組の数の最大公約数，最小公倍数を求めよ。

(1) 18，105　　(2) 6，10，75

✓CHECK 32

つまずき度 ❗❗❗

➡ 解答は p.75

あるドラマの第1回から第7回までの視聴率（テレビを見ている人の割合）を，同地域の同じ世帯数で調べたところ，20.5%，19.7%，20.8%，19.2%，19.4%，20.1%，19.6%であった。各回が20%より，どれだけ多いか少ないかを考えて，平均を求めよ。

中学1年 2章 文字と式

✓CHECK 33

つまずき度 !!

➡ 解答は p.75

次の文字式を×を省略して表せ。

(1) $a \times b \times 9 \times a$　　(2) $x \times y \times 8 + \frac{7}{2} \times a$

✓CHECK 34

つまずき度 !!

➡ 解答は p.75

1 次の文字式を×，÷を省略して表せ。

(1) $y \times 4 \div 9 \times x$

(2) $(6a - b + 8c) \div 13$

2 $\frac{3x+7}{5}$ を÷を使って表せ。

✓CHECK 35

つまずき度 !!

➡ 解答は p.75

次の値を求めよ。

(1) $y = -3$ のときの $-8y$ の値

(2) $k = -2$ のときの $-k^3$ の値

✓CHECK 36

つまずき度 !!

➡ 解答は p.75

$a = -\frac{4}{3}$ のときの $\frac{5}{9a}$ の値を求めよ。

✓CHECK 37

つまずき度 !!!!!

➡ 解答は p.75

次の□にあてはまるものを文字を使って表せ。

(1) 1個a円のチョコレートを7個買ったときの代金は□円になる。

(2) 1皿130円の回転ずしを1人で食べに行き，x皿食べて，会計のときに『おひとり様50円引き』のクーポン券を使った。支払った金額は□円である。

(3) 濃度x%の食塩水200gに含まれる食塩の量は□gである。

(4) ある自動車販売店では先月はm台売れたが，今月は先月に比べて売り上げ台数が12%落ちてしまった。今月は□台売れたことになる。

(5) 百の位がx，十の位がy，一の位がzの3ケタの自然数は□である。

✓CHECK 38

つまずき度 !!!!!

➡ 解答は p.75

車いすマラソンの選手がakmのレースに参加する。分速400mの一定の速さで走るとき何時間でゴールできるか。

✓CHECK 39

つまずき度 !!!!!

➡ 解答は p.76

横の長さa，縦の長さb，高さcの直方体について，次のものをa，b，cを使って表せ。

(1) 体積　　(2) 表面積

※ 表面積とは，すべての面の面積を足し合わせたもの

✓CHECK 40

つまずき度

➡ 解答は p.76

4つの式　$x+y^2-9$，$ab-4$，$\frac{z}{2}-8y+7$，5　について，次の問いに答えよ。

(1)　1次式であるものを答えよ。

(2)　(1)で選んだ式のうち，1次の項とその係数を求めよ。

✓CHECK 41

つまずき度

➡ 解答は p.76

次の計算をせよ。

(1)　$12a-5a$　　(2)　$6y+10x-3+2x-5y$

✓CHECK 42

つまずき度

➡ 解答は p.76

次の計算をせよ。

(1)　$6a\times 2$　　(2)　$\left(-\frac{9}{8}y\right)\times\left(-\frac{2}{3}\right)$

(3)　$-12ab\div 4$　　(4)　$\frac{34}{3}x^3\div\left(-2\frac{5}{6}\right)$

✓CHECK 43

つまずき度

➡ 解答は p.76

次の計算をせよ。

(1)　$3(x+2y)$　　(2)　$-\frac{3}{4}\left(2x-\frac{1}{3}\right)$

(3)　$(-8a-1)\div(-5)$

✓CHECK 44

つまずき度 !!!!

➡ 解答は p.76

次の計算をせよ。

(1) $\frac{3x-6y}{8}\times\frac{2}{9}$　　(2) $\frac{-6a+14b}{15}\div\left(-\frac{4}{5}\right)$

✓CHECK 45

つまずき度 !!!

➡ 解答は p.76

次の問いに答えよ。

(1) 友だちの誕生日を祝うために，a人が500円ずつ出し合い，b円のものを買ったところ，269円残った。a，bの間に成り立つ関係式を求めよ。

(2) 63円切手x枚と84円切手y枚を買って700円出したら，おつりがもらえた。この関係を不等式で表せ。

中学1年 3章 方程式

✓CHECK 46

つまずき度 !

➡ 解答は p.76

$x=3$，-1は次の方程式の解かどうか調べよ。

$-5x-1=2x+6$

✓CHECK 47

つまずき度 !

➡ 解答は p.77

次の方程式を解け。

(1) $x+8=-13$　　(2) $-6+x=-1$

✓CHECK 48

つまずき度 ❗

➡ 解答は p.77

次の方程式を解け。

(1) $3x=39$　　(2) $-6x=-5$

(3) $-\frac{2}{7}x=\frac{8}{21}$

✓CHECK 49

つまずき度 ❗❗

➡ 解答は p.77

次の方程式を解け。

(1) $5-4x=2x-1$　　(2) $-3-(4x+1)=-6x+9$

✓CHECK 50

つまずき度 ❗❗❗

➡ 解答は p.77

次の方程式を解け。

(1) $-8+0.4x=0.7x-2.3$

(2) $3(2+0.03x)=-0.2x-4.15$

✓CHECK 51

つまずき度 ❗❗❗

➡ 解答は p.77

次の方程式を解け。

(1) $-5+\frac{2}{3}x=-\frac{9}{2}-7x$

(2) $\frac{5x-3}{8}-2x=\frac{1}{6}x+\frac{x+6}{12}$

✓CHECK 52

つまずき度 ❗❗❗❗

➡ 解答は p.77

次の問いに答えよ。

(1)　1周の長さが26cmで，横の長さが縦の長さより5cm長い長方形の横の長さを求めよ。

(2)　ある靴(くつ)を，ふだんの日は，原価にその3割の利益をつけた定価で売っている。しかし，セール中は定価の2割引きで売られ，1個あたりの利益は300円になる。この商品の原価を求めよ。

(3)　清美さんは学校から家まで2.27kmの道のりを歩いて帰ることにした。しかし，途中まで歩いたところで，偶然，車を運転する父に出会った。そこから家まで送ってもらったので，学校から家まで14分で着くことができた。

清美さんの歩く速さは分速70mで，父の運転する車が平均で時速30kmで進んだとすると，清美さんは学校から何分歩いたときに父に出会ったといえるか。

✓CHECK 53

つまずき度 ❗❗❗

➡ 解答は p.78

現在，母親が38歳，息子が14歳である。母親の年齢が息子の年齢の4倍になるのはいつか。

✓CHECK 54

つまずき度 ❗❗

➡ 解答は p.78

$x=-2$が次の方程式の解であるとき，yの値を求めよ。

$$3xy+7x=-y+2x$$

✓CHECK 55

つまずき度 ❗❗❗

➡ 解答は p.78

コーヒーと牛乳を5:3で混ぜてコーヒー牛乳を作る。200mLのコーヒー牛乳を作るには，コーヒーは何mL必要か。

中学1年 4章 比例・反比例

✓CHECK 56

つまずき度 ❗

➡ 解答は p.78

次のうち，x，yが比例の関係になっているものをすべて挙げ，その比例定数を答えよ。

(1)　$y=x-7$　　(2)　$2x-y=0$　　(3)　$y=x^2$　　(4)　$y=\frac{x}{6}$

✓CHECK 57

つまずき度 ❗

➡ 解答は p.78

右の2点A，Bの座標を求めよ。
また，C(2，−3)の点を図にかけ。

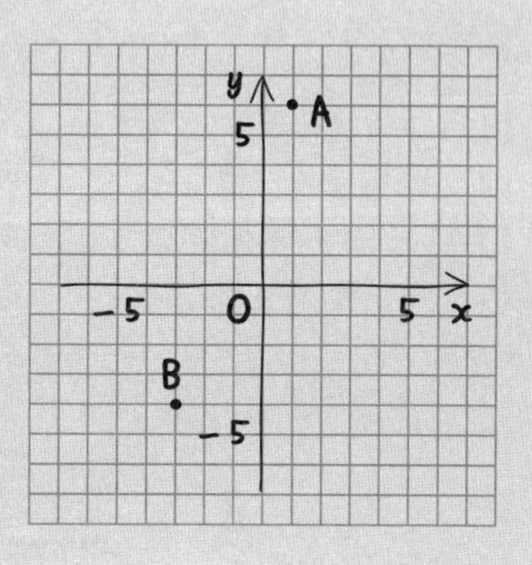

✓CHECK 58

つまずき度 ❗❗

➡ 解答は p.78

次のグラフをかけ。

(1)　$y=3x$　　(2)　$y=-\frac{x}{4}$

✓CHECK 59

つまずき度 ❗❗

➡ 解答は p.79

右の(1)，(2)の比例のグラフの式を求めよ。

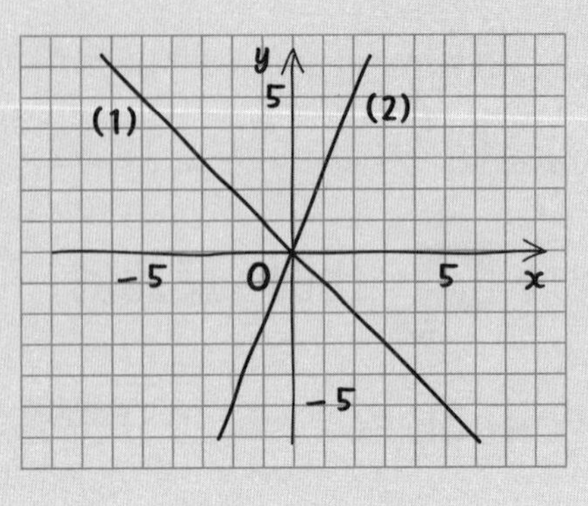

✓CHECK 60

つまずき度 ❗❗❗

➡ 解答は p.79

ノート1ページに底辺の長さが$x$cm，高さが1cm，面積が$y$cm^{2}の三角形を1つかく。ただし，ノート1ページのかくことのできる範囲は，縦，横ともに13cmの正方形とする。次の問いに答えよ。

(1)　yをxを使って表せ。

(2)　xの変域を求めよ。

(3)　x，yの関係をグラフで表せ。

(4)　yの変域を求めよ。

✓CHECK 61

つまずき度 ❗

➡ 解答は p.79

次のうち，x，yが反比例の関係になっているものをすべて挙げ，その比例定数を答えよ。

(1)　$xy=7$　　(2)　$x^2y=9$　　(3)　$x+y=-5$　　(4)　$y=-\frac{2}{x}$

✓CHECK 62

つまずき度 ❗❗

➡ 解答は p.79

次のグラフをかけ。

(1)　$y=\frac{8}{x}$　　(2)　$y=-\frac{3}{x}$

✓CHECK 63

つまずき度 ❗❗

➡ 解答は p.79

右の反比例のグラフの式を求めよ。

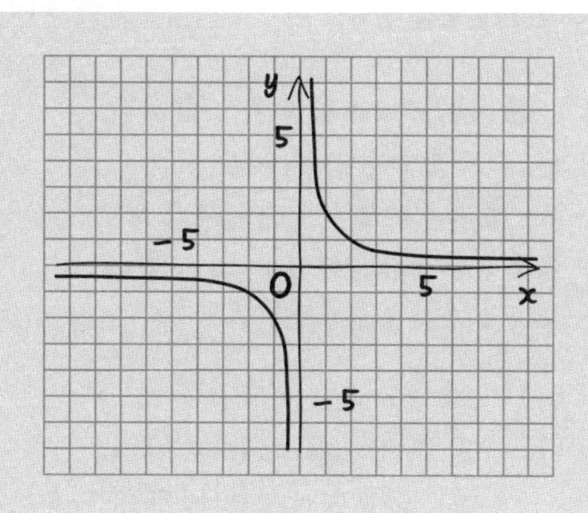

✓CHECK 64

つまずき度 ❗❗❗

➡ 解答は p.79

かおりさんは，50 mの短距離のコースを秒速x mで走ると，y秒かかる。また，全力で走っても10秒かかるとする。次の問いに答えよ。

(1)　yをxを使って表せ。

(2)　yの変域を求めよ。

(3)　x，yの関係をグラフで表せ。

(4)　xの変域を求めよ。

✓CHECK 65

つまずき度 !!!!!

➡ 解答は p.79

ある機械は，ガソリン4Lで78分動く。次の問いに答えよ。

(1)　ガソリンの量をxL，動く時間をy分としたときのxとyの関係式を求めよ。

(2)　ガソリン6Lで何分間動くか。

(3)　1時間動かすには，ガソリンが何L必要か。

✓CHECK 66

つまずき度 !!!!!

➡ 解答は p.80

歯の数がxの歯車Aと歯の数が28の歯車Bがかみ合っている。歯車Aが毎分y回転すると，歯車Bが9回転する。次の問いに答えよ。

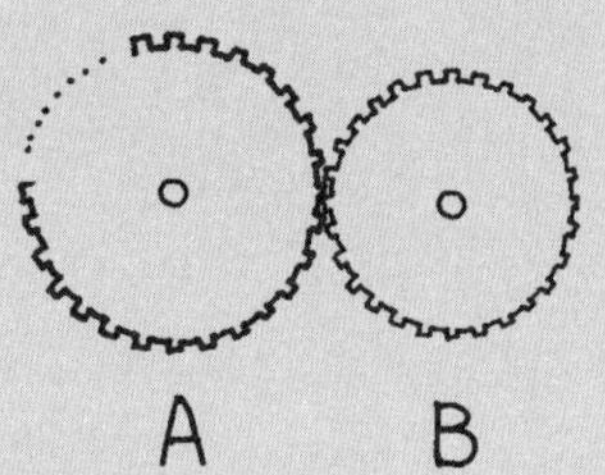

(1)　yをxを使って表せ。

(2)　歯車Aの歯の数が12ならば，歯車Aは毎分何回転するか。

(3)　歯車Aが毎分7回転するならば，歯車Aの歯の数はいくつか。

中学1年 5章 平面図形

✓CHECK 67

つまずき度 !!!!!

➡ 解答は p.80

右図の△ABCを，点Oを回転の中心として時計回りに120°回転移動させてできる△A′B′C′を，コンパスと分度器を使ってかけ。

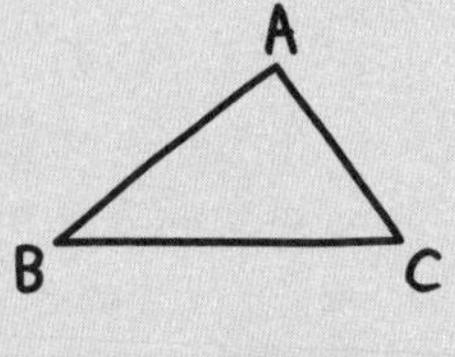

✓CHECK 68

つまずき度

➡ 解答は p.80

正六角形の作図を参考にし，同じ円周上に3つの頂点がある正三角形を作図せよ。

✓CHECK 69

つまずき度

➡ 解答は p.80

右の線分ABを1辺とする正方形を作図せよ。

A　　B

✓CHECK 70

つまずき度

➡ 解答は p.81

牛を連れた人が図の地点Aにいて，湖で牛に水を飲ませてから，牛舎のある地点Bに行きたいと思っている。次の問いに答えよ。ただし，湖岸線は直線とする。

(1)　地点Aの，湖岸線に関して対称な点をA′とする。右下の図に点A′を作図せよ。

(2)　地点Aから，湖岸線上の地点Pに立ち寄り，地点Bに行く距離AP+PBを最短にするには，点Pをどの場所にすればいいか。理由とともに答えよ。

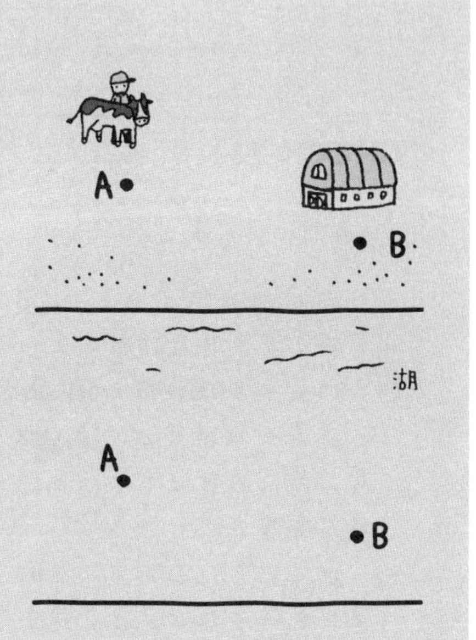

✓CHECK 71

つまずき度

➡ 解答は p.81

右図のような皿の一部分のかけらがあった。

皿が円形とすると，中心Oはどこになるか。皿の縁(ふち)に点A，B，Cをとり，作図せよ。

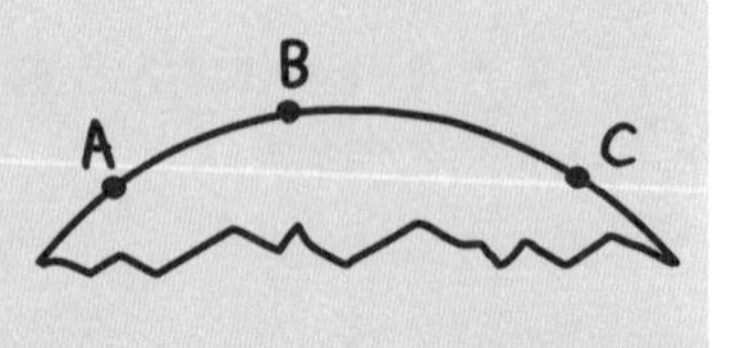

ヒント：OA，OB，OCはすべて半径なので同じ長さになる。

✓CHECK 72

つまずき度

➡ 解答は p.81

右図において，点Oは円の中心，ℓ，mは円の接線である。ℓとmの交点をA，点Oからℓ，mに下ろした垂線をOB，OCとするとき，∠xの大きさを求めよ。

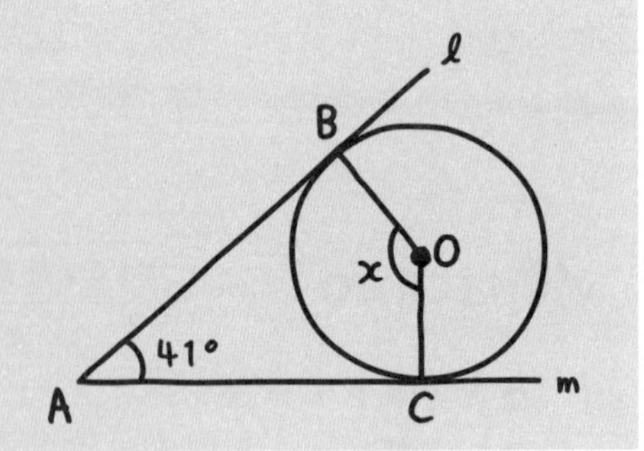

✓CHECK 73

つまずき度

➡ 解答は p.81

次の問いに答えよ。

(1)　右の四角形の∠A，∠Bの二等分線の交点Pを作図せよ。

(2)　四角形ABCDの∠A，∠B，∠Cの二等分線がすべて点Qを通るなら，点Qが中心で4つの辺すべてに接する円がかける。その理由を書け。

(3)　四角形ABCDの3辺AB，BC，CDの垂直二等分線がすべて点Rを通るなら，点Rが中心で4つの頂点すべてを通る円がかける。その理由を書け。

(4)　(3)が成り立つとき，四角形ABCDの向かい合う内角の和は180°になる。その理由を書け。

✓CHECK 74

つまずき度 !!!!!

➡ 解答は p.82

次の問いに答えよ。

(1)　45°の角を作図せよ。

(2)　右図で，線分ABと点Pで接し，点Cを通る円を作図せよ。

✓CHECK 75

つまずき度 !!

➡ 解答は p.82

右図のように半径が等しい2つの円がある。

弧ABの長さが4のとき，弧CDの長さを求めよ。

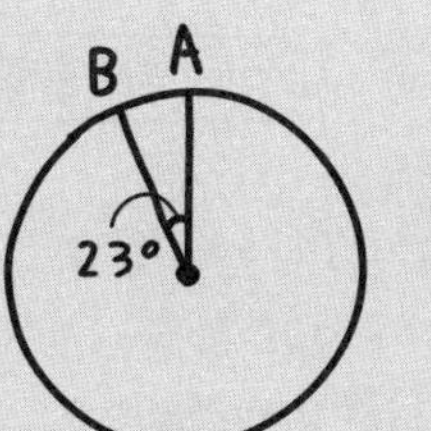

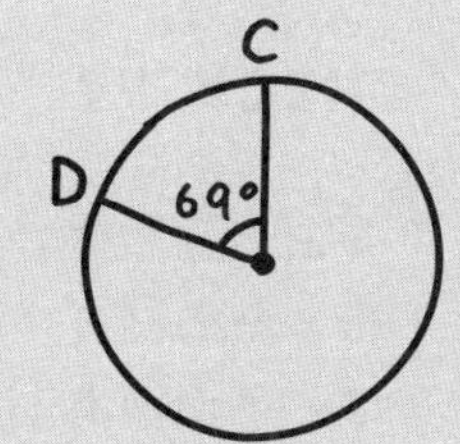

✓CHECK 76

つまずき度 !!

➡ 解答は p.82

半径6，面積2πのおうぎ形の中心角を求めよ。

✓CHECK 77

つまずき度 !!!

➡ 解答は p.83

右の図形の斜線部の面積と周の長さを求めよ。

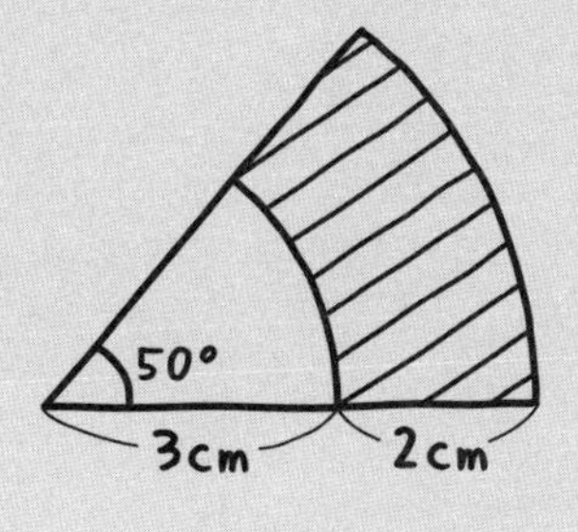

中学1年 6章 空間図形

✓CHECK 78

つまずき度 !!!!!

➡ 解答は p.83

次の立体の面，頂点，辺の数を求めよ。

(1) 正四面体　(2) 正六面体　(3) 正八面体

✓CHECK 79

つまずき度 !!!!!

➡ 解答は p.83

右図の直方体で，(1)～(7)は

① 平面がただ1つ決まる

② 平面はあるが1つではない

③ 平面が存在しない

のいずれであるか答えよ。

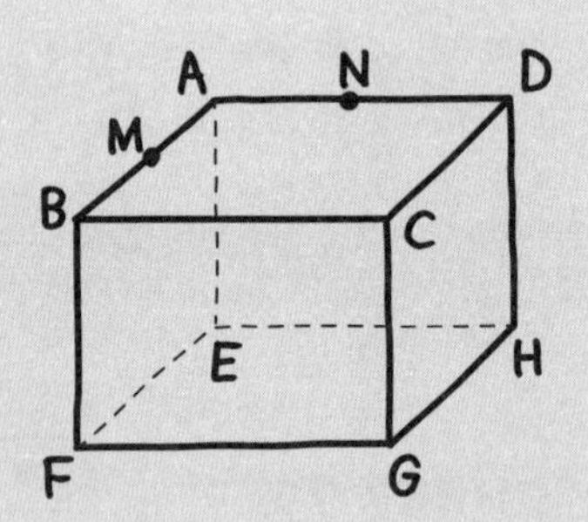

(1) 3点A，B，Gを含む平面

(2) 3点A，N，Dを含む平面

(3) 辺ABと点Mを含む平面

(4) 辺EFと点Cを含む平面

(5) 辺CDと辺GHを含む平面

(6) 辺BCと線分EGを含む平面

(7) 線分BGと線分CFを含む平面

✓CHECK 80

つまずき度 1/5

➡ 解答は p.83

右の図形に関して，以下にあてはまるものをすべて答えよ。ただし，あてはまるものがないときは，ないと答えよ。

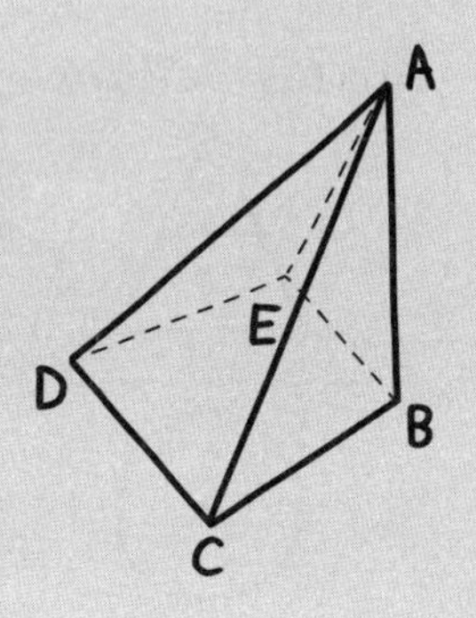

(1)　ABと平行な辺
(2)　ABと交わる辺
(3)　ABとねじれの位置にある辺

✓CHECK 81

つまずき度 1/5

➡ 解答は p.83

AB⊥BE，AB⊥BCである右の図形に関して，以下にあてはまるものをすべて答えよ。ただし，あてはまるものがないときは，ないと答えよ。

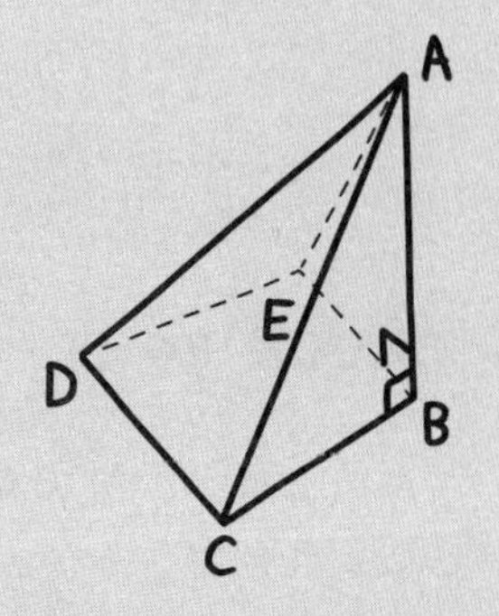

(1)　ABと平行な平面
(2)　ABと交わる平面
(3)　ABを含む平面
(4)　ABと垂直な平面

✓CHECK 82

つまずき度 2/5

➡ 解答は p.83

右の立体の，底面の半円と斜面の半円の作る角を求めよ。

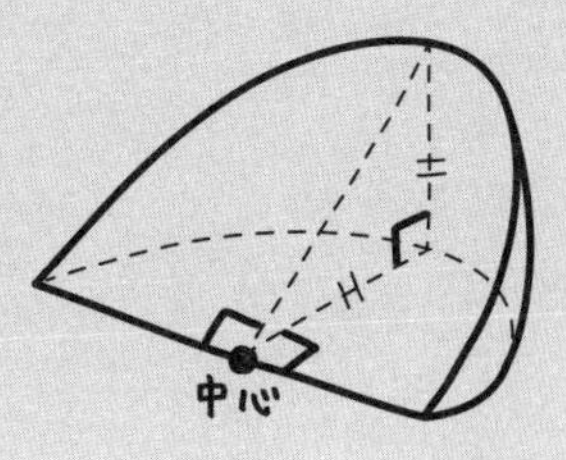

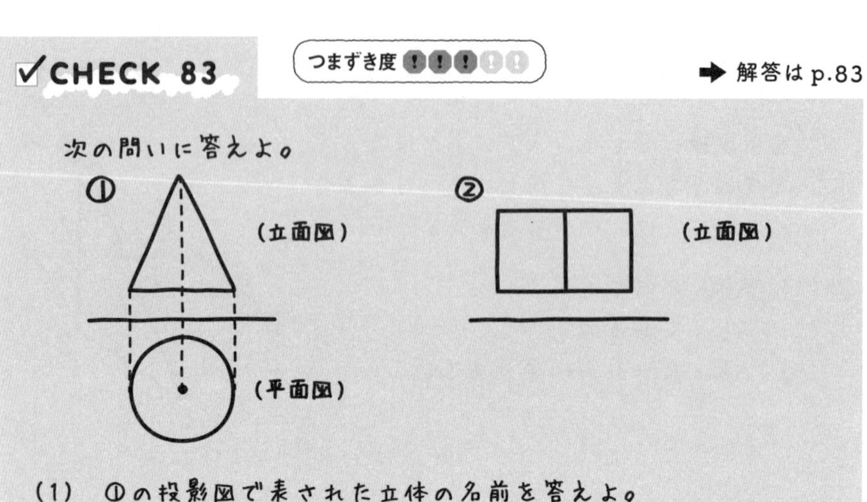

✓CHECK 83

つまずき度 !!!

➡ 解答は p.83

次の問いに答えよ。

(1)　①の投影図で表された立体の名前を答えよ。

(2)　②は正五角柱の投影図の未完成のものである。平面図(真上から見た図)をかいて投影図を完成させよ。

✓CHECK 84

つまずき度 !

➡ 解答は p.83

右の立体は，どんな図形をどのように移動したときにできるか。

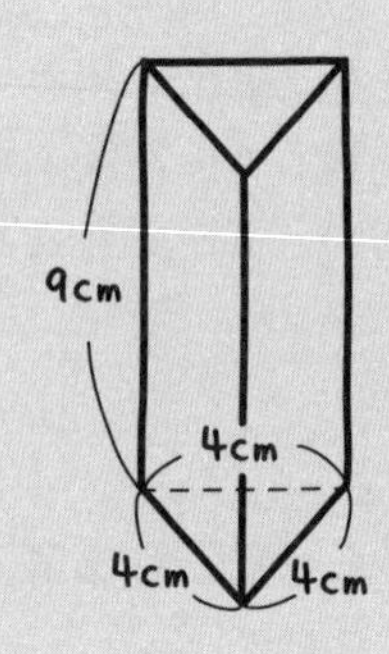

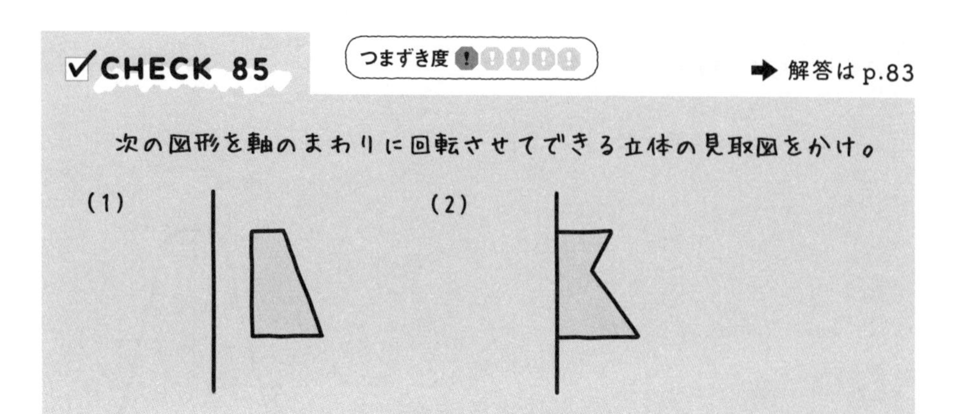

✓CHECK 85

つまずき度 !

➡ 解答は p.83

次の図形を軸のまわりに回転させてできる立体の見取図をかけ。

(1)

(2)

✓CHECK 86

つまずき度 !!

➡ 解答は p.83

回転させると次のような立体になるとき，回転させる前はどのような図形か。軸の片側だけに図形をかけ。

(1)

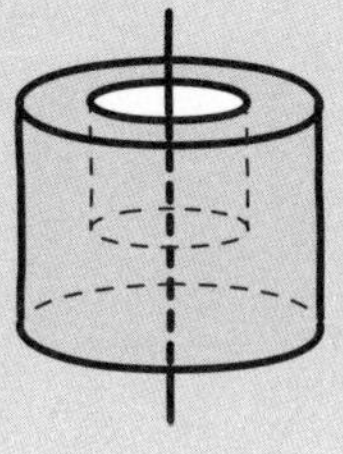

(2)

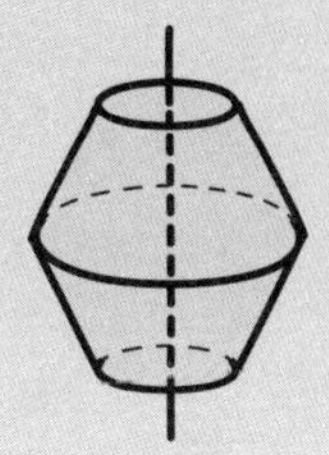

✓CHECK 87

つまずき度 !!!

➡ 解答は p.84

右の立体の表面積を求めよ。

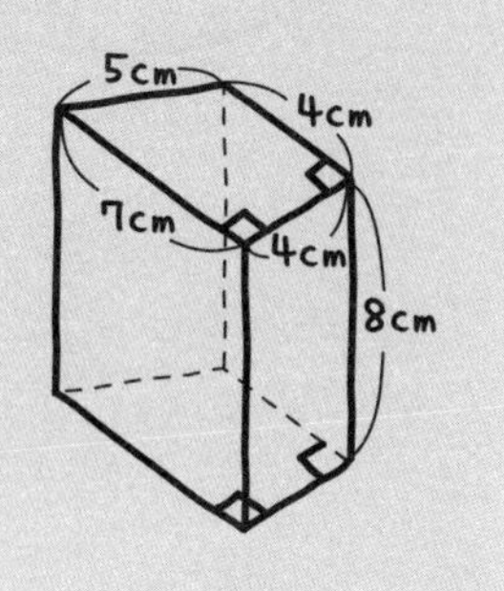

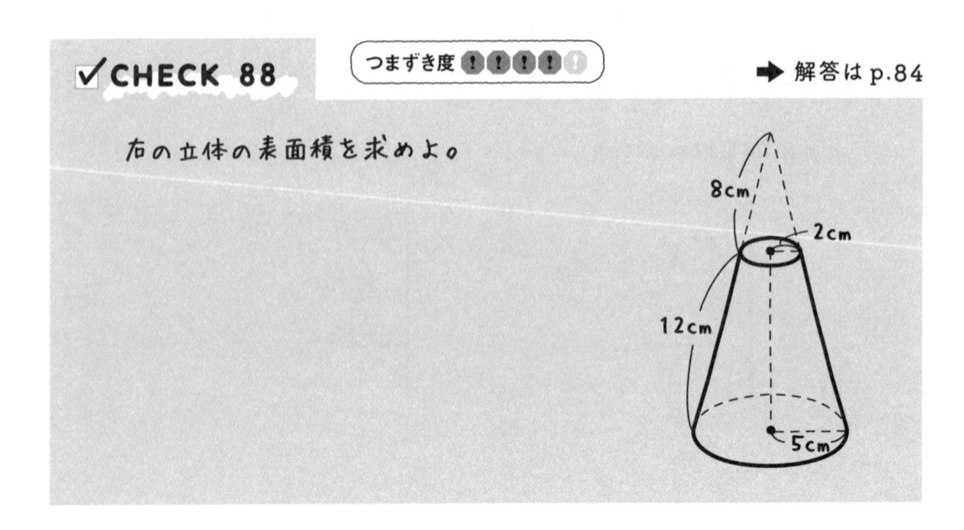
✓CHECK 88
つまずき度
➡ 解答は p.84
右の立体の表面積を求めよ。
8cm
2cm
12cm
5cm

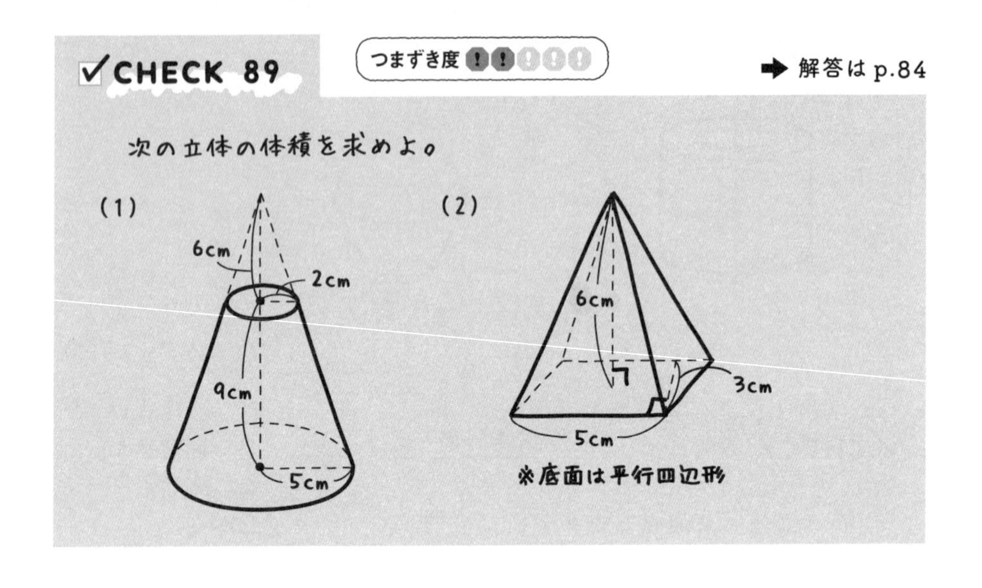
✓CHECK 89
つまずき度
➡ 解答は p.84
次の立体の体積を求めよ。
(1)
6cm
2cm
9cm
5cm
(2)
6cm
3cm
5cm
※底面は平行四辺形

✓CHECK 90

つまずき度 ❗❗

➡ 解答は p.84

底面の半径が2cmで高さが4cmの円柱がある。次の問いに答えよ。

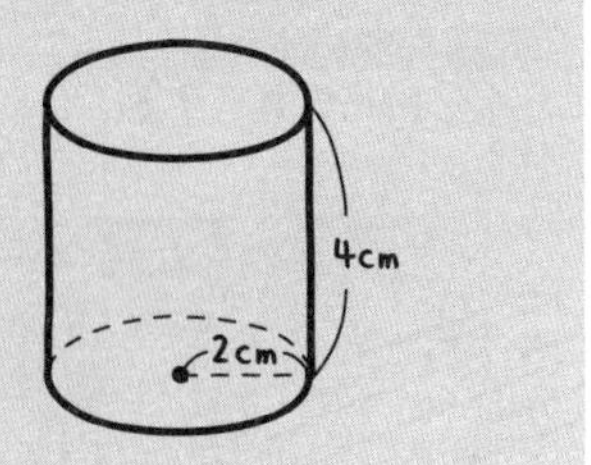

(1)　この円柱にピッタリ入る球の体積と表面積を求めよ。

(2)　この円柱の表面積は，(1)で求めた球の表面積よりもどれだけ大きいか。

✓CHECK 91

つまずき度 ❗❗❗❗

➡ 解答は p.85

図1のような1辺の長さが12cmの正方形があり，線分BC，CD，DBのところで折り，3つのAが1か所に重なるようにすると，図2のような三角錐ができる。次の問いに答えよ。

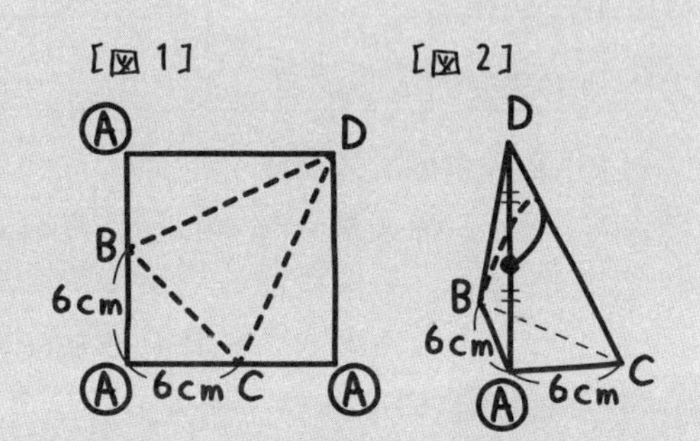

(1)　図2の三角錐の体積を求めよ。

(2)　図2の点Bから辺CDを横切って辺ADの中点までひもを巻く場合，その長さの最小値を求めよ。

中学1年 7章 データの活用

✓CHECK 92

つまずき度 ❗❗❗

➡ 解答は p.85

7-1 の 例題 と同じ中学校の2年の男子40名で，同じように50m走の記録をはかった。次の問いに答えよ。

中2の50m走の記録

記録(秒)	度数(人)	累積度数(人)	相対度数	累積相対度数
6秒以上 7秒未満	6			
7秒以上 8秒未満	20			
8秒以上 9秒未満	8			
9秒以上 10秒未満	4			
10秒以上 11秒未満	2			

(1) 表の空欄をうめよ。

(2) もし，個人データがなく，度数分布表のみで平均値を計算した場合，その値はいくつになるか。

(3) この表をもとに，ヒストグラムをかけ。

(4) 例題 (5)の中学1年生と，今回の2年生について，縦軸を相対度数にした度数分布多角形を同じグラフ内にかけ。

✓CHECK 93

つまずき度 ❗❗

➡ 解答は p.85

弓道部の試合でいずれかの選手を選ぶことにした。練習では，佐藤さんは7回射って2回的中している。田中さんは46回射って13回的中している。次の問いに答えよ。

(1) 的中率が2割くらいの対戦相手に勝ちたい。試合にはどちらの選手を選ぶべきか。

(2) (1)で選んだ選手が，もし練習で200回射ったら，何回的中すると考えられるか。小数点以下は四捨五入して答えよ。

中学2年

中学2年 1章 式の計算

✓CHECK 94

つまずき度 !

➡ 解答は p.86

以下の式について，次の問いに答えよ。

$3x^3+\frac{1}{4}a$　　$9y$　　$-\frac{5}{2}b^4-2x^2y^2$

(1) 上の3つの式は単項式，多項式のどちらか。

(2) 上の3つの式は，それぞれ何次式か。

✓CHECK 95

つまずき度 !!

➡ 解答は p.86

次の計算をせよ。

(1) $7y^2-x-4(2x+3y-5)+1$　(2) $(8x^2+6xy)\div 2-3y^2-x^2$

(3) $9\times\frac{a+5b}{3}-14\times\frac{4a-b}{2}$

✓CHECK 96

つまずき度 !!

➡ 解答は p.86

次の計算をせよ。

(1) $8x^2\times\frac{3}{4}y$　(2) $5b\times(-a^2b)$　(3) $-(4x)^2\times(-2y)^2$

✓CHECK 97

つまずき度 !!

➡ 解答は p.86

次の計算をせよ。

(1) $15k\div 3k$　(2) $9a^2x\div(-2x)$　(3) $6x^3y^2\div\frac{3}{8}xy^2$

✓CHECK 98

つまずき度 ❗❗❗

➡ 解答は p.86

次の計算をせよ。

(1) $5x^2y^2 \div (-2y) \div \frac{7}{4}xy$　　(2) $-3x\{8-2y(7x-1)\}+2x$

(3) $\frac{4a-6b+9}{3}-\frac{2a-7-b}{5}$

✓CHECK 99

つまずき度 ❗❗❗

➡ 解答は p.86

次の式を筆算を使って計算せよ。

(1) $(-2a+3b)+(6b+a)$　　(2) $(m-7n+9)-(-3n+8m-2)$

✓CHECK 100

つまずき度 ❗❗❗❗

➡ 解答は p.87

次の問いに答えよ。

(1) 連続した3つの整数の真ん中の数の2倍は，ほかの2つの数の和に等しいことを説明せよ。

(2) ある3ケタの自然数がある。百の位の数字と一の位の数字を入れかえた数を作り，もとの数から引くと，99の倍数になることを説明せよ。

✓CHECK 101

つまずき度 ❗❗❗

➡ 解答は p.87

次の問いに答えよ。

(1) 3の倍数より2大きい数(1小さい数)と，3の倍数より1大きい数(2小さい数)の和が3の倍数であることを説明せよ。

(2) 連続した3つの偶数の和は6の倍数であることを説明せよ。

✓CHECK 102

つまずき度 ❗❗❗❗

➡ 解答は p.87

地球の半径を6378kmとする。

赤道上の1mの高さにロープを張り，地球を1周させると，ロープの長さは赤道の長さより何m長くなるか。

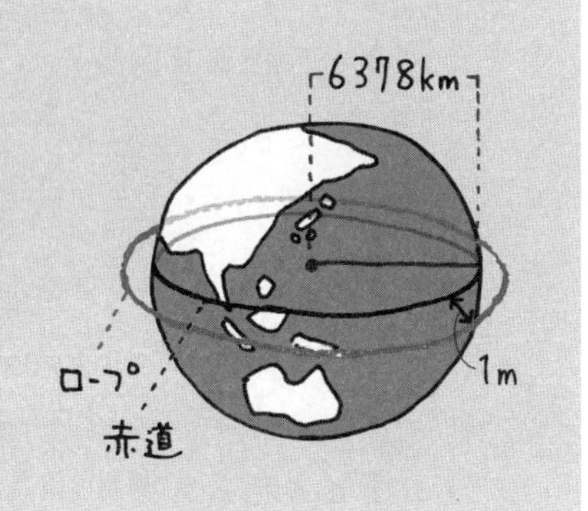

✓CHECK 103

つまずき度 ❗❗

➡ 解答は p.87

半径r，中心角$x°$，面積Sのおうぎ形について，次の問いに答えよ。

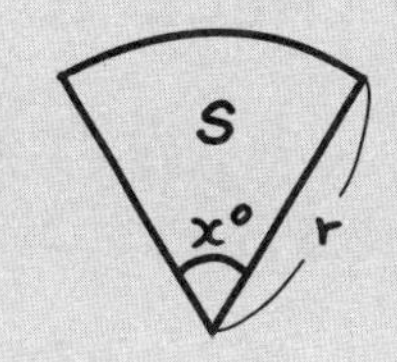

(1)　Sをr，xを用いて表せ。

(2)　(1)で作った等式をxについて解け。

中学2年 2章 連立方程式

✓CHECK 104

つまずき度 ❗❗❗

➡ 解答は p.88

次の連立方程式を解け。

(1)　$\begin{cases} x+2y=18 \\ 5x-2y=6 \end{cases}$　　(2)　$\begin{cases} 4x-5y+22=0 \\ -3x+8y-42=0 \end{cases}$

✓CHECK 105

つまずき度 ❗❗

➡ 解答は p.88

次の連立方程式を解け。

$$\begin{cases} 6x+5y=-20 \\ x=-3y+1 \end{cases}$$

✓CHECK 106

つまずき度 ❗❗❗

➡ 解答は p.88

次の連立方程式を解け。

$$\begin{cases} 5(x-2y+6)-4(3x+y)=16 \\ \frac{1}{5}y=\frac{3}{5}x-1 \end{cases}$$

✓CHECK 107

つまずき度 ❗❗

➡ 解答は p.88

$x=1$，$y=-3$ が次の両方の方程式の解であるとき，m，n の値を求めよ。

$2mx-ny=5m$ ……①

$mx=6y-n$ ……②

✓CHECK 108

つまずき度 ❗❗❗

➡ 解答は p.89

（次の問題は中1の 3-7 で扱ったものである。）

大量のプチシュークリームを何人かの子どもに分ける。1人あたり8個ずつ分けると5個あまるが，9個ずつ分けると2個足りない。

子どもの人数と，プチシュークリームの個数を求めよ。ただし，子どもの人数をx，プチシュークリームの個数をyとして，連立方程式を作って求めること。

✓CHECK 109

つまずき度 ❗❗❗

➡ 解答は p.89

修司くんは自宅から1300m離れた駅に向かって出発した。はじめは毎分50mの速さで歩いていたが，電車に乗り遅れそうになったので途中から毎分90mの速さで走ったら，自宅を出てから22分で駅に着いた。

歩いた時間(分)と走った時間(分)を求めよ。

✓CHECK 110

つまずき度 ❗❗❗❗

➡ 解答は p.89

DVDとゲームソフトの両方を買うと定価は5800円である。しかし，中古のショップへ行くと，DVDは2割引き，ゲームソフトは4割引きで買うことができ，両方を買うと，4000円払っても100円おつりがきた。

DVD，ゲームソフトそれぞれの定価を求めよ。

✓CHECK 111

つまずき度 ❗❗❗❗❗

➡ 解答は p.89

プロ野球の小林選手の打率(打数のうちヒットになった割合)は3割，鈴木選手の打率は2割5分であり，2人合わせた全打数が450，2人の打率の平均が2割8分である。

小林選手，鈴木選手それぞれのヒット数を求めよ。

中学2年 3章 1次関数

✓CHECK 112

つまずき度 ❗❗

➡ 解答は p.90

次の(1)～(4)は，以下の①～③のどれにあたるか。

(1)　$x+\frac{1}{2}y=6$

(2)　$xy=7$

(3)　長さが24cmのろうそくに火をつけると1時間に3cmずつ燃えてとけるときの，x時間後の長さがy cm

(4)　平行四辺形のとなり合う辺の長さが5cmと$x$cmで，面積がy cm²

①　yがxの1次関数である。

②　yがxの関数ではあるが，1次関数ではない。

③　yがxの関数ではない。

✓CHECK 113

つまずき度 ❗❗

➡ 解答は p.90

1次関数$y=-2x+9$について，次の問いに答えよ。

(1)　変化の割合を求めよ。

(2)　xの値が-1から3まで増加するときのyの増加量を答えよ。

✓CHECK 114

つまずき度 ❗❗❗

➡ 解答は p.90

次のグラフをかけ。

(1)　$y=-x+4$　　(2)　$y=-\frac{5}{2}x-3$　　(3)　$3x-4y-1=0$

✓CHECK 115

つまずき度 !

➡ 解答は p.90

$y=-4$のグラフをかけ。

✓CHECK 116

つまずき度 !!

➡ 解答は p.90

次の①，②，③のグラフについて，以下の問いに答えよ。

$y=-5x+4$ ……①

$x+y-2=0$ ……②

$6x-3y=5$ ……③

(1) $y=2x$のグラフと平行なものはどれか。

(2) ①，②，③を傾きが急な順に並べよ。

✓CHECK 117

つまずき度 !!!

➡ 解答は p.91

次の直線を表す1次関数の式を求めよ。

(1) 切片が6，傾きが-1の直線

(2) 切片が7で，点$(5, 4)$を通る直線

(3) 2点$(3, -2)$，$(8, 13)$を通る直線

✓CHECK 118

つまずき度 !!!

➡ 解答は p.91

次の(1)，(2)のグラフの式を求めよ。

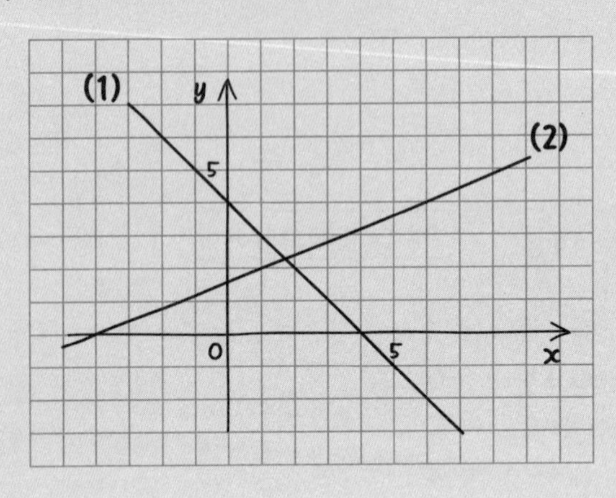

✓CHECK 119

つまずき度 !!

➡ 解答は p.91

2直線 $3x+7y=1$，$x-2y=-4$ の交点の座標を求めよ。

✓CHECK 120

つまずき度 !!!

➡ 解答は p.92

自然な状態での長さが35cmのばねがある。40gのおもりをつるすと，ばねの長さは43cmになった。次の問いに答えよ。ただし，ばねの伸びはおもりの質量に比例するとする。

(1) おもりの質量をxg，ばねの長さを$y$cmとして，yをxの式で表せ。

(2) 90gのおもりをつるしたときの，ばねの長さを求めよ。

(3) ばねの長さが58cmになるときの，おもりの質量を求めよ。

✓CHECK 121

つまずき度 !!

➡ 解答は p.92

電話の契約で，月の基本料金が1400円で通話1分ごとに3円のプランAと，月の基本料金が3200円で話し放題のプランBがある。月の通話時間が何分をこえた場合，プランBのほうが得になるか。

✓CHECK 122

つまずき度 !!!!!

➡ 解答は p.92

次の問いに答えよ。

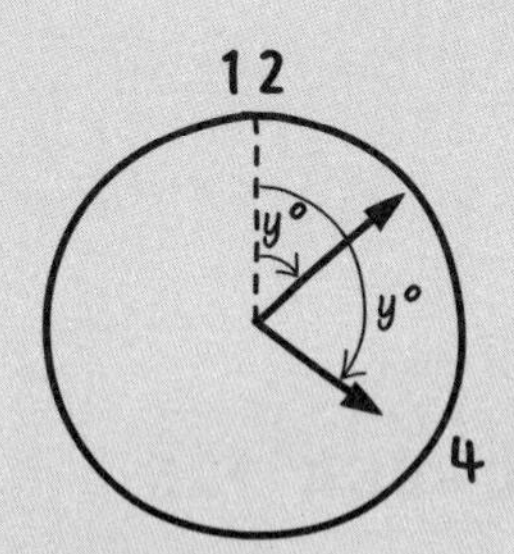

(1)　時計の長針は1分間にどのくらいの角度を進むか。

(2)　4時x分での，長針の“12時の場所から右回りに数えた角度”をy°とするとき，yをxの関数で表せ。

(3)　時計の短針は1分間にどのくらいの角度を進むか。

(4)　4時x分での，短針の“12時の場所から右回りに数えた角度”をy°とするとき，yをxの関数で表せ。

(5)　(2)，(4)の関数をグラフにかけ。

(6)　長針と短針が重なるのは4時何分か。秒は切り捨てて答えよ。

✓CHECK 123

つまずき度 !!!!

➡ 解答は p.93

平面上に点Aと直線lがあり，その(最短)距離が8cmであるとする。

直線l上の点Bから出発し，直線上を同じ方向に点Pが移動する。最初の3秒間は秒速2cmで，その後は秒速1cmの速さで移動するとき，x秒後の△ABPの面積を$y$cm²とする。

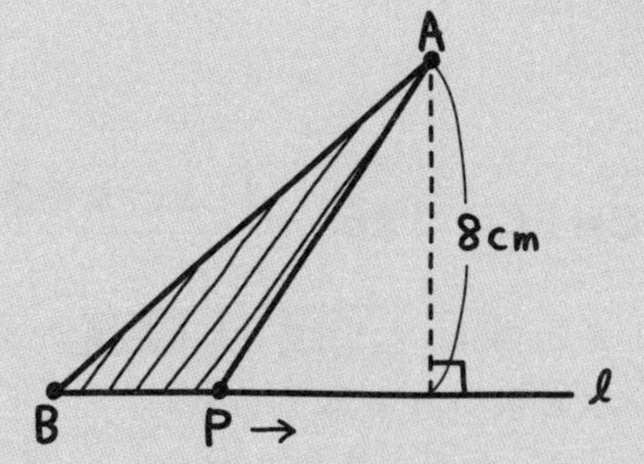

xとyの関係をグラフで表せ。

中学2年 4章 平行と合同

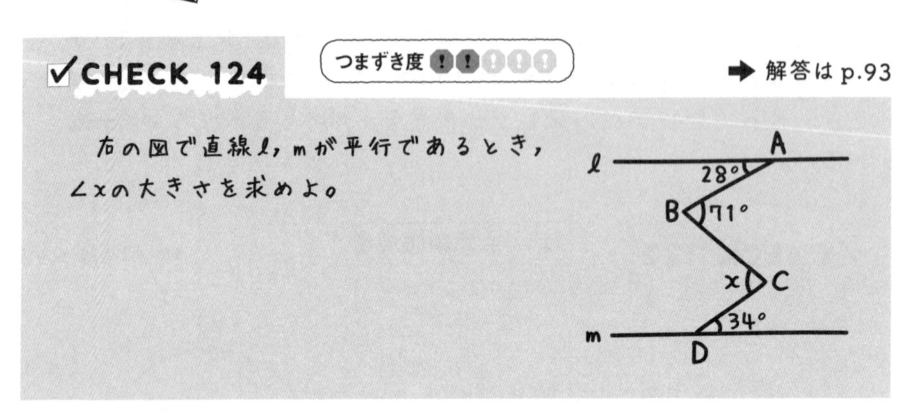

✓CHECK 124

つまずき度 !!!!!

➡ 解答は p.93

右の図で直線ℓ，mが平行であるとき，∠xの大きさを求めよ。

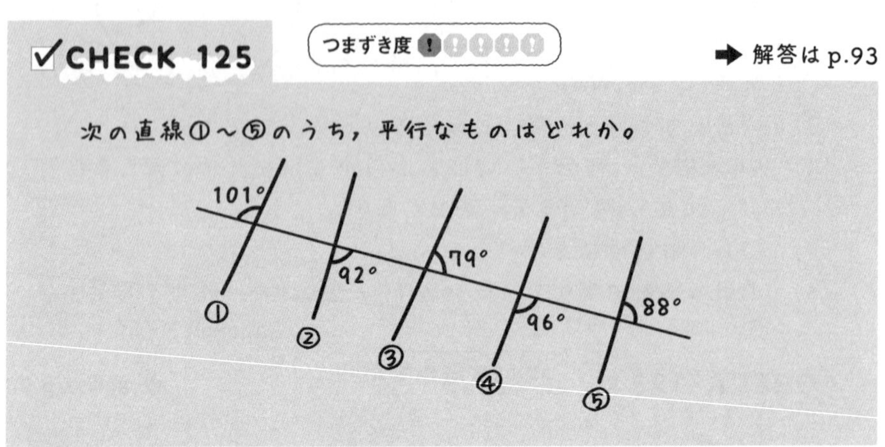

✓CHECK 125

つまずき度 !!!!!

➡ 解答は p.93

次の直線①～⑤のうち，平行なものはどれか。

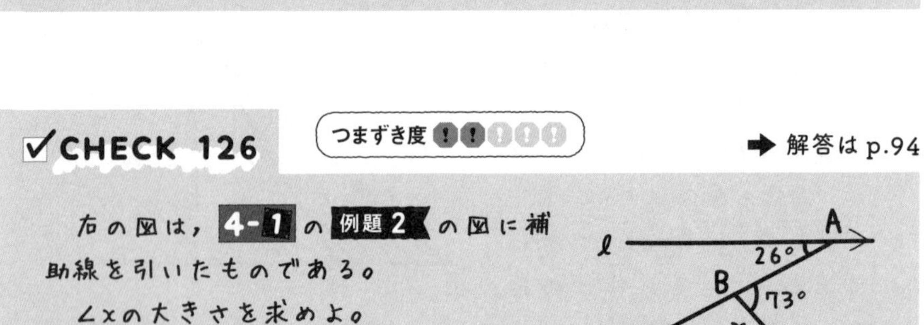

✓CHECK 126

つまずき度 !!!!!

➡ 解答は p.94

右の図は，4-1 の 例題2 の図に補助線を引いたものである。

∠xの大きさを求めよ。

✓CHECK 127

つまずき度 ❗❗❗❗

➡ 解答は p.94

次の問いに答えよ。

(1) 図1において，$\angle x$の大きさを求めよ。

(2) 図2においてa～eの角の和を求めよ。

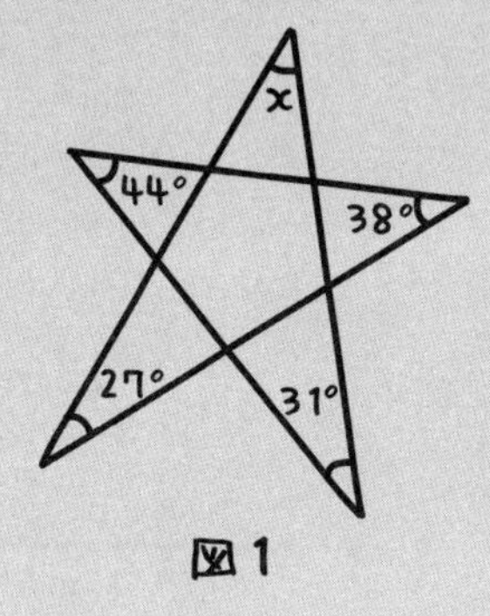

図1

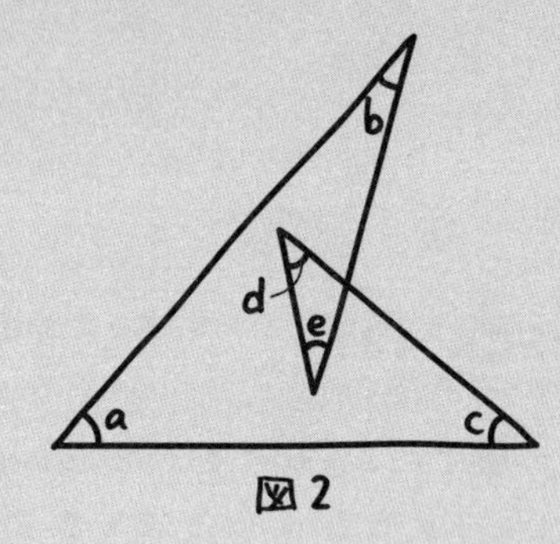

図2

✓CHECK 128

つまずき度 ❗❗

➡ 解答は p.94

次の問いに答えよ。

(1) 正十二角形の1つの内角の大きさを求めよ。

(2) 1つの内角の大きさが135°になるのは，正何角形か。

✓CHECK 129

つまずき度 ❗❗

➡ 解答は p.94

右の図の$\angle x$の大きさを求めよ。

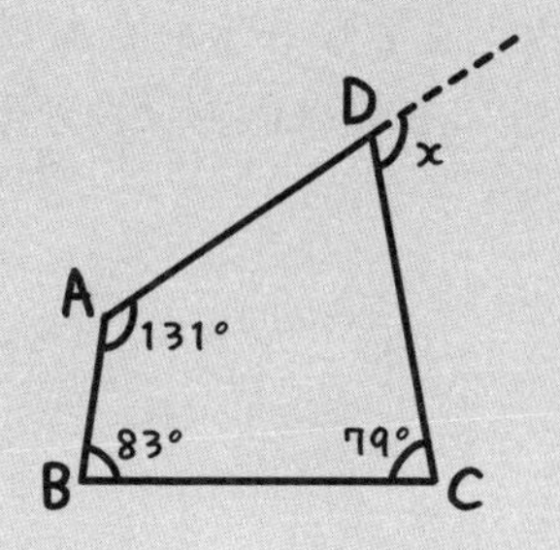

✓CHECK 130

つまずき度 ❗❗

➡ 解答は p.94

次の問いに答えよ。

(1)　正六角形の1つの外角の大きさを求めよ。

(2)　1つの外角の大きさが24°になるのは，正何角形か。

✓CHECK 131

つまずき度 ❗❗❗

➡ 解答は p.95

右の図で，$\angle x$の大きさを求めよ。
ただし，2直線ℓ，mは平行とする。

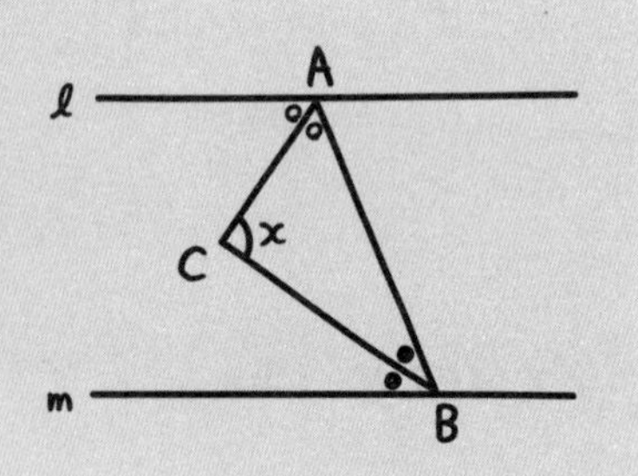

✓CHECK 132

つまずき度 ❗

➡ 解答は p.95

次のことがらの仮定と結論をいえ。

(1)　2でない素数ならば，奇数である。

(2)　平行四辺形は向かい合う角が等しい。

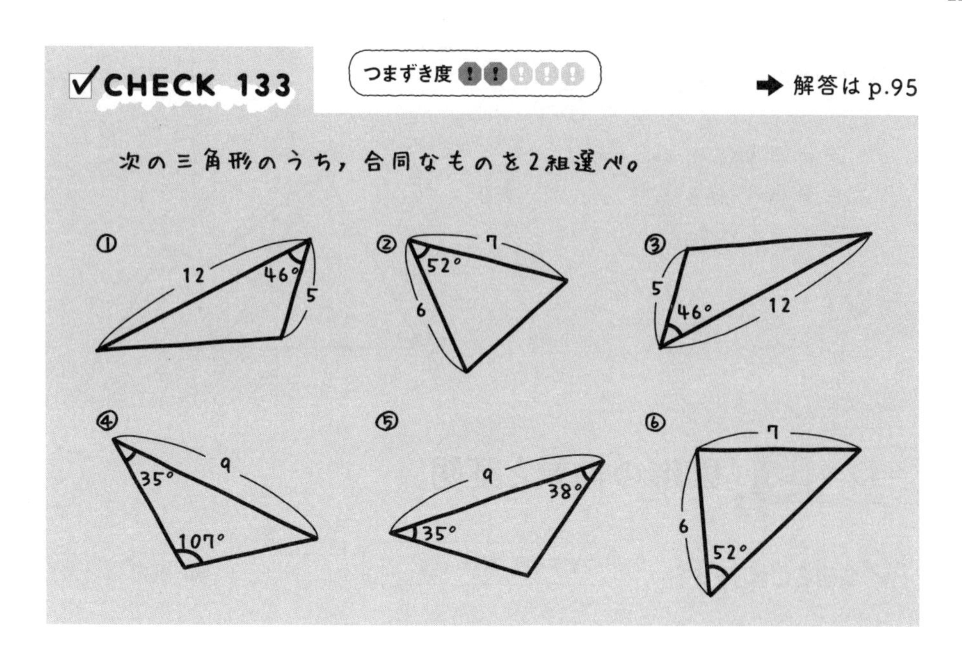
✓CHECK 133
つまずき度
➡ 解答は p.95
次の三角形のうち，合同なものを2組選べ。
①
12
46°
5
②
7
52°
6
③
5
46°
12
④
35°
9
107°
⑤
9
38°
35°
⑥
7
6
52°

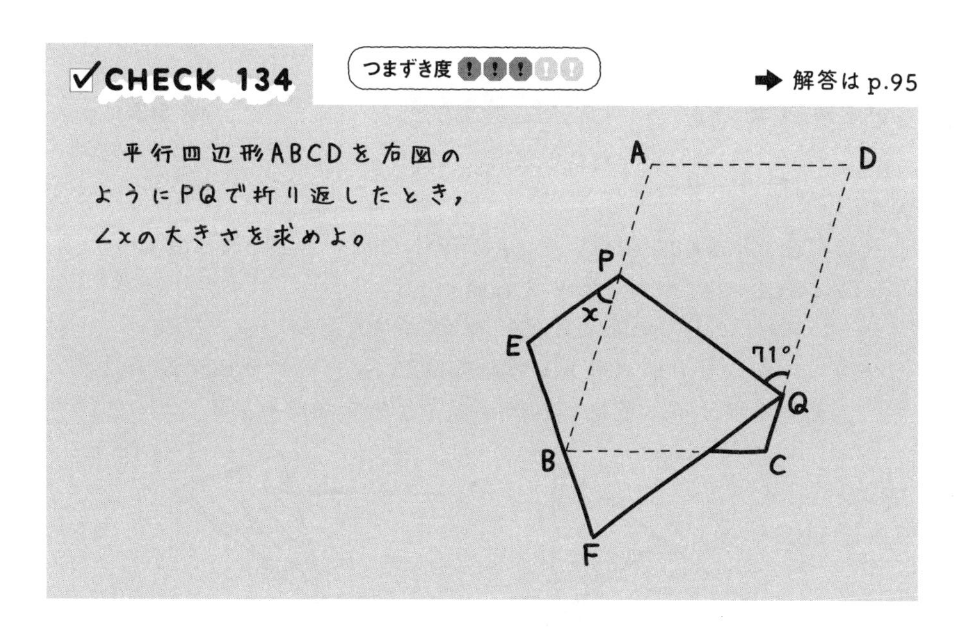
✓CHECK 134
つまずき度
➡ 解答は p.95
平行四辺形ABCDを右図のようにPQで折り返したとき，∠xの大きさを求めよ。
A
D
P
x
E
71°
Q
B
C
F

✓CHECK 135

つまずき度 ❗❗❗

➡ 解答は p.95

右の△ABCと△DCEはともに正三角形であるとする。BD=AEであることを証明せよ。

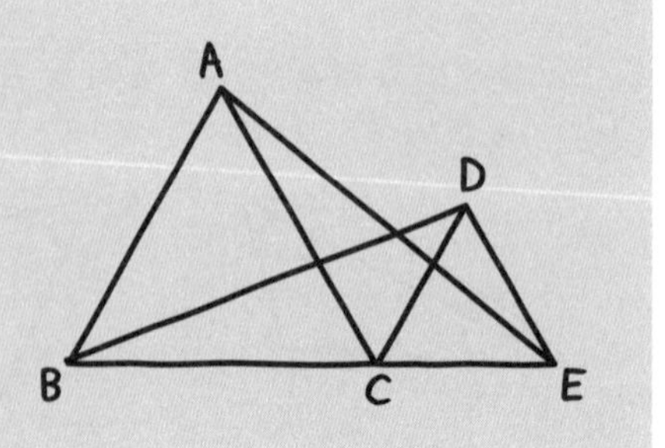

中学2年 5章 図形の性質と証明

✓CHECK 136

つまずき度 ❗

➡ 解答は p.95

次は，定義，定理のいずれであるか。

(1) 半径がrの円の面積はπr^2である。

(2) 自然数は正の整数である。

✓CHECK 137

つまずき度 ❗❗❗❗

➡ 解答は p.95

次の問いに答えよ。

(1) 図1の△ABCにおいて，AM=BM=CMであるとすると，∠ACB=90°であることを証明せよ。

ヒント：∠MAC=∠aとおいて，ほかの角を求める。

(2) 細長い長方形の形をした紙を図2のように折り曲げると，重なる部分が二等辺三角形になることを証明せよ。

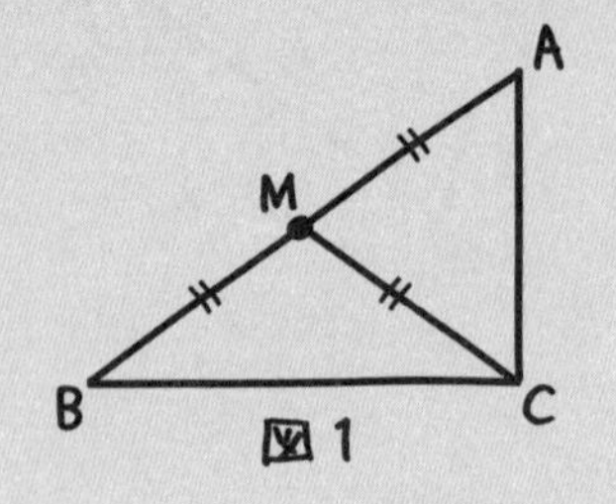

図1

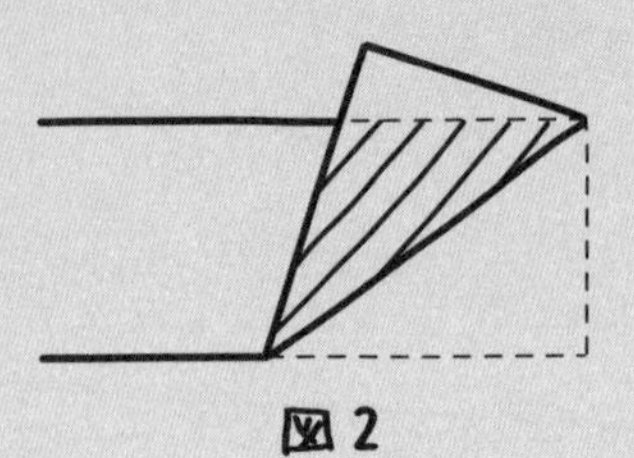

図2

✓CHECK 138

つまずき度 ❗❗❗❗

➡ 解答は p.96

正三角形ABCの辺AB，辺BC，辺CA上に，それぞれ点P，Q，RをAP=BQ=CRを満たすようにとる。

このとき，△PQRが正三角形になることを証明せよ。

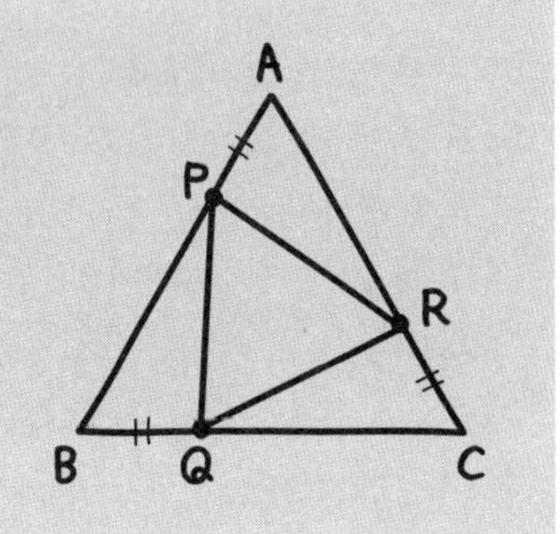

✓CHECK 139

つまずき度 ❗❗❗

➡ 解答は p.96

点AからOを中心とする円に接線（接する直線）を引き，その接点をP，Qとすると，∠OPA=∠OQA=90°になる。

このとき，AP=AQになることを証明せよ。

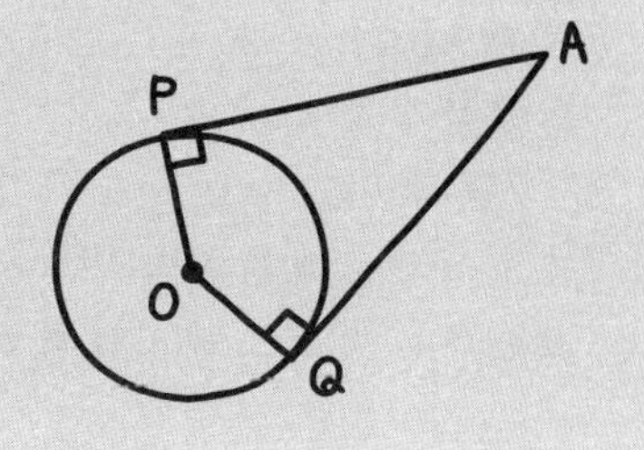

✓CHECK 140

つまずき度 ❗❗

➡ 解答は p.96

AB=4，AD=7の平行四辺形ABCDの∠Aの二等分線と，辺BCの交点をEとするとき，ECの長さを求めよ。

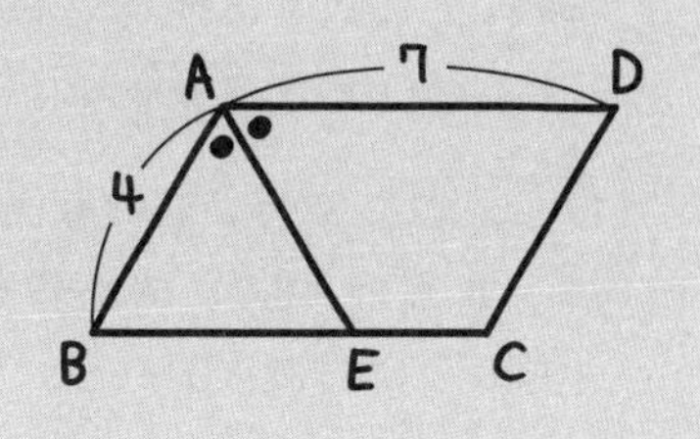

✓CHECK 141

つまずき度 ❗❗❗❗

➡ 解答は p.96

平行四辺形ABCDの辺BCのC側の延長線上に，DC=DPになるように点Pをとる。

このとき，AP=DBになることを証明せよ。

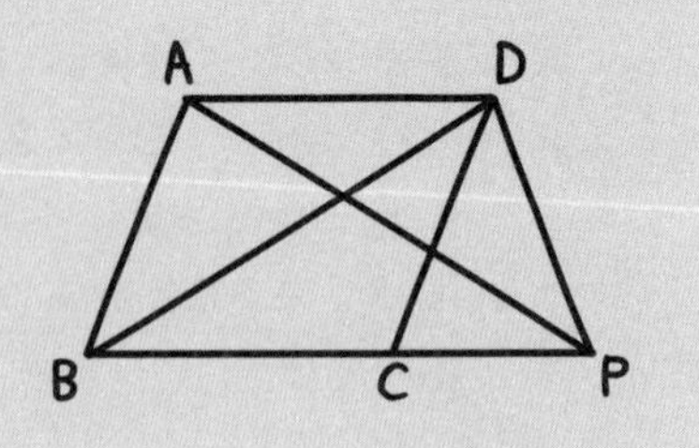

✓CHECK 142

つまずき度 ❗❗❗❗

➡ 解答は p.97

AD//BC，かつ，AD<BCの台形ABCDがあり，辺ABの中点をMとする。

2直線BC，MDの交点をPとするとき，四角形APBDが平行四辺形になることを証明せよ。

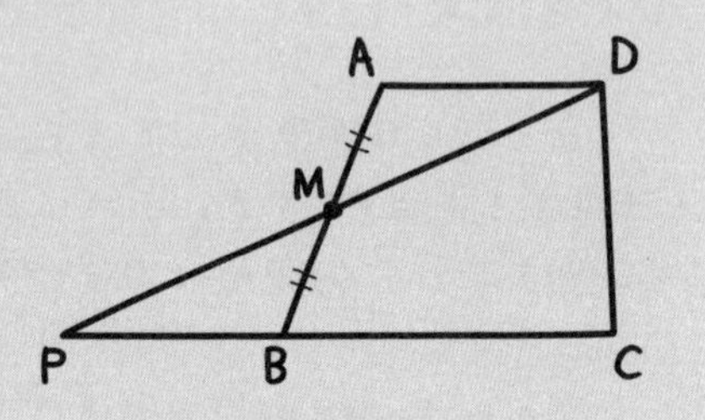

✓CHECK 143

つまずき度 ❗❗

➡ 解答は p.97

次のことがらの逆をいい，それは正しいかどうかを答えよ。正しくないときは反例を1つ挙げること。

(1)　$x>2$，かつ，$y>3$ならば，$x+y>5$になる。

(2)　四角形ABCDが平行四辺形ならば，AD//BC，かつ，AB=DCである。

✓CHECK 144

つまずき度 !!!

➡ 解答は p.97

右の図の長方形ABCDで，対角線ACとBDの長さが等しいことを証明せよ。

✓CHECK 145

つまずき度 !!!!

➡ 解答は p.97

平行四辺形ABCDの辺AB上に点Pをとり，2直線AD，CPの交点をQとする。次の問いに答えよ。

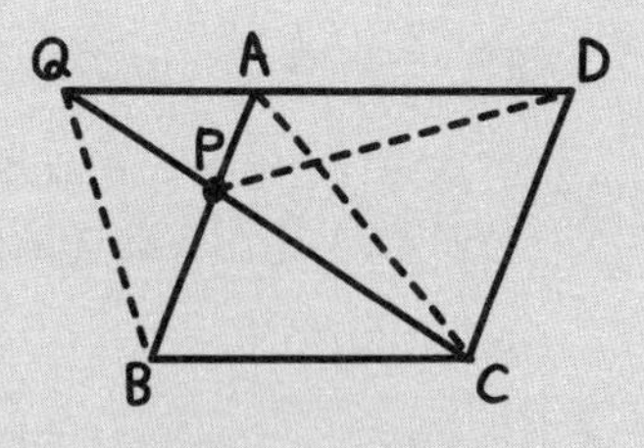

(1)　△APDと面積が等しく，APを底辺とする三角形を1つ挙げよ。

(2)　△APDと△BPQの面積が等しいことを示せ。

✓CHECK 146

つまずき度 !!!!

➡ 解答は p.97

四角形ABCDの土地が右のように2等分されている。しかし，境界線が曲がっていて利用しにくいため，Pの地点を通る線分で面積を2等分し直したい。

どのように境界線を引けばいいか。

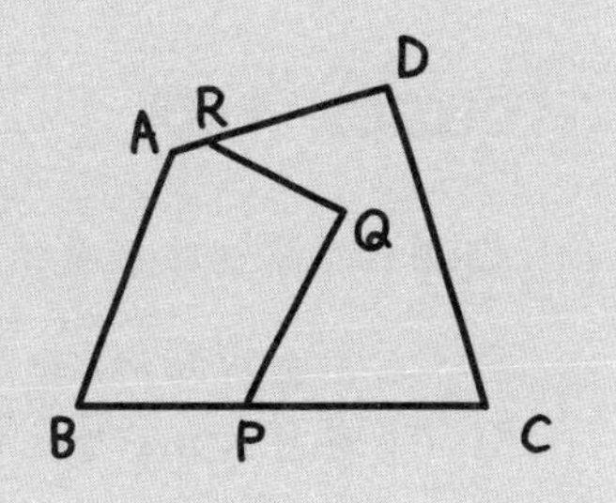

中学2年 6章 確率

✓CHECK 147

つまずき度 ❗

➡ 解答は p.98

ジョーカーを除く52枚のトランプの中から1枚引くとき，それが絵札（J，Q，K）になる確率を求めよ。

✓CHECK 148

つまずき度 ❗

➡ 解答は p.98

次の問いに答えよ。

(1)　次の確率を%を使って表せ。

①　$\frac{3}{8}$　　②　0.28

(2)　確率12%を，全体を1と考えた表しかたに直せ。

✓CHECK 149

つまずき度 ❗❗

➡ 解答は p.98

袋の中に赤玉2個と白玉7個と青玉5個が入っている。袋の中を見ずに1個取り出したとき，次の問いに答えよ。

(1)　取り出しかたはぜんぶで何通りあるか。

(2)　青玉を取り出す確率を求めよ。

✓CHECK 150

つまずき度 ❗❗

➡ 解答は p.98

2個のサイコロを投げるとき，次の確率を求めよ。

(1)　出た目の和が8になる確率

(2)　出た目の和が4以下になる確率

✓CHECK 151

つまずき度 !!

➡ 解答は p.98

5本のうち当たりが3本含まれているくじを2人が順番に引くとき，当たりやすさは変わらないことを樹形図を使って確認せよ。

✓CHECK 152

つまずき度 !!!

➡ 解答は p.99

ジョーカーを除く52枚のトランプの中から1枚ずつ4回カードを引く。ただし，一度取り出したカードはもとに戻さないとする。そのときに，4枚とも異なるマークになる確率を求めよ。

✓CHECK 153

つまずき度 !!!

➡ 解答は p.99

サイコロを4回投げたとき，積が偶数になる確率を求めよ。

ヒント：4回投げて積が偶数になるということは，少なくとも1回は偶数が出るということである。

✓CHECK 154

つまずき度 !!!

➡ 解答は p.99

箱の中に1から5までの数が1つずつ書かれた5枚のカードがある。この箱から1枚ずつすべてのカードを引き，引いた順に並べて5ケタの数を作るとき，次の問いに答えよ。

(1) ぜんぶで何通りあるか。

(2) 偶数になる確率を求めよ。

✓CHECK 155

つまずき度 ❗❗❗

➡ 解答は p.99

A，B，Cの3人でジャンケンをしたとき，1回のジャンケンでAだけが勝ちになる確率を求めよ。ただし，3人とも，グー，チョキ，パーの出しかたは同様に確からしいとする。

中学2年 7章 箱ひげ図とデータの活用

✓CHECK 156

つまずき度 ❗❗

➡ 解答は p.99

12人のプロゴルファーが参加した18ホールの大会のスコアが

72　73　70　68　76　75　70　73　71　69　77　73
（単位；打）

になった。次の問いに答えよ。

（1）　最頻値を求めよ。

（2）　範囲と四分位範囲を求めよ。

（3）　箱ひげ図をかけ。

✓CHECK 157

つまずき度 ❗❗❗❗❗

➡ 解答は p.100

山田さんは「オリジナル料理のレシピ」，伊藤さんは「ダンスパフォーマンス」，渡辺さんは「おすすめ映画の紹介」で，それぞれ数十本ずつの動画を公開していて，その再生回数を箱ひげ図で表したものは次のようになる。3人のデータをヒストグラムに表したとき，ア，イ，ウのいずれになるかを答えよ。

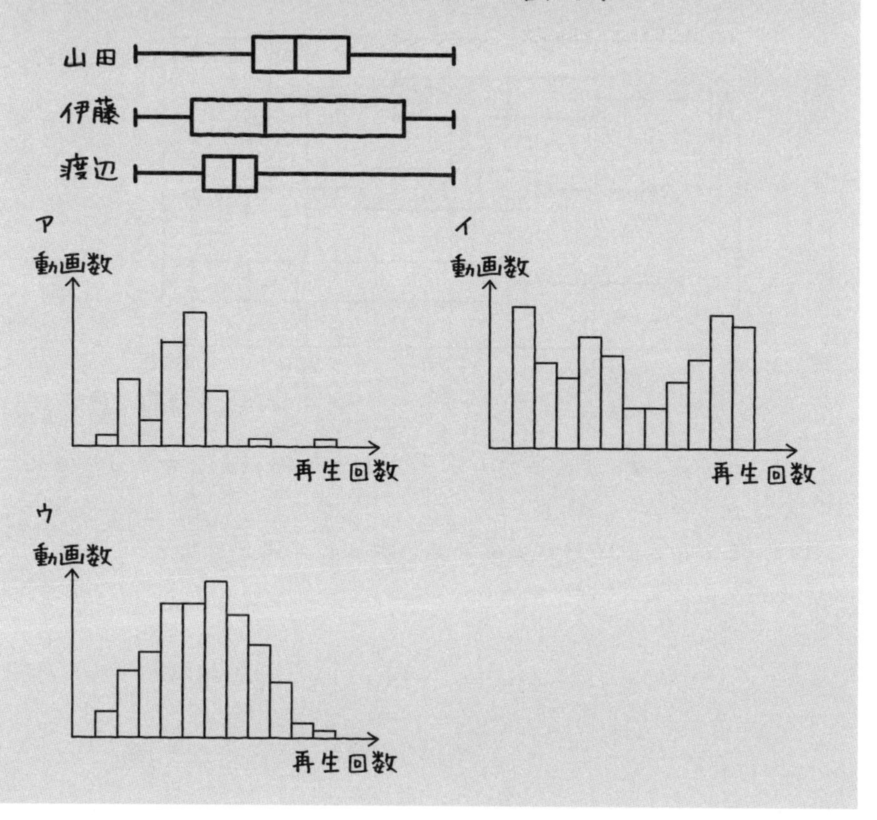

✓CHECK 158

つまずき度 !!!!!

➡ 解答は p.100

7-3 の 例題 に加え，さらに千葉さんもフリーマーケットに参加することになった。店をCとし，26個の商品を販売することとする。それぞれに値段をつけたところ，次のようになった。

このとき，(1)，(2)は正しい，正しくないのどちらになるかを答えよ。

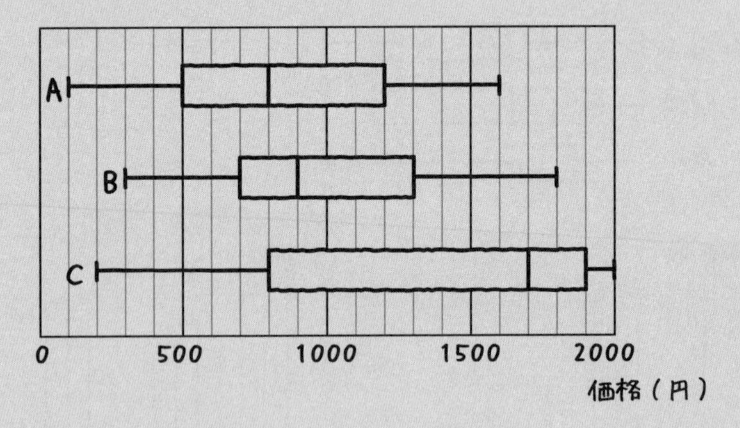

(1)　Cには，A，Bのいずれの商品より価格が高いものが7個以上ある。

(2)　CとAの800円以上の商品の数は必ず同じになる。

中学3年

多項式

✓CHECK 159

つまずき度

➡ 解答は p.100

次の式を展開せよ。

(1)　$8a(6x-1)$　　(2)　$(3m^3+n)p$

(3)　$(35a^3x+10ax^2)\div 5a$

✓CHECK 160

つまずき度

➡ 解答は p.100

次の式を展開せよ。

(1)　$(9k-n)(x+6y)$　　(2)　$(-a-6)(4b^2+c)$

(3)　$(4m-3n)(m+8n-2)$

✓CHECK 161

つまずき度

➡ 解答は p.100

次の式を展開せよ。

(1)　$(x+1)(x-7)$　　(2)　$(x-9)(x-6)$

✓CHECK 162

つまずき度

➡ 解答は p.100

次の式を展開せよ。

(1)　$(a-7)^2$　　(2)　$(-6x+5)^2$

(3)　$(2m+9n)(2m-9n)$

✓CHECK 163

つまずき度 !!!!!

➡ 解答は p.100

次の式を展開せよ。

$(2x+3y-8)^2$

ヒント：$2x+3y$ を文字におきかえる。

✓CHECK 164

つまずき度 !!!!!

➡ 解答は p.101

$(a-b)^2=a^2-2ab+b^2$ の公式を使って，99^2 を計算せよ。

✓CHECK 165

つまずき度 !!!!!

➡ 解答は p.101

次の式を因数分解せよ。

(1)　$9x-6a$　　(2)　$-2ab^2-8ab$

(3)　$5xyz-2y^2z+7x^3y$

✓CHECK 166

つまずき度 !!!!!

➡ 解答は p.101

次の式を因数分解せよ。

(1)　x^2+3x-4　　(2)　$x^2-11x+18$

✓CHECK 167

つまずき度 !!!!!

➡ 解答は p.101

次の式を因数分解せよ。

(1)　$25a^2-20ab+4b^2$　　(2)　$36x^2-49y^2$

✓CHECK 168

つまずき度 !!!

➡ 解答は p.101

次の式を因数分解せよ。

(1) $3mx^2-9mx+6m$　(2) $50a^2b-18b^3$

(3) $4a(6x+y)-3b(6x+y)$　(4) $(x+2y)^2-(5p-1)^2$

✓CHECK 169

つまずき度 !!

➡ 解答は p.101

$x=0.83$，$y=0.17$のとき，$x^2+2xy+y^2$の値を求めよ。

✓CHECK 170

つまずき度 !!!

➡ 解答は p.101

連続した3つの整数の真ん中の数の平方は，ほかの2つの数の積より1大きい数になることを証明せよ。

✓CHECK 171

つまずき度 !!!!

➡ 解答は p.101

縦10cm，横18cmの長方形の厚紙がある。図のように四隅から1辺の長さが$x$cmの正方形を切りとり，破線で折り曲げてふたのない箱を作るとき，箱の容積を求めよ。ただし$0<x<5$とする。

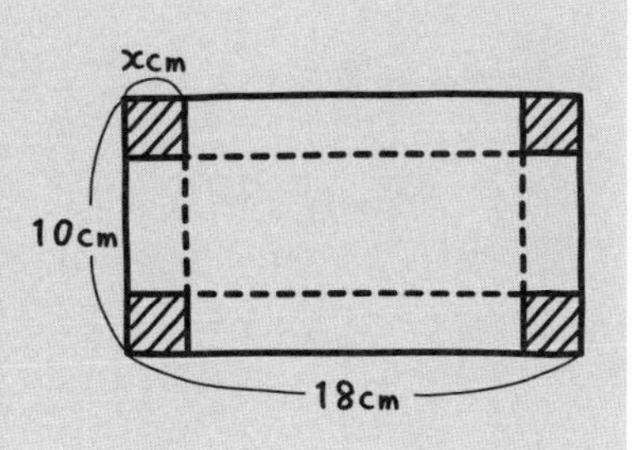

中学3年 2章 平方根

✓CHECK 172

つまずき度 ❶

➡ 解答は p.101

次の数の平方根を求めよ。

(1) $\frac{25}{16}$　　(2) 13

✓CHECK 173

つまずき度 ❷

➡ 解答は p.102

1 次の値を$\sqrt{\ }$を使わないで表せ。

(1) $\sqrt{\frac{16}{49}}$　　(2) $\sqrt{4^2}$　　(3) $\sqrt{\left(-\frac{8}{5}\right)^2}$

2 次の値を$\sqrt{\ }$を使って表せ。

(1) 11　　(2) $-\frac{5}{2}$

✓CHECK 174

つまずき度 ❷

➡ 解答は p.102

次の計算をせよ。

(1) $\sqrt{7}\times(-\sqrt{11})$　　(2) $\sqrt{\frac{2}{3}}\times\sqrt{\frac{15}{2}}$

(3) $(-\sqrt{12})\div(-\sqrt{6})$　　(4) $-\sqrt{\frac{5}{7}}\div\sqrt{\frac{3}{14}}$

(5) $(\sqrt{6})^2$

✓CHECK 175

つまずき度 !!!

➡ 解答は p.102

次の計算をせよ。

(1) $2\sqrt{3}\times 5\sqrt{13}$　　(2) $9\sqrt{\frac{6}{7}}\times\frac{4}{3}\sqrt{7}$

(3) $21\sqrt{10}\div 3\sqrt{2}$　　(4) $\frac{18\sqrt{42}}{3\sqrt{6}}$

(5) $6\sqrt{\frac{9}{2}}\div 2\sqrt{\frac{3}{4}}$

✓CHECK 176

つまずき度 !!!

➡ 解答は p.102

次の数を簡単に直せ。

(1) $\sqrt{245}$　　(2) $\sqrt{384}$

(3) $\sqrt{990000}$　　(4) $\sqrt{0.000441}$

✓CHECK 177

つまずき度 !!!

➡ 解答は p.102

$\sqrt{28a}$ が整数になるとき，最小の自然数 a を求めよ。

✓CHECK 178

つまずき度 !!!

➡ 解答は p.102

次の計算をせよ。

(1) $\sqrt{15}\times\sqrt{39}$　　(2) $\sqrt{61^2-39^2}$

✓CHECK 179

つまずき度 !!

➡ 解答は p.103

$-2\sqrt{3}$，$-\frac{3\sqrt{6}}{5}$，$-\sqrt{10}$ の大小を不等号を使って表せ。

✓CHECK 180

つまずき度 ❗❗

➡ 解答は p.103

次の数を四捨五入して小数第5位までの小数で表せ。

(1) $\sqrt{45}$　　(2) $\sqrt{0.0007}$

✓CHECK 181

つまずき度 ❗❗

➡ 解答は p.103

$\sqrt{10}$ を小数第2位を切り捨てて，小数第1位までの小数で表せ。

✓CHECK 182

つまずき度 ❗❗

➡ 解答は p.103

次の数を分母に根号を含まない形で表せ。

(1) $-\dfrac{9}{\sqrt{2}}$　　(2) $\sqrt{\dfrac{5}{6}}$

✓CHECK 183

つまずき度 ❗❗❗❗

➡ 解答は p.103

次の計算をせよ。

(1) $-4\sqrt{6}-\sqrt{12}-\sqrt{3}+\sqrt{54}$

(2) $5\sqrt{2}+4\sqrt{3}+\dfrac{3}{\sqrt{2}}-\sqrt{75}+\dfrac{4}{\sqrt{5}}$

✓CHECK 184

つまずき度 ❗❗

➡ 解答は p.103

次の計算をせよ。

(1) $6\sqrt{2}(\sqrt{5}+2\sqrt{2})$　　(2) $(2\sqrt{3}-\sqrt{6})^2$

(3) $(5\sqrt{3}+\sqrt{7})(\sqrt{7}-5\sqrt{3})$

✓CHECK 185

つまずき度 !!!!!

➡ 解答は p.103

次の問いに答えよ。

(1) $\frac{18}{\sqrt{6}}$ の小数部分を c とするとき，c^2+7c の値を求めよ。

(2) $\frac{\sqrt{73}}{4}$ の整数部分を求めよ。

✓CHECK 186

つまずき度 !!!!!

➡ 解答は p.104

ある店では，1辺の長さが x cmの正方形のパンケーキと，半径が r cmの円形のパンケーキを売っている。ただし，x，r ともに有理数とする。

(1) 現在の正方形のパンケーキと比べて，面積が2倍の正方形のパンケーキを作りたい。1辺の長さは何倍にすればよいか。

(2) 現在の円形のパンケーキと比べて，面積が2倍の円形のパンケーキを作りたい。半径は何倍にすればよいか。

(3) 現在の正方形と円形のパンケーキの面積の和に等しく，1辺の長さが y cm（y は有理数）の正方形のパンケーキを作りたい。それは可能か。

✓CHECK 187

つまずき度 !!!!!

➡ 解答は p.104

7385を有効数字が2けたになるように四捨五入した近似値を，有効数字が2けたであることがわかるように書け。

中学3年 3章 2次方程式

✓CHECK 188

つまずき度 ❗

➡ 解答は p.104

次の中で2次方程式はどれか。

① $2x+x^2-7=x^2-5x+4$

② $x^2-2x+1=x^2+3x+4$

③ $3x-x^2+2=x^2+5x+9$

✓CHECK 189

つまずき度 ❗❗

➡ 解答は p.104

次の2次方程式を解け。

(1) $x^2-13=0$　(2) $2x^2-9=0$

(3) $(x-1)^2-5=0$

✓CHECK 190

つまずき度 ❗❗

➡ 解答は p.104

次の2次方程式を解け。

(1) $x^2-5x-14=0$　(2) $2x^2+16x+24=0$

(3) $x^2=-7x$　(4) $x^2-6x+9=0$

✓CHECK 191

つまずき度 ❗❗

➡ 解答は p.104

次の2次方程式を解け。

(1) $x^2-x-8=0$　(2) $5x^2+3x-2=0$

✓CHECK 192

つまずき度 !!!!!

➡ 解答は p.104

次の方程式を解け。

(1) $(3x-5)^2-2x(4x-11)=34$

(2) $\dfrac{(x+1)(2x+7)}{5}-\dfrac{(x+3)^2}{2}=0$

✓CHECK 193

つまずき度 !!!!!

➡ 解答は p.105

次の問いに答えよ。

(1) $x=-6$が次の方程式の解であるとき，aの値ともう1つの解を求めよ。

$$x^2+ax+2a-4=0$$

(2) $x=3,\ -8$が次の方程式の解であるとき，a，bの値を求めよ。

$$x^2+ax+b=0$$

✓CHECK 194

つまずき度 !!!!!

➡ 解答は p.105

連続する3つの自然数のうち，最大の数が残り2つの数の積よりも7小さくなった。この3つの数を求めよ。

✓CHECK 195

つまずき度 !!!!

➡ 解答は p.105

縦よりも横のほうが5cm長い長方形の紙がある。

図のように，四隅から1辺が4cmの正方形を切りとり，破線で折り曲げてふたのない直方体の箱を作ったら，容積が416cm³になった。長方形の紙の縦と横の長さを求めよ。

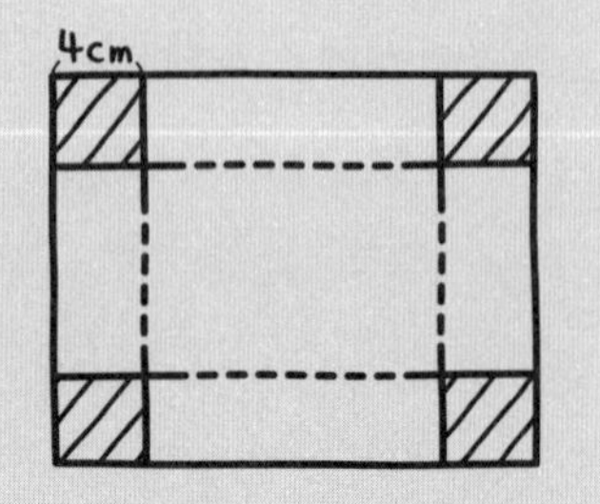

✓CHECK 196

つまずき度 !!!!

➡ 解答は p.106

3-9 の 例題 において，点Qが原点Oで折り返したあと，もとの場所の点(0，18)に戻るとする。戻る途中で，三角形OPQの面積が22cm²になるときの点P，Qの座標を求めよ。

中学3年 4章 関数 $y=ax^2$

✓CHECK 197

つまずき度 !

➡ 解答は p.106

半径がxcmの円について，次のうち，xの2乗に比例する関数になっているものはどれか。

① 円周y cm　　② 面積S cm²

✓CHECK 198

つまずき度 !!

➡ 解答は p.106

4-2 の 例題 1 ，例題 2 のグラフを参考にして，$y=-2x^2$のグラフをかけ。

✓CHECK 199

つまずき度 ❗❗

➡ 解答は p.106

関数$y=ax^2 (a \neq 0)$のグラフが右の図のようになるとき，定数aの値を求めよ。

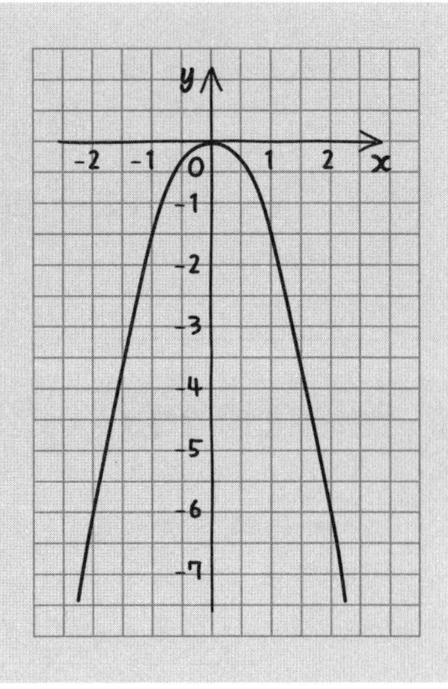

✓CHECK 200

つまずき度 ❗❗

➡ 解答は p.106

次の関数のyの変域を求めよ。

(1)　$y=-2x^2 \ (-2 \leqq x \leqq 3)$

(2)　$y=\frac{3}{2}x^2 \ (-1 < x \leqq 1)$

✓CHECK 201

つまずき度 ❗❗

➡ 解答は p.107

次の問いに答えよ。

(1)　関数$y=-3x^2$の$x=-5$から$x=1$までの変化の割合を求めよ。

(2)　関数$y=ax^2 \ (a \neq 0)$の$x=-2$から$x=4$までの変化の割合が-8であるとき，aの値を求めよ。

✓CHECK 202

つまずき度 ❗❗❗

➡ 解答は p.107

次の2つのグラフの交点の座標を求めよ。

$y=2x^2$ ……①

$y=10x+12$ ……②

✓CHECK 203

つまずき度 ❗❗

➡ 解答は p.107

$1m^2$の板に風が当たったときの力$y$kgは，風の秒速xmの2乗に比例すると知られている。秒速10mのときの力が5kgであるとき，次の問いに答えよ。

(1) yをxを用いて表せ。

(2) 秒速6mのときの力は何kgか。

(3) 力が80kgであるときの秒速は何mか。

中学3年 5章 相似な図形

✓CHECK 204

つまずき度 ❗❗

➡ 解答は p.107

次の図で，四角形ABCD∽四角形EFGHであるとき，x，yの値を求めよ。

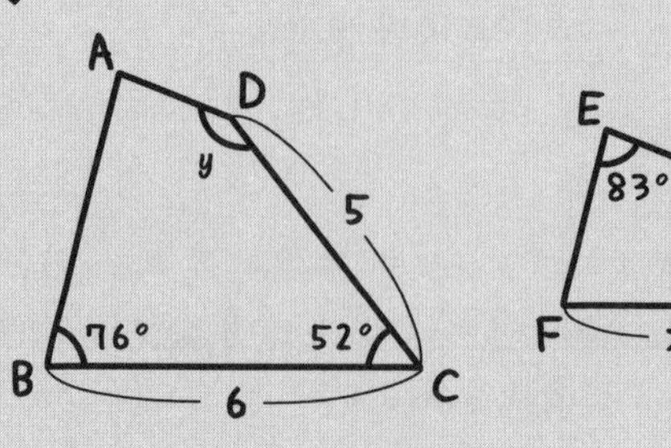

✓CHECK 205

つまずき度 ❗❗

➡ 解答は p.108

次の三角形のうち，相似なものを2組選べ。
さらに残った2つも互いに相似になるには，どんな条件が必要か。

①

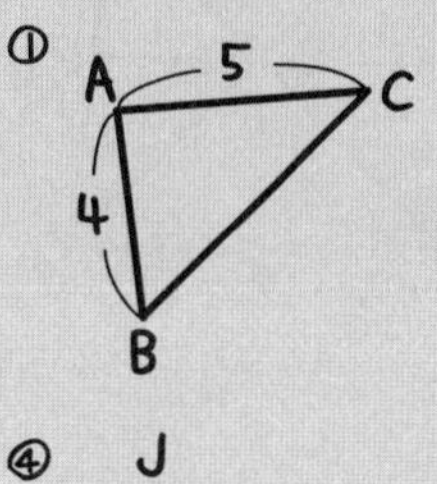

②

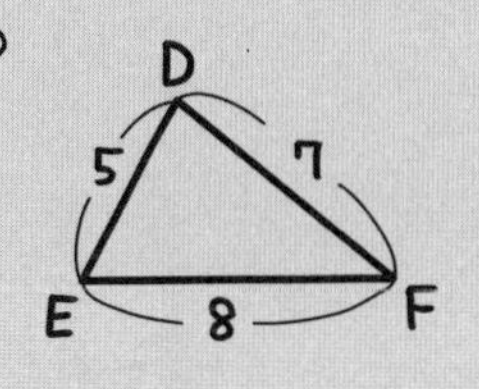

③

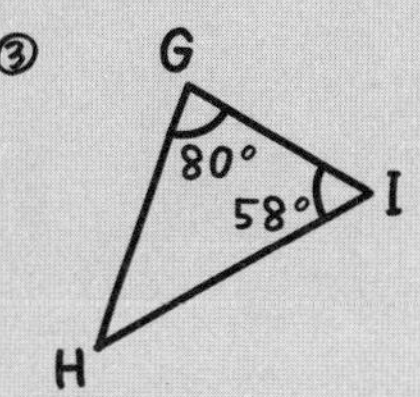

④

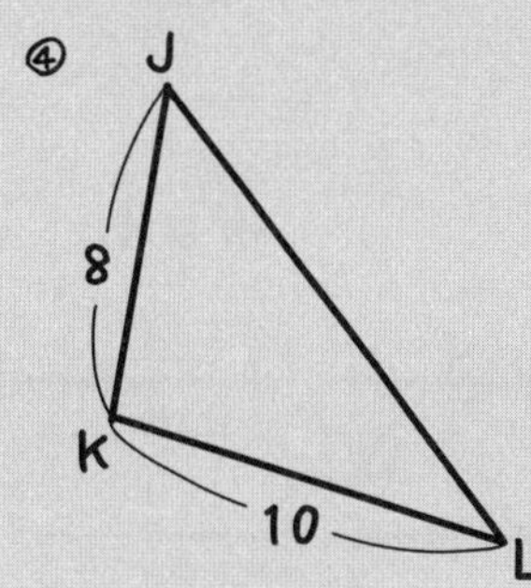

⑤

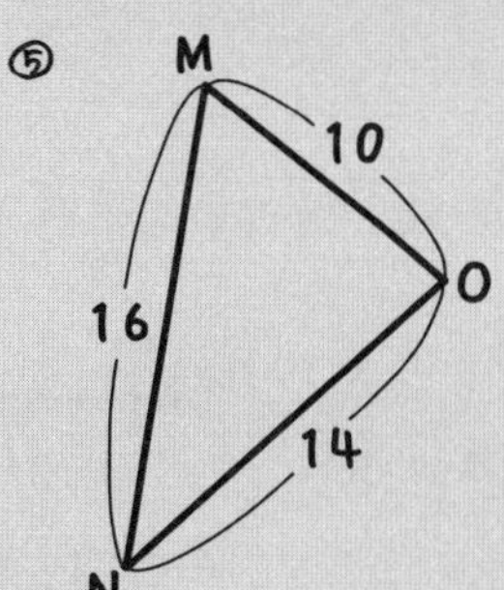

⑥

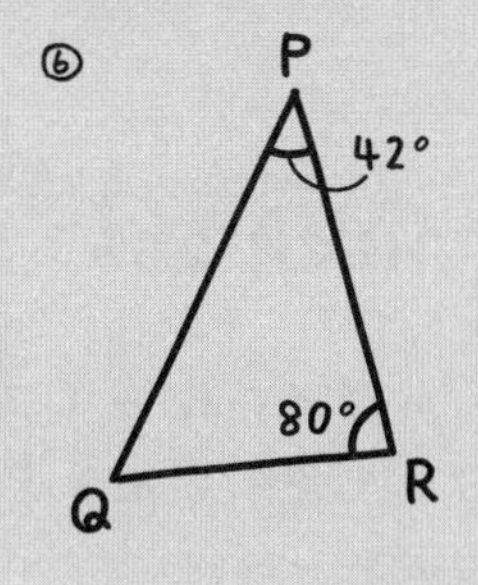

✓CHECK 206

つまずき度 ❗❗❗❗

➡ 解答は p.108

$\angle A = 36°$，$AB = AC = 1$の二等辺三角形において，$\angle B$の二等分線と辺ACの交点をDとする。次の問いに答えよ。

(1) $\triangle ABC \backsim \triangle BDC$であることを証明せよ。

(2) BCの長さを求めよ。

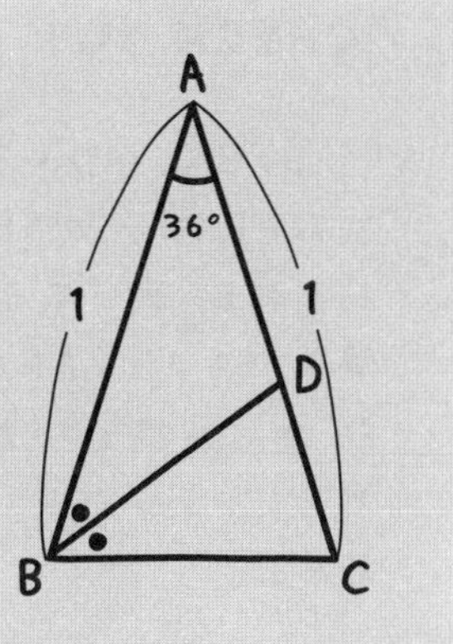

✓CHECK 207

つまずき度 ❗❗❗❗

➡ 解答は p.108

右の図でAB//EF//DCであるとき，EFおよびBFの長さを求めよ。

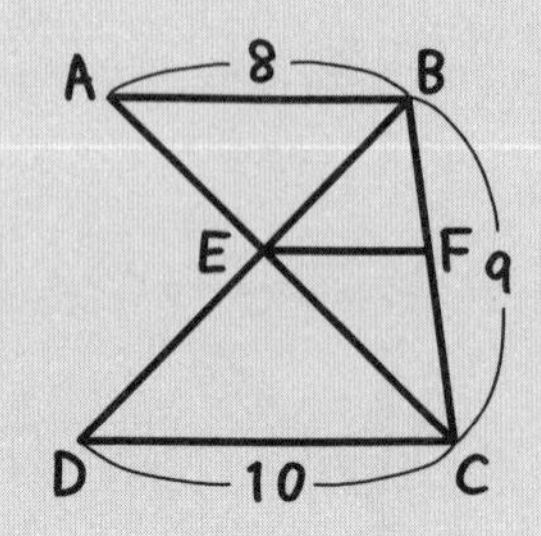

✓CHECK 208

つまずき度 ❗

➡ 解答は p.109

右の図でl//mであるとき，l，mと平行である直線は①～③のどれか。

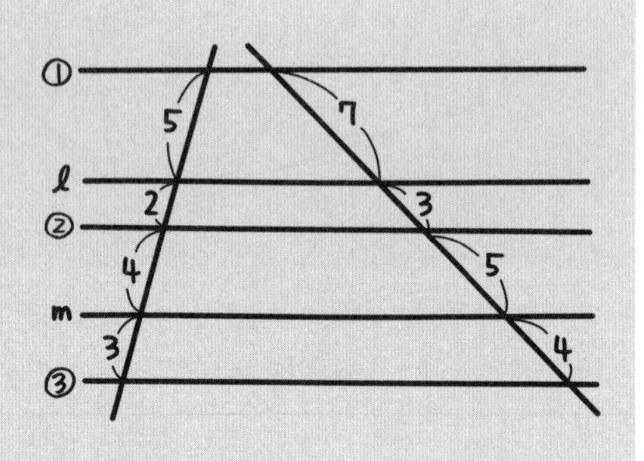

✓CHECK 209

つまずき度 ❗❗❗

➡ 解答は p.109

AD//BC，AD＝3，BC＝7である台形ABCDの辺AB，CDの中点をそれぞれE，Fとすると，平行線と比の関係からAD//EF//BCとなる。線分EFと対角線BD，ACとの交点をそれぞれP，Qとするとき，PQの長さを求めよ。

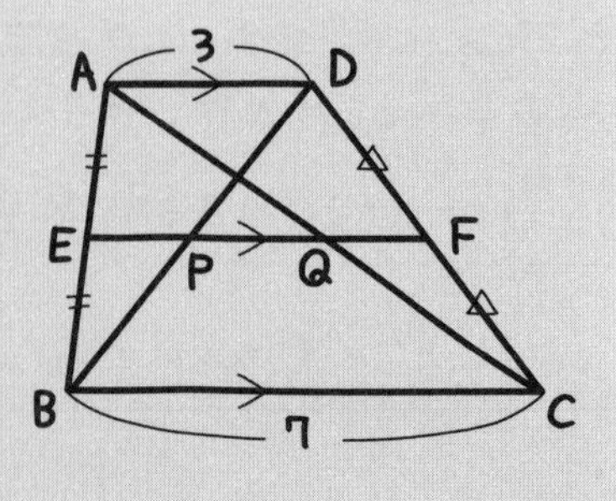

✓CHECK 210

つまずき度 ❗❗❗

➡ 解答は p.109

四角形ABCDの辺AB，辺CD，対角線AC，対角線BDの中点をそれぞれP，Q，M，Nとすると，四角形PMQNが平行四辺形になることを証明せよ。

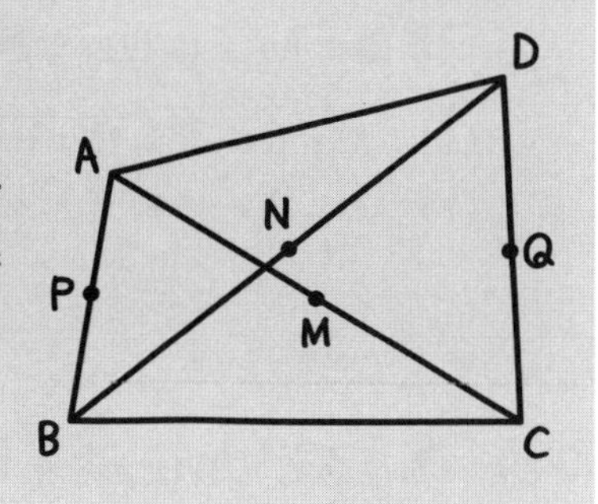

✓CHECK 211

つまずき度 ❗❗

➡ 解答は p.109

港をA，B，離れ小島の船着き場をCとする。今，AB間の直線距離は610m，∠BAC＝47°，∠ABC＝69°とわかっている。

縮図をかくことにより，A，Bのそれぞれの港から船着き場Cまでのおよその距離を求めよ。

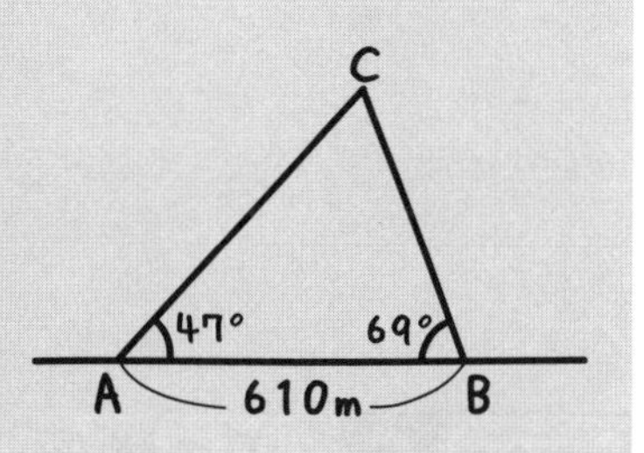

✓CHECK 212

つまずき度 ❗

➡ 解答は p.109

右図の△ABCと△DEFは相似である。次の問いに答えよ。

(1) 辺ABと辺DEの長さの比を求めよ。

(2) △ABCと△DEFの面積比を求めよ。

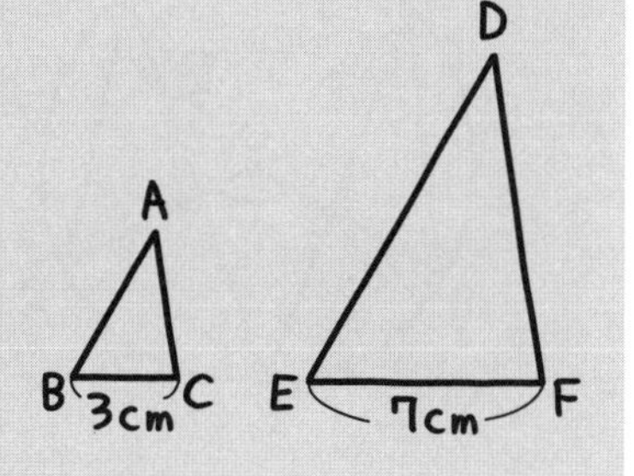

✓CHECK 213

つまずき度 !!!!!

➡ 解答は p.109

1 右図のA，Bは相似な円柱である。

(1) AとBの表面積の比を求めよ。

(2) AとBの体積比を求めよ。

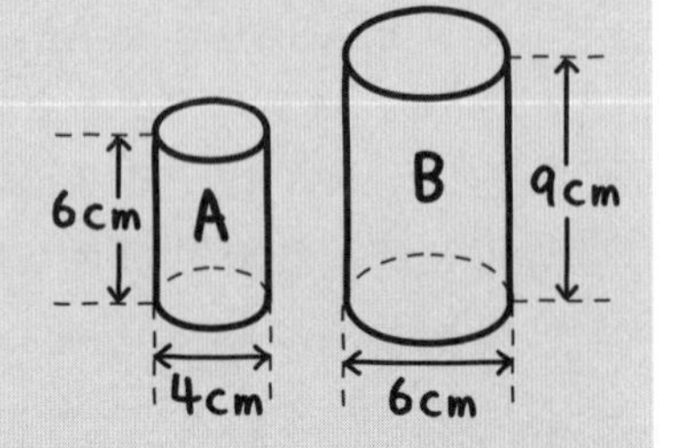

2 右図のCとDは，それぞれ半径rと2rの球である。

(1) CとDの表面積の比を求めよ。

(2) CとDの体積比を求めよ。

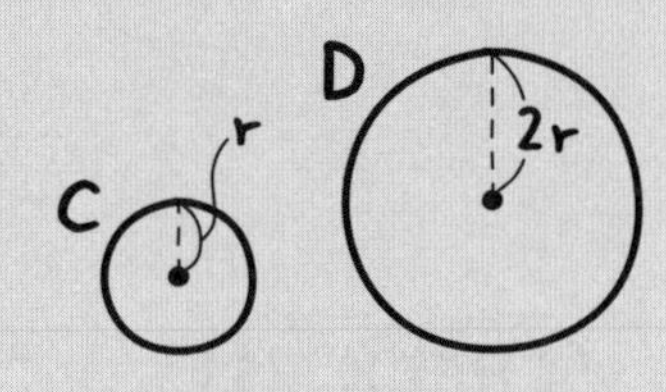

中学3年 6章 円の性質

✓CHECK 214

つまずき度 !!!!!

➡ 解答は p.110

次の図の∠xの大きさを求めよ。ただし点Oは円の中心とする。

(1)

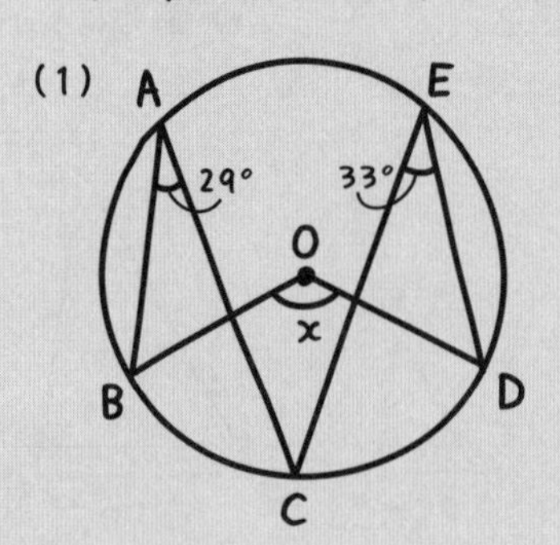

(2)

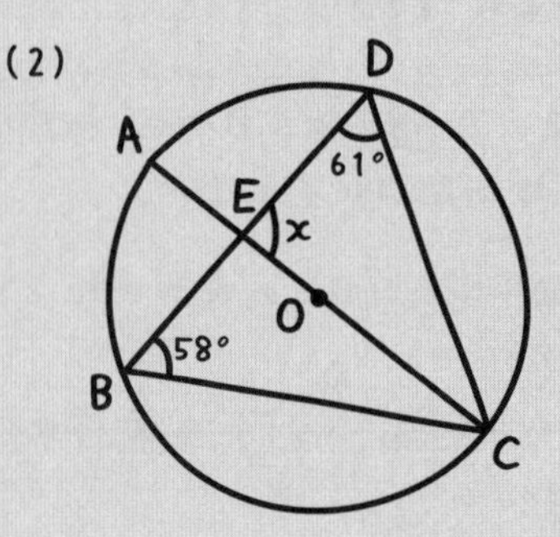

✓CHECK 215

つまずき度 ❗❗

➡ 解答は p.110

右図の4点A，B，P，Qは同じ円周上にあるといえるか。同じ円周上にないときは点Pが3点A，B，Qを通る円の内側，外側のどちらにあるかを答えよ。

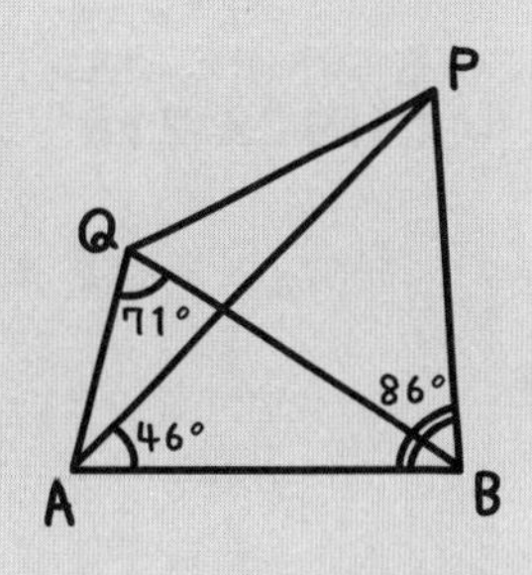

✓CHECK 216

つまずき度 ❗❗❗❗

➡ 解答は p.110

図のようなサッカーのゴールがあり，ゴールラインに点A，Bをとる。

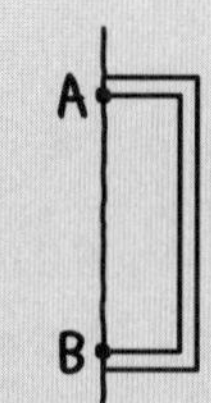

(1)　△ABCが正三角形となる点Cを，ゴールの正面側に作図せよ。

(2)　∠AQB=30°になる点Qの位置を，ゴールの正面側に作図せよ。

(3)　∠ARB=60°になる点Rの位置を，ゴールの正面側に作図せよ。

✓CHECK 217

つまずき度 ❗❗❗

➡ 解答は p.111

図のように，ABを直径とする円周上に2点C，Dをとり，線分AD，BCの交点をE，AC，BDの延長線の交点をFとする。このとき，4点C，D，E，Fは同じ円周上にあることを証明せよ。

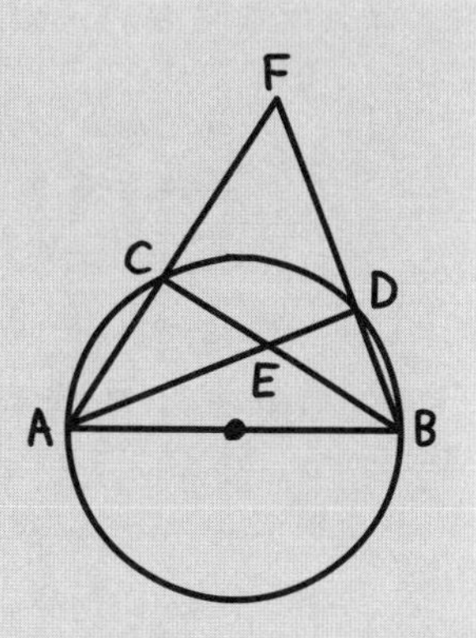

中学3年 7章 三平方の定理

✓CHECK 218

つまずき度 ❗

➡ 解答は p.111

右図の x の値を求めよ。

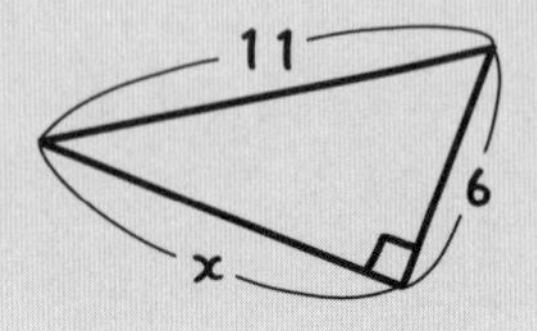

✓CHECK 219

つまずき度 ❗

➡ 解答は p.111

△ABCの3辺の長さが次のようになる三角形は直角三角形といえるか。直角三角形のときは，どの角が直角になるかも答えよ。

(1)　BC=6，CA=11，AB=14

(2)　BC=7，CA=24，AB=25

✓CHECK 220

つまずき度 ❗❗❗

➡ 解答は p.111

東京スカイツリーの高さは634mである。今，地上にいる隆治（たかはる）さんがスカイツリーの頂上を見るには，45°の角度で見上げなければならない。次の問いに答えよ。

(1)　隆治さんからスカイツリーの真下までの距離を求めよ。ただし，隆治さんの背の高さは無視してよい。

(2)　隆治さんが真後ろに移動して再び見上げると，頂上を30°の角度で見上げることができた。何m移動したか。

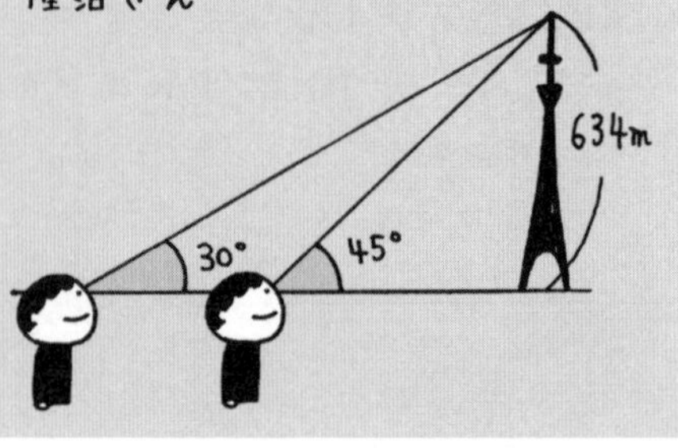

✓CHECK 221

つまずき度 !!!!

➡ 解答は p.111

AB=13，BC=10，CA=13の二等辺三角形ABCについて，次の問いに答えよ。

(1)　∠Aの二等分線と辺BCの交点をHとするとき，AHの長さを求めよ。

(2)　線分AH上には3点A，B，Cから同じ距離にある点がある。この点をOとし，OA=xとする。xの値を求めよ。

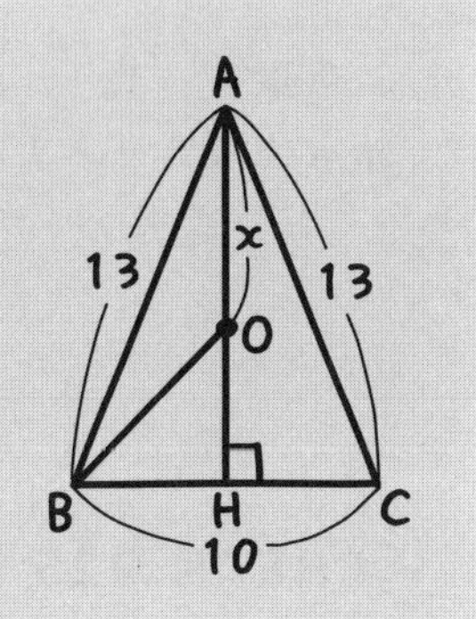

✓CHECK 222

つまずき度 !!!

➡ 解答は p.111

右図で，弦ABの長さが8，円の中心と直線ABの距離を9とするとき，円の半径を求めよ。

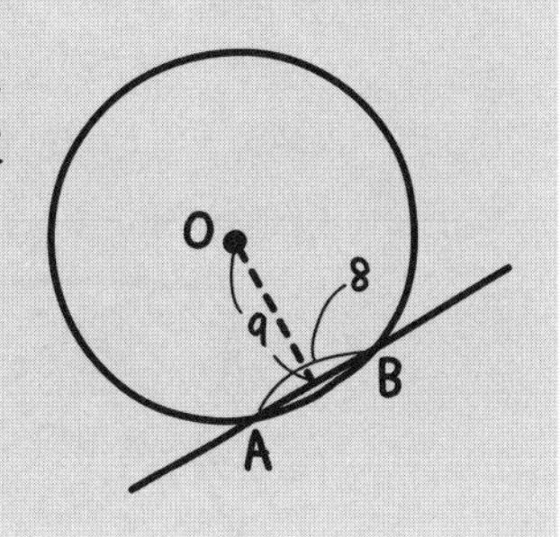

✓CHECK 223

つまずき度 !

➡ 解答は p.112

2点A (3，2)，B (−4，5) の距離を求めよ。

✓CHECK 224

つまずき度 !!

➡ 解答は p.112

1辺の長さが6の立方体の対角線の長さを求めよ。

✓CHECK 225

つまずき度 !!!!!

➡ 解答は p.112

底面が半径3の円，母線の長さが7の円錐の体積を求めよ。

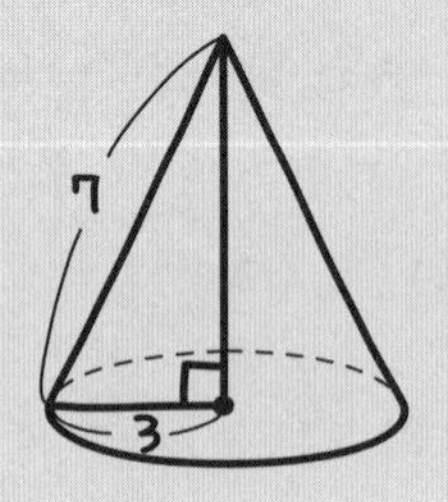

✓CHECK 226

つまずき度 !!!!!

➡ 解答は p.112

右図のように，1辺の長さが10cmの正方形の頂点を中心として半径10cm，中心角90°のおうぎ形をかく。4つのおうぎ形の重なっている部分の面積を求めよ。

ヒント：まず，左下の図の斜線部分の面積を求めるとよい。点線のように補助線を引くと，どのような三角形になるか考える。正方形から斜線部分４つを引くと，右下の図のように求める面積になる。

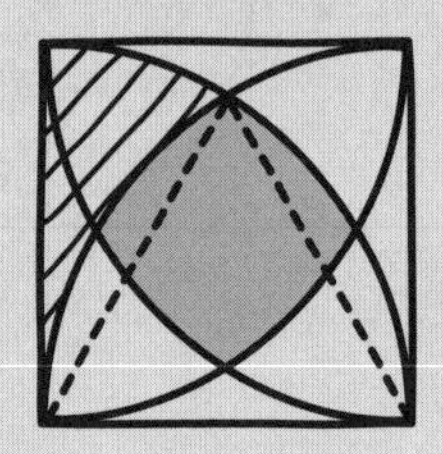

中学３年 8章 標本調査

✓CHECK 227

つまずき度 !!!!!

➡ 解答は p.112

ある広場で行われた無料のライブイベントに多くの人が集まった。面積945m^2の場所が観客用に用意されていて，そのうちの一部にいる人数を数えたら３８人であった。後日，その部分の面積を調べると70m^2であることがわかった。

観客の総数はおよそ何人と推定できるか。ただし，ライブ中に人は移動せず，すべての場所で均等に人がいたとする。

― 解答 ―

小学校内容

CHECK 1

(1) $8+15\div5=8+3$

$=\mathbf{11}$

(2) $63-(4\times3+6)\times2=63-(12+6)\times2$

$=63-18\times2$

$=63-36$

$=\mathbf{27}$

CHECK 2

(1)
```
    8.14
 +23.76
  31.90
```

(2)
```
  30.257
 -  1.49
  28.767
```

CHECK 3

(1) 43.81×29 と考えればいいので
```
    43.81
 ×     29
   394 29
   876 2
  1270.49
```

(2) 610×748 と考えればいい。
748×610 とすると，計算がラクになる。
```
     748
 ×   610
     748
   4488
  456280
```

CHECK 4

割る数も割られる数も 1000 倍して
79.352÷46 と考えればいいので
```
       1.72
46)79.352
    46
    33 3
    32 2
     1 15
        92
       232
```

よって **1.7**

CHECK 5

(1) $\frac{3}{4}+\frac{5}{6}=\frac{9}{12}+\frac{10}{12}$

$=\mathbf{\frac{19}{12}}$

(2) $\frac{2}{7}\times\frac{14}{3}=\mathbf{\frac{4}{3}}$

(3) $\frac{4}{9}\div\frac{8}{3}=\frac{\cancel{4}}{\cancel{9}_{3}}\times\frac{\cancel{3}}{\cancel{8}_{2}}$

$=\mathbf{\frac{1}{6}}$

CHECK 6

(1) 31÷4=7 あまり 3 より

$\mathbf{7\frac{3}{4}}$

(2) $5\frac{2}{9}=5+\frac{2}{9}$

$=\frac{45}{9}+\frac{2}{9}$

$=\mathbf{\frac{47}{9}}$

CHECK 7

(1) $14-3+8-6-8+3=14-6$

$=\mathbf{8}$

(2) $94-20+18+6+32$

$=94+6+18+32-20$

$=100+50-20$

$=\mathbf{130}$

(3)　$8\times2\times9\times5=8\times9\times2\times5$

$=72\times10$

$=\mathbf{720}$

CHECK 8

時速 4.8 km ということは，時速 4800 m で，分速は

$4800\div60=80$(m)

よって　$80\times11=$**880(m)**

CHECK 9

(例)

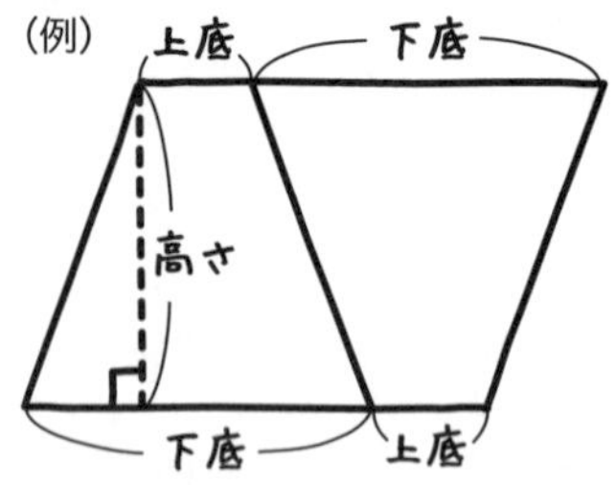

図のように同じ大きさ，形の台形を逆向きに並べてくっつけると平行四辺形になる。

平行四辺形の面積は，(上底＋下底)×高さになり，求める台形はその半分なので，面積は

(上底＋下底)×高さ×$\frac{1}{2}$　になる。

CHECK 10

直径×3.14＝円周より

直径＝円周÷3.14

$=18.84\div3.14$

$=\mathbf{6}$**(cm)**

半径は 3 cm ということだから円の面積は

$3\times3\times3.14=$**28.26(cm^2)**

CHECK 11

三角柱だから，底面積×高さで体積は求められる。

$\underbrace{5\times6\times\frac{1}{2}}_{\text{底面積}}\times7=$**105(cm^3)**

中学1年

CHECK 12

(1)　“－4時間後”は，“**4時間前**”である。

(2)　“200 円もらう”は，“**－200** 円あげる”である。

CHECK 13

(1)　**2.4，－2.4**

(2)　**－1，0，1**

CHECK 14

$$-\frac{8}{5}<-1<0<\frac{7}{2}<4.6$$

CHECK 15

(1)　$(-2)+(-9)=\mathbf{-11}$

(2)　$\left(-\frac{1}{4}\right)+\left(-\frac{7}{2}\right)=\left(-\frac{1}{4}\right)+\left(-\frac{14}{4}\right)$

$=\mathbf{-\frac{15}{4}}$

CHECK 16

(1)　$(-3)+(+7)=\mathbf{+4}$

(2)　$\left(+\frac{2}{3}\right)+\left(-\frac{1}{5}\right)=\left(+\frac{10}{15}\right)+\left(-\frac{3}{15}\right)$

$=\mathbf{+\frac{7}{15}}$

CHECK 17

(1)　$(-6)-(+7)+(+5)+(-2)-(-3)$

$=-6-7+5-2+3$

$=5+3-6-7-2$

$=8-15$

$=\mathbf{-7}$

(2)　$-\left(+\frac{2}{5}\right)+\left(-\frac{1}{2}\right)+(+4)-(-1)$

$=-\frac{2}{5}-\frac{1}{2}+4+1$

$=-\frac{4}{10}-\frac{5}{10}+4+1$

$=-\frac{9}{10}+5$

$=-\frac{9}{10}+\frac{50}{10}$

$=+\mathbf{\frac{41}{10}}$

CHECK 18

(1)　基準の人数より 4 人少ない金曜日が 53 人なので

$53+4=\mathbf{57}$(人)

(2)

曜日	客の数	基準の人数との比較
月	58	**+1**
火	**52**	−5
水	60	**+3**
木	**59**	+2
金	53	−4
土	55	**−2**

(3)　(2)の表より，いちばん客の少ない日は 52 人の火曜日とわかり，52 人を基準とするので 52 を引けばよい。いちばん客の多い日は 60 人の水曜日なので

$60-52=+\mathbf{8}$(人)

$(+3)-(-5)=+\mathbf{8}$(人)

CHECK 19

(1)　$(+4)\times(-9)=\mathbf{-36}$

(2)　$\left(-\frac{5}{\cancel{6}_3}\right)\times\left(-\frac{\cancel{2}}{3}\right)=+\mathbf{\frac{5}{9}}$

CHECK 20

(1)　$(+7)\times(-1)\times(-4)\times(+2)\times(-3)$

$=-(7\times1\times4\times2\times3)$

$=\mathbf{-168}$

(2)　$\left(-\frac{2}{5}\right)\times\left(+\frac{3}{7}\right)\times(-10)\times\left(+\frac{1}{3}\right)$

$=+\left(\frac{2}{5}\times10\times\frac{3}{7}\times\frac{1}{3}\right)$

$=+\left(4\times\frac{1}{7}\right)$

$=+\mathbf{\frac{4}{7}}$

CHECK 21

(1)　$(-4)^2=\mathbf{16}$

(2)　$-\left(\frac{2}{9}\right)^2=\mathbf{-\frac{4}{81}}$

CHECK 22

(1)　$\mathbf{-\frac{2}{7}}$　　(2)　$\mathbf{-1}$

CHECK 23

(1)　$(-18)\div(-6)=\mathbf{3}$

(2)　$\left(-\frac{3}{4}\right)\div\left(+\frac{9}{2}\right)=-\left(\frac{\cancel{3}}{\cancel{4}_2}\times\frac{\cancel{2}}{\cancel{9}_3}\right)$

$=\mathbf{-\frac{1}{6}}$

CHECK 24

(1)　$-6\times(-18)\div(-2)\div9=-\frac{6\times\cancel{18}}{\cancel{2}\times\cancel{9}}$

$=\mathbf{-6}$

(2)　$-\frac{1}{8}\div\frac{4}{9}\times\left(-\frac{8}{3}\right)\div3=\frac{1\times\cancel{9}\times\cancel{8}\times1}{\cancel{8}\times4\times\cancel{3}\times\cancel{3}}$

$=\mathbf{\frac{1}{4}}$

CHECK 25

$\left(0.3+\frac{1}{3}\right)-\left(\frac{1}{6}-\frac{2}{5}\right)\times2^3$

$=\left(\frac{3}{10}+\frac{1}{3}\right)-\left(\frac{1}{6}-\frac{2}{5}\right)\times2^3$

$=\left(\frac{3}{10}+\frac{1}{3}\right)-\left(\frac{1}{6}-\frac{2}{5}\right)\times8$

$=\left(\frac{9}{30}+\frac{10}{30}\right)-\left(\frac{5}{30}-\frac{12}{30}\right)\times8$

$=\frac{19}{30}-\left(-\frac{7}{30}\right)\times8$

$=\frac{19}{30}-\left(-\frac{56}{30}\right)$

$=\frac{75}{30}$

$=\mathbf{\frac{5}{2}}$

CHECK 26

(1) $\{4-(3-8\times2)\}-7$

$=\{4-(3-16)\}-7$

$=\{4-(-13)\}-7$

$=17-7$

$=\mathbf{10}$

(2) $1.25-\left\{\left(2\frac{1}{2}+\frac{1}{4}\right)+\left(\frac{3}{5}-0.1\right)\times3^3\right\}$

$=\frac{5}{4}-\left\{\left(\frac{5}{2}+\frac{1}{4}\right)+\left(\frac{3}{5}-\frac{1}{10}\right)\times3^3\right\}$

$=\frac{5}{4}-\left\{\left(\frac{5}{2}+\frac{1}{4}\right)+\left(\frac{3}{5}-\frac{1}{10}\right)\times27\right\}$

$=\frac{5}{4}-\left\{\left(\frac{10}{4}+\frac{1}{4}\right)+\left(\frac{6}{10}-\frac{1}{10}\right)\times27\right\}$

$=\frac{5}{4}-\left\{\frac{11}{4}+\frac{5}{10}\times27\right\}$

$=\frac{5}{4}-\left\{\frac{11}{4}+\frac{1}{2}\times27\right\}$

$=\frac{5}{4}-\left\{\frac{11}{4}+\frac{27}{2}\right\}$

$=\frac{5}{4}-\left\{\frac{11}{4}+\frac{54}{4}\right\}$

$=\frac{5}{4}-\frac{65}{4}$

$=-\frac{60}{4}$

$=\mathbf{-15}$

CHECK 27

(1) $-15\times\left(\frac{2}{5}+\frac{1}{3}\right)=-15\times\frac{2}{5}-15\times\frac{1}{3}$

$=-6-5$

$=\mathbf{-11}$

(2) $-\frac{5}{9}\times7.1-\frac{5}{9}\times1.9=-\frac{5}{9}\times(7.1+1.9)$

$=-\frac{5}{9}\times9$

$=\mathbf{-5}$

CHECK 28

$$\begin{array}{r|l} 3 & 525 \\ 5 & 175 \\ 5 & 35 \\ & 7 \end{array}$$

よって　$525=\mathbf{3\times5^2\times7}$

CHECK 29

$$\begin{array}{r|l} 3 & 855 \\ 3 & 285 \\ 5 & 95 \\ & 19 \end{array}$$

$855=3^2\times5\times19$

$5\times19=95$

よって，**95 を掛けたり 95 で割ったりすれば，**855 はある整数の 2 乗になる。

CHECK 30

(1)

$$\begin{array}{r|l} 2 & 42 \\ 3 & 21 \\ & 7 \end{array}$$

$42=2\times3\times7$ なので，すべての約数は

2を使うか，使わないかで2通り

3を使うか，使わないかで2通り

7を使うか，使わないかで2通り

と考えると，$2\times2\times2=8$(通り)

1，2，$2\times3=6$，$2\times7=14$，

$2\times3\times7=42$，3，$3\times7=21$，7

よって，**1，2，3，6，7，14，21，42**

(2)

$$\begin{array}{r|l} 5 & 175 \\ 5 & 35 \\ & 7 \end{array}$$

$175=5\times5\times7$ なので，すべての約数は

5を使わないか，1回使うか，2回使うかで3通り

7を使わないか，使うかで2通り

と考えると，$3\times2=6$(通り)

1，5，$5\times7=35$，$5^2=25$，
$5^2\times7=175$，7
よって，**1，5，7，25，35，175**

CHECK 31

(1)
$$\begin{array}{r|l} 2 & 18 \\ \hline 3 & 9 \\ \hline & 3 \end{array} \qquad \begin{array}{r|l} 3 & 105 \\ \hline 5 & 35 \\ \hline & 7 \end{array}$$

$18=2\times3\times3$，$105=3\times5\times7$ より
最大公約数　**3**
最小公倍数　$3\times2\times3\times5\times7=$**630**

(2)
$$\begin{array}{r|l} 2 & 6 \\ \hline & 3 \end{array} \qquad \begin{array}{r|l} 2 & 10 \\ \hline & 5 \end{array} \qquad \begin{array}{r|l} 3 & 75 \\ \hline 5 & 25 \\ \hline & 5 \end{array}$$

$6=2\times3$，$10=2\times5$，$75=3\times5\times5$ より
最大公約数　**1**
最小公倍数　$2\times3\times5\times5=$**150**

CHECK 32

	視聴率	20％との差
第１回	20.5％	+0.5
第２回	19.7％	−0.3
第３回	20.8％	+0.8
第４回	19.2％	−0.8
第５回	19.4％	−0.6
第６回	20.1％	+0.1
第７回	19.6％	−0.4

$(+0.5)+(-0.3)+(+0.8)+(-0.8)+(-0.6)+(+0.1)+(-0.4)$
$=(+1.4)+(-2.1)$
$=-0.7$
20％との差の平均は
$-0.7\div7=-0.1$
よって，求める平均は
$20+(-0.1)=$**19.9(％)**

CHECK 33

(1)　$a\times b\times9\times a=\mathbf{9a^2b}$

(2)　$x\times y\times8+\frac{7}{2}\times a=\mathbf{8xy+\frac{7}{2}a}$

CHECK 34

1(1)　$y\times4\div9\times x=\mathbf{\frac{4}{9}xy}$

(2)　$(6a-b+8c)\div13=\mathbf{\frac{6a-b+8c}{13}}$

2　$\frac{3x+7}{5}=\mathbf{(3x+7)\div5}$

CHECK 35

(1)　$-8y=-8\times(-3)$
$=\mathbf{24}$

(2)　$-k^3=-(-2)^3$
$=-(-8)$
$=\mathbf{8}$

CHECK 36

$$\frac{5}{9a}=\frac{5}{9}\div a=\frac{5}{9}\div\left(-\frac{4}{3}\right)$$
$$=-\frac{5}{\cancel{9}_{3}}\times\frac{\cancel{3}}{4}$$
$$=\mathbf{-\frac{5}{12}}$$

CHECK 37

(1)　$\mathbf{7a}$

(2)　$130\times x-50=\mathbf{130x-50}$

(3)　$200\times\frac{x}{100}=\mathbf{2x}$

(4)　$m\times\frac{88}{100}=\mathbf{\frac{22}{25}m}$

(5)　$\mathbf{100x+10y+z}$

CHECK 38

400 m/min ということは，24000 m/h より，24 km/h
よって，a km 走るのにかかる時間は

$a\div24=\mathbf{\frac{a}{24}}$**(時間)**

CHECK 39

(1) abc

(2) 面積が ab, bc, ca になる平面が2つずつあるので

$$2ab+2bc+2ca$$

CHECK 40

(1) $\frac{z}{2}-8y+7$

(2) 1次の項は $\frac{z}{2}$, $-8y$

$\frac{z}{2}$ の係数は $\frac{1}{2}$

$-8y$ の係数は -8

CHECK 41

(1) $12a-5a=7a$

(2) $6y+10x-3+2x-5y$

$=10x+2x+6y-5y-3$

$=12x+y-3$

CHECK 42

(1) $6a\times2=12a$

(2) $\left(-\frac{9}{8}y\right)\times\left(-\frac{2}{3}\right)=\frac{3}{4}y$

(3) $-12ab\div4=-3ab$

(4) $\frac{34}{3}x^3\div\left(-2\frac{5}{6}\right)=\frac{34}{3}x^3\div\left(-\frac{17}{6}\right)$

$=\frac{34}{3}x^3\times\left(-\frac{6}{17}\right)$

$=-4x^3$

CHECK 43

(1) $3(x+2y)=3x+6y$

(2) $-\frac{3}{4}\left(2x-\frac{1}{3}\right)$

$=-\frac{3}{4}\left\{2x+\left(-\frac{1}{3}\right)\right\}$

$=-\frac{3}{4}\times2x+\left(-\frac{3}{4}\right)\times\left(-\frac{1}{3}\right)$

$=-\frac{3}{2}x+\frac{1}{4}$

(3) $(-8a-1)\div(-5)$

$=\{(-8a)+(-1)\}\div(-5)$

$=(-8a)\div(-5)+(-1)\div(-5)$

$=\frac{8}{5}a+\frac{1}{5}$

CHECK 44

(1) $\frac{3x-6y}{8}\times\frac{2}{9}=\frac{(3x-6y)\times2}{8\times9}$ （約分：$3x-6y$ を3でわって $x-2y$、2と8を2でわって1と4、9を3でわって3）

$=\frac{x-2y}{12}$

(2) $\frac{-6a+14b}{15}\div\left(-\frac{4}{5}\right)$

$=\frac{-6a+14b}{15}\times\left(-\frac{5}{4}\right)$

$=-\frac{(-6a+14b)\times5}{15\times4}$ （約分：$-6a$→$-3a$, $14b$→$7b$, 5→1, 15→3, 4→2）

$=-\frac{-3a+7b}{6}$

$=\frac{3a-7b}{6}$

CHECK 45

(1) $500a-b=269$

(2) $63x+84y<700$

CHECK 46

$x=3$ を代入すると

(左辺)$=-5x-1=-5\times3-1$

$=-15-1$

$=-16$

(右辺)$=2x+6=2\times3+6$

$=6+6$

$=12$

よって，方程式が成り立たないので，**$x=3$ は解ではない。**

$x=-1$ を代入すると

(左辺)$=-5x-1=-5\times(-1)-1$

$=5-1$

$=4$

(右辺)$=2x+6=2\times(-1)+6$

$=-2+6$

$=4$

よって，方程式が成り立つので，$\boldsymbol{x=-1}$ は解である。

CHECK 47

(1) $x+8=-13$

$x=-13-8$

$x=\mathbf{-21}$

(2) $-6+x=-1$

$x=-1+6$

$x=\mathbf{5}$

CHECK 48

(1) $3x=39$

$x=\mathbf{13}$

(2) $-6x=-5$

$x=\dfrac{\mathbf{5}}{\mathbf{6}}$

(3) $-\dfrac{2}{7}x=\dfrac{8}{21}$

両辺を $-\dfrac{2}{7}$ で割ると

$x=\dfrac{8}{21}\times\left(-\dfrac{7}{2}\right)=-\dfrac{\mathbf{4}}{\mathbf{3}}$

CHECK 49

(1) $5-4x=2x-1$

$-4x-2x=-1-5$

$-6x=-6$

$x=\mathbf{1}$

(2) $-3-(4x+1)=-6x+9$

$-3-4x-1=-6x+9$

$-4x+6x=9+3+1$

$2x=13$

$x=\dfrac{\mathbf{13}}{\mathbf{2}}$

CHECK 50

(1) $-8+0.4x=0.7x-2.3$

両辺に 10 を掛けると

$-80+4x=7x-23$

$4x-7x=-23+80$

$-3x=57$

$x=\mathbf{-19}$

(2) $3(2+0.03x)=-0.2x-4.15$

両辺に 100 を掛けると

$3(200+3x)=-20x-415$

$600+9x=-20x-415$

$9x+20x=-415-600$

$29x=-1015$

$x=\mathbf{-35}$

CHECK 51

(1) $-5+\dfrac{2}{3}x=-\dfrac{9}{2}-7x$

両辺に 6 を掛けると

$-30+4x=-27-42x$

$4x+42x=-27+30$

$46x=3$

$x=\dfrac{\mathbf{3}}{\mathbf{46}}$

(2) $\dfrac{5x-3}{8}-2x=\dfrac{1}{6}x+\dfrac{x+6}{12}$

両辺に 24 を掛けると

$3(5x-3)-48x=4x+2(x+6)$

$15x-9-48x=4x+2x+12$

$15x-48x-4x-2x=12+9$

$-39x=21$

$x=-\dfrac{\mathbf{7}}{\mathbf{13}}$

CHECK 52

(1) 横の長さを x cm とすると，縦の長さは $(x-5)$ cm より

$2x+2(x-5)=26$

$2x+2x-10=26$

$2x+2x=26+10$

$4x=36$

$x=9$

これは問題にあてはまる。

よって，横の長さは **9 cm**

(2) 原価を x 円とすると，定価は 3 割の利益をつけた値段なので，$1.3x$ 円

さらに，セールではその 2 割引きになるので

$1.3x\times0.8$(円)

それが 300 円の利益になるということは，原価より 300 円高い値段ということより

$$1.3x\times0.8=x+300$$
$$1.04x=x+300$$
$$0.04x=300$$
$$4x=30000$$
$$x=7500$$

これは問題にあてはまる。

よって，原価は **7500 円**

(3)　学校から家までの道のりは 2270 m である。

また, 車は時速 30 km つまり 30000 m で進むということは

$$30000\div60=500$$

つまり, 分速500 m で進むことになる。

清美さんが父と出会ったのが，学校から x 分歩いたときとする。

2270 m の道のりを分速 70 m で x 分歩き，分速 500 m の車に$(14-x)$分乗るので

$$70x+500(14-x)=2270$$
$$7x+50(14-x)=227$$
$$7x+700-50x=227$$
$$7x-50x=227-700$$
$$-43x=-473$$
$$x=11$$

これは問題にあてはまる。

よって，**11 分歩いたときに父に出会ったといえる。**

CHECK 53

母親の年齢が息子の年齢の 4 倍になるのは x 年後とすると

$$38+x=4(14+x)$$
$$38+x=56+4x$$
$$x-4x=56-38$$
$$-3x=18$$
$$x=-6$$

これは問題にあてはまる。

よって，**6年前**

CHECK 54

$$3xy+7x=-y+2x$$

$x=-2$ が解であるから代入して

$$3\times(-2)\times y+7\times(-2)=-y+2\times(-2)$$
$$-6y-14=-y-4$$
$$-6y+y=-4+14$$
$$-5y=10$$
$$y=\mathbf{-2}$$

CHECK 55

コーヒーの分量を x mL とする。

コーヒーと牛乳の比が 5：3 なら，コーヒーとコーヒー牛乳の比は 5：8 より

$$5:8=x:200$$
$$8x=1000$$
$$x=\mathbf{125(mL)}$$

CHECK 56

(2)と(4)が比例の関係である。

(2)は $y=2x$ より，比例定数は **2**

(4)は $y=\frac{1}{6}x$ より，比例定数は $\mathbf{\frac{1}{6}}$

CHECK 57

A(**1**，**6**)
B(**−3**，**−4**)

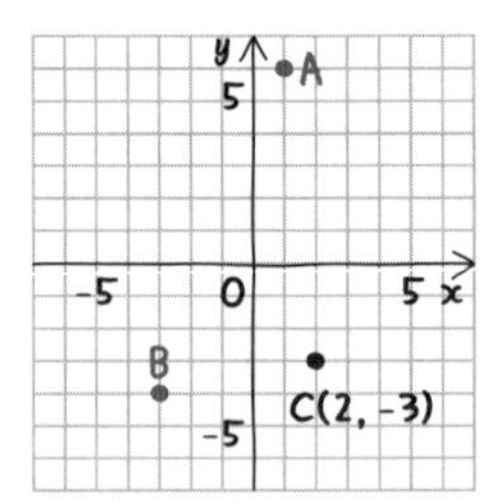

CHECK 58

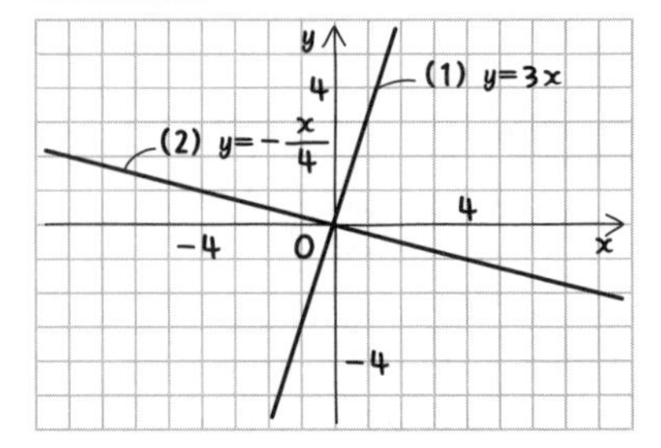

CHECK 59

(1)　$y=-x$　　(2)　$y=\frac{5}{2}x$

CHECK 60

(1)　$y=x\times1\times\frac{1}{2}$ より

$y=\frac{1}{2}x$

(2)　$0<x\leqq13$

(3)

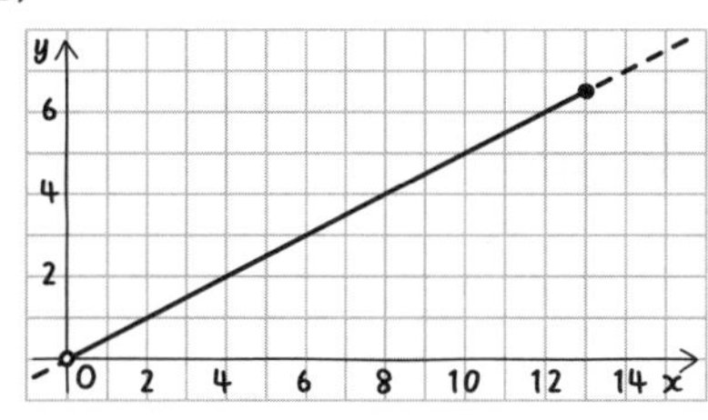

(4)　$0<y\leqq\frac{13}{2}$

CHECK 61

(1)と(4)が反比例の関係である。

(1)は $y=\frac{7}{x}$ より，比例定数は **7**

(4)は $y=\frac{-2}{x}$ より，比例定数は **−2**

CHECK 62

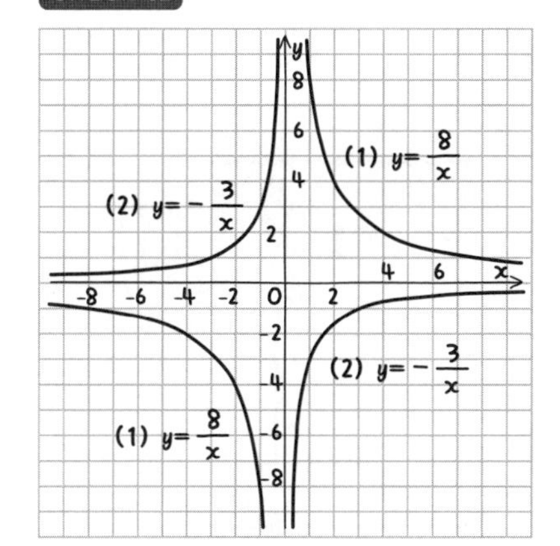

CHECK 63

$y=\frac{2}{x}$

CHECK 64

(1)　$y=\frac{50}{x}$

(2)　$y\geqq10$

(3)

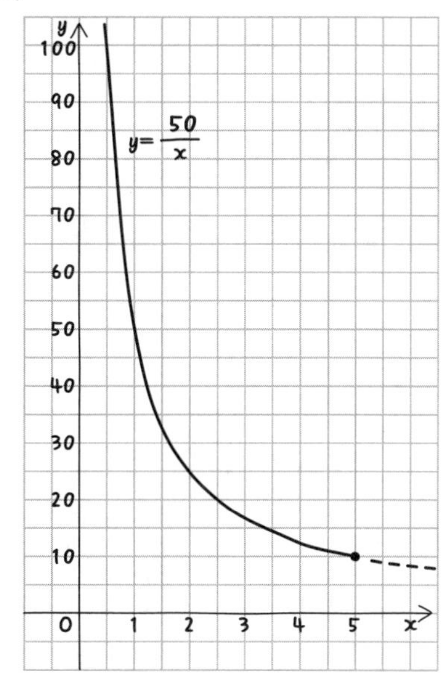

(4)　$0<x\leqq5$

CHECK 65

(1)　ガソリン１Lで $\frac{78}{4}=\frac{39}{2}$(分)動くので

$y=\frac{39}{2}x$

(2)　(1)の式に $x=6$ を代入すると

$y=\frac{39}{2}\times6$

$=$**117(分)**

(3)　(1)の式に $y=60$ を代入すると

$$60=\frac{39}{2}x$$

$$\frac{39}{2}x=60$$

$$x=60\div\frac{39}{2}$$

$$=60\times\frac{2}{39}$$

$$=\frac{40}{13}(\mathrm{L})$$

CHECK 66

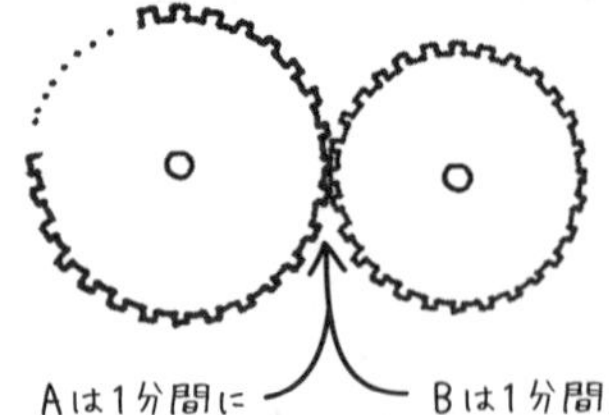

(1)　Aの歯車は歯の数が x で，1分間に y 回転するので，かみ合う歯の数は xy

　Bの歯車は歯の数が28で，1分間に9回転するので，かみ合う歯の数は

$28\times9=252$

$xy=252$ より

$$\boldsymbol{y=\frac{252}{x}}$$

(2)　$y=\dfrac{252}{12}$

$=\mathbf{21}$(回転)

(3)　$7x=252$

$x=252\div7$

$=\mathbf{36}$(個)

CHECK 67

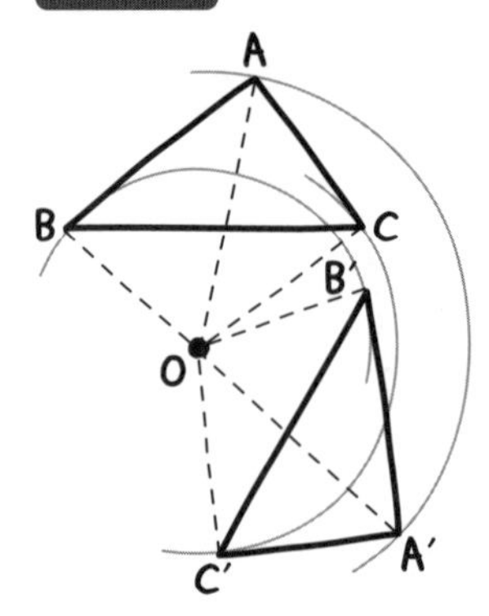

CHECK 68

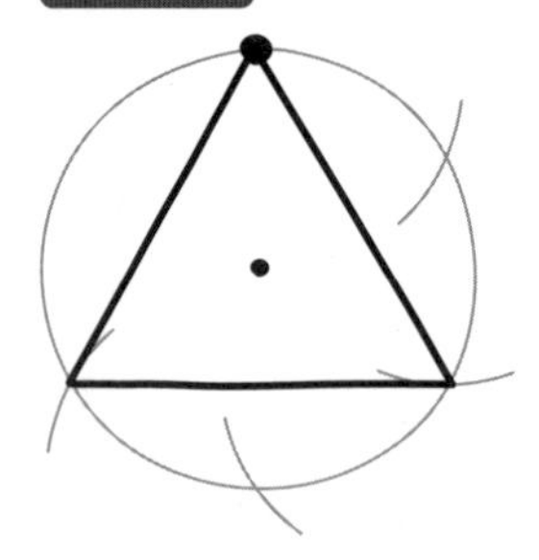

CHECK 69

①　線分ABを延長し，半直線ABにする。

②　点Bを通りABに垂直な直線を引く。

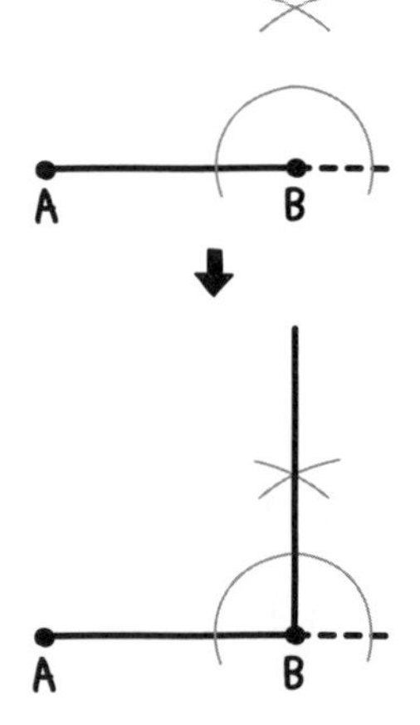

③ ABと同じ長さだけコンパスを広げ，点Bを中心とした円を少しかき，②でかいた直線との交点をCとする。

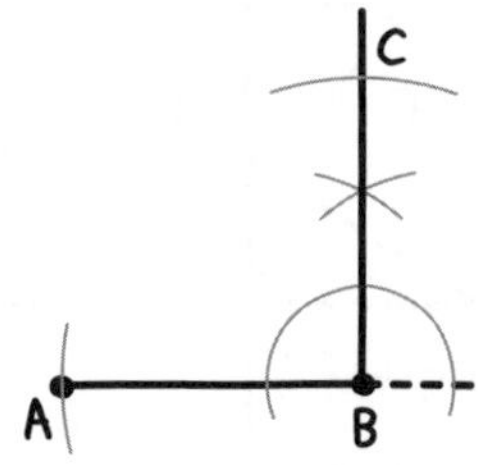

④ コンパスを③と同じ長さに広げたまま，点A，Cを中心とした円を少しかき，その交点をDとして4点を結ぶ。

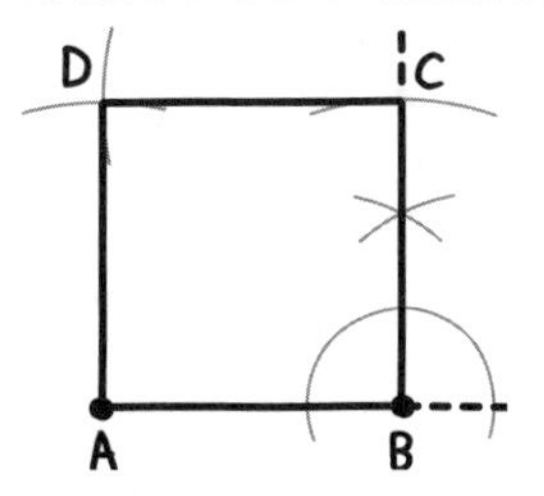

CHECK 70

(1)

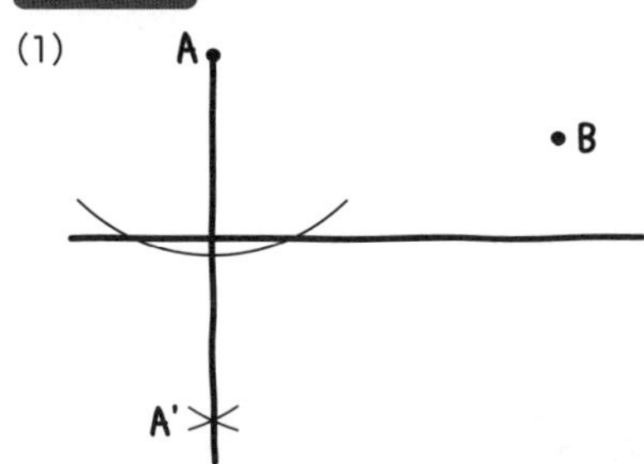

(2) **AP＝A´PなのでA´P＋PBが最小になるときを考えればよい。よって，直線A´Bと湖岸線の交点をPにすれば最短になる。**

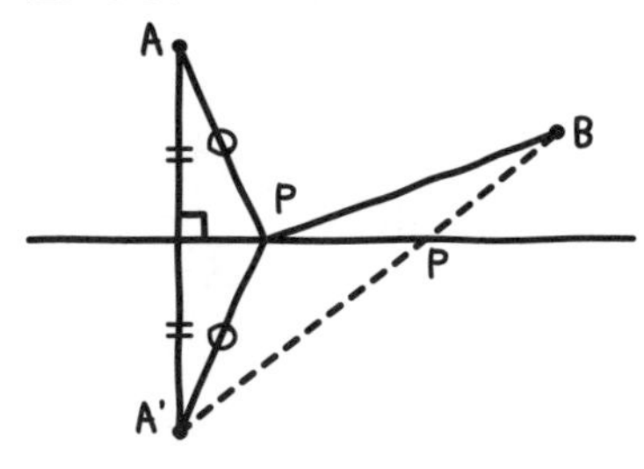

CHECK 71

線分ABの垂直二等分線と線分BCの垂直二等分線の交点が，円の中心Oになる。

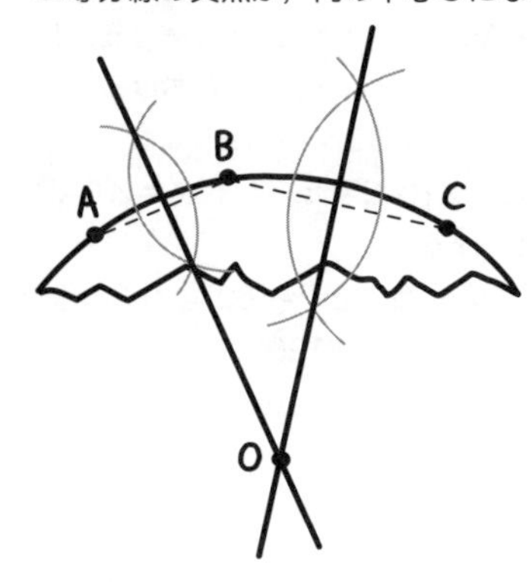

CHECK 72

∠ABO＝∠ACO＝90°で，しかも，四角形の内角の和は360°より

$\angle x = 360° - (90° + 90° + 41°)$

$= \mathbf{139°}$

CHECK 73

(1)

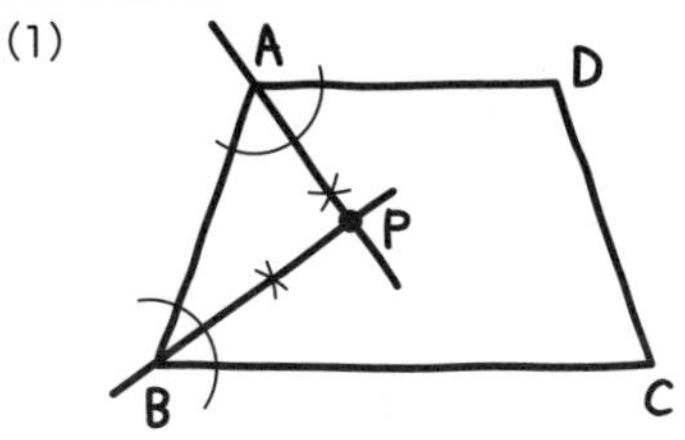

(2) 点Qは∠Aの二等分線上にあるので，2辺DA，ABからの距離が等しい。さらに，∠Bの二等分線上にあるので，2辺AB，BCからの距離が等しく，∠Cの二等分線上にあるので，2辺BC，CDからの距離が等しい。

よって，4辺すべてから等距離にあるので，問題の円をかくことができる。

(3) 点Rは辺ABの垂直二等分線上にあるので，2点A，Bからの距離が等しい。さらに，辺BCの垂直二等分線上にあるので，2点B，Cからの距離が等しく，辺CDの垂直二等分線上にあるので，2

点C，Dからの距離が等しい。

よって，4頂点すべてから等距離にあるので，問題の円をかくことができる。

(4)　△RABは，RA＝RBの二等辺三角形より，∠RAB＝∠RBA＝kとおける。

同様に，∠RBC＝∠RCB＝ℓ，∠RCD＝∠RDC＝m，∠RDA＝∠RAD＝nとおける。

$2k+2\ell+2m+2n=360°$より

$k+\ell+m+n=180°$

よって，向かい合う内角の和は180°になる。

CHECK 74

(1)①　直角を作図する。

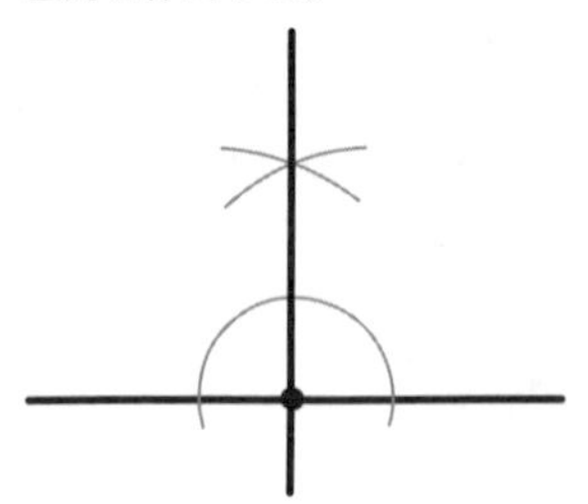

②　直角の二等分線を作図する。

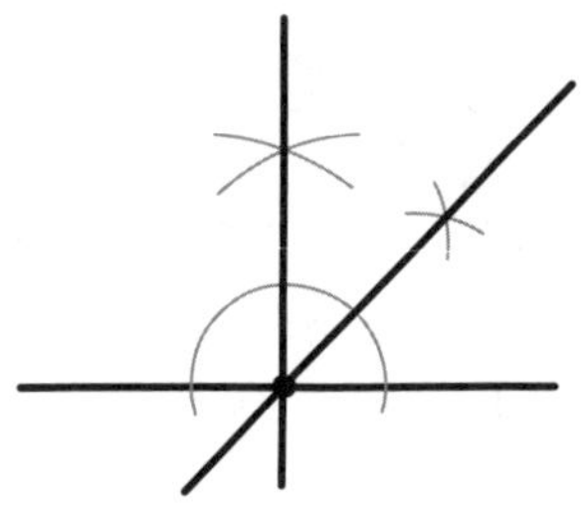

(2)①　点Pを通るABの垂線を作図する。

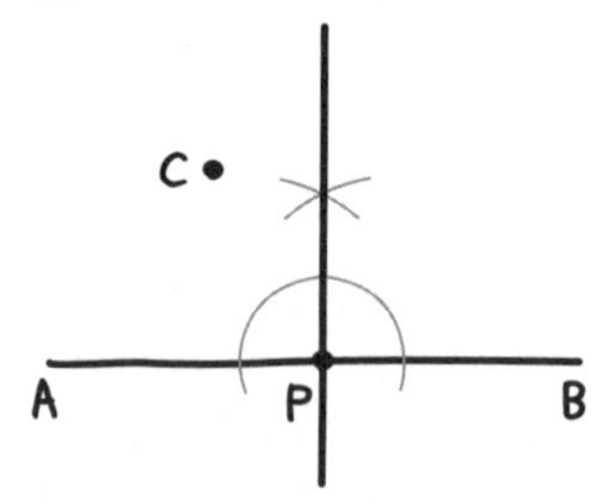

②　線分CPの垂直二等分線を作図し，①の垂線との交点をOとする。

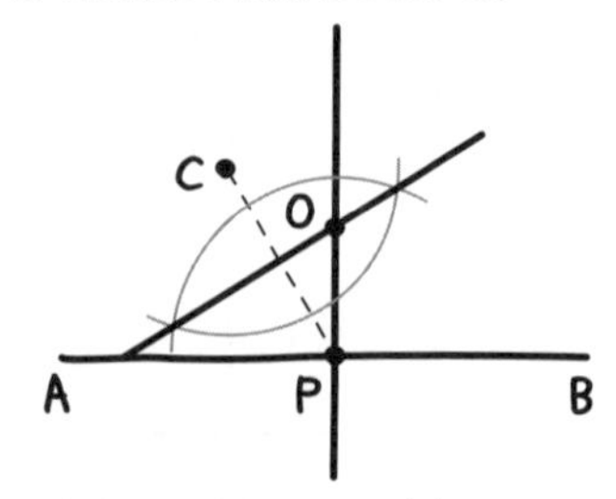

③　交点Oを中心とする半径OCの円をかく。

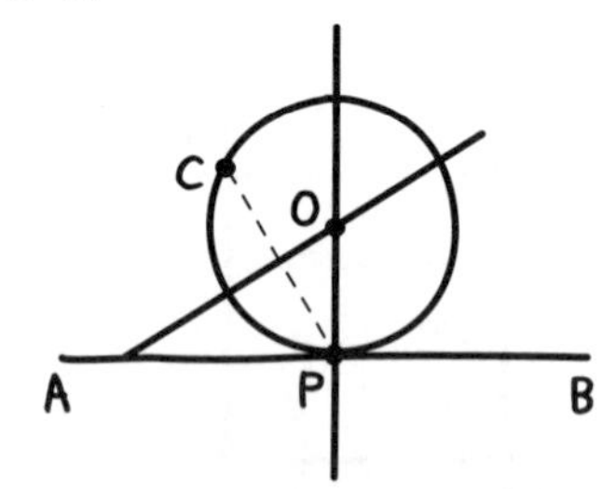

ADVICE

点C，点Pはどちらも円上の点であるので，かきたい円の中心Oは点Cと点Pから同じ距離にあるとわかる。つまり線分CPの垂直二等分線上に点Oはあるということである。

CHECK 75

69÷23＝3より，69°は23°の3倍である。
よって　4×3＝**12**

CHECK 76

中心角をx°とおくと

$$\pi\times6^2\times\frac{x}{360}=2\pi$$

$$\pi\times36\times\frac{x}{360}=2\pi$$

$$\pi\times\frac{x}{10}=2\pi$$

$$\frac{x}{10}=2$$

$$x=20$$

よって，中心角は**20°**

CHECK 77

中心角が 50° なので，面積は

$$\pi\times5^2\times\frac{50}{360}-\pi\times3^2\times\frac{50}{360}$$

$$=\pi\times25\times\frac{5}{36}-\pi\times9\times\frac{5}{36}$$

$$=\frac{125}{36}\pi-\frac{45}{36}\pi$$

$$=\frac{80}{36}\pi$$

$$=\mathbf{\frac{20}{9}\pi\,(cm^2)}$$

周の長さは

$$2\pi\times5\times\frac{50}{360}+2\pi\times3\times\frac{50}{360}+2\times2$$

$$=\frac{50}{36}\pi+\frac{30}{36}\pi+4$$

$$=\mathbf{\frac{20}{9}\pi+4\,(cm)}$$

CHECK 78

(1)　面の数 **4**，頂点の数 **4**，辺の数 **6**
(2)　面の数 **6**，頂点の数 **8**，辺の数 **12**
(3)　面の数 **8**，頂点の数 **6**，辺の数 **12**

CHECK 79

(1)　①　　(2)　②　　(3)　②　　(4)　①
(5)　①　　(6)　③　　(7)　①

CHECK 80

(1)　**ない**
(2)　**辺 AC，辺 AD，辺 AE，辺 BC，辺 BE**
(3)　**辺 DC，辺 DE**

CHECK 81

(1)　**ない**
(2)　**平面 ADE，平面 ADC，平面 BEDC**
(3)　**平面 ABC，平面 ABE**
(4)　**平面 BEDC**

CHECK 82

45°

CHECK 83

(1)　**円錐**

(2)

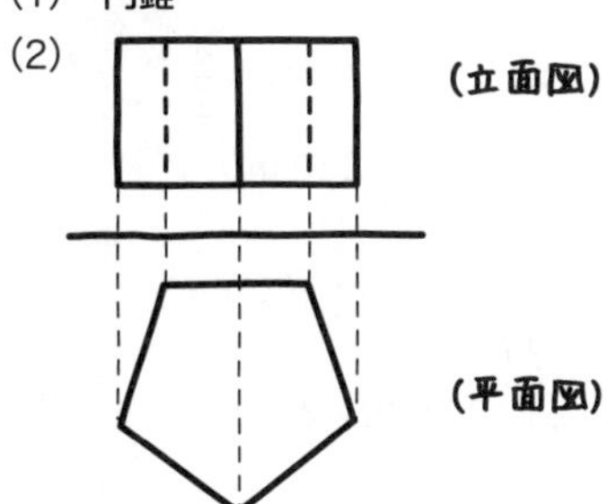

CHECK 84

1 辺の長さが 4 cm の正三角形を，その面に垂直な方向に 9 cm だけ平行に移動したときにできる。

CHECK 85

(1)

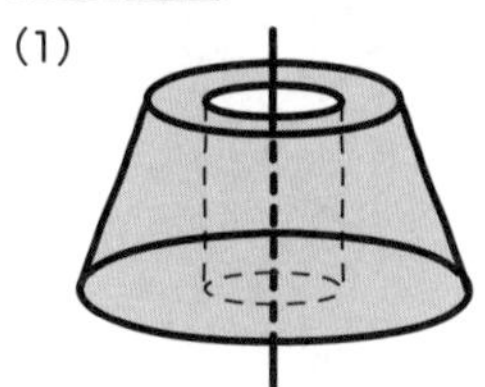

(2)

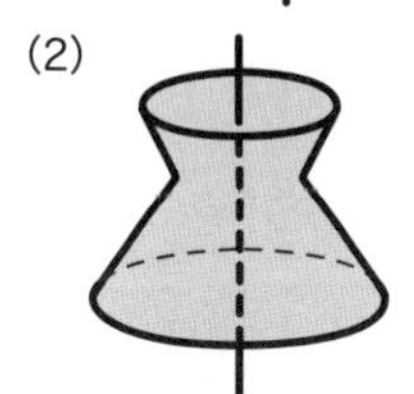

CHECK 86

(1)

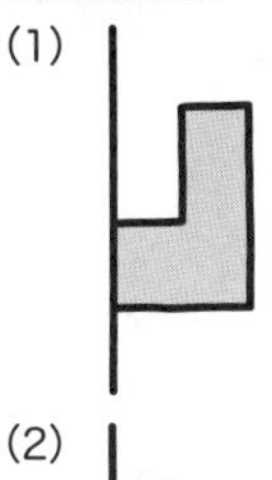

(2)

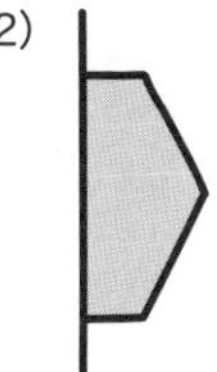

CHECK 87

底面積は

$$(4+7)\times4\times\frac{1}{2}=11\times4\times\frac{1}{2}$$
$$=22(\text{cm}^2)$$

側面積は

$$8\times(7+4+4+5)=160(\text{cm}^2)$$

よって，表面積は

$22\times2+160=$**$204(\text{cm}^2)$**

CHECK 88

底面の円の円周は

$$2\pi\times5=10\pi(\text{cm})$$

よって，側面の半径 20 cm のおうぎ形の弧の長さも 10π cm

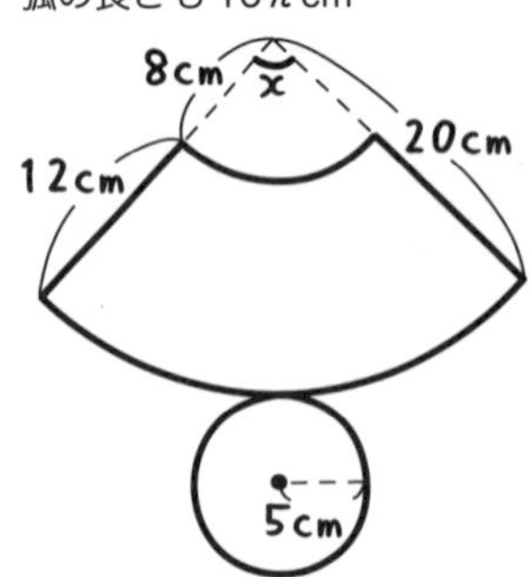

中心角を $x°$ とおくと

$$2\pi\times20\times\frac{x}{360}=10\pi$$
$$40\pi\times\frac{x}{360}=10\pi$$
$$\pi\times\frac{x}{9}=10\pi$$
$$\frac{x}{9}=10$$
$$x=90$$

よって，側面積は

$$\pi\times20^2\times\frac{90}{360}-\pi\times8^2\times\frac{90}{360}$$
$$=\pi\times400\times\frac{1}{4}-\pi\times64\times\frac{1}{4}$$
$$=100\pi-16\pi$$
$$=84\pi(\text{cm}^2)$$

この立体は上面が半径 2 cm の円で底面が半径 5 cm の円だから，それぞれの面積は

（上面）$\pi\times2^2=4\pi(\text{cm}^2)$

（底面）$\pi\times5^2=25\pi(\text{cm}^2)$

よって，求める表面積は

$84\pi+4\pi+25\pi=$**$113\pi(\text{cm}^2)$**

CHECK 89

(1) 全体の円錐は

底面積が　$\pi\times5^2=25\pi(\text{cm}^2)$

高さが 15 cm より

体積は

$$\frac{1}{3}\times25\pi\times15=125\pi(\text{cm}^3)$$

上の部分の円錐は

底面積が　$\pi\times2^2=4\pi(\text{cm}^2)$

高さが 6 cm より

体積は　$\frac{1}{3}\times4\pi\times6=8\pi(\text{cm}^3)$

よって，求める立体の体積は

$125\pi-8\pi=$**$117\pi(\text{cm}^3)$**

(2) 底面積が　$5\times3=15(\text{cm}^2)$

高さが 6 cm

よって，体積は　$\frac{1}{3}\times15\times6=$**$30(\text{cm}^3)$**

CHECK 90

(1) 半径が 2 cm より

体積は　$\frac{4}{3}\pi\times2^3=\frac{4}{3}\pi\times8$

$=$**$\frac{32}{3}\pi(\text{cm}^3)$**

表面積は　$4\pi\times2^2=4\pi\times4$

$=$**$16\pi(\text{cm}^2)$**

(2) 円柱の側面積は

$$4\times(2\pi\times2)=4\times4\pi$$
$$=16\pi(\text{cm}^2)$$

円柱の底面積は　$\pi\times2^2=4\pi(\text{cm}^2)$

表面積は　$4\pi\times2+16\pi$

$=8\pi+16\pi$

$=24\pi(\text{cm}^2)$

よって　$24\pi-16\pi=$**$8\pi(\text{cm}^2)$**

CHECK 91

(1)　底面の△ABC の面積は

$6\times6\times\frac{1}{2}=18(\mathrm{cm}^2)$

さらに，側面の△ADB で AD⊥AB,
△ADC で AD⊥AC より

AD⊥平面 ABC

よって，高さが 12 cm だから体積は

$18\times12\times\frac{1}{3}=$**72(cm³)**

(2)　**12 cm**

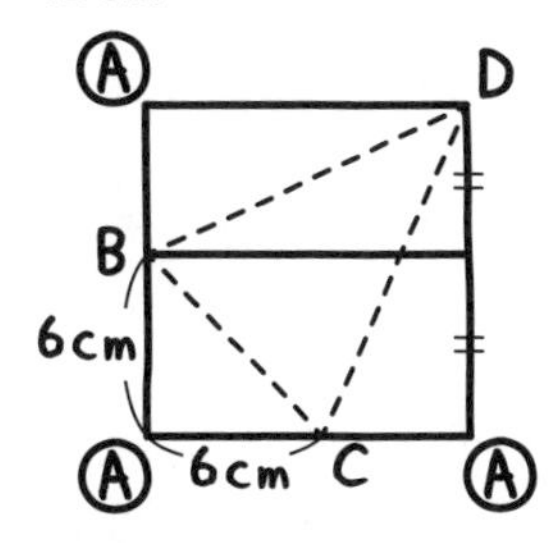

CHECK 92

(1)　中 2 の 50 m 走の記録

記録(秒)	度数(人)	累積度数(人)	相対度数	累積相対度数
6 秒以上 7 秒未満	6	**6**	**0.15**	**0.15**
7 秒以上 8 秒未満	20	**26**	**0.50**	**0.65**
8 秒以上 9 秒未満	8	**34**	**0.20**	**0.85**
9 秒以上 10 秒未満	4	**38**	**0.10**	**0.95**
10 秒以上 11 秒未満	2	**40**	**0.05**	**1.00**

(2)　$6.5\times6+7.5\times20+8.5\times8$
$+9.5\times4+10.5\times2=316$

$316\div40=$**7.9(秒)**

別解　$6.5\times0.15+7.5\times0.50+8.5\times0.20$
$+9.5\times0.10+10.5\times0.05$

$=$**7.9(秒)**

(3)

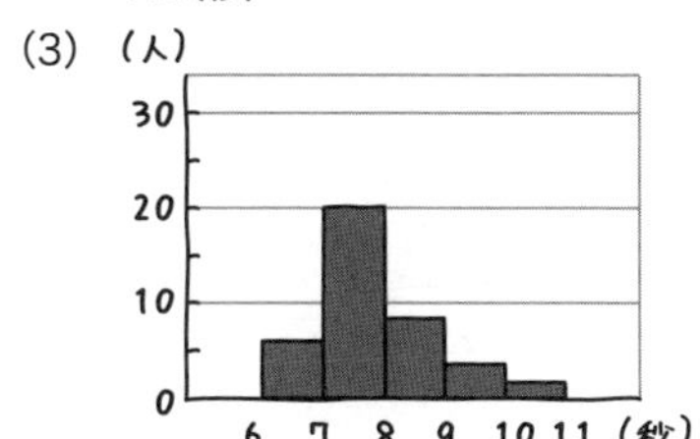

(4)

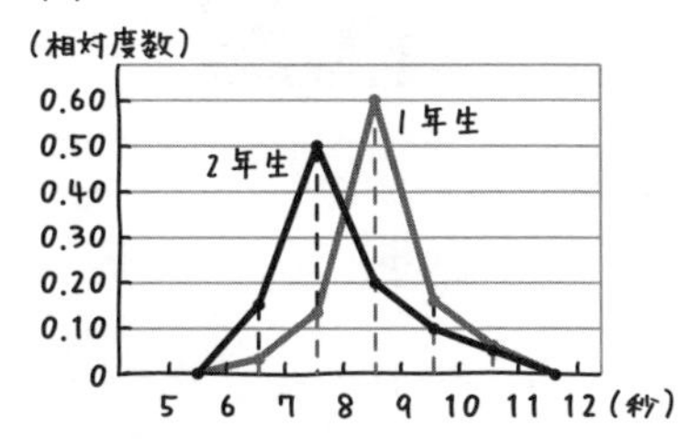

CHECK 93

(1)　佐藤さんの的中する確率は$\frac{2}{7}=0.28\cdots$

田中さんの的中する確率は$\frac{13}{46}=0.28\cdots$

確率はほぼ同じなので，たくさん射っている**田中さん**を選ぶべき。

(2)　$200\times\frac{13}{46}=56.5\cdots$

よって，**57 回**

中学2年

CHECK 94

(1) $3x^3+\frac{1}{4}a$ は多項式，$9y$ は単項式，

$-\frac{5}{2}b^4-2x^2y^2$ は多項式

(2) $3x^3+\frac{1}{4}a$ は3次式，$9y$ は1次式，

$-\frac{5}{2}b^4-2x^2y^2$ は4次式

CHECK 95

(1) $7y^2-x-4(2x+3y-5)+1$

$=7y^2-x-8x-12y+20+1$

$=\mathbf{7y^2-9x-12y+21}$

(2) $(8x^2+6xy)\div 2-3y^2-x^2$

$=4x^2+3xy-3y^2-x^2$

$=4x^2-x^2+3xy-3y^2$

$=\mathbf{3x^2+3xy-3y^2}$

(3) $9\times\frac{a+5b}{3}-14\times\frac{4a-b}{2}$

$=3(a+5b)-7(4a-b)$

$=3a+15b-28a+7b$

$=3a-28a+15b+7b$

$=\mathbf{-25a+22b}$

CHECK 96

(1) $8x^2\times\frac{3}{4}y=\mathbf{6x^2y}$

(2) $5b\times(-a^2b)=\mathbf{-5a^2b^2}$

(3) $-(4x)^2\times(-2y)^2=-16x^2\times 4y^2$

$=\mathbf{-64x^2y^2}$

CHECK 97

(1) $15k\div 3k=15k\times\frac{1}{3k}$

$=\mathbf{5}$

(2) $9a^2x\div(-2x)=-9a^2x\times\frac{1}{2x}$

$=\mathbf{-\frac{9}{2}a^2}$

(3) $6x^3y^2\div\frac{3}{8}xy^2=6x^3y^2\div\frac{3xy^2}{8}$

$=6x^3y^2\times\frac{8}{3xy^2}$

$=\mathbf{16x^2}$

CHECK 98

(1) $5x^2y^2\div(-2y)\div\frac{7}{4}xy$

$=-5x^2y^2\div 2y\div\frac{7xy}{4}$

$=-5x^2y^2\times\frac{1}{2y}\times\frac{4}{7xy}$

$=\mathbf{-\frac{10}{7}x}$

(2) $-3x\{8-2y(7x-1)\}+2x$

$=-3x\{8-14xy+2y\}+2x$

$=-24x+42x^2y-6xy+2x$

$=42x^2y-6xy-24x+2x$

$=\mathbf{42x^2y-6xy-22x}$

(3) $\frac{4a-6b+9}{3}-\frac{2a-7-b}{5}$

$=\frac{20a-30b+45}{15}-\frac{6a-21-3b}{15}$

$=\frac{(20a-30b+45)-(6a-21-3b)}{15}$

$=\frac{20a-30b+45-6a+21+3b}{15}$

$=\frac{20a-6a-30b+3b+45+21}{15}$

$=\mathbf{\frac{14a-27b+66}{15}}$

CHECK 99

(1)
$$\begin{array}{rr} & -2a+3b \\ +) & a+6b \\ \hline & \mathbf{-a+9b} \end{array}$$

(2)
$$\begin{array}{rr} & m-7n+9 \\ -) & 8m-3n-2 \\ \hline & \mathbf{-7m-4n+11} \end{array}$$

別解
$$\begin{array}{rr} & m-7n+9 \\ +) & -8m+3n+2 \\ \hline & \mathbf{-7m-4n+11} \end{array}$$

CHECK 100

(1)　3つの整数を$n, n+1, n+2$とすると，真ん中の数の2倍は$2(n+1)=2n+2$

はじめの数と，最後の数の和は

$n+(n+2)=2n+2$

よって，真ん中の数の2倍は，ほかの2つの数の和に等しくなる。

別解　3つの整数を$n-1, n, n+1$とすると，はじめの数と，最後の数の和は

$(n-1)+(n+1)=2n$

よって，真ん中の数の2倍は，ほかの2つの数の和に等しくなる。

(2)　もとの自然数の百の位の数をa，十の位の数をb，一の位の数をcとすると，もとの自然数は$100a+10b+c$

百の位と一の位を入れかえた数は$100c+10b+a$であり

$(100a+10b+c)-(100c+10b+a)$
$=100a+10b+c-100c-10b-a$
$=99a-99c$
$=99(a-c)$

$a-c$は整数だから，$99(a-c)$は99の倍数である。

よって，3ケタの自然数から，その百の位の数字と一の位の数字を入れかえた数を引くと99の倍数になる。

CHECK 101

(1)　2つの数を$3m+2$，$3n+1$(m，nは整数)とすると

$(3m+2)+(3n+1)=3m+3n+3$
$=3(m+n+1)$

$m+n+1$は整数だから，$3(m+n+1)$は3の倍数である。

よって，3の倍数より2大きい数と3の倍数より1大きい数の和は3の倍数である。

別解　2つの数を$3m-1$，$3n-2$(m，nは整数)とすると

$(3m-1)+(3n-2)=3m+3n-3$
$=3(m+n-1)$

$m+n-1$は整数だから，$3(m+n-1)$は3の倍数である。

よって，3の倍数より1小さい数と3の倍数より2小さい数の和は3の倍数である。

(2)　3つの偶数を$2m$，$2m+2$，$2m+4$(mは整数)とすると

$2m+(2m+2)+(2m+4)=6m+6$
$=6(m+1)$

$m+1$は整数だから，$6(m+1)$は6の倍数である。

よって，連続した3つの偶数の和は6の倍数である。

別解　3つの偶数を$2m-2$，$2m$，$2m+2$(mは整数)とすると

$(2m-2)+2m+(2m+2)=6m$

よって，連続した3つの偶数の和は6の倍数である。

CHECK 102

地球の半径をr mとすると，赤道の長さは$2\pi r$ m

ロープを張った部分の半径は$(r+1)$mだから，ロープの長さは$2\pi(r+1)$m

よって，長さの差は

$2\pi(r+1)-2\pi r=2\pi r+2\pi-2\pi r$
$=2\pi$ (m)

よって，ロープの長さは赤道の長さより**2π m長くなる。**

CHECK 103

(1)　$S=\pi r^2\times\dfrac{x}{360}$

$=\boldsymbol{\dfrac{\pi r^2 x}{360}}$

(2) $\frac{\pi r^2 x}{360}=S$

両辺を $\frac{\pi r^2}{360}$ で割ると

$x=\mathbf{\frac{360S}{\pi r^2}}$

CHECK 104

(1) $x+2y=18$ ……①

$5x-2y=6$ ……②

$$\begin{array}{rl} x+2y=18 & \cdots\cdots① \\ +)\ 5x-2y=6 & \cdots\cdots② \\ \hline 6x\quad\ =24 & \\ x=4 & \end{array}$$

①式に $x=4$ を代入すると

$4+2y=18$

$2y=14$

$y=7$

よって **$x=4$, $y=7$**

(2) $4x-5y=-22$ ……①

$-3x+8y=42$ ……②

$$\begin{array}{rl} 12x-15y=-66 & \cdots\cdots①\times3 \\ +)\ -12x+32y=168 & \cdots\cdots②\times4 \\ \hline 17y=102 & \\ y=6 & \end{array}$$

①式に $y=6$ を代入すると

$4x-30=-22$

$4x=8$

$x=2$

よって **$x=2$, $y=6$**

CHECK 105

$6x+5y=-20$ ……①

$x=-3y+1$ ……②

②式を①式に代入すると

$6(-3y+1)+5y=-20$

$-18y+6+5y=-20$

$-18y+5y=-20-6$

$-13y=-26$

$y=2$

②式に $y=2$ を代入すると

$x=-6+1$

$=-5$

よって **$x=-5$, $y=2$**

CHECK 106

$5(x-2y+6)-4(3x+y)=16$ より

$5x-10y+30-12x-4y=16$

$5x-12x-10y-4y=16-30$

$-7x-14y=-14$

$x+2y=2$ ……①

$\frac{1}{5}y=\frac{3}{5}x-1$ より

$y=3x-5$ ……②

②式を①式に代入すると

$x+2(3x-5)=2$

$x+6x-10=2$

$x+6x=2+10$

$7x=12$

$x=\frac{12}{7}$

②式に $x=\frac{12}{7}$ を代入すると

$y=\frac{36}{7}-5$

$=\frac{1}{7}$

よって **$x=\frac{12}{7}$, $y=\frac{1}{7}$**

CHECK 107

$2mx-ny=5m$ ……①

$mx=6y-n$ ……②

$x=1$, $y=-3$ は①, ②式の解なので, 代入すると等式が成り立つ。

$x=1$, $y=-3$ を①式に代入すると

$2m+3n=5m$

$-3m+3n=0$

$-m+n=0$ ……③

$x=1$, $y=-3$ を②式に代入すると

$m=-18-n$ ……④

④式を③式に代入すると

$-(-18-n)+n=0$

$18+n+n=0$

$2n=-18$

$n=-9$

④式に $n=-9$ を代入すると

$m=-18+9$

$=-9$

よって　**$m=-9$，$n=-9$**

CHECK 108

子どもの人数を x 人，プチシュークリームの個数を y 個とすると

$y=8x+5$ ……①

$y=9x-2$ ……②

①，②式より

$8x+5=9x-2$

$8x-9x=-2-5$

$-x=-7$

$x=7$

①式に $x=7$ を代入すると

$y=8\times7+5$

$=61$

これは問題にあてはまる。

よって，**子どもの人数は7人，プチシュークリームの個数は61個**

CHECK 109

歩いた時間を x 分，走った時間を y 分とすると

$x+y=22$ ……①

$50x+90y=1300$ より

$5x+9y=130$ ……②

$$\begin{array}{rl} 5x+5y=110 & \cdots\cdots①\times5 \\ -)\ 5x+9y=130 & \cdots\cdots② \\ \hline -4y=-20 & \\ y=5 & \end{array}$$

①式に $y=5$ を代入すると

$x+5=22$

$x=17$

これは問題にあてはまる。

よって，**歩いたのは17分，走ったのは5分**

CHECK 110

DVD，ゲームソフトそれぞれの定価を x 円，y 円とすると

$x+y=5800$ ……①

また，2割引きのDVDの値段は $\frac{8}{10}x$ 円

4割引きのゲームソフトの値段は $\frac{6}{10}y$ 円

両方買って3900円より

$\frac{8}{10}x+\frac{6}{10}y=3900$

$8x+6y=39000$

$4x+3y=19500$ ……②

$$\begin{array}{rl} 3x+3y=17400 & \cdots\cdots①\times3 \\ -)\ 4x+3y=19500 & \cdots\cdots② \\ \hline -x\qquad=-2100 & \\ x=2100 & \end{array}$$

①式に $x=2100$ を代入すると

$2100+y=5800$

$y=3700$

これは問題にあてはまる。

よって，**DVDの定価は2100円，ゲームソフトの定価は3700円**

CHECK 111

小林選手，鈴木選手の打数をそれぞれ x，y とすると

$x+y=450$ ……①

また，小林選手のヒット数は $0.3x$

鈴木選手のヒット数は $0.25y$

2人合わせたヒット数は $450\times0.28=126$ であるから

$0.3x+0.25y=126$

$30x+25y=12600$

$6x+5y=2520$ ……②

$$\begin{array}{rl} 5x+5y=2250 & \cdots\cdots①\times5 \\ -)\ 6x+5y=2520 & \cdots\cdots② \\ \hline -x\qquad=-270 & \\ x=270 & \end{array}$$

①式に $x=270$ を代入すると

$270+y=450$

$y=180$

よって，小林選手のヒット数は

$0.3\times270=81$

鈴木選手のヒット数は

$0.25\times180=45$

これは問題にあてはまる。

よって，**小林選手のヒット数は 81，鈴木選手のヒット数は 45**

CHECK 112

(1) $x+\frac{1}{2}y=6$

$\frac{1}{2}y=-x+6$

$y=-2x+12$

よって ①

(2) $xy=7$

$y=\frac{7}{x}$

よって ②

(3) x 時間で燃えるろうそくの長さは $3x$ cm より

$24-3x=y$

$y=-3x+24$

よって ①

(4)

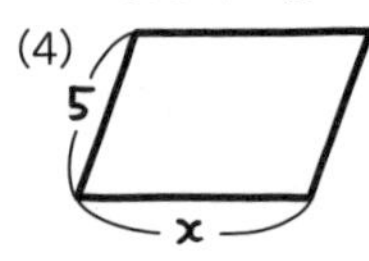

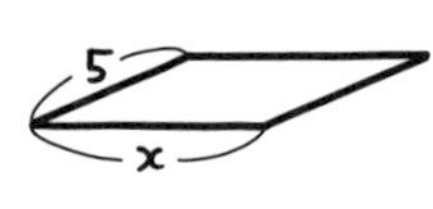

となり合う辺の長さ 5 cm，x cm が決まっても，面積 y cm^2 は決まらないので ③

CHECK 113

(1) **−2**

(2) $x=-1$ のとき

$y=-2\times(-1)+9$

$=2+9=11$

$x=3$ のとき

$y=-2\times3+9$

$=-6+9=3$

よって，y の増加量は $3-11=$**−8**

(y の増加量)

=(変化の割合)×(x の増加量)

だから

$-2\times\{3-(-1)\}=$**−8**

CHECK 114

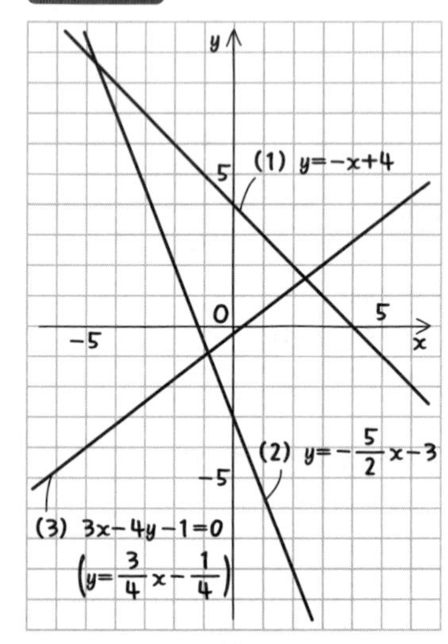

(3) $3x-4y-1=0$

$-4y=-3x+1$

$y=\frac{3}{4}x-\frac{1}{4}$

CHECK 115

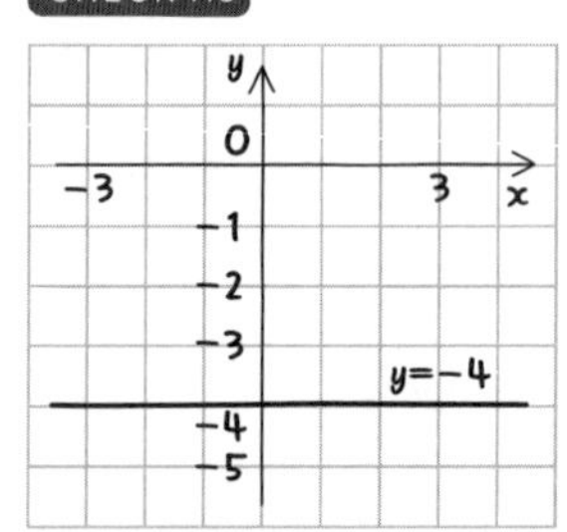

CHECK 116

(1) ②式を変形すると

$x+y-2=0$

$y=-x+2$

③式を変形すると

$6x-3y=5$

$-3y=-6x+5$

$y=2x-\frac{5}{3}$

よって，$y=2x$ と平行なものは③

(2)　①，③，②

CHECK 117

(1)　$\boldsymbol{y=-x+6}$

(2)　切片が7より，求める直線の式は

$y=ax+7$

とおける。さらに点(5，4)を通るので

$4=5a+7$

$5a=-3$

$a=-\frac{3}{5}$

よって，求める直線の式は

$\boldsymbol{y=-\frac{3}{5}x+7}$

(3)　求める直線の式を

$y=ax+b$

とおく。2点(3，−2)，(8，13)を通るので　$-2=3a+b$

$3a+b=-2$ ……①

また　$13=8a+b$

$8a+b=13$ ……②

①，②式より

$$\begin{array}{rl} 3a+b=-2 & \cdots\cdots① \\ -)\ \ 8a+b=13 & \cdots\cdots② \\ \hline -5a\ \ \ \ =-15 & \\ a=3 & \end{array}$$

$a=3$ を①式に代入すると

$9+b=-2$

$b=-11$

よって，求める直線の式は

$\boldsymbol{y=3x-11}$

CHECK 118

(1)　グラフより，切片は4

x 座標が1増えると，y 座標は1減るので，傾きは−1

よって，求める直線の式は

$\boldsymbol{y=-x+4}$

(2)　求める直線の傾きは $\frac{2}{5}$ より，求める直線の式を

$y=\frac{2}{5}x+b$

とおく。点(1，2)を通るので

$2=\frac{2}{5}+b$

$b=\frac{8}{5}$

よって，求める直線の式は

$\boldsymbol{y=\frac{2}{5}x+\frac{8}{5}}$

別解 求める直線の式を

$y=ax+b$

とおく。2点(−4，0)，(1，2)を通るので　$0=-4a+b$

$-4a+b=0$ ……①

また　$2=a+b$

$a+b=2$ ……②

$$\begin{array}{rl} -4a+b=0 & \cdots\cdots① \\ -)\ \ \ \ a+b=2 & \cdots\cdots② \\ \hline -5a\ \ \ \ =-2 & \\ a=\frac{2}{5} & \end{array}$$

$a=\frac{2}{5}$ を②式に代入すると

$\frac{2}{5}+b=2$

$b=\frac{8}{5}$

よって，求める直線の式は

$\boldsymbol{y=\frac{2}{5}x+\frac{8}{5}}$

CHECK 119

$3x+7y=1$ ……①

$x-2y=-4$ ……②

①，②式より

$$\begin{array}{rl} 3x+7y=1 & \cdots\cdots① \\ -)\ 3x-6y=-12 & \cdots\cdots②\times3 \\ \hline 13y=13 & \\ y=1 & \end{array}$$

$y=1$ を②式に代入すると

$x-2=-4$

$x=-2$

よって，交点の座標は **(−2，1)**

CHECK 120

(1)　ばねの伸びはおもりの質量に比例し，自然な状態での長さが 35 cm なので

$y=ax+35$

とする。40 g のおもりで 43 cm になるので

$43=40a+35$

$40a=8$

$a=\frac{8}{40}$

$=\frac{1}{5}$

よって　$\boldsymbol{y=\frac{1}{5}x+35}$

(2)　$x=90$ とすると

$y=\frac{1}{5}\times90+35$

$=18+35$

$=\mathbf{53(cm)}$

(3)　$y=58$ とすると

$58=\frac{1}{5}x+35$

$\frac{1}{5}x=23$

$\boldsymbol{x}=\mathbf{115(g)}$

CHECK 121

プランAで x 分話した場合の料金を y 円とすると

$y=3x+1400$ ……①

プランBは

$y=3200$ ……②

①式を②式に代入して

$3x+1400=3200$

$3x=1800$

$x=600$

よって，**600 分をこえると，プランBが得になる。**

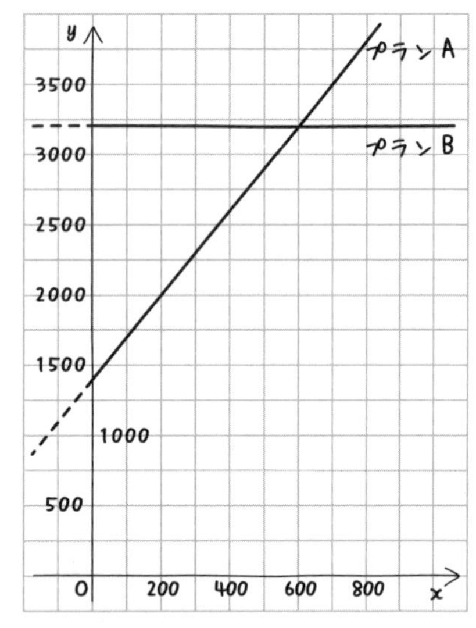

CHECK 122

(1)　長針は 60 分で 1 周するから，60 分で 360° 進むので，1 分間で進む角度は

$\frac{360°}{60}=\mathbf{6°}$

(2)　1 分間で 6° 進むので，x 分で進む角度を y° とすると

$\boldsymbol{y=6x}$

(3)　1 時間で短針の進む角度は

$\frac{360°}{12}=30°$

よって，1 分間で進む角度は

$\frac{30°}{60}=\mathbf{0.5°}\left(=\frac{1}{2}\text{度}\right)$

(4)　4 時の時点での角度は

$30°\times4=120°$

よって，4 時 x 分での角度は

$\boldsymbol{y=0.5x+120}$

(5)

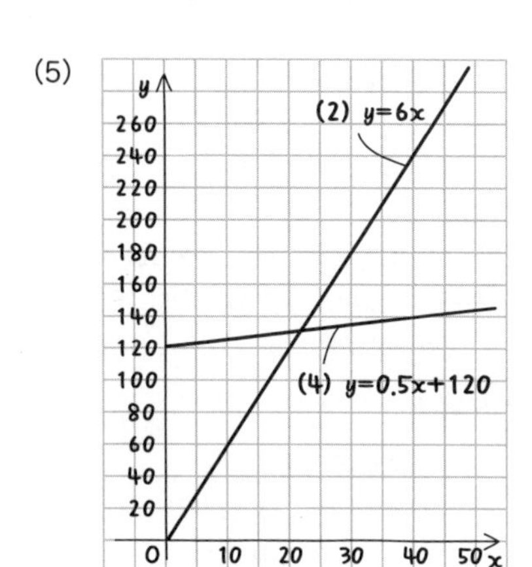

(6)　$y=6x$ と $y=0.5x+120$ の連立方程式を解けばよい。

$$6x=0.5x+120$$
$$5.5x=120$$
$$\frac{11}{2}x=120$$
$$x=120\times\frac{2}{11}$$
$$=\frac{240}{11}=21\frac{9}{11}$$

よって，$21\frac{9}{11}$ 分のときに重なるので，秒を切り捨てて**4時21分**

CHECK 123

$0\leqq x\leqq 3$ のとき

1秒間で2 cm移動するので，BP$=2x$ より

$$y=2x\times 8\times\frac{1}{2}$$
$$=8x$$

$3\leqq x$ のとき

最初の3秒は1秒間で2 cm移動し，その後の$(x-3)$秒は1秒間で1 cm移動するので

$$\text{BP}=2\times 3+1\times(x-3)$$
$$=6+x-3$$
$$=x+3$$

よって　$y=(x+3)\times 8\times\frac{1}{2}$

$$=(x+3)\times 4$$
$$=4x+12$$

グラフにすると次のようになる。

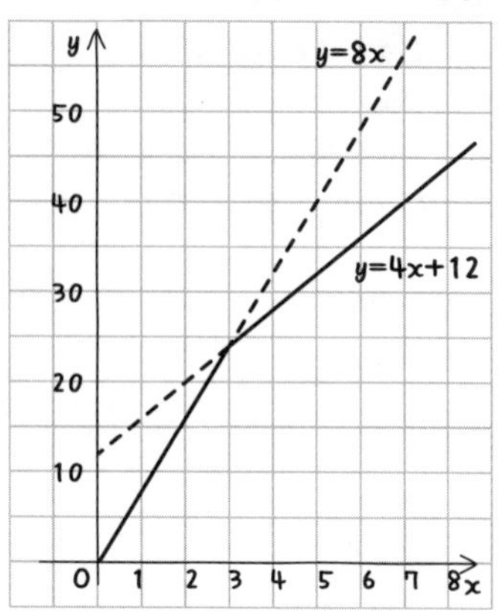

CHECK 124

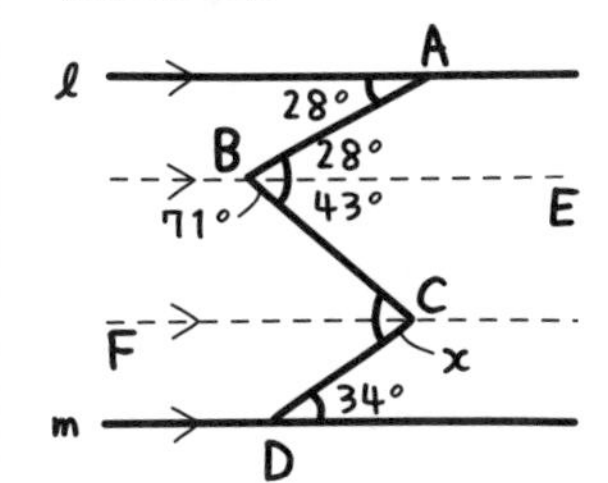

点B，Cを通り，ℓ，m に平行な直線を引き，図のようにE，Fとおく。

錯角より　∠ABE=28°

よって　∠EBC=71°−28°

=43°

錯角より　∠BCF=43°

さらに，錯角より　∠FCD=34°

よって　$\angle x=43°+34°$

=**77°**

CHECK 125

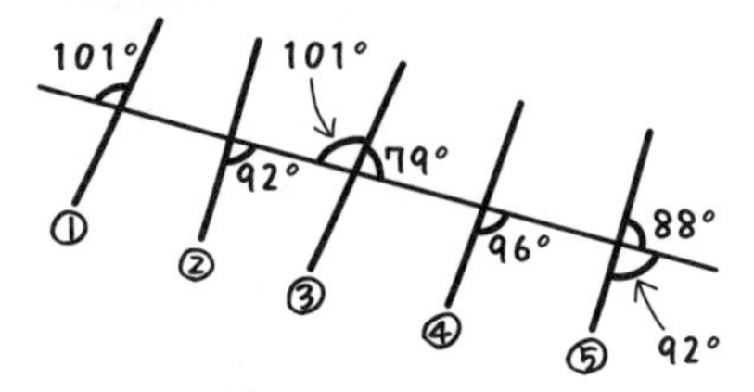

図より，同位角が等しいので**①と③，②と⑤**が平行である。

CHECK 126

$\ell /\!/ m$ なので錯角は等しくなり

$\angle BPC=26°$

三角形の１つの外角は，それととなり合わない２つの内角の和に等しいので，△BPC において

$26°+\angle x=73°$

$\angle x=\mathbf{47°}$

CHECK 127

(1)

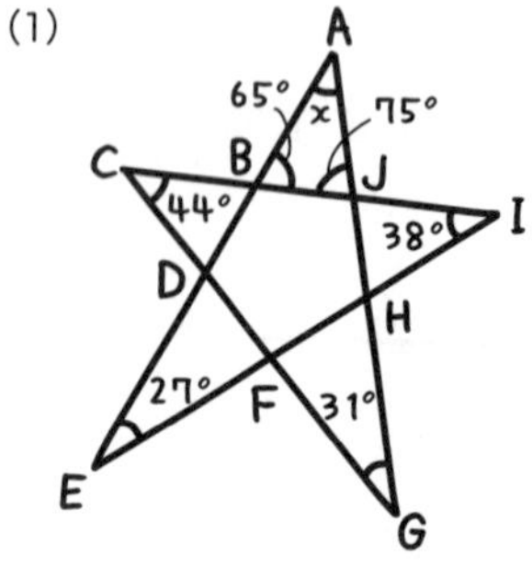

図のように，A，B，C，D，E，F，G，H，I，J とおく。

△BEIに注目すると

$\angle ABJ=27°+38°$

$=65°$

△JCG に注目すると

$\angle AJB=44°+31°$

$=75°$

よって，△ABJ において

$\angle x=180°-(65°+75°)$

$=\mathbf{40°}$

(2)

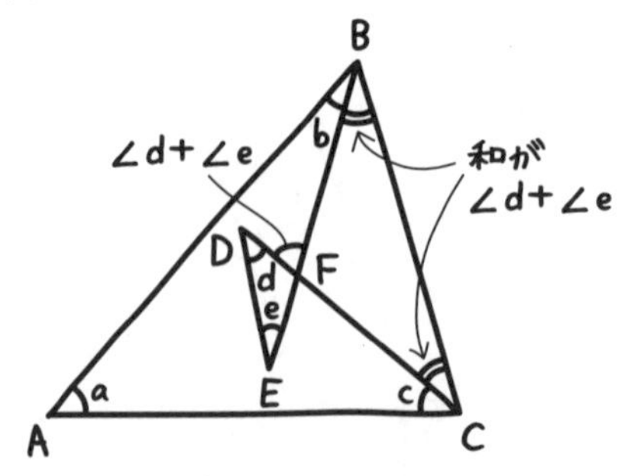

図のように，A，B，C，D，E，F とおくと，△DEF において

$\angle DFB=\angle d+\angle e$

△BFC において

$\angle FBC+\angle FCB=\angle d+\angle e$

さらに，△ABC の内角の和は 180° より

$\angle a+\angle b+\angle c+\angle d+\angle e=\mathbf{180°}$

CHECK 128

(1)　正十二角形の内角の和は

$180°\times(12-2)=1800°$

よって，１つの内角の大きさは

$1800°\div12=\mathbf{150°}$

(2)　正 n 角形とすると，内角の和は

$180°\times(n-2)$

よって，１つの内角の大きさは

$$\frac{180°\times(n-2)}{n}$$

これが 135° になるので

$$\frac{180\times(n-2)}{n}=135$$

$180(n-2)=135n$

$180n-360=135n$

$180n-135n=360$

$45n=360$

$n=8$

よって　**正八角形**

CHECK 129

四角形の内角の和は 360° より

$\angle ADC=360°-(131°+83°+79°)$

$=360°-293°$

$=67°$

$\angle x=180°-67°$

$=\mathbf{113°}$

CHECK 130

(1)　外角の和は 360° より，１つの外角の大きさは

$360°\div6=\mathbf{60°}$

(2)　正 n 角形とすると，外角の和は 360°より，1 つの外角の大きさは

$$\frac{360°}{n}$$

これが 24° になるので

$$\frac{360}{n}=24$$

$$360=24n$$

$$24n=360$$

$$n=15$$

よって　**正十五角形**

CHECK 131

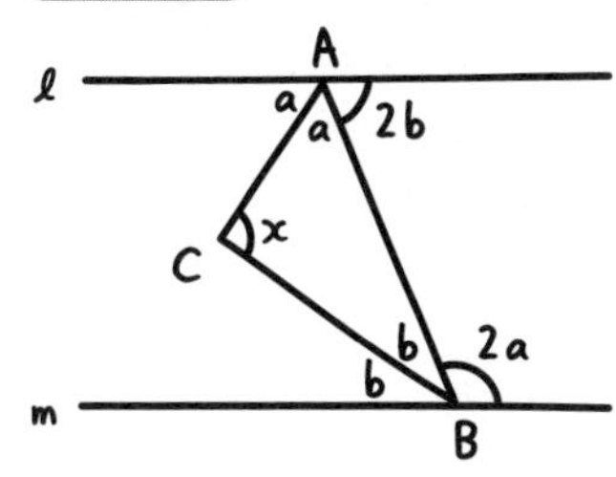

$\angle$CAB$=\angle a$，$\angle$CBA$=\angle b$ とおくと

$2\angle a+2\angle b=180°$ より

$\angle a+\angle b=90°$

よって，△ABC の内角の和から

$\angle x=180°-(\angle a+\angle b)$

$=180°-90°$

$=$**90°**

CHECK 132

(1)　**仮定が「2 でない素数」，結論が「奇数」**

(2)　**仮定が「平行四辺形」，結論が「向かい合う角が等しい」**

CHECK 133

①と③，④と⑤が合同である。

ADVICE

④の残りの内角は

$180°-(107°+35°)=180°-142°$

$=38°$

になるので，④と⑤は 1 組の辺とその両端の角が，それぞれ等しい。

CHECK 134

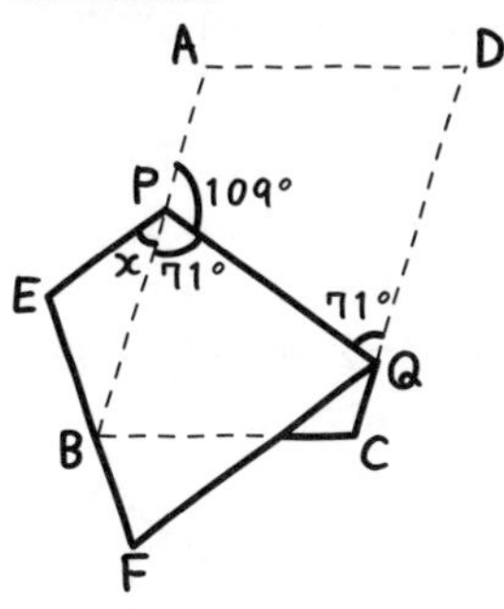

AB∥DC より

$\angle$BPQ$=\angle$DQP(錯角)

$=71°$

よって　$\angle$APQ$=180°-71°$

$=109°$

折り返したところの角度は等しいので

$\angle$EPQ$=\angle$APQ$=109°$

$\angle x+71°=109°$

$\angle x=$**38°**

CHECK 135

△BCD と △ACE について，△ABC が正三角形より

BC＝AC ……①

さらに，△DCE が正三角形より

CD＝CE ……②

また　$\angle$BCD$=\angle$ACB$+\angle$ACD

$\angle$ACE$=\angle$DCE$+\angle$ACD

$\angle$ACB$=\angle$DCE$=60°$ より

$\angle$BCD$=\angle$ACE ……③

①，②，③より，2 組の辺とその間の角が，それぞれ等しいので

△BCD≡△ACE

よって　BD＝AE

CHECK 136

(1)　**定理**　　(2)　**定義**

CHECK 137

(1)　$\angle$MAC$=\angle a$ とおくと

$\angle$MCA$=\angle a$

三角形の1つの外角は，それととなり合わない2つの内角の和に等しいので，
$\angle BMC=2\angle a$ より

$\angle MBC+\angle MCB=180°-2\angle a$

しかも，$\angle MBC=\angle MCB$ より

$\angle MBC=\angle MCB=90°-\angle a$

よって　$\angle ACB=\angle a+(90°-\angle a)$

$=90°$

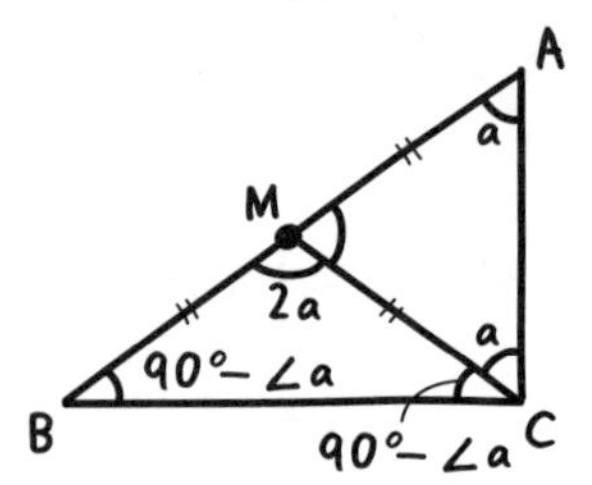

(2)　図のように，A，B，C，D，Eとおくと，折り返した角なので

$\angle BCA=\angle DCA$

さらに，AD∥BC で錯角より

$\angle BCA=\angle DAC$

よって，$\angle DCA=\angle DAC$ より，△DCA は DC=DA の二等辺三角形である。

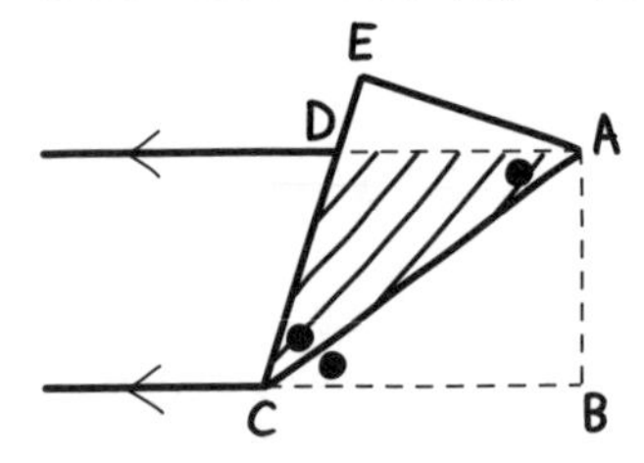

CHECK 138

△APR と △BQP について

仮定より　AP=BQ

△ABC が正三角形より

$\angle PAR=\angle QBP$

さらに，AC=BA，かつ，RC=PA より

AR=BP

2組の辺とその間の角が，それぞれ等しいので

△APR≡△BQP

よって　PR=QP

同様にして，△BQP≡△CRQ より

QP=RQ

よって，△PQR は PR=QP=RQ なので，正三角形である。

CHECK 139

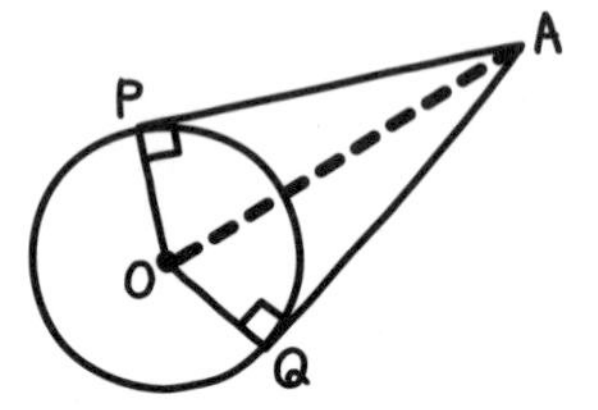

△APO と △AQO について

仮定より　$\angle APO=\angle AQO=90°$

さらに　　PO=QO(半径)

AO=AO(共通)

直角三角形で，斜辺と他の1辺がそれぞれ等しいので

APO≡△AQO

よって　AP=AQ

CHECK 140

仮定より　$\angle BAE=\angle EAD$

さらに，平行線の錯角より

$\angle BEA=\angle EAD$

よって　$\angle BAE=\angle BEA$

BA=BE=4 より

EC=7−4

=3

CHECK 141

△ABP と △DPB について

仮定より　DC=DP

さらに四角形 ABCD は平行四辺形なので

AB=DC

よって　AB=DP　　　……①

また　　BP=PB(共通)……②

AB∥DC なので同位角より

$\angle ABP=\angle DCP$

△DCP は DC=DP なので二等辺三角形

よって　$\angle DCP=\angle DPB$

ゆえに　∠ABP＝∠DPB ……③

①，②，③より，２組の辺とその間の角が，それぞれ等しいので

△ABP≡△DPB

よって　AP＝DB

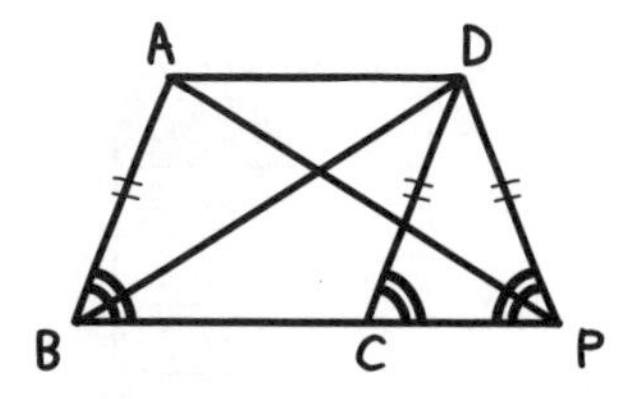

CHECK 142

△AMD と △BMP について

仮定より　　AM＝BM

対頂角より　∠AMD＝∠BMP

平行線の錯角より

∠MAD＝∠MBP

１組の辺とその両端の角が，それぞれ等しいので

△AMD≡△BMP

よって　MD＝MP

ゆえに，四角形 APBD は対角線が交点で２等分されるので，平行四辺形である。

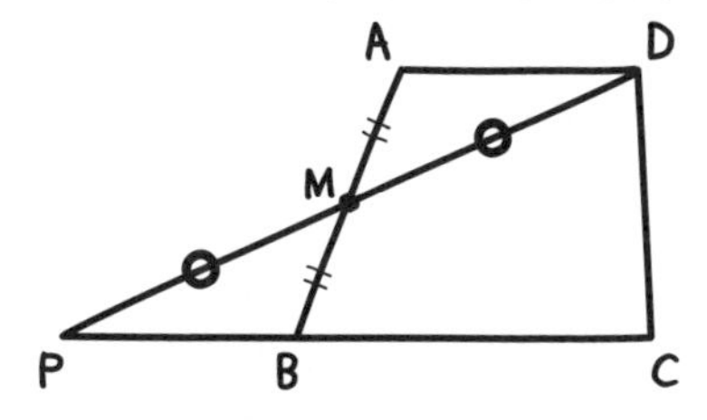

CHECK 143

(1)　逆は **「$x+y>5$ ならば，$x>2$，かつ，$y>3$ になる。」** で，**正しくない。**

反例：$x=4$，$y=2$

(2)　逆は **「AD∥BC，かつ，AB＝DC ならば，四角形 ABCD は平行四辺形である。」** で，**正しくない。**

反例：**AB＝DC の等脚台形**

（AD∥BC，AD≒BC，AB＝DC の台形）

CHECK 144

△ABD と △DCA について

四角形 ABCD は長方形であるから

AB＝DC

∠DAB＝∠ADC＝90°

さらに　AD＝DA（共通）

よって，２組の辺とその間の角が，それぞれ等しいので

△ABD≡△DCA

よって　BD＝CA

CHECK 145

(1)　AP を底辺とすると，AP∥DC であることから

△APD＝△**APC**

(2)　(1)より

△APD＝△APC ……①

さらに，△ACQ と △ABQ は，AQ を底辺とすると底辺も高さも同じなので，面積は等しい。よって

△ACQ－△APQ＝△ABQ－△APQ

△APC＝△BPQ ……②

①，②より　△APD＝△BPQ

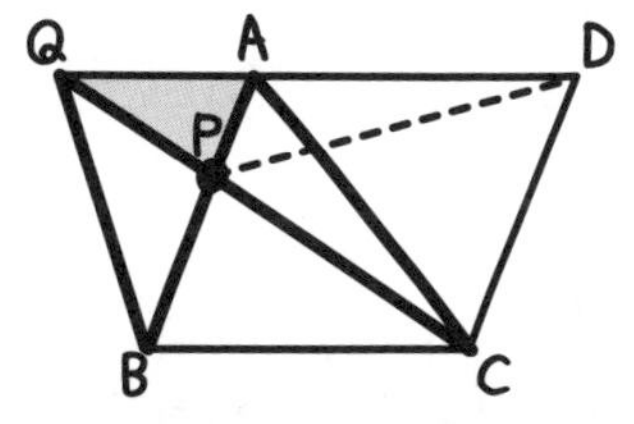

△ACQ－△APQ＝△APC
△ABQ－△APQ＝△BPQ

CHECK 146

点Qを通り，直線 PR に平行な直線を引き，辺 AD との交点をSとして境界線 **PS** を引く。

PR を底辺とすると，△QRP＝△SRP である。よって，四角形 ABPS の面積は五角形 ABPQR の面積と等しいので，面積を２等分したことになる。

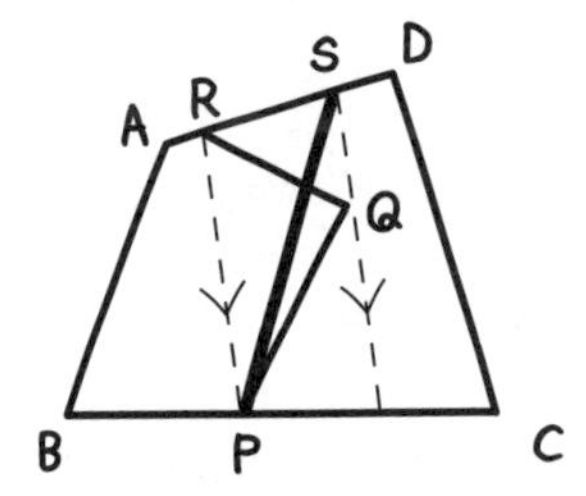

△QRP＝△SRPなので
五角形ABPQR＝四角形ABPS

CHECK 147

$\frac{12}{52}=\mathbf{\frac{3}{13}}$

CHECK 148

(1)① $\frac{3}{8}\times100=\frac{75}{2}=\mathbf{37.5}(\%)$

② $0.28\times100=\mathbf{28}(\%)$

(2) $12\div100=\frac{12}{100}=\mathbf{\frac{3}{25}}$

 $12\div100=\mathbf{0.12}$

CHECK 149

(1) 取り出しかたは，赤玉か白玉か青玉かの**3通り**

(2) ぜんぶで14個のうちの5個が青玉だから $\mathbf{\frac{5}{14}}$

CHECK 150

(1) サイコロA，Bとする。

A，Bの目の出かたは全体で

6×6(通り)

そのうち和が8になるのは右の5通り

A B
2 － 6
3 － 5
4 － 4
5 － 3
6 － 2

よって，求める確率は

$\frac{5}{6\times6}=\mathbf{\frac{5}{36}}$

(2) 和が2になるのは

A B
1 － 1

和が3になるのは

A B
1 － 2
2 － 1

和が4になるのは

A B
1 － 3
2 － 2
3 － 1

の合わせて6通り

よって，求める確率は $\frac{6}{6\times6}=\mathbf{\frac{1}{6}}$

別解 次のような表を作って調べてもよい。

B＼A	1	2	3	4	5	6
1	**2**	**3**	**4**	5	6	7
2	**3**	**4**	5	6	7	8
3	**4**	5	6	7	8	9
4	5	6	7	8	9	10
5	6	7	8	9	10	11
6	7	8	9	10	11	12

CHECK 151

くじを，当たり㋐，㋑，㋒，はずれⒶ，Ⓑとし，2人を佐藤さんと鈴木さんとすると

佐藤　　　鈴木

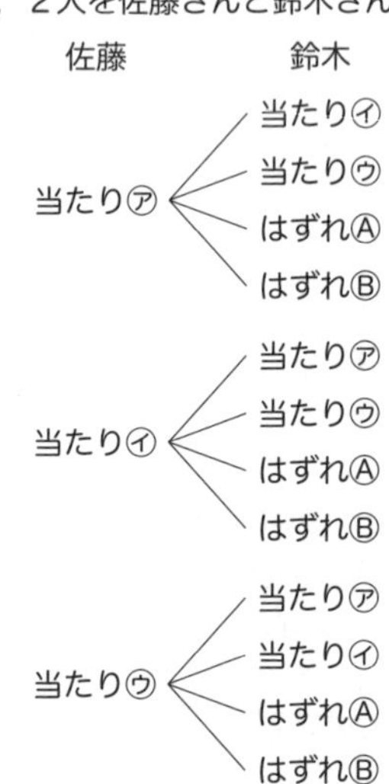

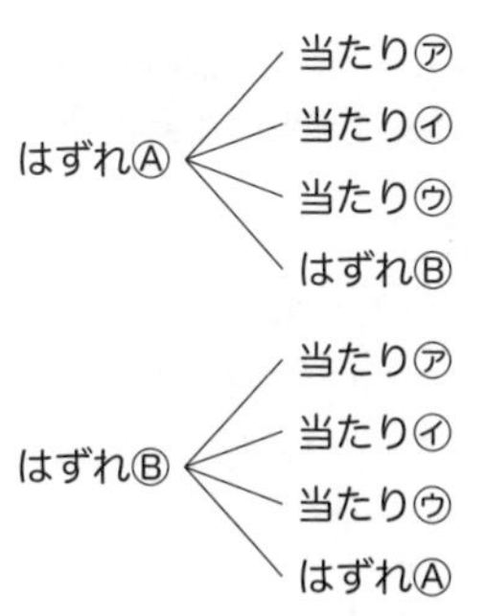

の20通りある。そのうち佐藤さんが当たるのも，鈴木さんが当たるのも，ともに12通りで，確率は $\frac{12}{20}=\frac{3}{5}$ である。

よって，当たりやすさは同じ。

CHECK 152

まず，全体で何通りかを考えると

1枚目を引くのは52通り

2枚目を引くのは51通り

3枚目を引くのは50通り

4枚目を引くのは49通り

全体では　52×51×50×49(通り)

そのうち，4枚とも異なるマークになる場合の数を求めると

1枚目を引くのは52通り

2枚目は，1枚目で出なかったマークを引くので39通り(例えば，1枚目でダイヤを引いたら，2枚目はスペード，クラブ，ハートのいずれかを引かなければならない。これは，13×3=39(枚)ある。)

3枚目は，1，2枚目で出なかったマークを引くので26通り

4枚目は，1，2，3枚目で出なかったマークを引くので13通り

全体では　52×39×26×13(通り)

よって，求める確率は

$$\frac{\cancel{52}\times\overset{13}{\cancel{39}}\times\overset{13}{\cancel{26}}\times 13}{\cancel{52}\times\underset{17}{\cancel{51}}\times\underset{25}{\cancel{50}}\times 49}=\frac{13\times13\times13}{17\times25\times49}$$

$$=\mathbf{\frac{2197}{20825}}$$

CHECK 153

積が偶数になるということは，少なくとも1回は偶数が出るということである。

そこで，すべて奇数になる確率を求める。

全体では　6×6×6×6(通り)

そのうちすべて奇数になるのは，(3×3×3×3)通りより

$$\frac{3\times3\times3\times3}{6\times6\times6\times6}=\frac{1}{2}\times\frac{1}{2}\times\frac{1}{2}\times\frac{1}{2}=\frac{1}{16}$$

よって，求める確率は　$1-\frac{1}{16}=\mathbf{\frac{15}{16}}$

CHECK 154

(1)　万の位を決めるのに5通り

千の位を決めるのに4通り

百の位を決めるのに3通り

十の位を決めるのに2通り

一の位を決めるのに1通り

よって　5×4×3×2×1=**120(通り)**

(2)　まず，一の位に入るのは2，4の2通り

万の位を決めるのに4通り

千の位を決めるのに3通り

百の位を決めるのに2通り

十の位を決めるのに1通り

求める確率は　$\frac{2\times4\times3\times2\times1}{5\times4\times3\times2\times1}=\mathbf{\frac{2}{5}}$

CHECK 155

3人のジャンケンの手の出しかたは

3×3×3(通り)

そのうちAだけが勝つのは

A		B		C
グー	—	チョキ	—	チョキ
チョキ	—	パー	—	パー
パー	—	グー	—	グー

の3通りより，求める確率は

$$\frac{3}{3\times3\times3}=\mathbf{\frac{1}{9}}$$

CHECK 156

(1)　小さい順に並べると，次のようになる。

68　69　70　70　71　72　73　73
73　75　76　77

よって，最頻値は **73 打**

(2)　最小値 68，最大値 77 より，範囲は **9 打**

また，第 1 四分位数 70，第 3 四分位数 $\frac{73+75}{2}=74$ より，四分位範囲は **4 打**

(3)　中央値(第 2 四分位数)は

$$\frac{72+73}{2}=72.5$$

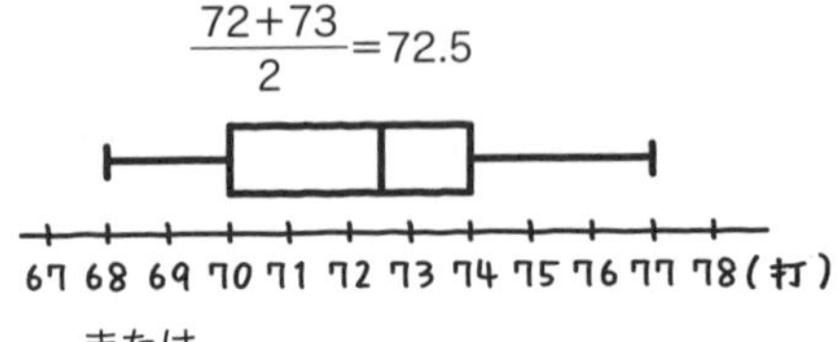

または

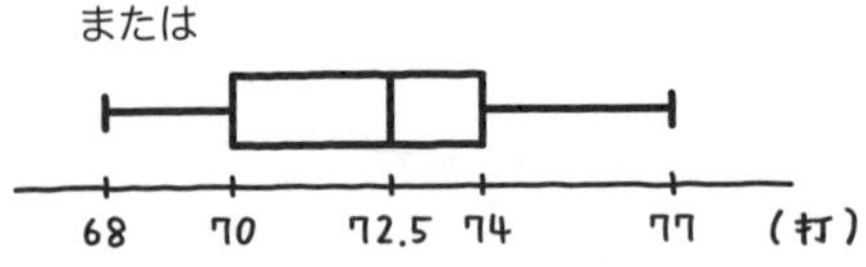

CHECK 157

山田さん…**ウ**，伊藤さん…**イ**，渡辺さん…**ア**

CHECK 158

(1)　C を小さい(安い)順で考えると，中央値(第 2 四分位数)は，13 番目と 14 番目の値の平均，第 1 四分位数は 7 番目，第 3 四分位数は 20 番目の値となる。

よって，1900 円の商品が 1 個は存在し，それ以外にも 1900 ～ 2000 円の商品が 6 個ある。つまり，1900 円以上の商品が 7 個以上あるので，**正しい。**

(2)　A には，800 円以上の商品が 21 個以上(31 個以下)ある。

C には，800 円，1900 円の商品が 1 個ずつは存在し，それ以外に 800 ～ 1700 円，1700 ～ 1900 円，1900 ～ 2000 円の商品が 6 個ずつある。つまり，800 円以上の商品が 20 個以上(25 個以下)ある。

よって，A と C の個数は必ず同じになるとはいえないので，**正しくない。**

中学 3 年

CHECK 159

(1)　$8a(6x-1)=\mathbf{48ax-8a}$

(2)　$(3m^3+n)p=\mathbf{3m^3p+np}$

(3)　$(35a^3x+10ax^2)\div 5a$

$=\frac{35a^3x+10ax^2}{5a}$

$=\mathbf{7a^2x+2x^2}$

CHECK 160

(1)　$(9k-n)(x+6y)$

$=\mathbf{9kx+54ky-nx-6ny}$

(2)　$(-a-6)(4b^2+c)$

$=\mathbf{-4ab^2-ac-24b^2-6c}$

(3)　$(4m-3n)(m+8n-2)$

$=4m^2+32mn-8m-3mn-24n^2+6n$

$=\mathbf{4m^2+29mn-8m-24n^2+6n}$

CHECK 161

(1)　$(x+1)(x-7)=\mathbf{x^2-6x-7}$

(2)　$(x-9)(x-6)=\mathbf{x^2-15x+54}$

CHECK 162

(1)　$(a-7)^2=a^2-2\times a\times 7+7^2$

$=\mathbf{a^2-14a+49}$

(2)　$(-6x+5)^2$

$=(-6x)^2+2\times(-6x)\times 5+5^2$

$=\mathbf{36x^2-60x+25}$

(3)　$(2m+9n)(2m-9n)=(2m)^2-(9n)^2$

$=\mathbf{4m^2-81n^2}$

CHECK 163

$M=2x+3y$ とおくと

$(2x+3y-8)^2$

$=(M-8)^2$

$=M^2-16M+64$

$=(2x+3y)^2-16(2x+3y)+64$

$=\mathbf{4x^2+12xy+9y^2-32x-48y+64}$

CHECK 164

$99^2=(100-1)^2$
$=100^2-2\times100\times1+1^2$
$=10000-200+1$
$=\mathbf{9801}$

CHECK 165

(1)　$9x-6a=\mathbf{3(3x-2a)}$
(2)　$-2ab^2-8ab=\mathbf{-2ab(b+4)}$
(3)　$5xyz-2y^2z+7x^3y$
$=\mathbf{y(5xz-2yz+7x^3)}$

CHECK 166

(1)　$x^2+3x-4=\mathbf{(x+4)(x-1)}$
(2)　$x^2-11x+18=\mathbf{(x-2)(x-9)}$

CHECK 167

(1)　$25a^2-20ab+4b^2=\mathbf{(5a-2b)^2}$
(2)　$36x^2-49y^2=(6x)^2-(7y)^2$
$=\mathbf{(6x+7y)(6x-7y)}$

CHECK 168

(1)　$3mx^2-9mx+6m$
$=3m(x^2-3x+2)$
$=\mathbf{3m(x-1)(x-2)}$
(2)　$50a^2b-18b^3$
$=2b(25a^2-9b^2)$
$=\mathbf{2b(5a+3b)(5a-3b)}$
(3)　$M=6x+y$ とおくと
$4a(6x+y)-3b(6x+y)$
$=4aM-3bM$
$=(4a-3b)M$
$=\mathbf{(4a-3b)(6x+y)}$
(4)　$A=x+2y$，$B=5p-1$ とおくと
$(x+2y)^2-(5p-1)^2$
$=A^2-B^2$
$=(A+B)(A-B)$
$=\{(x+2y)+(5p-1)\}\{(x+2y)-(5p-1)\}$
$=\mathbf{(x+2y+5p-1)(x+2y-5p+1)}$

CHECK 169

$x^2+2xy+y^2=(x+y)^2$
$x=0.83$，$y=0.17$を代入して
$(0.83+0.17)^2=1^2=\mathbf{1}$

CHECK 170

3つの整数を n，$n+1$，$n+2$ とすると
$(n+1)^2=n^2+2n+1$
$n(n+2)=n^2+2n$
よって，真ん中の数の平方は，ほかの2つの数の積より1大きい。

別解　3つの整数を $n-1$, n, $n+1$ とすると
$(n-1)(n+1)=n^2-1$
よって，真ん中の数の平方は，ほかの2つの数の積より1大きい。

CHECK 171

縦の長さが$(10-2x)$cm，横の長さが$(18-2x)$cm，高さが x cm より，箱の容積は
$(10-2x)(18-2x)x$
$=(180-20x-36x+4x^2)x$
$=(180-56x+4x^2)x$
$=180x-56x^2+4x^3$
$=\mathbf{4x^3-56x^2+180x(cm^3)}$

ADVICE
容積は積の形で答えてもよいが，
$(10-2x)(18-2x)x$ のままではいけない。
完全に因数分解して答えること。
$(10-2x)(18-2x)x$
$=(-2x+10)(-2x+18)x$
$=(-2)(x-5)\times(-2)(x-9)x$
$=\mathbf{4x(x-5)(x-9)(cm^3)}$

CHECK 172

(1)　$\mathbf{\frac{5}{4}}$，$\mathbf{-\frac{5}{4}}$　$\left(\pm\frac{5}{4}\text{でもよい。}\right)$
(2)　$\mathbf{\sqrt{13}}$，$\mathbf{-\sqrt{13}}$　($\pm\sqrt{13}$ でもよい。)

CHECK 173

1 (1) $\sqrt{\dfrac{16}{49}}=\mathbf{\dfrac{4}{7}}$

(2) $\sqrt{4^2}=\mathbf{4}$

(3) $\sqrt{\left(-\dfrac{8}{5}\right)^2}=\mathbf{\dfrac{8}{5}}$

2 (1) $11=\sqrt{\mathbf{121}}$

(2) $-\dfrac{5}{2}=-\sqrt{\mathbf{\dfrac{25}{4}}}$

CHECK 174

(1) $\sqrt{7}\times(-\sqrt{11})=\mathbf{-\sqrt{77}}$

(2) $\sqrt{\dfrac{2}{3}}\times\sqrt{\dfrac{15}{2}}=\sqrt{\dfrac{2\times15}{3\times2}}=\mathbf{\sqrt{5}}$

(3) $(-\sqrt{12})\div(-\sqrt{6})=\mathbf{\sqrt{2}}$

(4) $-\sqrt{\dfrac{5}{7}}\div\sqrt{\dfrac{3}{14}}=-\sqrt{\dfrac{5}{7}}\times\sqrt{\dfrac{14}{3}}$

$=-\sqrt{\dfrac{5\times\cancel{14}^{2}}{\cancel{7}\times3}}$

$=\mathbf{-\sqrt{\dfrac{10}{3}}}\left(=\mathbf{-\dfrac{\sqrt{30}}{3}}\right)$

(5) $(\sqrt{6})^2=\mathbf{6}$

CHECK 175

(1) $2\sqrt{3}\times5\sqrt{13}=\mathbf{10\sqrt{39}}$

(2) $9\sqrt{\dfrac{6}{7}}\times\dfrac{4}{3}\sqrt{7}=9\times\dfrac{4}{3}\times\sqrt{\dfrac{6}{7}\times7}$

$=\mathbf{12\sqrt{6}}$

(3) $21\sqrt{10}\div3\sqrt{2}=\mathbf{7\sqrt{5}}$

(4) $\dfrac{18\sqrt{42}}{3\sqrt{6}}=\dfrac{18}{3}\sqrt{\dfrac{42}{6}}=\mathbf{6\sqrt{7}}$

(5) $6\sqrt{\dfrac{9}{2}}\div2\sqrt{\dfrac{3}{4}}=6\sqrt{\dfrac{9}{2}}\times\dfrac{1}{2}\sqrt{\dfrac{4}{3}}$

$=6\times\dfrac{1}{2}\times\sqrt{\dfrac{\cancel{9}^{3}}{\cancel{2}}\times\dfrac{\cancel{4}^{2}}{\cancel{3}}}$

$=\mathbf{3\sqrt{6}}$

CHECK 176

(1)
```
5) 245
7)  49
     7
```

よって　$\sqrt{245}=\sqrt{5\times7\times7}=\mathbf{7\sqrt{5}}$

(2)
```
2) 384
2) 192
2)  96
2)  48
2)  24
2)  12
2)   6
     3
```

よって

$\sqrt{384}=\sqrt{2\times2\times2\times2\times2\times2\times3}$

$=2\times2\times2\sqrt{2\times3}$

$=\mathbf{8\sqrt{6}}$

(3) $\sqrt{990000}=\sqrt{99\times100\times100}$

$=10\times10\sqrt{99}$

$=100\sqrt{3\times3\times11}$

$=\mathbf{300\sqrt{11}}$

(4) $\sqrt{0.000441}$

$=\sqrt{\dfrac{0.0441}{100}}$

$=\sqrt{\dfrac{4.41}{100\times100}}$

$=\sqrt{\dfrac{441}{100\times100\times100}}$

$=\dfrac{1}{10\times10\times10}\sqrt{3\times3\times7\times7}$

$=\dfrac{3\times7}{10\times10\times10}$

$=\mathbf{\dfrac{21}{1000}}$

CHECK 177

$\sqrt{28a}=2\sqrt{7a}$ より　$a=\mathbf{7}$

CHECK 178

(1) $\sqrt{15}\times\sqrt{39}=\sqrt{3\times5}\times\sqrt{3\times13}$

$=\sqrt{3\times3\times5\times13}$

$=3\sqrt{5\times13}$

$=\mathbf{3\sqrt{65}}$

(2) $\sqrt{61^2-39^2}=\sqrt{(61+39)(61-39)}$

$=\sqrt{100\times22}$

$=\mathbf{10\sqrt{22}}$

CHECK 179

$$-2\sqrt{3}=-\sqrt{2\times2\times3}$$
$$=-\sqrt{12}$$
$$-\frac{3\sqrt{6}}{5}=-\frac{\sqrt{3\times3\times6}}{\sqrt{5^2}}$$
$$=-\sqrt{\frac{54}{25}}$$

よって，$-\sqrt{12}<-\sqrt{10}<-\sqrt{\frac{54}{25}}$ より

$$\mathbf{-2\sqrt{3}<-\sqrt{10}<-\frac{3\sqrt{6}}{5}}$$

CHECK 180

(1) $\sqrt{45}=3\sqrt{5}$
$=3\times2.2360679\cdots\cdots$
$=6.708203\cdots\cdots$

よって **6.70820**

(2) $\sqrt{0.0007}=\sqrt{\frac{7}{100\times100}}$
$=\frac{\sqrt{7}}{10\times10}$
$=\frac{2.64575\cdots\cdots}{100}$
$=0.0264575\cdots\cdots$

よって **0.02646**

CHECK 181

$3=\sqrt{9}$，$4=\sqrt{16}$ より
$3<\sqrt{10}<4$
$3.1=\sqrt{9.61}$，$3.2=\sqrt{10.24}$ より
$3.1<\sqrt{10}<3.2$
$\sqrt{10}=3.1\cdots\cdots$ より，**3.1**

CHECK 182

(1) $-\frac{9}{\sqrt{2}}=-\frac{9\sqrt{2}}{(\sqrt{2})^2}$
$=\mathbf{-\frac{9\sqrt{2}}{2}}$

(2) $\sqrt{\frac{5}{6}}=\frac{\sqrt{5}}{\sqrt{6}}$
$=\frac{\sqrt{5}\times\sqrt{6}}{(\sqrt{6})^2}=\mathbf{\frac{\sqrt{30}}{6}}$

CHECK 183

(1) $-4\sqrt{6}-\sqrt{12}-\sqrt{3}+\sqrt{54}$
$=-4\sqrt{6}-2\sqrt{3}-\sqrt{3}+3\sqrt{6}$
$=-4\sqrt{6}+3\sqrt{6}-2\sqrt{3}-\sqrt{3}$
$=\mathbf{-\sqrt{6}-3\sqrt{3}}$

(2) $5\sqrt{2}+4\sqrt{3}+\frac{3}{\sqrt{2}}-\sqrt{75}+\frac{4}{\sqrt{5}}$
$=5\sqrt{2}+4\sqrt{3}+\frac{3\sqrt{2}}{2}-5\sqrt{3}+\frac{4\sqrt{5}}{5}$
$=\frac{10\sqrt{2}}{2}+\frac{3\sqrt{2}}{2}+4\sqrt{3}-5\sqrt{3}+\frac{4\sqrt{5}}{5}$
$=\mathbf{\frac{13\sqrt{2}}{2}-\sqrt{3}+\frac{4\sqrt{5}}{5}}$

CHECK 184

(1) $6\sqrt{2}(\sqrt{5}+2\sqrt{2})=6\sqrt{10}+12(\sqrt{2})^2$
$=\mathbf{6\sqrt{10}+24}$

(2) $(2\sqrt{3}-\sqrt{6})^2$
$=(2\sqrt{3})^2-2\times2\sqrt{3}\times\sqrt{6}+(\sqrt{6})^2$
$=12-4\sqrt{18}+6$
$=\mathbf{18-12\sqrt{2}}$

(3) $(5\sqrt{3}+\sqrt{7})(\sqrt{7}-5\sqrt{3})$
$=(\sqrt{7}+5\sqrt{3})(\sqrt{7}-5\sqrt{3})$
$=(\sqrt{7})^2-(5\sqrt{3})^2$
$=7-75=\mathbf{-68}$

CHECK 185

(1) $\frac{18}{\sqrt{6}}=\frac{18\times\sqrt{6}}{\sqrt{6}\times\sqrt{6}}$
$=\frac{18\sqrt{6}}{6}$
$=3\sqrt{6}=7.34\cdots\cdots$

小数部分 $c=3\sqrt{6}-7$ より
$c^2+7c=c(c+7)$
$=(3\sqrt{6}-7)\times3\sqrt{6}$
$=\mathbf{54-21\sqrt{6}}$

(2) $8=\sqrt{64}$，$9=\sqrt{81}$ より
$8<\sqrt{73}<9$
$2<\frac{\sqrt{73}}{4}<2.25$

よって，整数部分は **2**

CHECK 186

(1)　現在の正方形のパンケーキの面積は x^2 cm^2 より，その 2 倍は $2x^2$ cm^2
1 辺の長さは $\sqrt{2}x$ cm だから **$\sqrt{2}$ 倍**

(2)　現在の円形のパンケーキの面積は πr^2 cm^2 より，その 2 倍は $2\pi r^2$ cm^2
半径の長さは $\sqrt{2}r$ cm だから **$\sqrt{2}$ 倍**

(3)　現在の正方形と円形のパンケーキの面積は，それぞれ有理数と無理数より，和は無理数になる。一方，新しく作りたいパンケーキの面積は y^2 cm^2 で有理数なので，**不可能である。**

CHECK 187

四捨五入したら 7400 だから　**7.4×10^3**

CHECK 188

①
$$2x+x^2-7=x^2-5x+4$$
$$2x+x^2-7-x^2+5x-4=0$$
$$7x-11=0$$

②
$$x^2-2x+1=x^2+3x+4$$
$$x^2-2x+1-x^2-3x-4=0$$
$$-5x-3=0$$

③
$$3x-x^2+2=x^2+5x+9$$
$$3x-x^2+2-x^2-5x-9=0$$
$$-2x^2-2x-7=0$$

よって，2 次方程式は③

CHECK 189

(1)
$$x^2-13=0$$
$$x^2=13$$
$$x=\pm\sqrt{13}$$

(2)
$$2x^2-9=0$$
$$2x^2=9$$
$$x^2=\frac{9}{2}$$
$$x=\pm\sqrt{\frac{9}{2}}=\pm\frac{3}{\sqrt{2}}=\pm\frac{3\sqrt{2}}{2}$$

(3)
$$(x-1)^2-5=0$$
$$(x-1)^2=5$$
$$x-1=\pm\sqrt{5}$$
$$x=1\pm\sqrt{5}$$

CHECK 190

(1)
$$x^2-5x-14=0$$
$$(x+2)(x-7)=0$$
$$x=-2,\ 7$$

(2)
$$2x^2+16x+24=0$$
$$x^2+8x+12=0$$
$$(x+2)(x+6)=0$$
$$x=-2,\ -6$$

(3)
$$x^2=-7x$$
$$x^2+7x=0$$
$$x(x+7)=0$$
$$x=0,\ -7$$

(4)
$$x^2-6x+9=0$$
$$(x-3)^2=0$$
$$x=3$$

CHECK 191

(1)
$$x^2-x-8=0$$
$$x=\frac{-(-1)\pm\sqrt{(-1)^2-4\times1\times(-8)}}{2\times1}$$
$$=\frac{1\pm\sqrt{33}}{2}$$

(2)
$$5x^2+3x-2=0$$
$$x=\frac{-3\pm\sqrt{3^2-4\times5\times(-2)}}{2\times5}$$
$$=\frac{-3\pm\sqrt{49}}{10}$$
$$=\frac{-3\pm7}{10}$$

よって　$x=-\frac{10}{10},\ \frac{4}{10}$
$$=-1,\ \frac{2}{5}$$

CHECK 192

(1)
$$(3x-5)^2-2x(4x-11)=34$$
$$9x^2-30x+25-8x^2+22x=34$$
$$x^2-8x+25=34$$
$$x^2-8x-9=0$$
$$(x-9)(x+1)=0$$
$$x=9,\ -1$$

(2) $\dfrac{(x+1)(2x+7)}{5}-\dfrac{(x+3)^2}{2}=0$ 両辺に10を掛けた

$2(x+1)(2x+7)-5(x+3)^2=0$

$2(2x^2+9x+7)-5(x^2+6x+9)=0$

$4x^2+18x+14-5x^2-30x-45=0$

$x^2+12x+31=0$

$x=\dfrac{-12\pm\sqrt{12^2-4\times1\times31}}{2}$

$=\dfrac{-12\pm\sqrt{144-124}}{2}$

$=\dfrac{-12\pm\sqrt{20}}{2}$

$=\dfrac{-12\pm2\sqrt{5}}{2}$

$=\mathbf{-6\pm\sqrt{5}}$

CHECK 193

(1) $x^2+ax+2a-4=0$ の解が $x=-6$ だから，代入して

$(-6)^2+a\times(-6)+2a-4=0$

$36-6a+2a-4=0$

$-6a+2a=-36+4$

$-4a=-32$

$a=\mathbf{8}$

これをもとの $x^2+ax+2a-4=0$ に代入して　$x^2+8x+12=0$

$(x+2)(x+6)=0$

$x=-2,\ -6$

よって，もう 1 つの解は**−2**

(2) $x^2+ax+b=0$ の解が $x=3$ だから代入して　$3^2+a\times3+b=0$

$9+3a+b=0$

$3a+b=-9$ ……①

$x^2+ax+b=0$ の解が $x=-8$ だから代入して

$(-8)^2+a\times(-8)+b=0$

$64-8a+b=0$

$-8a+b=-64$ ……②

$3a+b=-9$ ……①
−) $-8a+b=-64$ ……②

$11a\quad=55$

$a=5$

$a=5$ を①式に代入すると

$15+b=-9$

$b=-24$

よって　$a=\mathbf{5}$，$b=\mathbf{-24}$

別解 $x=3$，-8 を解にもつ 2 次方程式は

$(x-3)(x+8)=0$

$x^2+5x-24=0$

よって　$a=\mathbf{5}$，$b=\mathbf{-24}$

CHECK 194

3 つの自然数を n，$n+1$，$n+2$ とすると

$n+2=n(n+1)-7$

$n+2=n^2+n-7$

$n^2=9$

$n=\pm3$

n は自然数より，$n=-3$ は問題にあてはまらない。

$n=3$ のとき，3 つの数は 3，4，5 で問題にあてはまる。よって，求める数は **3，4，5**

CHECK 195

紙の縦の長さを x cm とおくと，横の長さは$(x+5)$cm

箱の縦の長さは　$x-8$(cm)

箱の横の長さは　$x+5-8=x-3$(cm)

高さは　4 cm

容積は $4(x-8)(x-3)$ cm^3 だから

$4(x-8)(x-3)=416$

$(x-8)(x-3)=104$

$x^2-11x+24=104$

$x^2-11x-80=0$

$(x+5)(x-16)=0$

$x=-5,\ 16$

$x-8>0$，$x-3>0$ より　$x>8$

よって，$x=-5$ は問題にあてはまらない。

$x=16$ のとき，縦の長さ 16 cm，横の長さ 21 cm で問題にあてはまる。

ゆえに，**縦の長さ 16 cm，横の長さ 21 cm**

CHECK 196

OP＝x cm とすると，P(x, 0)

また，点Qが進んだ道のりは $2x$ cm より，原点で折り返してからは($2x-18$)cm 移動したことになるので，Q(0, $2x-18$)になる。

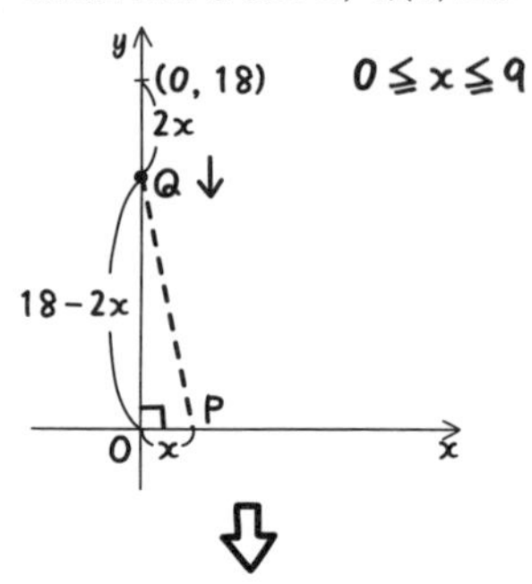

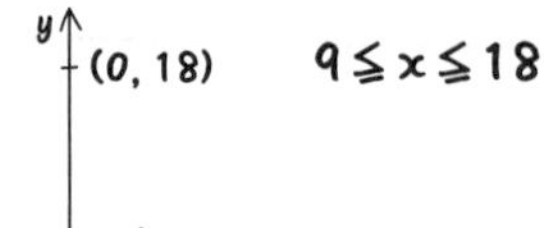

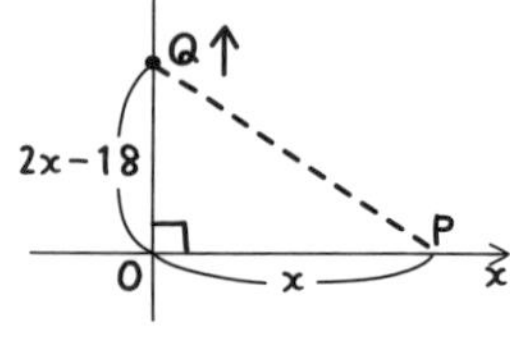

△OPQ の面積は，$\frac{1}{2}x(2x-18)$ cm^2 で

$$\frac{1}{2}x(2x-18)=22$$

$$x^2-9x=22$$

$$x^2-9x-22=0$$

$$(x+2)(x-11)=0$$

$$x=-2,\ 11$$

$9≦x≦18$ より　$x=11$

このとき点Qの y 座標は

$2x-18=2\times11-18=4$

よって　**P(11, 0)，Q(0, 4)**

CHECK 197

①は $y=2\pi x$，②は $S=\pi x^2$ より　②

CHECK 198

$y=-2x^2$ のグラフは，$y=2x^2$ のグラフを x 軸に関して対称移動したもの。

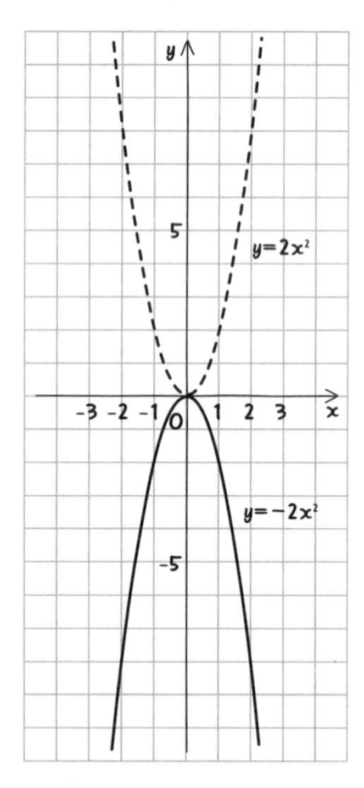

CHECK 199

点(2, −6) を通るので

$-6=a\times2^2$

$4a=-6$

$a=-\frac{3}{2}$

CHECK 200

(1)

−18≦y≦0

(2)

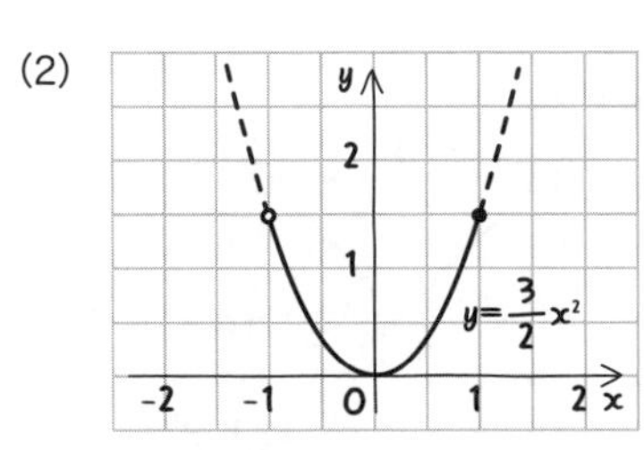

$0 \leqq y \leqq \frac{3}{2}$

CHECK 201

(1)　$x=-5$ のとき　$y=-3\times(-5)^2$

$=-75$

$x=1$ のとき　$y=-3\times1^2$

$=-3$

変化の割合は

$\frac{(-3)-(-75)}{1-(-5)}=\frac{72}{6}$

$=\mathbf{12}$

(2)　$x=-2$ のとき　$y=a\times(-2)^2$

$=4a$

$x=4$ のとき　$y=a\times4^2$

$=16a$

変化の割合は　$\frac{16a-4a}{4-(-2)}=\frac{12a}{6}$

$=2a$

$2a=-8$ より　$a=\mathbf{-4}$

CHECK 202

$y=2x^2$　……①

$y=10x+12$　……②

①，②式より

$2x^2=10x+12$

$2x^2-10x-12=0$

$x^2-5x-6=0$

$(x+1)(x-6)=0$

$x=-1,\ 6$

②式に代入すると

$x=-1$ のとき　$y=2$

$x=6$ のとき　$y=72$

よって，交点の座標は

(−1，2)，(6，72)

CHECK 203

(1)　y が x^2 に比例するので，式は $y=ax^2$ とおける。

さらに，$x=10$ のとき，$y=5$ より

$5=a\times10^2$

$5=100a$

$a=\frac{1}{20}$

よって　$\boldsymbol{y=\frac{1}{20}x^2}$

(2)　$y=\frac{1}{20}\times6^2$

$=\frac{36}{20}$

$=\frac{9}{5}$

よって　$\mathbf{\frac{9}{5}}$ **kg**

(3)　$80=\frac{1}{20}x^2$

$\frac{1}{20}x^2=80$

$x^2=80\times20$

$=1600$

$x>0$ より　$x=40$

よって　**秒速 40 m**

CHECK 204

BC：FG＝CD：GH より

$6:x=5:3$

$5x=6\times3$

$5x=18$

$x=\mathbf{\frac{18}{5}}$

また，∠DAB＝∠HEF＝83° で，四角形の内角の和は 360° より

$83°+76°+52°+y=360°$

$y=360°-83°-76°-52°$

$=\mathbf{149°}$

CHECK 205

②と⑤(3組の辺の比が，すべて等しい)

③と⑥(2組の角が，それぞれ等しい〈二角相等〉)

①と④は，∠A＝∠Kならば，2組の辺の比とその間の角が，それぞれ等しくなる。

また，AB：KJ＝AC：KL＝1：2より，BC：JL＝1：2なら，3組の辺の比がすべて等しくなる。

よって，①と④が相似になるためには

∠A＝∠K，または，BC：JL＝1：2

CHECK 206

(1)　△ABCと△BDCにおいて

∠ABC＝(180°－36°)÷2

＝72°

∠ABD＝∠DBC＝36°より

∠BAC＝∠DBC　……①

∠ACB＝∠BCD(共通)　……②

2組の角が，それぞれ等しい(二角相等)ので

△ABC∽△BDC

(2)　BC＝xとおく。

△ABCは二等辺三角形で

△ABC∽△BDCなので

BC＝BD＝x

さらに∠ABD＝36°より△ABDも二等辺三角形なので

DA＝x

よって　DC＝AC－AD＝1－x

△ABC∽△BDCより

AB：BD＝BC：DC

$1 : x = x : (1-x)$

$x^2 = 1-x$

$x^2+x-1=0$

$0<x<1$より　$x=\dfrac{-1+\sqrt{5}}{2}$

よって　**BC＝$\dfrac{-1+\sqrt{5}}{2}$**

CHECK 207

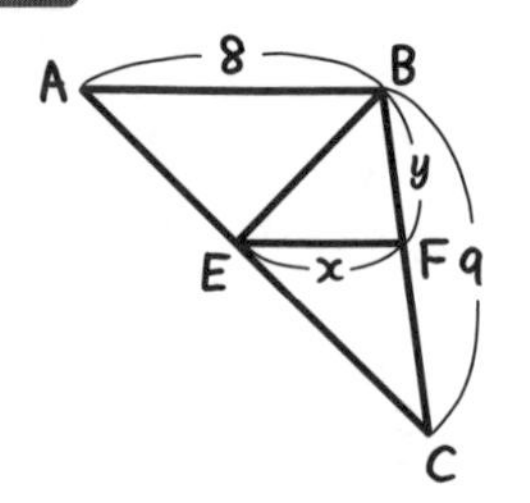

EF＝x，BF＝yとおくと　FC＝9－y

EF：AB＝CF：CBより

$x : 8 = (9-y) : 9$

$8(9-y) = 9x$

$72-8y=9x$

$9x+8y=72$ ……①

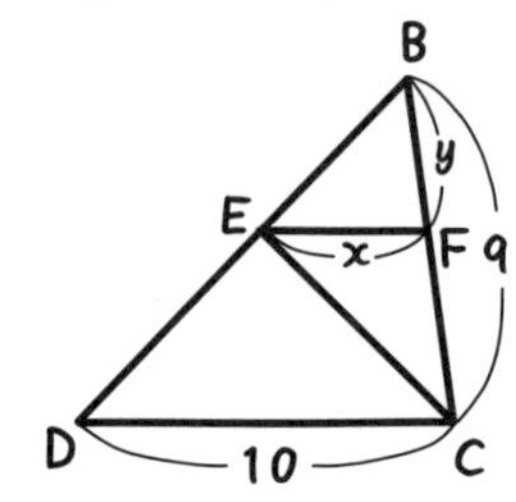

EF：DC＝BF：BCより

$x : 10 = y : 9$

$10y = 9x$

$9x-10y=0$ ……②

$$\begin{array}{rl} 9x+8y=72 & \cdots\cdots ① \\ -)\ 9x-10y=0 & \cdots\cdots ② \\ \hline 18y=72 & \\ y=4 & \end{array}$$

②式に$y=4$を代入すると

$9x-40=0$

$9x=40$

$x=\dfrac{40}{9}$

よって　**EF＝$\dfrac{40}{9}$，BF＝4**

CHECK 208

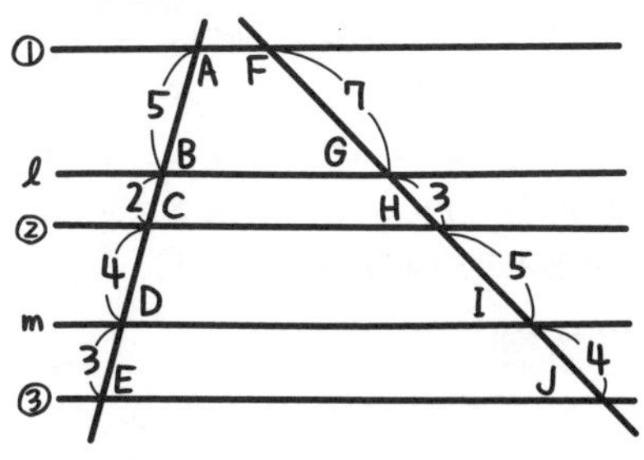

図のようにA，B，C，D，E，F，G，H，I，Jとすると，

AB＝5，BD＝6，FG＝7，GI＝8より，AB：BD≠FG：GIなので，①は平行でない。

BC＝2，CD＝4，GH＝3，HI＝5より，BC：CD≠GH：HIなので，②は平行でない。

BD＝6，DE＝3，GI＝8，IJ＝4より，BD：DE＝GI：IJなので，③は平行。

よって　③

CHECK 209

平行線と比の関係より　AE：EB＝AQ：QCだから，点QはACの中点である。

△ABCで中点連結定理より　$EQ=\frac{7}{2}$

平行線と比の関係より　BE：EA＝BP：PDだから，点PはBDの中点である。

△ABDで中点連結定理より　$EP=\frac{3}{2}$

よって　PQ＝EQ－EP

$$=\frac{7}{2}-\frac{3}{2}=\mathbf{2}$$

CHECK 210

△ABCで中点連結定理より

PM//BC，かつ，$PM=\frac{1}{2}BC$

△DBCで中点連結定理より

NQ//BC，かつ，$NQ=\frac{1}{2}BC$

よって，PM//NQ，かつ，PM＝NQ

向かい合う1組の辺が平行で長さが等しいので，四角形PMQNは平行四辺形である。

CHECK 211

AB＝6.1 cmの縮図をかいてみると，およそAC＝6.3 cm，BC＝5 cmとなる。

実際の長さはその10000倍なので，

およそ　AC＝**630 m**，BC＝**500 m**

※実際には，実寸の図をかくこと。

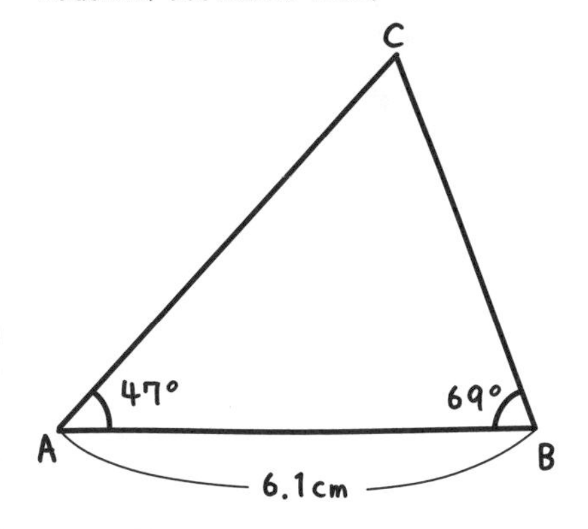

CHECK 212

(1)　AB：DE＝**3**：**7**

(2)　△ABC：△DEF＝**9**：**49**

CHECK 213

1(1)　表面積の比 A：B＝**4**：**9**

(2)　体積比　A：B＝**8**：**27**

2(1)　表面積の比 C：D＝**1**：**4**

(2)　体積比　C：D＝**1**：**8**

ADVICE

円や球は相似になり，相似比＝半径の比である。

球の表面積は$4\pi \underline{\underline{r^2}}$，体積は$\frac{4}{3}\pi \underline{\underline{r^3}}$なので，

表面積の比は相似比(半径の比)の2乗，

体積比は相似比(半径の比)の3乗になる。

CHECK 214

(1)

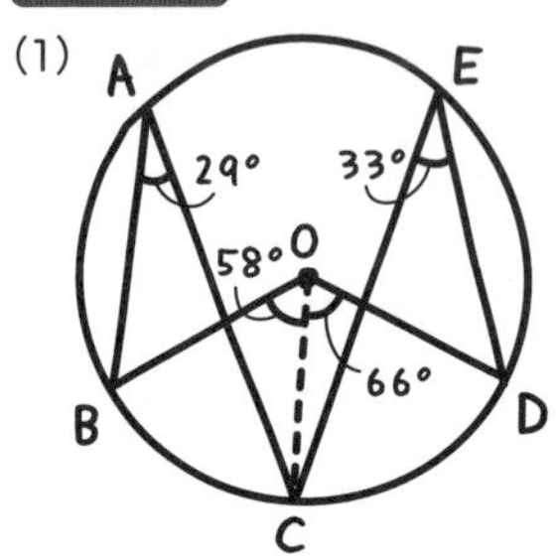

∠BAC＝29°より　∠BOC＝58°
∠CED＝33°より　∠COD＝66°
よって　$\angle x$＝58°＋66°
＝**124°**

(2)

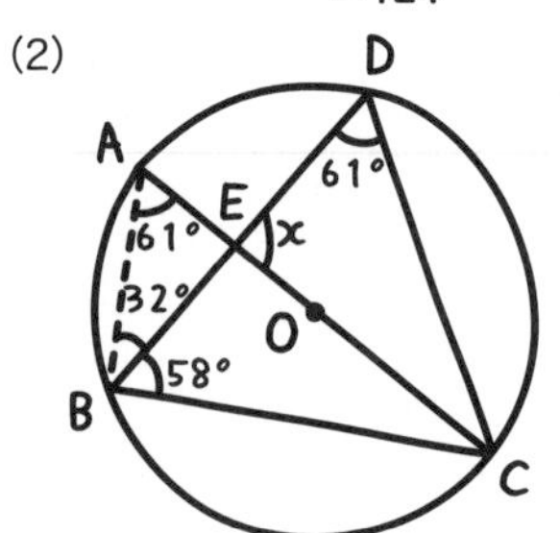

点A，Bを結ぶと∠BAC，∠BDCともに$\overset{\frown}{BC}$に対する円周角より
∠BAC＝61°
さらに，ACは円の直径なので
∠ABC＝90°より
∠ABE＝90°−58°
＝32°
よって　∠AEB＝180°−(61°＋32°)
＝87°
対頂角より　$\angle x$＝**87°**

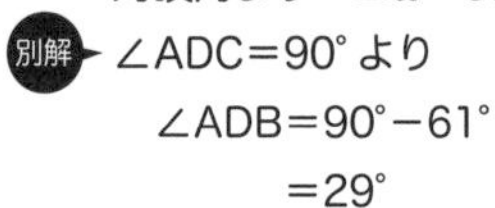

別解 ∠ADC＝90°より
∠ADB＝90°−61°
＝29°
∠ADB，∠ACBともに$\overset{\frown}{AB}$に対する円周角より　∠ACB＝29°
$\angle x$＝58°＋29°
＝**87°**

CHECK 215

∠BPA＝180°−(46°＋86°)
＝48°
∠BPA＜∠BQAより，**4点A，B，P，Qは同じ円周上になく，点Pは3点A，B，Qを通る円の外側にある。**

CHECK 216

(1)　ABの長さをコンパスではかり，点A，Bそれぞれを中心にした円の一部をかく。その交点がCになる。

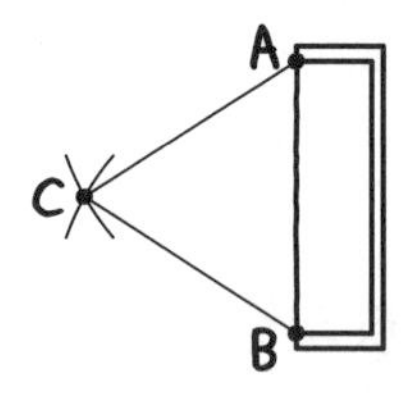

(2)　点Cを中心に，CAを半径とする円をかく。点Qの位置は，長いほうの弧AB上となる。

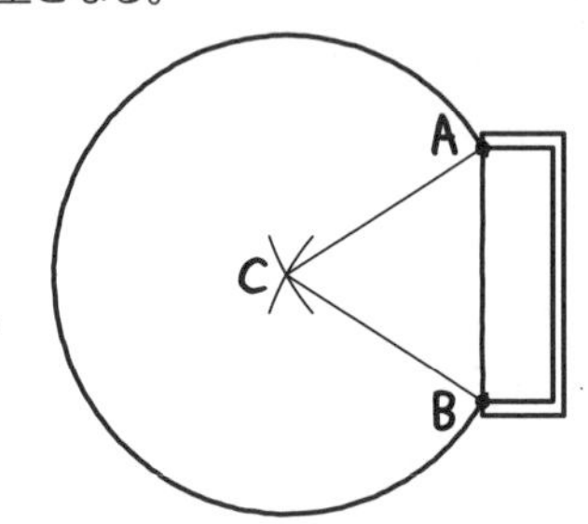

(3)　線分AB，線分ACそれぞれの垂直二等分線をかき，その交点をDとする。(点Dは△ABCの外心になる。) 点Dを中心にDAを半径とする円をかく。点Rの位置は，長いほうの弧AB上となる。

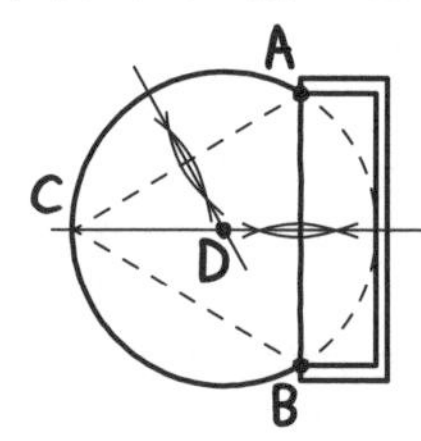

CHECK 217

ABが直径なので

$\angle ACB=90°$より　$\angle FCE=90°$

同様に，$\angle ADB=90°$より　$\angle FDE=90°$

よって，点C，DともにEFを直径とする円周上にあるといえるので，4点C，D，E，Fは同じ円周上にある。

CHECK 218

$x^2+6^2=11^2$

$x^2+36=121$

$x^2=85$

$x>0$だから　$x=\sqrt{85}$

CHECK 219

(1)　最長の辺はABで

$BC^2=36$，$CA^2=121$，$AB^2=196$

$BC^2+CA^2 \neq AB^2$だから，**直角三角形ではない。**

(2)　最長の辺はABで

$BC^2=49$，$CA^2=576$，$AB^2=625$

$BC^2+CA^2=AB^2$だから，**直角三角形であり，∠Cが直角。**

CHECK 220

(1)　図のようにA，B，C，Dとおくと，AB＝BCより**634 m**

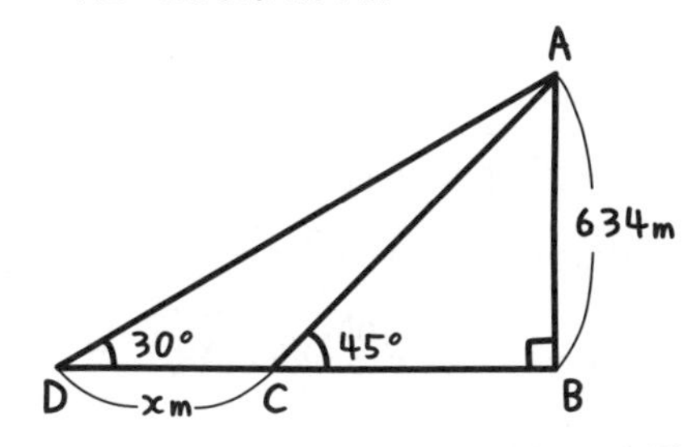

(2)　CD＝x mとおくと，AB：BD＝1：$\sqrt{3}$より

$634:(634+x)=1:\sqrt{3}$

$634+x=634\sqrt{3}$

$x=\mathbf{634\sqrt{3}-634}$**(m)**

CHECK 221

(1)　BH＝HC＝5で，△ABHで三平方の定理より

$AH^2+BH^2=AB^2$

$AH^2+5^2=13^2$

$AH^2+25=169$

$AH^2=144$

AH>0より　AH＝**12**

(2)　OA＝OB＝x，OH＝12－xである。
△OBHで三平方の定理より

$OH^2+BH^2=OB^2$

$(12-x)^2+5^2=x^2$

$144-24x+x^2+25=x^2$

$-24x=-169$

$x=\dfrac{169}{24}$

CHECK 222

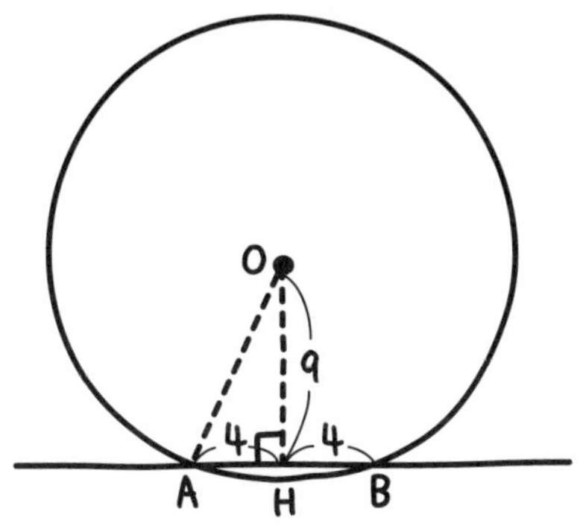

点OからABに下ろした垂線とABの交点をHとするとAH＝4で，△OHAで三平方の定理より

$OH^2+AH^2=OA^2$

$9^2+4^2=OA^2$

$81+16=OA^2$

$OA^2=97$

OA>0だから　OA＝$\sqrt{97}$

よって，円の半径は$\mathbf{\sqrt{97}}$

CHECK 223

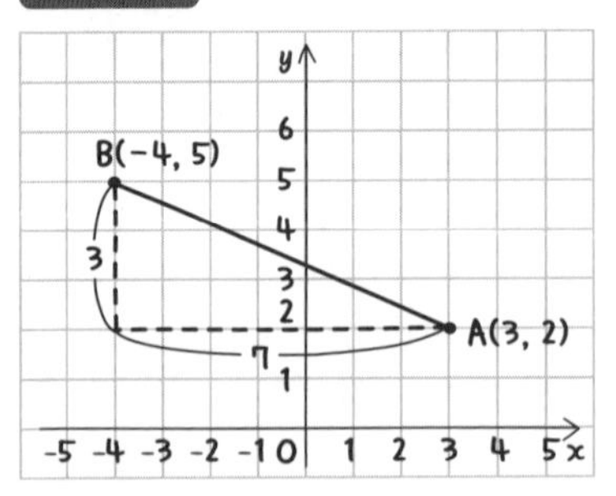

図より　$AB^2=7^2+3^2$

$=49+9$

$=58$

$AB>0$ より　$AB=\sqrt{\mathbf{58}}$

CHECK 224

$\sqrt{6^2+6^2+6^2}=\sqrt{36+36+36}$

$=\sqrt{36\times3}$

$=\mathbf{6\sqrt{3}}$

CHECK 225

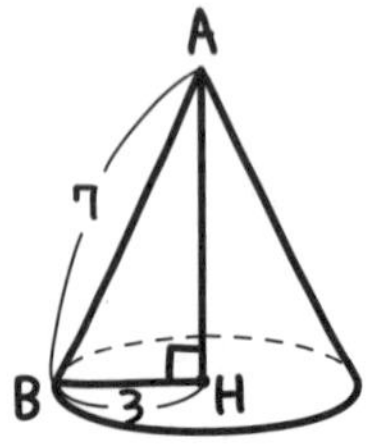

図のように A，B，H とすると

$AH^2+BH^2=AB^2$

$AH^2+3^2=7^2$

$AH^2+9=49$

$AH^2=40$

$AH>0$ より　$AH=2\sqrt{10}$

底面積は $\pi\times3^2=9\pi$，高さは $2\sqrt{10}$ より，

体積は　$\dfrac{1}{3}\times9\pi\times2\sqrt{10}=\mathbf{6\sqrt{10}\pi}$

CHECK 226

図のようにA，B，C，D，Eとおくと，EB，BC，CE ともに半径より，△BEC は，EB＝BC＝CE＝10cm の正三角形になる。

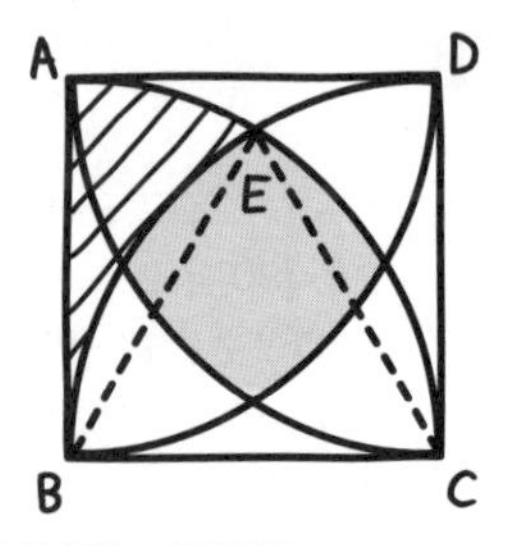

図の斜線部分の面積は

おうぎ形 AEB－(おうぎ形 EBC－△BEC)

である。

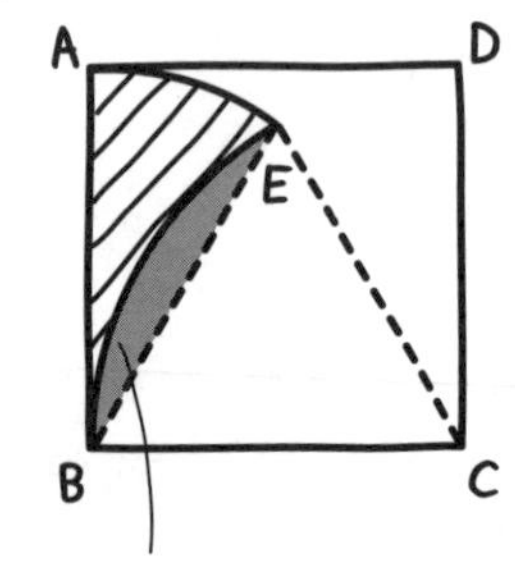

(斜線部分の面積)

$=\pi\times10^2\times\dfrac{30}{360}-\Bigl(\underbrace{\pi\times10^2\times\dfrac{60}{360}}_{\text{おうぎ形 EBC}}-\underbrace{\dfrac{\sqrt{3}}{4}\times10^2}_{\text{△BEC(正三角形)}}\Bigr)$

$=100\pi\times\dfrac{1}{12}-100\pi\times\dfrac{1}{6}+\dfrac{\sqrt{3}}{4}\times100$

$=\dfrac{25}{3}\pi-\dfrac{50}{3}\pi+25\sqrt{3}$

$=25\sqrt{3}-\dfrac{25}{3}\pi$

よって，求める面積は

$100-4\times\left(25\sqrt{3}-\dfrac{25}{3}\pi\right)$

$=\mathbf{100-100\sqrt{3}+\dfrac{100}{3}\pi\ (cm^2)}$

CHECK 227

$38\times\dfrac{945}{70}=513$　およそ **513 人**